面向新工科机械类专业系列教材

机械原理与设计
——现代机器的认知、分析与设计

Theory and Design of
Machines and Mechanisms

主　编　郭为忠

中国教育出版传媒集团
高等教育出版社·北京

内容简介

本书系面向新工科机械类专业系列教材之一，是从现代机器实现机械运动与承载的角度出发，对机械原理、机械设计两门课程基础知识的融合、重构与拓展；是上海交通大学面向新时代开展新工科课程建设和课程项目式教学改革的阶段性教改实践成果的总结。

本书分4篇，共21章。引言篇，包括绪论；机器设计过程与指导篇包括第2~6章，主要内容为机器的历史、现在和未来，常用机构及其功能简介，常用结构及其连接功能简介，机器的创新设计与开发，机器结构设计；机械设计原理与方法篇包括第7~16章，主要内容为机构的表达与组成原理，连杆机构，凸轮机构，齿轮机构与轮系，齿轮传动，键连接与螺纹连接，带传动，链传动，轴及轴的结构设计，轴承及其选用；机器运行品质与控制基础篇包括第17~21章，主要内容为机械平衡与机器运转的速度波动调节，原动机类型与电动机选型，传感器，单片机控制及应用案例，课程项目实施案例。附录部分介绍机构分析常用方法及常用软件、其他常用机构、虚拟仿真实验等内容。为方便学习，各章附有内容提要、学习指南、思考题或习题。

本书可作为高等学校机械类、近机械类专业的教学用书，也可供其他相关专业的师生与工程技术人员参考。

图书在版编目(CIP)数据

机械原理与设计：现代机器的认知、分析与设计／郭为忠主编. -- 北京：高等教育出版社，2025.2
ISBN 978-7-04-062559-2

Ⅰ．TH111；TH122

中国国家版本馆 CIP 数据核字第 2024MQ9124 号

Jixie Yuanli yu Sheji

策划编辑	卢 广	责任编辑	杜惠萍	封面设计	张志奇	版式设计	杨 树
责任绘图	于 博	责任校对	吕红颖	责任印制	刘弘远		

出版发行	高等教育出版社	网 址	http://www.hep.edu.cn
社 址	北京市西城区德外大街4号		http://www.hep.com.cn
邮政编码	100120	网上订购	http://www.hepmall.com.cn
印 刷	北京宏伟双华印刷有限公司		http://www.hepmall.com
开 本	787 mm×1092 mm 1/16		http://www.hepmall.cn
印 张	35.5		
字 数	820 千字	版 次	2025年2月第1版
购书热线	010-58581118	印 次	2025年2月第1次印刷
咨询电话	400-810-0598	定 价	69.00 元

本书如有缺页、倒页、脱页等质量问题，请到所购图书销售部门联系调换
版权所有 侵权必究
物 料 号 62559-00

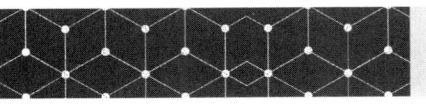

新形态教材网使用说明

机械原理与设计
——现代机器的认知、分析与设计

主　编　郭为忠

计算机访问：

1　计算机访问 https://abooks.hep.com.cn/12269395。
2　注册并登录，进入"个人中心"，点击"绑定防伪码"，输入图书封底防伪码（20位密码，刮开涂层可见），完成课程绑定。
3　在"个人中心"→"我的学习"中选择本书，开始学习。

手机访问：

1　手机微信扫描下方二维码。
2　注册并登录后，点击"扫码"按钮，使用"扫码绑图书"功能或者输入图书封底防伪码（20位密码，刮开涂层可见），完成课程绑定。
3　在"个人中心"→"我的图书"中选择本书，开始学习。

　　受硬件限制，部分内容无法在手机端显示，请按提示通过计算机访问学习。

　　如有使用问题，请直接在页面点击答疑图标进行问题咨询。

扫描二维码
访问新形态教材网

https://abooks.hep.com.cn/12269395

前　言

机械原理与设计课程研究如何认知、分析、改进和创新设计现代机械和机器,是开展机电一体化系统、机器人、智能机器、智能机械装备等各类现代机械和机器装备创新研发的机械工程学科专业基础课程,主要内容包括机械原理、机械设计的基本概念、基本方法、标准零部件选型知识,以及电机、电控、传感技术系统等应用知识。

近年来,一方面,现代机械和机器发展日新月异,新产品层出不穷;另一方面,新工科建设如火如荼,项目式教学、学生中心、产出导向(outcomes-based education,OBE)、项目式学习(project-based learning,PBL)、小组式学习(team-based learning,TBL)等课程教学新思想、新理念、新模式、新方法逐步推广、落地。从2002年开始,上海交通大学在机械工程专业国际化试点班开展了项目式教学及设计与制造系列课程建设的探索和实践。自2005年起,部分普通班的机械原理课程设计课程进行了将机械运动方案设计过程调整至覆盖一个完整学期、采取多元化课程项目立题和选题方式、基于设计软件构建虚拟样机并运行演示等系列课程改革的探索。在此基础上,自2012年起,机械与动力工程学院将课程项目式教学经验逐步推广到本院的全体本科学生,构建了面向全体学生的设计与制造系列新课程,其中包括机械原理和机械设计两门课程的融合与重塑。重塑的设计与制造Ⅱ新课程突出了现代机器的时代性和机电一体化的系统观,于2015—2016学年秋季学期首次开课。在新课程建设过程中,课程团队编写了设计与制造Ⅱ课程讲义,以贯彻"新工科"建设要求,满足项目式教学和创新人才培养的需要。在此过程中,在教育部高等学校机械基础课程教学指导分委员会的领导下,上海交通大学牵头总结教改经验,编制了用于指导全国研究型高校机械原理课程教学的新版《高等学校机械原理课程基本要求》。本书是在上述成果基础上,根据新版《高等学校机械原理课程基本要求》《高等学校机械设计课程基本要求》,进一步整理编写而成的。

根据编写者多年教学和教改实践经验,机械原理与设计课程总体上宜采用基础知识的课堂传授和课前预习、课后练习相结合、课程项目设计环节的知识运用和机器运动方案设计训练相结合的学生主体型、设计体验型、教与学探究型的教学模式,调动学生主动融入教学过程的积极性,增强其带入感。课堂教学环节主要探讨现代机器、机械原理与设计的基本概念、基本方法,注重课程的时代内涵,训练探究性思维习惯,让学生建立起对现代机器、机械原理与设计的基本理解和思维方法。课程项目设计环节主要完成一台具有特定功能和性能需求的简单机械的立题调研、机理研究、方案设计、性能分析、(实物或数字)样机构建、调试和运行等任务,通过方案设计和样机开发实现全过程的训练,促进学生对所学专业知识的理解和掌握,训练学生灵活运用专业知识发现需求、定义问题、分析问题、解决问题的专业能力,初步培育学生的现代机器方案创新设计能力和创新思维能力。

在课程专业知识的教学中,基本概念和方法的阐释以形象直观的图解方式为工具,基本机构/结构的分析和设计建模以科学严谨的解析方法为手段,教学中可以以图解方式为切入点,以解析方式完成建模,两者相辅相成、相互配合,共同引导学生建构解决现代机器运动方案设计问题的思维能力和方法体系。

为贯彻项目式教学思想,课堂教学、课程项目设计的实施可以采取两条主线并行推进、同步贯穿一个完整学期的方法,即"双主线并行"贯穿式项目式教学方法。课程教学体现"学生中心""教师主导"理念,依据课程项目设计实施的不同阶段对相应专业知识的不同需要,合理安排课堂的教学内容和教学进度,课堂教学和课程项目设计实施的两条教学主线彼此交织、并行推进,课堂教学进度可以适度超前,起到引领和服务课程项目设计顺利实施的作用。本书机器设计过程与指导篇、机器运行品质与控制基础篇可为师生实施课外项目提供指导和参考。

与经典的机械原理、机械设计教材相比,本书以现代机器的系统认知、机构分析与设计、结构分析与设计、整机方案构思和运动设计为逻辑主线,将机器、机构、结构相关的专业基础内容按照机器开发过程进行了系统整合,力图建立机械原理与设计课程与对传统机器、现代机器以及未来机器进行认知、分析、创新设计之间的内在联系,引导学生理解机械原理与设计课程在现代机械产品开发中的基础性地位,激发学生的求知欲望和专业认同感,更加主动地掌握好本门课程的专业知识。本书具有如下鲜明特点:

1. 以现代机械和机器为研究对象,现代机器(现代机械产品)的认知及其方案创新设计这条主线贯穿教材编写始终。从开展课程项目式教学和(数字或实物)样机创新研发指导的需要出发,编写时更加注重突出现代机器的时代性、机电一体化的系统观和多学科交叉特点。

2. 围绕机械原理与设计课程内容,教材编写总体采取了现代机器认知-机器运动方案设计-机构设计与分析-机械结构设计与分析-机器运行品质与运动控制的内容体系架构,补充了对现代机器的认知与实践的内容,引导学生从机器运动方案和结构创新设计的视角洞悉现代机器的本质,理解现代机器和机器发展的历史脉络与未来趋势,初步建立具有一定普适性的现代机器原创性设计的思维逻辑和方案构思能力。

3. 注重机械原理、机械设计基本概念和方法提出时的初衷及其时代条件,与时俱进地更新了其内涵,保障了基本概念、基本方法的时代性、适应性和适用性。

4. 突出了机构和结构之间、图解法和解析法之间的内在关联性和系统性,理顺了机构设计和结构设计在机器设计过程中的传承和拓展关系,在突出不同章节中解析方法一致性的同时,发挥图解法在理解基本概念和方法中的重要作用。

5. 强调了机器方案设计的实践性,配合课程项目式教学,引导学生经历项目立题和调研、概念设计、详细设计、数字样机构建(机器实物样机制造和调试)、数字样机仿真运行与性能分析(机器实物样机运行和展示)的产品开发全过程,积累初步的机电产品创新设计开发经验,建立了机械原理与设计、现代机械和机器、现代产品开发之间的内在联系,为学生将来从事各类现代机械产品的创新研发和性能提升工作打下扎实基础。

6. 为兼顾课程教学和为项目提供指导、参考的双重需要,并考虑到纸质教材的篇幅限制,本书采用了纸质教材和数字资源相配合的新形态教材形式,以统一的目录编排体现教材编写的体系性、系统性和完整性，以部分章节内容的数字化和网络化呈现方式体现部分教材内容的参考性、动态性和灵活性，方便师生拓宽视野和在有需要时查阅。

本书由上海交通大学郭为忠任主编。具体编写分工如下：郭为忠编写第1~3、5、7~10、17章、附录Ⅰ~Ⅲ，王冬梅编写第4章，梁庆华编写第6章，何其昌编写第11章，孟祥慧编写第12章，李祥编写第13章，韦宝琛编写第14章，林艳萍编写第15章，尹俊连编写第16章，盛鑫军编写第18、19章，刘振峰、唐静君编写第20章，刘振峰编写第21章、附录Ⅳ，常非为第11章拍摄实物图片。

依据课程学时、教学思想和教学设计的不同，教师在授课时可不局限于本教材的章节次序。总体而言，引言篇用于课程的绪论教学，机器设计过程与指导篇用于课程项目设计的指导，机械设计原理与方法篇用于专业知识的课堂教学，机器运行品质与控制基础篇用于课程项目实物样机研制的参考。以上海交通大学设计与制造Ⅱ课程教学为例，采取了课堂教学和课程项目设计同步贯穿一整个学期、共同推进的"双主线并行"的项目式教学方法，具体安排大致如下：课堂教学的章节安排为 1.1、1.3、1.4 节，第 2、7~10、17 章（机械原理部分），1.2 节、第 11~16 章（机械设计部分）；课程项目设计指导环节主要介绍项目开展的过程安排和阶段性任务，每个阶段约 0.5~1 个课时，依据课程项目设计进度情况穿插在课程教学过程中；本教材其余的章节可以作为学生开展项目的参考，具体章节次序可以根据教学实际情况进行调整。为更方便地使用本书、推进课程教学，本书各主要章节均配有教学课件和教学视频，可以根据教学需要灵活采用。

本书得到清华大学阎绍泽教授、大连理工大学王德伦教授、哈尔滨工业大学王黎钦教授、重庆大学杜静教授精心审阅和指导，在此表示衷心感谢！

本书出版得到高等教育出版社大力支持，在此特别感谢卢广、周正在教材策划和出版过程中所做的大量工作！

囿于编者自身水平，本书难免会有疏漏不足之处，诚盼读者批评指正。

编者

2024 年 3 月

目 录

第1篇 引 言 篇

第1章 绪论 ……………………… 3
1.1 机器、机构、机械原理与设计 …… 3
1.2 结构、零件与机械设计概论 ……… 9
1.3 现代机械产品的开发流程及其
　　创新层次 ………………………… 16
1.4 课程的主要内容、教学和学习
　　方法 ……………………………… 22
学习指南 ……………………………… 24
思考题 ………………………………… 25

第2篇 机器设计过程与指导篇

第2章 机器的历史、现在和未来 …… 29
2.1 机器的本质：物理结构与功能
　　结构 ……………………………… 29
2.2 现代机器的"骨骼"：广义执行子
　　系统 ……………………………… 32
2.3 现代机器的"大脑"和"神经中枢"：
　　信息处理与控制子系统 ………… 41
2.4 现代机器的"感官"和"神经末梢"：
　　传感检测子系统 ………………… 43
2.5 "人-机-环境"大系统与机器的
　　演进路径 ………………………… 45
学习指南 ……………………………… 46
思考题 ………………………………… 47

第3章 常用机构及其功能简介 …… 48
3.1 机构的基本运动特征 …………… 48
3.2 机构的基本功能分类 …………… 50
3.3 常用机构的功能简介 …………… 52
学习指南 ……………………………… 67
思考题 ………………………………… 68

第4章 常用结构及其连接功能
　　　　简介 ………………………… 69
4.1 机器的结构和基本连接功能 …… 69
4.2 常用结构简介 …………………… 75
4.3 常用零部件简介 ………………… 107
学习指南 ……………………………… 108
思考题 ………………………………… 108

第5章 机器的创新设计与开发 …… 110
5.1 概念设计与机械运动方案设计 … 110
5.2 机器运动方案设计的主要阶段 … 114
5.3 机器运动方案设计案例 ………… 125
学习指南 ……………………………… 136
思考题 ………………………………… 137

第6章 机器结构设计 ……………… 138
6.1 结构设计一般流程 ……………… 138
6.2 机器结构布局与架构设计 ……… 143
6.3 零部件结构设计 ………………… 158
6.4 参数设计 ………………………… 175
学习指南 ……………………………… 190

注：本书2.5节、4.3节、21.3节、21.4节、第18~20章及附录均为电子资源，请扫描对应位置二维码查看详细内容。

思考题 ……………………… 191

第 3 篇　机械设计原理与方法篇

第 7 章　机构的表达与组成原理 …… 195
　7.1　机构的组成元素 …………… 195
　7.2　机构运动简图 ……………… 201
　7.3　机构自由度 ………………… 203
　7.4　平面机构的组成原理与结构
　　　分析 ………………………… 211
　学习指南 ………………………… 215
　习题 ……………………………… 216
第 8 章　连杆机构 ………………… 220
　8.1　概述 ………………………… 220
　8.2　平面连杆机构的工作特性 … 226
　8.3　平面连杆机构的运动分析 … 236
　8.4　平面连杆机构的运动设计 … 242
　8.5　平面连杆机构的受力分析 … 247
　8.6　空间连杆机构和机器人机构
　　　简介 ………………………… 249
　学习指南 ………………………… 251
　习题 ……………………………… 252
第 9 章　凸轮机构 ………………… 257
　9.1　概述 ………………………… 257
　9.2　从动件运动设计 …………… 263
　9.3　凸轮廓线求解 ……………… 273
　9.4　凸轮机构基本参数设计 …… 281
　学习指南 ………………………… 287
　习题 ……………………………… 288
第 10 章　齿轮机构与轮系 ………… 292
　10.1　概述 ………………………… 292
　10.2　齿廓啮合基本定律及渐开线
　　　　齿形 ………………………… 295
　10.3　渐开线标准直齿圆柱齿轮的
　　　　基本参数 …………………… 299
　10.4　渐开线标准直齿圆柱齿轮
　　　　机构的啮合传动 …………… 302
　10.5　齿轮的加工、根切与变位 … 310
　10.6　其他齿轮机构 ……………… 314
　10.7　轮系传动比计算 …………… 328

　10.8　轮系设计需要满足的条件 … 337
　学习指南 ………………………… 338
　习题 ……………………………… 340
第 11 章　齿轮传动 ………………… 344
　11.1　概述 ………………………… 344
　11.2　齿轮传动的失效形式 ……… 344
　11.3　齿轮的材料及其热处理 …… 347
　11.4　齿轮传动的载荷计算 ……… 350
　11.5　齿轮传动的设计准则 ……… 352
　11.6　标准直齿圆柱齿轮传动的强度
　　　　计算 ………………………… 353
　11.7　标准斜齿圆柱齿轮传动的强度
　　　　计算 ………………………… 358
　学习指南 ………………………… 360
　习题 ……………………………… 361
第 12 章　键连接与螺纹连接 ……… 362
　12.1　概述 ………………………… 362
　12.2　键连接 ……………………… 363
　12.3　螺纹连接 …………………… 367
　12.4　传动螺纹 …………………… 381
　学习指南 ………………………… 383
　习题 ……………………………… 383
第 13 章　带传动 …………………… 386
　13.1　概述 ………………………… 386
　13.2　带传动的受力分析 ………… 393
　13.3　带的应力分析 ……………… 395
　13.4　带传动的弹性滑动、传动比和
　　　　打滑现象 …………………… 399
　13.5　V 带传动的计算 …………… 400
　13.6　V 带轮的结构 ……………… 409
　学习指南 ………………………… 410
　习题 ……………………………… 411
第 14 章　链传动 …………………… 413
　14.1　概述 ………………………… 413
　14.2　基本结构与参数 …………… 415
　14.3　链传动的运动分析与受力分析 … 419

14.4	失效形式与设计准则	424	15.5	轴的工作能力计算	449
14.5	链传动的设计计算	428		学习指南	455
	学习指南	432		习题	456
	习题	433	第16章	轴承及其选用	458
第15章	轴及轴的结构设计	435	16.1	概述	458
15.1	概述	435	16.2	滑动轴承	459
15.2	轴的类型和组成	436	16.3	滚动轴承	471
15.3	轴的材料	439		学习指南	480
15.4	轴的结构设计	440		习题	481

第4篇 机器运行品质与控制基础篇

第17章	机械平衡与机器运转的速度波动调节	485	第18章	原动机类型与电动机选型	527
			第19章	传感器	528
17.1	概述	485	第20章	单片机控制及应用案例	529
17.2	刚性转子的平衡	489	第21章	课程项目实施案例	530
17.3	平面机构的平衡	501	21.1	概述	530
17.4	机械系统的动力学建模	506	21.2	海熊猫·无人空潜飞翼	531
17.5	周期性速度波动的调节	512	21.3	一种两栖仿蟹机器人	540
17.6	非周期性速度波动的调节	518	21.4	自动调整支架	540
	学习指南	520		学习指南	541
	习题	522		思考题	541

附 录

附录Ⅰ	机构分析常用方法	545	附录Ⅲ	其他常用机构	547
附录Ⅱ	机构分析常用软件	546	附录Ⅳ	虚拟仿真教学实验	548

参考文献 549

第1篇 引 言 篇

第 1 章

绪论

内容提要

现代机械产品是以机电一体化为基本特征的高技术系统,呈现出数字化、信息化、智能化、网络化、集群化、社会性、多/跨学科交叉的发展态势。机械原理与设计是研究现代机械产品的功能和性能分析、改进优化与创新设计的机械工程基础性课程。它引入了关于现代机械和机器的系统观点,整合了机械原理、机械设计两门机械工程传统课程的专业基础知识,并结合了电子控制、传感与检测等应用技术知识。这些课程知识被广泛应用于人类在生产实践、探索世界和社会生活中用到的各类现代机械产品的开发中,以实现设计和研发创新,获取自有知识产权。本章介绍机械原理与设计课程的研究对象及主要内容,阐释机器、机构和机械原理与设计的基本概念,分析现代机械产品开发过程及其创新层次,介绍课程的教学和学习方法。

1.1 机器、机构、机械原理与设计

从石器时代开始,人类就不断挑战自身智力发展极限、创造出新工具,在延展人类体力与脑力、维护人类自身生存、促进自身智力发展和社会进步的同时,持续推动了各类制造与设计技术的发展,创造出称之为**机器**的人工物系统。各类机器在得到极大发展的同时,机器的设计与制造也逐步由依靠个人经验和天赋、手工作坊式的开发方式向主要依靠理论和方法、可计算化的开发方式发展,机器自身逐步从功能单一、缺乏灵活性发展到功能多样、机械化、自动化、数字化,并向高度信息化、智能化、集群化、巨/微型化、网络化、社会化、人机实时交互、人机共融、人-机-环境协调与绿色节能环保等方向发展,愈加体现鲜明的多/跨学科交叉特色。

1-1 机器举例

1. 机器的定义与分类

现代社会中，人类的生产实践活动和日常生活都离不开机器的使用。机器种类繁多，如磁悬浮列车、飞机、火箭、坦克、汽车、内燃机、挖掘机、盾构机、油田抽油机、压力机、起重机、数控机床、织布机、缝纫机、电脑绣花机、照相机、复印机、工业喷涂机器人、焊接机器人、多足移动机器人、外骨骼助力装置、空间站机械臂、深海探测机器人、外星球探测机器人、电动玩具猫，甚至流程复杂的汽车生产线、互联成网的各类农业机械、物流装备等，它们的功能、结构、外形和复杂程度千差万别，共同组成了丰富多彩的机器世界。

这些机器有没有共同的规律？它们是如何被设计和创造出来的？该如何分析、评价和改进这些机器？又能否不断设计开发出新的机器来满足人类生产、生活和探索中不断涌现出来的新的需要？理解并掌握解决这些问题的基本手段，是本课程学习的核心任务。

本课程研究的机器，其本质特征是能实现预期的机械运动和/或机械承载，并以机械运动、机械传力和承载为基本手段实现其功用。 从构成、功用和运动特点等方面进行概括，可以对机器定义如下：**机器是一种由人工物构成的、能产生期望的机械运动、实现一定的机械传力和承载、进行机械运动和能量的传递的装置，用来完成一定的工作过程，以代替生物的劳动或辅助生物的活动。** 这里的**劳动**包括体力劳动和脑力劳动，**活动**包括行走、奔跑、跳跃、攀爬、负重等。

在现代条件下，由于时代的发展，**现代机器更多是被计算机局部或全面控制的现代机械系统，机电一体化是其基本特征，智能化、网络化、云端化是其发展新阶段**，往往又称为**机电一体化产品、机电一体化系统、机电产品、机电系统、现代机械产品、现代机械系统、智能机器、智能机械、智能装备**等。

根据工作类型的不同，机器一般可以划分为动力机器、工作机器和信息机器三类。

动力机器的功用是将其他形式的能量转换成机械能，或者将机械能转换成其他形式的能量。例如，蒸汽机、内燃机、燃气轮机、海浪发电装置、水力发电机、风力发电机、电动机、飞轮储能装置等，都属于动力机器。

工作机器的功用是完成有用的机械功或搬运物品。例如，磁悬浮列车、数控机床、轧钢机、织布机、压力机、盾构、油田抽油机、汽车、机车、飞机、起重机、工业喷涂机器人、焊接机器人、多足移动机器人、空间站机械臂、深海探测机器人、外星球探测机器人、电动玩具猫、汽车生产线、互联成网的农业机械等，都属于工作机器。

信息机器的功用是完成信息的传递和变换。例如，古代的记里鼓车、指南车、候风地动仪、计时用的水运仪象台，以及现代的复印机、打印机、绘图仪、传真机、照相机、摄像机、计量仪表等，都可以认为属于信息机器。目前正在快速发展的3D打印机既可以认为属于信息机器，又可以认为属于工作机器，它是一种增材制造设备，用于将三维数字模型转换为实物。

1-2 机器的构成

2. 机器的构成

现代科技条件下，机器通常是一个复杂的技术系统，涉及多个学科，由控制器、传感器、动力部分、传动部分、执行部分等不同的物理硬件构成，并常常安装有控制计算机,具备人工智能、人机交互、人机协同、网络互联等功能,能完成信息处理和规划控制等高层次任务。现代机器是机电一体化技术诞生和发展的成果,因可控(或可编程)动力系统的引入而展现出比传统机器更灵活、更智能、更轻巧、更高效等优点,在现代信息技术的推动下,其智能化发展趋势日益明显。加工中心、盾构机、深海探测机器人、多足移动机器人、多轴飞行器、电脑绣花机等都是典型的机电一体化的现代机器。

图 1-1 为立式加工中心的结构示意图,主轴带动刀具旋转,工作台做纵、横向进给运动,主轴箱实现垂向进给运动。该加工中心采用卧式圆盘刀库,通过软件选择刀具,由机械手实现换刀,由计算机数控系统进行加工过程控制。

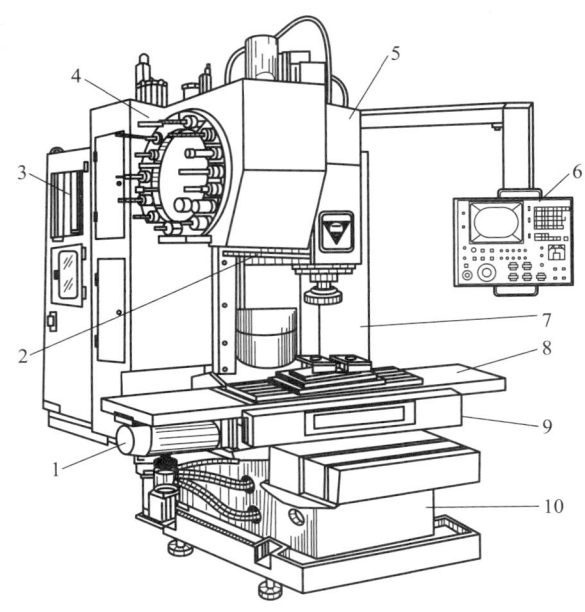

1—X 轴直流伺服电动机;2—换刀机械手;3—数控柜;4—盘式刀库;5—主轴箱;
6—操作面板;7—驱动电源柜;8—工作台;9—滑座;10—床身。
图 1-1　立式加工中心结构示意图

图 1-2 为三模式变形轮式机器人小车的结构示意图,小车底盘上装有独立电源。该机器人小车共有四个可变形的车轮,每个变形轮装有两个电动机(4 和 6),其中变形电动机 4 用于实现车轮在顺向爪式轮、圆形轮与逆向爪式轮三种模式之间的切换,驱动电动机 6 用于驱动车轮旋转。滑环 5 用于变形电动机 4 的电信号和控制信号传输,同时避免电动机线在小车行驶过程中发生缠绕。变形轮上还装有光电开关和编码器,用于实现车轮初始复位和模式切换。通过变形轮的模式切换控制,该机器人小车能够实现两种爪式轮模式的攀爬、越障功能,以及圆形轮模式的平坦路况快速行驶功能。

不管现代机器如何发展,机器结构如何复杂,本课程讨论的机器都是要借助机械运动、机械传力与承载来实现机器的功用。从机器整体或局部实现机械运动功能的角度出发,可以认为机器都包含**运动执行**和**运动控制**两大功能模块,现代机器的逻辑结构如图 1-3 所示。

1-3 基本概念

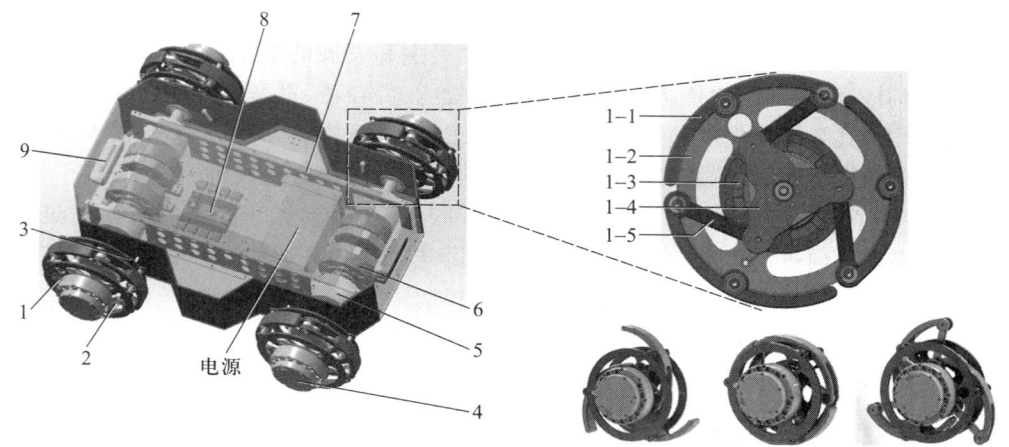

1—变形轮(1-1 腿杆、1-2 车轮外壳、1-3 变形电动机、1-4 主动盘、1-5 连杆);2—光电开关发射端;3—光电开关接收端;4—变形电动机;5—滑环;6—驱动电动机;7—车身支架;8—控制板;9—深度相机。

图 1-2 三模式变形轮小车结构示意图

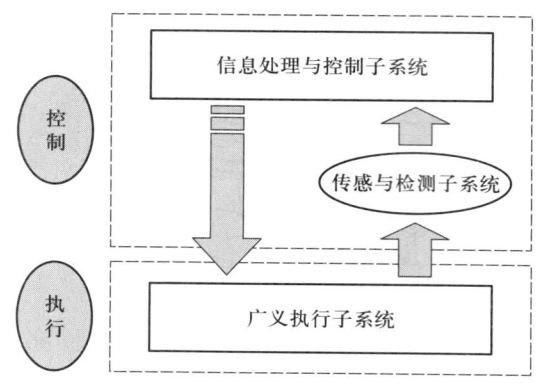

图 1-3 现代机器的逻辑结构

运动执行功能模块是实现机器的机械能转化,机械运动生成、传递和变换等功能的执行者,其载体是机构或机构系统以及原动机。运动执行功能现在又常称为**广义执行功能**,因相较于传统的、常规的执行功能而言,其载体已发生了巨大变化,出现了各类新机构,如并联机构、柔顺机构等,故而统称为广义执行功能。其相应的执行机构称为**广义执行子系统**,或**广义机构**。

运动控制功能模块负责指挥、协调和优化执行功能模块内的动作配合,保证执行功能模块高性能地实现其运动功能,并与操作者实现人机交互,有些机器还和环境甚至其他机器实现信息交互。为达到此目的,控制功能模块可以进一步划分为**信息处理与控制**、**传感与检测**两个子系统。信息处理与控制子系统的功能载体是计算机、控制器以及驱动器,传感与检测子系统的载体是各类传感器。现代机器通过控制与执行的功能模块间相互配合、相互协调来共同实施机器的运动过程、实现机器的功能。如图 1-3 所示,控制与执行的功能模块之间构成了开环或闭环的信息传递与控制回路,形成了现代机器的逻辑结构,共同实现所需要的机械运动。

上述关于现代机器功能结构组成的观点又称为"**三子系统论**"。

因此,机械运动是现代机器实现功能的核心手段,实现机械运动的执行部分即机构是机器的核心组成单元,机器中不同机构通过有序的运动和动力传递来实现功能变换、完成预定的工作过程。与骨骼系统在人体运动系统中的作用类似,**机构可以形象地比作机器的"骨骼"系统,起到支承、运动产生与变换以及动力传递的作用**。机器的运动单元体称为**构件**。因此,**机构**是把一个或几个构件的运动,变换成其他构件的确定或预期运动的构件系统。从现代机器发展趋势来看,机构中的构件可以是刚性的,也可以是挠性的或弹性的,其功能在于能够产生或传递一定形式的机械运动和载荷。构件可以由刚性材料制造,也可以由流体材料、弹性材料、电磁材料、柔性材料来制造。

在机构中,给定运动的构件称为**输入构件**,又称为**原动件**、**主动件**;其他构件称为**从动件**,其中完成执行动作的构件又称为**输出构件**、**执行构件**。在一部机器中,与传动功能对应的机构又称**传动机构**,与执行功能对应的机构又称**执行机构**。

机器的种类虽然很多,但从机构分析与设计的角度来看,构成机器基本机构的种类却并不多,最常用的机构有连杆机构、凸轮机构、齿轮机构等。如图1-4所示,内燃机由曲柄滑块机构(连杆机构的一种)1-2-3-4、齿轮机构1-5-6-4、凸轮机构5′-7-4及凸轮机构6′-8-4构成,其中5和5′、6和6′分别为同一个构件。图1-5所示的六轴工业机器人机构属于连杆机构。

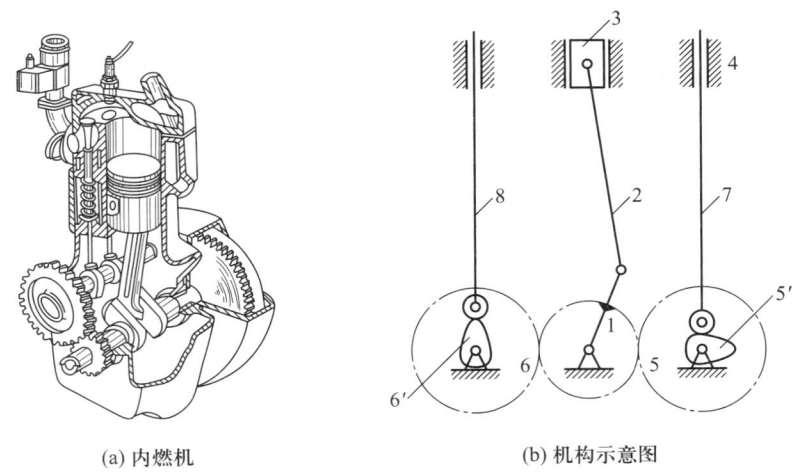

(a) 内燃机　　　　　　(b) 机构示意图

图1-4　内燃机构成示意图

机构是机器中执行机械运动的"**骨骼**"系统,而信息处理与控制、传感与检测两个子系统则可形象地比作机器的"**大脑和神经中枢**"与"**感官和神经末梢**",这两个子系统通过相互配合,起到感知机器自身和外界状态、指挥机构去实施机械运动的作用。信息处理与控制子系统的物理载体目前主要是各类计算机、控制器、驱动器,以及用于万物互联进行信息传递的有线或无线网络、云系统;传感与检测子系统的物理载体主要是各类传感器或

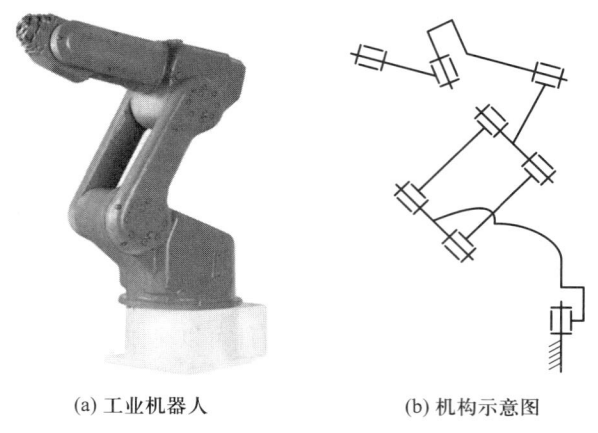

(a) 工业机器人　　　　(b) 机构示意图

图1-5　工业机器人构成示意图

传感系统。

3. 机械原理与设计的任务

机械原理与设计是机械原理、机械设计两门经典课程的合称,研究的是如何认识、发明和设计以"三子系统"为特征的现代机械和机器,包括改进现有的机器和设备,使其具有新的功能和性能;或者创造性地实现具有预期功能和性能的新机器、新设备。其中,机械原理部分主要解决机器的机构设计与分析问题,机械设计部分主要解决机器的结构设计与分析问题。

经典的**机械原理**又称**机构与机器理论**(mechanism and machine theory,MMT)或**机构与机器科学**(mechanism and machine science),又称为**机构学**,是研究机构和机器的运动及动力特性,以及机器运动方案设计的一门机械工程专业基础课程。机构与机器习惯上统称为**机械**,是机械原理课程的研究对象。由于机构学是工业机器人研究的核心问题之一,现在又常将机构学和机器人学合称为**机构与机器人学**(mechanism and robotics),它是现代机械设计理论和方法的核心分支,在其指导下进行的机器运动方案设计从源头上决定了现代机械产品的新颖性、独创性、综合性能和市场竞争力,是获取现代机械产品知识产权的核心手段。对一部机器来说,机构设计是概念设计阶段的核心内容,设计结果是机器的机械运动方案,用机构运动简图来表达。

机械原理与设计课程以机器的机构、结构的设计与分析为主体,并涉及制造工艺、电机电控、传感与检测等专业应用知识。对于一部典型的现代机器,在设计过程中除了完成机械系统(广义机构子系统)的设计之外,还要同步进行信息处理与控制子系统、传感与检测子系统的功能设计、软硬件选型以及算法的设计开发。在机器的设计开发的过程中,工程师主要是从机械运动和承载传力功能的设计和实现的角度,完成对信息处理与控制、传感与检测等所需控制计算机、控制板卡、电控元器件、传感器等的类型和参数确定、软硬件选型、采购或定制。机械工程师及其研发团队需要具备电子控制技术、传感与检测技术等基本知识,熟悉相关软硬件的发展现状,能进行合理的选型应用。

当今的国内外市场竞争,归根结底是产品创新性和产品性能及性价比的竞争。作为国家工业体系的主体组成部分,现代机械产品与装备的创新设计理论和开发方法是国家创新体系的重要组成部分,是实现我国自主开发具有高附加值的高端机电产品、增强国家原始创新能力、建设制造强国的基础性保证。使学生掌握机械原理、机械设计的基本知识,具有在机器运动方案、结构方案、控制方案等方面的分析、改进与创新设计能力,是机械原理与设计课程教学的核心目标。

1.2 结构、零件与机械设计概论

一部机器是由众多机械零部件、电子元器件组合而成的,其中机械零部件与机器中的广义执行机构子系统相对应,电子元器件与机器中的信息处理与控制子系统、传感与检测子系统相对应。

机械零件是指构成机器的不可拆分的基本单元,也是机器制造的基本单元。典型的机械零件有杆件、齿轮、轴、螺母、螺钉、螺栓、键、销、带、弹簧等,其设计理论和方法是机械设计学科的核心内容。机械零件又分为通用零件和专用零件两大类,可以广泛应用于各种不同类型机器中的机械零件称为**通用零件**;仅能在某种类型的机器中使用的机械零件称为**专用零件**。为便于组织生产、降低成本,方便选用,多数通用零件具有固定的尺寸和参数系列,这种零件称为**常规通用零件**。遵循国家或行业标准、具有标准代号的零件或部件又称为**标准件**。在特种工况下使用、满足个别特殊尺寸、参数要求的通用零件,称为**特殊通用零件**。

机器开发中常见的齿轮、滚动轴承、联轴器、螺纹连接件等大多有标准件可供选用,由专业厂家设计、研发、生产和销售,可以通过市场采购获得;对于基座、框架、凸轮、连杆等个性化特性明显的机械零部件,往往缺乏标准规格和参数系列而属于**非标件**,需要由机械工程师根据机器设计的具体要求专门设计和制造。在一部机器的机械结构设计过程中,优先选用标准件以及市场提供的通用件作为机械零部件的设计方案。

电子元器件的基础理论和方法属于电力电子、微电子、计算机、信息等学科的研究范畴,由海量的电子元器件构成了集成电路、控制板卡、机电接口、动力接口、驱动器、计算机等不同类型的功能集合体,构成了与信息处理与控制功能、传感与检测功能相对应的众多电子产品。这些电子产品均由专业厂家设计、研发、生产和销售,可以通过市场采购获得;若从市场上无法找到满足要求的功能模块,则需要由设计师根据机器设计的需要来提出具体的功能和性能要求,寻求专业厂家进行定制。因此,从现代机器的设计开发角度来说,设计师需要针对信息处理与控制子系统和传感与检测子系统提出具体的功能和性能要求,进行软、硬件选型或定制开发。

1. 机械结构与零件设计

机械设计(mechanical design)又称**机械零件设计**(design of mechanical elements)、**机械结构设计**(mechanical structure design),是在机构设计完成后,将抽象的机构运动简图

具体化为能实现所需要的机械运动功能、具有良好力学性能及制造工艺性和经济性的机械结构的过程,包括材料的确定、零件结构尺寸和精度的设计、零件加工和装配的结构工艺性要求的满足以及标准零部件的选用等内容,其设计结果作为后续的制造工艺设计、加工装配与调试的依据。

机构由构件和运动副构成,因此机械零件设计的一个主要任务就是要解决构件和运动副的结构设计问题。机械设计包含两个层面的设计:一个是机器层面的系统设计,主要体现为装配图设计;另一个是零部件层面的单元设计,通常完成零部件结构的几何设计和性能设计。对一部机器来说,机械设计与其详细设计阶段相对应,需完成机构运动简图及其包含的构件和运动副的具体结构设计和性能设计,设计结果用装配图和零件图来表达。

2. 机器设计应满足的基本要求

开发一部机器,通常需要满足多方面的要求,包括客户使用要求、经济性要求、使用安全性要求以及环境友好性要求等。

在客户使用要求方面,应确保新设计的机器能实现预期功能的要求,包括在规定的使用寿命期内实现使用功能和性能(如强度、刚度、速度、精度、功率等)以及其他特殊使用要求;在经济性要求方面,应保障新设计的机器能达到比较高的性价比,设计、制造、安装调试、运行维护等综合成本低,具有良好的市场竞争力;在使用安全性要求方面,应保障新设计的机器能达到国家、行业、企业各类标准和规范规定的安全要求,确保使用者的人身安全;在环境友好性要求方面,应保障新设计的机器在制造、装配、使用以及退役过程中节能、环保,符合可持续发展战略对机器设计的总要求。

3. 机械设计的基本要求

要使开发的新机器满足上述多方面要求,机械设计通常需要满足下述基本要求:
(1) 预定寿命期内不发生失效的要求
在预定寿命期内不发生失效的要求主要包括强度、刚度、寿命三个方面。

1) 强度　所谓强度是指零件在工作时抵抗发生整体断裂、塑性变形或表面损坏等失效形式的能力,以机械零件在整体或表面上的应力不超过允许的限度为依据,前者称为整体强度,后者称为表面接触强度。除了用于安全装置中的预期发生破坏的零件之外,上述失效形式对任何零件都需要避免。保证零件有足够的强度是机械设计的基本要求,也是一部机器正常工作的基本前提。为提高机械零件的强度,设计时可以采取如下措施:使零件具有合理的截面尺寸、减小零件应力;使零件具有合理的截面形状、增大截面惯性矩;采用强度高的材料;合理采用热处理工艺、提高材料的力学性能;采取合理的零件结构设计、降低零件所受载荷;提高运动零件的制造精度、降低工作时的动载荷等。

2) 刚度　所谓刚度是指机械零件在一定载荷下抵抗所发生的弹性变形的能力,满足刚度要求是指机械零件在工作时所发生的弹性变形量不超过允许的限度,弹性变形过大就要影响机器的工作性能。为提高零件的整体刚度,可采取增大零件截面尺寸或增大截面惯性矩、缩短支承跨距或采用多支点结构、减小挠曲变形等措施。

3) 寿命　所谓寿命是指零件在规定条件下完成规定功能的延续时间。零件应具有在其预定寿命期内不发生失效的能力。零件寿命是决定机器寿命的基础,零件的破坏会导致机器无法正常工作。影响零件寿命的主要原因有材料的疲劳、材料的腐蚀以及相对运动零件接触表面的磨损三个方面。

(2) 结构工艺性要求

机械零件具有良好的结构工艺性,是指在既定的生产条件下,能够方便而经济地将零件生产出来,并便于装配成机器。零件的结构工艺性是零件结构设计的重要内容,和批量大小及具体的生产条件相关。为了改善零件的结构工艺性,应当熟悉当前的生产水平及条件,从毛坯制造、机械加工过程及装配等几个生产环节综合考虑:保证所设计的零件形状简单、合理;符合零件当前的生产条件和生产规模;根据零件结构的复杂程度选用毛坯类型;零件形状便于切削加工;零件形状便于装拆和维修。

(3) 经济性要求

零件的经济性决定了机器的经济性,设计零件时要力求成本(包括资金投入、时间成本、人力成本)最低。机械零件的经济性首先表现在零件自身的生产成本上,要降低机械零件的成本,应采用轻型的零件结构,以降低材料消耗;尽量少用贵重材料、采用价廉而供应充足的材料代替贵重材料,以降低材料费用;采用少余量或无余量的毛坯或简化零件结构,以减少加工工时;采用组合结构,以代替大型零件的整体结构;尽可能采用标准化、通用化、系列化的零部件等。工艺性良好的结构意味着加工和装配成本低,因此结构工艺性直接影响经济性,结构设计时合理采取上述措施能显著降低零件成本,在经济性方面取得大的效益。

(4) 轻量化要求

轻量化设计是现代社会追求绿色、节能、环境友好、可持续发展的基本要求,对绝大多数机械零件来说,都应当力求在满足零件强度和刚度要求的前提下减小其质量。轻量化可以节约材料、节省成本;可以减小运动零件的惯性、减轻运动构件的惯性载荷、改善机器的动态性能;可以减轻机器自身重量、提升整机负荷能力。可以采取下述措施进行轻量化设计:施加与工作载荷方向相反的预载荷,以降低零件上的工作载荷;采用缓冲措施以减轻零件所受的冲击载荷;采用安全措施以限制零件所受的最大载荷;适当减少应力较小处零件材料,使零件受力更均匀、提高材料利用率;采用轻型薄壁的冲压件或焊接件来代替铸、锻零件;采用比强度高的材料等。

(5) 可靠性要求

机器的可靠性是由其零件的可靠性保证的,用可靠度来度量。零件的可靠度是指在规定的寿命期和环境条件下机械零件能够正常完成其功能的概率,也就是机械零件不发生失效的概率。对大多数机械来说,失效的发生都具有随机性。为了提高机械零件的可靠性,应当在工作条件和零件性能两方面使其随机变化尽可能地小,同时,在使用过程中及时监控工作条件的变化、加强维护,也会提升机械零件的可靠性。

4. 机械设计的工作能力设计

机械零件是机器制造的基本单元。在进行机械设计时,需要同时完成机械结构的几何设计和性能设计。其中,几何设计是确定组成构件和运动副的零部件的几何外形、具体构造等;性能设计是根据期望的强度、刚度、寿命、耐磨性等机器性能以及制造和装配等要求,确定零部件的材料、截面形状和尺寸、热处理工艺、润滑方式等,又称**工作能力设计**。

一般说来,机械结构设计的目标是:在满足预期功能的前提下,使所设计的机器性能好、效率高、轻量化、成本低、寿命期限内安全可靠、操作方便、维护简便、造型美观、节能环保等。

希望机械零件工作可靠,在规定的使用期限内不发生失效,防失效设计是机械设计的一个基本内容。机械零件由于某种原因不能正常工作,或者说完不成规定的功能、达不到要求性能的现象称为**失效**。在不发生失效的条件下,零件所能安全工作的限度(或在一定条件下,零件抵抗失效的能力)称为**工作能力**,通常用零件工作中能承受的最大载荷来衡量这个限度,习惯上又称为**承载能力**。

因此,为防止机械零件发生某种失效而应满足的条件,或者说机械零件不发生失效的"安全条件",就可以作为设计零件时的理论依据,即:

$$计算量 \leqslant [许用量]$$

这个条件又称为**工作能力计算准则**。其中,**计算量**指所设计零件的某种性能指标的计算量,**[许用量]** 指该零件在选用材料、使用场合、运行状况等特定工作条件下不发生失效的该性能指标许用量。

在零件设计时,需要依据工作能力计算准则进行必要的计算。这里有两种计算方式:一种是设计计算,即先分析零件的可能失效形式,根据该失效形式的计算准则所得出的计算结果来确定零件的结构尺寸;还有一种是校核计算,即先确定零件的结构尺寸,然后再验算零件是否满足计算准则,若不满足,则应修改零件的尺寸。

人们最早关注到失效现象是缘于 20 世纪 50 年代初连续发生的 3 起客机坠毁事故。由英国德·哈维兰公司研制的"彗星"号客机是世界上第一款喷气式民航客机,该机型 1952 年首次商业飞行。但在 1953 年至 1954 年的短短一年时间内连续发生了 3 起坠机事件,造成多人丧生。调查显示,该机首次使用了密封式的增压客舱,采用了方形的舷窗,由于长时间的飞行及频繁起降,使得飞机机体反复承受增压和减压,最终因方形舷窗拐角处的应力集中引发了金属疲劳,导致飞机解体坠毁。这是民航史上首次发生的因金属疲劳而导致的空难。

由于"彗星"号空难的发生及其事故原因的调查结果,人类对金属疲劳导致失效的后果有了深刻体会,由此直接推动了以工作能力计算准则为依据的机械零件设计方法的诞生和发展。

5. 机械设计的设计准则

机械零件设计所采用的工作能力计算准则和其在工作过程中可能发生的失效形式密切相关。机械零件的失效形式是多种多样的,对于一部现代机器,其机械系统、电控系统、传感系统都可能发生失效,而其失效可能是功能上的失效,也可能是性能上的失效。机器发生失效的原因有很多,如设计不当、材质问题、加工缺陷、装配和检验不当、使用和维护不当等。对于机械零件来说,同一种零件可能发生的失效形式往往有若干种,归纳起来最常见的是强度、刚度、耐磨性、稳定性、温度等方面的失效问题。

(1) 机械零件的强度设计与校核

机械零件的强度分为两种情况:一种是零件受载时在较大的体积内产生应力,这种应力状态下的零件强度称为**整体强度**或**体积强度**,通常讲的零件强度即是指这种强度;另一种是两个零件在受载前为点接触或线接触,受载后因弹性变形其接触处形成一微小面积,从而导致零件表层产生很大的局部接触应力,这种应力状态下的零件强度称为**接触强度**或**表面强度**。机械零件设计时,强度条件为

$$\sigma \leqslant [\sigma] \text{①}$$

其中 σ 为计算应力、$[\sigma]$ 为许用应力。该条件式表示机械零件在整体或表面上的计算应力不得超过零件材料的许用应力。因此,机械零件的强度设计需要解决零件的计算应力和许用应力的计算问题。

应力的计算是和零件受到的载荷性质有关的,载荷有静载荷、动载荷之分。相应地,应力也有静应力、变应力之分,变应力又分为周期性的循环变应力和非周期性的变应力。在设计计算时,又有名义载荷、计算载荷,以及相应的名义应力、计算应力之分。

名义载荷、名义应力是在理想状态下的载荷和应力,其中的名义载荷可以通过机构的受力分析得到。

计算载荷、计算应力则考虑了机器实际运转时存在的各类不确定因素的影响,是通过将名义值乘以载荷系数后得到的计算值。这里的载荷系数往往根据在长期设计实践中所积累的经验公式或数据加以确定,在后续的各类零件设计中会有相应的介绍。此外,在前面讨论的工作能力计算准则中提到的计算量,也是和这里的计算载荷、计算应力相对应的。

(2) 机械零件的整体强度

1) 应力参数

为描述应力的变化情况,引入最大应力 σ_{max}、最小应力 σ_{min}、平均应力 σ_m、应力幅 σ_a 等 4 个参数,关系如下:

$$\sigma_{max} = \sigma_m + \sigma_a$$

$$\sigma_{min} = \sigma_m - \sigma_a$$

$$\sigma_m = \frac{\sigma_{max} + \sigma_{min}}{2}$$

$$\sigma_a = \frac{\sigma_{max} - \sigma_{min}}{2}$$

为描述应力的类型,材料力学引入了应力循环特性系数 r:

$$r = \frac{\sigma_{min}}{\sigma_{max}}$$

当 r 等于 1 时,该应力为静应力;

---

① 现行的金属材料室温拉伸方法的国家标准为 GB/T 228.1—2021,其中力学性能符号自 GB/T 228—2002 起变动较大,如应力统一用符号"R"表示。由于目前原有的金属材料力学性能数据多是采用旧国家标准进行测定和标注的,为了叙述方便,本书仍使用原有金属材料力学性能符号。

r 等于 0 时,该应力为脉动循环变应力;

r 等于 -1 时,该应力为对称循环变应力。

2) 许用应力

静应力条件下的许用应力等于零件材料的应力极限除以安全系数,即:

$$[\sigma] = \frac{\sigma_{\lim}}{S}$$

对于塑性材料制造的零件,应力极限按材料的屈服强度来确定;对于脆性材料制造的零件,应力极限按材料的抗拉强度来确定,安全系数按照相关设计手册或经验确定。

3) 失效形式与疲劳曲线

对于变应力条件下的许用应力,零件的主要破坏形式是疲劳断裂。在疲劳断口上会有明显的两个区域,即疲劳裂纹持续扩展所形成的、面积较大的光滑区,以及突然发生断裂时形成的、面积较小的粗糙区。疲劳断裂的最大应力远比静应力下材料的强度极限低,甚至比屈服极限低。疲劳断裂不同于一般静力断裂,它是损伤的积累,是损伤到一定程度即裂纹扩展到一定程度后,才发生的突然断裂,所以疲劳断裂与应力循环次数(即使用期限或寿命)密切相关。

如图 1-6 所示,在材料力学中,用一条曲线来表示应力 σ 与应力循环次数 N 之间的关系,称为疲劳曲线。

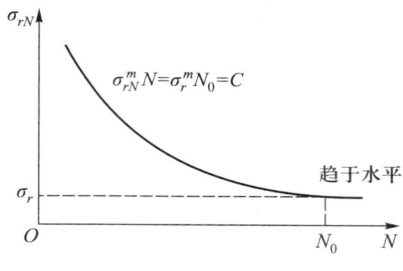

图 1-6 疲劳曲线

在疲劳曲线的左半部分,即循环次数小于循环基数 N_0 的部分,有下述函数关系式:

$$\sigma_{rN} = \sigma_r \sqrt[m]{\frac{N_0}{N}} = K_N \sigma_r$$

式中:m 是材料常数,由材料试验确定;r 表示循环特性系数。用该式可以计算出循环次数为 N 时对应的疲劳极限值。很显然,应力值越大、材料破坏前的应力循环次数就越少。当循环次数不小于循环基数 N_0 时,则恒取循环次数 N_0 所对应的疲劳极限。

4) 修正后的许用应力

由于零件几何形状的变化、尺寸大小、表面状态等影响,零件的疲劳极限会低于材料试件的疲劳极限。因此,在零件设计时,会引入一些系数对材料的疲劳极限进行修正后再作为许用应力。

对称循环变应力和脉动循环变应力对应的许用应力分别为

$$[\sigma_{-1}] = \frac{\varepsilon_\sigma \beta \sigma_{-1}}{K_\sigma S}$$

$$[\sigma_0] = \frac{\varepsilon_\sigma \beta \sigma_0}{K_\sigma S}$$

式中：ε_σ 为尺寸系数，反映零件尺寸大小的影响；β 为表面状态系数，反映零件表面状态的影响；K_σ 为有效应力集中系数，反映零件几何形状的变化影响；σ_{-1} 为材料在对称循环变应力下的弯曲疲劳极限；σ_0 为材料在脉动循环变应力下的弯曲疲劳极限；S 为安全系数。

（3）机械零件的接触强度

下面介绍机械零件的接触强度。

1）失效形式与接触疲劳强度

如图 1-7 所示，接触疲劳破坏是个渐进的过程，先在浅表层发生微裂纹，然后慢慢向表面扩展，最后发生片状的剥落。这种现象称为疲劳点蚀，简称为点蚀。点蚀是齿轮、凸轮等点、线接触高副的常见失效形式。

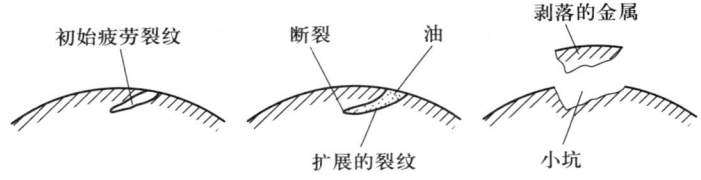

图 1-7 接触疲劳破坏过程

疲劳点蚀过程中，接触应力随时间发生周期性的变化。对于线接触，其最大接触应力可采用赫兹公式进行计算：

$$\sigma_H = \sqrt{\frac{\dfrac{F}{b}\left(\dfrac{1}{\rho_1} \pm \dfrac{1}{\rho_2}\right)}{\pi\left[\dfrac{1-\mu_1^2}{E_1} + \dfrac{1-\mu_2^2}{E_2}\right]}}$$

式中：ρ_1、ρ_2 为接触处曲率半径；μ_1、μ_2 为两接触材料的泊松比；E_1、E_2 为材料的弹性模量；b 为接触线长度；"+""-"分别对应外接触和内接触情况。

对于钢或铸铁的材料，取 $\mu_1 = \mu_2 = \mu = 0.3$，代入上式可以得到化简后的赫兹公式：

$$\sigma_H = \sqrt{\frac{1}{2\pi(1-\mu^2)}\frac{F_n E}{b\rho}} = 0.418\sqrt{\frac{F_n E}{b\rho}}$$

式中：ρ 为综合曲率半径。

如图 1-8 所示，接触应力具有上下对等、左右对称、稍离接触区中线即迅速降低等特点。

2）接触疲劳强度

接触疲劳强度的判定条件为

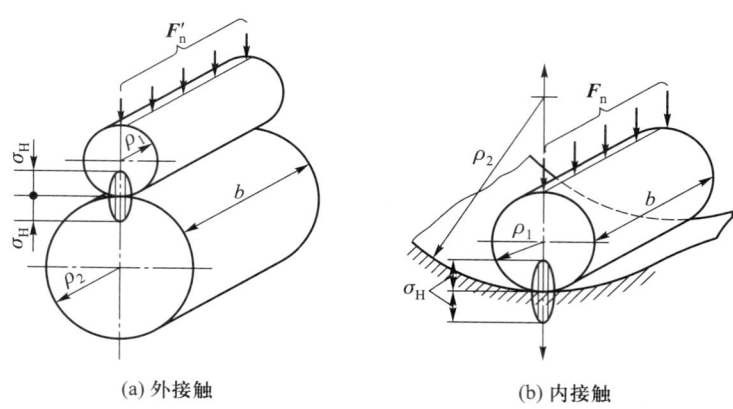

图 1-8 局部接触应力情况

$$\sigma_H \leq [\sigma_H]$$

式中：$[\sigma_H]=\sigma_{Hlim}/S_H$，$\sigma_{Hlim}$ 为接触疲劳极限，由实验测得；S_H 为安全系数，取值等于或稍大于 1。

若两零件的硬度不同，常以较软零件的接触疲劳极限为计算依据。

（4）机械零件的耐磨性

下面讨论机械零件的耐磨性问题。运动副表面的摩擦会导致零件表面的材料逐渐丧失或迁移，造成零件磨损。据统计，约 80% 的零件是因磨损而失效报废的。根据摩擦学知识，磨损主要有磨粒磨损、黏着磨损、疲劳磨损和腐蚀磨损 4 种情况。在实际工程中，常采用限制运动副压强的方式进行耐磨性的实用计算。

$$p = F/A \leq [p]$$

其中，许用压强 $[p]$ 由实验或同类机器的使用经验确定；F 为法向载荷；A 为接触面积在受力方向上的投影。

若相对运动速度较高，还应考虑运动副表面在单位时间、单位接触面积上的发热量 fpv。考虑到摩擦系数 f 一定，常进行 pv 值的计算和校核：

$$pv \leq [pv]$$

1.3 现代机械产品的开发流程及其创新层次

现代机器的整体或局部本质上是实现预期机械运动的现代机械系统，以机械运动为实现其功用的手段。因此，现代机器的设计开发本质上就是对所要实现的机械运动及其过程的构思与规划、设计与优化、运行与控制及对其物理实现的创造性开发过程。

1. 现代机械产品开发的一般流程

企业开发产品的目的是满足市场需求，获取利润，实现企业健康发展。因此，企业产品开发的任务和要求必须来自市场需求调查，并由此做出企业产品规划，通过销售产品获取市场回报。产品销售的过程也就是市场需求得到满足的过程,同时还是产品性能得以反馈的过程,如图 1-9 现代企业产品产业链示意图所示。产品开发包括设计和制造两个部分。一般来说,现代机械产品开发的过程一般包括以下五个大的阶段。

1) 确定设计任务

明确企业的产品发展战略,开展市场需求调查和分析,确定企业的产品开发规划;根据规划确定产品或产品系列的开发任务;论证和确定待开发产品的市场定位及其功能组成、技术指标等产品规格,提出产品设计任务书。

2) 方案设计

根据制定的产品设计任务书进行产品方案设计,针对产品的功能、原理、材料、工艺等提出可能的解决方案并进行评审评价评估,确认综合性能最佳的设计方案,提供方案原理图、机构运动简图、机械结构图等。

3) 技术设计

产品方案确定后,对机械部分进行技术设计,确定外形、结构、材料、标准外购件、设计图纸等。

4) 编写技术文件

绘制产品加工图样,编制装配工艺、调试大纲、产品验收规范等技术文件。

5) 试制、制造和销售

进行产品试制、修改、正式制造和市场销售。

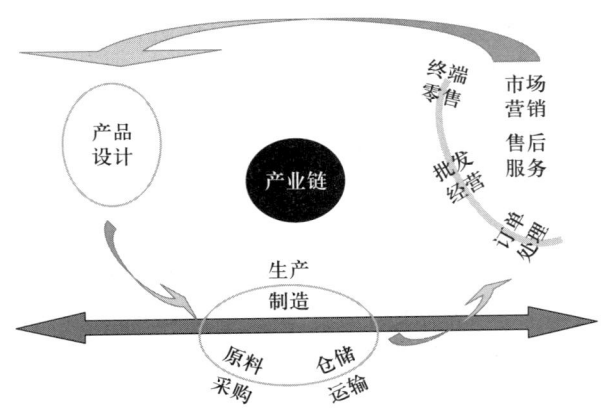

图 1-9 现代企业产品产业链示意图

如图 1-10 所示,对于现代机械产品,其设计过程大致可以划分为需求分析/产品规划、概念设计、详细设计和改进设计四个阶段,制造过程主要包括产品工艺设计、工装设计、产品试制、批量生产四个阶段。

下面逐一介绍现代机械产品设计过程的四个阶段。

(1) 需求分析/产品规划阶段

产品规划阶段的中心任务是在市场需求调查的基础上,进行需求分析、市场预测、可行性分析,确定设计参数及制约条件,最后给出详细的设计开发任务书(或要求表),作为后续设计、评价和决策的依据。作为产品开发的起点和终点,市场需求的发现与满足往往

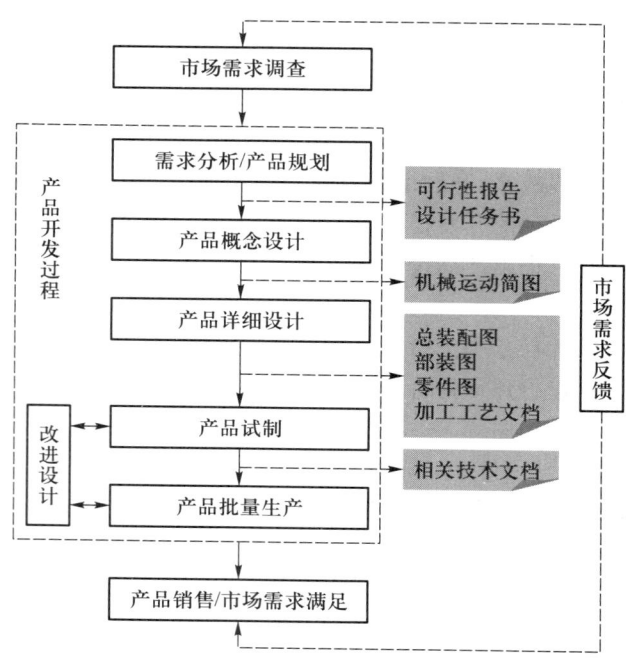

图 1-10 现代企业产品开发的一般流程

会开辟一个新的市场空间,极大地实现产品开发的最终目标,即满足市场从而占领市场,实现最大利润。对于市场需求,既包括易于把握的显性需求,更包括难以轻易感知的隐性需求。因此,产品开发中不但要开发满足显性需求的产品,而且要善于发现隐需求并开发能满足隐性需求的产品,达到引领市场和获取高额回报的目的。

（2）概念设计阶段

市场需求的满足或适应,是以产品的功能来体现的。产品功能与产品设计是因果关系。体现同一功能的产品,可以是多种多样的。概念设计阶段要完成产品功能分析、功能原理求解和评价决策,以得到最佳功能原理方案,并完成**机械运动方案的设计**（又称**机器运动简图设计、机械运动简图设计**或**机构运动简图设计**）。所谓**机械运动简图设计**,就是按机械的工作过程和动作要求,创造性地设计出由若干机构组成的机构系统方案并绘制其机构运动简图。一般情况下它决定了机械设计方案的优劣成败,是获取整机方案的核心环节。机械运动方案或者说机械运动简图包含了两方面信息,一是机构或机构系统的类型和尺度;二是机构或机构间的运行时序关系,即机械运动循环图。概念设计阶段的主要任务是完成**机构设计**和**控制系统概念设计**。机械产品方案决定着机械产品性能和成本,关系到产品的技术水平和市场竞争力。因此,设计出好的方案是产品设计成功的关键。随着我国知识产权保护法律法规体系的建立和日益完善,根据产品功能要求、工作性质和工作过程等基本要求,进行能获取自主知识产权的机械运动方案的创新设计,愈来愈受到企业和产品开发人员的重视。**机械原理课程的相关知识将为现代产品的机械运动方案设计提供理论和方法**,因此在企业现代机械产品开发中具有举足轻重的地位。

（3）详细设计阶段

详细设计阶段是将机械运动简图具体化为机器及零部件的合理结构，以及信息处理与控制、传感与检测两个子系统的软硬件选型和控制逻辑图，也就是要完成产品的机械结构总体布局设计、部件和零件的结构设计和性能设计，以及控制功能模块的板卡结构设计与软硬件选型、控制逻辑设计；完成全部生产图纸、控制逻辑时序图、采购清单并编制设计说明书等相关技术文件。详细设计阶段的核心任务是完成**机械结构设计**（又称**机械零件设计**或**机械设计**）和**控制系统详细设计**。在此阶段中，零部件的结构形状、装配关系、材料选择、尺寸参数、加工要求、表面处理、总体布置、产品外观等设计合理与否，都对产品的技术性能和经济指标有着直接的影响。**机械设计课程的相关知识将为现代产品的机械结构方案设计提供基本理论和方法**，在企业现代机械产品开发中具有基础性作用。

（4）改进设计阶段

改进设计阶段的主要任务是根据产品在试验、使用、鉴定中所暴露出来的问题，进一步做相应的技术完善工作，使产品的效能、可靠性和经济性得到提高，更具有市场竞争力。

在上述四个阶段中，需求分析/产品规划阶段解决产品的市场定位、功能定位和性能定位问题，主要决定产品市场目标的独特性、功能定义的新颖性、性能定义的合理性；概念设计阶段解决机器的机构设计问题，主要决定产品设计方案的科学性、合理性和新颖性；详细设计阶段解决机器的结构设计问题，主要决定产品设计方案的结构合理性、可制造性、经济性和实用性；改进设计阶段解决试制、试验、使用等过程中暴露出来的各类问题，实现产品方案的完善和升级。本课程重点研究现代机械产品概念设计和详细设计的理论、方法和手段，并通过项目制作等教学形式涵盖上述全部阶段，为产品开发储备专业基础知识、建构分析和设计核心能力。

决定产品设计新颖性的机械运动方案设计，如图1-11所示，主要包括：

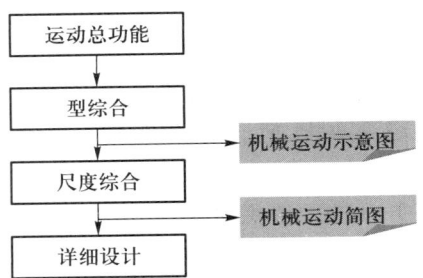

图 1-11　机械运动方案的设计流程

（1）机械运动简图的型综合

遵循某种工作机理，先按工作过程和要求构思工艺动作过程和工艺动作序列，确定出若干执行动作及其时序方位关系；再根据执行动作要求，选择各执行机构的机构形式（或进行构型设计以创造新机构），细化各执行机构输出工艺运动的时序方位关系；再将这些机构组合成一个机构系统，这就是**机械运动简图的型综合**。型综合又称**构型综合**、**构型设计**，其结果是获得机械运动示意图。

（2）机械运动简图的尺度综合

按初步确定的机构系统的机构形式，根据各执行机构的运动规律要求和动作配合要求，进行各机构的运动尺度设计计算和机构间的协调设计。这就是**机械运动简图的尺度综合**（又称**尺度设计**）。

在机械运动方案设计过程中，型综合和尺度综合这两部分设计往往需要反复进行，甚至是融合进行，以便于最终获得能较好满足设计要求的机构构型和运动尺度的全局优化解，得到机械运动简图。

由此看出，机械运动方案设计是机械产品设计的重要内容，是决定机械产品、性能和经济效益的关键性阶段。机械原理是机械运动方案设计的理论基础，为做好机械运动方案设计，必须学好机械原理的基本内容，理解机械原理的基本内涵，掌握机构及其系统设计的理论和方法。

2. 现代机械产品方案设计中的创新层次

创新是设计的灵魂，是产品方案是否能够获得知识产权的核心依据。对于现代机械产品的设计开发，有以下不同层次的创新。

（1）任务创新

设计的动力来源于人类社会的各类需求，特别是市场的需求。需求的产生为设计提供了对象和任务。因此，需求创新或者说任务创新是产品创新中最高层次的创新。

对于市场需求，既包括易于把握的显性需求，更包括难以轻易感知的隐性需求。需求的预测是一个很重要的研究方向，涉及市场心理学、技术发展学、市场营销学、社会发展学等多个领域。在现代日益网络化的社会中，需求的调查更多地可以在互联网络上进行。调查内容包括信息搜索与整理、信息提取与挖掘等。市场需求决定了产品开发的方向，任务创新是一个创造性很强的工作，需要依靠人的智慧来主导完成。随着研究的深入，其中程式化强的部分工作可以逐步交由计算机系统去完成，起到为决策者提供辅助的作用。随着数据挖掘、人工智能、大数据分析等技术的快速发展和广泛有效的运用，对于各类市场需求的发现和挖掘会越来越高效化、精准化、智能化。

（2）功能创新

为了描述和解决设计任务，可采用"黑箱法"分析提取功能，用功能来描述一个系统的输入和输出之间、以完成任务为目的的总的相互关系。功能的设定应该是抽象地规定任务，而不偏向某种解。所谓功能创新有两个层面的含义。一个是对市场需求信息和设计任务书进行了创造性分析，从而得到的新的功能需求，即提取了新的功能要求。新功能若符合市场需要，则会得到认可，激发消费者的欲望，得到消费者的青睐。这实际上是与任务创新中的隐性需求发现相辅相成的。另一个则是指对产品总功能的创造性描述和抽象，更有利于产生不同的求解思路，从而获得更佳的产品方案。

（3）原理创新

当规定了产品的功能要求后，如何实现功能，是一个原理确定问题。众所周知，同一个功能总会有很多方案可以实现，这主要取决于产品原理的创造性决策。对于一个机械产品，其功能实现原理可细分为工作原理和技术原理两类。所谓工作原理（工作机理），即是指该产品赖以实现功能的根本性原理,或者说物理性原理。而技术原理则是为保证该工作原理的实现而采用的技术手段,在机械产品中往往表现为工艺动作或工艺动作过程。例如感光式照相机,其工作原理是胶片感光引起的化学反应成像;而技术原理则是快门机构、卷片机构、闪光灯即时闪光等机构与过程的协调动作,它们的工作顺序或逻辑依赖于工作原理的实现方式。鉴于此,原理创新又可分为工作原理创新(机理创新)和技术原理创新。工作原理创新总会导致全新产品的出现,例如数码相机完全摒弃了胶片感光方式。而技术原理创新往往使产品种类更为丰富,例如机械式感光照相机、傻瓜式感光照相机、一次性感光照相机等。

(4) 行为创新

对机械产品而言,同一种技术原理也可能通过多种具体运动方案,即多种工艺动作过程实现。因此,对于同一种技术原理,行为创新即工艺动作过程创新也会带来一些新方案。例如食品包装机械中,对同一块糖可以有不同的包法,就反映了工艺动作过程的不同。因此,工艺动作过程创新是相当重要的一种创新。从实际情况来看,任务层、原理层的创新显得少而精,而大量的是现有功能和原理下的新设计。在现实世界中,有很大一批产品是依赖于一系列工艺动作配合来完成任务。对于这些产品,工艺动作创新很有实际价值。

(5) 构型创新

这里的构型是指机械运动系统的拓扑类型,即机构构型。构型创新体现为产品设计过程中对已有机构的巧妙选用和新型机构的精巧构思。在机、电、液、光、磁等领域融合发展的今天,实现运动的功能元即工艺动作的载体已不局限于传统机构,更多的是广义机构了。因此,构型也就是指现代机械系统的广义机构子系统的拓扑类型。构型创新大有可为,将导致产品品种的极大丰富。构型创新包含两个层面的内容:一个是广义机构子系统层次,一个是广义机构层次。前一个层次涉及工艺动作过程的合理分解、机构选型和组合创新;后一个层次涉及已有机构的巧妙选用或新机构的发明。

(6) 尺度创新

概念设计阶段的尺度创新是指对广义机构运动学参数进行优化,优化的不同将导致产品性能的差异。因此,运动学参数的合理决策也可以被认为是一种创新。尺度创新分为机构系统各子系统间的匹配参数创新和各子系统自身的运动(机构)尺度创新。子系统间匹配参数创新为各子系统划定合理的"接口";子系统运动尺度创新则依赖于每一种具体广义机构的运动学尺度优化设计方法的研究。

3. 产品创新对企业生存和发展的重要性

创新是设计的灵魂和本质,产品创新性是决定产品市场竞争力的核心要素。产品设计居于产业链的上游,提升由市场需求驱动的产品创新能力无疑是企业提升自身市场竞争力和产业竞争力、保持在市场竞争中能够立于不败之地的最为关键的技术手段。

1.4 课程的主要内容、教学和学习方法

1. 课程的主要内容

机械原理与设计是机械工程及相关专业的主干基础课程。通过修读本课程,应建立关于现代机器的基本理念、掌握现代机器分析和设计的基本方法,为解决现代机械的认知、分析、设计开发、改进、维护等奠定专业知识和能力基础。

1-4 课程总体介绍

本课程主要内容可以划分为机器认知、机构设计、结构设计、机器设计共四个大的板块,具体包括现代机器的认知,机械原理、机械设计的基本概念、基本方法,标准零部件选型知识,电机、电控、传感等技术单元的基本应用知识,以及机器的方案设计。

机器认知板块旨在帮助学习者从开展方案设计的视角建立关于现代机器的基本理解。

机构设计板块即机械原理部分的核心内容,包括现代机器功能结构、机构组成、运动和力学分析、连杆机构、凸轮机构、齿轮机构、机构平衡、机械调速、机械运动方案设计等。

结构设计板块即机械设计部分的核心内容,包括带传动、链传动、齿轮传动等机械传动,键连接、螺纹连接、轴及轴系零件、轴承、机座等机械零件,以及机器的整体结构与布局的设计和选型知识。

机器设计板块通过一个简单机电产品的设计和开发,帮助学生积累机电产品设计开发的基本经验,培养机电产品方案创新设计的初步能力。

2. 课程的教学和学习方法

本课程涉及机械原理、机械设计等相关课程基本知识,学科涉及面广、机构结构多样、课程跨度大。在进行课程教学时需立足时代特点、帮助学生建立对现代机械产品和智能装备的本质认识;引导学生关注知识背后的有机联系和共性思维方式;建立对机械原理与设计基本概念和方法体系的总体认知并关注细节,这是本课程教学和探究性学习的精髓与目标。

(1) 教学和学习的基本原则

对于机械原理部分,在教学和学习过程中需要注重基本概念间的内在联系,如压力角、死点、瞬心、传动比、等效、相对运动原理等,这些基本概念在不同章节、不同机构的分析和设计中都反复出现。将这些基本概念作为要点,并将其前后有机联系起来,引导学生学通、学活、真正理解和掌握这些基本概念的内涵和本质。在机构分析和设计中,来自不同学科的知识被运用进来,如运动学分析中采用的矩阵、复数向量等;机构受力分析和机构平衡中采用的理论力学知识;机械调速中采用的力学建模和微分方程求解等。希望学生在学习中能立足解决机械原理问题的需要,灵活运用其他学科的知识、提高自己解决机构问题的综合能力、逐步建立起基本概念和方法体系。

对于机械设计部分,需要关注结构的几何设计和结构的性能设计这两条并列的逻辑主线,理解结构设计的本质和路径是机构要素的结构化。虽然机械零件、机械设计的内容庞杂,但背后的两条主线和内在逻辑是一致的、相通的,在进行课程教学和学习时对此应该有清晰的认知。

机械原理与设计不仅是一门机械工程领域的奠基性课程,还是一门不断发展的工程基础课程,是现代机械产品和智能制造装备运动和结构系统设计的基础,是一门实践性很强的课程。因此,在组织课程教学时,需要与课程内容教学相配合,合理设置项目设计环节,通过理论教学和设计实践促进动脑和动手能力的培养。另一方面,在学习机械原理与设计课程的时候,应坚持理论联系实际,善于观察生活和生产中的各类机械和设施,积极运用机械原理与设计的专业知识对其进行分析、理解、改进甚至是基于这些机械和设施发明创造新的机器,做到活学活用、不断提升自己认知和解决实际问题的能力。

(2)基于项目式教学思想的"双主线并行"总体教学和学习方法

如图1-12所示,考虑到本课程具有很强的实践性,课程教学总体上可以采用项目式教学思想,本课程的教学模式由课堂教学和课程项目设计制作这两条并行的教学主线构成。两条教学主线同步展开、相互协同,即为"双主线并行"项目式教学方法。其中课外的项目设计包括立题调研、概念设计、详细设计、制作展示共4个大的阶段,课堂教学主线可以依据课外项目主线的进度进行安排和调整,课堂教学安排包括专业知识的教学和项目设计与制作4个关键节点的项目指导,服务于课外项目进展各阶段对相应专业知识的需求。

在课程专业知识的学习过程中,学生要逐步养成探究性学习的习惯、培养探究性学习的能力;要勤于思考思辨、挖掘知识背后的演绎逻辑;要将项目的开展和课程的学习融合起来,学活学通和活学活用课程专业知识,逐步主动建构起解决工程问题的专业能力。

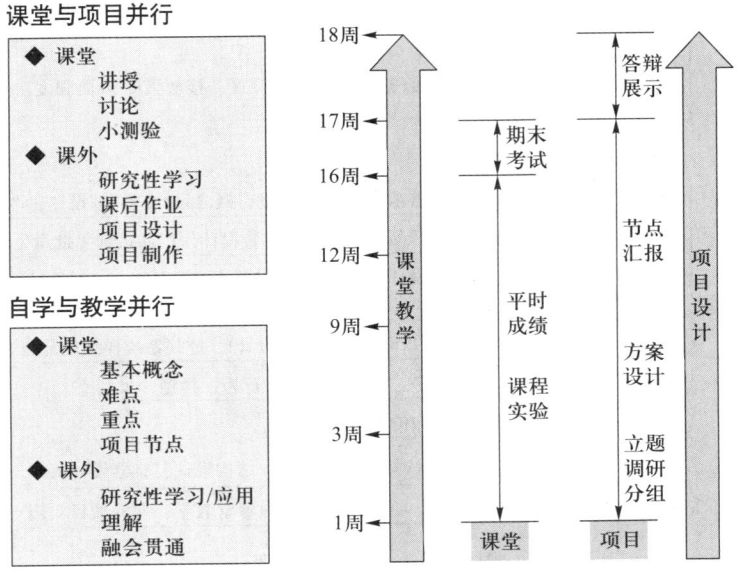

图1-12 "双主线并行"的课程项目式教与学

学习指南

机械原理与设计是研究如何认知、改进和创新设计现代机械和机器的课程。正确理解机器、机构、机械原理与设计的基本概念，清晰认识机械原理与设计在产品开发过程中的基础性作用，是十分重要的。如图 1-13 所示，本章简要介绍了机械原理与设计的基本概念、企业产品开发的一般流程与创新层次以及本课程的教学和学习方法。通过本章的学习，了解学习本课程的重要性，明晰课程的学习目标：

- 初步熟悉机电产品开发过程
- 理解基本机构、机械传动、机械零件的设计知识
- 了解机械标准件、驱动器、传感器等设计选型知识
- 能从方案创新设计的视角认知现代机器的功能/逻辑构成
- 能初步分析、设计机械运动系统的方案与运动功能及性能

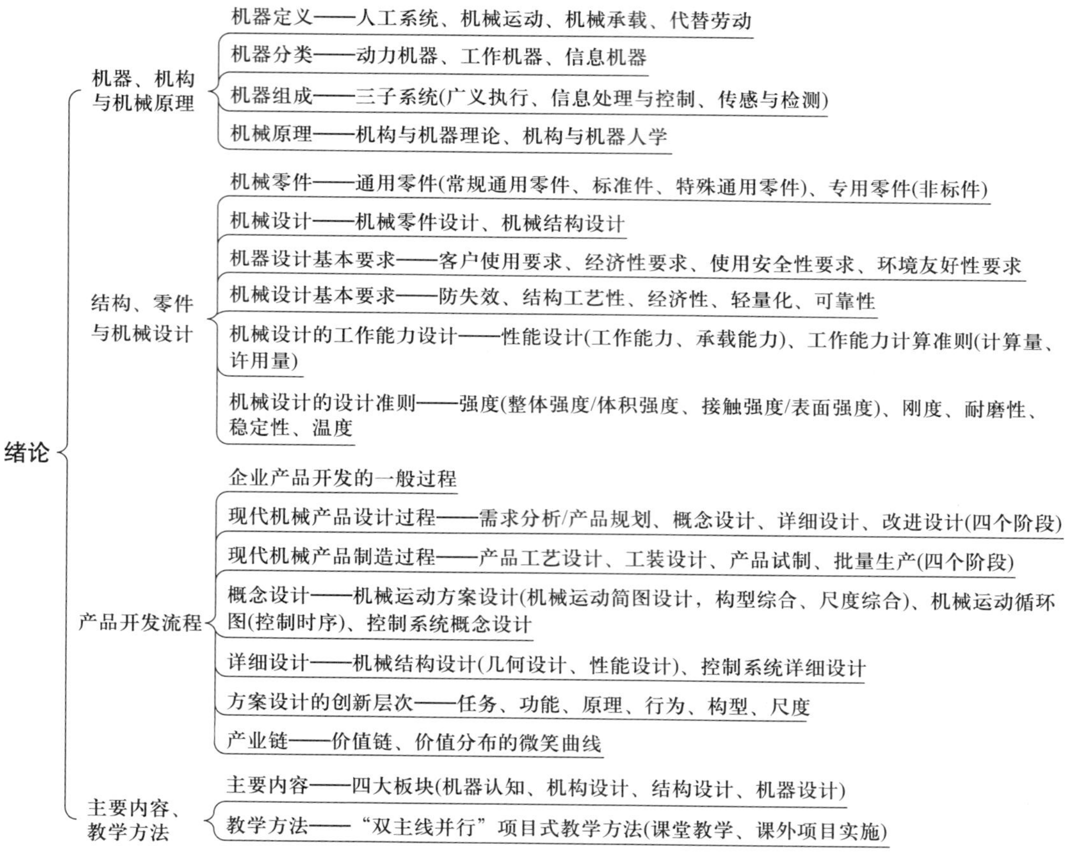

绪论
- 机器、机构与机械原理
  - 机器定义——人工系统、机械运动、机械承载、代替劳动
  - 机器分类——动力机器、工作机器、信息机器
  - 机器组成——三子系统(广义执行、信息处理与控制、传感与检测)
  - 机械原理——机构与机器理论、机构与机器人学
- 结构、零件与机械设计
  - 机械零件——通用零件(常规通用零件、标准件、特殊通用零件)、专用零件(非标件)
  - 机械设计——机械零件设计、机械结构设计
  - 机器设计基本要求——客户使用要求、经济性要求、使用安全性要求、环境友好性要求
  - 机械设计基本要求——防失效、结构工艺性、经济性、轻量化、可靠性
  - 机械设计的工作能力设计——性能设计(工作能力、承载能力)、工作能力计算准则(计算量、许用量)
  - 机械设计的设计准则——强度(整体强度/体积强度、接触强度/表面强度)、刚度、耐磨性、稳定性、温度
- 产品开发流程
  - 企业产品开发的一般过程
  - 现代机械产品设计过程——需求分析/产品规划、概念设计、详细设计、改进设计(四个阶段)
  - 现代机械产品制造过程——产品工艺设计、工装设计、产品试制、批量生产(四个阶段)
  - 概念设计——机械运动方案设计(机械运动简图设计，构型综合、尺度综合)、机械运动循环图(控制时序)、控制系统概念设计
  - 详细设计——机械结构设计(几何设计、性能设计)、控制系统详细设计
  - 方案设计的创新层次——任务、功能、原理、行为、构型、尺度
  - 产业链——价值链、价值分布的微笑曲线
- 主要内容、教学方法
  - 主要内容——四大板块(机器认知、机构设计、结构设计、机器设计)
  - 教学方法——"双主线并行"项目式教学方法(课堂教学、课外项目实施)

图 1-13 本章概念导图

- 能初步分析、设计机械零部件的几何结构与力学性能

通过本课程学习,为学生今后从事创新设计与分析现代各类机械系统、机电系统和装备打下专业基础。

思考题

1-1 试举例说明机构与机器的异同。

1-2 试举例说明现代机器和机构的类型及构成。

1-3 何谓机构?现代机构与传统机构有什么异同?

1-4 何谓机器?机器按什么特征可以分成三种类型?

1-5 构件与零件的概念有什么不同?

1-6 为什么说机械运动方案就是机构系统方案?

1-7 如何理解机器功能构成的"三子系统论"?试分析一台工业机器人的功能构成。

1-8 从产品开发的角度,机械零件有哪些类型?这样划分的目的和好处有哪些?

1-9 机械设计的基本要求有哪些?工作能力设计主要解决什么问题?机械设计的设计准则有哪些?分别解决什么问题?

1-10 机械设计和机构设计有哪些内在联系?试举例说明。

1-11 试分析企业机械产品开发的一般流程。

1-12 试分析把握市场需求对企业的重要性,如何获取市场需求?

1-13 机械运动方案设计的主要内容是什么?有哪些创新层次?为什么产品创新能力事关企业生存?

第 2 篇　机器设计过程与指导篇

　　现代机器是以机械运动和承载为功能手段、以机电一体化为特征的机械系统,呈现出数字化、信息化、智能化、网络化、集群化、社会性、多/跨学科交叉的发展态势。从方案创新设计的视角,现代机器一般可以划分为广义执行(亦称运动执行与动力传递)、信息处理与控制、传感与检测共 3 个特色鲜明的功能子系统,不同于传统的纯机械系统,其创新设计和产品研发需要从机电一体化的系统观点进行谋划。本篇首先从方案设计的视角探讨对现代机器的正确认知,从功能结构组成和功能模块求解的角度揭示机器的历史、现在和未来的内在联系和演进路径,建立对现代机器认知的系统观点和发展观点;为配合课程项目的开展和具体实施,本篇还从功能角度简要介绍了常用机构和常用结构的功能和特点,从整机系统观点出发阐述了机器的运动方案创新设计和机械结构设计过程。本篇内容旨在帮助读者拓宽视野、明晰现代机器的功能本质及其机械设计过程,可用于课程项目实施过程的总体指导。

第 2 章

机器的历史、现在和未来

内容提要

从创新设计的维度出发,现代机器是机器在现代条件下的表现形态,是对传统机械在形式和内涵上的传承和发展。传承主要体现在以下两方面:一是现代机器与传统机器在功能结构和控制逻辑结构上可以认为是一致的,对机械运动过程的控制逻辑相同;二是现代机器与传统机器的机械运动方案设计过程可以认为是一致的,方案设计过程模型相同。发展也主要表现在两个方面。一是现代机器与传统机器的功能结构,即广义执行、信息处理与控制、传感与检测这 3 个子系统的物理载体形态发生了变化,随着时代的进步而进步,不断发展;二是机械运动方案设计过程中的功能求解随着时代的发展而发展,出现了功能分解途径的多样化、功能元解空间的多学科化、机械运动功能载体的广义化、控制逻辑实现的数字化、操控功能的智能化、信息处理的云端化、信息传递的无线化和网络化等时代特征。从上述观点出发,可以预知未来机器与现代机器之间也将会遵循相同的演进逻辑。因此,本章将从现代机器方案创新设计的视角出发进行论述,建立对现代机器的基本认知;剖析现代机器的本质特征;探究机器发展的历史、现在和未来;洞悉其内在演进逻辑和发展趋势。

2.1 机器的本质:物理结构与功能结构

要创新设计和开发一台机器,首先就必须要解决如何正确认知机器这一问题。正如绪论中所论述的,**现代机器更多是被计算机局部或全面控制的现代机械系统,机电一体化是其基本特征,网络化、智能化、云端化是其发展新阶段,集群化、群体化、社群化、社会化是其发展新趋势**。现代机器多种多样,本课程所研究的现代机器,以机械运动和机械承载为基本手段实现其功能,但机械运动的决策、协调和控制更多依赖于电子技术、传感技术、数字技术、人工智能技术和网络技术等当代信息化软硬件技术手段。

从 20 世纪 50 年代末出现的数控机床、遥操作机械手,到 20 世纪后半期不断涌现出来的数码照相机、仿生机器、智能洗衣机、个性化量体裁衣的现代缝制系统、智能化物流装备、虚拟轴机床、多足机器人、火星探测机器人、太空机械臂、微纳机器人、医疗机器人等,都属于现代机器的范畴,是典型的机电一体化产品和技术系统。

现代机器的结构形式多样,表现形态各异,功能品种繁多,涉及多学科的交叉和融合。根据工作类型的不同,现代机器仍可以划分为动力机器、工作机器和信息机器三类,但均已愈来愈明显地强化了信息采集、处理、传递、共享和深度利用等数字化、智能化特点。当前出现的以大数据、云计算、人工智能等技术为核心要素的信息化发展趋势,使得现代机器正在越来越多地承担起更为高阶的"脑力劳动",现代机器已变得越来越"聪明"、越来越"智慧"。

面对这些现代机器时,需要静下心来、深度思考以下问题:

(1) 如何抽丝剥茧、透过现象看本质、准确理解和把握机器的内涵?古往今来,在纷繁复杂的机器外表下面,有没有共同的规律可以遵循?

(2) 面对不断涌现的市场新需求,如何开发出有国际竞争力的新产品?作为未来的机械设计师,该如何去领导一个跨学科的专业设计小组、有效管理好产品开发活动?

(3) 面对机电一体化技术、现代信息技术、人工智能技术、大数据技术、万物互联技术等不断涌现的新技术,又该如何去把握机器发展的未来,引领未来机器的发展?

要想从无到有、创造发明出一部新的机器,首先需要对现代机器的本质有正确的认知。

1. 从机器制造和装配的视角看现代机器的物理结构

从物理结构上来看,现代机器大多可以拆解成机械结构件、运动构件、控制器、机电接口、动力接口、驱动器、计算机、集成电路、线缆等不同性质的机械零部件和电气电子元器件,这些零部件和元器件分别通过机械加工、电气制造、电子制造、光学制造等不同学科的制造工艺来生产。

如图 2-1 所示,我国"嫦娥四号"着陆器与"玉兔二号"巡视器 2019 年 1 月成功软着陆月球,是人类首次在月球背面实现软着陆和巡查探测的技术系统,也是我国科技发展的一个里程碑式的科技成就。由于是在月球背面着陆,着陆器和巡视器无法直接与地球上的操控人员进行通信联系,而是通过"鹊桥"中继星构建了一个双向通信链路。着陆器有四条主着陆腿用以实现软着陆,同时搭载了巡视器以及月表生物科普试验载荷。着陆器成功实现软着陆后,巡视器展开太阳翼,伸出桅杆,随后开始向转移机构缓慢移动。转移机构正常解锁,在着陆器与月面之间搭起一架斜梯,巡视器沿着斜梯缓缓走向月面。巡视器上安装了全景相机、测月雷达、红外成像光谱仪和与瑞典合作的中性原子探测仪,对月球背面进行巡视探测,并将图像和数据传回地球。这样精美而复杂的技术系统,如果单纯从结构上看,可以拆解出各类杆件、轮子、电机、计算机、各类传感器、无线通信单元、摄像机、太阳能电池板、检测仪器等零组件。那为什么需要这些零组件,为何把这些零组件装配起来就能完成举世瞩目的月球探测任务?

显然,从机器制造和装配的角度来观察一部机器,所看到的繁乱、零杂的零部件和元

图 2-1 "嫦娥四号"着陆器与"玉兔二号"巡视器

器件只是机器的外在表现;看不到的机器设计和运行背后的逻辑和规律才是机器的内在本质。纷繁复杂的物理结构掩盖了机器背后的真实设计意图和创新开发过程,因此也就无法揭示出这些机器在当初是经由怎样的途径、使用怎样的方法被工程师们精巧地构思和开发出来的,而这正是其核心竞争力之所在。正因如此,现代机器的知识含量丰富、技术附加值高,难以被准确复制。仿制的结果往往是"形"似而"神"不似,是"照葫芦画瓢",难得要领。

因此,要理解现代机器的构思和开发过程,需要我们转换观察的视角,抛开机器的具体物理结构和组成,从方案设计的视角即功能结构的视角去探寻机器背后的设计思想,揭秘其设计过程,在理解和把握现代机器的本质和创新设计的同时,逐步培养创新开发新机器的思维方式和创新能力。

2. 从方案设计的视角看现代机器的功能结构

分析现有机器的目的是理解机器,弄清其设计意图和设计思想,进而优化现有机器的性能,或者根据市场调查和市场需求创新开发新机器。

如上所述,仅从物理结构的角度无法洞悉机器的内在本质。因此,需要换一个角度来考察现代机器,从方案设计的角度将机器的实体结构进行必要的、合理的抽象。

对于本教材所讨论的机器来说,机械运动是其达成功能的核心手段。因此,抓住机械运动这个关键,从方案设计的需要即运动功能的角度来考察、理解机器,才有可能揭示出机器的工作原理、运行机理和设计思想。这就是关于现代机器功能结构组成的"三子系统"观点。

如第 1 章所述,从机器实现机械运动功能的角度出发,无论什么机器都包含运动执行和控制两大功能模块,通俗地说就是"干活"和"指挥干活"这两部分。运动执行功能模块一般包含驱动、传动与执行三个单元,这些单元共同构成广义执行子系统;控制功能模块进一步可以划分为信息处理与控制和传感与检测两个子系统。运动执行功能模块或者说广义执行子系统的载体是作为传动单元的传动机构或系统、作为执行单元的执行机构或系统以及作为驱动单元的电动机等原动机;控制功能模块的载体是计算机、控制器、驱动器以及传感器等。现代机器通过控制与执行的功能模块间相互配合、相互协调来共同实现机器的机械运动、完成作业过程,从而实现机器的功能和性能。因此,现代机器从机械运动功能组成与实现的角度分析,可以认为由广义执行、信息处理与控制、传感与检测三个功能子系统组成。

从控制逻辑的复杂程度来看,现代机器可以划分成单元和系统两个层次的产品类型。本书1.1节中,图1-3表示了单元层次的现代机器逻辑结构。对于一部更复杂的现代机器,其控制结构大都表现为递阶分层嵌套模式,各执行单元都可能是一个较为完整的动作单元,由广义机构和控制两部分组成。如图2-2所示,系统层次的现代机器逻辑结构总体上仍包含运动执行和控制两大功能模块,从控制的角度呈递阶分层控制结构,其中每个执行单元可以是完整的闭环控制逻辑结构、也可以是非完整的开环控制逻辑结构、甚至可以是只有启停功能的功能单元。

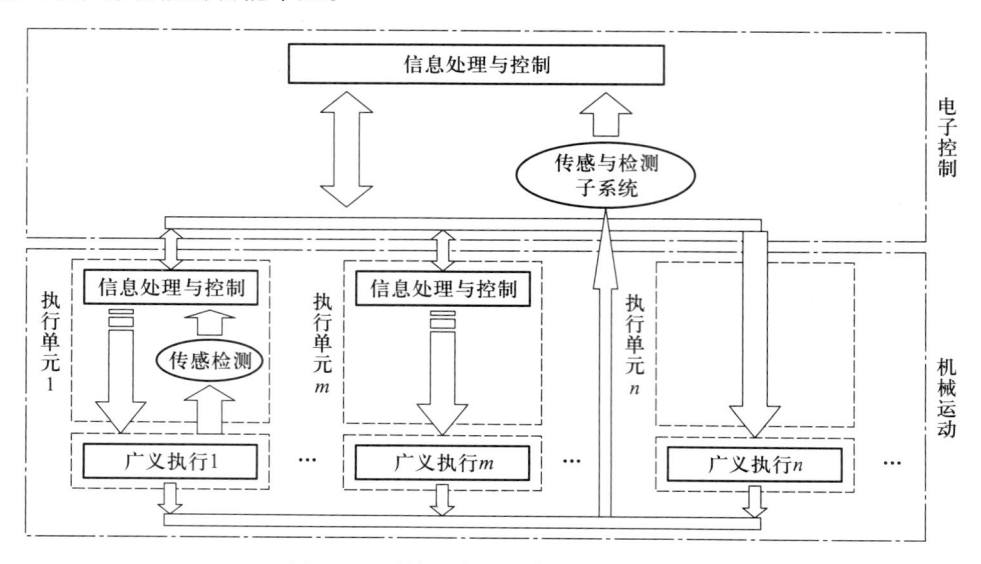

图 2-2 系统层次的现代机器逻辑结构

2.2 现代机器的"骨骼":广义执行子系统

从机械运动的功能组成和机器方案的创新设计的视角出发,现代机器可以分解为广义执行、信息处理与控制、传感与检测三个功能子系统。从本节开始,对这三个功能子系统作分别阐述。

广义执行子系统是现代机器的运动系统,或者说"骨骼"系统,它承担机器的运动产生和变换、力和能量传递等功能,执行任务以完成预期的机械运动。它一般由驱动、传动与执行三类单元组成,其载体是各类机构或机构系统(包括广义机构和传统机构),以及提供输入运动和动力的原动机。随着材料技术、制造技术、计算技术、设计技术等技术的发展,机器的"骨骼"必然会从形态、功能、性能等方面不断发生技术演进,并跟随应用场景的变迁往柔软、柔顺、轻巧、灵活、微型或巨型、轻载或重载、简单或复杂等不同方向演化。

1. 广义机构与传统机构

科学技术的发展使传统机构的面貌发生了很大改变,出现了各类新机构,这里统称为广义机构。构件和运动副是机构的两个基本构成要素,广义机构就是机构在其构成要素上引入现代科技成果而出现的新形式,是对传统机构在形态和内涵上的突破和发展。传统机构可以看作广义机构的特殊情况,是广义机构集合的子集。与传统机构比较,各类新机构存在以下不同:

1) 组成机构的构件不再局限于刚性构件,出现了弹性构件、挠性构件、柔性构件等。

2) 机构的运动副不再局限于简单运动副,出现了由运动链构成的组合运动副,如图 2-3 所示的 $^\wedge U$ 副、$U^\wedge$ 副、$^P U$ 副、U^P 副、U^* 副、S^S 副等,在机器人设计中这些组合运动副被经常作为关节来使用,这大大拓展了机器人机构构型的创新空间。

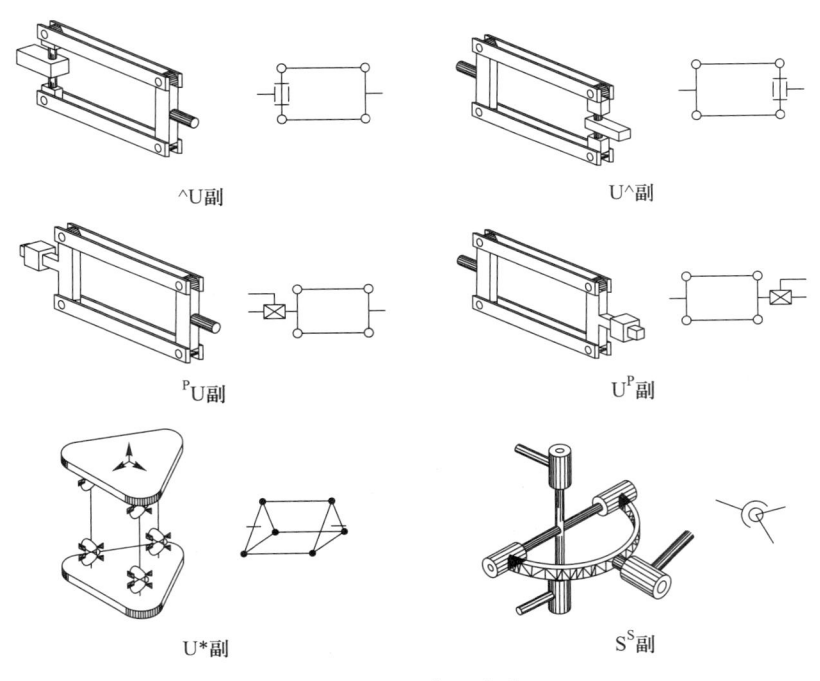

图 2-3 组合运动副

3) 因新材料的出现,构件与运动副有时融为一体,不再有不同构件间的连接关系,运动副功能出现在构件体内部,依靠构件材料的局部弹性变形来实现运动,如由集中柔度构件形成的柔性铰链(图 2-4)和柔顺机构(图 2-5);或者构件的变形是整体性的,依靠分布柔度构件的整体弹性变形来产生所需要的微小位移,如全柔顺机构(图 2-6)。构件与运动副的融合也为微机构、微机电系统(micro-electro-mechanical system,MEMS)的发展奠定了技术基础。

4) 不仅机构的组成元素可以发生变化,动力源也可以和主动件融为一体,因此出现

(a)　　　　(b)　　　　(c)　　　　(d)　　　　(e)　　　　(f)

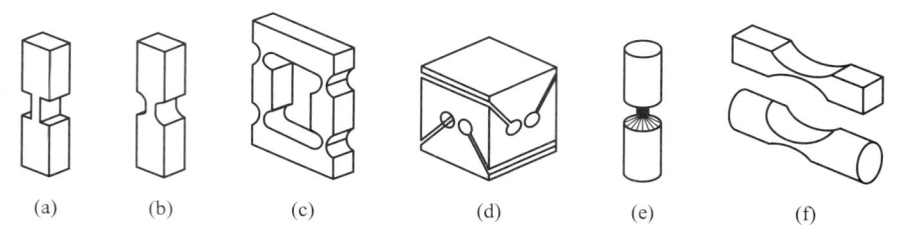

图 2-4　集中柔度构件形成的柔性铰链

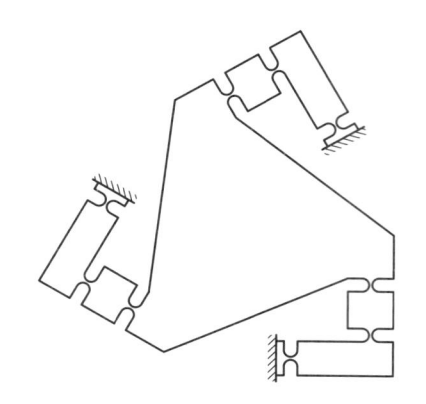

图 2-5　集中柔度构件形成的柔顺机构

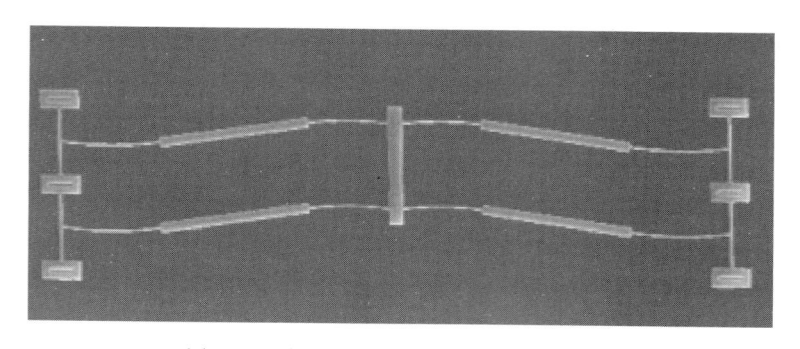

图 2-6　分布柔度构件形成的全柔顺机构

了液压机构、气动机构、光电磁机构、伺服直接驱动机构等机构；动力源还可以和执行构件融合，形成组合体，如数控机床的电主轴机构(图 2-7)，其机床主轴直接成为转子，电动机定子成为机架。电主轴是一套组件，包括电主轴本身及高频变频装置、油雾润滑器、冷却装置、内置编码器、换刀装置等附件。另外还有各类电风扇、电动工具等，都是动力源和执行构件融为一体的典型例子。

　　机构的广义化发展，或者说新的机械运动载体形式的出现，为现代机器的运动方案创新设计提供了更多选择和广阔空间。各类新机构较之传统机构，不仅在形式上发生了巨大变化，在性能上更有了质的飞跃。这为现代机器的结构简单化、功能多样化、性能最优

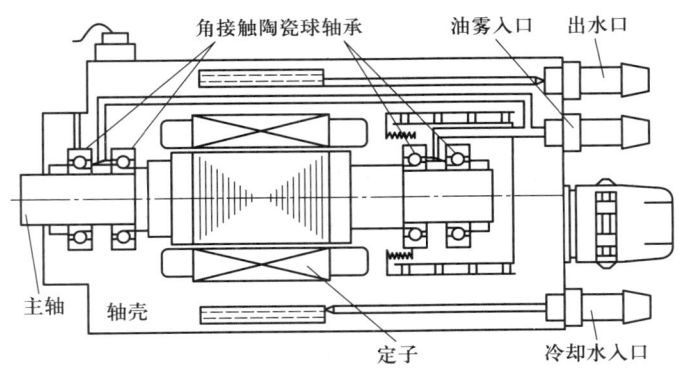

图 2-7 电主轴机构

化、运行智能化、体态巨型或微型化提供了广阔的发展前景。

2. 广义机构的基本特征和发展路径

通过上面的讨论，可以知道广义机构具有以下基本特征和发展路径：

1）构件形式多样。既可以是刚性构件，也可以是弹性构件（如弹簧片、薄片弹性构件、弹性细长杆等）、挠性构件（如同步带构件等）、柔性构件（如绳索构件、充气构件、链条构件等）、柔顺构件等。

2）运动副形式多样。既可以是构件之间的连接关系，也可以是构件内的弹性变形形式，甚至可以退化成具有分布柔度的柔顺构件的整体弹塑性变形形式，即没有传统意义上的运动副存在。

3）广义机构与驱动元件在运动分析和设计、运动规划和运行时的联系更为紧密，必须作为一个整体进行考虑才能得到最佳综合性能。广义机构与驱动元件在物理形态上密不可分，甚至融为一体，如数控机床的电主轴、光电机构、形状记忆合金驱动机构、软体机器人机构等。驱动元件的种类有电磁式（交流伺服、直流伺服、步进等电动机，电磁铁等）、液压式（油缸、液压马达等）、气压式（气缸、气压马达等）、材料特性相关型（电致伸缩合金、磁致伸缩合金、形状记忆合金、压电元件、光电马达、双金属片、弹簧等）。

4）由于控制技术、驱动技术和现代计算技术的发展，作为驱动元件与执行构件间的运动转换和传递环节，广义机构呈现结构简单化、功能多样化、性能最优化、运行智能化的发展趋势。

5）广义机构与驱动元件、控制系统在表现形态上有不断紧密结合、形成集成组合体的趋势，最终成为可编程的模块化运动单元（部件），如直线位移单元。

总之，广义机构通过引入驱动元件特性，在控制功能强化和支持下，出现执行机构简化、驱动元件与执行构件之间的传动链简化，甚至一体化的现象。

3. 广义机构的类型

根据广义机构的组成要素及其特征，可从驱动元件的类型及排列方式、构件的形式、机构尺度和运动范围等不同角度对广义机构进行分类。

(1) 按驱动元件的类型分类

1) 电动型广义机构:驱动元件采用各种电动机的广义机构;

2) 液压型广义机构:驱动元件采用各种液压驱动元件的广义机构;

3) 气动型广义机构:驱动元件采用各种气动驱动元件的广义机构;

4) 弹性元件型广义机构:驱动元件为弹簧、簧片等的广义机构;

5) 形状记忆合金型广义机构:采用形状记忆合金为驱动元件的广义机构;

6) 电磁型广义机构:采用电磁元件驱动的广义机构;

7) 压电元件型广义机构:采用压电晶体等作为驱动元件的广义机构;

8) 其他驱动形式的广义机构。

(2) 按驱动元件的排列方式分类

1) 串联型广义机构:对于末端构件来说,驱动元件串行分布在同一运动链上,如工业机器人机构(图2-8);

2-1 机构自由度

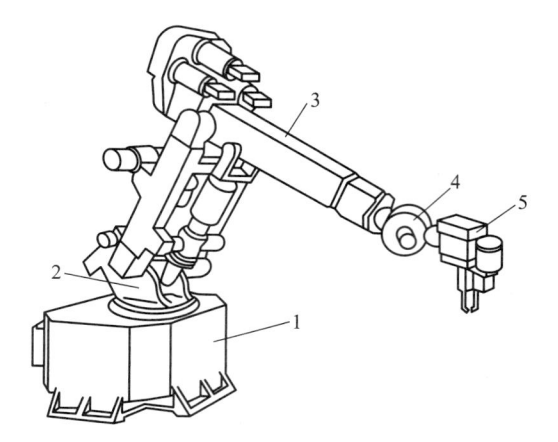

1—机座;2—腰部;3—臂部;4—腕部;5—手部。

图 2-8 工业机器人机构

2) 并联型广义机构:对于末端构件来说,驱动元件并行分布在不同运动链上,如并联机器人机构(图2-9)、并联结构的大型地震模拟器机构(图2-10);

3) 混联型广义机构:对于末端构件来说,驱动元件并非全部并行分布在不同运动链上,如混联型管片拼装机构(图2-11)。

(3) 按构件形式分类

构件形式包括构件数、机构自由度、构件刚性、封闭与否、材料特性等多方面属性,相应的广义机构有

1) 按构件数,有两杆机构及多杆机构:驱动元件直接驱动执行件的为两杆机构,如电主轴(图2-7),其余为多杆机构,包括凸轮机构、齿轮机构、连杆机构等基本机构及组合机构等。

2) 按自由度数,有单自由度机构及多自由度机构:被驱动的机构自由度数可以是单

自由度数也可以是多自由度数。多自由度机构的驱动元件数应与自由度数一致；不一致时为欠驱动机构（驱动元件数少于机构自由度数）或冗余驱动机构（驱动元件数多于机构自由度数）。

3）按封闭与否，有开链机构及闭链机构：被驱动的是开链则称开链机构，如一般的工业机器人机构（图 2-8）；被驱动的是闭链则称闭链机构，如四杆机构、并联运动机床（又称并联运动机床、虚拟轴机床）机构（图 2-9）、并联结构的大型地震模拟器机构（图 2-10）、混联型管片拼装机构（图 2-11）。

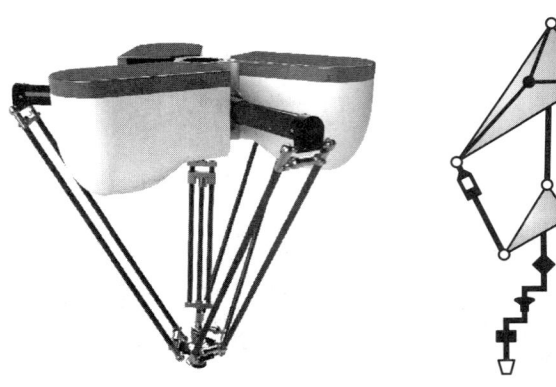

2-2 平面机构自由度计算

图 2-9 并联运动机床机构

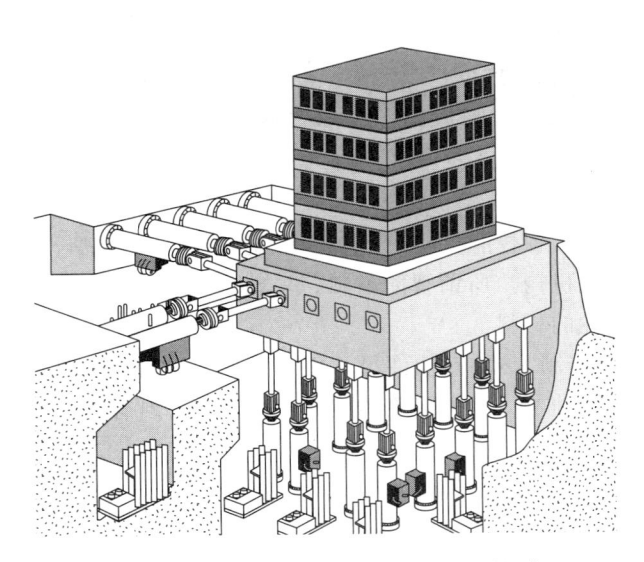

图 2-10 并联结构的大型地震模拟器机构

4）按材料变形特性，有刚性机构、弹性机构、挠性机构、柔性机构和柔顺机构等：被驱动机构的构件全部是刚性的称刚性机构；至少有一个弹性构件的被驱动机构称之为弹性机构；各类带传动机构均为挠性机构；柔性机构，如缆索机构（图 2-12）、充气机构、链条传动机构等；由柔顺材料构成的机构称为柔顺机构。全部构件都是柔顺构件的称为全柔顺机构，否则称为部分柔顺机构。而根据柔顺材料的柔度分布情况，又有集中柔度材料和分

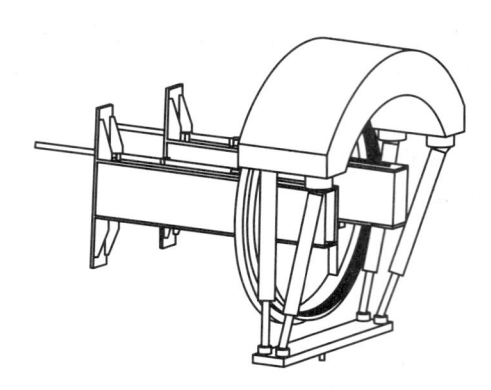

图 2-11　混联型管片拼装机构

布柔度材料两种;二者的设计与分析建模方式是不同的。

图 2-12　大型天文望远镜馈源系统的缆索机构

5) 按材料物理特性,有智能机构、压电机构、光电机构、记忆合金机构等。由智能材料构成的机构称为智能机构。所谓智能材料,是指将传感器、控制器、作动器集成一起,对外界环境具有自适应性的材料。

6) 按机构运行的控制方式,有构件尺寸可动态调整的可调机构(图 2-13)、采用程序控制运动输入的可编程机构、信息反馈的自动控制机构、混合输入的伺服控制机构(图 2-14)等。

(4) 从机构自身尺度范围分类

1) 巨型机构:即大型、超大型机械中的机构,如巨型液压挖掘机(图 2-15)中的机构;

2) 宏机构:即通常意义上的机构;

3) 微机构:通常指机构自身尺度小于毫米级的机构。

(5) 按机构输出运动的尺度范围分类

1) 宏位移机构:即通常意义上的机构,工作时机构产生的工作位移大于毫米级;

2) 微位移机构:通常指工作时机构产生的工作位移小于毫米级的机构,如切割染色体的微操作机构(图 2-16)。

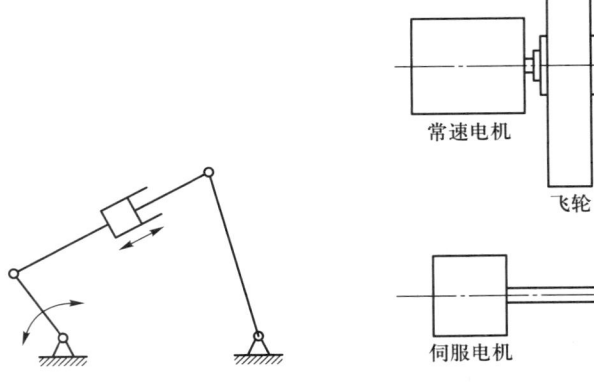

图 2-13 可调机构

图 2-14 混合输入的伺服控制机构

图 2-15 巨型液压挖掘机

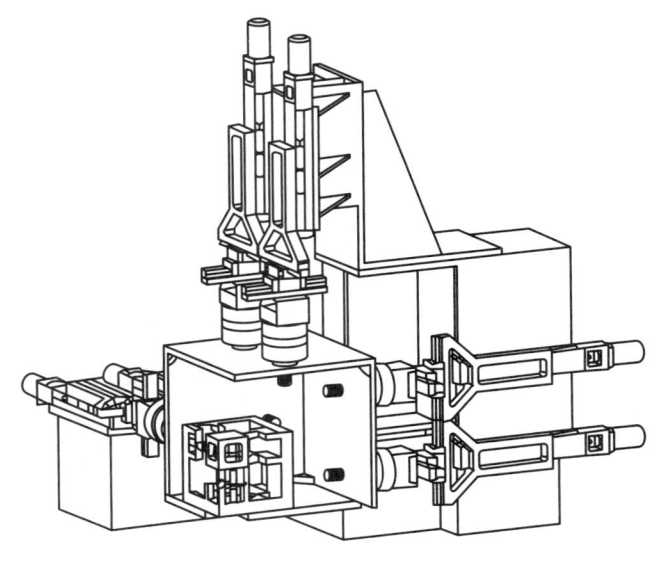

(a) 整机结构示意图　　(b) 微动平台机构

图 2-16 染色体切割微操作机构

4. 广义机构系统

一部机器,可能由单一的机构组成,也可能包含了若干机构,它们组成了机器的运动和执行系统。

图 2-17 所示为直动双稳态机构,可实现微机电系统(micro-electromechanical system,MEMS)回路的通断操作,其工作原理是:柔顺构件在两个不同位形上具有势能的局部极小值,机构处于稳态,通过外力可以强迫机构从一个稳态跳变到另一个稳态,实现状态变换。柔顺机构、柔性铰链具有很高的运动分辨率,可实现微小运动量,广泛应用于陀螺仪、加速度计、精密天平等仪器中。柔性铰链应用于精密微动工作台,其精度可达纳米级。

图 2-18 所示为多个微机构组成的微机构系统,包含微型齿轮机构、微链轮机构、微连杆机构等微型机构,尺寸为 $1\mu m \sim 1mm$,采用集成电路(integrated circuit,IC)工艺进行制造,可实现传动和锁止等功能,已用在传感器、武器装备等设备的开发中。

(a)   (b)

图 2-17 直动双稳态微机构

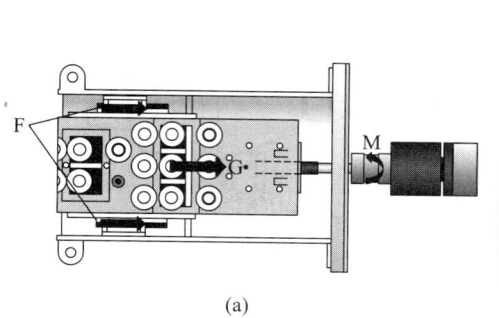

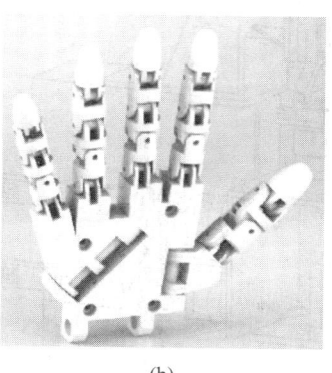

(a)   (b)   (c)

图 2-18 微机构系统

2.3 现代机器的"大脑"和"神经中枢":信息处理与控制子系统

信息处理与控制子系统相当于现代机器的"大脑"和"神经中枢",能与操作者交互,负责指挥、协调和优化广义执行功能模块内的动作配合,在对自身和外部环境的实时状态进行信息反馈的基础上,为当前及后续行动提供决策和指令。信息处理与控制子系统的发展是机器信息化、智能化、社会化以及智能机器、智能装备发展的主要基石。

随着时代的进步,信息处理与控制子系统在技术和软硬件上飞速发展,在强化对机器自身动作序列及运动过程品质的管控的同时,也在提升机器与其他机器及环境之间的交互、沟通与协作或对抗能力(图 2-19)。因此,信息处理与控制子系统可以进一步划分为负责机器自身行为控制的部分以及负责机器与其他机器及环境之间通信与沟通、协调与协作、信息采集与交互、信息处理与决策、生态塑造与演化的部分,这两部分都会随着现代信息科技的进步不断涌现出新的形态、新的能力。

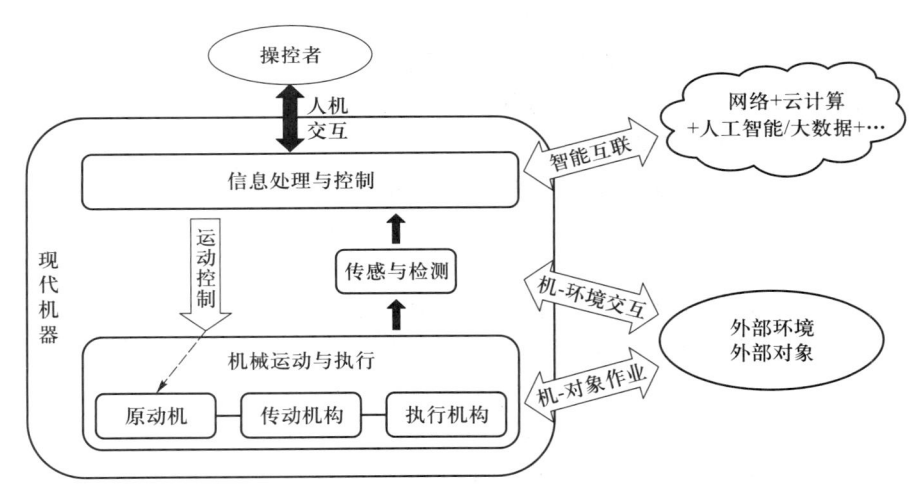

图 2-19 人-机-环境大系统中的现代机器

1. 信息处理与控制子系统的基本概念

信息处理与控制子系统包括硬件和软件。硬件体现为计算机、控制器、控制板卡和元器件以及有线网络、无线网络、云系统等,是信息处理与控制子系统赖以存在和运行的物理技术平台。软件体现为操作系统软件、信息处理软件、状态监控软件、电控软件、云计算系统、云存储系统、云操作系统等,是信息处理与控制子系统得以发挥功能、体现具体的信息处理与控制策略和模型的各类程序代码。

信息处理与控制包含两个层次,即上层的信息处理与规划和底层的直接控制,因此对应的软硬件也往往体现为两个层次。

(1) 在上层的信息处理与规划中,硬件上常常采用台式机、单片机、单板机、笔记本电脑、控制计算机等计算机系统以及通信网络和通信线缆,负责信息采集、传递和处理、运动规划、决策和指令、人机交互等高层任务。其中控制计算机又称工业控制计算机,是专门为有强烈振动、灰尘、电磁场干扰等恶劣环境的工业现场而设计的。同时,如图 2-19 所示,目前正在快速发展的云平台、云计算,以及网格化、分布化发展的信息处理专用芯片等硬件若被集成到机器中,也是属于上层的硬件系统,因此硬件的发展和选型是动态的。此外,物联网、5G 甚至 6G 技术的成熟和运用,将为机器的信息传递提供更为便捷高效的"高速公路",实现更高的带宽、更高的速率,大幅提升机器的信息处理能力和实时响应速度。

(2) 承担底层直接控制任务的是运动控制系统,通常以电动机、液压缸、压电晶体驱动单元等原动机和作动器为控制对象,以运动控制器和专用控制计算机为核心,以电力电子、功率变换装置为执行手段。其中运动控制器是以中央逻辑控制单元为核心、以传感器为信号敏感元件、以电机或动力装置及执行单元为受控对象的一种控制装置。其为整个伺服系统提供闭环或开环控制,如位置控制、速度控制和力矩控制等。

现代机器中应用的运动控制器种类很多,主要有以下几种分类方法。

① 按应用场景中被控对象的不同分类,可分为步进电动机运动控制器、伺服电动机运动控制器、同时适用于步进电动机和交流伺服电动机控制的运动控制器等。

② 按控制器结构进行分类,可分为基于计算机标准总线的运动控制器、开放式运动控制器和嵌入式结构的运动控制器等。

③ 按被控量性质和运动控制方式分类,可分为点位运动控制的运动控制器、连续轨迹运动控制的运动控制器和同步运动控制的运动控制器等。

运动控制器通常会配备软件开发工具和运动函数库,为单轴及多轴的步进或伺服控制提供多种运动函数,如单轴运动、多轴独立运动、多轴插补运动以及多轴同步运动等。

由于运动控制卡的开放式结构和丰富的软件功能,可以根据应用场景进行二次开发,体现出柔性化、模块化、高性能的技术优势。

伴随当前信息技术的快速发展,信息处理与控制系统的发展趋势呈现出分布式、网络化、协同化、智能化、人机交互、万物互联等鲜明特色。

2. 信息处理与控制子系统的设计原则

现代机器中信息处理与控制子系统是为实现机器总功能服务的。因此,信息处理与控制子系统的功能定义和开发需求及任务产生于机器总体方案的构思和设计过程,是在机器方案的设计过程中逐步丰富和形成的。

从机器运动实现的角度来看,信息处理与控制子系统有两大任务:一是对机器动作时序的规划和控制;二是对机器运动过程品质的监测与控制。在机器的功能和构型等前期设计阶段,会提出一些动作时序、运行逻辑等方面的要求和指标;在机器后期的尺度综合和动力学设计等阶段,则会逐步形成机器的运动学和动力学模型。这些要求、指标和模型,是信息处理与控制子系统后续设计的依据,也是机器控制需要的被控对象模型。在此基础上,相关技术人员可以进行信息处理与控制子系统的软硬件选型或开发、策略规划和算法开发、性能评测和调试。

在机器方案设计过程中形成的很多与机械运动无直接关系的其他要求,都可能成为信息处理与控制子系统开发的功能要求和任务。

2.4 现代机器的"感官"和"神经末梢":传感与检测子系统

根据上面的讨论,现代机器为更好地协调和优化执行功能模块内的动作配合,提升动作过程的运动品质,保障机器对外界状态的实时响应,以实现机器的高性能工作,通常需要借助传感与检测子系统来感知其自身和外界的当前状态,为信息处理与控制子系统的后续行动提供决策依据。如果不配备传感与检测子系统,则整个机器是一个开环控制的系统。

1. 传感与检测子系统及传感器

传感与检测子系统以传感器作为技术载体,获取信息处理与控制子系统所期望获取的外界和内部信息。因此,从机器设计的角度来说,传感与检测子系统是从属于信息处理与控制子系统的,其传感器选用的依据是信息处理与控制子系统为达到控制目的而需要获取的信息类型、量程,以及传感器的灵敏度、稳定性、精度、可靠性、性价比等性能指标。

传感器的设计是一个独立的研究领域。形象地说,传感器相当于人的感觉器官,人体针对视觉、听觉、嗅觉、味觉、触觉等不同类型的信息会利用不同的感官进行感知获取,传感器正是这些不同的感官。根据国际电工委员会的定义,"传感器是测量系统中的一种前置部件,它将输入变量转换成可供测量的信号"。也就是说,传感器是一种能把非电量转变成便于利用的电信号的器件。

传感器从诞生发展到现在,已经成为种类繁多、机理各异的庞大家族,被广泛应用在航空航天、能源、生态环境、国防军工、工业自动化、家庭现代化等领域。从现代机器的设计需要出发,该怎样认识它们并正确选用?下面从现代机器设计的需要,简要介绍传感器的分类,以及传感器的选用原则。

2. 传感器的分类

传感器存在多种分类方法,还没有统一的标准。概括起来,目前对传感器的分类依据有工作原理、被检测量或用途、输出信号类型、能量传递方式、材料、制作工艺、应用领域等。

(1) 按传感器工作原理进行分类

根据传感器的工作原理,传感器大致可分为物理传感器和化学传感器两大类。

物理传感器利用的是物理效应,如压电效应、磁致伸缩现象、极化、热电、光电、磁电等。物理传感器包括压阻式、压电式、电感式、电容式、应变式、霍尔传感器等许多类型。物理传感器将被测信号量的微小变化转换成电信号。

化学传感器包括那些以化学吸附、电化学反应等为基本原理的传感器,被测信号量的微小变化也转换成电信号。

大多数传感器是以物理原理为基础运作的,化学传感器仍在发展中,尚存在可靠性、规模化生产、成本等问题。还有些传感器既不能划分到物理类,也不能划分为化学类。

(2) 按传感器被检测量或用途进行分类

按照传感器的被检测量或用途,传感器可分为物理量传感器、化学量传感器、生物量传感器三大类。

其中,物理量传感器包括压力和力敏传感器、位置传感器、液面传感器、能耗传感器、速度传感器、热敏传感器、加速度传感器、射线辐射传感器、振动传感器、湿敏传感器、磁敏传感器、真空度传感器等。

化学量传感器包括大气成分含量传感器、气敏传感器等。

生物量传感器包括葡萄糖含量传感器、淀粉含量传感器、糖化酶含量传感器、血糖浓度传感器等。

(3) 按传感器输出信号类型进行分类

按照传感器的输出信号类型,传感器包含模拟传感器、数字传感器、膺数字传感器、开关传感器几种。

其中,模拟传感器将被测量的非电学量转换成模拟电信号;数字传感器将被测量的非电学量转换成数字输出信号(包括直接和间接转换);膺数字传感器将被测量的信号量转换成频率信号或短周期信号的输出(包括直接或间接转换);开关传感器在一个被测量的信号达到某个特定阈值时,相应地输出一个设定的低电平或高电平信号。

(4) 按传感器能量传递方式进行分类

按照传感器的能量传递方式,传感器可分为有源传感器和无源传感器两大类:有源传感器将非电量转换为电量;无源传感器本身并不是一个换能器,必须具有辅助电源,被测非电量仅对传感器中的能量起控制或调节作用。

(5) 按传感器材料进行分类

传感器采用的制作材料多种多样。在外界因素作用下,所有材料都会作出相应的、具有特征性的反应。其中那些对外界作用特别敏感的材料,又称具有功能特性的材料,常常被用来制作传感器的敏感元件。

所用材料包括金属、聚合物、陶瓷等。从材料的物理性质考虑,有导体、绝缘体、半导体、磁性材料等;从材料的晶体结构看,有单晶、多晶、非晶材料等;从材料的表现形态看,有经典的集中式独立传感器件、离散式网格化传感系统、仿皮肤型分布式柔性传感器等。

现代传感器制造业的进展取决于传感器新材料和敏感元件的开发进度。传感器开发的基本趋势是和半导体以及新型介质材料的应用密切关联的。

(6) 按传感器制作工艺进行分类

按照传感器的制作工艺,传感器可分为薄膜传感器、厚膜传感器、陶瓷传感器、MEMS传感器等。薄膜传感器则是通过沉积在介质衬底(基板)上的相应敏感材料的薄膜形成的。使用混合工艺时,同样可将部分电路制造在此基板上。厚膜传感器是利用相应材料的浆料,涂覆在陶瓷基片上制成的,基片通常是Al_2O_3制成的,然后进行热处理,使厚膜成形。陶瓷传感器采用标准的陶瓷工艺或其某种变种工艺(溶胶-凝胶等)生产,完成适当的预备性操作之后,由已成形的元件在高温中进行烧结而成。

MEMS 传感器是近年来高速发展的一类新型传感器,利用半导体集成电路技术制作各种能敏感和检测力学量、磁学量、热学量、化学量和生物量的微型传感器,体积小,能耗低,功能强,便于大批量和高精度生产,单件成本低,易构成大规模和多功能阵列,有广阔的发展前景。

（7）按传感器应用领域进行分类

传感器的应用领域非常广。按应用领域进行划分,能够针对特定行业的技术需求进行开发,得到的产品比较适合于行业技术人员的使用,这样的开发涉及多种学科领域。

比如对车用传感器来说,一辆普通家用轿车安装近百个传感器,而高档轿车上的传感器数量多达 200 余只,包括发动机燃烧控制用传感器、电喷系统传感器、自动刹车系统传感器、安全气囊传感器、导航传感器等等,检测的信号包括温度、压力、位置、转速、加速度、振动、氧含量、液体清洁度等各类物理量和化学量。

（8）根据传感器转换过程的可逆与否,传感器又可分为双向传感器和单向传感器。

3. 传感器的选用原则

现代机器设计对传感器的选用是依据信息处理与控制子系统对信息感知的功能和性能需求来进行的。

首先,依据对传感器的功能需求即被检测量或用途来确定所选传感器类型,如位置、速度、加速度、振动等。

其次,有检测精度和速度、工作原理、输出信号类型、能量传递方式、制作材料、成本、安装等多方面要求,由此确定传感器的类型。

这种选择通常有明显的应用领域特点,若难以找到满足要求的传感器,则需要进行专门研制或定制。

厂家提供的一些运动部件往往已经集成了若干传感器并留有外部接口,如直线往复运动部件、伺服电机等,此时根据功能和性能要求选用即可。

2.5 "人-机-环境"大系统与机器的演进路径

人类诞生以来,就在不断地改造大自然、顺应大自然,积极主动谋求人与自然的和谐共生,保障人类的生存和发展。通过改造旧的工具、发明新的工具,逐步创造出各类工具、器械、仪器、装置、设备、装备、机器等各类机械,由简单到复杂再到简洁、由非金属到金属再到非金属、由低级到中级再到高级、由机械到智能再到充满灵性和智慧,不断改造、拓展和优化人、机、环境之间的友好分工与协作关系,持续推动人类社会的进步和发展。

在这个波澜壮阔的伟大进程中,从古代、近代、再到现代,从早期的、全凭能工巧匠个人的聪明才智和灵感顿悟而来的发明创造,到现代运用理性逻辑、推演而来的创新设计,各类机械的形貌和内涵持续发生着天翻地覆的变化。

正因如此,若要揭示机器的历史演进规律,就需要跳出机器自身的局限,以更宽宏的视野、到人-机-环境构成的大系统中去详加考察、去深刻领悟,才能悟得其真谛。

(扫码查看本节详细内容)

学习指南

　　现代机器是被计算机局部或全面控制的现代机械系统,其基本特征是机电一体化,具体体现在广义执行子系统、信息处理与控制子系统、传感与检测子系统被广泛采用。相比传统机器,在信息技术推动下,智能化、网络化、云端化、社会化等成为现代机器发展的新特征,可以认为现代机器的"肢体"更加健壮、灵巧,"头脑"和"感官"系统更加发达。

　　本章分别从机器构造和方案设计的角度考察了现代机器的物理组成和逻辑构成,讨论了传统机器、现代机器、智能机器与机电一体化之间的联系和区别,认为现代机器用非机械手段实现系统的控制功能并大大拓展了信息功能与感知功能。现代机器与传统机器的功能结构是一致的,两者的机械运动方案设计过程和机械运动过程控制逻辑相同,差别在于功能分解途径的多样化、功能元解空间的多学科化、控制逻辑实现的非机化/数字化。未来机器更会在信息处理与控制、传感与检测等方面得到大力强化与拓展,这样的趋势在智能机器、智能装备、机器人等领域发展中已初现端倪。

　　本章介绍了广义执行子系统的基本特征和分类,信息处理与控制子系统的基本概念和设计原则,传感与检测子系统及传感器的分类和选用原则,这些基本要素是构成现代机器庞大家族的基石,在一部机器的机械运动方案设计过程中会先后被确定。

　　本章还以系统观为指导,从"人-机-环境"大系统的视角来考察机器的发展历程和趋势,构建一幅机器能力迁移与能力增强的动态发展图景,梳理出机械和机器的演进路径,引导学生更好地把握机器演化的历史轨迹和未来趋势,理解机器演进中的变与不变,提升时代适应能力。本章概念导图如图2-20所示。

　　作为机械工程的基础性学科,机械原理与设计是不断发展的。在本章的学习过程中,请思考如下问题:现代机器(智能机器)的本质是什么?现代机器与传统机器有哪些实质性的区别?在未来有可能会发生哪些新的变化?机构在未来可能会出现哪些新的形式?我们该如何适应这些变化?这些问题都是机械原理与设计学科不断发展需要研究的课题。请有兴趣的同学查找文献、开展讨论、撰写研究报告。

　　机器的发展是永无止境的。通过本章的学习希望使大家能开阔思路,增强对现代机器甚至未来机器的理解,更理性地构思与设计现代机械运动方案。

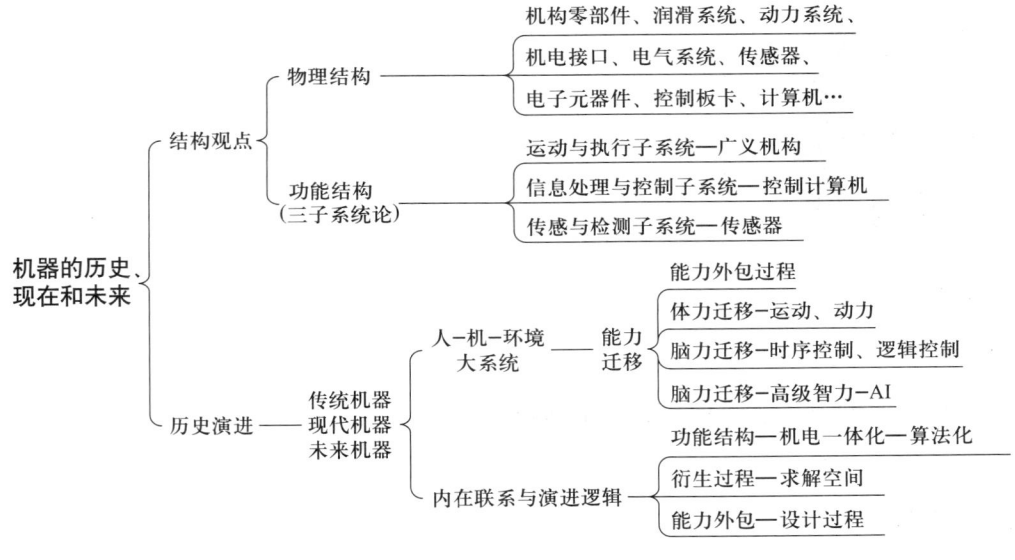

图 2-20 本章概念导图

思考题

2-1 何谓现代机器？它与传统机器有什么区别和联系？未来机器会朝哪些方向发展？

2-2 现代机器的逻辑结构有哪些形式？

2-3 机电一体化在现代机器中的表现形式有哪些？

2-4 如何理解"控制功能载体的变革为信息技术的介入留下了有效接口"这句话？

2-5 何谓广义机构？它与传统机构有什么区别和联系？

2-6 广义机构的最本质特征是什么？

2-7 广义机构有哪些类型？传统机构属于广义机构吗？

2-8 从方案设计的需要出发，传感器应如何分类？

2-9 从方案设计的需要出发，信息处理与控制子系统的软硬件有哪些层次和类型？

2-10 如何理解"人-机-环境"的动态性和机器的演进路径？

第3章

常用机构及其功能简介

内容提要

3-1 机构的组成

机构被广泛应用在各类机器中,是机器的主体组成部分,也是机械原理课程的研究对象,用于实现预期的机械运动和动力传递。机器中的机械运动是通过一个或多个机构来实现的,机构的形式多种多样,常见的机构包括连杆机构、凸轮机构、齿轮机构、间歇运动机构(棘轮机构、槽轮机构、不完全齿轮机构、分度凸轮机构)、机械传动机构(螺旋传动机构、摩擦传动机构)、挠性传动机构(带传动机构、链传动机构、绳/索/腱/丝传动机构、软轴传动机构)、组合机构等,以及由若干机构组合形成的机构系统。机构方案设计包括选用已有的机构构型和创新发明新的机构构型。本章从方案设计需要出发,按运动转换的种类和实际的功能分类介绍一些常用机构的特点和功能,便于课程项目设计的同步开展。在进行机构设计时,应遵循先简后繁、先易后难、先基本机构后机构组合的原则,尽量选用结构简单的机构,以提高机构的综合性能和性价比。

3.1 机构的基本运动特征

平面运动可以用运动类型、运动路径和速度特性进行描述(图3-1)。其中运动类型分成定轴转动(含转动、摆动)、直线移动及其他平面运动(含平移、轨迹和合成运动)三种类型。运动路径中 X、Y 和 Z 轴表达了构件相对运动轴线之间的关系,如运动路径属性取值同为"X 轴",则表示运动轴线重合或相互平行;运动路径属性分别取值为"X 轴"和"Y 轴"则表示相对运动轴线相互垂直;运动路径属性取值为"其他"则表示沿某一曲线导路的移动等。速度特性则对运动是否为等速运动、运动过程中是否具有停歇等速度的特性进行描述。

根据图3-1对平面运动的描述,可以对机构的各个构件,尤其是输入、输出构件的运

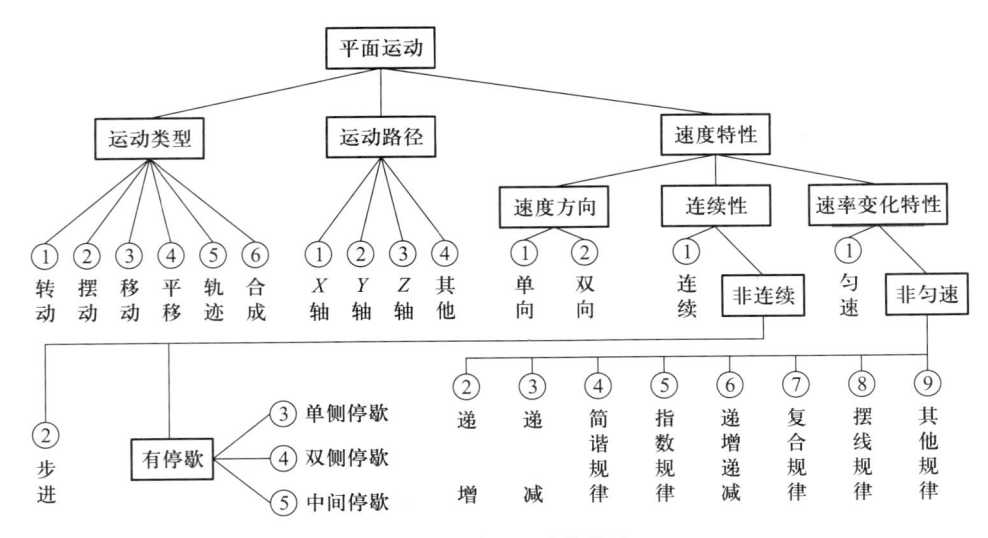

图 3-1 平面运动的描述

动进行描述，这样的描述就称为机构的运动功能。如图 3-2 所示机构是含有一个移动副的四杆机构，机构中，构件 1 的运动是绕 Z 轴单向（或双向）连续匀速转动；构件 3 的运动可以描述为沿 X 轴双向连续非匀速（或匀速）移动；构件 2 的运动是平面一般运动（即合成运动）；构件 2 上某一点 P 则是作一个轨迹的运动。

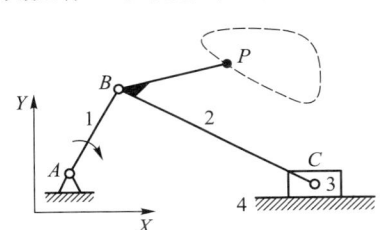

图 3-2 含有一个移动副的四杆机构

因此，对于图 3-2 所示的机构而言，可以实现的运动功能包括：(1) 将构件 1 的绕某一轴线的转动转变为往复直线移动；(2) 将构件 1 的绕某一轴线的转动转变为构件 2 经过某些位置的导引运动；(3) 将构件 1 的绕某一轴线的转动转变为构件 2 上某一点 P 的轨迹；(4) 将构件 3 的往复移动转变为构件 1 绕固定轴的转动；(5) 将构件 3 的往复移动转变为构件 2 经过某些位置的导引运动；(6) 将构件 3 的往复移动转变为构件 2 上某一点 P 的轨迹；(7) 用构件 2 上某一点 P 的轨迹实现构件 3 的不同位置；(8) 用构件 2 上某一点 P 的轨迹实现构件 1 的不同位置。

由上述分析可以看出，一个构件系统实际上提供了若干组运动变换的可能，即能够实现若干种运动功能。为了阐述方便，将一些常见的运动形式用表 3-1 中的符号形象直观地加以描述。其中"●"表示周转副，"◖"表示摆动副。

表 3-1　常用运动形式与表达符号

运动形式		单向	双向
连续运动	转动		
	摆动		
	移动		
间歇运动	转动		
	摆动		
	移动		
极限位有停歇	摆动		单侧停歇 双侧停歇
	移动		单侧停歇 双侧停歇

3.2　机构的基本功能分类

机构的本质在于进行运动属性的变换,包括运动的类型、运动路径及运动特性的变换,从而满足设计所需要的功能。根据机构在运动转换中的功能,可以把机构分成五类:(1)实现运动形式变换的机构;(2)实现运动轴线位置变换的机构;(3)实现转换变换的机构;(4)实现运动合成与分解的机构;(5)实现运动分支、连接、离合、过载保护等其他功能的机构。

表 3-2 列出了常见的运动转换基本功能、符号及代表机构。表中基本功能用两个矩形框中的符号表示,符号整体含义为由左框中的运动形式转换为右框中的运动形式。

表 3-2　常见运动转换基本功能、符号和代表机构

序号	运动变换内容		符号	代表机构
1	输入	连续转动		齿轮齿条机构、螺旋机构、齿形带传动机构,摩擦带传动机构、链传动机构等
	输出	单向直线运动		

续表

序号	运动变换内容		符号	代表机构
2	输入	连续转动		曲柄滑块机构、移动从动件凸轮机构、正弦机构、正切机构、肘杆机构、牛头刨机构、不完全齿轮齿条机构、凸轮连杆组合机构等
	输出	往复直线移动		
3	输入	连续转动		移动从动件凸轮机构、利用轨迹实现带间歇运动机构、组合机构等
	输出	单侧带停歇往复直线移动		
4	输入	连续转动		不完全齿轮齿条往复移动间隙机构、利用轨迹实现带间歇运动机构、移动从动件凸轮机构等
	输出	双侧带停歇往复直线移动		
5	输入	连续转动		不完全齿轮齿条机构、曲柄摇杆机构+棘轮机构、槽轮机构—齿轮齿条机构、槽条机构等
	输出	单向间歇直线移动		
6	输入	连续转动		齿轮机构、链传动机构、齿形带传动机构、摩擦带传动机构、摩擦轮传动机构、平行四边形机构、双曲柄机构
	输出	连续转动		
7	输入	连续转动		齿轮传动机构、带传动机构、反平行四边形机构
	输出	反向连续转动		
8	输入	连续转动		槽轮机构、不完全齿轮机构、圆柱凸轮式间歇机构、蜗杆凸轮间歇机构、平面凸轮间歇机构等
	输出	单向间歇转动		
9	输入	连续转动		曲柄摇杆机构、摆动导杆机构、曲柄摇块机构、摆动从动件凸轮机构、摆动导杆齿轮机构等
	输出	双向摆动		
10	输入	连续转动		摆动从动件凸轮机构、利用连杆曲线实现带停歇运动机构、曲线导槽的导杆机构等
	输出	单侧停歇双向摆动		
11	输入	连续转动		摆动从动件凸轮机构、组合机构等
	输出	双侧停歇双向摆动		
12	输入	往复摆动		棘轮机构、钢球式单向机构等
	输出	单向间歇转动		

续表

序号	运动变换内容		符号	代表机构
13	输入	连续转动		平面连杆机构、连杆-凸轮组合机构、联动凸轮机构、直线轨迹机构、椭圆仪机构等
	输出	预定轨迹		
14	运动合成			差动螺旋机构、差动轮系机构、多自由度机构
15	运动分解			齿轮系、带轮系、链轮系
16	运动轴线变向			锥齿轮传动、半交叉带传动、螺旋齿轮传动、蜗杆传动、圆柱摩擦轮传动

3.3 常用机构的功能简介

机器设计中用到各种各样的机构,常见的机构包括连杆机构、凸轮机构、齿轮机构、间歇运动机构、机械传动机构、挠性传动机构、组合机构等以及由若干机构组合形成的机构系统。机构方案设计包括选用已有的机构构型或创新发明新的机构构型。下面先按运动转换功能介绍一些常用机构的功能、特点及应用,再简要介绍几个基本机构的特点。

3-2 常用机构

1. 运动转换功能

(1) 连续转动变为单向直线运动

表 3-3 列出了连续转动变为单向直线运动的常用机构。

表 3-3 连续转动变为单向直线运动的常用机构

序号	机构示例	机构描述及主要特征参数
1	齿轮齿条机构	将齿轮的转动转变为齿条的直线移动,齿轮与齿条啮合点的速度方向相同

续表

序号	机构示例	机构描述及主要特征参数
2	螺旋机构	由丝杠1、螺母2和机架3组成。丝杠可以相对于机架转动但无法轴向运动。螺母2只能沿丝杠旋转轴线相对机架左右移动。螺旋机构将丝杠的转动转换成螺母的移动。有较高的定位精度,同时具有较大的增力效果
3	带传动机构	带传动机构由小带轮、大带轮、带和机架组成(图中已省略机架)后图同。其运动关系如左图所示。传动过程中带进入主动带轮的一侧为紧边,另一侧为松边。可以利用紧边的直线运动完成所需要的动作,如物体搬运等。常用于长距离直线运动的实现。带可以是平带、V带、圆带、同步带等。同步带属于啮合传动,其他属于摩擦传动。摩擦带传动具有弹性滑动的特性及打滑的可能,不能传递较大的载荷,具有过载自动保护的特性
4	链传动机构	链传动的原理与带传动类似。由小链轮、大链轮、链条和机架组成。具有紧边和松边。其运动关系如左图所示。链传动用于需要较大功率的长距离输送场合

(2) 连续转动变为往复直线运动

表 3-4 列出了连续转动变为往复直线运动的常用机构。

表 3-4 连续转动变为往复直线运动的常用机构

序号	机构示例	机构描述及主要特征参数
1	曲柄滑块机构	常用的往复运动实现形式,应用广泛。当曲柄1相对于机架的运动副与滑块的移动导路不共线时称为偏置曲柄滑块机构,具有急回特性;当曲柄1相对于机架的运动副与滑块的移动导路共线时称为对心曲柄滑块机构,没有急回特性

续表

序号	机构示例	机构描述及主要特征参数
2	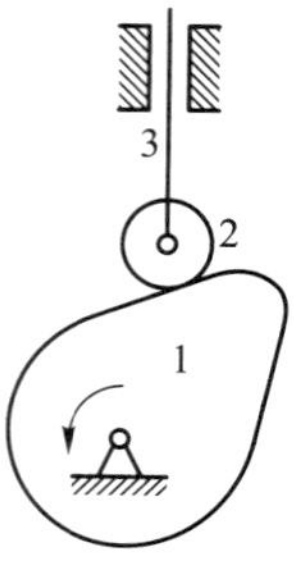 移动从动件凸轮机构	直动从动件凸轮机构。由凸轮 1、从动件 3 和机架组成。将凸轮 1 的匀速转动转变为从动件 3 的往复移动。从动件 3 的运动特性可以根据实际需要设计,从而确定凸轮 1 的轮廓。因此机构可以实现复杂的运动规律。根据凸轮与从动件接触形式可以分成尖底从动件、平底从动件、滚子从动件等形式。左图所示为滚子从动件形式
3	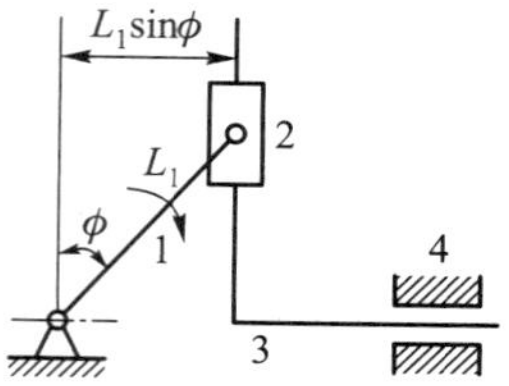 正弦机构	两个移动副相邻,且其中一个移动副与机架相关联,如左图所示。这种机构中从动件 3 的位移与原动件转角的正弦成正比,故称为正弦机构
4	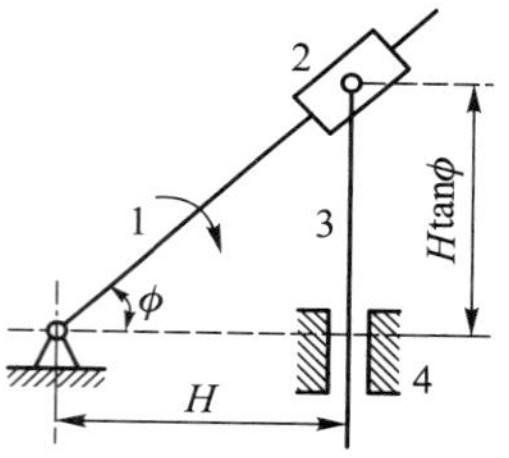 正切机构	两个移动副不相邻,如左图所示。这种机构中从动件 3 的位移与原动件转角的正切成正比,故称为正切机构
5	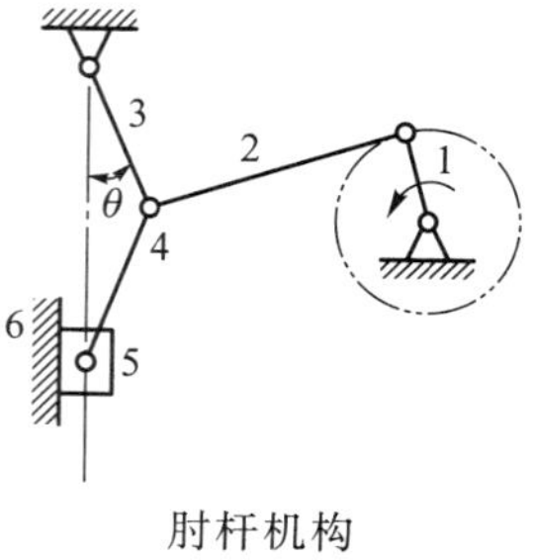 肘杆机构	构件 1 转动一圈,滑块 6 往复运动一次。在运动过程中,当 θ 角接近 0° 时机构具有很大的增力效果
6	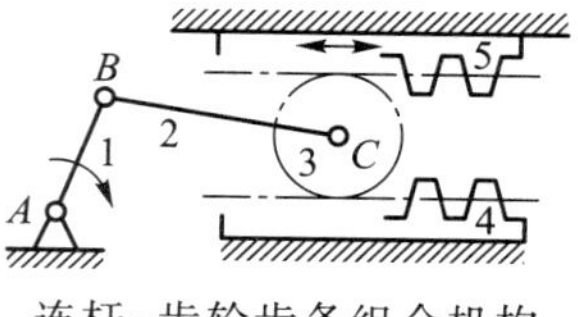 连杆-齿轮齿条组合机构	该机构由曲柄 1、连杆 2、齿轮 3、固定齿条 4、移动齿条 5 和机架组成。机构将曲柄 1 的转动转变为齿条 5 的左右往复移动。机构具有行程放大作用

续表

序号	机构示例	机构描述及主要特征参数
7	凸轮连杆组合机构	该机构由曲柄滑块机构和直动从动件移动凸轮机构组合而成。机构将曲柄1的连续匀速转动转变为从动件4的上下往复移动
8	牛头刨机构	该机构将曲柄2的转动转变为构件5的往复运动,具有急回特性。在牛头刨床中广为应用

（3）连续转动变为单侧带停歇往复直线移动

表3-5列出了连续转动变为单侧带停歇往复直线移动的常用机构。

表3-5 连续转动变为单侧带停歇往复直线移动的常用机构

序号	机构示例	机构描述及主要特征参数
1	移动从动件凸轮机构	移动从动件凸轮机构。由凸轮1、从动件3和机架组成。将凸轮1的匀速转动转变为从动件3的往复移动。从动件3的运动特性可以根据实际需要设计,从而确定凸轮1的轮廓,因此机构可以实现复杂的运动规律。可以根据设计要求,从动件3最大行程或最小行程处实现停歇,分别称为远休止和近休止
2	利用轨迹实现带间歇运动机构	在行星轮系1、2、3中,行星轮2节圆上点C铰接杆4带动滑块5往复运动。当齿轮2、3的齿数比$Z_3/Z_2=3$时,主动杆1转动,点C轨迹为三条近似圆弧的内摆线LM、MN、NL。若4的杆长等于该近似圆弧的平均曲率半径,点D位于曲率半径中线,则滑块5在右极限位置近似停歇,停歇周期相当于一个运动周期的1/3。该机构应用于要求停歇时间较大的场合

续表

序号	机构示例	机构描述及主要特征参数
3	导杆移动单侧停歇机构	在牛头刨机构中,导杆2导槽的某一部分做成圆弧,圆弧槽中线的半径与曲柄的长度相等,这样,当曲柄转动圆弧导槽时,导杆在左极限位置停歇,相应滑块5在左极限位置停歇
4	凸轮连杆组合单侧停歇机构	主动导杆1转动,通过滚子2、连杆3、驱动滑块4往复移动。滚子2的运动同时受固定凸轮5上沟槽的限制。当滚子在半径为r的凹形沟槽弧段时,若$BC=r$,点C在曲率中心,这时滑块4在行程一端停歇

（4）连续转动变为双侧带停歇往复直线移动

表3-6列出了连续转动变为双侧带停歇往复直线移动的常用机构

表3-6　连续转动变为双侧带停歇往复直线移动的常用机构

序号	机构示例	机构描述及主要特征参数
1	不完全齿轮齿条机构	构件2为不完全齿轮,构件3上下均有部分齿条,且两个齿条构成一个整体。当齿轮按图示方向旋转时,不完全齿轮2与上齿条啮合,则齿条向左移动；当齿轮2的齿旋转到与下齿条啮合时,齿条向右移动；齿轮旋转一周,齿条完成一个往复移动运动
2	利用轨迹实现带间歇运动机构	在行星轮系中,行星轮2的点C铰接柱销4带动滑块5往复移动。当齿轮2、3的齿数比$Z3/Z2=5$时,主动杆1转动,点C轨迹s具有四段近似直线段,滑块5在左右极限位置近似停歇

序号	机构示例	机构描述及主要特征参数
3	移动从动件凸轮机构	移动从动件凸轮机构。由凸轮1、从动件3和机架组成。将凸轮1的匀速转动转变为从动件3的往复移动。从动件3的运动特性可以根据实际需要设计，从而确定凸轮1的轮廓。因此机构可以实现复杂的运动规律。可以根据设计要求，从动件3最大行程和最小行程处实现停歇，分别称为远休止和近休止

（5）连续转动变为单向间歇直线移动

表3-7列出了连续转动变为单向间歇直线移动的常用机构

表3-7 连续转动变为单向间歇直线移动的常用机构

序号	机构示例	机构描述及主要特征参数
1	不完全齿轮齿条机构	构件1为不完全齿轮，构件2为齿条。齿轮按图示方向旋转，当不完全齿轮1的齿与齿条啮合，则齿条向右移动；当不完全齿轮1的齿不与齿条啮合时，齿条静止；齿轮旋转一周，齿条完成一个步进运动
2	槽条机构	机构由主动拨轮1、槽条和机架组成。主动拨轮上有一个圆销及锁死凸弧；从动槽条上有相应的槽及锁死凹弧。当拨销进入槽条，随着主动拨轮的转动，槽条向右移动；主动拨轮继续转动，主动拨轮的锁死凸弧进入槽条的锁死凹弧，槽条静止，直至拨销再次进入槽条

2. 按基本机构类型介绍

表3-8~表3-15分别列出了连杆机构、凸轮机构、齿轮机构、间歇运动机构的特点。

表 3-8 连杆机构特点

类型	示意图	结构特点	机构特性
连杆机构		由转动副、移动副、螺旋副、圆柱副、球销副、球面副等低副构成，运动副表面易于加工，制造成本相对低廉	机构运行过程中，低副表面处于面接触状态，接触压强相对较低，运动副元素不易磨损且易于润滑，机构使用寿命较长。 能够实现多种运动轨迹曲线和运动规律，广泛应用于各类机械及仪器仪表中，特别是在机器人中得到大量应用，是机器人机构的主流形式
平面铰链四杆机构		是应用最广泛的连杆机构，也是最简单的平面低副闭链机构。由 4 个转动副连接 4 个构件而成，其中 1 个构件为机架，机构自由度为 1。 根据杆长关系可以分为曲柄摇杆机构、双曲柄机构、双摇杆机构。 根据功能特点可以分为刚体导引机构、轨迹生成机构、函数生成机构以及综合功能机构	优点： 能够实现多种运动轨迹曲线和运动规律； 低副不易磨损而又易于加工； 本身几何形状保持接触； 广泛应用于各种机械及仪表。 不足之处： 作变速运动的构件惯性力及惯性力矩难以完全平衡； 较难准确实现任意预期的运动规律，设计方法较复杂
球面 4R 机构		是一类特殊的空间四杆机构。 4 个转动副的回转轴线相交于空间一点，即球心点 O。 3 个活动构件分别在同一个球面或共心的不同球面上运动。 根据各杆长对应的球心张角关系可以分为曲柄摇杆机构、双曲柄机构、双摇杆机构	具有低副机构的共性特点。各构件作定心的球面运动，可以应用于需要绕定心运动、球面轨迹运动、相交轴线的函数生成等场合
空间四杆机构		根据运动副的不同有多种类型	可以实现比较复杂的空间运动

表 3-9 凸轮机构特点

类型	示意图	结构特点	机构特性
直动尖底从动件盘形凸轮机构		凸轮呈盘状,相对机架作定轴转动。 从动件端部呈针尖状,结构非常简单,能与任意形状的凸轮轮廓保持接触,实现任意的运动规律	盘形凸轮结构简单,应用广泛,是凸轮最基本的形式。 盘形凸轮与从动件的运动在同一或相互平行的平面内,因此属于平面凸轮机构。 从动件尖底处易磨损,只适用于低速和传力不大的应用场合
直动滚子从动件盘形凸轮机构		从动件的端部通过滚子与凸轮轮廓接触,存在一个局部转动自由度。这个局部自由度把从动件与凸轮之间的滑动摩擦转化成滚动摩擦	该机构属于平面凸轮机构。 相比于尖底从动件,滚动从动件将滑动摩擦转化成滚动摩擦,从而大幅减少了凸轮机构的磨损,能够传递较大的动力,在工程实际中应用很广泛
直动平底从动件盘形凸轮机构		从动件的端部是一平面,从动件与凸轮轮廓之间的法向接触力方向在机构运行过程中始终不改变	该机构属于平面凸轮机构。 机构受力平稳,传动效率高。凸轮与平底接触处易形成楔形油膜,润滑状况好。因此平底从动件常用于高速场合,但必须保证与之配合的凸轮轮廓是外凸形状
直动曲底从动件盘形凸轮机构		从动件的端部为一曲面,兼有尖底和平底从动件的优点	该机构属于平面凸轮机构。 制造成本相对较高,在工程实际中的应用也较多
直动滚子从动件移动凸轮机构		凸轮呈板状,它相对于机架作往复直线移动。 可以视为盘形凸轮的回转轴线处于无穷远处时演化而成	属于平面凸轮机构。 滚子从动件与凸轮廓线之间为滚动摩擦,产生的摩擦和磨损都较小,适用于传递较大动力的场合

续表

类型	示意图	结构特点	机构特性
圆柱凸轮机构		可以近似看作将移动凸轮卷绕在一圆柱体上演化而成。可以实现预期的运动规律	由于凸轮和从动件之间的相对运动为空间运动,故属于空间凸轮机构

表 3-10 齿轮机构特点(含轮系)

类型	示意图	结构特点	机构特性
外啮合直齿圆柱齿轮传动		两齿轮轴轴线平行,齿轮外形为圆柱形且齿向与轴线平行	机构传动过程总传动比不变,传动效率高并且两啮合的齿轮转动速度方向是相反的,应用广泛,齿轮啮合时会存在冲击
外啮合斜齿圆柱齿轮传动		两齿轮轴轴线平行,齿轮外形为圆柱形且齿向与轴线成一定的角度(螺旋角)	机构传动过程总传动比不变,传动效率高并且两啮合的齿轮转动速度方向是相反的,相较于直齿圆柱齿轮传动,相同参数下重合度更高,传力更为平稳,但会产生轴向力
内啮合直齿圆柱齿轮传动		两齿轮轴轴线平行,齿轮外形为圆柱形、齿圈内轮廓为圆柱形并且它们的齿向均与轴线平行	机构传动过程总传动比不变,传动效率高并且两啮合的齿轮转动速度方向是相同的,应用广泛,齿轮啮合时会存在冲击
内啮合斜齿圆柱齿轮传动		两齿轮轴轴线平行,齿轮外形为圆柱形、齿圈内轮廓为圆柱形并且它们的齿向均与轴线成一定角度(螺旋角)	机构传动过程总传动比不变,传动效率高并且两啮合的齿轮转动速度方向是相同的,相较于直齿圆柱齿轮传动,相同参数下重合度更高,传力更为平稳,但会产生轴向力
人字齿轮传动		人字齿轮可以看作是由螺旋角方向相反的两个斜齿轮组成的,可制成整体式或组合式的	机构传动过程总传动比不变,传动效率高并且两啮合的齿轮转动速度方向是相反的,单个齿轮所受到的轴向力可以相互抵消,适合于高速和重载传动

续表

类型	示意图	结构特点	机构特性
直齿锥齿轮传动		直齿锥齿轮轮齿沿圆锥母线排列于截锥表面,是相交轴齿轮传动的基本形式,制造较为简单,应用较多	用于传递两相交轴之间的运动和动力,一般两轴交角为90°。机构传动过程总传动比不变,传动效率高并且两啮合的齿轮转动速度方向同时指向啮合点或者同时背离啮合点,单个齿轮所受轴向力方向指向自身大端
斜齿锥齿轮传动		斜齿锥齿轮轮齿倾斜于圆锥母线,制造困难,应用较少	用于传递两相交轴之间的运动和动力,一般两轴交角为90°。机构传动过程总传动比不变,传动效率高并且两啮合的齿轮转动速度方向同时指向啮合点或者同时背离啮合点,重合度会比相同参数下的直齿传动要大
曲线齿锥齿轮传动		曲线齿锥齿轮的轮齿是曲线形,有圆弧齿、螺旋齿等,传动平稳,适用于高速、重载传动,尤其是在汽车等行业应用广泛,但制造成本较高	用于传递两相交轴之间的运动和动力,一般两轴交角为90°。机构传动过程总传动比不变,传动效率高并且两啮合的齿轮转动速度方向同时指向啮合点或者同时背离啮合点
直齿圆柱齿轮齿条传动		齿数趋于无穷多的外齿轮演变成齿条,并且齿向与轴向相同	啮合传动过程中,齿轮作回转运动,齿条作直线平移运动,效率较高,应用广泛
斜齿圆柱齿轮齿条传动		齿数趋于无穷多的外齿轮演变成齿条,并且齿向与轴向成一定的角度(螺旋角)	啮合传动过程中,齿轮作回转运动齿条作直线平移运动
蜗轮蜗杆传动		用于传递两交错轴之间的运动和动力多用于两轴交错角为90°的传动	传动比大,传动平稳,具有自锁性,但产热量大、效率较低

续表

类型	示意图	结构特点	机构特性
交错轴斜齿轮传动		用于传递两交错轴之间的运动。就单个齿轮来说，构成交错轴斜齿轮传动的两个齿轮本身都是斜齿圆柱齿轮	属于空间齿轮机构，可实现两轴线任意交错传动，两轮齿为点接触，相对滑动速度较大，主要用于传递运动或轻载传动
非圆齿轮机构		外廓不再是圆柱面，可以满足需要的运动规律	传动比随位置变化而变化
定轴轮系		轮系中所有齿轮的轴线位置在运转过程中固定不动。根据组成轮系的齿轮轴线是否平行，定轴轮系又分为平面定轴轮系和空间定轴轮系	传动平稳，结构紧凑
周转轮系		按自由度可以分为行星轮系和周转轮系	轮系运转过程中，至少有一个齿轮的轴线绕着其他齿轮轴线运动
复合轮系		定轴轮系与周转轮系组合而成，或者由若干个周转轮系组合在一起形成	根据不同的需求可以设计不同的轮系

表 3-11 间歇运动机构特点

类型	示意图	结构特点	机构特性
棘轮机构	1—主动摆杆；2—棘爪；3—棘轮；4—止回棘爪；5—弹簧。	棘轮机构由主动摆杆1、棘爪2、棘轮3、止回棘爪4、弹簧5和机架组成。通常以摆杆为主动件、棘轮为从动件。当主动摆杆1连同棘爪2顺时针转动时，棘爪进入棘轮的相应齿槽，并推动棘轮转过相应的角度；当摆杆逆时针转动时，止回棘爪4在棘轮齿顶上滑过	齿式棘轮机构的特点是棘轮上有刚性的棘齿，由棘爪推动棘齿从而使棘轮作间歇运动。结构简单，制造方便；转角准确，运动可靠；动程可在较大范围内调整；动停时间比可通过选择合适的驱动机构来实现。但动程只能作有级调节；另外，棘爪在齿背上的滑行易引起噪声、冲击和磨损，故不宜用于高速。
槽轮机构	(a) 外槽轮机构 (b) 内槽轮机构	槽轮机构由装有圆销的拨盘（或称转臂）1、具有径向槽的槽轮2和机架组成。通常以拨盘1为主动件，作等速连续回转，带动槽轮2作间歇转动	平面槽轮机构可分为外槽轮机构和内槽轮机构，外槽轮机构的主、从动轮转向相反，内槽轮机构的主、从动轮转向相同。相比较，外槽轮机构应用较为普遍，内槽轮机构常用于需要从动件转向相同、槽轮停歇时间短、机构占用空间小和传动较平稳的场合
凸轮式间歇运动机构	(a) (b)	凸轮式间歇运动机构一般由主动凸轮、从动转盘和机架组成。主动凸轮作连续转动时，从动转盘作间歇运动	凸轮式间歇运动机构的优点是结构简单、运转可靠、传动平稳、转位精确、易实现工作中对动程和动停比的要求。合理设计凸轮的轮廓曲线，可减少动载荷、避免冲击，获得很好的动力性能，适应高速运转的要求。缺点是加工精度要求较高，加工比较复杂，安装调整比较困难

表 3-12 螺旋传动机构特点

类型	示意图	结构特点	机构特性
差动螺旋机构		螺旋机构是由螺杆、螺母和机架组成	一般情况下,它是将旋转运动转换为直线运动。但当导程角大于当量摩擦角时,它还可以将直线运动转换为旋转运动
复式螺旋机构		两螺旋的方向相反	能够实现快速移动
微动螺旋机构		两螺旋方向相同并且两个螺旋的螺距相差很小	可以实现微动,用于各种机床、机器、工具和精磨机械的微调与测量装置
滚动螺旋机构		螺杆与螺母的螺旋滚道间有滚动体	当螺杆或螺母转动时,滚动体在螺纹滚道内滚动,使螺杆与螺母间为滚动摩擦,传动效率和传动精度都得以提高

表 3-13 摩擦传动机构特点

类型	示意图	结构特点	机构特性
摩擦轮传动		两个相互压紧的圆柱形摩擦轮,两轮之间由于压紧而产生一定的正压力,工作时,当主动轮受外力作用而旋转时,主动轮就依靠两轮间产生的摩擦力带动从动轮一起旋转,从而实现运动和动力的传递	制造简单、运转平稳,无周期性冲击,噪声小,有过载保护能力并且能够实现无级变速。 效率低,不能保证准确的传动比并且在干摩擦时磨损快、寿命短。 相同的参数下传递同样大的功率时轴上的载荷比齿轮传动时大,因此不能传递大的功率

续表

类型	示意图	结构特点	机构特性
带传动		由主动带轮1、从动带轮3、张紧在两轮上的传动带2和机架组成。依靠摩擦（或啮合）传递运动和动力	带传动具有结构简单、传动平稳、造价低廉以及缓冲吸振等特点

表 3-14 挠性传动机构特点

类型	示意图	结构特点	机构特性
带传动机构		由主动带轮1、从动带轮3、张紧在两轮上的传动带2和机架组成。依靠摩擦（或啮合）传递运动和动力	带传动具有结构简单、传动平稳、造价低廉以及缓冲吸振等特点
链传动机构		由链条和主、从动链轮及机架组成，依靠链轮轮齿与链节啮合，来传递运动和力	无弹性滑动和打滑现象，能保持准确的平均传动比，传动效率高，适用场合广，能够在高温、低速重载及恶劣的情况下使用
绳索传动机构		绳索传动依靠中间的挠性绳索进行运动和动力的传输。传动用的绳索常用涤纶绳索和钢丝绳索，为了固定及导向绳索，轮上一般开有绳槽	具有结构简单、重量轻、惯性小、负载能力和工作空间大、运动速度高等优点，缺点是存在运动响应的滞后性及会产生弹性变形，影响其传递运动的准确性和灵敏性

表 3-15 广义机构特点

类型	示意图	结构特点	机构特性
液压驱动机构		该机构主要由缸体1、活塞2、摇杆3和机架4组成，通常将由缸体和活塞组成的移动副作为主动副	结构紧凑、体积小、重量轻、惯性小、能吸收冲击和振动，运动平稳可靠。操作方便，易于实现自动化和远距离操纵。易于实现过载保护，工作安全可靠。不需要减速装置即可实现低速大力矩传动。油液的黏性受温度变化的影响大，不宜用于低温和高温保护。加工成本高，液压缸如果泄漏会造成环境污染
电磁机构		剪发器中的减振机构，借助供电频率为50Hz的电磁铁1和被弹簧压紧的摆杆2，使刀刃3作频率100Hz的振动。为了使壳体的重心和主惯性轴停住不动，壳体应反相振动，给理发师的手造成不舒适的感觉，附加的频率为100Hz动力减振器4，可部分地消除罩体在装设减振器质量处的振动，以减轻手的不适	通过电、磁的相互作用完成所需动作
振动及惯性机构		所示为制作铸型和型芯的冲击振动机构，振动器1悬挂工作台2下的弹簧3上，冲头6固接在振动器1上，工作台2上固定有模型4和砂箱5，砂箱5中装有成形混料	适当选择冲头和铁砧之间的间隙，冲头将得到周期性冲击，使混料成形并压实。利用物体的惯性进行工作

类型	示意图	结构特点	机构特性
光电机构		根据光化学原理将氧气分子数的变化转化为机械能的回转活塞式星形马达。内外周均由丙烯树脂制成的圆筒形容器被分隔成三部分,作为反应室 1,室内装有二氧化氮,反应室 1 的内侧壁上各装有一套曲柄滑块机构。介质受光照射后,在光化学反应的作用下,氧气浓度发生变化进而引起反应室内压力的变化,使活塞 2 运动并带动曲轴 3 转动	相对于来自同一个方向的太阳光,转动的各反应室自动地经过照射、背阴,循环反复,使曲轴作连续转动

学习指南

本章根据方案设计关注的运动转换种类及其实际功能分类,介绍了一些常用机构的特点和功能,以方便课程项目在概念设计阶段参考,本章概念导图如图 3-3 所示。在方案设计时,应本着先易后难、先基本机构后机构组合的原则,尽量选用结构简单的机构方案,以提高机构的综合性能和性价比。详细信息可以参阅孟宪源等主编的设计手册等相关文献[30-31]。

除选用或改造现有机构之外,还可以根据产品设计的功能和性能要求,运用型综合理论方法构造新的机构方案,这方面本教材未作介绍,有兴趣的读者可以参阅构型综合相关书籍。

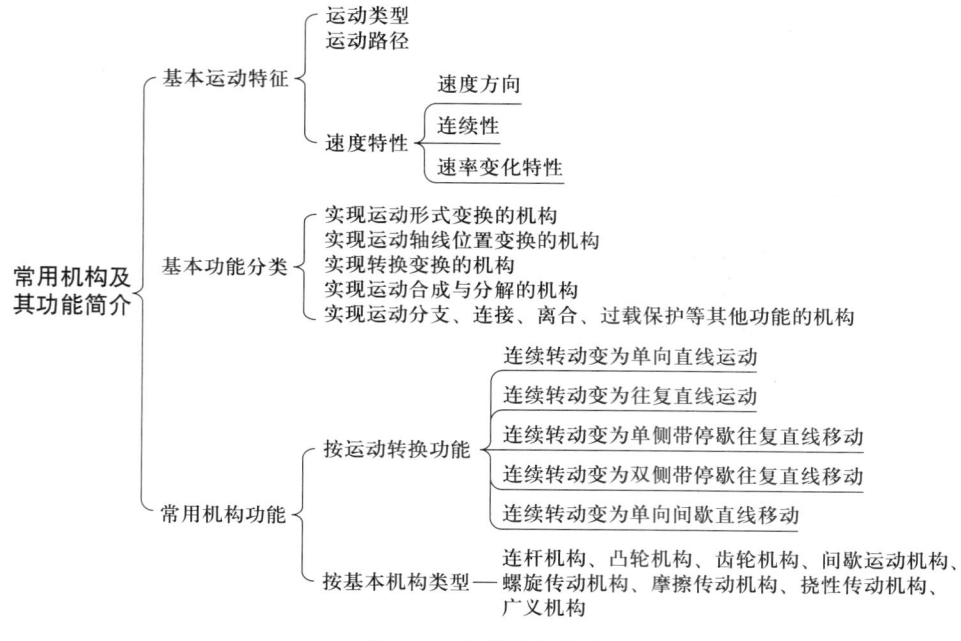

图 3-3 本章概念导图

思考题

3-1 从有利于开展机械产品方案设计的需要来看,机构应该从哪些角度进行分类和整理比较合理?

3-2 根据机械运动的特性进行分析,机构有哪些基本的运动功能?在设计机械产品时如何进行选型设计?

第4章

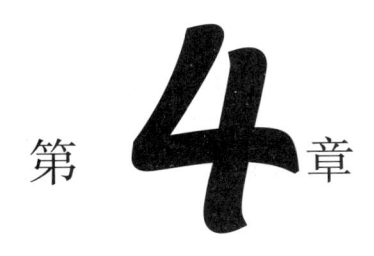

常用结构及其连接功能简介

内容提要

机器的主体组成部分是机构,机器的设计是从运动方案设计开始的,然后再根据运动方案进行结构设计和性能设计计算,最后是机器零件的详细设计。其中,整体方案设计是机器设计的引领,机器结构的几何设计和性能设计是主线,零部件及其连接设计则是重要支撑。本章对机器结构组成、连接方式、常用连接结构、典型零件和典型部件作简要介绍,重点介绍结构的几何要素设计,为全面了解机器总体结构组成、常用结构和连接功能提供基础知识,并为机器结构创新设计提供导向。

4.1 机器的结构和基本连接功能

1. 机器结构

机器是由数量不等、大小不同、形状各异的零件按照一定连接方式组合而成的。构件是机器的运动单元,是机器机构的构成元素,由零件组成,为了便于加工和装配,构件通常是一个或多个零件的组合体。通常,机器是具有运动和功能转化的多子系统组合体,可包含多个复杂子系统,也可仅有两个简单子系统。为了便于对机器结构和组成进行精确描述,对机器中的一些术语进行如下定义。

零件是机器中的制造单元,也是基本组成元素,分为标准件、通用件和专用件。标准件是指各种机器中经常使用又标准化和专业化生产的零件,如螺栓、螺母、垫圈、密封圈、键、滚动轴承等;通用件是指在各类机器中经常使用,但没有系列化与专业化生产的零件,如轴、齿轮、箱体、框架或支承等;仅仅在企业内部为所设计的特定机器使用的零件为专用件,如汽轮机的叶片、内燃机的活塞、纺织机械中的织梭等。

组件是指机器中属于一个运动实体并由若干个零件静态固定连接而成的组合体,对应于机构中的构件。

单元是指实现某一运动功能的若干个零件(又称为元件)配对组合体,如滚动轴承、滑动轴承、滚珠丝杠、滚动导轨等。单元往往采用专业化生产,以降低成本、提高性能,成为设计时选用的标准单元或功能单元。

部件由若干零件、组件、单元组成并形成独立安装的组合体,内部零件有相对运动,能够独立实现运动、动力变换与功能传递,如电动机、减速器、离合器、联轴器等。部件可分为驱动部件、传动部件和执行部件三种类型。

机械子系统是指能够实现机器中一个独立功能分支的若干个部件组合体,如机械主运动、辅助运动、补偿运动等。子系统的大小取决于机器整机规模和设计模块划分,可以是电动机驱动一个执行机构,也可以是一条生产线。一般机械子系统主要指机械主运动或辅助运动,包括从驱动到执行的各个部分。

通常,机器是具有运动和功能转化的多个子系统组合体,大到包含多个复杂子系统,小到仅包含一个或两个简单子系统。机械设计课程是在已有机器功能原理与运动方案基础上,从性能和结构两个方面研究机器整机与零件,从而达到正确设计和改进设计的目的。在学习设计机器时,首先需要了解机器的结构组成。下面以内燃机为例介绍机器的结构组成。

图4-1所示为四冲程内燃机,是一种由多个机构组成的复杂机器。主要功能是把化学能转化为机械能,包含进气、压缩、燃烧、排气四个冲程,通过活塞的往复运动实现热能转化为机械能并输出。

(a) 内燃机结构示意图　　(b) 内燃机机构简图

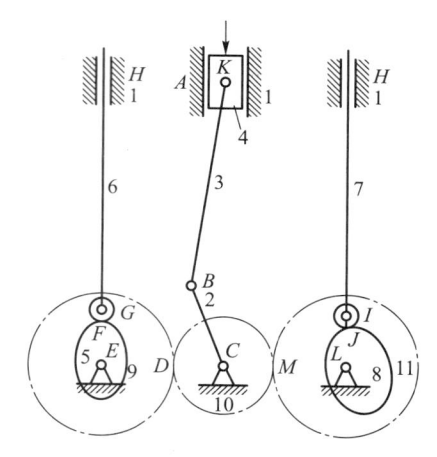

1—机架(缸体);2—曲轴;3—连杆;4—活塞;5、8—凸轮;6、7—顶杆;9、11—输出齿轮;10—输入齿轮。

图4-1　四冲程内燃机

4-1 机构运动简图绘制

内燃机整机由机械、润滑、燃料供给、冷却、控制等多个子系统构成,机械子系统由驱动部件(曲柄滑块)、传动部件(两个齿轮机构)、执行部件(凸轮机构)三个部分通过轮系(齿轮9、齿轮10、齿轮11)连接组成。活塞4承受燃气压力在气缸内作直线运动,通过连杆3推动曲轴2作回转运动

（并输出机械能），曲轴上的固连齿轮 10 通过与 9 和 11 啮合把曲轴的转动传给凸轮轴 5 和 8，凸轮轴转动驱动顶杆 6 和 7 作直线运动，控制进气阀和排气阀开关。曲轴 2 及固连其上的齿轮 10、凸轮轴 5 及固连其上的齿轮 9、凸轮轴 8 及固连其上的齿轮 11 分别与机架 1 组成转动副 C、E、L（轴承单元），活塞 4 分别与连杆 3 和机架 1 构成转动副 K 和移动副 H，顶杆 6 分别与凸轮 5 和机架构成高副 F 和移动副 H，顶杆 7 分别与凸轮 8 和机架构成高副 J 和移动副 H。曲轴 2、连杆 3、凸轮轴（5、8）、缸体 1、活塞 4、顶杆 6 构件分别由若干个零件通过静态固定连接形成组件。

图 4-2 所示为曲轴与箱体间的滑动轴承单元，由曲轴（内有油路）、轴瓦（带有储油槽）、轴承座、轴承盖、轴承螺柱等零件组成，轴瓦固定在轴承座内，轴承座与箱体通过静连接固定在一起，轴瓦与曲轴通过液体动压润滑形成转动副。连杆组件由连杆体、连杆大头、连杆小头、连杆轴瓦、连杆轴套、连杆螺栓、连杆螺母等零件组成（如图 4-3 所示）。为了便于装配，与曲轴相连的大头采用剖分式结构并通过螺栓和螺母连接，大头轴瓦和小头轴套通过液体润滑分别与曲轴和活塞销轴形成转动副，连杆组件工作过程中承受交变载荷，要求具有较高的强度与刚度。

图 4-2 曲轴与箱体间的滑动轴承单元示意图

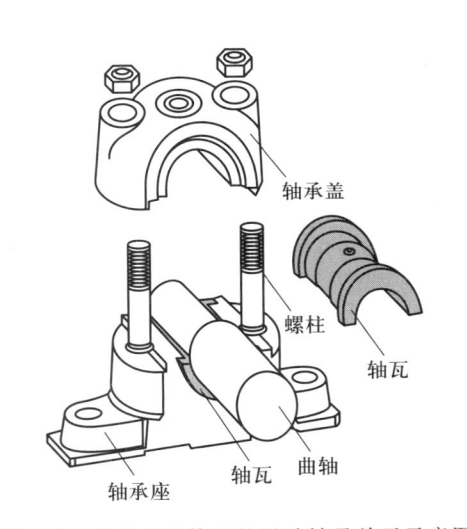

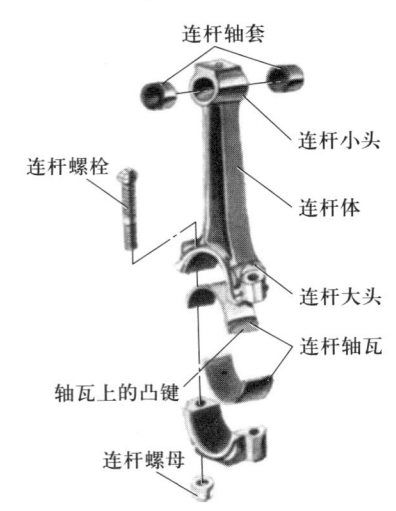

图 4-3 连杆组件示意图

活塞组件由活塞环、活塞体、活塞销轴等零件组成（如图 4-4 所示）。活塞环与活塞体通过过盈配合装配于活塞体的环槽内，保证气缸压缩空间的密闭性；活塞体内装配销轴，与连杆组件小头中的轴套（滑动轴承）形成转动副。活塞组件在气缸内往复移动，与缸体形成移动副，需要具备良好的润滑及密封性能。图 4-5 所示为机体组件，主要由机体、气缸、轴承端盖等零件组成。机体为承载支承件，通常采用剖分式结构（箱体和箱盖），支承缸体、齿轮轴和曲轴等，要求具备较高的强度、刚度、精度及良好的工艺性能。气缸与机体、轴承端盖与机体通常采用螺纹件连接在一起。

图 4-4 活塞组件示意图

图 4-5 机体组件示意图

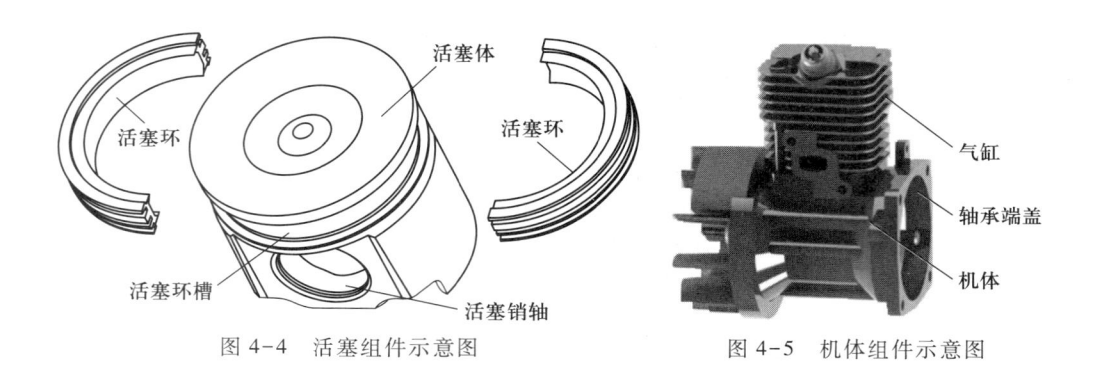

2. 机器连接方式

机器的连接结构包含零件间连接、组件间连接及部件间连接。零件间连接分为可拆卸连接（如螺纹连接、键连接、销连接等）及不可拆卸连接（如胶接、焊接、铆接等）；组件间连接包括移动副、转动副、螺旋副、高副及带、链等挠性连接；部件间连接包含离合器、联轴器、制动器等。

（1）零件间的连接

零件间的连接分为可拆连接和不可拆连接。常用的零件连接类型、功能及应用场合如表 4-1 所示。

表 4-1 常用的零件连接类型、功能及应用场合

类型及连接方式		示意图	功能及应用场合	实例
可拆连接	螺纹连接		连接两个或多个被连接件，应用于固定、紧固连接、密封等场合	
	键连接		连接轴与轴上零件，实现轴与轴上零件轮毂之间的周向固定，以传递运动和扭矩	
	销连接		固定零件之间的相对位置，可以传递运动、力和力矩	

续表

类型及连接方式		示意图	功能及应用场合	实例
不可拆连接	过盈连接		用于轴与轮毂、滚子链销轴与外链板、套筒与内链板	
	铆接		应用于较低强度的固定连接,连接两个或两个以上的零件	
	胶接		用于相同或不同材料零件间的较低强度的固定连接	
	焊接		用于零件间的较高强度的固定连接	

(2) 组件间的连接

组件间的连接包括移动副、转动副、螺旋副及高副连接。其中,转动副包括滑动轴承、滚动轴承;移动副包括滚动导轨副、滑动导轨副;螺旋副包括滚珠丝杠、滑动丝杠;高副包括齿轮副、凸轮副。常见的组件间的连接类型、功能及应用场合如表4-2所示。

表4-2 常用的组件间的连接类型、功能及应用场合

类型	示意图	功能及应用场合	实例
转动副		广泛应用于轴系等的支承,其主要作用是支承旋转轴系以减少摩擦、磨损	

续表

类型	示意图	功能及应用场合	实例
移动副		实现两组件间的相对移动,在工程设备中广泛应用	
螺旋副		用于组件间的位置调整或运动驱动,广泛应用于各种工程设备	
高副		用于运动和动力的传递	
挠性连接		用带连接,用于两轴和多轴之间的运动和扭矩传递	
		用链连接,用于平行轴之间的运动和扭矩传递,主、从动轴转向相同	

（3）部件间的连接

部件间的连接包括离合器和联轴器,常用的部件间连接类型、功能及应用场合如表4-3所示。

表 4-3 常用的部件间连接类型、功能及应用场合

类型	示意图	功能和应用场合	实例
联轴器		用于不同轴之间的固定连接，传递运动和扭矩	
离合器		用于不同轴之间的连接和分离转换，传递运动和扭矩	

4.2 常用结构简介

  以被连接的两构件间是否有相对运动为标准，可把连接分为动连接和静连接两大类。
  动连接通过运动副来实现，常见的运动副包括转动副、移动副、螺旋副和齿轮副，在空间机构中常见的还有球面副、圆柱副等。转动副是由两个构件直接接触保留一个回转运动的动连接，其他 5 个自由度被运动副约束，同时要求减小回转运动的摩擦和磨损，一般采用滑动轴承或滚动轴承实现；移动副是由两个构件直接接触保留一个直线运动自由度的动连接，其他 5 个自由度被运动副约束，为了减小相对移动的摩擦和磨损，一般采用滑动或滚动支承，即用滑动导轨和滚动导轨作为移动副的单元或标准元件；螺旋副是由两个构件之间直接接触并产生回转运动和沿回转轴向移动运动的动连接，其他 5 个自由度被运动副约束。为了减少摩擦和磨损，一般采用滑动或滚动螺旋结构实现，称为滑动螺旋副和滚动螺旋副（或滚珠丝杠），是螺旋副的标准单元或标准元件；高副是两个构件上曲面直接接触，可以有 5 个自由度的动态连接，包括齿轮副、蜗杆副和凸轮副等。
  为了制造、安装、使用方便，工程中通常把复杂构件设计为由多个零件的固定连接而成，即静连接。从连接件是否可以重复使用来看，连接可以分为可拆连接和不可拆连接。可拆连接有螺纹连接、键连接、销连接、型面连接等；不可拆连接有铆接、焊接、胶接等。从连接传递载荷的工作原理看，静连接可分为摩擦与非摩擦两种类型，摩擦型静连接是由连接面之间的摩擦来传递载荷的，如过盈连接；非摩擦型静连接是通过连接面直接接触与变形来传递载荷，如平键连接。有些静连接既可以是摩擦型也可以是非摩擦型，如螺纹连接。

本节将简要介绍动连接和静连接所包含连接类型的几何结构与工作原理,不涉及性能及设计计算方面的内容。

1. 动连接

(1) 移动副

移动副是两构件间仅保留一个相对直线运动自由度的连接形式。通常由提供约束的导轨和在其上运动的滑块联合构成,故亦称为滑动副、导轨副。在工程机械中应用非常广泛,如内燃机中的活塞和缸体、各类型机床中移动部件间的连接(如工作平台与滑台之间的连接)、各类测量装置中的移动部件间的连接(如探头移动平台与支承架之间的连接)等。

1) 移动副的结构要素

设计移动副时,需要在零件结构上考虑如何实现 5 个自由度约束,即必须有相应结构约束两个直线移动和绕三个轴的转动。移动副元素的几何形状一般为简单的几何表面,如平面、圆柱面等,在满足承载和运动的同时具有较好的工艺性和润滑性能;移动副的结构约束往往由多个简单几何形状元素(平面或圆柱面等)的组合实现,如一个平面可约束另一个平面的三个自由度(两个转动和一个法向移动),多个简单几何形状组合并相互配合就可以约束多个自由。

图 4-6 所示为几种常见的移动副平面元素及其组合结构,采用的是不连续异向平面元素或多个异向狭长平面元素组合结构,这种结构既满足运动和约束要求又可以降低制造工艺难度和成本。图 4-7 所示为几种常用的移动副圆柱面元素及其组合结构,单一圆柱面约束 4 个自由度(两个转动和两个移动,如图 4-7a 所示),因此还需要约束另外一个转动自由度,仅保留沿导轨的移动自由度,如图 4-7b~d 所示。

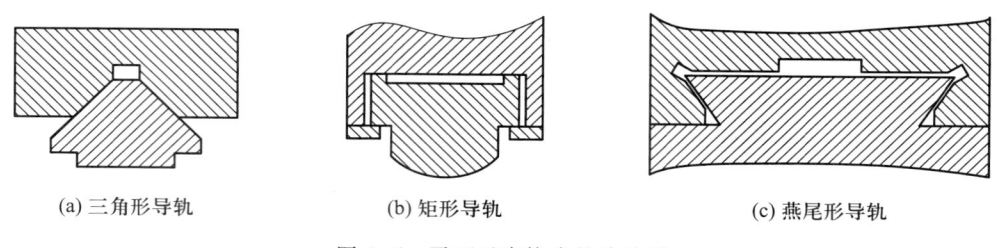

(a) 三角形导轨　　(b) 矩形导轨　　(c) 燕尾形导轨

图 4-6　平面元素构成的移动副

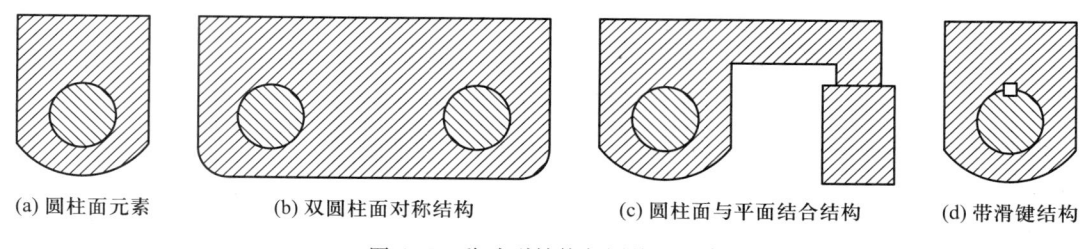

(a) 圆柱面元素　(b) 双圆柱面对称结构　(c) 圆柱面与平面结合结构　(d) 带滑键结构

图 4-7　移动副结构与圆柱面元素

除了截面几何形状外,移动副元素结构还需要具有一定的导向长度,使移动副具有良好的承载能力,并减少摩擦和磨损。为了降低制造难度和成本,导向部分可以采用中间间断或多处支承设计,如图 4-8 所示。

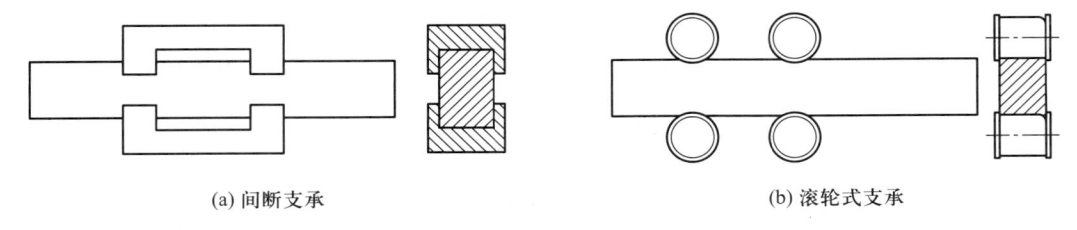

(a) 间断支承　　　　　　　　　　　(b) 滚轮式支承

图 4-8　移动副支承导向结构

移动副结构要素及常见元素组合形式与功能特点见表 4-4 所示。

表 4-4　移动副的结构要素及常见元素组合形式与功能特点

结构要素	组合形式	图例	功能特点
圆柱面	单圆柱面		加工精度较高、成本低;轴和孔间隙配合,不能约束被导向件的转动;导杆较长时,在侧向力或弯矩作用下变形较大;用于仅受轴向载荷,且对转动没有要求的场合
	键-单圆柱面		因导杆上设有导向键或键槽,可以承受一定的转矩。导向面加工精度较低,多用于滑动速度较低的场合
	双圆柱面		采用两个平行圆柱共同实现移动副功能,因平行度要求高,加工难度和成本较高,常用于滑动速度较高而载荷较小的场合
平面	矩形		多平面元素组合为矩形,为了便于加工和装配,矩形孔可采用剖分式结构,并通过螺纹连接等形式形成一个封闭结构,能够承受一定的转矩

续表

结构要素	组合形式	图例	功能特点
平面	三角形		上面的两平面元素组合为三角形,兼具支承和导向功能
平面	双槽形		多平面元素组合为槽面,实现导向和防止转动的功能
平面	燕尾形		燕尾槽可采用标准的燕尾铣刀加工。通常燕尾角的大小为55°,所需的高度空间较小,尤其适合空间要求较紧凑的场合

2) 典型滑动导轨副及其应用

滑动导轨按结构及表面材料分为普通整体导轨、贴塑导轨和镶金导轨;按滑动导轨表面摩擦性质分为静压导轨、动压导轨、边界摩擦导轨和混合摩擦导轨。应用较多的导轨属于混合摩擦导轨,本节主要关注这类滑动导轨,简称滑动导轨。

从结构工艺考虑,构成机床滑动导轨的结构要素可以直接在零件上制造出来,即一体式;也可以将实现滑动导轨副的结构按多个独立的零件加工,然后再与其他零件组装在一起,即镶装方式。滑动导轨的常用结构及特点如表4-5所示。

表 4-5 滑动导轨的常用结构及特点

滑动导轨类型	截面形状	图例	结构特点和应用
一体式滑动导轨	三角形导轨		通常情况下,顶角是90°,有凸、凹两种形状,面 M、N 兼具导向和支承作用。根据承载特性,可以调节 M 和 N 面的对称程度以便使两面上的压强分布更为均匀。当垂直载荷较大时,顶角可以增大到120°,但导向性较差

续表

滑动导轨类型	截面形状	图例	结构特点和应用
一体式滑动导轨	矩形导轨		M 面具有导向和支承功能，保证垂直向的位置精度；N 面为导向面；J 面为压板面，防止运动部件抬起。N 面磨损后无法补偿，需要有间隙调节装置
	燕尾形导轨		M 面起导向和压板作用，J 面起支承作用，两面夹角一般为 55°。受垂直载荷时，J 面为主要工作面；受倾覆力矩时，M 为主要工作面，一般用在高度小而层次多的移动部件上，如车床刀具支架导轨等。磨损后不能补偿间隙，需要用镶条和调节螺钉进行调整
	圆柱形导轨		制造简单，内孔和圆柱可以高精度配合，但磨损后间隙调整困难。为防止转动，在圆柱面上通常开键槽或加工出平面。主要用于受轴向载荷的移动部件，如拉床、珩磨机及机械手等
	组合结构 双三角形		组合结构同时具有支承和导向作用，磨损后能自行补偿；具有最好的导向性、贴合性和精度自检性，是精密机床理想的导轨结构，但加工困难
	组合结构 双矩形		主要用于垂直载荷比较大的机器上，如升降铣床、龙门铣等。制造和调整简便，但导向性不如其他组合结构。闭式导轨需要用压板调整间隙，导向面用镶条或附加机构调整间隙
	组合结构 三角形和平面		通常用于磨床、精密镗床和龙门刨床上，主要受垂直下压力
	组合结构 平面+三角形+平面		用于大型、重载且要求高支承刚度的设备，如大型龙门刨铣床。中间增加的三角形导轨主要起导向作用，两侧平面导轨起承载作用

续表

滑动导轨类型	截面形状	图例	结构特点和应用
镶装滑动导轨	机械镶装		主要用于载荷较大的淬硬钢导轨,通过螺钉连接导轨的各零部件,达到提高耐磨性、便于更换磨损零部件、便于制造的目的
	胶接镶装	1—动导轨;2—塑料板;3—压板;4—钢板;5—床身;6—胶黏剂;7—容纳多余胶黏剂的沟槽。	在铸铁或钢的滑动导轨面上粘贴一层更为耐磨的材料,以提高导轨的磨损寿命,常用材料主要有淬硬的钢板、钢带、铝青铜、锌合金和塑料等。该结构形式可以节省贵重耐磨材料,还可以避免机械镶装带来的压紧力不均的现象

3) 典型滚动导轨副及其应用

在滑动导轨副间加入滚动体,将滑动摩擦变为滚动摩擦,即形成滚动导轨副。滚动导轨副已是专业化生产的标准件,常见的三种滚动体滚动形式如图4-9所示。

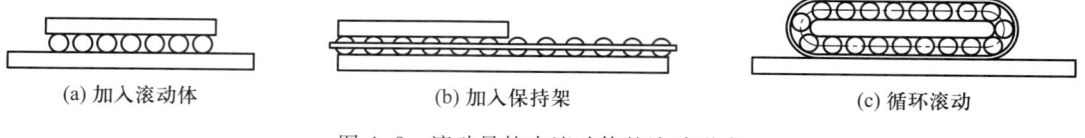

(a) 加入滚动体　　(b) 加入保持架　　(c) 循环滚动

图4-9　滚动导轨中滚动体的滚动形式

滚动导轨副摩擦系数小,静、动摩擦系数之差较小,微量移动灵活、准确,加速性能好,磨损小,寿命长。

滚动导轨的结构形式种类繁多,最典型的有四种:滚动支承块、滚动直线导套副、滚动花键副、滚动直线导轨副,最常用的是滚动直线导轨副。如图4-10所示,滚动直线导轨由导轨、滑块、滚动体、返向器、保持器、密封端盖及挡板组成,密封盖上设置反向沟槽使滚动体经滑块内循环通道返回工作滚道,从而形成闭合回路。滚动直线导轨副也称为直线导轨、线性导轨、线性滑轨、线轨等。导轨和滑块上的滚道均是经过淬硬和精密磨削加工而成的。导轨滚道的结构、布置形式、滚动体形式、承载能力及性质特点各不相同。常用滚动直线导轨副主要类型与参数如表4-6所示。

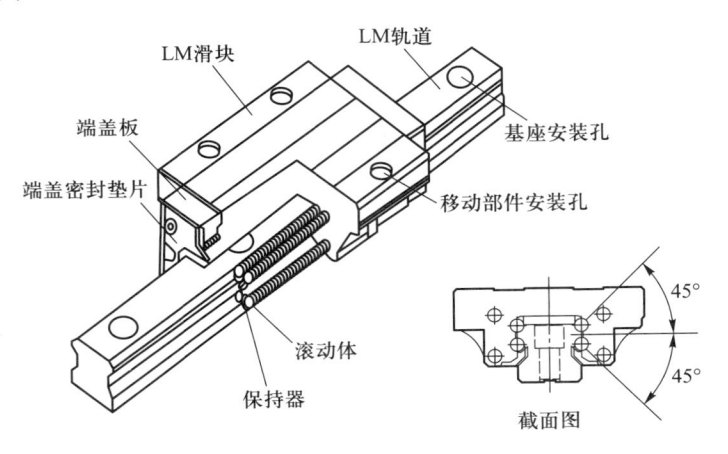

图 4-10 滚动直线导轨

表 4-6　滚动直线导轨副主要类型和参数（引自 JB/T 7175.2—2006）

类型	结构简图	特点及适用场合、标准参数
四滚道型（四方向等负载）		轨道两侧各有互成45°的两列承载滚珠。垂直向上、向下和向左、向右水平额定载荷相同。额定载荷大、刚度好,可承受冲击及重载,用途较广,如加工中心、数控机床、机器人等,A为标准参数
两滚道型（双边单列）		轨道两侧各有一列承载滚珠。结构轻、薄、短小,且调整方便,可承受上下左右的载荷及不大的力矩,是医疗设备、机器人、办公自动化设备等的常用轨道,A为标准参数
分离型（单边双列）	1—滑块；2—导轨。	双列滚珠与运动平面均成45°接触,因此同一平面只要安装一组导轨,就可以上下左右均匀地承载。若采用两组平行导轨,上下左右可承受同一额定载荷,间隙调整方便,广泛用于电加工机床、精密工作台等电子设备(参数尚未标准化)

续表

类型	结构简图	特点及适用场合、标准参数
交叉圆柱滚子V形直线导轨副	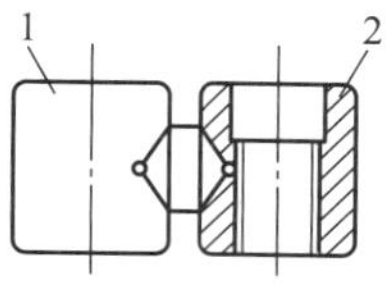 1—滑块；2—轨道。	采用圆柱滚子代替滚珠，且相邻滚子安装位置交错90°，采用V形导轨，其接触面长为原来的1.7倍，刚度为2倍，寿命为6倍，适用于轻、重载荷，无间隙，运动平稳、无冲击的场合，如电子计算机、电子加工机床、测量仪器等

（2）齿轮副

齿轮副通过两共轭齿廓面直接接触实现运动和动力的传递，工程上称为齿轮机构或齿轮传动。如图4-11所示，单级减速器是最简单的单自由度齿轮机构，由三个构件、齿轮副和两个转动副组成。

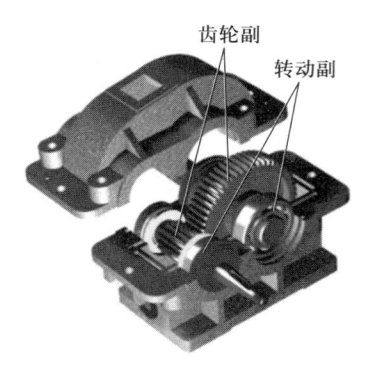

齿轮副通过轮齿啮合构成高副，是齿轮传动的核心要素。啮合传动具有稳定的传动比、承载能力高、可传动功率范围大、工作可靠、结构紧凑、传动效率高、使用寿命长、制造和安装精度高的优点，但成本高、不适于传动距离过大的场合。齿轮副按工作条件分为闭式传动、开式传动和半开式传动。闭式齿轮传动形式是齿轮副在完全封闭的空间里工作(如图4-12a所示)；开式齿轮传动形式是齿轮副外露、无封闭箱体防护(如图4-12b所示)；半开式传动形式的齿轮副装有简单防护罩但不是在封闭环境下工作的，不能严密防止外界杂物侵入。

图4-11 单级减速器

(a) 闭式传动　　(b) 开式传动

图4-12 齿轮副的工作条件

齿轮副设计应包含满足运动转换功能的齿廓曲面运动设计和满足传递力功能的性能设计及结构设计。性能设计应包含满足强度和刚度等指标的主要参数设计，结构设计在其性能设计确定了齿轮主要参数(如分度圆直径、模数、齿数等)的基础上，确定齿轮的结构形式、其余结构尺寸及与轴的连接形式(齿轮轴除外)。齿轮的结构形式有齿轮轴(齿轮和轴制成一体)、实心式、腹板式、轮辐式和剖分式等,如表4-7所示。

表 4-7 齿轮的结构形式

结构形式	结构图	说明
齿轮轴		当 $d_a < 2d$ 或 $e \leq 2.5m_t$ 时,应将齿轮制成齿轮轴
实心结构		当齿顶圆直径 $d_a \leq 160$mm 时,可以做成实心结构齿轮;但航空产品中的齿轮,虽然 $d_a \leq 160$mm,也有做成腹板式结构的
腹板式结构		当齿顶圆直径 $d_a \leq 500$mm 时,可以做成腹板结构齿轮;腹板上开孔的数目按结构尺寸大小及需要而定
轮辐式结构		当齿顶圆直径 $400\text{mm} < d_a < 1000\text{mm}$、$B \leq 200$mm 时,可以做成轮辐截面为十字形的轮辐式结构齿轮

续表

结构形式	结构图	说明
铸造齿轮		齿顶圆直径 $d_a>300$mm 的铸造圆锥齿轮，可以做成带加强肋的腹板式结构，加强肋的厚度 $C_1 \approx 0.8C$（C 为腹板厚度），其他结构尺寸与腹板式相同
组装齿圈结构		为了节约贵重金属，对于尺寸较大的圆柱齿轮，可做成组装齿圈式的结构。齿圈用钢制，而轮芯则用铸铁或铸钢

（3）蜗杆副

蜗杆蜗轮副传递交错轴之间的回转运动和动力，又称为蜗杆传动或蜗杆副，大多情况下，蜗杆轴和蜗轮轴空间垂直交错布置，如图 4-13 所示。

蜗杆副具有传动比大、结构紧凑、传动平稳、有自锁性的优点，但啮合传动的摩擦损失较大、效率低、发热多。蜗杆副因其独特的传动特点，广泛应用于机床、汽车、仪器、起重运输机械、冶金机械等机器设备。

蜗杆副设计包括性能设计和结构设计。性能设计包含蜗轮强度设计（确定蜗杆传动尺寸及相关参数）、蜗杆轴的刚度设计和校核及热平衡计算；蜗杆副的结构设计首先是选型，其次是分别确定蜗杆和蜗轮的结构形式，最后完成蜗杆和蜗轮的结构设计。

图 4-13 圆柱蜗杆副

蜗杆副按照蜗杆形状分类，可分为圆柱蜗杆副、环面蜗杆副、锥蜗杆副，如表 4-8 所示。在圆柱蜗杆副中按照螺旋面形状及其形成原理又可分为阿基米德蜗杆、法向直齿廓蜗杆、渐开线圆柱蜗杆、锥面包络蜗杆和圆弧圆柱蜗杆，其特点及应用如表 4-9 所示。

表 4-8 蜗杆副类型、特点及应用

蜗杆副类型	结构图	实例	特点及应用
圆柱蜗杆副			结构简单、加工方便、应用较广,但承载能力小
环面蜗杆副			重合度大、承载能力高、加工制造成本高,用于载荷较大的场合
锥蜗杆副			啮合齿数多、重合度大、承载能力高、传动平稳,用于载荷较大的场合

表 4-9 圆柱蜗杆副分类、特点及应用

类型	简图	蜗杆加工	特点	应用
阿基米德蜗杆（ZA）		车削加工,直线刀刃的单刀或双刀,车刀刀刃平面通过蜗杆轴面	在平行于端面的截面内蜗杆齿廓齿形为阿基米德螺旋线,过轴截面内的齿形为直线,车削工艺好,难以磨削,精度低	一般用于头数较少、载荷较小、低速不太重要的情况
法向直齿廓蜗杆（ZN）		车削加工,直线刀刃的单刀或双刀,车刀刀刃平面通过蜗杆齿廓法面	蜗杆齿廓在法平面内齿形是直线,平行于端面的截面内齿形是延伸渐开线,加工精度易于保证	用于转速较高和较精密的场合,如磨齿机等；也用于载荷和功率较大的情况

续表

类型	简图	蜗杆加工	特点	应用
渐开线蜗杆（ZI）		车削刀刃平面与蜗杆基圆柱相切，需在专用机床上加工	平行于端面的截面内齿形为渐开线，轴向和法面内的齿形均为曲线。加工精度易保证，承载能高，效率高	用于转速较高和较精密的场合，如磨齿机等；也用于载荷和功率较大的情况
锥面包络蜗杆（ZK）		铣削和磨削加工。加工时，蜗杆作螺旋运动，刀具在蜗杆法面内绕蜗杆轴转动	蜗杆任意截面内，齿形均为曲线。加工容易，可磨削，加工精度高	一般用于中速、中载、连续运动的动力蜗杆副
圆弧圆柱蜗杆（ZC）		可磨削，采用凸圆弧刃刀具加工	蜗杆齿廓为凹弧形，蜗轮齿廓为凸弧形。承载能力大，效率高，对中心距误差较敏感	用于载荷大的场合

蜗杆副结构设计同齿轮结构设计类似，根据性能设计所计算的主要尺寸选择确定其结构形式、结构尺寸及与轴的连接形式。蜗杆轴及蜗轮的结构、特点及应用场合如表4-10所示。

表 4-10 蜗杆轴及蜗轮的结构、特点及应用场合

蜗杆副结构	结构简图	特点及应用场合
蜗杆	(a)　(b)	可以采用铣削加工无退刀槽结构（如图 a 所示），也可采用车削或铣削加工轴上设计有退刀槽的结构（如图 b 所示，刚度较图 a 所示结构差）

续表

蜗杆副结构	结构简图	特点及应用场合
蜗轮 (结构形式按蜗轮直径大小选定;与轴的连接形式考虑承载能力、平衡及对中性,通常为单键、双键和花键等;尺寸设计综合考虑毛坯加工方法、材料、使用要求等因素)	整体式蜗轮	主要用于铸铁蜗轮、铝合金蜗轮或尺寸很小的青铜蜗轮 $C \approx 1.5m$(m为蜗轮模数,以下同)
	齿圈式蜗轮	由青铜齿圈及铸铁轮芯组成,多用于尺寸不太大或工作温度变化较小的地方。齿圈与轮芯常用 H7/r6 配合,并用螺钉固定。螺钉直径 $d = 1.2m \sim 1.5m$;拧入深度 $h = (0.3 \sim 0.4)B$(B为蜗轮宽度)。为了方便钻孔,螺钉中心线由齿圈与轮芯配合面偏向轮芯 2~3mm $C \approx 1.6m + 1.5\text{mm}$
	螺栓连接式蜗轮	齿圈和轮芯用螺栓连接,螺栓的数目和尺寸根据蜗轮尺寸和螺栓的强度确定。该结构拆装方便,用于尺寸较大或易磨损的蜗轮 $C \approx 1.5m$
	嵌铸式蜗轮	在铸铁的轮芯上加铸青铜齿圈,再进行切齿加工,用于大批制造的蜗轮 $C \approx 1.6m + 1.5\text{mm}$

(4) 滑动轴承

转动副一般是由提供约束的基体和在其支承座孔中作回转运动的轴联合构成的,其实例如图 4-14 所示。

为了减少构成转动副元素之间的摩擦和磨损,在相对运动的表面间置入减摩介质,如

(a) 滑动轴承支承　　　　　　　　(b) 滚动轴承支承

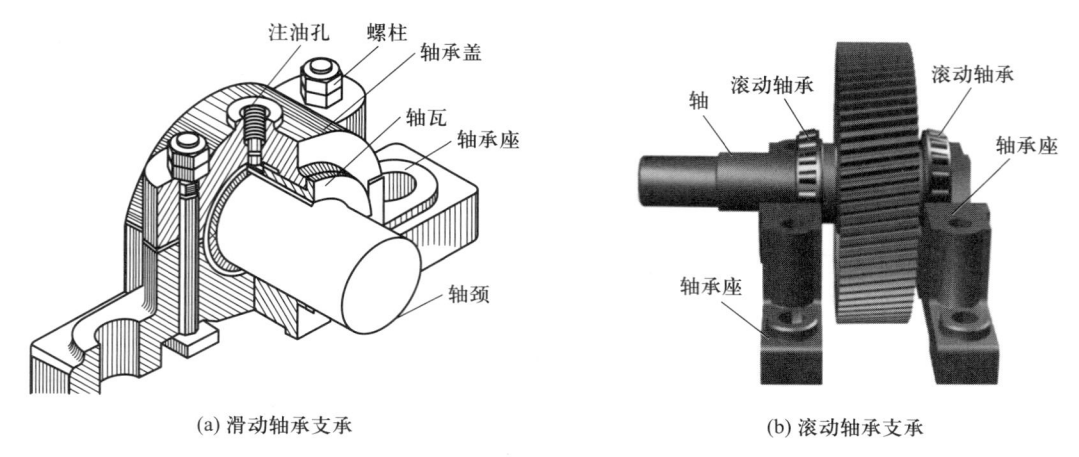

图 4-14　转动副实例

流体或滚动体。图 4-14a 中的滑动轴承,工作中轴瓦和轴颈之间充满压力油减摩介质;图 4-14b 中的滚动轴承,轴承中有滚动体,内部摩擦为滚动摩擦。

1) 滑动轴承的分类和特点

滑动轴承支承的回转轴表面和支承曲面间的相对运动为滑动,是一种动连接方式。为了减少摩擦和磨损,降低温升,需要在轴颈和支承表面间置入介质,如油、水、气等润滑剂,形成润滑状态。根据摩擦状态可把滑动轴承分为不完全液体摩擦滑动轴承和液体摩擦滑动轴承,其特点和应用场合见表 4-11 所示。

表 4-11　滑动轴承按摩擦状态分类、基本类型、特点及应用场合

类型	摩擦状态	特点	应用场合
不完全液体摩擦滑动轴承	干摩擦、边界摩擦、液体摩擦的混合状态	承载能力随转速提高而降低,受冲击载荷的能力不高;转速不高,受限于轴承的发热和磨损;启动阻力大,功率损失较大,寿命较低;噪声不大,支承刚度一般、旋转精度较低、径向尺寸较小但轴向尺寸较大;使用油、脂或固体作为润滑剂;润滑剂用量不大,易于维护	应用广泛,速度不高、载荷不大、不太重要的场合,如手动辘轳、门窗合页等
液体摩擦滑动轴承 动压滑动轴承	液体摩擦	摩擦表面被润滑液体完全隔开;承载能力随转速增高而增大,能够承受较大冲击载荷;速度高,启动阻力大,功率损失较低,寿命长;工作不稳定时有噪声,工作稳定时基本无噪声;支承刚度一般,旋转精度由一般到较高;径向尺寸小而轴向尺寸较大;使用液体或气体润滑剂,剂量要求较大,油质须清洁	重载(如轧钢机)、精密(如金属切削机床)、高速(如汽轮机和航空发动机)等的机器中

续表

类型	摩擦状态	特点	应用场合
液体摩擦滑动轴承	静压滑动轴承 液体摩擦	摩擦表面被润滑液体完全隔开;承载能力与转速无关,取决于液压系统供油压力,具有良好的抗冲击载荷能力;高速下性能良好,启动阻力小,功率损失小,寿命理论上无上限;轴承本身噪声很小,但供油系统有噪声;支承刚度一般到最高,旋转精度由较高到最高;径向尺寸小而轴向尺寸中等;使用液体或气体润滑剂,剂量要求最大,油质须清洁,须经常维护润滑供油系统	同上

滑动轴承按其承受载荷的方向可分为径向轴承(承受径向载荷)和推力轴承(承受轴向载荷);按结构形式可分为整体式轴承、剖分式轴承和自位式轴承。滑动轴承的设计包括结构设计、性能设计和润滑剂的选用等,设计需要满足运动约束、强度、刚度、精度、使用寿命、良好的结构工艺性、较低的成本及易于维护的要求。

2)滑动轴承的结构形式及固定方式

滑动轴承一般由轴承座、轴瓦、润滑和密封装置组成。滑动轴承结构形式、特点及应用见表4-12所示。

滑动轴承的轴瓦和轴承座之间不允许有相对移动,即要求轴瓦在轴承座内需进行轴向和周向固定。轴向固定通常是利用轴瓦的两端凸缘来实现;或在轴瓦剖分面上冲出定位唇(凸耳)进行轴向和周向固定(如图4-15a所示);也可采用紧定螺钉、销或键进行固定(如图4-15b、图4-15c所示)。轴瓦的定位方式选用见 JB/ZQ 4616—2006。

表4-12 滑动轴承的结构形式、特点及应用

滑动轴承结构形式		结构简图	特点及应用
径向滑动轴承	整体式	整体式滑动轴承结构尺寸的选用见 JB/T 2560—2007	由轴承座1和整体轴瓦2(轴套)组成。轴承座顶部设有安装润滑油杯的螺纹孔4,轴套上开有油孔3,轴套内表面开有油槽。结构简单、成本低,间隙磨损后无法补偿,安装不方便。多用于低速、轻载或间歇性工作的机械中

续表

滑动轴承结构形式		结构简图	特点及应用
径向滑动轴承	对开式	对开式径向滑动轴承结构尺寸选用见 JB/T 2561—2007	由轴承座1、轴承盖2、双头螺柱3、剖分式上轴瓦4和下轴瓦5等组成,载荷与剖分面近似垂直。轴承盖上部开有用于安放油杯或油管的螺纹孔。通常情况下上轴瓦放松,下轴瓦承载,上轴瓦的表面上设有油槽。这类轴承拆装方便,磨损后轴承间隙可调节。在工程中广泛应用
推力滑动轴承	普通推力轴承		处于非液体摩擦状态的推力轴承。轴径端面支承在推力轴瓦或轴环上。推力轴承结构形式有空心式、单环式和多环式,多环式可以承受双向载荷。单环式结构简单、润滑方便,广泛用于低速轻载的场合;多环式用在载荷较大或双向受载的场合
	液体动压推力轴承		为了获得液体摩擦,推力瓦工作面制成多个固定斜面或多个可绕一个点摆动的可倾瓦块,可与轴径止推面构成收敛楔形,从而构成液体动压润滑的必要条件。可倾瓦轴承的运转平稳性比固定瓦好。适用于高速重载的场合

3) 滑动轴承的轴瓦结构形式及油孔油沟设置

轴瓦结构与滑动轴承的结构相对应,也分为整体式和对开式两种。油孔开设的位置与载荷相关,液体滑动轴承的油孔通常开在非承载区。常用的非液体滑动轴承油槽有三种,油槽从非承载区延伸到承载区,尺寸选用参见 GB/T 6403.2—2008。轴瓦结构形式及

(a) 凸缘和凸耳

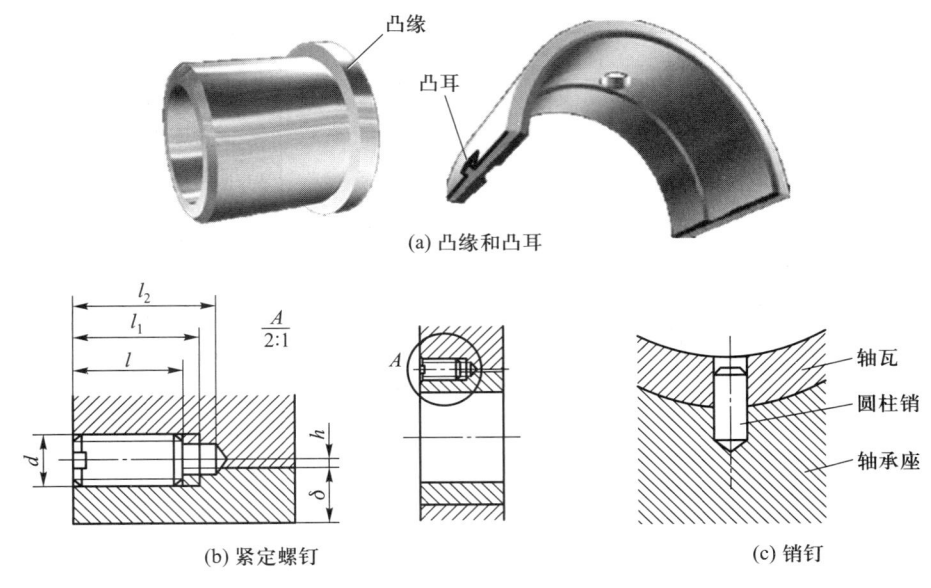

(b) 紧定螺钉

(c) 销钉

图 4-15 轴瓦的固定

油孔、油槽设置见表 4-13 所示。

表 4-13 轴瓦结构形式及油孔、油槽设置

结构形式		简图	特点
轴瓦	整体式（轴套） 整体轴瓦	结构尺寸选用参见 GB/T 18324—2001、JB/ZQ 4613—2006	材料单一，需从轴端安装和拆卸，可修复性差，可采用黄铜或铸铁直接铸造而成
	卷制轴瓦	开缝 轴瓦 轴承衬	只用于薄壁轴瓦，可采用双金属结构，生产率高

续表

结构形式		简图	特点
轴瓦	剖分式	结构尺寸参见 JB/ZQ 4259—2006、GB/T 7308—2008	剖分式轴瓦有薄壁和厚壁之分。厚壁轴瓦通常采用铸造加工,内表面采用离心浇注法附有轴承衬。轴瓦上设计有各种形式的榫头、凹沟或螺纹,以保证轴承衬贴附牢固。具有足够的强度和刚度,可降低对轴承座孔的加工精度要求;薄壁轴瓦节省材料,刚度不足,对轴承座孔的加工精度要求高。在汽车发动机、柴油机上应用广泛
油孔、油槽	液体润滑	最大油膜厚度处	单轴向油槽开在非承载区的油膜最厚处
		对开剖分面	油孔开在轴承剖分面处,如果轴径双向转动,可在剖分面上开设双轴向油槽,轴向油槽较轴承宽度稍短,防止油流失
		周向油槽	周向油槽适用于载荷方向变动范围超过180°的场合,设在宽度的中部,把轴承分成两个独立的部分。当宽度相同时,设有周向油槽的轴承承载能力低于无周向油槽的轴承
	不完全液体润滑	油槽尺寸参见 GB/T 6403.2—2008	油槽尽量延伸到最大压力区附近,长度稍短于轴承宽度

(5) 滚动轴承

滚动轴承是指相对回转运动表面间处于滚动摩擦状态的一种动连接方式。滚动轴承是标准件,结构类型和尺寸均已标准化。如图 4-16 所示,多个滚动轴承、轴及轴承座组合形成转动副而约束另外 5 个自由度(三个直线移动及绕两个轴的转动)。

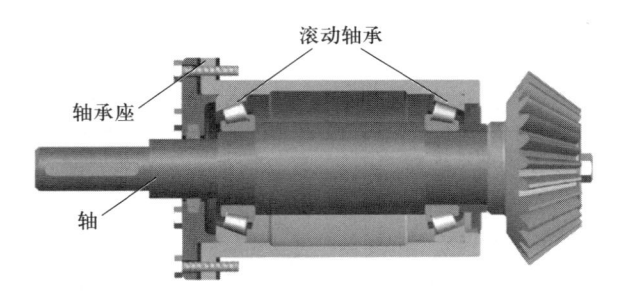

图 4-16 滚动轴承组合装置结构

1) 滚动轴承的结构及材料

如图 4-17 所示,滚动轴承一般由 4 个部分组成:内圈、外圈、滚动体和保持架。通常内圈与轴通过过盈配合装配在一起,随轴转动,外圈固定在轴承座或箱体壳中;也可以固定内圈,转动外圈;或内外圈同时转动。滚动体自转的同时还会绕轴承轴心线公转,与内外圈滚道滚动接触,这时轴承内部摩擦状态为滚动摩擦,减小磨损。保持架将滚动体等距隔开,避免滚动体直接接触产生摩擦及磨损。有些滚动轴承除了上述 4 个元件外,还增加了密封盖或外圈止动环等特殊零件。

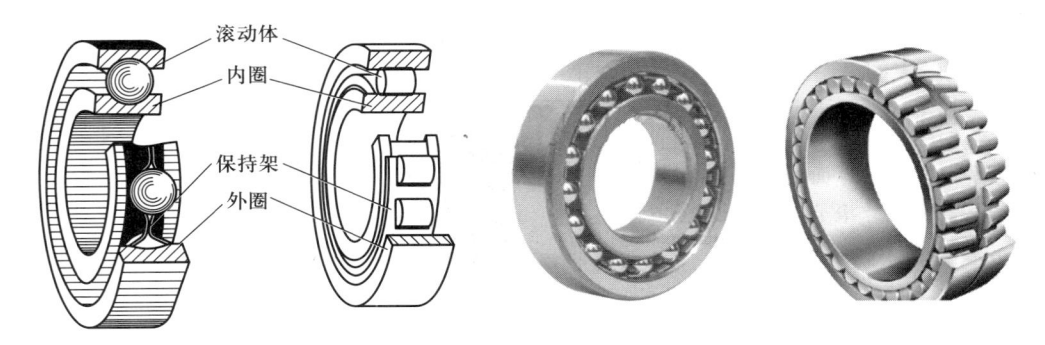

图 4-17 滚动轴承结构

滚动轴承内外圈及滚动体通常采用轴承钢(如 GCr_{15}、$G_{20}Cr_2N_{i4}A$)制造,热处理后硬度一般不低于 60 HRC。保持架有冲压和实体两种,冲压保持架一般由低碳钢冲压制成,与滚动体之间间隙较大,运动由滚动体引导;实体保持架通常由铜合金、铝合金、塑料、合金钢等材料经切削加工制成,运动由外圈内径或内圈外径表面引导,具有较好的定心作用和高速性能。

滚动轴承设计需要满足强度、刚度、精度、寿命、装配、维护、成本的要求,设计内容包括选型、组合结构设计及性能设计。

2) 滚动轴承的分类及应用

滚动轴承有两种分类原则：按照滚动体类型可分为球轴承和滚子轴承；按照承载方向，可分为向心轴承、推力轴承和向心推力轴承。各类型轴承的特点及应用如表 4-14 所示。滚动轴承属于标准件，常用类型名称、代号及性能特点参见后续章节或 GB/T 272—2017、GB/T 294—2015、GB/T 271—2017 等。

表 4-14 滚动轴承类型、特点及应用

分类原则	类型		滚动体图	实例	特点及应用
滚动体类型	球轴承				能承受的载荷较小，极限转速较高，摩擦系数小，具有一定的调心能力，不耐冲击，寿命较短。适用于载荷不大、运转平稳、高低速转动的场合
	滚子轴承	圆柱滚子			承载能力高、转速稍低、摩擦系数稍大、耐冲击能力较强、寿命较长。适用于载荷较大的场合
		圆锥滚子			
		球面滚子			
		滚针			
承载方向	向心轴承				主要承受径向载荷，不能承受轴向载荷或可承受少量的轴向载荷。用于主要承受径向载荷的支承

续表

分类原则	类型	滚动体图	实例	特点及应用
承载方向	推力轴承			仅能承受轴向载荷,用于只受轴向载荷的支承
	向心推力轴承			可以同时承受径向载荷和轴向载荷,根据轴承内部结构的不同,可以分为承受径向载荷为主或轴向载荷为主的轴承

3) 滚动轴承的轴向约束

机器中轴的位置是通过轴承来固定的。工作时,轴和轴承相对基座无径向移动,轴向移动也控制在一定限度内。轴一般采用双支点支承,一个支点由一个或多个轴承支承,轴承的约束设计必须满足轴的支承要求。根据轴的支承要求,轴承约束设计为双支点单向固定,通过轴承端盖固定轴承两端外圈外端面,两个支承组合可限制轴的双向移动。内圈周向固定靠与轴的过盈配合实现,通过轴肩进行轴向定位(如图 4-18a 所示);单支点双向固定(如图 4-18c 所示),轴的一个支承端限制轴的双向移动,另一端为游动端。固定支承的轴承内、外圈在轴向都要固定,游动端轴承与轴或轴承座孔间可以相对移动,以补偿轴因热膨胀及制造安装误差所引起的长度变化。利用内圈、外圈、轴肩、轴承端盖、轴承座或箱体环槽、弹性挡圈、螺母等实现轴承的定位和固定;两端全游动支承是指轴的两个支承轴承均为游动支承。如图 4-18b 所示的人字形齿轮轴自身具有轴向限位作用,相互啮合的主从动轮要求较精确的轴向相对位置,通过一个齿轮轴双向游动而另一个齿轮轴双向固定来实现。

4) 滚动轴承的配合

因滚动轴承是标准件,所以一般情况下滚动轴承内圈与轴配合采用基孔制,外圈与轴承座孔配合采用基轴制。轴承内圈与轴径的配合较紧,外圈与轴承座孔的配合较松,常用配合的公差带如图 4-19 所示。

2. 静连接

(1) 螺纹连接

螺纹连接是利用螺纹零件构成的可拆连接,是工程中最常见的静连接方式,应用非常广泛。如图 4-20 所示,轴承座和轴承盖之间的连接、减速器箱体与轴端盖之间的连接,均采用螺纹连接。螺纹连接设计的基本内容包含螺纹连接类型选择、结构设计及性能计算。本节简要介绍螺纹、螺纹连接类型及应用和常用结构。

1) 螺纹的类型、特点及应用

(a) 双支点单向固定

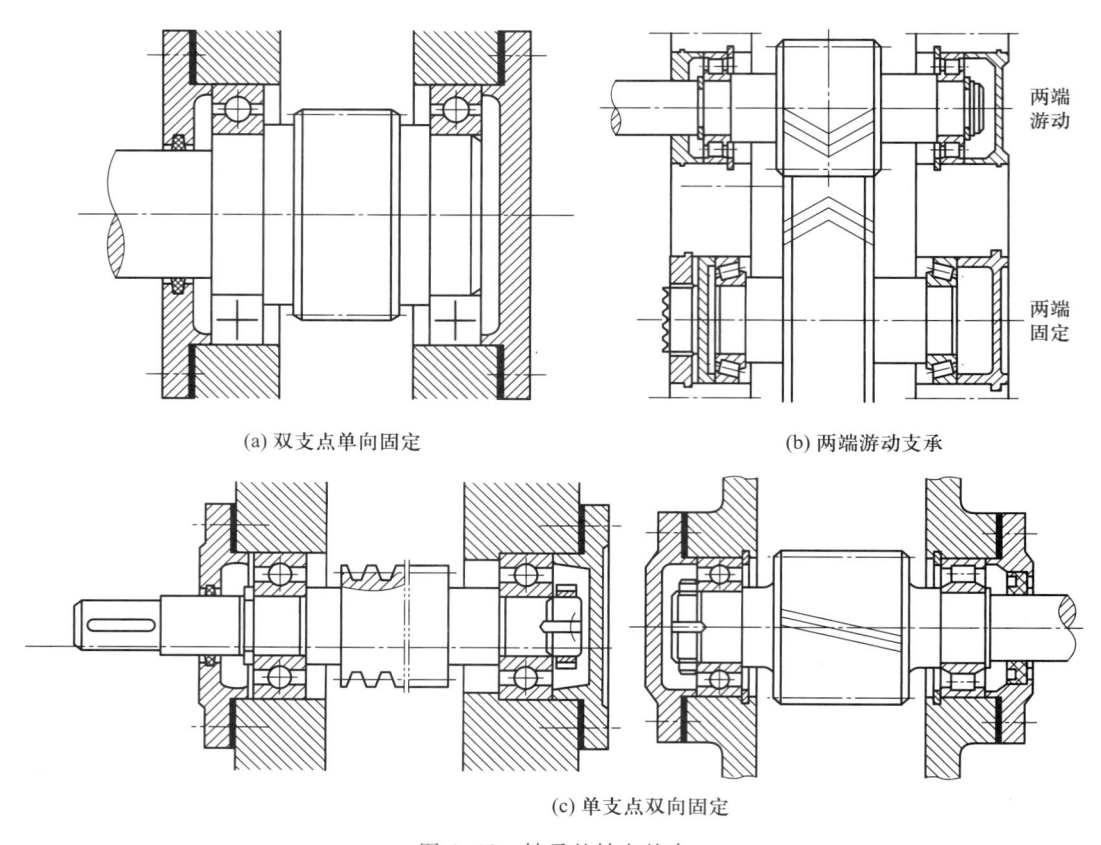

(b) 两端游动支承

(c) 单支点双向固定

图 4-18 轴承的轴向约束

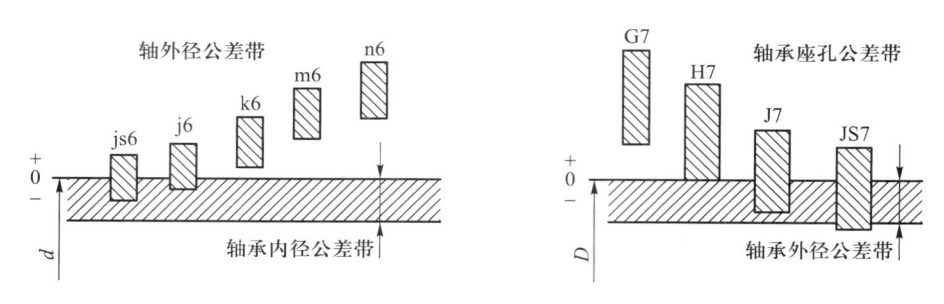

图 4-19 滚动轴承的配合

螺纹按照螺纹线分布的位置可以分为内螺纹和外螺纹，内外螺纹用于螺纹连接或螺旋传动；按照螺纹加工母体的形状可分为圆柱螺纹和圆锥螺纹，前者在圆柱上切制，为常用螺纹，后者在圆锥体上切制，多用于管件连接；按照线数可分为单线螺纹和多线螺纹；按照旋向可分为左旋螺纹和右旋螺纹，多为右旋螺纹；按照用途可以分为连接螺纹和传动螺纹；按照螺纹牙的形状可以分为普通螺纹、管螺纹、圆弧螺纹、梯形螺纹、矩形螺纹和锯齿形螺纹，前 3 种用于螺纹连接，后 3 种用于螺旋传动。常用螺纹的类型、特点及应用如表 4-15 所示。

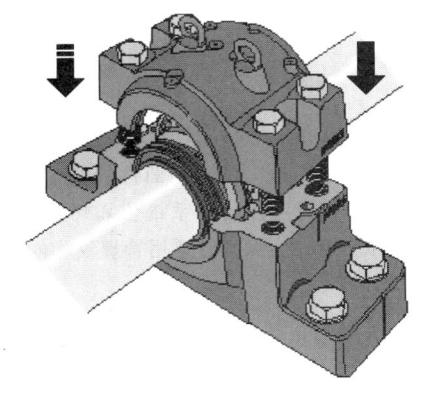

(a) 轴承座　　　　　　　　　　　　　　(b) 蜗轮蜗杆减速器

图 4-20　螺纹连接应用实例

表 4-15　常用螺纹的类型、特点及应用

螺纹类型		牙型图	特点及应用
连接螺纹	普通螺纹		牙型为等边三角形，牙型角 $\alpha = 60°$。同一公称直径按螺距大小可分为粗牙螺纹和细牙螺纹。螺距最大的三角形螺纹，用于一般性连接；细牙三角形螺纹的螺距小、升角也小、小径大，因而自锁性能好、牙根强度高，但是不耐磨、易滑扣，适用于薄壁零件连接和受动载荷的连接，也可作微调装置的调节螺纹
	管螺纹 55°非密封管螺纹		牙型为等腰三角形，牙型角 $\alpha = 55°$，牙顶有较大圆角，螺纹分布在圆柱上，又称圆柱管螺纹，属于英制细牙螺纹。适用于管接头、旋塞、阀门及其他附件
	55°密封管螺纹		牙型为等腰三角形，牙型角 $\alpha = 55°$，牙顶有较大圆角，螺纹分布在锥度为 1∶16 的圆锥管壁上。旋合后具有密封性，适用于管子、管接头、旋塞、阀门等对密封要求较高的场合

续表

螺纹类型		牙型图	特点及应用
连接螺纹	管螺纹 米制锥螺纹		牙型角 $\alpha=60°$，牙顶为平顶，螺纹分布在锥度为 1∶16 的圆锥管壁上。用于气体或液体管路系统依靠螺纹密封的连接（水、煤气管道用管螺纹除外）
	圆弧螺纹		牙型由两段弧和一直线连接而成的管螺纹，牙型角 $\alpha=30°$，其牙粗、圆角大，螺纹不易碰损，积聚在螺纹凹处的尘垢和铁锈容易清除，主要用于经常接触污物或易生锈的场合；牙型由半径相等的两段圆弧相切而组成的管螺纹用作薄片压制的螺纹
传动螺纹	矩形螺纹		牙型为正方形，牙型角 $\alpha=0°$，传动效率高于梯形螺纹和锯齿形螺纹，但对中性差、牙根强度低，螺纹牙磨损后间隙难以补偿，使传动精度降低，故已逐渐被梯形螺纹代替
	梯形螺纹		牙型角 $\alpha=30°$，其传动效率虽较矩形螺纹低，但工艺性好、牙根强度高、对中性好，而且如采用剖分式螺母，可以调整间隙，因此广泛用于传动
	锯齿形螺纹		牙型为不等腰梯形，工作面的牙侧角 $\beta_{工作面}=3°$，而非工作面的牙侧角 $\beta_{非工作面}=30°$，因此它兼有矩形螺纹传动效率高和梯形螺纹牙根强度高的优点。只能用于单向受力的传动中

2）螺纹连接类型、结构及应用

螺纹连接的基本类型包括螺栓连接、双头螺柱连接、螺钉连接和紧定螺钉连接，此外常用螺纹连接还有地脚螺栓连接、吊环螺栓连接、T 形槽螺栓连接等。常用连接类型的结构特点及应用场合见表 4-16 所示。

表 4-16 常用连接类型的结构特点和应用

螺纹连接类型		结构简图	结构特点及应用
螺栓连接	普通螺栓连接		螺栓穿过被连接件的通孔,需用螺母实现连接。螺栓与孔壁间有间隙,孔的精度要求较低;其结构简单、加工方便、装拆容易、成本低廉。用于被连接件不太厚的场合,应用广泛
	加强杆螺栓连接		螺栓穿过被连接件的通孔,需用螺母实现连接。螺栓杆与孔壁为过渡配合,可精确固定两被连接件的相对位置,孔需铰制,精度要求较高;其结构简单、加工方便、装拆容易、成本低廉。用于被连接件不太厚的场合
双头螺柱连接			螺柱一端固装在被连接件之一的螺孔中,另一端穿过另一被连接件的通孔,也需用螺母实现连接。适用于被连接件之一较厚不便加工通孔,但需经常拆卸的场合
螺钉连接			这种连接不用螺母,适用于被连接件之一较厚不便加工通孔的场合,但不宜经常拆卸,以免损坏被连接件的螺孔
紧定螺钉连接			紧定螺钉旋入被连接件之一的螺纹孔中,其末端顶住另一被连接件的表面或顶入相应的凹坑中,以固定两个零件的相互位置,并可传递不大的力或转矩
地脚螺栓连接			螺栓包括地基部分(多种形状)和地上螺纹部分,需要螺母锁合,用于设备与地基之间的连接

续表

螺纹连接类型	结构简图	结构特点及应用
吊环螺钉连接		装在机器或大型零、部件的顶盖或外壳上,便于起吊
T形槽螺栓连接		用于只旋松螺母而不卸下螺栓的场合,使被连接件脱出或回松,但在另一连接件上须制出相应的T形槽,如机床及其附件等

3）螺纹连接的标准件

常用的螺纹连接件有螺栓、双头螺柱、螺钉、螺母、垫圈（如图 4-21 所示）等。这类零件的结构形式、尺寸和精度等级均已标准化,设计时可根据相关标准选用。

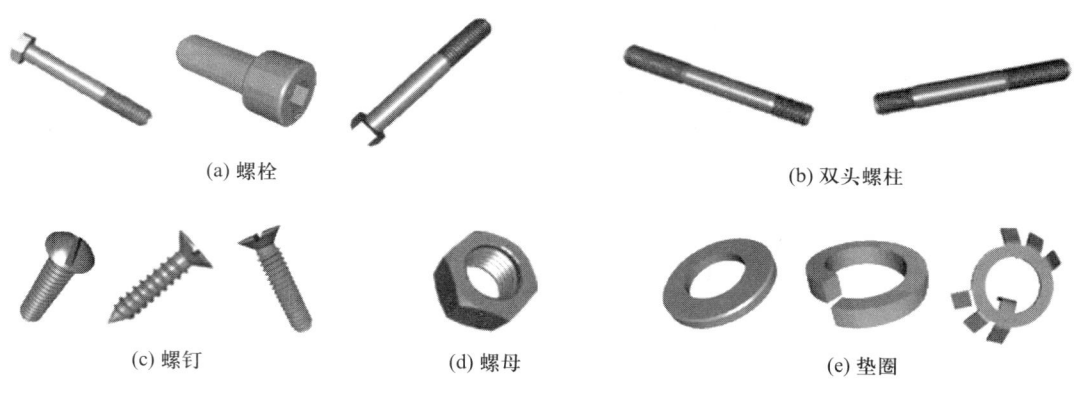

(a) 螺栓　　(b) 双头螺柱

(c) 螺钉　　(d) 螺母　　(e) 垫圈

图 4-21　常用连接标准件实例

（2）键和销连接

键主要用于轴和轮毂零件间的连接,实现周向固定并传递转矩,如图 4-22a 所示。销主要用于零件间相对位置的定位或固定,通常只传递少许载荷,也可作为安全装置。

1）键连接的类型及应用

键连接的主要类型包括平键、半圆键、楔键和切向键。各类键的结构简图、工作原理、特点及应用如表 4-17 所示。键是标准件,设计时需要合理地选用键的类型和尺寸,并满足强度和工艺性要求。键的尺寸和选用参见相关国家标准（如普通平键和普通楔键的主要尺寸参见 GB/T 1095—2003 和 GB/T 1563—2017）。

4.2 常用结构简介

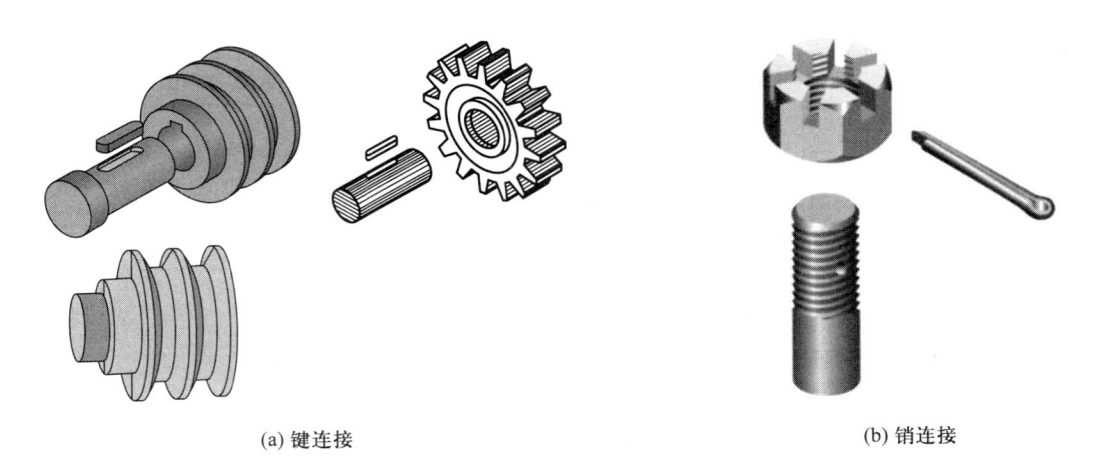

(a) 键连接　　　　　　　　　　(b) 销连接

图 4-22　键连接和销连接

表 4-17　各类键的结构简图、工作原理、特点及应用

类型		结构简图	工作原理	特点及应用
平键	普通平键		键的侧面为工作面，对被连接的轮毂零件无轴向固定作用	对中性好、易拆装、精度较高。应用广泛，适用于高速轴或冲击、正反转的场合，如齿轮、带轮、链轮在轴上的周向定位与固定。A型平键键槽采用指状铣刀加工，键在槽中的固定好，但键槽处的应力集中大；B型平键键槽用盘状铣刀加工，键槽处的应力集中较小；C型平键用于轴端
	导向平键		键的侧面为工作面，具有轴向导向作用	对中性好，易拆装。常用于轴上零件轴向移动量不大的场合，如变速箱中的滑移齿轮
	滑键		键的侧面为工作面，键固定在轮毂上，具有轴向导向作用	对中性好，易拆装。用于轴上零件轴向移动量较大的场合

续表

类型		结构简图	工作原理	特点及应用
半圆键			键的侧面为工作面，键在槽中能绕底圆弧曲率中心摆动	拆装方便，键槽较深，削弱了轴的强度。一般用于轻载，适用于轴的锥形端部
楔键	普通楔键		键的上下面为工作面。靠楔紧力传递扭矩，并对零件有轴向固定作用和传递单向轴向力	楔键楔紧会使零件偏心，对中精度不高。用于精度要求不高的场合，转速较低时，可传递较大、双向或有振动的转矩。钩头楔键用于单向拆装的场合，钩头供拆卸用
	钩头楔键			
切向键			键的上下面是工作面。一个切向键只能传递一个方向的力矩；传递双向力矩时，需要两个互成 120°~130° 角的切向键	由两个楔键组成。用于载荷很大、对中性要求不高的场合。由于键槽对轴的削弱较大，常用于直径大于 100mm 的轴上，如大型带轮及飞轮、矿用大型绞车的卷筒及齿轮等

2）花键连接

花键连接是由周向均匀布有多个键齿的花键轴（外花键）与带有相应数目键齿槽的轮毂孔（内花键）相配合而成，如图 4-23a 所示。花键的侧面为工作面。

花键连接相当于多个平键的组合，具有承载能力高、对中性好、用于动连接时导向性好、应力集中较小、对轴的强度削弱小、加工精度高等优点，但需要专用设备加工，成本较高。花键按照齿形可分为矩形花键（如图 4-23b 所示）和渐开线花键（如图 4-23c 所示），且均已标准化。

按齿高的不同，矩形花键的齿形尺寸在标准中规定两个系列，即轻系列和中系列。轻系列的承载能力较低，多用于静连接或轻载连接；中系列用于中等载荷。矩形花键的定心方式为小径定心，即外花键和内花键的小径为配合面。其特点是定心精度高，定心的稳定性好，能用磨削的方法消除热处理引起的变形。矩形花键连接是应用最为广泛的花键连接，主要用于定心精度高、传递中等载荷的连接，如航空发动机、汽车、燃气轮机、机床、工程机械、拖拉机、农业机械及一般机械传动装置等。

渐开线花键的齿廓为渐开线，分度圆压力角 α 有 30°及 45°两种，齿顶高分别为 $0.5m$ 和 $0.4m$（m 为模数）。渐开线花键可以用制造齿轮的方法来加工，工艺性较好，易获得较

(a) 花键轴和花键轮毂零件

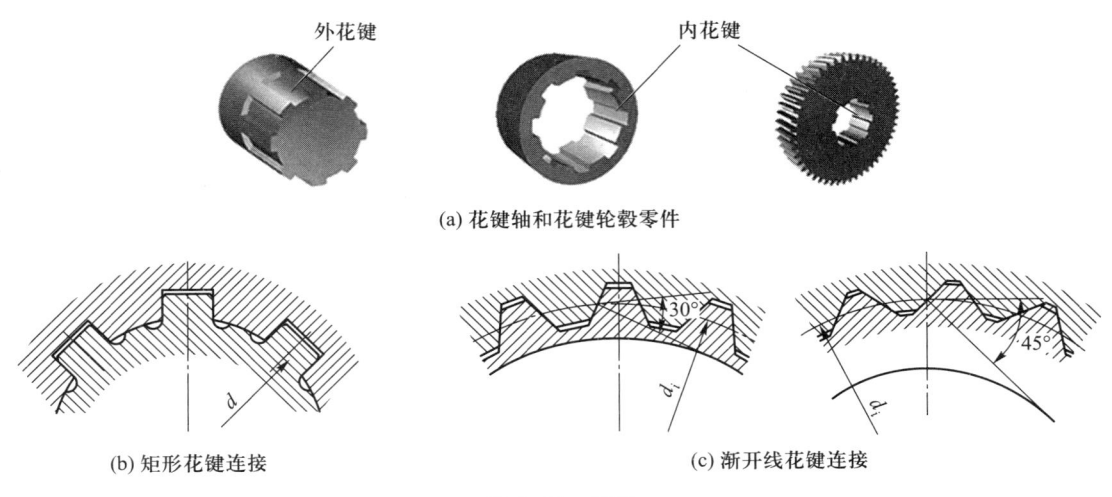

(b) 矩形花键连接

(c) 渐开线花键连接

图 4-23 花键

高的制造精度和互换性。渐开线花键的定心方式为齿形定心,各键齿受力均匀、强度高、寿命长。压力角 30°的花键用于载荷较大、定心精度要求较高以及尺寸较大的连接,如航空发动机、燃气轮机、汽车等;压力角 45°的花键多用于轻载、小直径和薄型零件的连接。

3) 销连接

销连接是将销置于两被连接件的销孔中而构成的一种可拆连接,销是标准件。

按照功能不同,销可分为定位销、连接销和安全销。用来固定零件之间的相对位置的销,称为定位销,它是组合加工和装配时的重要辅助零件(如减速箱箱体与箱盖上的定位销)。定位销通常不受载荷或只受很小的载荷,故不作强度校核计算,其直径可按结构确定,数目一般不少于两个。销装入每一被连接件内的长度,为销直径的 1~2 倍;用于连接的销称为连接销(图 4-24a),可以用来传递不大的载荷。连接销的类型可根据工作要求选定,其尺寸可根据连接的结构特点按经验或规范确定,必要时再按剪切和挤压强度条件进行校核计算;销作为安全装置中的过载剪断元件时,称为安全销(图 4-24b)。安全销在机器过载时被剪断,因此销的直径应按过载时被剪断的条件确定。为了确保安全销被剪断而不提前发生挤压破坏,通常可在安全销上加一个销套。

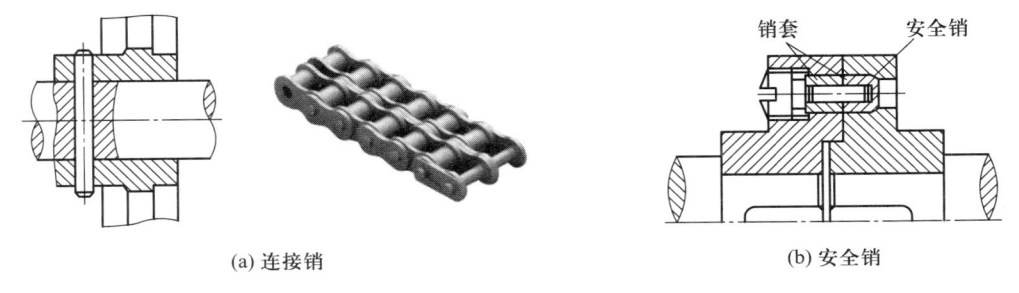

(a) 连接销

(b) 安全销

图 4-24 销连接

按照形状不同,销可分为圆柱销、圆锥销、槽销、销轴和开口销等。销连接的类型、连接示例、工作原理、特点和应用见表 4-18 所示。

表 4-18 销连接的类型、连接示例、工作原理、特点和应用

类型	连接示例	实例及工作原理	特点及应用
圆柱销		销通过过盈配合固定在销孔中	主要用于定位,也可用于连接。只能传递较小的载荷,多次拆装后会降低定位精度和连接的紧固性
圆锥销		销有 1∶50 的锥度,与销孔过盈配合	主要用于定位,或连接、固定并传递动力。受横向力时可自锁,但受力不均匀;安装方便,定位精度高,多次拆装不影响精度,孔需要铰制。用于经常拆卸的场合;亦可用于盲孔、拆卸困难的场合、受冲击载荷或振动场合
槽销		槽销打入销孔中,由于材料的弹性变形使槽销挤紧在销孔中	有定位和连接作用。槽销用弹簧钢滚压或模锻出三条纵向凹槽。槽销孔不需要铰制,加工方便,可多次拆装而不影响精度,主要用于有严重振动或受冲击载荷的场合
销轴		销轴通常用开口销锁定	用于两零件的铰接处,构成铰链连接。工作可靠,拆卸方便
开口销		是防松装置的组成零件,使用时穿过销孔后尾部分开	开口销锁紧是一种较可靠的防松方法。与轴销配合,也用于螺纹连接的防松装置。常用于有冲击振动的场合

(3) 过盈连接、铆接、焊接和胶接

1) 过盈连接

如图 4-25 所示,过盈连接是利用零件间配合的过盈量在连接面上产生压力,进而产生摩擦实现的连接方式,主要用于轴与轮毂、齿圈与轮芯、滚动轴承内圈与轴或外圈与座孔的连接等。

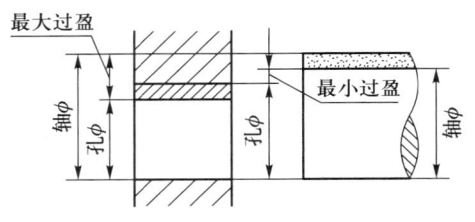

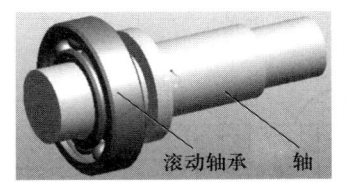

(a) 过盈配合轴与轮毂孔公差带位置　　(b) 滚动轴承内圈与轴过盈配合

图 4-25　过盈配合实例

过盈连接结构简单,不需要连接件,定心精度高;可承受转矩、轴向力及一定的冲击、振动载荷。但配合面加工精度要求较高,拆装不便。过盈连接在重型机械、起重机械、船舶、机车及通用机械的中等和大尺寸零件连接中广泛使用。

过盈连接根据零件接合面形状可分为圆柱面和圆锥面过盈连接。圆柱面过盈连接的过盈量由零件间的配合量决定,不易多次拆装,通常用压入法和胀缩法进行装配,主要用于轮毂、滚动轴承与轴等的连接;圆锥面过盈连接是利用被连接零件间的轴向位移进行相互压紧实现的连接,拆装方便,通常采用液压法进行装配,主要用于载荷大、需多次拆装的场合,特别是大型零件的连接,如轧钢机械等。

2) 铆接

铆钉连接是利用铆钉将两个以上的零件连接成不可拆卸的静连接,简称铆接。铆接结构如图 4-26 所示。

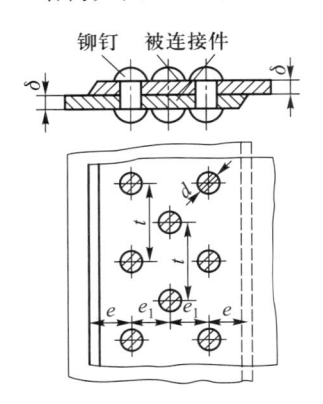

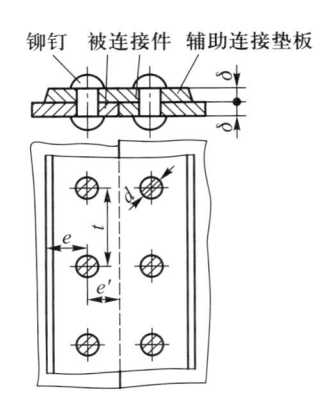

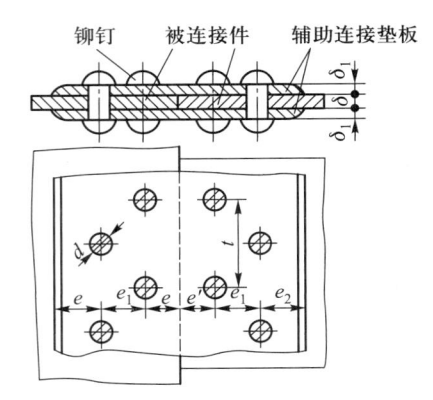

图 4-26　典型铆接结构

铆接的主要特点是连接可靠、抗振和耐冲击性能好。与焊接相比,结构相对笨重,铆孔会使被连接件强度降低；实现连接时劳动强度大、噪声大。铆接的抗拉强度比抗剪强度低，因此铆接一般不用于承受拉力的场合。

铆接分为冷铆和热铆两种。冷铆时铆钉杆镦粗，胀满铆钉孔，铆钉与钉孔间无间隙；热铆紧密性较好，但铆钉与孔之间有间隙，铆钉不参与传力，横向外力或力矩将由被连接件接触摩擦面承担。铆钉是采用棒料锻制或冷拔而成的。铆钉材料具有高塑性，便于铆钉头的成形。铆钉有实心和空心两类，铆接后的结构如图4-27所示。各类铆钉大多已标准化。

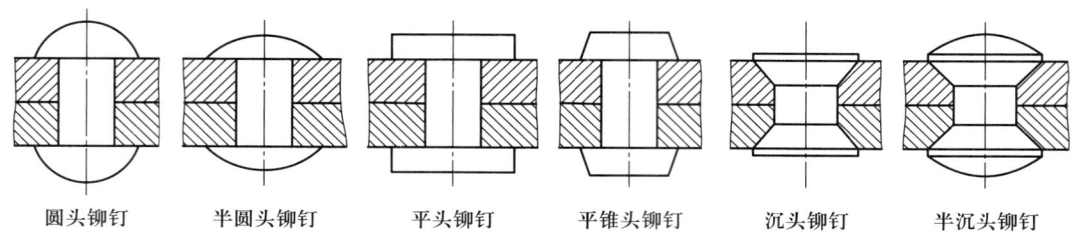

| 圆头铆钉 | 半圆头铆钉 | 平头铆钉 | 平锥头铆钉 | 沉头铆钉 | 半沉头铆钉 |

图4-27 常用铆钉铆接的结构形式

3）焊接

焊接是利用局部加热的方法使两个金属元件在连接处熔融而构成的不可拆卸连接。常用的焊接方法有电弧焊、电阻焊、气焊和电渣焊等，其中以电弧焊（如图4-28所示）应用最为普遍。

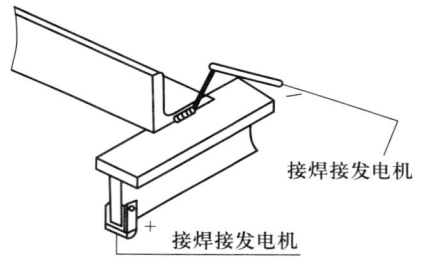

图4-28 电弧焊接

焊接具有接头强度高、适用范围广、易于制造密闭的中空零件、连接密封性好、工艺简单、生产周期短、不需要连接件、成品率高等优点，但焊接易产生变形和内应力，存在接头性能不均匀及应力集中等问题，使用中易产生裂纹或导致结构疲劳破坏。焊接件代替铸件可以节约材料，常见的铸造基座、机壳、大齿轮等零件，已逐步改为焊接件。焊接件经焊接后形成的结合部分称为焊缝。常见的电弧焊缝形式如图4-29所示。

4）胶接

胶接是利用胶黏剂把被连接件连接起来的一种不可拆卸连接。胶接具有应力分布较均匀、被连接件不需要钻孔、应力集中小、承载力高、材料和结构限制少、密封性好等优点，但胶接接头强度较分散，胶接性能易随环境和应力的作用而变化，抗剥离、冲击的能力较低，工作温度具有很大局限性，不耐热，耐老化性能和耐油性能差。

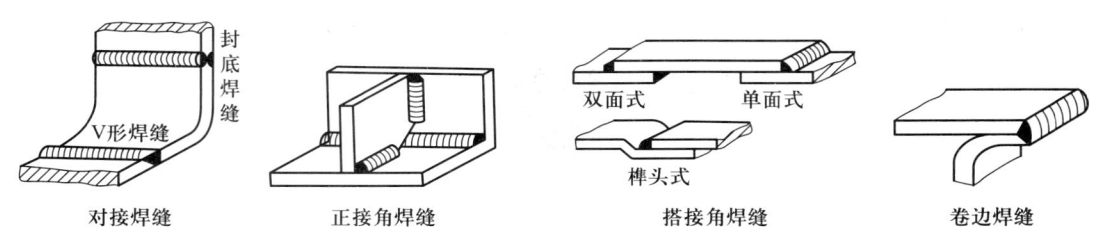

图 4-29 电弧焊焊缝常用形式

胶黏剂的种类繁多,按性质可分为有机胶黏剂和无机胶黏剂;按使用目的可分为结构胶黏剂、非结构胶黏剂和特殊用途胶黏剂。胶接接头结构形式如图 4-30 所示。

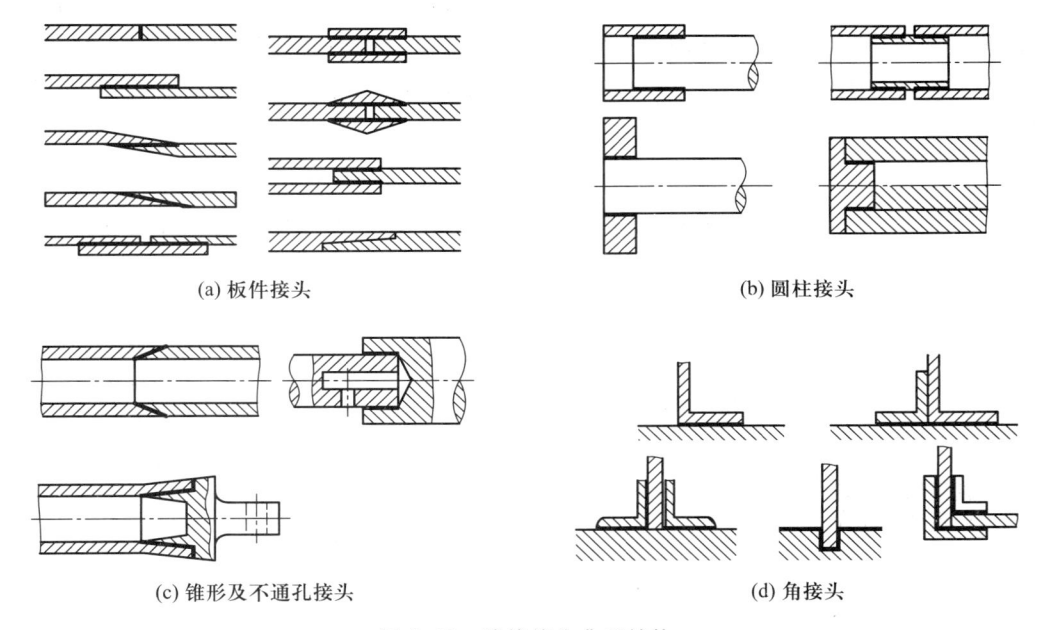

图 4-30 胶接接头典型结构

4.3 常用零部件简介

零件是制造单元,若干零件通过静连接构成构件,一部复杂机器可能由成千上万个零件组成。零件具有不同的结构形式和性能特点,但机器中广泛存在具有一定共性和通用性的零件,如轴、机架、弹簧等。本节将对这些典型零件的结构和性能特点作简要介绍。

机器由驱动、传动和执行三大类部件组成,而各个部件之间又需要连接部件(即传动部件)。驱动件通常为外购件或标准件,如电动机、内燃机等;执行部件与机器所应用的行业密切相关;只有传动部件属于通用部件,不涉及专业知识。本节将对通用部件作简要介绍，如带传动、链传动、齿轮传动、螺旋传动、联轴器和离合器等。

(扫码查看本节详细内容)

学习指南

学习和理解机器的常用结构及其连接功能对于机器创新设计具有重要的导向作用。在理解机器总体结构组成的基础上分析常用连接结构及典型零部件，并特别关注连接结构和典型零部件的几何要素设计，为课程项目方案设计、结构设计获得理论支撑，本章概念导图如图 4-31 所示。

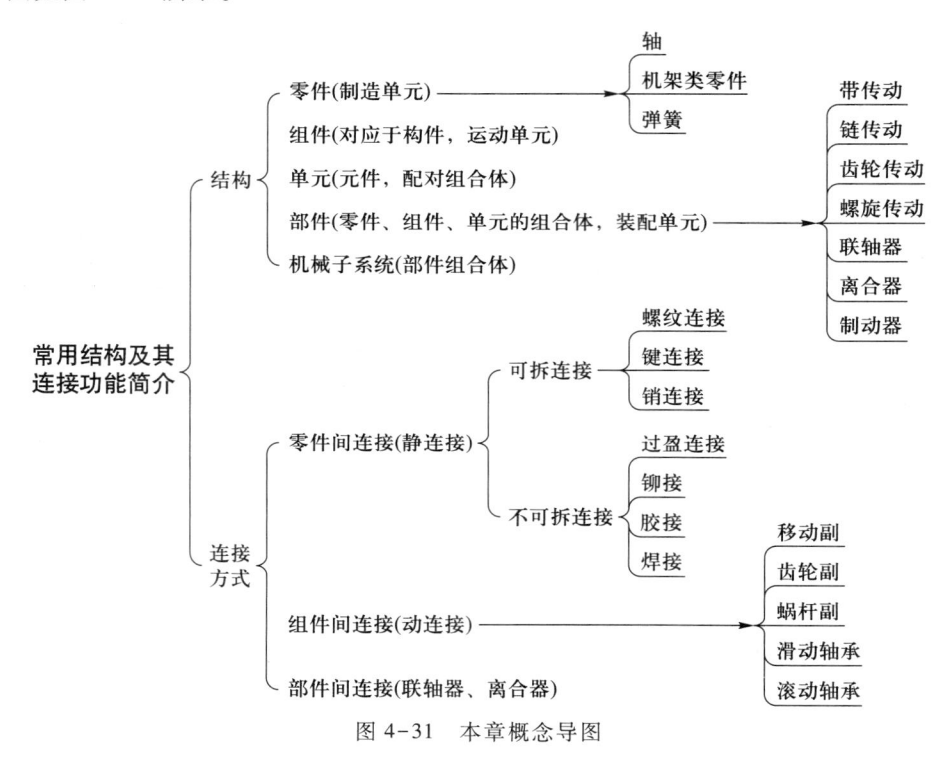

图 4-31 本章概念导图

思考题

4-1 举例说明转动副和移动副的不同结构类型在工业和生活中的应用。

4-2 简述滑动轴承的类型及结构特点。

4-3 滚动轴承中滚动体有哪些类型？滚动轴承内、外圈轴向固定有哪些常用方法？滚动轴承支承结构形式有哪几种？各适用于什么场合？

4-4 移动副的结构在什么情况下采用滑动导轨？什么情况下采用滚动导轨？简述它们的主要特点和具体应用场合。

4-5 齿轮传动的类型有哪些？有何特点？简述齿轮的结构形式及应用场合。

4-6 蜗杆副的类型、结构特点及使用条件是什么？

4-7 分析比较普通螺纹、管螺纹、梯形螺纹和锯齿形螺纹的特点，各举一例说明它们的应用。

4-8 用于轴毂连接的键有哪些类型？各类键的适用场合和特点是什么？

4-9 列举铆接、焊接、胶接和过盈连接在实际生活中的应用。

4-10 简述轴的类型、结构和特点及适用场合；简述轴上零件轴向及周向定位和固定的方法。

4-11 举例说明机架类零件的种类、结构形状及其在机器中的作用。

4-12 举例说明弹簧的类型、性能特点及其在机器中的作用。

4-13 简述带传动和链传动的特点及适用场合，列举带传动和链传动的实际应用。

4-14 螺旋传动的功能是什么？有哪些结构组成？列举生活和工程中的螺旋传动应用，并画出其结构示意图。

4-15 联轴器、离合器、安全联轴器和安全离合器有何区别？各适用于什么场合？

第5章

机器的创新设计与开发

内容提要

现代机器是传统机器在现代条件下的发展,是被计算机局部或全面控制的现代机械系统,是对传统机械的继承和发展。根据功能和性能设计要求对其机械运动进行构思、设计、优化、规划并进行物理实现是现代机器设计开发的核心任务。机械运动方案设计是现代机器总体方案创新设计的灵魂,机械运动方案的设计过程逐步产生广义执行、信息处理与控制、传感与检测三个子系统的方案。现代机器与传统机器在功能结构和控制逻辑上一致,机械运动方案设计过程相同,机械运动过程控制逻辑相同,差别在于功能分解途径的多样化、功能元解空间的多学科化、控制逻辑实现的数字化。通过本章学习和案例分析,了解现代机械运动方案设计的一般过程和主要阶段。

5.1 概念设计与机械运动方案设计

产品的概念设计(方案设计)是现代企业产品开发中十分重要的一个阶段,解决机器的机构系统方案设计问题,决定了产品的创新程度和市场竞争力。对于现代机械和机器,概念设计阶段主要是完成功能设计、性能设计、控制设计三大任务,分别对应机器运动系统的机构构型综合、尺度综合以及控制方案设计。

现代机器与传统机器在功能结构和控制逻辑上是一致的,都是从机器功能角度提出的机械运动方案设计过程,从机器运行角度提出的机械运动过程控制逻辑,差别在于功能分解途径的多样化、功能元解空间的多学科化、控制逻辑实现的数字化。现代机器运动方案设计开发的过程就是工艺动作序列构思、求解与物理实现的过程。

1. 现代机器运动方案的设计过程

机器运动方案设计又称机械运动方案设计。任何产品的设计都是从需求到功能再到结构的映射过程。但在不同的产品领域,需求到功能、功能到结构的映射和求解途径各不相同,功能、结构自身的概念也不一样。对机械运动方案设计来说,功能到行为再到结构的映射求解是比较合理的设计过程模型,这里的行为就是工艺动作,结构就是广义机构或系统,包含构型和尺度两个环节。功能到行为的映射就是工艺动作序列构思的过程,包括先后关系的时序和空间位姿关系的位序两方面信息,行为到结构的映射则是工艺动作的机构求解和工艺动作时序的优化过程。

如图5-1所示,机械运动方案设计过程可以描述为功能要求—工艺动作序列—机械运动方案示意图—机械运动方案简图的映射求解模型。通过工艺动作序列构思,功能要求转化为工艺动作及其时序配合与位姿序列。通过工艺动作序列求解,得到包含广义机构构型和机械运动循环示意图的机械运动方案示意图。再通过尺度综合、时序优化及传动驱动设计,最终得到包含广义机构尺度、驱动传动方案和机械运动循环图的机械运动方案简图。这样,广义机构的型和尺度、广义机构间的方位关系和时序控制要求都被确定下来,获得由控制时序图和动态控制模型及品质要求共同定义的信息处理与控制系统设计任务,这为后续的机械结构设计和控制系统设计提供了前提条件和基本要求,也为机器运动的时序逻辑控制和动态过程控制提供了基本依据。

在这个过程中,现代设计与传统设计的不同之处在于功能分解和求解路径具有鲜明的时代性差异,现代设计始终是在广义机构范围内进行考虑,不再局限于传统机构的制约。这种变化使得工艺动作序列构思和求解的空间大大增加了。特别是机械运动循环图的实现手段由传统纯机械方式的机构拓展成高度柔性化的现代控制系统,机电一体化成了现代机器的显著特征。这个变化也体现出机器设计方案具有鲜明的时代性特征,不同时期同一个工程问题的解往往是不同的,这反映出人类社会的科技发展和进步。

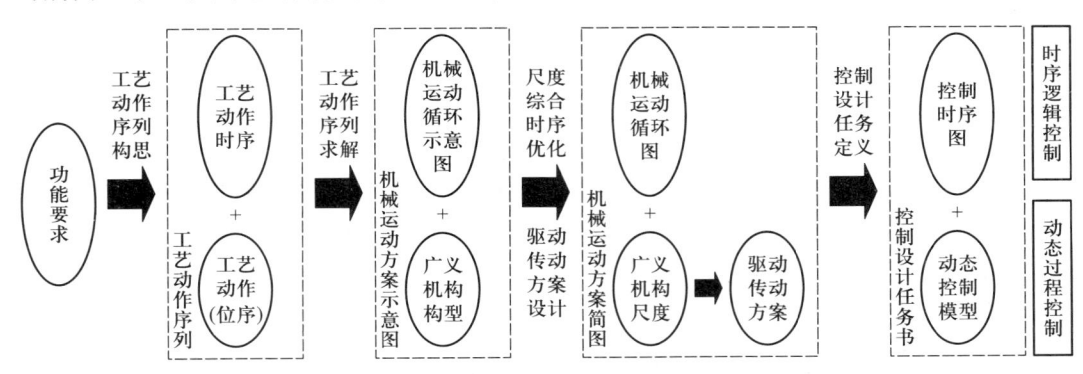

图5-1 机械运动方案设计过程的映射求解模型

2. 现代机械运动方案设计过程中的功能逻辑结构

如第一章所述,从功能逻辑结构来看,现代机器包含广义执行、信息处理与控制、传感与检测三个子系统。很显然,现代机器的功能逻辑结构是在现代机械运动方案设计过程中逐步形成的。

对于单元层次的现代机器,机械运动方案设计过程中首先产生的是广义机构构型,再进行尺度综合得到机构尺寸。为获得良好运行性能,通过运动学和动力学建模,为控制系统提供被控对象的控制模型。在信息处理与控制子系统的设计过程中,产生传感与检测子系统的基本要求和配置方案。

对于系统层次的现代机器,如图 5-1 所示,同时存在两条演化路径,一条是功能—工艺动作—广义机构构型—广义机构尺度的映射过程,一条是功能关系—工艺动作时序—机械运动循环—控制时序的进化过程。前一个映射过程产生了现代机器的机械运动方案,即广义机构组成的执行功能模块。后一个进化过程则产生了现代机器正常运行必须遵守的运动协调关系,即机械运动循环图和控制时序图,这为信息处理与控制子系统提供了基本设计任务和设计依据。因此,从诞生的时间表来看,在现代机器的设计进程中,首先产生其运动方案(即广义机构方案)及其运作的控制逻辑(即机械运动循环图);其次根据该控制逻辑和动态运行性能要求设计信息处理与控制子系统。根据信息处理及控制策略的需要,确定传感与检测子系统的技术方案。也就是说,现代机器的设计过程的核心是进行机械运动的设计以及机械运动方案的设计,这正是现代机构学的主要研究任务。信息处理与控制子系统(包括传感与检测子系统)设计的一个基本任务是要保障所期望机械运动的实现,即保障机械运动系统正常运行并具有良好动态性能,很显然其技术要求来源于机械运动方案的构思过程以及广义机构的动态性能优化要求。

3. 现代机械运动方案设计的特点

对单元层次的机械运动方案设计,就是进行单个机构或组合机构的设计,即机构构型设计。在产品功能映射出广义机构构型后,就需要进行尺度综合了。传统设计方法是先进行机构尺度的优化设计,再进行控制系统的优化设计。很显然,这种串联式设计方法难以实现机器的综合最优性能。对于现代机器,理想的设计方法应该是机与电的并行设计,即机电一体化设计。在确定广义机构构型后,在运动学和动力学模型建立基础上,进行结构参数和控制参数的并行设计。机和电的设计不分开,这样才可能达到现代机器的综合性能最优。

对系统层次的机械运动方案设计,在工艺动作序列构思和求解过程中,其工艺动作难以由单一机构独立完成,需要进行包含多个广义机构的运动方案设计。因此,存在工艺动作序列如何进行构思和如何进行分组的问题,以使每组工艺动作可以由一个机构完成,多个机构相互配合完成整个工艺动作序列。

4. 现代机械运动方案设计各阶段的基本任务

现代机械运动方案设计各阶段的基本任务描述如下。
(1) 明确机器的总功能

设计师在接受了一个设计任务之后,首先要对所开发机器的功能作详细调查和分析:① 搜集有关的技术资料、设计需求和用户要求;② 详细列出机械功能分析需求表;③ 对这些功能要求作全面分析,作为后续设计的依据。机械功能分析需求表的参考内容如表 5-1 所示。

表 5-1 机械功能分析需求表

机器规格	1) 动力特性:能源种类(电源、气液源等),功率,效率; 2) 生产率; 3) 机械效率; 4) 结构尺寸的限制及布置
执行功能	1) 运动参数:运动形式,方向,转速,变速要求; 2) 执行构件的运动精度; 3) 执行动作顺序与步骤; 4) 在步骤之间要否加入检验; 5) 可容许人工的程度
使用功能	1) 使用对象、环境; 2) 使用年限、可靠性要求; 3) 安全、过载保护装置; 4) 环境要求:噪声标准、振动控制、废弃物处理; 5) 工艺美学:外观、色彩、造型等; 6) 人机工程学要求:操纵、控制、照明、间距等
制造功能	1) 加工:材料、公差、特殊加工条件、专用加工设备等; 2) 检验:测量和检验的仪器和检验的方法等要求; 3) 装配:装配、地基及现场安装要求等; 4) 禁用物质

(2) 工艺动作序列构思(功能分解)

机器的功能要求多种多样,不过每一部机器都要完成一定的工艺动作序列。设计师必须把工艺动作序列分解为几个相对独立的运动分功能,即对工艺动作序列进行分组,并用树状功能图进行描述,使机器的总功能、分功能及相互关系一目了然。

例如,为设计一部四工位专用机床,可以分解出以下几个工艺动作:① 安置工件的工作台进行间歇转动(n_2);② 装置刀具的主轴箱执行静止、快进、进给、快退的工艺动作;③ 刀具高速旋转(n_1)来切削工件。由此,可以画出图 5-2a 的四工位专用机床执行动作图和图 5-2b 的树状功能图,可以看出工艺动作间的关系被表达得非常清晰。

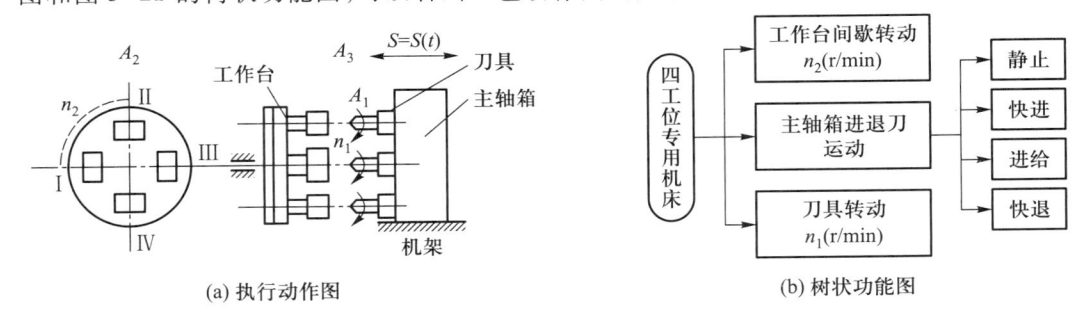

(a) 执行动作图   (b) 树状功能图

图 5-2 四工位专用机床执行动作及树状功能图

(3) 工艺动作求解(机构选型)

机器的树状功能图描述了执行构件的功能(运动)要求,每个独立的功能(运动)可用一个机构来完成,该独立功能(运动)可能是一个工艺动作,如工作台间歇转动和刀具转动,也可能包括一组工艺动作,如由静止、快进、进给、快退组成的主轴箱进退刀运动。如何选择机构去实现这些相对独立的运动(工艺动作组),是一个艰巨而又富有创造性的工作。

(4) 工艺动作时序求解(拟定运动循环图)

机器所要完成的各工艺动作一般都是有序的、相互配合的,因此各执行机构必须按工艺动作序列的时间顺序、空间关系和相互配合关系来完成各自的动作。描述各执行机构间运动协调配合关系的图,就是机器运动循环图。

(5) 尺度综合与时序优化(绘制机械运动方案示意图和机械运动简图)

由原动机和执行构件的运动要求,通过机构选型来确定原动机和执行构件间的传动机构和执行机构。由于实现同一种运动可选用不同的机构形式,所以会产生多种设计方案。设计师从中选择一种或几种较优的方案,画出从原动机、传动机构到执行机构的运动示意图,即机械运动方案示意图。再通过机构尺度综合,获得完全符合运动要求的传动机构与执行机构尺寸,按真实尺寸比例画出各机构的简图并组合在一起,就是机械运动简图。

(6) 机构性能计算与分析(机构运动分析和受力分析)

获得机器的机械运动简图之后,就可以运用机构学知识,进行机构的运动分析和力学计算,得到机构的运动和受力情况,包括在给定输入运动和外部负载条件下的机构运动特性(任意瞬时各构件的位置和姿态、各构件的位移曲线、速度曲线和加速度曲线等)、机构受力情况(任意瞬时各构件受到的力和力矩、主动件的驱动力或驱动力矩、功率和功耗等),为机器的详细设计提供条件和依据。

5.2 机器运动方案设计的主要阶段

本节着重阐述现代机械运动方案设计中的机构选型、广义机构的协调设计、运动方案拟定和机械运动简图设计等主要阶段。

1. 机构选型

机械运动方案的构思、设计、拟定是一项创造性活动。机构选型是机械运动方案设计中的重要部分。机构形式的选择是否合适,直接关系到方案的先进性、适用性和可靠性。

机构选型,就是选择或创造合适的机构形式,以实现机器所要求的各种执行动作和运动形式。机构选型不能脱离设计师的经验和灵感,但还是有一些思考方法和规律可以借助的。这些方法、规律不能代替设计师的创造力,但可以扩大设计师的知识面,提高设计效率,在较高的设计水平上提供选择机构的方法。

(1) 按运动形式选择机构

常见的机器工艺动作所要求的运动形式有:单向转动、摆动、移动;双向转动、摆动、移动;摆动至极限位作停歇运动;移动至极限位作停歇运动。为形象直观地加以描述,采用图形符号表达方法(表 5-2)。

表 5-2 常用运动形式与表达符号

运动形式	连续运动			间歇运动			极限位停歇	
	转动	摆动	移动	转动	摆动	移动	摆动	移动
单向								
双向								

设计师要解决的问题,是把原动机的运动形式和运动参数转换为各种各样的执行机构的运动形式和运动参数。一个原动机往往要驱动多个执行构件动作,因此在原动机与执行构件之间必须采用具有不同功能的机构来进行运动参数和运动形式的转换,以实现执行构件的预期动作。因此,对机器的运动变换必须进行功能分析,即对原动机和执行构件所形成的传动链两端的运动形式和运动参数进行分析。只有考虑到在运动传递过程中轴线位置的配置等功能要求,才能确定各中间机构的基本功能,如由转动转换成移动、摆动、间歇转动等。将基本功能用规定符号表示出来,再配上符合该功能的机构形式,这样设计师就可以比较方便地进行机构选择,或在此基础上进行机构的变异和创新。

表 5-3 列出了常见的运动转换基本功能及实现这些基本功能的机构。表中基本功能用两个矩形框中的符号表达,表示由左框中的运动形式转换为右框中的运动形式。由表 5-3 可知,实现某一运动转换基本功能的机构形式有多种,因此把这些机构运动的传递顺序组合起来构成的运动方案也有很多种。

(2) 按执行机构的功能选择机构

有时,机器执行动作的功能很明确,如夹紧锁紧、分度、定位、制动、导向等功能。设计师可以按照这些功能,查阅有关机构设计手册,了解相应的夹紧锁紧机构、分度机构、定位机构、制动机构、导向机构等内容。然后进行分析对比,选择确定一种适用于所设计机器的机构。即使选择不到合适的机构形式,也能起到开阔思路、借鉴启发的作用,通过在已有机构型式的基础上增加辅助机构或组合成新机构等方法,实现执行动作的功能要求。

(3) 按不同的动力源形式选择机构

常用的动力源有电动机、气液动力源等。机构选型时应充分考虑动力源情况和生产情况。当有气液源时常用气动、液压机构,这样可以简化机械结构,省去传动机构与运动转换的机构。特别对具有多个执行构件的工程机械、自动生产线和自动机等,更应优先考虑。

表 5-3　常见运动转换基本功能、代表符号和匹配机构

名称	符号	匹配的机构或载体
转动变为双向摆动		曲柄摇杆机构、摆动从动件凸轮机构、曲柄摇块机构、电风扇摇头机构、摆动导杆机构、曲柄六连杆机构
转动变为单向间歇转动		槽轮机构、平面凸轮间歇机构、不完全齿轮机构、圆柱凸轮分度机构、针轮间歇转动机构、蜗杆凸轮分度机构、偏心轮分度定位机构、内啮合星轮间歇机构
转动变为单侧间歇摆动		摆动从动件凸轮机构、连杆曲线间歇摆动机构、曲线槽导杆机构
转动变为双侧间歇摆动		六连杆机构两极限位置停歇摆动机构、四连杆扇形齿轮双侧停歇摆动机构
转动变为实现预定轨迹		行星轮直线机构、联动凸轮机构、铰链五杆机构、铰链六杆椭圆轨迹机构、连杆凸轮组合机构、行星轮摆线正多边形轨迹机构
摆动变为单向间歇转动		棘轮机构、摩擦钢球超越单向机构
转动变为单向直线移动		齿轮齿条机构、螺旋机构、带传动机构、链传动机构
转动变为双向直线移动		曲柄滑块机构、六连杆滑块机构、移动从动件凸轮机构、不完全齿轮齿条机构、连杆凸轮组合机构、正弦机构
转动变为单侧间歇移动		连杆单侧停歇曲线槽导杆机构、移动凸轮间歇移动机构、行星内摆线间歇移动机构
转动变为双侧间歇移动		不完全齿轮齿条往复移动间歇机构（用于印刷机）、不完全齿轮移动导杆间歇机构、移动从动件凸轮机构、八连杆滑块上下端停歇机构（用于喷气织机开口机构）
运动缩小运动放大		齿轮传动机构、谐波传动机构、链传动机构、行星传动机构、摆线针轮传动机构、摩擦轮传动机构、蜗轮蜗杆机构、带传动机构、螺旋传动机构、流体传动机构、连杆机构
运动合成		差动螺旋机构（用于测微机、分度机构、调节机构、夹具等）、差动轮系、差动连杆机构、二自由度机构
运动分解		差动轮系、二自由度机构
运动换向		惰轮换向机构、棘轮机构、滑移齿轮换向机构、摩擦差动换向机构、行星齿轮换向机构、离合器锥齿轮换向机构
运动轴线变向		圆锥齿轮传动、交叉皮带传动、螺旋齿轮传动、蜗杆传动、单万向节传动

续表

名称	符号	匹配的机构或载体
运动轴线平移		圆柱齿轮传动、皮带传动、链传动、平行四边形机构、圆柱摩擦轮传动
运动分支		齿轮系、皮带轮系、链轮系

（4）按先易后难选择机构

表5-3列出了多种运动转换基本功能。每种基本功能可由多种机构形式来实现，其中大部分属于较简单的基本机构。实际上，每种运动转换基本功能还可以匹配多种机构组合和组合机构。通常的机构选择顺序是先选基本机构，再选机构组合，最后选组合机构。

例如，为实现转动转换为摆动的功能，基本机构有曲柄摇杆机构，机构组合有曲柄摇杆机构串联一导杆机构，或串联一铰链四杆机构等。设计师可先选基本机构，只有当曲柄摇杆机构不能满足摆幅要求，或不能满足动力特性要求时，再考虑选择曲柄摇杆机构串联导杆机构的组合形式，以获得从动件更大的摆角幅度。因此，必须对各类机构的运动特性有深入的理解，机构选型才能选得准、选得好，这也是一个推陈出新、创造发明的劳动过程。

（5）选择机构及其组合安排时应考虑的主要要求和条件

1）运动规律

执行构件的运动规律及其调节范围是机构选型及机构组合安排的基本依据。

2）运动精度

运动精度的高低对机构选型影响很大。例如，对运动速度和运动时间的准确性要求很高时，就不宜采用液压和气压传动；如果对运动精度要求不高，可采用近似直线运动代替直线运动，用近似停歇来代替停歇。这样，可使所选机构结构简单，易于设计、便于制造。

3）承载能力与工作速度

各种机构的承载能力和所能达到的最大工作速度是不同的，因此需要根据速度的高低、载荷的大小及其不同特性等运动形式来选用合适的机构。

4）总体布局

原动机与执行构件的工作位置、传动机构与执行机构的布局要求等是机构选型和组合安排必须考虑的因素。总体布局合理、紧凑，机械的输出端尽可能靠近输入端，这样可省去不必要的传动机构。

5）使用要求与工作条件

使用单位所提出的生产工艺要求、生产车间的条件、使用和维修要求等，均对机构选型和组合安排有很大影响。

2. 执行机构的协调设计和运动循环图

根据机械的总功能分解得到的分功能,可以确定机械由哪几个动作通过相互配合来完成一个工艺动作过程。这些动作称为机械的执行动作,与其他非生产动作区别开来。

完成执行动作的构件称为执行构件,它是机构从动件中能实现预期执行动作的构件,也称为输出构件。

实现执行构件所需运动的机构,称为执行机构。一般来说,一个执行动作由一个执行机构来完成。但有时也用多个执行机构完成一个执行动作,或用一个执行机构完成多个执行动作。

机械的各执行动作是有序的、相互协调配合的,因此存在执行机构的协调设计问题,以及描述协调关系的机械运动循环图问题。

(1) 执行机构的协调设计

1) 各执行机构的动作在时间和空间上协调配合

有些机械要求各执行构件在运动时间的先后上和运动位置的安排上,必须准确协调地相互配合。

图 5-3 所示为一粉料压片机机构系统,由上冲头(六杆机构)、下冲头(双凸轮机构)、料筛传送机构(凸轮连杆机构)所组成。料筛由传送机构送至上、下冲头之间,通过上、下冲头加压把粉料压成片状。显然,在送料期间上冲头不能压到料筛,只有当料筛位于上、下冲头之间,冲头才能加压。因此送料、上、下冲头之间运动在时间顺序上有严格的协调配合要求。

2) 各执行机构运动速度的协调配合

有些机械要求执行构件运动之间,必须保持严格的速比关系。例如按展成法加工齿轮时,刀具和工件的展成运动必须保持预定的转速比。

3) 多个执行机构完成一个执行动作时,其执行机构运动的协调配合

图 5-4 所示为一纸板冲孔机机构系统,完成冲孔这一工艺动作,要求有两个执行机

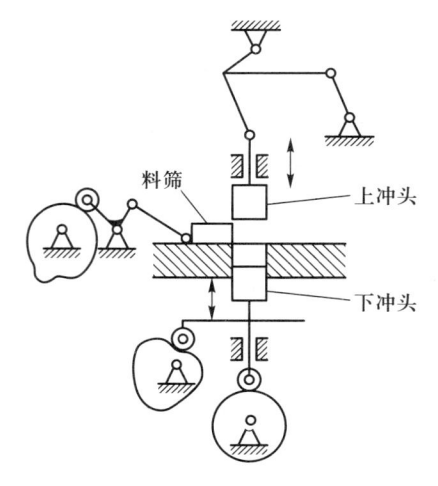

图 5-3 粉料压片机机构系统

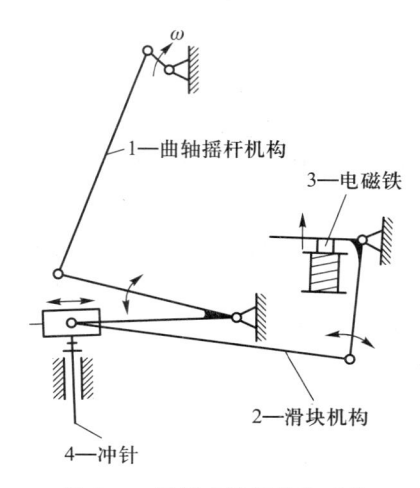

图 5-4 纸板冲孔机机构系统

构的组合运动来实现:一是曲柄摇杆机构中摇杆的上下摆动,带动冲头滑块上下摆动;二是电磁铁动作,四杆滑块机构带动滑块冲头在动导路(摆杆)上移动。只有当冲头滑块移至冲针上方,同时冲头向下摆动时,才打击冲针,完成冲孔任务。显然,这两个执行机构的运动必须精确协调配合,否则就会出现空冲现象。

(2) 机械运动循环图

为了描述各执行机构之间有序的、制约的、相互配合的运动关系,可编制出机械在一个运动循环中的运动循环图。首先从机械中选择一个构件作为定标件,以该构件运动的转角或时间作为确定其他执行机构运动先后顺序的基准。运动循环图通常有如下 3 种形式。

1) 圆周式运动循环图

图 5-5 为粉料压片机圆周式运动循环图。它以上冲头中曲柄作为定标构件,曲柄每转一周为一个运动循环。该图描述了上冲头(冲压、提升)、下冲头(加压、下沉)、料筛(输送、停止)各工艺动作的先后次序和动作持续时间的长短。

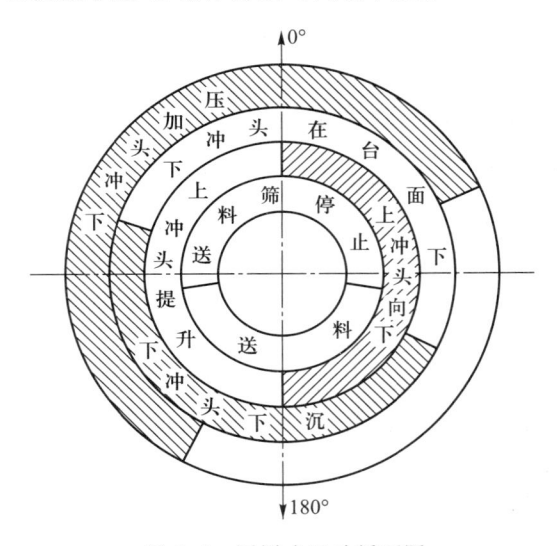

图 5-5 圆周式运动循环图

2) 直线式运动循环图

图 5-6 是描述上、下冲头、料筛运动相互关系的直线式运动循环图,横坐标表示上冲头机构中曲柄转角 φ。

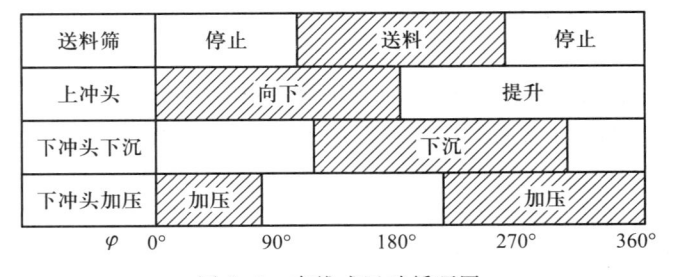

图 5-6 直线式运动循环图

3）直角坐标式运动循环图

图 5-7 是干粉料压片机的直角坐标式运动循环图。图中横坐标是定标轴曲柄的运动转角 φ，纵坐标表示上冲头、下冲头、送料筛的运动位移。这种运动循环图不仅能表示出执行机构中构件动作的先后顺序，而且能描述它们的运动规律及运动上的配合关系，显然比前两种循环图更为完善。

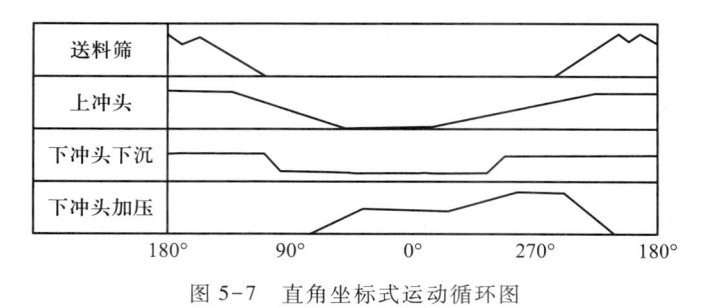

图 5-7 直角坐标式运动循环图

3. 机械运动方案拟定与运动简图设计

（1）机械运动方案拟定与运动简图设计的一般程序

机械运动方案决定着机器质量、使用功能、经济效益和市场竞争力。机械运动方案的拟定与运动简图的设计过程，是一个复杂的创造性思维过程。设计师不仅需要掌握机械设计理论和方法，而且要具备丰富的实践经验，尤其需要创新性技法，充分发挥创造力，使机械运动方案设计与运动简图设计达到创新的高度。

图 5-8 表示出机械运动简图设计的流程，是机械运动方案设计所应包括的全部内容，包括功能分析求解、各机构的型综合、机械运动示意图的选定、各机构尺度综合、根据功能要求对运动示意图进行分析评价，最后画出机械运动简图。

（2）机械运动方案拟定与运动简图设计的主要步骤

图 5-8 为机械运动简图的设计流程图。下面对机械运动简图设计过程中的几个主要步骤作进一步阐述。

首先，根据机械总功能要求和工作性质来构思与选定工作原理。为了完成同一功能要求，可以采用不同的工作原理，机械的工作原理不同，其运动方案图也是不同的。例如，为了加工螺栓的螺纹，可以采用车削加工原理、攻螺纹工作原理和滚压工作原理。这三种不同的螺纹加工原理适合不同的场合，满足不同的加工需要，它们的机械运动方案图也就各不相同。

然后，对于同一种机械工作原理拟定出几种不同的机械运动方案。例如，采用展成加工原理来加工圆柱齿轮，可以用滚齿机进行加工，也可以用插齿机加工。两者的机械运动方案图也是完全不一样的。机械工作原理确定以后，可以用功能分析法将机械总功能分解成若干分功能，即从运动学的要求出发分解成若干个工艺动作；接着才能确定各工艺动作的运动形式，最后根据运动形式选择执行机构。

图 5-9 为折叠式包装工艺动作的一种分解过程，其中包装材料由上而下传送到输入

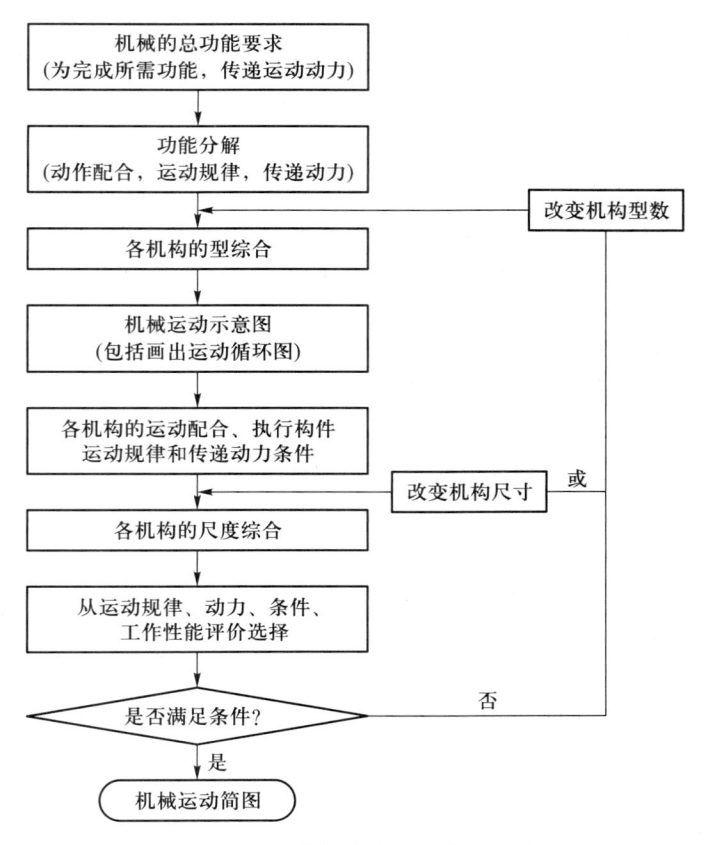

图 5-8 机械运动简图设计流程图

工位。将被包装的方糖传送到工位 1(输入工位)可采用 3 种方案：

方案(a)的糖果可以首尾衔接,也可不衔接,比较灵活方便,但传送路线较长;

方案(b)的糖果传送路线较短,但不能首尾衔接,将糖果由工位 1 传送到工位 2 的执行构件的运动比较复杂;

方案(c)的糖果传送路线最短,但需增加一个将糖果升高的执行机构。

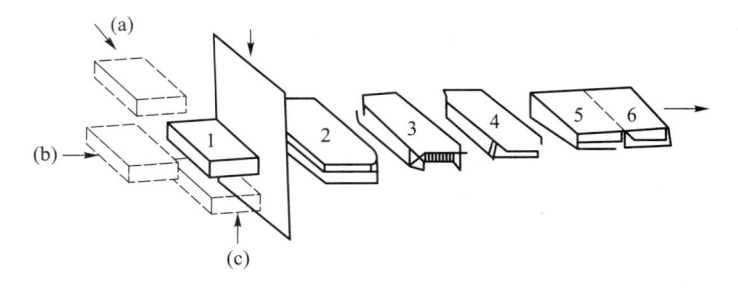

图 5-9 折叠式包装工艺动作的分解

工位 2 完成上、下、前 3 个面的包装,工位 3 完成后面及两端折角包装,工位 4 完成两端下面折边,工位 5 完成两端上面折边,工位 6 将折叠式包装动作完成后把产品输出。

由此可见,机械工艺动作的分解过程,本身就是一个创造性设计过程。工艺动作简单、合理,可以使机械运动方案达到简单、合理、可靠、完善的程度。

(3) 各机构的型综合

机械的工艺动作分解后,就确定了执行构件的数目、各执行构件的运动形式和基本运动参数。然后,根据执行构件所需运动形式和基本运动参数,选择合适的原动机,认真分析原动机与执行构件之间运动形式与运动参数的转换,合理选择各执行机构和传动机构的形式。

机构的型综合就是从运动规律要求出发,对机构的类型、运动副的数目、级别及几何特性等进行设计、开发、研究,以得到性能优良的新机构。在型综合时,并不苛求构件间的运动一定要符合某种给定的函数关系,而只要求完成指定的运动方式就可以了。之后在合理地选择各机构类型、进行型综合时,主要的侧重点是满足执行动作的运动形式,同时也要考虑机构功能、结构、尺寸、动力特性等多种因素。选型时也应进行综合评价,择优选用。但这一步骤毕竟是选型,当对机构进行尺寸综合后,发现机构形式不能满足运动规律、动力条件时,就要回过来再重新选型,如流程图 5-8 所示。

(4) 绘制机械运动示意图

按机械的工作原理、执行构件运动协调配合要求,绘制出机械运动循环图,拟定机构的组合方案,画出机械运动示意图。这种示意图说明了机械运动配合和机构组成情况,代表了机械运动系统的方案。

(5) 各机构的尺度综合

机械运动示意图定性地描述了由原动机到执行构件间运动转换功能和执行动作的可行性,但还不能完全肯定所选机构一定能定量地实现执行构件所需的运动参数,因此必须对该机构进行尺度综合。

机构的尺度综合,就是根据各执行构件、原动机的运动参数,以及各执行构件运动的协调配合要求,再考虑动力性能要求,来确定机构中各构件的几何尺寸(指运动尺寸)或几何形状(如凸轮廓线)等。例如对一种四工位专用机床运动方案,要分别设计出带轮传动中带轮的尺寸;行星轮传动中个齿轮的尺寸;不完全齿轮机构中不完全齿轮的尺寸;摆动从动件凸轮机构中凸轮廓线坐标等。假如摆动从动件凸轮机构不能实现主轴箱所要求的位移长度,则要重新选择其他机构形式。因此机械运动方案是否可行,最终还要受机构尺度综合的检验。

(6) 绘制机械运动简图

对各机构尺度综合的结果,从运动规律、动力条件、工作性能等多方面进行综合评价,确定合适的机构运动尺寸,然后绘制机械运动简图。机械运动简图应按比例画出各机构运动尺度,它描述了机构系统的全部情况,反映出机构各构件间的真实运动关系。机械运动简图上的运动参数、动力参数、受力情况可以作为后续详细设计(总图、零部件设计等)的依据。

(7) 拟定机械运动方案的形态学矩阵法

下面介绍拟定机械运动方案时可以采用的一种方法:

1) 由运动转换功能图描述原动机到执行构件间的传动链及运动转换方式;
2) 由形态学矩阵描述传动链中各运动转换基本功能及实现这些基本功能的机构;
3) 按照传动顺序求解形态学矩阵,分析评价后得到若干种机械运动方案;
4) 画出机械运动示意图。

以四工位专用机床运动方案拟定为例,简要介绍如下。

1) 四工位专用机床总功能分解

图 5-2 所示的四工位专用机床执行构件动作及树状功能图,是后续执行动作进行机构选型的依据。

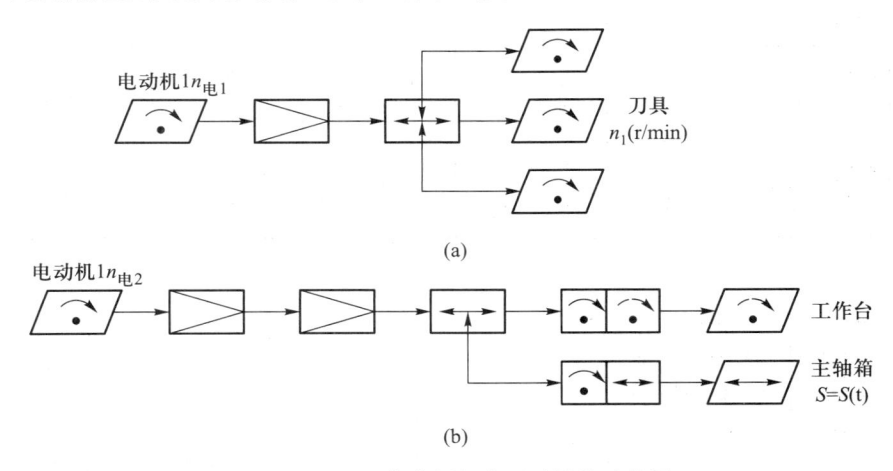

2) 四工位专用机床运动转换功能图

在明确了执行构件的数目及运动形式后,接着要考虑如何实现这些执行动作。必须选定原动机的型式及个数,确定原动机到执行构件之间的传动链,该传动链将原动机的运动形式通过变速、分支、运动转换,变成执行构件的运动形式。描述这种传动链的图,就是运动转换功能图。图 5-10 为四工位专用机床运动转换功能图。

选用两个原动机,由两条传动路线来实施运动的转换。第一条传动路线(图 5-10a):电机 1 以 $n_{电1}$ 转动,通过减速、运动分支,转换成刀具以 n_1 的转动。第二条传动路线(图 5-10b):电机 2 以 $n_{电2}$ 转动,通过减速、运动分支,分别转换成工作台的间歇转动和主轴箱的移动(包括静止、快进、进给、快退等运动形式)。

图 5-10 四工位专用机床运动转换功能图

3) 四工位专用机床的形态学矩阵图

有了机械运动转换功能图,就可以对图中每个矩形框中的功能选择合适的机构形式。一般性的基本机构可在表 5-3 中进行挑选。如不适合,可以在有关机构手册中挑选或设计师创造设计新机构。我们把纵坐标列为分功能,横坐标列为分功能解,即为分功能所选择的机构型式,这样就形成了一个矩阵,称之为形态学矩阵。

表 5-4 为四工位专用机床形态学矩阵。对该形态学矩阵的行、列进行组合,可以求解得到很多方案。理论上可得到 N 种方案,在本例中有 $N = 5 \times 5 \times 5 \times 5 = 625$ 种方案。在这些方案中剔除明显不合理的,再从是否满足预定的运动要求,运动链中机构安排的顺序是

否合理、制造上的难易、经济性、可靠性的好坏等方面进行综合评价,选择出较优的方案。

在表 5-4 中,我们用实线和虚线分别组合成两种方案 I 和方案 II。

4) 四工位专用机床的运动示意图

把方案 I 与方案 II 分别按运动传递路线及选择的机构形式,用机构简图组合画在一起,形成两个四工位专用机床的运动示意图,图 5-11a 为方案 I,图 5-11b 为方案 II。

需要说明的是,形态学矩阵法的出发点是认为许多发明创造并不是发明一种完全新的东西,而是已有元素的重新组合。利用形态学矩阵法可以组合出许多可能的方案,借以发现是否能产生可行的新设计方案。除了这种方法,设计师还可以在实践经验基础上,运用其他各类创新技法来产生新的机械运动方案。

表 5-4 四工位机床形态学矩阵

分功能(功能元)		分功能解(匹配机构)				
		1	2	3	4	5
减速A		带传动	链传动	蜗杆传动	齿轮传动	摆线针轮传动
减速B		带传动	链传动	蜗杆传动	齿轮传动	行星传动
工作台间歇转动C		圆柱凸轮间歇机构	蜗轮凸轮间歇机构	曲柄摇杆棘轮机构	不完全齿轮机构	槽轮机构
主轴箱移动D		移动推杆圆柱凸轮机构	移动推杆盘形凸轮机构	摆动推杆盘形凸轮与摆杆滑块机构	曲柄滑块机构	六杆(带滑块)机构

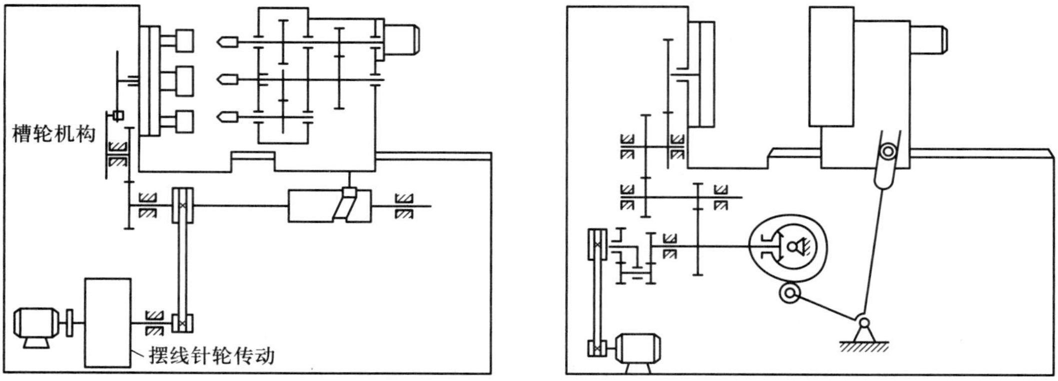

(a)

(b)

图 5-11 四工位专用机床运动示意图

5.3 机器运动方案设计案例

上面简略介绍了现代机械运动方案设计的一般过程和主要步骤,下面通过两个设计案例的分析和设计过程描述,帮助加深对现代机械运动方案设计的理解。

1. 冷霜灌装机

(1) 设计要求

设计冷霜灌装机,完成空瓶送进到成品送出的全部灌装工序。要求结构简单紧凑,布局合理。

技术要求包括:① 生产能力为 60 瓶/min;② 冷霜瓶直径为 30~50 mm、高度为 10~15 mm;③ 工作台距离地面为 1 100~1 200 mm。

(2) 构思工艺动作过程,确定工艺动作序列

首先成立设计小组,从产品(技术方案、市场定位)、研究等多方面进行调研,多渠道获取相关资料,进行分析。

冷霜属高黏度流体,如何实现冷霜定量灌注到空瓶内,是本设计的核心问题。由所给技术要求可知,每秒钟需完成 1 瓶冷霜的灌装。初步拟定通过挤压实现定量灌注,采用多工位布局方式,多瓶并行灌注作业,达到所要求的灌装速度。

设计小组集体反复研讨,细化冷霜灌装应包含的作业工序,构思冷霜灌装的工艺动作过程,逐步获得冷霜灌装的全部工艺动作序列。冷霜灌装的作业工序包括空瓶送进、冷霜灌注、瓶口封膜、瓶口加盖和成品送出,工艺动作过程为:首先送进空瓶;然后进行冷霜灌注;接着进行瓶口封膜;再盖紧瓶盖;最后送出灌装好的冷霜瓶成品。此外,还有封膜带送进、新瓶盖送进等辅助工艺动作。上述各工序进一步细化为若干基本工艺动作,得出图 5-12 的冷霜灌装树状功能分解图。

1) 空瓶送进　通过传送带方式送进。

2) 冷霜灌注　包括空瓶上升、冷霜加压灌注、满瓶下降、满瓶送出四个基本工艺动作。实现的工艺动作过程描述如下:空瓶上升的过程中,打开灌注口进行灌注,直到量满为止,灌注口关闭,满瓶下降到位,并送往封膜压粘工位。其中,空瓶上升、冷霜加压灌注、满瓶下降三个工艺动作表现为冷霜瓶升降运动,在这个运动过程中,冷霜实现加压灌注,因此可以作为一组看待;冷霜满瓶送出则由于方位变化,表现为独立的工艺动作。

3) 瓶口封膜　包括工作头下降、瓶口压粘封住、工作头复位、封膜带送进四个基本工艺动作。实现的工艺动作过程描述如下:压粘工作头下降,运用热力、压力压粘锡纸封膜到冷霜瓶口,完成封口后压粘工作头抬起复位,同时锡纸卷筒转动,封膜带用过的部分被移走,新锡纸被送进到压粘工位,为下一次封膜压粘作准备。其中,工作头下降、瓶口压粘封住、工作头复位三个工艺动作表现为压粘工作头升降运动,在这个运动过程中,完成瓶口封膜工作,因此这三个工艺动作可按一组看待;封膜带送进则为独立的工艺动作。

4) 瓶口加盖　细分为工作头下降、瓶盖加压盖紧、工作头复位、新盖送进四个基本工

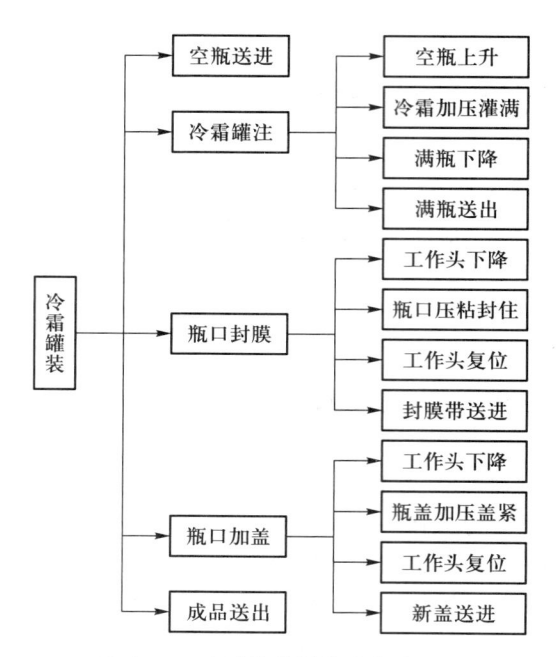

图 5-12 冷霜灌装树状功能分解图

艺动作。实现的工艺动作过程描述如下:压盖工作头下降到位,将瓶盖加压盖紧,然后压盖工作头抬起复位,新瓶盖送进到压盖工位。其中,工作头下降、瓶盖加压盖紧、工作头复位三个工艺动作表现为压盖工作头升降运动,在这个运动过程中,完成瓶口加盖工作,因此这三个工艺动作按一组对待;新盖送进作为独立的工艺动作。

5) 成品送出　灌注完成、盖好瓶盖的冷霜成品通过传送带方式送出。

因此,在上述工艺动作过程中,运动变换要求总体上可概括为:

1) 冷霜瓶升降为往复移动,要求速度平滑、无冲击、有保压时段;
2) 冷霜满瓶送出为往复移动,要求速度平滑、无冲击、在灌注作业位置处进行;
3) 压粘工作头作往复移动,要求有保压时段、具急回特性;
4) 封膜带卷筒送进运动为间歇转动,要求定量、间歇送纸;
5) 压盖工作头作往复移动,要求有保压时段、具急回特性;
6) 瓶盖送进为往复移动。

(3) 构型设计

1) 机构选型

可以根据工艺动作的特点进行机构构型的创新设计,也可以基于机构组合法进行构型设计。下面将两种方式结合起来进行冷霜灌装机的机构构型设计。

根据上一节对工艺动作及其运动变换要求的分析,按形态学矩阵法,列出表 5-5 所示的工艺动作和机构解的形态学矩阵。这些机构解可以是已有机构,也可以是构思出来的新机构。

表 5-5　冷霜灌装工艺动作求解的形态学矩阵

工艺动作 (分功能/功能元)	机构解(分功能解/功能元解)			
	机构解 1	机构解 2	机构解 3	机构解 n
冷霜瓶升降	曲柄滑块机构	直动从动件凸轮机构	齿轮齿条机构	…
冷霜满瓶送出	曲柄滑块机构	直动从动件凸轮机构	齿轮齿条机构	…
压粘工作头往复移动	曲柄滑块机构	直动从动件凸轮机构	齿轮齿条机构	…
压盖工作头往复移动	曲柄滑块机构	直动从动件凸轮机构	齿轮齿条机构	…
瓶盖送进	曲柄滑块机构	直动从动件凸轮机构	齿轮齿条机构	…
封膜带间歇送进	槽轮机构	分度凸轮机构	不完全齿轮机构	…

理论上,依据表 5-4 的形态学矩阵法可以得到很多不同组合的机械运动方案。从运动性能、安装配置、制造难易、经济性、可靠性等多方面进行综合评价,筛选出若干较优的可行方案。本设计最终机构选型结果如下:

① 冷霜瓶升降:直动滚子从动件端面圆柱凸轮机构;
② 冷霜满瓶送出:平面盘形凸轮机构;
③ 压粘工作头往复移动:平面盘形凸轮机构;
④ 压盖工作头往复移动:曲柄滑块机构;
⑤ 瓶盖送进:双滑块机构;
⑥ 封膜带间歇送进:槽轮机构。

2) 机构解的构思和改进
① 冷霜瓶升降机构的改进创新

在前面构思工艺动作过程时,拟采用多工位的并行灌注方式,达到每秒钟 1 瓶冷霜的预定灌装速度。机构选型时,设计小组对冷霜瓶升降运动选定的直动滚子从动件端面圆柱凸轮机构解进行了创新设计。如图 5-13a 所示,把端面圆柱凸轮固定为机架,将相同的 8 组直动从动件等间距布置,并用转盘连接。转盘绕中心主轴回转,带动 8 组直动从动件回转,并实现升降运动,从而 8 组从动件实现多工位并行灌注作业。

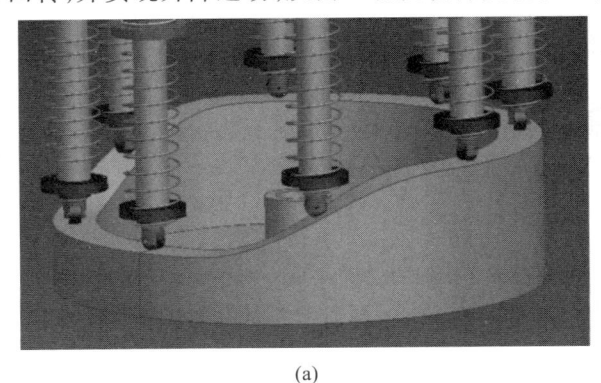

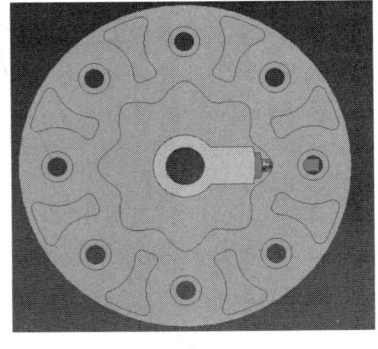

(a)　　　　　　　　　　　　(b)

图 5-13　冷霜瓶升降机构与送出机构的改进和创新

② 冷霜瓶送出机构的改进创新

与冷霜瓶升降机构的改进相对应,对实现冷霜瓶送出运动的平面盘形凸轮机构进行改进。如图 5-13b 所示,凸轮轮廓为内廓线,分为 8 段相同的升降曲线,固定在转盘上,其最大外径处与转盘上冷霜瓶升降凸轮机构的从动件导路孔一一对应;冷霜瓶送出凸轮机构的从动件导路固定在机架上,与冷霜瓶升降凸轮机构的凸轮最低廓线相对应,从而负责将灌注完成的冷霜瓶推出所在工位,进入传送带而带至瓶口封膜工位。

③ 冷霜灌注头的创新

在冷霜瓶升降运动过程中,冷霜实现加压灌注,这里需要对冷霜灌注头精心构思。如图 5-14 所示,当冷霜瓶升降凸轮推动从动件及冷霜空瓶上升时,冷霜瓶抵住并推动灌注腔上升,灌注口打开,开始压力灌注;之后灌注腔下降,灌注口重新被堵住,灌注完成。

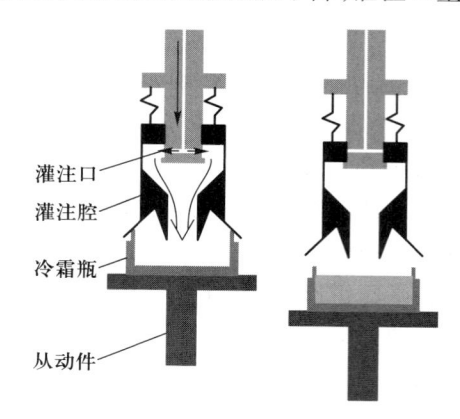

图 5-14 冷霜灌注头的创新

④ 冷霜瓶分送机构的创新

冷霜瓶灌注完成后,通过传送带送往后续瓶口封膜、瓶口加盖等工位。为满足所提生产率要求,布置了两套瓶口封膜和加盖机构,因此需要将灌注好的冷霜瓶分送到两条传送带上。如图 5-15 所示,冷霜瓶分送机构非常简单有效。当一只冷霜瓶通过闸口时,闸口挡板就会变换方向,保证下一只冷霜瓶被送往另一边。

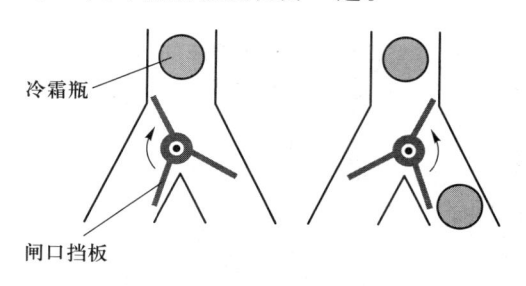

图 5-15 冷霜瓶分送机构的创新

⑤ 冷霜瓶定位机构的创新

瓶口封膜和加盖时,需要保证冷霜瓶能准确定位。为此,构思设计了冷霜瓶定位机构。如图5-16所示,当定位指叉退后时,传送带带动冷霜瓶前进。定位指叉到位时,冷霜瓶得到定位。传送带与定位机构的运行速度需要严格匹配。

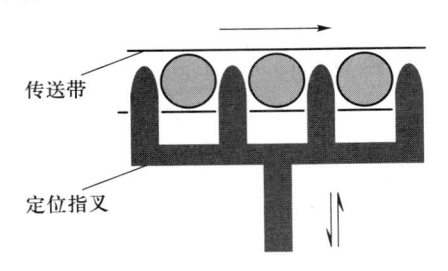

图5-16 冷霜瓶定位机构的创新

(4)机械运动循环图设计

在设计时,有意将冷霜灌注机构独立布置,瓶口封膜机构与瓶口加盖机构一起布置,因此,它们的运动循环图是相对独立的。在仔细推敲后,获得图5-17的直角坐标式冷霜灌装机械运动循环图。其中,冷霜灌注作业主要是冷霜瓶升降运动和冷霜满瓶送出运动的时序配合(图5-17a),瓶口封膜与瓶口加盖作业需要冷霜瓶定位、压粘工作头升降、封膜带送进、压盖工作头升降、新盖送进等工艺动作的时序配合(图5-17b)。

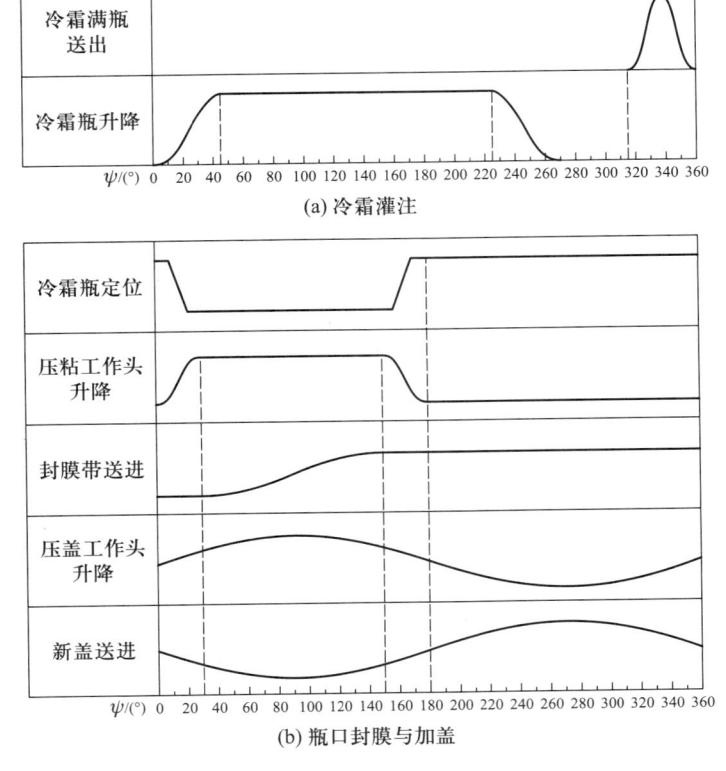

(a) 冷霜灌注

(b) 瓶口封膜与加盖

图5-17 冷霜灌装的机械运动循环图

（5）机构尺度综合

在构型设计之后，需要进行机构尺度综合，确认是否能满足设定的技术要求。以实现冷霜瓶送出运动的平面盘形凸轮机构为例，因布置了 8 个对称工位，所以只需设计凸轮廓线的 1/8，然后进行复制获得完整轮廓即可。1/8 凸轮廓线的运动曲线参数如表 5-6 所示，通过计算，绘出位移曲线和凸轮廓线示于图 5-18。

表 5-6　冷霜瓶送出凸轮机构 1/8 廓线的运动曲线参数

近程休角	0°
推程运动角	22.5°
远休止角	0°
回程运动角	22.5°
行程	13.5 mm
偏置距	0
基圆半径	50 mm
运动规律	符合 5 次多项式

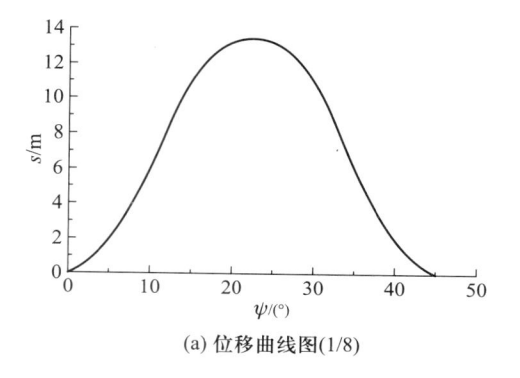

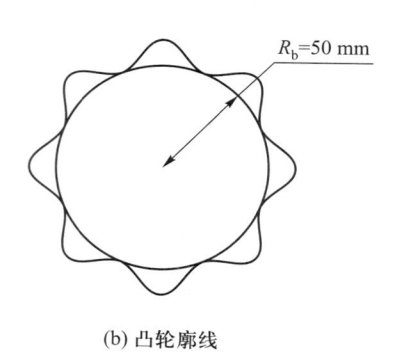

(a) 位移曲线图(1/8)　　(b) 凸轮廓线

图 5-18　冷霜瓶送出凸轮机构

（6）机械传动设计

选取 Y 系列三相异步电动机作为原动机，电机型号为 Y90s-4，转速 1 400 r/min，功率 1.1 kW，额定电流 7 A，满载转矩 2.2 N·m。该系列电动机是我国近年研制成功的节能型电动机，运行可靠，寿命长，使用维护方便。

冷霜灌注到瓶口封膜和加盖工位的连接采用传送带形式，生产速度保持一致即可。

瓶口封膜机构和瓶口加盖机构由同一根主轴驱动，电动机和主轴间采用减速比为 60∶1 的减速箱，获得主轴转速为 23.33 r/min。

主轴到冷霜灌注机构的传动采用齿轮机构减速，使灌注主轴转速为 7.5 r/min。主轴到压盖机构的传动也采用齿轮机构减速，使得压盖主轴转速为 30 r/min。从压盖主轴引出驱动动力到锡纸卷筒转动机构,之间采用槽轮机构和链传动机构进行传动,输出转速为 2 r/min。

(7) 最终设计方案与设计点评

1) 最终设计方案

建立冷霜灌装机 CAD 模型,通过运动仿真进行校验和修正,最终获得图 5-19 所示机械运动简图(为清楚起见,省略部分重复的机构)。该机器实现了冷霜灌装从空瓶送进到成品送出的全部过程,较好地实现了预期设计目标。

2) 设计点评

该方案通过对冷霜灌装的工艺动作进行构思,逐步分解出所需要的基本工艺动作和时序关系,对机构解进行改进和创新,确定出机械运动简图,较好把握了冷霜灌装机的设计过程。

将冷霜灌装的总功能从时序角度划分为相对独立的冷霜灌注、瓶口封膜和加盖两部分,有合理性。也可探讨将冷霜灌注、瓶口封膜和加盖都布置在回转工位的可行性,使整机结构更为紧凑。

在这个例子中,不同机构的时序关系即运动循环图关系的保证,是通过传动主轴和传动机构来实现的,这些关系也可以通过多个电动机的分散驱动和同步控制来实现,这其实是机电一体化技术对机械运动方案设计产生影响的一条基本途径。

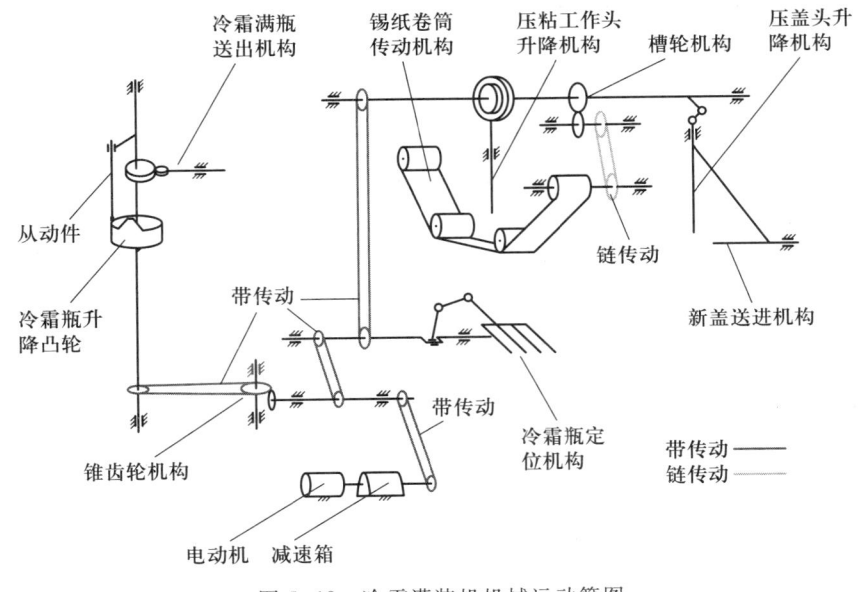

图 5-19 冷霜灌装机机械运动简图

2. 机器螃蟹

(1) 设计要求

设计一只机器螃蟹,能模拟螃蟹横行和转弯。要求结构简单、运动灵活、与螃蟹外形及主运动相似度高。

（2）机器螃蟹的构思与设计过程

1）总体构想

首先成立设计小组，查阅相关生物学资料和仿生研究现状，调研螃蟹活体结构、实际爬行运动、图片、录像等，对螃蟹的生物种类、生活习性、运动特点、其他机器螃蟹结构等有了较深入理解。螃蟹共有五对足，其中一对螯主要用于捕食和防御，最后一对步足为水中划行的划行足，中间三对步足起主要爬行作用。

在此基础上，设计小组展开"头脑风暴"，集体研讨，确定设计一只由一只电动机驱动，可实现横向爬行、行进中左右转向及原地转向的六足机器螃蟹。为简化设计，六足拟采用相同机构和尺寸，通过六足相位配合实现机器螃蟹的横向爬行运动。

因此，机器螃蟹的构思和设计可以划分为三个较为独立的任务：蟹腿机构的构思和设计、转向机构的构思和设计、传动系统的构思和设计，核心任务是蟹腿机构的构思和设计。

2）机器螃蟹单足机构构思与时序设计

根据上述总体构想，需要进行蟹腿机构的构思和设计，首先是单足机构的设计。机器螃蟹的设计与其他机器设计不同，在自然界有一个真实的对象供参考和模仿。因此，通过单独对一只蟹腿的运动过程进行观察和分析，发现螃蟹在爬行的时候，足尖前伸抓地，带动蟹身横行，到极限位置时该足再抬起前伸抓地，循环往复实现横向爬行。相对于蟹身，单条腿的足尖运动轨迹大致如图 5-20 所示：

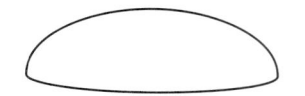

图 5-20　螃蟹单足足尖在蟹身坐标系中的运动轨迹

在此基础上，构思单足机构的设计方案。经观察，从运动角度出发可认为螃蟹腿主要由大腿和小腿两段组成，腿部对蟹身的支撑发生在小腿足尖接触地面的过程中，此时大腿可保持不动。再联想到人类的行走，肌肉主要提供抬放腿所需的力，支撑身体主要靠骨关节位于"死点"位置来实现。因此，设计小组在蟹腿机构设计中引入"死点"概念，以减轻电动机负荷，提高机构合理性。同时，把图 5-20 运动轨迹看成蟹腿的摆动与抬放两个基本运动复合的结果，这样不仅更符合蟹腿的真实运动，也简化了单足机构的设计。通过反复修正，最终设计出图 5-21 的机器螃蟹单足机构，其中偏心轮 1 与连杆 1、2、3 和 4 组成大腿实现抬放腿功能，偏心轮 2、连杆 5 和 6 组成小腿完成摆动功能。图示瞬时，连杆 2 和 3 正好处于"死点"位置，此时大腿处于支撑蟹身的状态。

一条蟹腿在爬行过程中，需要遵循一定的运动规律。通过观察，初步确定图 5-22a 所示的机器螃蟹单足爬行步伐，即小腿完成一次伸展、收回运动，摆动幅度约为 60°（图上半部分所示）。在小腿伸展过程中，大腿要完成抬起和落地两个动作（图下半部分所示），小腿收回运动时，大腿保持停歇状态，二者传动比为 1:2。为保证上述关系，并实现一台电动机驱动，大腿和小腿的两只偏心轮需要用传动机构连接起来。通过对比分析，最终确定采用图 5-23 所示的齿轮加槽轮的传动方案，槽轮槽数为 4，圆销数为 2 且夹角为 90°。

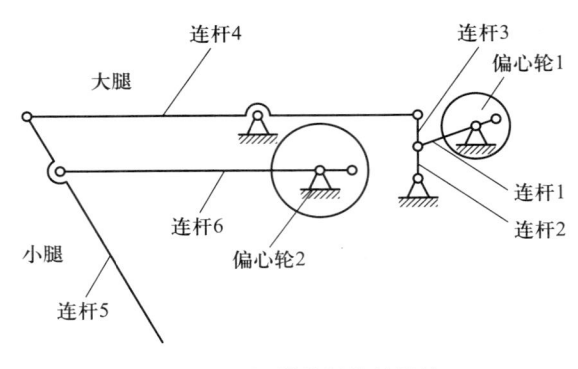

图 5-21 机器螃蟹单足机构

由于槽轮运动的非匀速特性,通过运动仿真发现大小腿的伸展、收回与抬腿、落地之间存在时间冲突,为此,将单足爬行步伐修改为图 5-22b 所示情况,保证了大小腿的运动协调,对应的机器螃蟹单足机构内的传动设计如图 5-23 所示。

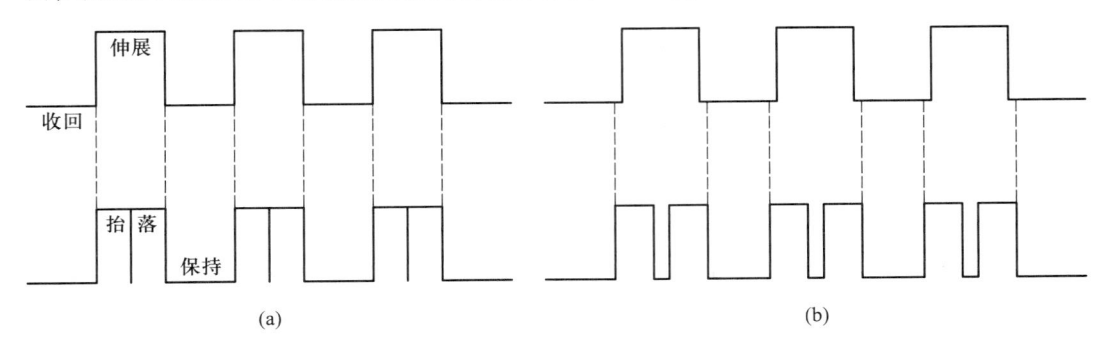

图 5-22 机器螃蟹单足爬行步伐

图 5-23 机器螃蟹单足机构内的传动设计

3) 机器螃蟹六足爬行时序的构思与设计

通过六只蟹足的配合,可实现机器螃蟹的爬行运动。考虑到螃蟹的初始位姿及蟹腿的运动协调,如图 5-24 所示,将六只蟹足分为两组,一组编号为 l-d-m、l-d-a、l-d-b,另一组编号为 l-u-m、l-u-a、l-u-b。描述六只蟹足运动时序配合的机械运动循环图示于图

5-25，图中虚线为机器螃蟹装配时的蟹足初始位姿。

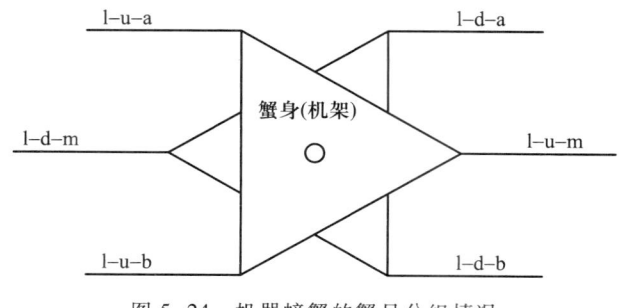

图 5-24 机器螃蟹的蟹足分组情况

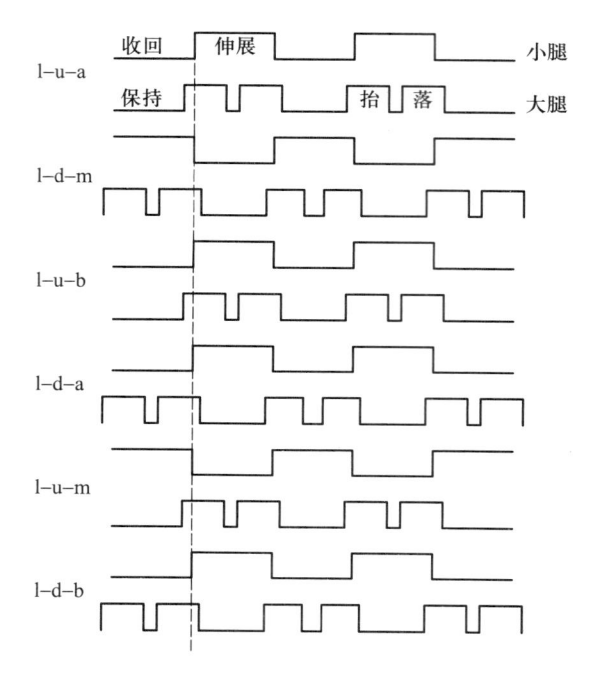

图 5-25 机器螃蟹六足爬行的机械运动循环图

4）机器螃蟹转向机构的构思与时序设计

螃蟹的转向是一个很复杂的过程。设计小组构思了多种方案，最终受一种起重机的双层前向爬行机构启发，把机器螃蟹身体布置成上下两层结构，如图 5-24 所示，六只蟹足也分成两组，分别固定在上下两层机身上，u 组腿（l-u-m、l-u-a、l-u-b）固定在上层机身上，d 组腿（l-d-m、l-d-a、l-d-b）固定在下层机身上。上下两层机身可以绕中心轴作小幅相对转动，当下层机身的足尖抓地时，上层机身的腿抬起，上层机身绕中心轴作小幅转动，然后放下腿，让足尖抓地，接着，下层机身的腿抬起来，下层机身绕中心轴同方向再作小幅转动，然后放下腿让足尖抓地。如此往复，机器螃蟹就可以完成转向动作了。

如果以下层机身为参考，上层机身相对于下层机身作往复摆动，经多种方案比较，决定采用曲柄摇杆机构来实现两层机身间的往复摆动(图 5-26),并使摇杆往复摆动的时间相同。

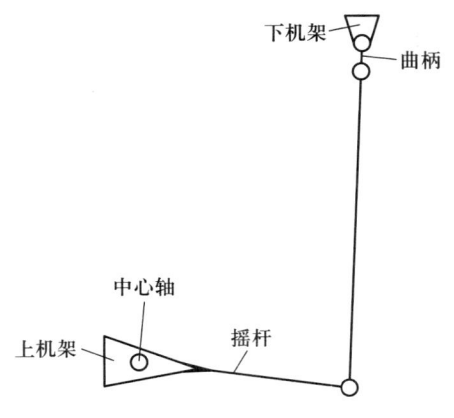

图 5-26 机器螃蟹的转向机构

5) 机器螃蟹传动设计

根据对市场上可提供电动机的调研和机器螃蟹的运动速度,决定采用额定转速 7 500 r/min 的某型玩具电动机,据此考虑传动系统的设计。

考虑到蟹身分为两层,转向时上下两组蟹足与蟹身一起绕中心轴相对转动,因此以中心轴作为传动主轴,将电动机固定在下层机身上,电动机与蟹腿间采用小模数标准齿轮机构作传动机构。下层机身蟹腿传动链较简单(图 5-27a),但要尽量做到结构紧凑,以保证螃蟹底盘尽量远离地面,避免在凹凸不平的地面上爬行时蹭到地面。上层机身蟹腿传动链较为复杂一些(图 5-27b),为消除转向时上下层机身间相对转动的影响,在主轴与上层机身间安排一差动轮系,保证转向与不转向时电动机与上层机身蟹腿间的传动比不变。

(a) 下层机身蟹腿传动链   (b) 上层机身蟹腿传动链

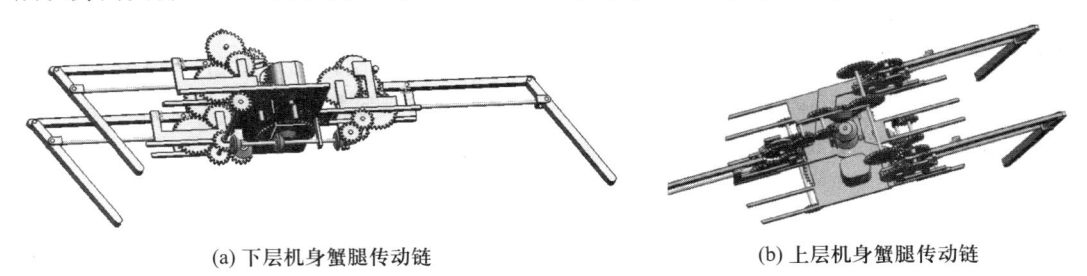

图 5-27 机器螃蟹蟹腿传动设计

(3) 最终设计方案与设计点评

1) 最终设计方案

建立机器螃蟹三维实体模型,通过运动仿真的观察和机构参数的逐步修正,最终获得较为完美的机器螃蟹设计方案(图 5-28a)。该机器螃蟹逼真地再现了自然界中螃蟹的爬行和转向运动,同时,其整体结构也比较紧凑,与螃蟹的外形很接近(图 5-28b),较好地实现了预期设计目标。

(a) 机器螃蟹总体设计图　　　　(b) 自然界中的螃蟹

图 5-28　机器螃蟹和自然界中的螃蟹

2）设计点评

该方案通过对自然界螃蟹的观察和相关资料的检索，较好地把握了机器螃蟹的设计要点。善于抓住设计中的主要矛盾，即六足横向爬行的机构和时序配合，切入点合理有效。

在构思和设计过程中，本方案将机构构型、时序配合、机构参数始终结合在一起考虑，借助三维建模和运动仿真手段，不断进行修正，较好地解决了机器螃蟹这类复杂机构的综合问题。

需要注意力学性能分析，包括支撑体重上限、传力特性、电机力矩和功率、重心稳定性等，避免爬行过程中的机构失控。

学习指南

机械运动方案设计是现代机器总体方案创新设计的主体内容，根据运动功能和性能设计要求对其机械运动进行构思、设计、优化、规划并进行物理实现是现代机器设计开发的核心任务。在机械运动方案的设计过程中，逐步产生出广义机构、信息处理与控制、传感与检测三个子系统的方案。本章简介现代机械运动方案设计的一般过程和主要步骤，并给出两个案例，用于辅助课程项目的开展，起到参考和借鉴的作用，概念导图如图 5-29 所示。希望同学们在课程项目开发过程中参考，灵活加以运用。

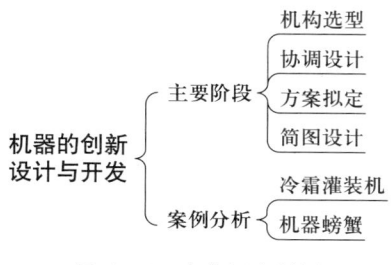

图 5-29　本章概念导图

机械运动方案设计决定了一台机器的工作原理和总体设计方案，也决定了一台机器的新颖性和创新程度。机械运动方案设计的本质在于创新，如何实现创新既需要理论方

思考题

5-1 机械运动循环图的作用是什么？运动循环图有哪几种形式？

5-2 现代机器的三个功能组成部分在机械运动方案设计过程中是如何逐步产生的？请举例说明。

5-3 结合课程项目任务，开展机械运动方案的创新设计。

第6章

机器结构设计

内容提要

机器设计的根本目的在于根据需求设计出具有结构形状及相关特征的设备载体,通过具体机构及结构,实现功能要求。因此结构设计是机器设计重要环节,是"功能原理解"到"实体结构解"的唯一途径。结构设计的结果直接影响机器的最终性能。本章从布局设计、零部件结构设计以及参数设计角度,对机器结构设计流程、要素以及相关原则、方法进行介绍,并结合工程案例展开探讨。

6.1 结构设计一般流程

1. 结构设计的作用

机器结构设计的任务是在总体设计的基础上,根据所确定的原理方案,确定并绘出具体的结构图,以完成产品功能需求。结构设计需要将抽象的工作原理具体化为实体结构形式的零部件及装配结构,具体包括确定结构件的材料、形状、尺寸、公差、热处理方式和表面状况等,同时还须考虑其加工工艺、强度、刚度、精度以及与其他零件相互之间关系等问题。所以,结构设计的直接产物虽是技术图纸,但结构设计工作不是简单的机械制图,图纸只是表达设计方案的语言,综合技术的具体化是结构设计的基本内容。

结构设计是机械产品设计过程中涉及的问题最多、最具体、工作量最大的设计阶段。在整个机械设计过程中,约80%的时间用于结构设计,对设计的成败起着举足轻重的作用。同时,结构设计具有多解性特点,对于同一功能要求,其结构设计解并不唯一,也不存在理论解及最优解,而只有相对较优的解,且始终存在优化的空间。因而,机器的结构设计阶段是一个很活跃的设计环节,需要全方位考虑各种设计约束,从产品全生命周期角度,对结构进行分层次反复迭代优化。

结构设计具有如下作用。

(1) 结构是机器功能的载体。机器设计就是客户功能需求具体化的过程。机器功能能否实现,质量如何,主要是由机械结构决定的,没有结构便没有功能。因此,在结构设计过程中,应始终围绕功能的实现与具体化展开。表 6-1 列出了机械的基本功能。动作的实现、承载、零部件的连接以及空间配置是结构设计的基础,在结构设计的过程中应给予足够的重视。

表 6-1 机械的基本功能

功能	主要内容
实现动作	直线运动,回转运动,直线运动与回转运动的转换,各种机构,各种变形,流体流动
承载作用	承受载荷,封闭力线,受力平衡,提高刚度,阻止流体
传递力、转矩	传递力,传递力矩,改变受力方向,传递压力,传递流动
定位	安装位置,动作中的位置,搬运中的位置
固定、连接零部件	与其他零部件连接,固定在其他物体上
供给动力	从外部供给动力,从内部供给动力
信息数据的传递	接收和传递,传感器安装,线缆布置

(2) 结构是机器设计计算的基础和计算结果的体现。在设计计算之前必须首先确定初步的结构,如在传动系统方案设计中决定了要采用齿轮,才会计算齿轮、轴系的相关参数。结构设计与设计计算密切联系,且相互交叉。而设计计算的结果一般都能够对结构设计起指导作用。

(3) 结构图是加工和装配的依据。机械的装配图和零件图是加工、装配、检验的依据,它在很大程度上(一般认为是 70%~80%)决定了机器的成本。

由此可见,机器的结构设计在整个机器设计过程中占有十分重要的地位。

2. 结构设计的一般过程

帕尔(G. Pahl)和贝茨(W. Beitz)将结构设计过程称为"实体设计(embodiment design)"过程,即将概念设计结果实体化的过程。迪特尔(G. E. Dieter)等在 *Engineering Design* 中将实体设计划分为架构设计、配置设计和参数设计三个阶段,分别从产品的总体布局与架构设计、零部件结构设计以及尺寸参数设计与分析的角度,完成从功能结构模型到具有三维结构特性与加工工艺特性的产品模型的映射。具体如图 6-1 所示。

结构设计的具体步骤包括:

(1) 架构设计 在开始进行结构设计以前,必须先确定产品的总体架构,也即根据设计任务,制定机器整体布局。此时设计者一般对机械结构方案已经有初步的考虑,并能够由总体出发对机械结构提出要求,如动作要求、运动范围、工作能力、生产率、传动机构的功率、工作条件、加工装配条件、使用条件等,以及对寿命、成本等方面的要求。而结构布局是综合考虑上述约束及要求,对产品的功能模型进行聚类分析,确定产品的模块构成,

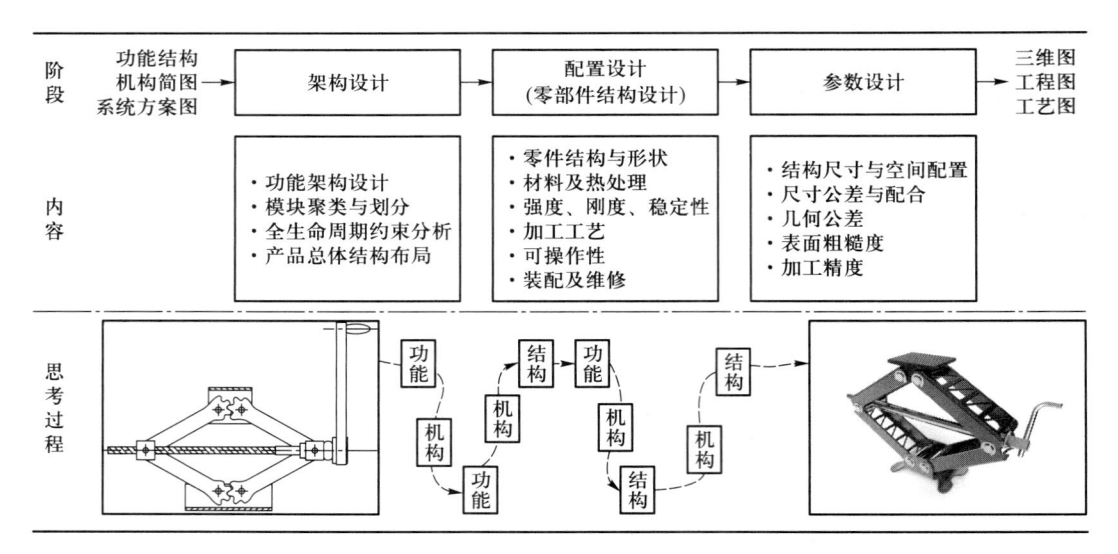

图 6-1 机器结构设计一般过程

并对机电接口进行设计分析。

(2) 零部件结构设计 此阶段针对模块划分结果,将系统划分为若干个部件,并对部件及零件展开详细结构配置与分析,确定零部件的结构、形状、材料及热处理方案。

设计过程中注意各零件、部件之间的关系协调,反复进行方案对比,进行必要的修改,设计者应不断给自己提出问题,常思考的问题举例如下:

1) 这个零部件起什么作用? 所采用的结构能否实现?
2) 这个零部件能否不要? 或用其他更好的代替?
3) 这个零部件承受什么载荷? 可能的失效形式是什么? 采用的结构能否避免这些失效?
4) 每个零件或部件由毛坯生产到加工、装配、检测、运输、使用、修理直到报废回收过程中会产生什么问题?
5) 零部件、系统的薄弱环节在哪里? 损坏后是否会引起严重后果?
6) 有没有标准件、通用件或能够买到的经济适用的成品?
7) 材料和热处理工艺是否合适?
8) 是否考虑了噪声、振动、腐蚀、潮湿、温度等环境因素影响? 对环境有无污染?
9) 所采用的方案寿命如何? 润滑、维护如何? 工作可靠性如何?
10) 操作是否方便? 是否便于学习掌握?
11) 安全问题是否进行全方位的考虑?
12) 是否进行了静态以及动态干涉或碰撞检查?
13) 所采用的方案是否经济合理? 是否符合有关法律的规定?

(3) 参数设计 结构设计的最终结果是确定零部件所有的参数及尺寸。尺寸不确定,则零部件无法加工装配。这里的参数不仅仅是零部件的结构尺寸,同时包括尺寸公差与配合、几何公差、表面粗糙度、表面硬度、加工精度等。零部件结构设计阶段,有些尺寸已经有初步选择,有的是根据经验初步确定。参数设计阶段选择确定关键的参数,综合考虑性能及成本,对相关尺寸参数进行综合设计及评估分析,以确定当前技术条件下最佳的零部件结构形态。

值得注意是,结构设计过程是一个反复迭代、螺旋优化的过程。设计过程中应基于功能优化及性能分析,以功能实现为核心,对机构及结构进行具体化并不断完善。

3. 结构设计的基本原则

(1) 明确原则

展开结构设计前首先要对设计的约束及技术条件进行分析,明确功能需求,界定使用条件,厘清工作原理,并贯穿结构设计全过程,确保结构设计的功能需求与所达成的机器性能具有一致性。每个零部件都有明确的工作任务和实现它所依据的工作原理。要避免冗余的结构,尽量不采用静不定结构。

具体到零件结构层次而言,所谓明确,是指结构应能清晰地表达设计者的意图,不应是模棱两可的。实现后的结构,其作用效果必须确切肯定,并与设计者的预期效果一致。关于结构设计"明确""不明确"以及"不明确"设计可能产生不希望的效果举例见表6-2。

表6-2 结构设计效果举例

明确	不明确	不希望的效果
V带侧面工作 使传动的承载能力得到提高	V带的工作面不明确	V带处于非正常工作状态 其优点不能得到发挥
零件1的功能明确 零件2在轴3上的位置得到确定	零件1的作用不明确	零件1不能紧靠零件2 致使其在轴上的位置不能被确定

(2) 简单原则

包括机器整体布局简单,易于装配、操作与维修;各零部件结构和形状简单,易于加工制造;加工方法与加工工艺简单,尽可能降低加工制造成本;操作简单,容易掌握;包装简单,运输方便;安装调整、修理维护简单。简单有两重含义:其一是指构形简单,即采用尽可能少的几何量和简单的要素,不应毫无理由地使结构复杂化;其二是指实现结构简单,"使事情做起来容易、快捷",即力求使产品的生产过程省力、省时。

在结构设计中,往往需要采用分析、辩证的方法理解简单的要求。因为构形简单与实现结构简单的要求,有时一致,有时会有冲突。例如为了保证轴上零件与轴有较高的同轴度,轴与毂之间往往选择较紧的过渡配合或过盈配合。在这种前提下,虽然图6-2a在轴的形状上更为简单,但是从轴与毂装拆方便(即"装拆简单")的角度考虑,则图6-2b更符合"简单"要求,是好的设计,图6-2a则是不好的设计。所以说,关于结构设计中的简单要求,不能单纯理解为零件的形状结构简单,更应当理解为"使做事简单"。

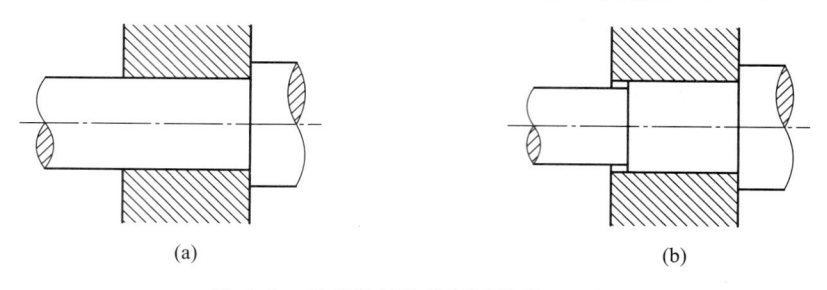

图 6-2 考虑装拆简单原则的构型比较

(3)安全原则

安全可靠要求一方面是针对机器(或零件)的,另一方面则是针对人和环境的(如图6-3所示)。对于机器来说,首先是指在正常使用条件下,机器应当具有稳定的性能和足够的可靠性;其次是指机器对于环境应具有较强的适应能力。例如在气候变化和受振动冲击时,机器应能保持性能稳定和不损坏。此外,有时还要求当发生非正常使用(例如过载或误操作等)时,机器应具有自身安全保护功能等。在任何情况下,人的安全必须给予足够重视,尤其在机器的生产和使用过程中,应力求避免机器或零件对人造成伤害。例如,在结构设计中,对零件的某些边、角进行倒角或倒圆,以及在带传动、链传动和齿轮传动装置中设置防护罩等都是基于安全要求的考虑。广义的对人安全还应当包括环境的安全。结构设计必须保证机器的噪声、辐射以及排放物等符合环境保护的规范要求。

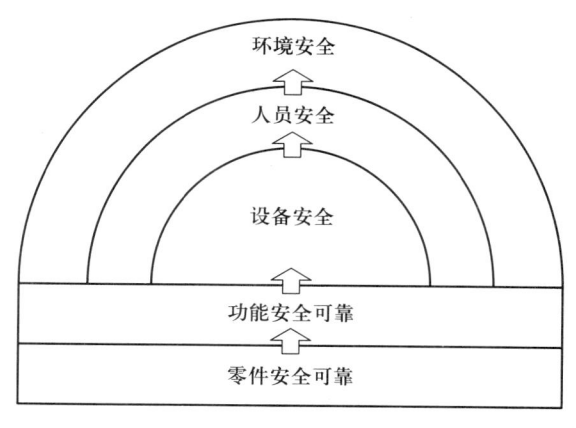

图 6-3 机器结构设计的安全原则

具体设计过程中可从如下三方面对机器的安全性进行考虑。

1)零件寿命安全策略 对重要的零部件,设计时充分考虑安全裕度,提高零件的寿

命及可靠性,以达到机器整体安全的策略;

2) 失效安全策略　设计时充分考虑零件失效机理及失效状态,确保零件在失效的情况下仍具备一定的工作能力,避免灾难性的安全事故;

3) 冗余配置策略　对于重要的安全防护采取冗余配置方案,确保在一种方案失效的情况下仍具备安全防护功能。如图6-4所示的一种衬套压机的人机安全防护策略。对于自动压装设备而言,由于工作过程中机器设备存在运动,且此类设备压装力往往比较大,如安全防护不当,往往对操作人员的安全带来很大的威胁,因而对其进行安全防护尤为重要。图中一方面采用对射式安全光栅3,防止作业过程中操作人员的手等进入作业区域造成事故,另一方面,设计左右手操作按钮4、5,需要操作人员左右手同时启动两个按钮,设备在检测工作条件满足后才能够进入工作流程,确保操作的安全性。

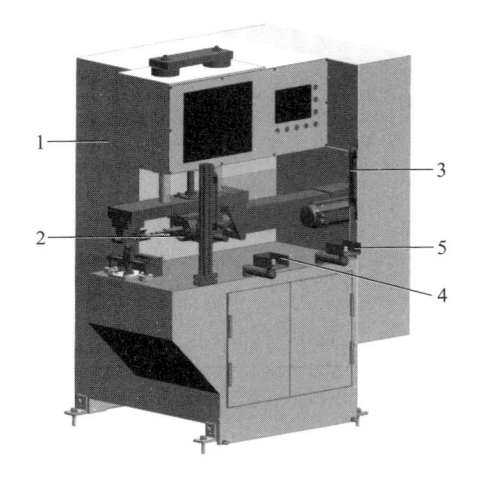

1—床身;2—衬套压装模块;3—安全光栅;4—左手操作按钮;5—右手操作按钮。
图6-4　一种衬套压机的人机安全防护策略

6.2　机器结构布局与架构设计

产品架构指的机器的总体结构布局,是实现功能需求的物理构件及其组织形式。进行产品架构设计时,一方面要从机器的工作原理(即各部件的相对运动关系)结合零件的形状、尺寸和重量等因素,来确定各主要部件之间的相对位置以及运动关系和配置;另一方面还应考虑操作维修、外观形状、生产管理和人机关系等因素。如图6-5所示是几种典型的皮带输送机架构设计。不同的架构,对应不同的空间布置、功率及力流路径、零部件的配置,甚至使用及后期维护策略。架构设计是设计过程中的全局性、系统性设计环节,对机器的制造、使用和总体性能关系很大。

架构设计的主要任务可以概括为两方面:

1) 确定系统主要部件及模块等;

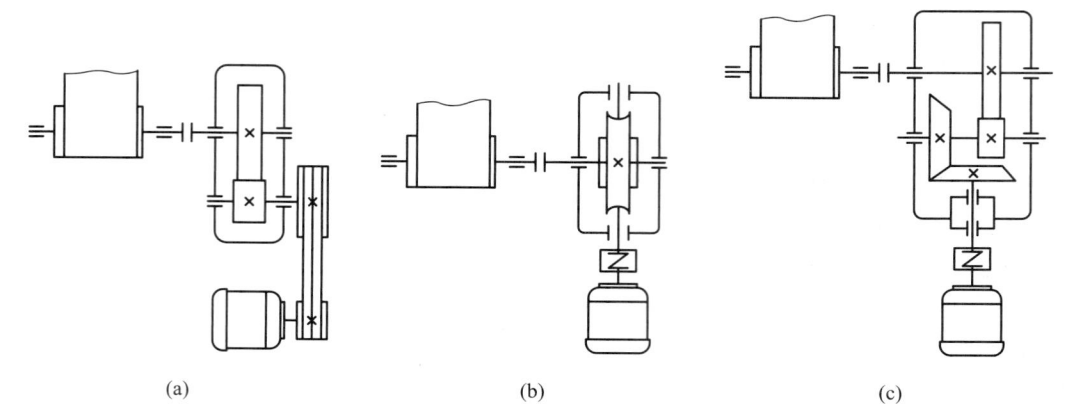

图 6-5 几种典型的皮带输送机架构设计

2）确定各主要部件之间相对的位置、运动以及连接关系。

图 6-6 所示为设计的一般流程，也是产品功能架构与结构架构关系的映射图。架构设计具有如下典型特征：

1）产品的架构设计不能独立于功能设计之外，产品功能架构与结构架构存在一一对应的关系，展开功能的分析与聚类是架构设计的基础，直接在结构层面展开架构设计往往事倍功半；

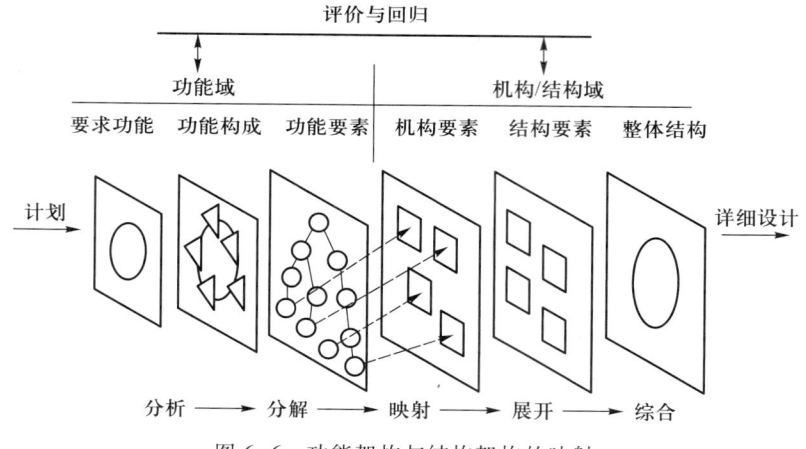

图 6-6 功能架构与结构架构的映射

2）架构设计如同概念设计阶段，应综合考虑产品全生命周期要素，对总体架构展开方案创新与思考，尤其功能架构的设计；

3）架构设计是一个反复迭代优化过程。

1. 架构设计与相关要素

（1）架构设计要素

图 6-7 所示为架构设计全景因素图。为了能有效展开架构设计，首先必须考虑一些

条件和要求：

1）总功能要求与动作顺序要求；
2）机械的产量要求与专用程度要求；
3）机械的自动化程度和适用性要求；
4）结构空间尺寸的限制；
5）选用什么样的动力源；
6）机械工作性能要求，如低速稳定性、振动要求、快速换向与定位精度要求等。

机器总体架构设计，就是在确定总体功能架构图和机械运动示意图之后，在考虑机器总的功能要求和机器工艺动作过程等条件后，进行零部件相对空间和运动关系的合理配置、机械传动系统的设计和布置以及人机交互的合理布置等。

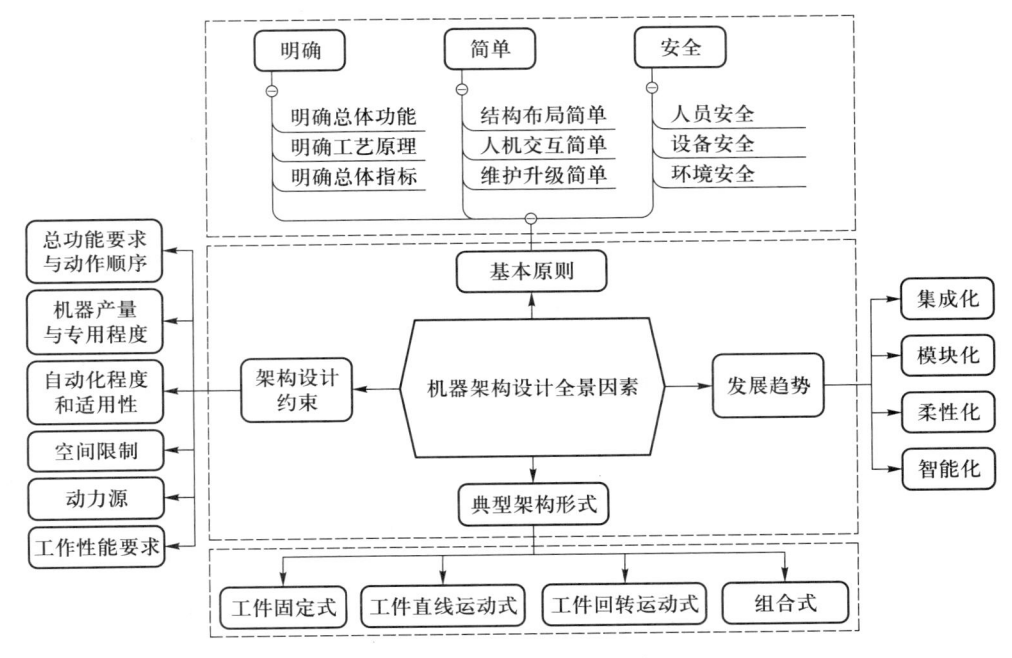

图 6-7 架构设计全景因素

（2）架构设计的基本原则

架构设计是带有全局性的布置设计工作，对于机械产品的制造、调试和使用都有很大影响，总体而言应遵循下列原则。

1）明确原则 明确总功能要求、工艺动作原理以及总体设计参数指标，有利于物料流的畅通、力流的传递及总功能的实现。如机床与一般自动化设备，总体功能要求的差异大，架构设计的基本出发点就存在很大的差异。

2）简单原则 结构布局紧凑，提高空间的利用率；布局合理，优化人机交互性能；同时，架构总体布局应考虑装拆便利性，有利于维护保养。

3）安全原则 总体架构设计同时应考虑布局对安全性的影响，包括人员、设备及环境的安全性。如设备重心与稳定性、人机交互与安全性、模组相互影响与设备安全性等，都是架构设计应该考虑的基本问题。

(3) 典型的架构形式

下面首先介绍一些典型的架构形式。可以结合产品的功能、初步方案以及工艺原理,选择合适的形式展开分析。

总体而言,机器架构可作如下分类:

1) 按主要工作机构的空间位置,可分为平面式、空间式等;

2) 按主要工作机构的相对位置,可分为前置式、中置式、后置式等;

3) 按机架或机壳的形式,可分为整体式、组合式等。

4) 按主要物流路径或工作机构的运动轨迹,可分为工件固定式、工件直线运动式、工件回转运动式、组合式等。

这里结合主要物流路径分类方法,结合几个案例展开分析。

图 6-8 所示为缝纫机的一种典型架构,其属于工件固定式架构设计,也即缝纫机的四大机构,包括针机构、挑线机构、送布机构、梭机构,它们的工作配合点在汇聚在一个固定的位置。这种形式的架构一般结构相对复杂,布局紧凑,相对而言维修较为不便。

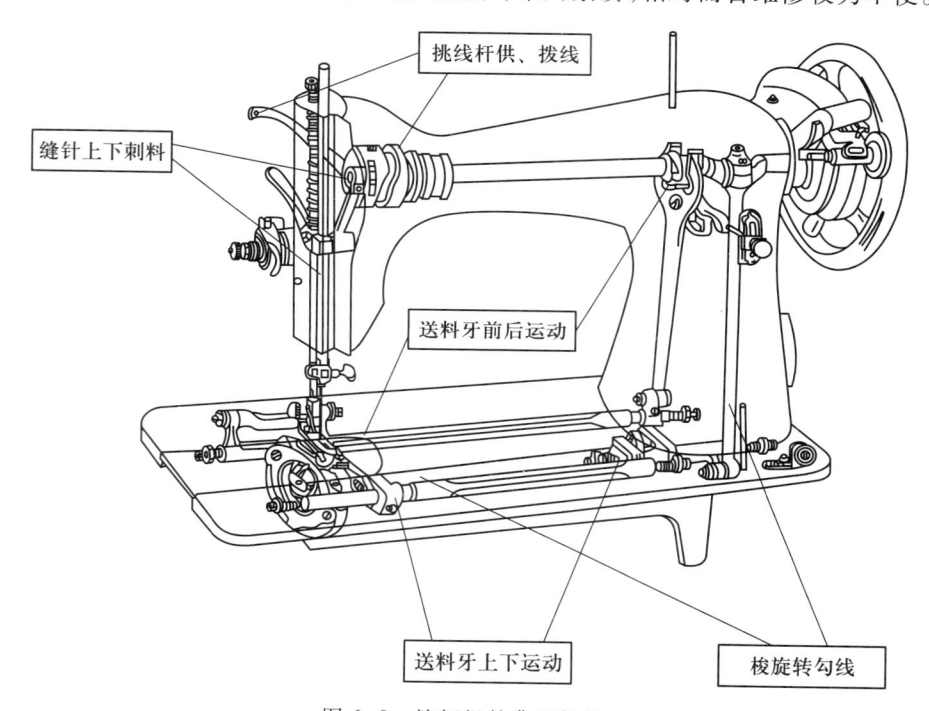

图 6-8 缝纫机的典型架构

图 6-9 所示是一种瓶装食品灌装封口机主传送系统和供送输出装置的架构图,属于工件直线运动式。这种架构中,主要工件(容器瓶)沿着直线物流路径运动。工作中先让小型空瓶竖立集聚在转盘 1 上,由于瓶子能随盘转动并依靠弹性拦板 2 和 11 的导向作用逐渐进入供瓶区。然后,借助折线往复运动的槽板 9 使瓶子按规定数量分批地经固定导板 3 和 10 的通道被送到主传送区。该主传送机构由作封闭折线运动的槽板 4、定位滑轮

5、作横向往复运动的双层导板 7 和定位槽板 8 等组成。瓶子被它们间歇转位,每当停止时,即依次进行灌装和封口。最后所得的成品再借助横向往复运动的叉形推板 6 输出机外。

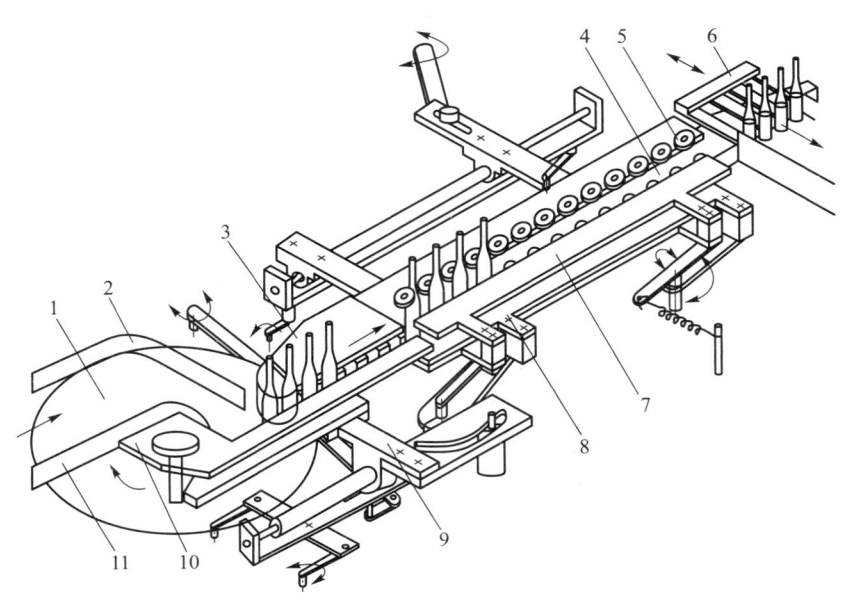

1—供瓶转盘;2,11—弹性栏板;3,10—固定导板;4—主传送槽板;5—定位滑轮;
6—叉形推板;7—双层导板;8—定位槽板;9—出瓶槽板。
图 6-9 瓶装食品灌装封口机典型架构

图 6-10 所示是一种易拉罐卷边封口机架构图,是工件回转运动式典型架构。充填有物料的罐体借助装在推送链上的等间距推头 15 间歇地将易拉罐送入分度转盘 11 的进罐工位Ⅰ。盖仓 12 内的罐盖由连续转动的分盖器 13 逐个拨出,并由往复运动的推盖板 14 有节奏地送至进罐工位罐体上方。接着,罐体和罐盖被间歇地传送到卷封工位Ⅱ。此时,先由托罐盘 10、压盖杆 1 将其抬起,直至固定的上压头定位后,用头道和二道卷边滚轮 8 依次进行卷封。然后,托罐盘和压盖杆恢复原位,已封好的罐体下降,由分度转盘再送至出罐工位Ⅲ。为了避免降罐时的掉罐现象,在压盖杆 1 与移动的套筒 2 间装有弹簧 3,以便降罐前给压盖杆一定的预压力。

图 6-11 所示是一种颗粒物包装机的架构图,是直线运动与回转运动组合式典型架构。它巧妙地组合了多种形式的供送、传送及中间装置,实现了制袋、充填、封口等包装工艺过程的连续化和自动化。卷筒式复合包装材料经三角成型器 1 对折竖叠之后,即由热封装置 2、4 先后完成分段纵封和底边全封。当印有商标和色标的卷带被对位切割时,真空吸气传送带 7 已将其前沿吸住。接着开始加速而使袋子逐个分开一定距离,再移至复式同步带 8 将袋子的上沿压住,这样主传送链上的夹钳 10 能够可靠地夹持袋子的两侧,并让袋子受控张开送到转盘 11 的下方进行定量充填。最后通过预热及横封装置 12 封口并排出机外。为了使袋子的上口自动张开和闭合,该主传送系统采用了一种特殊的夹

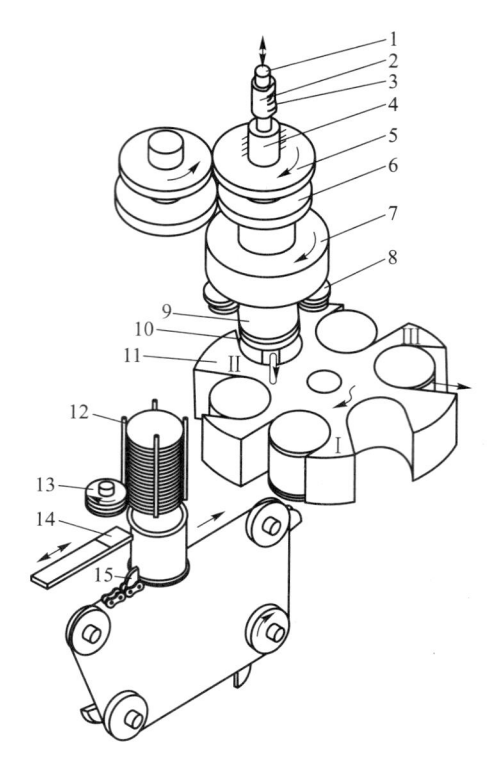

1—压盖杆；2—套筒；3—弹簧；4—上压头固定支座；5,6—差动齿轮；7—封盘；8—卷边滚轮；9—罐体；10—托罐盘；11—分度转盘；12—盖仓；13—分盖器；14—推盖板；15—推头。

图 6-10　易拉罐卷边封口机架构

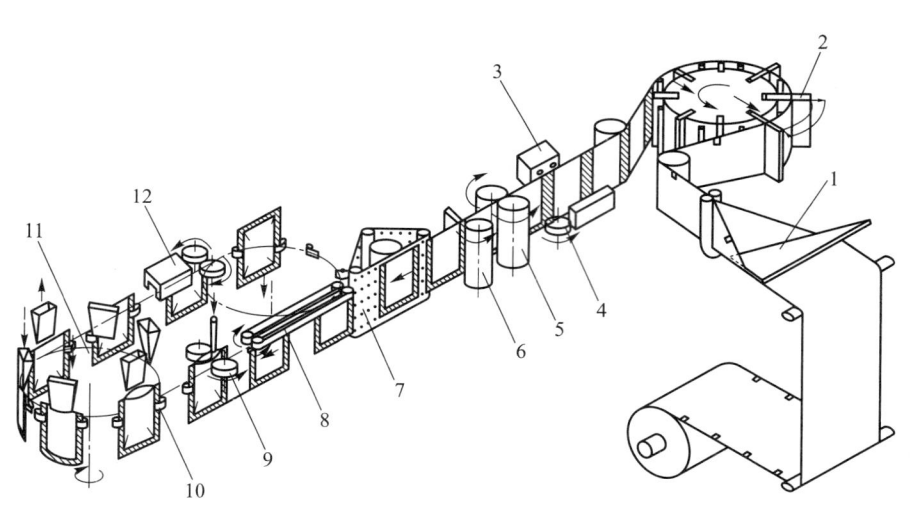

1—三角成型器；2—纵封转盘；3—光电传感器；4、12—预热及横封装置；5—牵引辊；6—滚刀；7—传送带；8—同步带；9—真空吸气转盘及喷嘴；10—夹钳；11—计量充填转盘。

图 6-11　颗粒物包装机架构

袋-开袋机构,如图 6-12 所示。钳手 4 是成对搭配的,分别固连在可摆动的内杆和外套（夹钳套杆）5 上。当它们所夹持的袋子接近真空吸气转盘及喷嘴（参见图 6-11 中的 9）时,由于联动的夹钳套杆及连杆滚轮 6 受固定凸轮 7 的控制而使袋子两侧的钳手得以互相靠近,随之自动张开袋口。待充填完毕,连杆滚轮在内杆下端拉簧 8 的弹性恢复力作用下摆至该凸轮的下位,结果左右夹钳相向外移,同时将袋口拉平以便预热封合。到了成品输出工位,连杆滚轮被另一个固定凸轮 3 压下,强迫两个套杆的下端相向内移,这时拉簧已完全处于紧缩状态,通过顶转内杆可实现自动开钳卸袋。

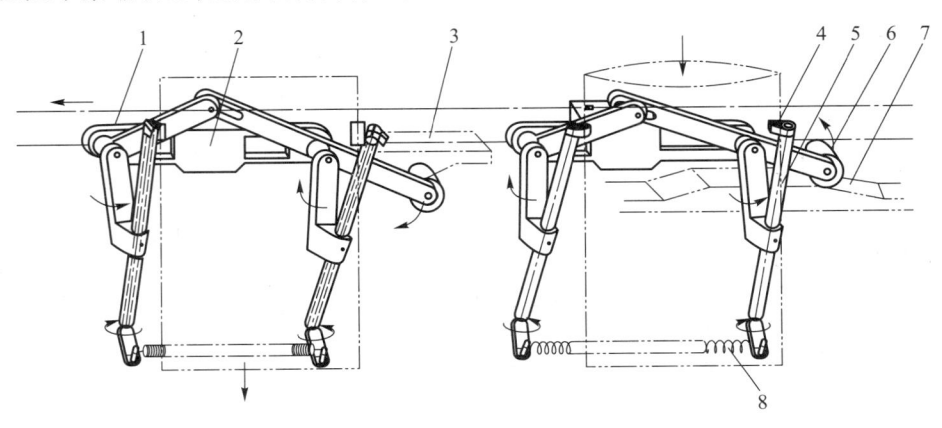

1—滚子链;2—支座;3、7—固定凸轮;4—钳手;5—夹钳套杆;6—连杆滚轮;8—拉簧。
图 6-12 主传送链的夹袋-开袋机构

2. 集成化与模块化

机器设计无法脱离产品及设计需求,同时作为制造系统的基本构成单元,产品总体性能及特征一定要符合技术发展的总体趋势。图 6-13 所示是制造系统技术发展趋势图,随着产品自身智能化水平及功能需求的不断提升,制造技术总体沿着自动化、柔性化、智能化方向发展。架构设计应充分考虑制造系统总体技术趋势,制定合理的技术路线。

目前而言,产品架构从系统集成及耦合度角度可以分为两大类:一种是集成化架构,另一种是模块化架构。

（1）集成化架构

从产品功能上来理解,集成化架构中,产品每个功能都有多个构件来实现,每个构件参与实现多个功能,构件之间关系不明确且对产品基本功能来说不一定重要;从产品结构上来理解,在集成化架构中产品构件具有紧密耦合的关联关系,没有明确的接口界面。集成化架构的具体特点包括：

1) 产品功能通过一个或少量几个模块来实现;
2) 以产品成本为主要目标,尽可能进行功能合并以及结构简化;
3) 产品模块间没有清晰的标准化接口,部分零件具有跨模块的复合功能。

集成化架构的最大优点是产品结构紧凑、轻量化,因此当产品有较严苛的重量、空间

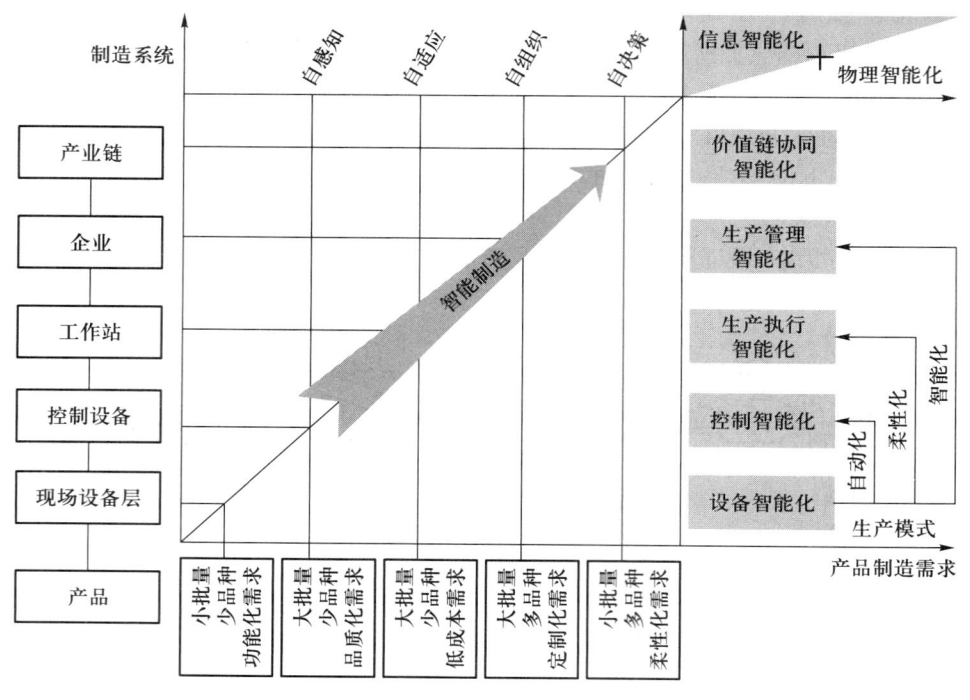

图 6-13 制造系统技术发展趋势图

或者成本的约束时,通常会采用集成化产品架构。如图 6-8 所示的缝纫机就采用集成化架构,通过集成化设计有效简化装配,采用一个电动机同时驱动送料、挑线、刺料、钩线四大机构,完成缝制的功能,提高设备效率,降低成本。

然而,在集成化产品架构中,零部件的功能与产品功能是多对多的关系,这使得某个零部件的设计更改会影响到产品的多个功能,也就会导致零部件修改范围的不确定,同样为了改善产品的某项功能,也会修改很多的零部件。在集成化架构中,一个零件可能要实现多种功能(如缝纫机中的上轴),因此其外形和特征往往变得非常复杂,单个零件成本可能会提高;但是由于"一件多能"可以减少产品零件数量,因此也可能降低总体成本。所以,采用集成化架构设计时,需要综合考虑单个零件复杂性和总体零件数量对产品成本的影响。另一方面,由于集成化架构中的零部件形状特征复杂,零部件之间布局紧凑,因此往往存在零部件不容易拆卸更换的缺点,使得维修、维护等服务性操作比较困难。

(2)模块化架构

自 20 世纪 60 年代以来,模块化设计思想逐步从概念走向应用,并在各行各业发挥着重要的影响。模块化可以形象化称为积木化,其基本思想是基于模块化、模组化设计具有不同功能或性能的模块,定义标准化、规范化的接口,实现模块的组合与互换,以满足不同的定制化需求。

如图 6-14 所示为一种模块化的机械臂。该设计的典型特点是将驱动、控制及传动集成在一个模块中,并对相应的机电接口进行标准化设计,一方面实现了模块的独立开发与调试,提高模块的性能与可靠性;另一方面,可以通过模块的灵活配置,实现多种构型的机械臂。

1) 模块化基本特征

模块是指一组具有同一功能的连接要素,但有不同用途(或功能)和结构,能够互换各个单元。模块是组成模块化系统的基本单元,一个模块可以由一个零件组成,也可能是一个组件或部件。产品应分成几个模块或者模块中应包括哪些零件是在模块化设计中首先要解决的问题。要成为模块必须具备四个条件:

① 具有独立的功能。每一模块都具有自己特定的功能,该功能是总功能中的一个组成部分,这种功能可以单独进行调试。

② 具有连接要素。每一模块与其他模块组合后体现总功能要求,但这种组合不是简单的叠加而是通过一定的连接形式来进行组合,为使每一模块的连接形式可以通用,这种连接形式应是标准化的。

图 6-14 一种模块化机械臂

③ 具有互换性。模块之间应是可以互换的,这样才能便于各模块之间的组合,以得到不同功能的要求。连接要素的互换性是模块互换性的组成部分,而更主要的是不同功能模块组合后仍可满足原定的需要。例如,车床的模块系统,其他模块不动,把尾架顶针模块用带有钻头的钻削模块代替,那么,车床就增加了钻削功能并保持原有功能。

④ 模块是一组有不同用途、不同结构的基本单元。这里需要特别强调的是模块是一组而不是单一的,因为只有是一组不同用途、不同结构的基本单元才可以有选择地经不同的组合后达到不同的功能要求,以适应不同的需要。若是单一的,就没有选择余地,那么组合后的功能也就不可能有所区别。这些基本单元就是模块。模块不应是大小上的区别,而应是用途和结构上的区别。

2) 模块的接口

模块的接口如图 6-15 所示。模块的接口是模块的重要特性,也是模块设计的重要组成部分。由于模块的互换性是系统互换而不是单件互换,某一模块与另一模块相互的联系,实际上是某一分系统与分系统之间的关系,除了相关的联系尺寸、形状和接口表面的具体要求之外,还应包括其他重要的参数。模块的接口不仅是单纯地把它看作是连接处的相关因素,更主要的是涉及内部特征参数的相互匹配,特别是对机电一体化的产品来说尤为重要。例如,两个不同模块上的气缸,其工作压力均应相同(除特殊要求)。若其工作压力不同,其中又没有任何其他调压装置,那么就无法使这两个气缸构成所说的逻辑关系。再如,在机械系统中两个零件装配后的间隙等各方面均需满足要求,但由于两零件表面硬度的不一致而使其中某一零件过早磨损,进而会影响到整个产品的寿命。

具体而言,模块的接口应包括以下内容:

① 相互连接的模块界面

这里所指的界面包括了接触面的形状、大小、方向、位置以及相关的连接尺寸,界面的表面特性也是很重要的部分,如各类仪器中的接插件规格、机床床身的燕尾导轨、方形平导轨等。在管系、管路系统之间的连接是否采用法兰等均是界面问题。为了能使各种不

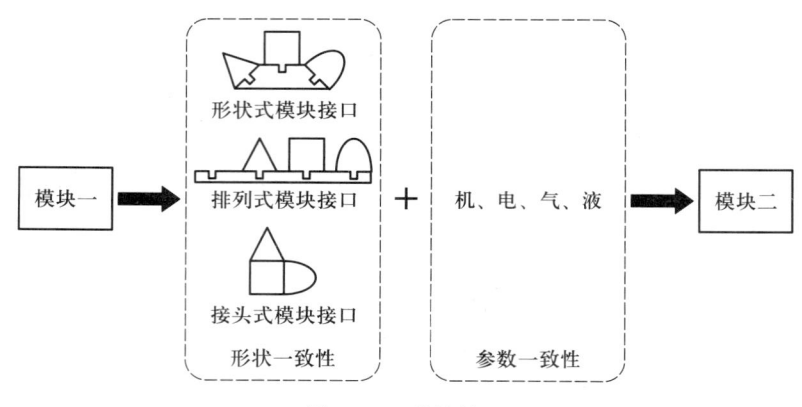

图 6-15 模块接口

同性能的模块均能任意组合,就需要使界面标准化,在模块设计时,根据不同的要求予以选择。尽管模块可看作是系统,但在接口界面处完全可以将现有工艺结构的有关标准或以某些标准件作为依据用到模块化设计中来。

② 模块连接时特性参数的一致性

两个模块连接是系统中的一个组成部分,每一系统中模块均可构成一种回路,有些模块是逻辑关系,但也有一些模块是物理关系或数学关系。要使这些关系能充分发挥作用,其间必然存在着许多相互匹配的关联,这些关联即参数的一致性。

模块化接口形状一致性匹配主要有如下几种形式:

① 形状式模块,即任意两个零件的连接接口的形状不同。形状式模块是最为常见的模块架构形式,这是因为不同模块具有不同功能和原理,不同模块不能共用接口,例如,汽车的收音机与 DVD 播放器不可以互换插口。

② 排列式模块,即模块可以安装在通用的接口或者"总线"上,从而可以简单地进行互换。例如电子产品中普遍应用的主板就属于此类架构。

③ 接头式模块,即所有模块的连接接口都是通用的,但两个模块并不接触而是通过另一个连接件的接口连接,例如管道系统。

(3) 模块化的几种策略

大规模定制产品设计和制造有四种模块化策略:

① 零件共享模块化,即一系列相似产品都包含相同零部件。例如:某一品牌不同型号的手机都配置相同的充电器、连接线和接口。这样可以借助制造规模效应降低成本。

② 零件交换模块化,即通过更换一个零件或部件来得到系列产品。例如:消费者购买了某一型号汽车时,可以挑选不同的配置使各自的汽车互不相同。需要注意的是,这种模式下,模块必须在总装前选定。

③ 定制模块化,即在一定范围内调整零件的参数和特征以得到系列产品。最典型的例子就是服装定制,在选定的服装式样基础上,根据用户身材调整服装的局部尺寸从而更好地满足用户穿着需求。另一个例子是假肢定制,在选定的假肢样板(如腿部、脚、手臂、手等)基础上,根据病人身材和体重等条件调整假肢尺寸(如长度),进行定制化生产。

④ 平台模块化,即产品由装配在同一基础构件上的许多模块组成,与上面所说的排列式模块类似。例如,汽车厂商常常选用相同的车架来设计不同的汽车(车架是汽车上各部件的安装基础,通常由纵梁和横梁组成,连接汽车的各零部件,承受来自车内外的各种载荷)。这是因为制造车架的工艺装备需要大量投资,同时制造商每年都要推出很多新车型,如果每个新车型都采用不同车架,制造成本太高;通过基于车架的模块化策略,既能有效控制成本又能实现车型多样化。

在模块化的产品结构中,模块、零件与产品功能是一对一的关系。这样对于某个模块、零件的更改和某个产品功能的改善不会造成其他模块、零件和功能的调整。由于模块相对独立,各模块就可以独立并行研发了,因此模块化架构有利于缩短产品研发周期,也就使得产品升级改进变得容易很多。由于模块的独立性、标准化、通用化和互换性,可以通过不同的模块组合来满足用户多样化、个性化的产品需求。产品陈旧了,也可以更换磨损或报废的模块;产品使用寿命结束后,还可回收标准化模块用于再制造。

表 6-3 对比了集成化与模块化架构特点,读者可以结合具体案例展开对比分析。

表 6-3　集成化与模块化架构对比

架构类型	集成化架构	模块化架构
特点	一个零件具有多种功能;同一个功能可有多个零件实现 零件数目和种类少; 零件非标准化,特征较复杂	模块相对独立; 模块采用标准化接口设计,具有通用性,易于互换
优势	产品结构紧凑、轻量化、装配简化	模块可以独立并行研发; 通过模块不同组合实现多样化产品; 模块易于更换,产品易于维修维护升级
缺点	结构与功能关系复杂,不利于设计、改进和升级; 专用件复杂性较高,制造成本高; 产品可服务性差,维修维护成本高	模块数量增多,增加系统复杂性 小型产品或低端产品成本会增加
适用情况	小批量定制化或单件产品; 有较严苛的重量、空间或者成本约束的产品	大批量定制或个性化产品 系列化产品

需要说明的是,集成化与模块化并不是互斥的两种产品架构。随着设计与制造技术的进步,产品模块化与集成化往往是同步发展的。一方面通过将可进行独立设计的组件模块化,实现并行开发,缩短开发周期;另一方面基于集成化思想,优化构件(零件与模块)组合形式,以满足质量、空间、成本等约束(如轻量化、微型化、低成本化)的目的,进而形成提供多种功能的新模块,也就是集成模块。

3. 产品架构设计的一般过程

架构设计需要定义构成产品的基本元素以及确定各元素的组合细节。乌尔里克(Ulrich)与埃平格(Eppinger)提出了产品架构设计四步流程(如图 6-16 产品架构设计的一般流程图所示):

(1) 创建产品原理图

原理图用于明确和描述构成产品的基本元素,包括功能元素和物理元素。功能元素是指产品设计任务书要求所要实现的功能。物理元素指的是为实现功能所需的技术或物理构件(零件、标准件以及专用件等)。原理图中往往同时包括功能元素和物理元素,这主要是因为此时设计团队还没有确定实现某些功能的物理构件形式。同时,原理图还应包括元素之间的相关关系,例如元素之间的空间、能量、物质、信号传递关系。其中,空间关系描述了组件的物理接触关系,其工程描述包括几何配合、表面粗糙度和公差等;能量关系通常是指组件间能量类型转换或者传递,包括根据功能要求设计的能量传递(如电流从电源传输到电机)以及根据物理定律不可避免的能量传递(如电机转子与外壳间因接触产生的热量传递);信息流关系常常是控制产品运行的信号或反馈信号;物料是指组件间物质的传递(如液压系统中,液压油在泵、阀、管、箱间的传递)。例如电子产品的电源接头实现能量传递功能、各种信号接口(USB 插口)支持信息流关系。

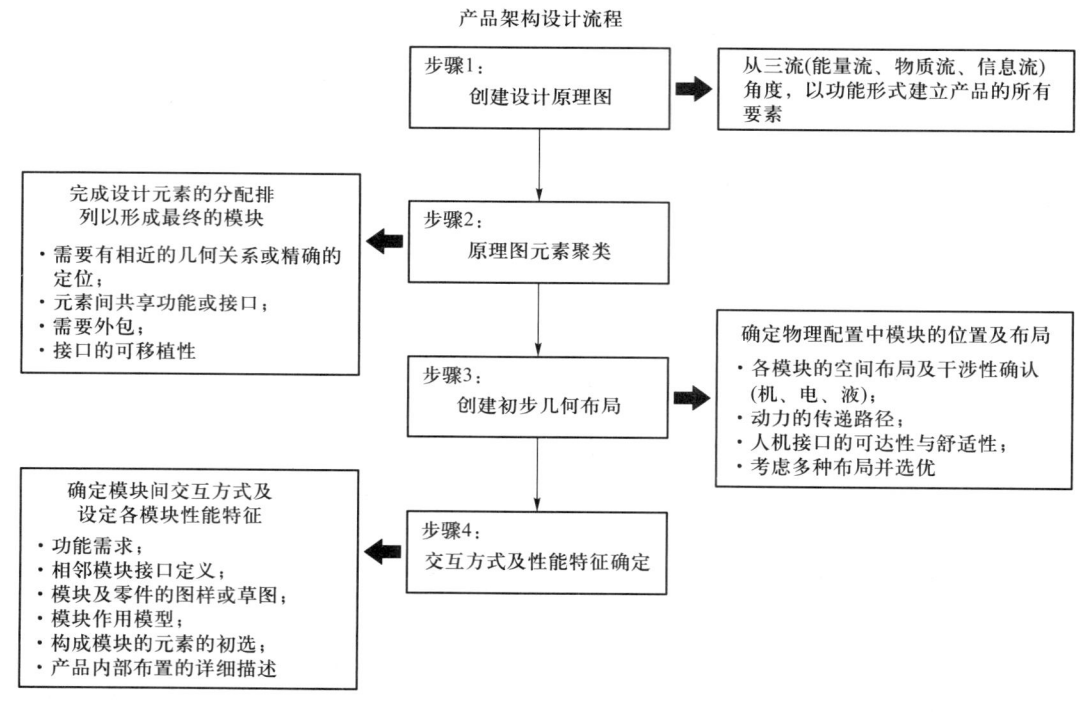

图 6-16 产品架构设计的一般流程图

虽然原理图是根据产品功能结构建立的,但并不是唯一的。原理图选择方案越多,获得好的产品设计方案的机会就越大。原理方案求解是从抽象的功能描述到物理实体转化的第一步,也是实体设计阶段最具创造性和挑战性的设计工作。

（2）元素聚类

原理图元素聚类是为了完成设计元素分配排列以形成相应的"组"（模块）。元素聚类的依据是元素之间的相关性，可以通过以下几个方面来衡量：

1）功能相关性　结构是功能的载体，因此结构很大程度上是产品所要实现的功能来决定的。如果多个物理元素实现同一个或几个相关性高的功能，则这些物理元素可归到一起；如果多个功能元素可以由同一个物理构件来实现，则这些功能元素可以归到一起。前一种情况是模块化，后一种情况则是集成化。

2）结构相关性　如果元素具有紧密的几何关系或精确的装配定位，则将它们归为一组，有利于设计实现这种结构关系。

3）设计或制造技术相似性　如果多个功能元素能采用相同的设计或制造技术来实现，那么基于经济性考虑，可以将这些元素归为一组件。比如，一个常用的策略是把所有涉及电子电路技术的功能元素聚为一个组，然后通过一块电路板来实现这些功能。

4）设计变动　如果某些设计元素预期会发生较多的变动，则可将其归为独立的一组。这样的话，这些设计元素变动不会或较少地影响其他组件的设计工作。

5）多样性　产品多样性是为了满足顾客不同需求。如果某些元素有多样化要求，则应归于特定组件。例如，对于电器产品来说，为了适应各地不同电压和插座标准，就需要把"电源"功能或物理元素聚类为一个独立的组块，不同电力标准对应不同结构设计方案。

6）标准化　如果一些元素在其他产品中也有，则可以聚类为一组。这样的话，有利于实现标准化设计，使得一些模块、零部件可在多个产品通用，通过规模化生产降低成本。

7）交互关系与接口形式　元素之间的关系是通过接口来实现的。如果几个元素之间物质流关系密切且物质流回路相对独立，或者几个构件可共享一个接口，可归于同一组。例如，具有液体传输或紧密机械力学关系的元素，由于接口形式具有较强几何约束，应尽量归在统一组中；又例如，对于只具有信号传递关系的元素来说，由于信号接口（如线缆、蓝牙、无线）在几何布局上的灵活性，则可以将具有相同接口形式元素归为一组。在元素聚类时，并不一定能明确接口的设计细节，但是设计者需要大致地判断接口形式。

（3）初步的几何布局设计

几何布局是指确定前一步中生成的"组"（模块）在规定几何边界内（如产品总体尺寸范围内）的位置。首先，在布局图中所有的"组件"（已初步定义尺寸的）需要适合于最终设计的范围。其次，布局要求设计人员研究"组件"是否有几何学、运动学、热力学、电子学等方面的冲突，也就说工程中常说的"干涉"。最后，有时即使尝试了多种选择，可能也得不到可行的几何布局，这就需要返回到上一步，调整元素聚类，生成新的组合方案，直到得到可接受的布局为止。

（4）交互关系分析

通常，一个较为复杂产品都会有多个团队或人员来合作完成设计，一个团队或人员负责一个或几个不同的"组块"。那么，"组块"之间的交互关系对各团队或人员之间的合理分工合作以及整个开发过程管理有至关重要的作用，因此在架构设计阶段就需要明确这些关系。

"组块"及设计元素间的相互作用包括基本关系和附带关系。其中，基本关系是指根据功能要求,在原理图中明确表示出来的关系,可以通过空间、能量、信息和物料关系这四类关系来描述。附带关系是指由于采用了某些物理构件或特定几何布局所产生关系。比如,驱动器振动造成执行器某个方向运动精度影响;电气件通电发热造成结构件变形。这些关系可能是产品设计中具有挑战性的问题,往往要求不同设计团队合作来解决。同时,组件交互关系对接下来设计活动的组织管理工作有很好的指导作用。有重要交互关系的"组块"设计工作应交付具有较好协作基础和沟通能力的团队来完成,反之有较少交互关系的"组块"设计工作则可交付较少协作关系的团队来完成。

4. 架构设计案例——汽车控制臂前衬套压机的架构设计

为帮助读者更好地理解架构设计,这里结合汽车悬架控制臂前衬套压装机的架构设计来具体说明产品架构设计的基本过程。汽车悬架控制臂是汽车悬架系统的组成部分,车轮和车身是通过其上的球铰和衬套实现导向和传力的功能。图 6-17 所示是一种汽车型号的控制臂与前衬套的压装工艺(图中控制臂架隐去部分结构)。衬套是类工字形的具有宽度 L_2 的柱状零件,其外侧以及两侧挡边均为橡胶材料,需要沿图 6-17a 中所示的压入方向压入控制臂架 1 相应的圆柱孔内。由于衬套的两侧挡边为橡胶材料,且其直径大于控制臂架圆柱孔直径,为了实现如图 6-17c 最终的压装效果,实际压装时需要首先沿压装方向过压 L_3 距离(L_3 一般为 1.5 倍挡边宽度 L_2),确保左侧挡边的完全翻出,然后再沿图 6-17b 中所示的整形方向进行整形,最终达到衬套与控制臂架的装配。同时,在压装以及整形过程中,需要对力以及位置进行控制,以判断压装性能是否满足要求,如不满足,则需要沿整形方向反压,取出衬套,并进行标识。

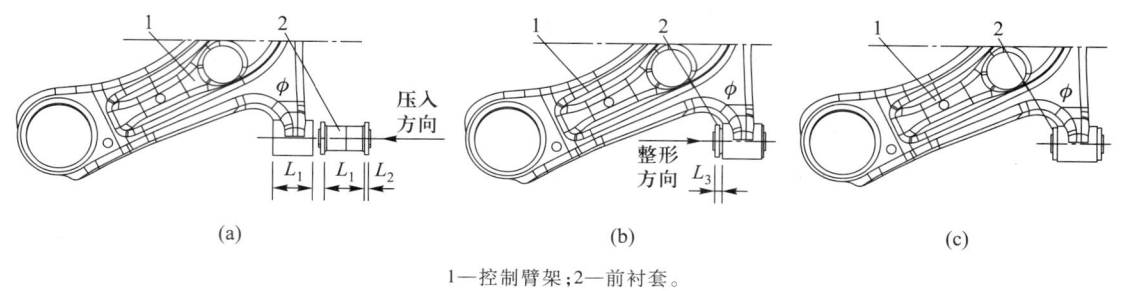

1—控制臂架;2—前衬套。
图 6-17 控制臂前衬套压装

图 6-18 所示为控制臂压装系统的功能分析图。概念设计阶段首先通过系统分析压装的技术要求、技术约束,通过黑箱法对系统的输入/输出进行初步分析;基于控制臂架、衬套、润滑油三种物料状态分析,依次建立相应的功能模块,创建功能原理图。

基于功能原理图,根据功能相关性、结构相关性、能量流关系和接口类型对原理图中的设计元素进行了聚类:

1)其中[**调整臂架位置**]、[**固定臂架**]以及[**释放控制臂组件**]根据功能相关性,归类为控制臂定位夹紧模块;

2)[**压入衬套**]、[**衬套整形**]由于运动轴线一致,根据设计或制造技术相似性判断,初步归为同一模块,即衬套压入整形模块。因[**调整衬套位置**]可以通过结构共享原理实

6.2 机器结构布局与架构设计

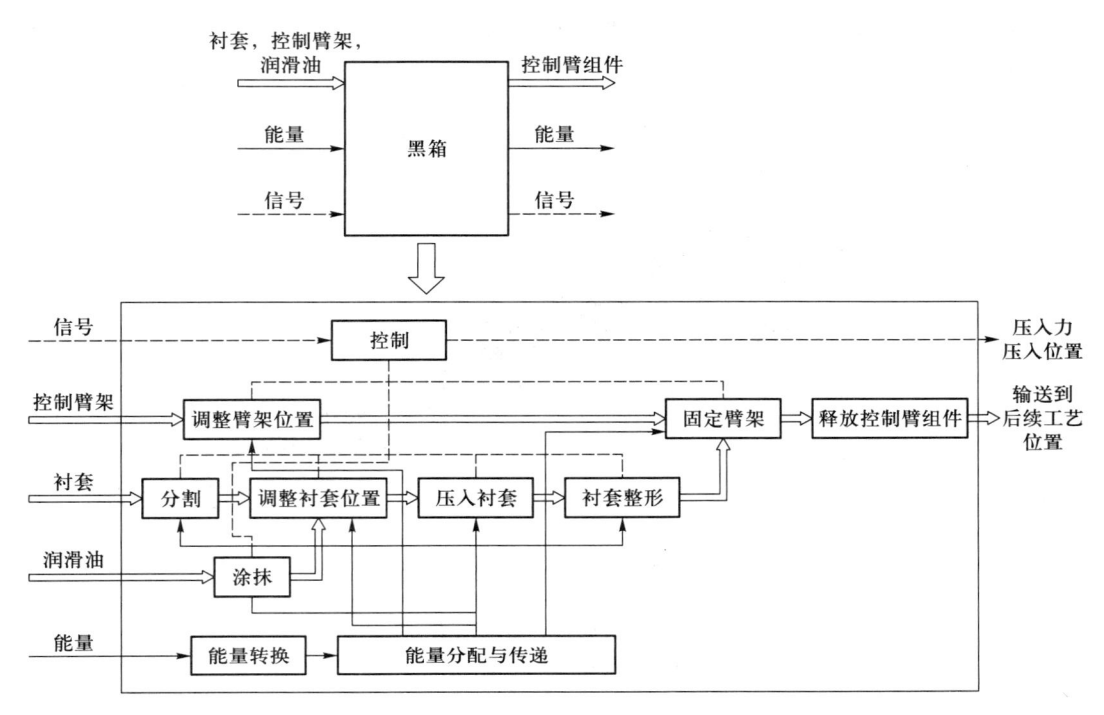

图 6-18 控制臂压装系统的功能分析图

现,可以归入同一模块。

3) 为了防止衬套压入过程中摩擦力过大,控制臂架的孔边对衬套表面造成损伤,在衬套压入前需要在衬套的表面涂抹润滑油。根据功能分析,涂抹需要在[**压入衬套**]之前,即在[**分割**]和[**调整衬套位置**]两个过程均可以。由于[**分割**]和[**涂抹**]均可以通过衬套滚动实现,根据功能相关性,将[**分割**]和[**涂抹**]归类为衬套上料抹油模块。

由此形成了如图 6-19 所示的 3 个"基本模块",即控制臂定位夹紧模块、衬套上料抹油模块以及衬套压入整形模块。

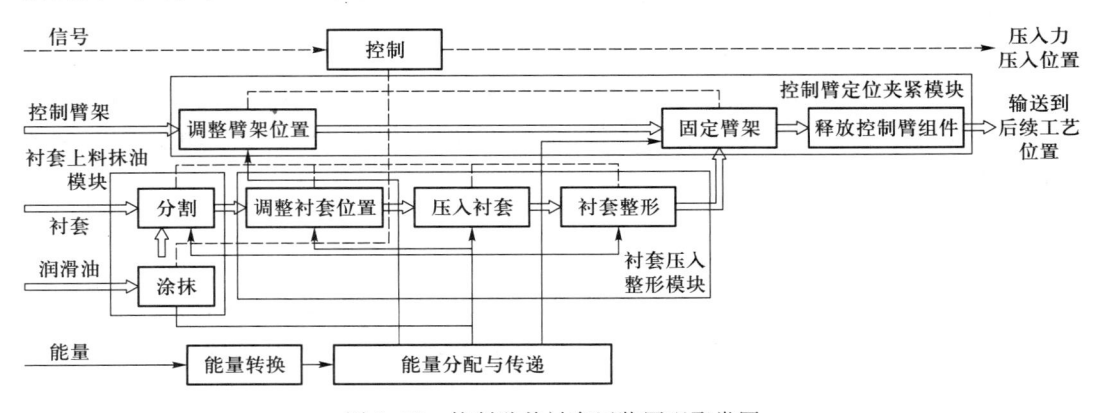

图 6-19 控制臂前衬套压装原理聚类图

图 6-20 所示为基于功能聚类模块划分的架构设计图。具体设计特点以及工作原理可以结合原理图展开分析。

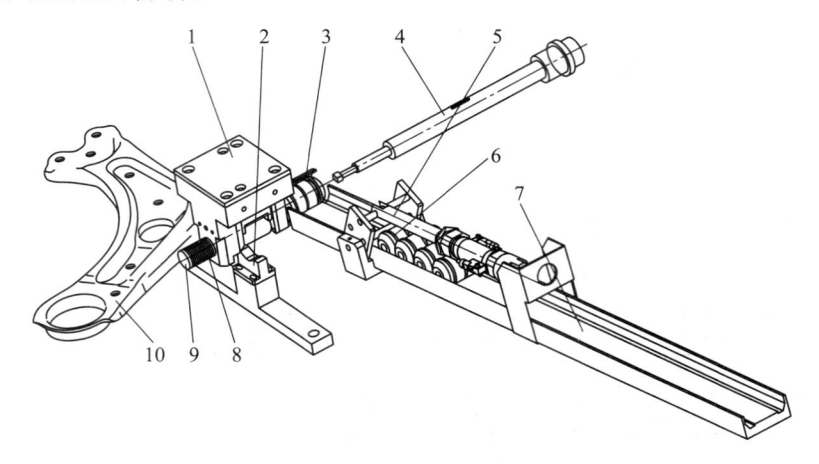

1—控制臂架上定位器；2—控制臂架下定位夹紧器；3—衬套预定位器；4—压装杆；
5—衬套上料模块；6—衬套；7—导向槽；8—弹簧；9—整形器；10—控制臂架。
图 6-20　控制臂前衬套压装机架构设计图

6.3　零部件结构设计

机械结构是机械功能的载体，机械结构设计的任务是依据所确定的功能原理方案设计出实体结构。该结构能体现出所要求的功能，用结构设计图样表示。结构图应表示出结构件的形状、尺寸及所用的材料，同时还必须考虑加工工艺、强度、刚度、精度、寿命、可靠性及零件间的相互关系，有关造型设计及人机工程等问题也应在这一阶段解决。零件是最终加工制造的单元，也是承载的最小单元。因此，机器能否完成设计所确定的功能，在很大程度上依赖于零件结构设计的结果。如何确定合理的零件结构是机器结构设计的本质，设计者应加以足够的重视。

零件的结构性能依赖于零件材料的特性、形状与尺寸特性以及制造与装配过程。图 6-21 给出了零件结构设计的相关要素及功能需求，设计者可以根据基本功能需求，从图中相关要素展开设计思考。

1. 结构设计功能要求

组成机器的所有零件都具有相应的功能。机械设计师要对使用要求作充分的分析和领会，考虑所设计的结构是否能够满足使用者要求的功能。典型的功能包括：

1）承受载荷；
2）传递运动和力；
3）保持与其他零件或部件的相对位置或运动关系；

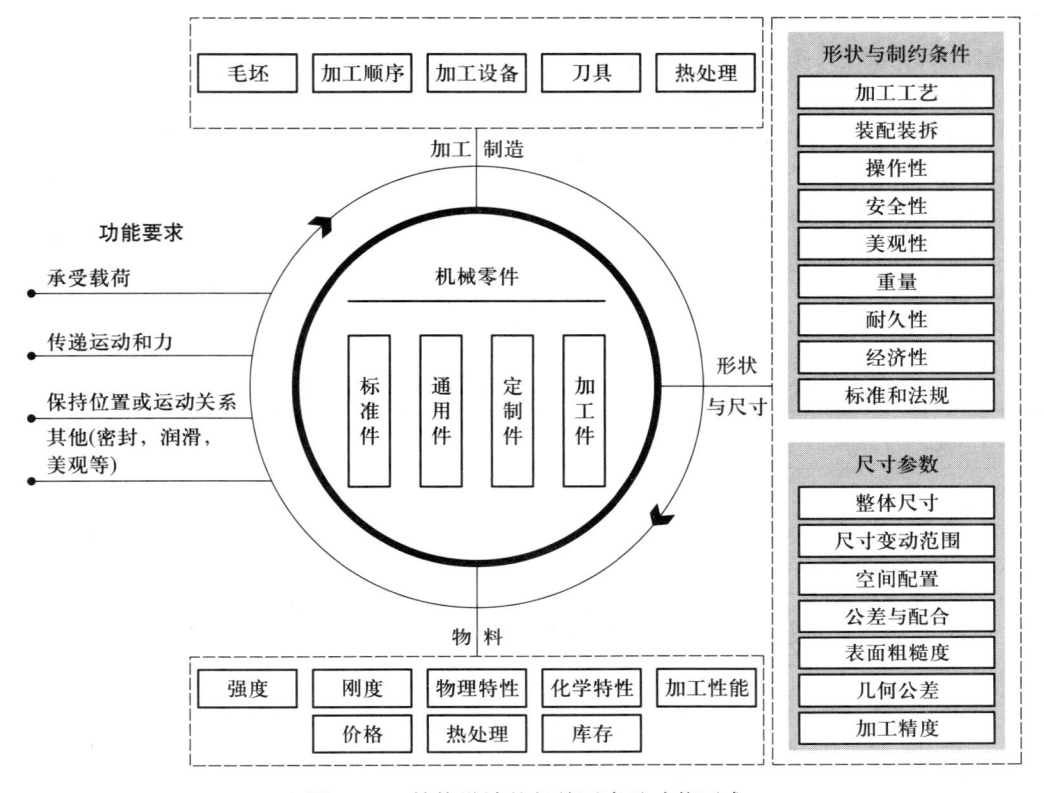

图 6-21 结构设计的相关要素及功能要求

4）其他的功能,如密封、润滑、美观等。

零件在设计寿命周期和工作条件下不能完成设计的功能,即为失效。为避免在设计期限内失效,设计者应充分分析功能要求,对功能约束、技术约束、技术系统内外部环境约束、法律法规、标准规范、可利用资源等进行静态以及动态分析,建立合适的设计、校核及维护准则,确保机器可靠安全运行。典型的设计准则包括强度准则、刚度准则、寿命准则、可靠性准则、振动稳定性准则、热平衡准则、耐磨性准则、压杆稳定性准则等。设计者应根据具体情况,选择合适的准则加以灵活运用,同时应考虑工作条件的动态变化对性能的影响,考虑零部件最不利的工作情况,包括载荷、温度、环境、磨损、排放,甚至交互对象等的变化,提高系统的可靠性。

2. 结构设计要素

（1）形状与尺寸

为了实现功能,需要按照具体的形状设计制作零件与结构。结构设计最大的特征就是确定零部件及机器的结构形状。因此,确定形状是零件结构设计最本质的内容,设计者必须很好地把握形状特征,以设计出实现功能的形状,并确定其尺寸。

从形状本体来分类,有块、棒、板类及其组合,从结构成形来分类,有截面拉伸型、旋转型、扫掠型等;从局部结构特征来分类,有光孔、盲孔、镗孔、螺纹孔、销孔、键槽、端面密封槽、越程槽、导向槽、倒角、倒圆等;从典型零件分类角度来分类,有轴套类、盘类、杆类、梁类、箱体、机架类等。确定形状时,必须考虑加工工艺、装配拆卸、操作性、安全性、重量、美观性等制约要素,同时考虑耐久性、经济学、标准法规等综合影响,尽可能使得零件的外形简单、结构合理,具有良好的结构工艺性,在既定生产条件下易于加工和装配。

1)加工与形状

表 6-4 给出典型加工工艺可制造的形状。每种加工工艺有其自身的特点与加工能力,也有各自的适应范围,设计时应关注加工工艺对形状的制约,避免纸上设计,实则无法加工的情况。

表 6-4 典型加工工艺可制造的形状

加工工艺	可加工图例	不易加工图例
车削		细长形
镗孔		长内孔部件
铣削		尖锐内角　角形孔
钻削	热收缩引起的变形	深孔　有长段部位
焊接		因焊接产生热变形,需要二次加工才能达到较高精度要求
放电加工		仅限于金属等导电材料,无法加工非导电材料
线切割		无法加工非贯通形状及非导电材料

2) 可装配、可拆解性

表 6-5 给出了可装配性、可拆卸性的典型形状设计案例。设计时应充分考虑零部件的装配、拆卸顺序及工艺,确保具有良好的装配及维护特性。

表 6-5 可装配性、可拆解性的典型形状设计案例

良好的装配拆解特性	不好或无法实现的设计

3) 操作性与形状

表 6-6 给出了可操作性制约形状设计的案例。设计应考虑使用、维修等相关人员的操作需求,具有良好的人机交互特性。

表 6-6 可操作性制约形状设计案例

条件	形状设计案例
便于手操作	易操作的空间　　易操作的大小　　易操作的配置
便于把持	制作用手能把持的边　　安上把手
便于观测	设定易观测高度　　制作窥视孔　　安放在易观测位置
不易于引起误操作	把手方向　　开关方向

（2）物料特性

综合考虑零件材料特性，尽量采用标准化的零部件以取代需要加工的零部件；采用廉价材料代替贵重材料；采用轻型结构以减少零件的用料；采用少余量或无余量的毛坯或简化零件结构，以减少加工工时；采用装配工艺性良好的结构以减少装配工序和工时等。如图 6-22 所示的铸铁悬臂支架结构，图 6-22a 所示结构结构工艺性差；图 6-22b 所示结构虽强度较高，但未采用等强度设计，浪费材料；图 6-22c 采用等强度设计，且综合考虑了铸铁的材料特性。

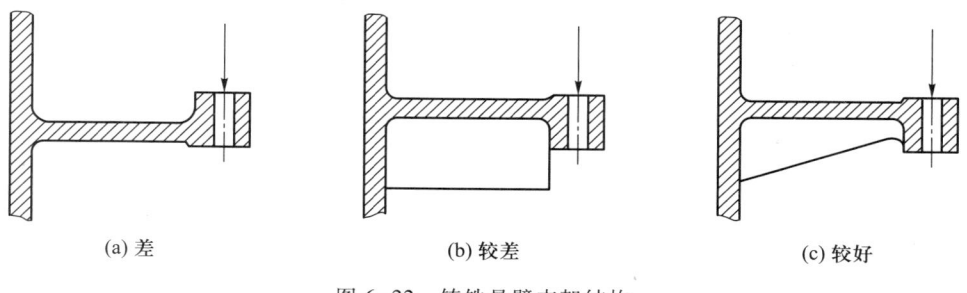

(a) 差　　(b) 较差　　(c) 较好

图 6-22 铸铁悬臂支架结构

（3）加工制造

可制造性是从产品的生产角度对结构设计提出的要求或限制条件。其核心内容是讨论结构的制造可行性和方便性，即结构应当有利于保证产品的质量，有利于提高劳动生产率，有利于降低产品的生产成本。相反，设计中应尽量避免那些不可制造或虽可制造，但废品率高、生产费用高、生产率较低的结构。

产品的生产过程大体上可分为以下几个主要阶段：毛坯制造、切削加工、测量、热处理和装配等。按照生产方式，机械制造工艺可分为铸造、焊接、压力加工、车、铣、刨、磨、钻、镗等。每个生产阶段和每种生产方式都具有其自身特点。

零件的结构工艺性不仅与毛坯制造、机械加工和装配要求有关，还与制造零件的原材料、生产批量和生产设备条件有关。零件的结构设计对零件的结构工艺性具有决定性的影响，对此要予以足够的重视。如图 6-23 所示为一种盘状零件的两种结构设计的方案，图 6-23a 的凸缘不便于加工；图 6-23b 可以先加工成整圆，再进行切削，具有较好的机加工性能。

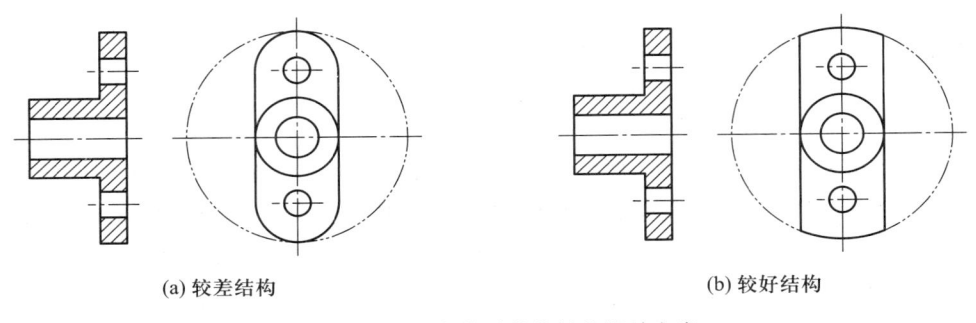

(a) 较差结构　　　　　　　　(b) 较好结构

图 6-23　一种盘状零件的结构设计方案

零件的毛坯可由铸造、锻造、冲压、焊接或直接选用型材等方式获得。毛坯选择主要可从零件的功能要求、材料价格、制造费用以及加工性能等方面考虑。毛坯的制造费用主要与生产方式和生产规模有关。单件、小批量生产时，由于考虑模样、模具的费用相对较高，一般不宜采用铸造、模锻或冲压等成形方式制作毛坯，而应采用焊接、自由锻造或直接选用型材等方式获得；相反，对于大规模生产方式，则往往采用铸造、模锻或冲压方式等制作毛坯。这不但可以大大提高劳动生产率，而且其模样、模具所占费用还可能相对较低。

图 6-24 所示的直角支架，根据产量及性能需求不同，可以采用不同的毛坯结构。小批量且精度要求不高时，可以采用图 6-24a 所示的钣金结构，成本较低；小批量，但精度要求较高时，则可以采用图 6-24b 所示的机加工结构；小批量，但对强度要求较高时，可以采用图 6-24c 所示的焊接结构；大批量，且综合性能要求较高，可以采用图 6-24d 所示的铸造或者锻造结构，并对重要结构元素进行精加工。

一般认为，铸造成型方式适宜制作形状较复杂的毛坯，但铸件组织比较疏松，其品质远不如锻件好。通常零件的截面尺寸是由承载能力要求决定的。并且，在满足承载能力的前提下，为了节省材料和获取轻巧的零件，总是尽可能选择较小的截面尺寸。对于铸造毛坯来说，在确定其最小壁厚时，还必须考虑到材料的铸造性能。譬如铸钢，由于其流动性较差，铸件的壁厚就不宜过小。具体有关各种加工工艺及其相关结构设计注意事项，请

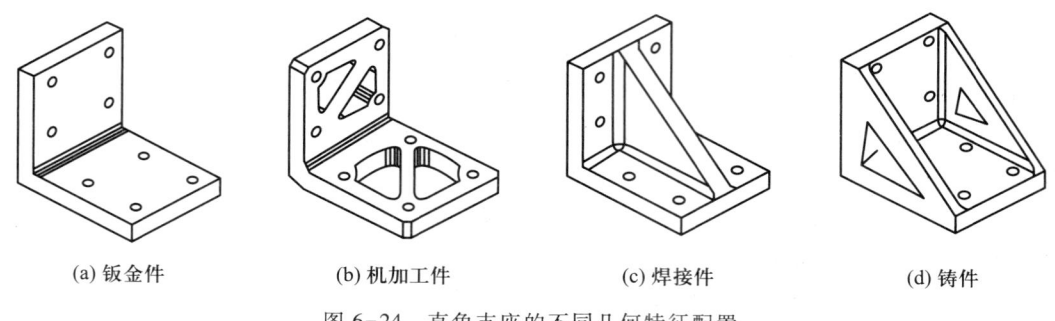

(a) 钣金件　　　　(b) 机加工件　　　　(c) 焊接件　　　　(d) 铸件

图 6-24　直角支座的不同几何特征配置

读者自行参阅相关专业书籍。

3. 结构设计基本原则

在结构设计中常应用下述各项原则。

（1）力与变形原则

1）传力简捷原则

图 6-25 表示相同材料、相同厚度、不同结构形式零件,在传递相同力 F 时,其尺寸的对比情况。图 6-25a 传力最直接,力流路径最短,所用材料最少;图 6-25b、c 的力流路径较长,所用材料较多。因此,要想零件使用较少材料和具有较小的工作变形,则:

① 最好使零件处于单纯受拉或受压工作状态,尽量不使其受弯曲或扭转。

② 应使零件处于简单应力状态,避免复合应力状态。

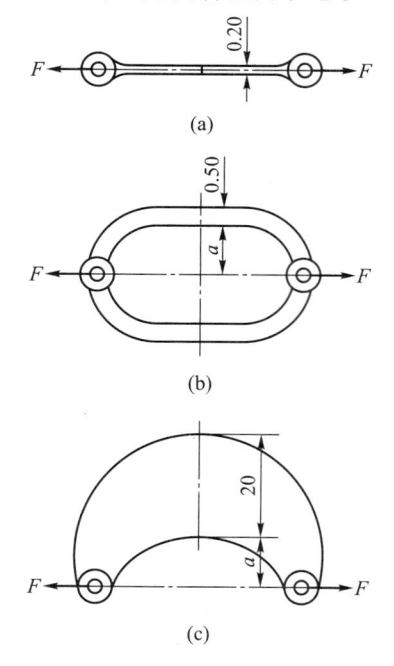

图 6-25　力流对零件强度的影响

2) 力流平缓原则

为了减缓应力集中影响,可在零件适当的地方设置卸载结构。譬如在图 6-26 中,图 6-26a 表示在截面变化处应力发生急剧变化,图 6-26b 则表示利用切环槽方法,改变主要应力集中源处的力流变化,使力流趋于平缓,应力集中减小。

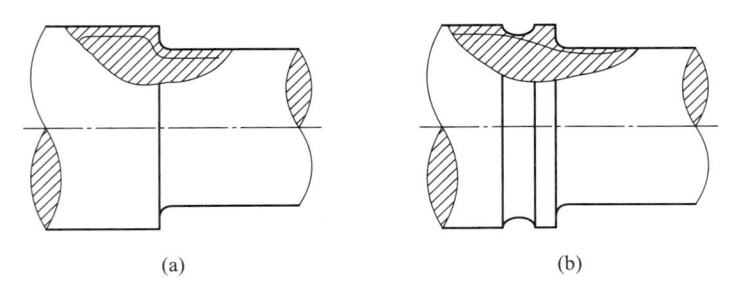

图 6-26　用切环槽方法改善力流特性

3) 变形协调原则

在结构设计中,应尽可能使相互作用的两个相关零件变形方向或变形性质一致,以避免或减少应力(或载荷)集中。如图 6-27a 所示,当轴、毂以过盈配合连接方式传递转矩时,因轴、毂工作变形的方向相反,力流变化急剧,A 处应力集中严重;而图 6-27b 由于结构上的改进,使轴、毂工作变形方向协调一致,力流变化趋缓,应力集中减轻。类似的应用还有悬置螺母,它是通过使螺母与螺杆旋合部分采用相同的拉伸变形性质,来改善旋合螺纹牙间的载荷分布不均情况的。

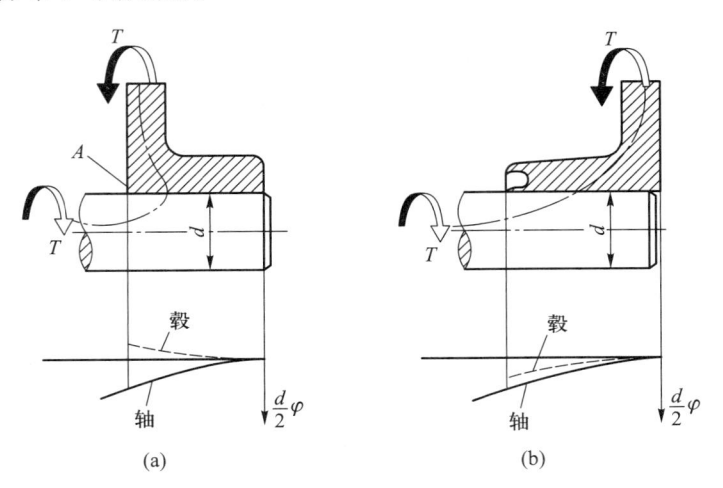

图 6-27　变形协调与应力集中

4) 等强度原则

等强度原则是通过适当选择材料或零件结构(形状、尺寸)的方法,尽可能做到均衡地利用材料的一种设计原则。例如标准螺栓连接,其螺母高度、螺栓头高度等与螺栓直径的关系就是按等强度原则设计的。如图 6-28 所示,可以将一个悬臂结构按近似等强度原则进行构形。

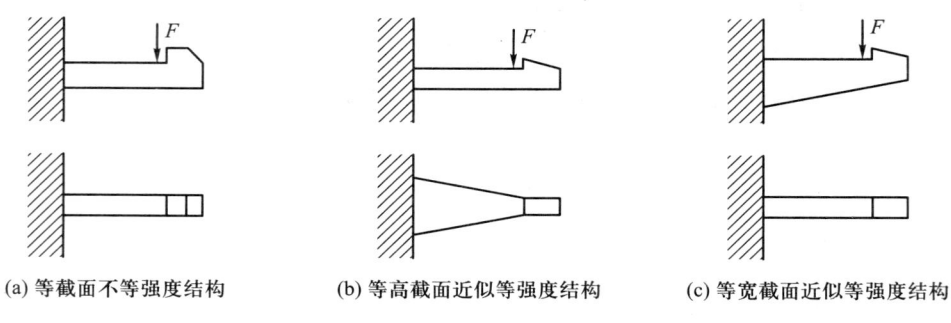

(a) 等截面不等强度结构　　(b) 等高截面近似等强度结构　　(c) 等宽截面近似等强度结构

图 6-28　变形协调与应力集中

5) 力补偿原则

机器设计中,往往为了实现某种功能而带来一些附加的力效应,例如斜齿轮的轴向推力、惯性力等。按照传力简捷的原则,为使附加力限制在较少零件范围或零件的局部区域内,在结构设计中可采用力补偿原则进行处理,如图 6-29 所示。

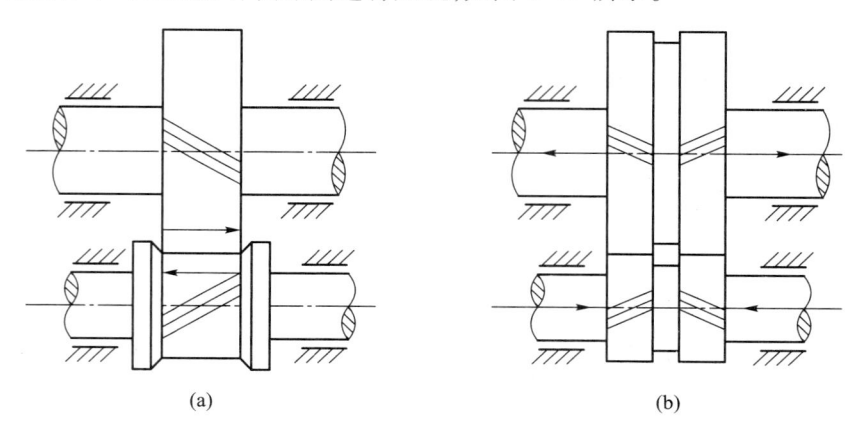

(a)　　(b)

图 6-29　力补偿原则的应用

6) 材料物性原则

材料物性原则是指在设计中处理结构的受力、变形问题时,应当考虑材料的受力、变形特点。譬如铸铁等脆性材料,其抗压强度较高,而抗拉及抗弯能力较差。所以,如图 6-30,当支架材料选择铸铁时,图 6-30a 的结构比图 6-30b 的结构受力合理。相反,当选择钢材料时,考虑到纵向弯曲因素,则图 6-30b 的结构比图 6-30a 的结构受力合理。其次,由于铸铁在受力时(直至破坏前)其变形很小,因此试图利用铸铁零件的变形达到"锁紧"的构形是不合理的,如图 6-31b 所示。

(2) 任务分配原则

任务分配原则强调将一个总功能分解为若干基本功能,为每个基本功能配置一个相应的功能载体,用多个分功能来实现总功能,以满足产品多方面的要求。这样,不仅可以充分利用每种材料或结构元素在某一方面突出的优点来达到提高产品性能的目的,也可以改善制作和安装的工艺性,从而使生产变得简单且可实现并行操作。成功运用该原则的设计实例有很多。以 V 带为例,人们用柔软而抗拉强度较高的线绳等材料制作受拉的承载层,用弹性较好的橡胶制作易变形的伸长或压缩层,用耐磨性较好的挂胶帆布制作包布层,从而较好地满足了对 V 带强度、变形和耐磨性等多方面的要求。

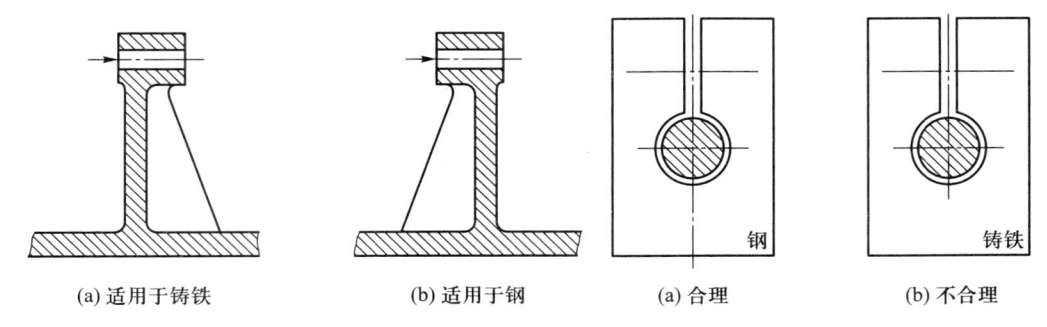

(a) 适用于铸铁　　(b) 适用于钢　　　　(a) 合理　　　　(b) 不合理

图 6-30　受力与材料的关系　　　　图 6-31　变形与材料的关系

(3) 自助原则

系统元件通过本身结构或相互关系,在工作过程中产生增强功能或避免功能减弱,以及有利于系统安全的措施称为自助,反之则称为自损。设计中应充分利用自助原则,努力使结构趋于合理。自助原则通常又可分为自加强、自补偿和自保护三种原则。

1) 自加强原则

当工作状态下产生的辅助效应与初始效应一致时,结构系统的总效应得到加强,这种现象就叫自加强。如图 6-32a 中压力容器的检查孔盖的结构设计,就是自加强原则的应用,图中 U 为原始作用,H 为辅助作用,G 为合成作用,p 为内压力。当容器工作时,其内部压力 p 使孔盖与容器主体间密封效果得到增强。显然,图 6-32b 则是自削弱的结构。

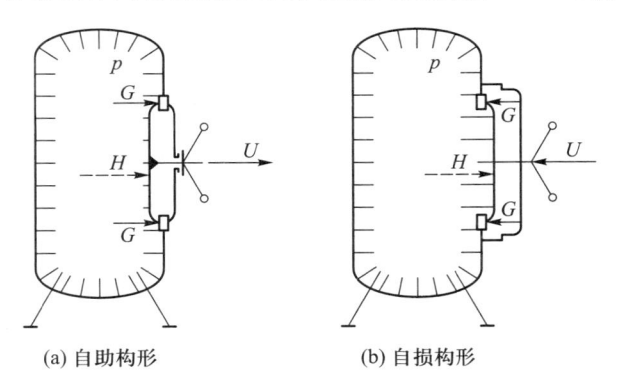

(a) 自助构形　　　　(b) 自损构形

U—初始效应;H—辅助效应;G—总效应;p—内压力。

图 6-32　检查孔盖的配置

2) 自补偿原则

如果工作状态下产生的辅助效应与初始效应可合成为有利的工作状态,则称系统具有自补偿特性,或可有效地避免不利工作状态。在图 6-33a 中,由于相对于工作载荷蒸汽推力 F 的方向,汽轮机叶片作向后倾斜配置,使工作载荷 F 与惯性离心力 F_c 在叶片上产生相反的弯曲效果,于是叶片根部弯曲应力被部分抵消,从而获得总工作应力减小的补偿效果。反之,图 6-33b 中的汽轮机叶片作前倾斜配置,则两种作用效果会使叶片根部的受力增大。

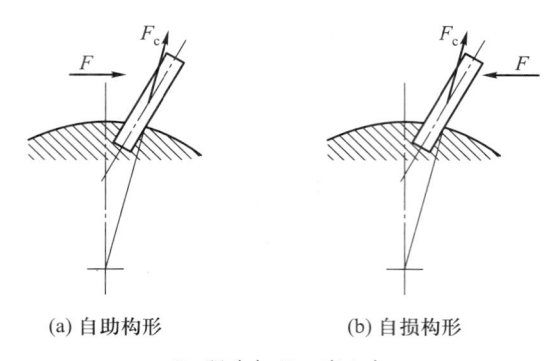

(a) 自助构形 (b) 自损构形

F—驱动力;F_c—离心力。

图 6-33 汽轮机叶片的配置

3) 自保护原则

当工作状态对于系统或其重要功能元件产生不利影响时,能够有效地保护系统或其重要功能元件不受损害的措施就叫自保护。如图 6-34 所示梯形齿牙嵌式离合器,安全联轴器具有的安全销以及摩擦传动中过载时的打滑、流体压力系统中溢流阀的运用等都是自保护原则的应用。

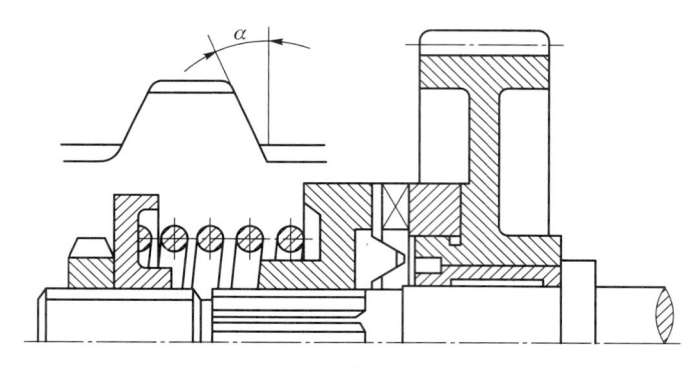

图 6-34 梯形齿牙嵌式离合器

(4) 稳定性原则

系统结构的稳定性是指当出现使系统状态发生改变的同时,会产生一种与干扰作用相反,并使系统恢复稳定的效应。典型的应用案例为平带凸缘式带轮结构的设计,通过设计合理的凸度,保证在平带存在外侧移动趋势的时候,能够具有自纠偏能力。

4. 结构设计一般流程

进行配置设计时,一般遵循以下步骤:

(1) 审查产品设计规范以及元件所属的子装配体的所有要求。

(2) 确定所设计的产品或子装配体的空间约束。大部分空间约束在产品架构中已经确定。除了几何尺寸上的约束之外,还要考虑与产品使用中人员操作、维护、维修或者回收拆卸方式等相关的空间约束,例如人工装拆零部件时需要考虑人手是否"伸得进,够得着,用力顺",工具是否"摆得下,转得开"等。

(3) 建立和完善构件间的接口或者连接方式。

(4) 在开始具体设计工作前,考虑是否可进行结构设计简化,如零件是否可以省略,或者是否可以合并到其他零件中。一般来说,更少数量、复杂度较高零件的产品生产和装配成本要比包含更多数量和种类零件的产品低;考虑是否采用标准件或者标准组件。一般来说,标准件的成本要低于专用件,但是如果一个专用件可以替换多个标准件,那么使用专用件的成本可能就比较低了。

配置指确定专用件的基本形状、总体尺寸、材料与工艺,或是标准件、标准部件/模块的主要性能参数和型号。其中,专用件是在特定生产线上为特定需求而设计加工的零件。标准件是具有通用功能的、按规范制造的零件,例如:螺栓、垫圈、铆钉和工字梁;标准部件/模块是具有通用的功能、按规范制造的装配体或子装配体,例如,电机、水泵和减速器。选用标准件或标准部件/模块可以简化设计工作,有利于加快设计研发过程。

5. 零件结构设计案例

本部分以连杆机构的结构设计为例,对零件的结构设计进行案例分析。平面四杆机构在经过运动设计确定运动尺寸参数后,还需进行组成机构各零部件的结构设计。进行结构设计时,需要从机构的构件、运动副及几何尺寸的合理确定等方面进行分析。运动副的结构设计主要取决于运动副的自由度、与运动副相连接构件的相对运动范围和形式以及运动副中的约束反力。在进行运动副的结构设计时应注意以下要点:保证所需的运动副自由度;保证能简单地装配和拆卸;运动副元素与机构构件可拆和不可拆连接;保证工作可靠,也就是应具有与载荷相应的防止运动副连接脱开的安全装置;根据强度来确定合理的尺寸;要有相称的轴支承部位的长度以防止机构构件的歪斜和倾翻;选择合适的配合和公差,特别是对超静定的运动副的连接;选用合适的材料(耐磨损的、减振的和价廉的材料);选择对运动副元素加工有利的横截面;对长期使用的运动副,其维护应力求简单和次数最少;尽量用封闭式的运动副以防止污染;对易损件能简单地更换。

(1) 典型的连杆结构

1) 具有两个转动副的连杆结构

连杆端部与其他构件形成转动副(铰链)连接的常见结构形式如图 6-35 所示。销轴与其中一个杆固连,而与另一个杆形成相互转动关系。

具有两个转动副的连杆常采用如图 6-36 所示的结构。两个转动副之间有一定距离,即相互独立时,应尽量做成直杆,如图 6-36a 所示,结构简单,易于制造。如果为了避

(a) (b) (c)

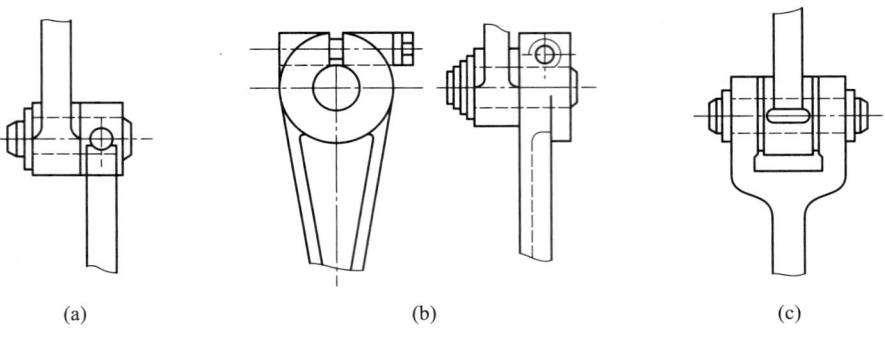

图 6-35 连杆转动副端常见结构形式

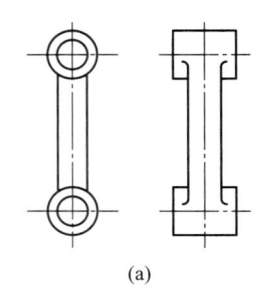

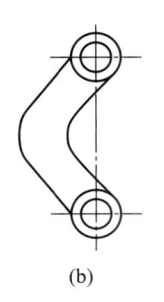

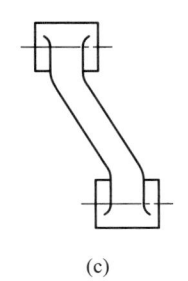

(a) (b) (c)

图 6-36 直杆和曲杆结构

免构件运动时发生干涉及其他特殊要求,可将杆做成曲杆,如图 6-36b 所示结构,两运动副在同一平面;而图 6-36c 所示结构,两运动副不在同一平面。

2) 具有三个转动副的连杆结构

构件上有三个转动副时,三个转动副相对位置的布置方案是多种多样的,应根据构件的功用、承受载荷的情况及相邻构件的运动和布局情况等进行设计。从结构简单考虑,图 6-37a 是首选。图 6-37b 所示结构三个运动副在同一平面内,而图 6-37c 所示结构三个运动副不在同一平面。

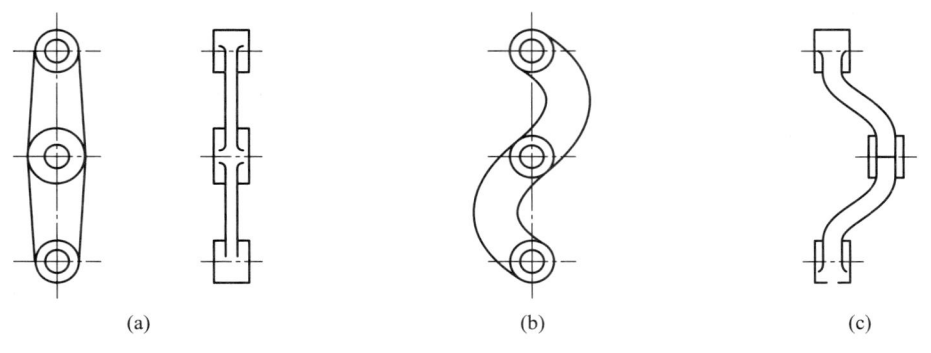

(a) (b) (c)

图 6-37 具有三个转动副的典型连杆结构

3）具有转动副和移动副的连杆结构

连杆参与移动副连接的结构形式可以是穿入式,如图 6-38a 和 b,也可以是外框式,如图 6-38c 和 d。带转动副和移动副的连杆结构形式,主要取决于转动副轴线与移动副导路的相对位置,及移动副元素接触部位的数目和形状。

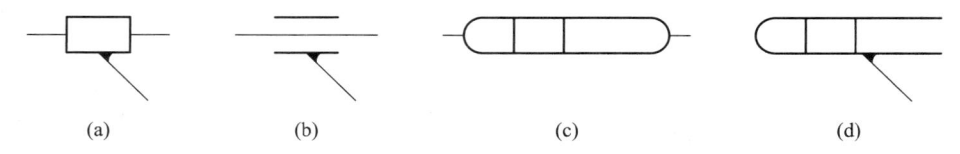

图 6-38 移动副的典型简图结构

图 6-39a、b 和 c 所示结构的移动导路中心线通过转动副中心;图 6-39d、e 所示结构存在偏距 e_s。图 6-39a、b 形式的滑块置于导槽内,滑块 G 与导槽 S 之间为形封闭。图 6-39a 中滑块 G 垂直其运动平面的位移由机构中相邻运动副和构件来制约。图 6-39b 中滑块 G 在平行于运动平面有端面定位,滑块 G 与导槽 S 之间靠自身结构得到可靠的形封闭。图 6-39c、d 所示移动副由圆柱和导向套组成,这种移动副加工简单。图 6-39c 所示移动副导路中心线通过转动副中心,而图 6-39d 的导路中心线与转动副中心存在偏距 e_s。图 6-39e 中滑块 G 与具有两个圆导柱的导路组成的移动副,限制了圆柱副的转动,但这种超静定结构提高了对构件制造和装配精度的要求。

一般而言,转动副中心与移动副导路中心线间的偏距 e_s 会引起构件倾斜,加剧运动副的磨损、增大传动阻力,采用两导路对称结构可以改善受力情况。

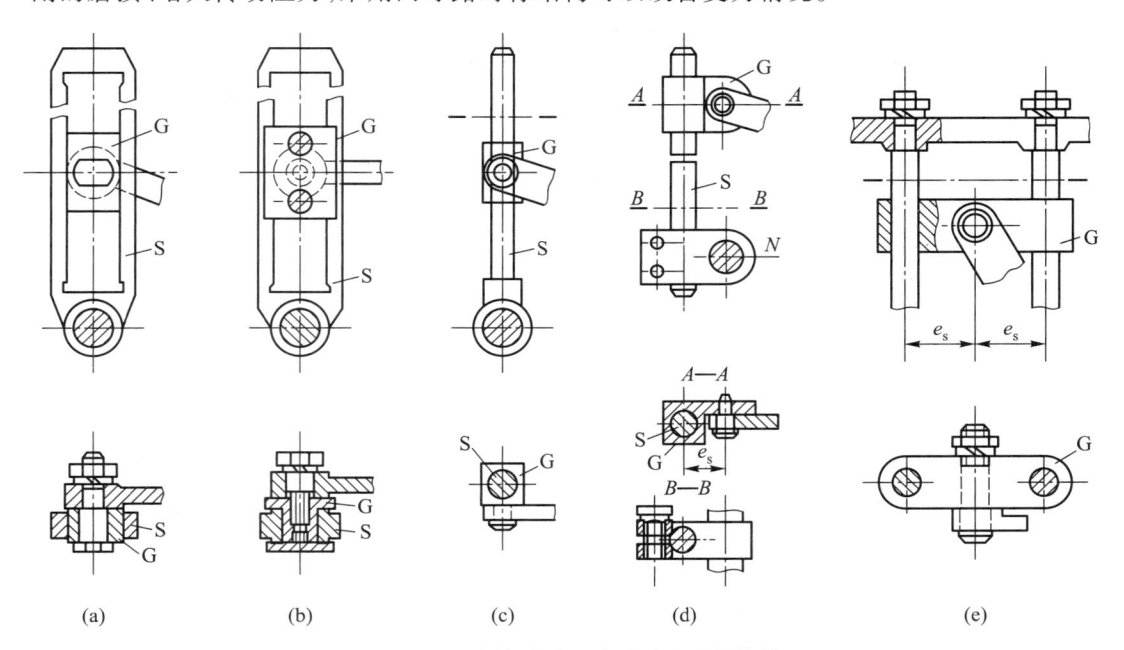

图 6-39 具有转动副和移动副的连杆结构

4) 具有转动副和高副的连杆结构

图 6-40a 所示机构中,构件 6 为有具有一个高副和一个转动副的连杆。对于开槽连杆结构,可以参考图 6-39 的相关设计。高副一般可以采用图 6-40b 或 c 的滚子结构,改善高副间的摩擦力。

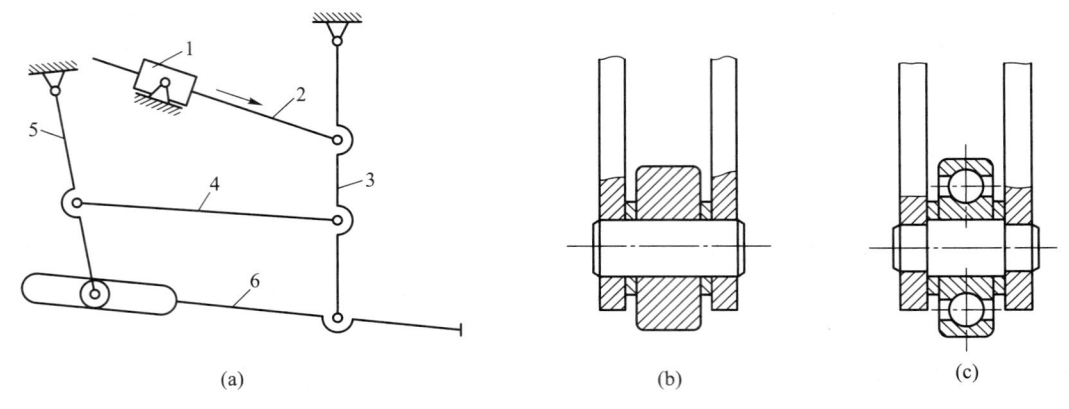

图 6-40 具有高副的典型连杆结构

(2) 连杆的结构设计技巧

1) 提高连杆强度、刚度和抗振性的结构

提高连杆强度、刚度和抗振性的结构设计案例及分析如表 6-7 所示。

表 6-7 提高连杆强度、刚度和抗振性的结构设计案例及分析

说明	案例
杆长尺寸 R 较大时可以增加铰链接触处厚度以提高强度	(a) 较差　　(b) 较好
当三个转动副同在一个杆件上且构成钝角三角形时,应尽量避免做成弯杆结构	(a) 较差　(b) 较差　(c) 一般　(d) 较好　(e) 较好

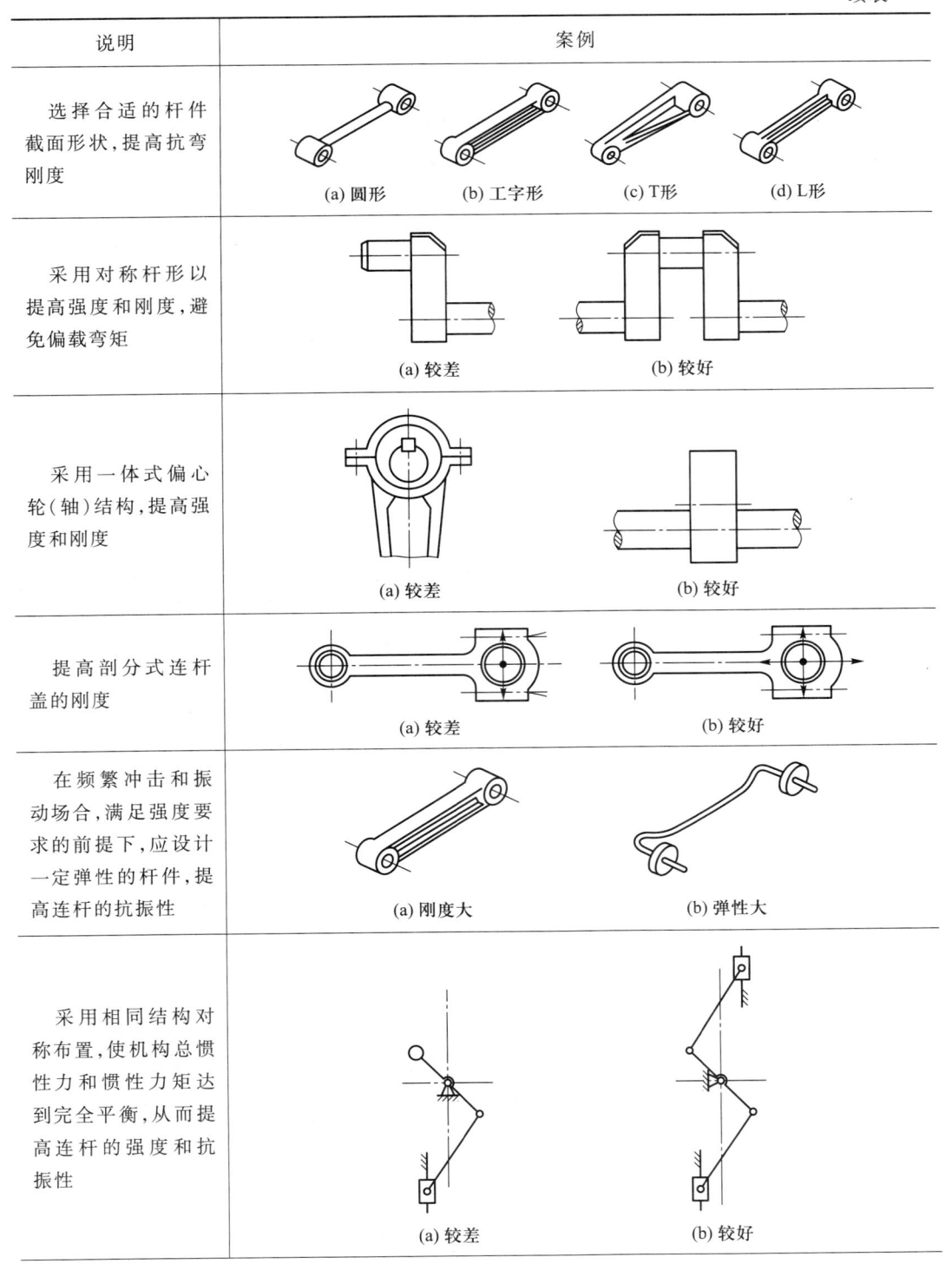

续表

说明	案例
选择合适的杆件截面形状,提高抗弯刚度	(a) 圆形　(b) 工字形　(c) T形　(d) L形
采用对称杆形以提高强度和刚度,避免偏载弯矩	(a) 较差　(b) 较好
采用一体式偏心轮(轴)结构,提高强度和刚度	(a) 较差　(b) 较好
提高剖分式连杆盖的刚度	(a) 较差　(b) 较好
在频繁冲击和振动场合,满足强度要求的前提下,应设计一定弹性的杆件,提高连杆的抗振性	(a) 刚度大　(b) 弹性大
采用相同结构对称布置,使机构总惯性力和惯性力矩达到完全平衡,从而提高连杆的强度和抗振性	(a) 较差　(b) 较好

说明	案例
考虑力流特性，尽可能直接传递推、拉力	(a) 较差　　(b) 较好

2）提高连杆结构工艺性

提高连杆结构工艺性的设计案例及分析如表 6-8 所示。

表 6-8　提高连杆结构工艺性的设计案例及分析

说明	案例
采用剖分式连杆结构，便于装配	（螺母、螺栓、连杆盖、连杆体）
当构件较长或受力较大，可采用框架式结构，提高经济性和制造性	R
采用板材折边冲压结构，提高构件的抗弯刚度和经济性	(a) 刚度小　　(b) 刚度大
考虑热处理工艺对连杆精度的影响，如长杆表面淬火处理时，要在竖直状态下进行	(a) 不合理　　(b) 合理

续表

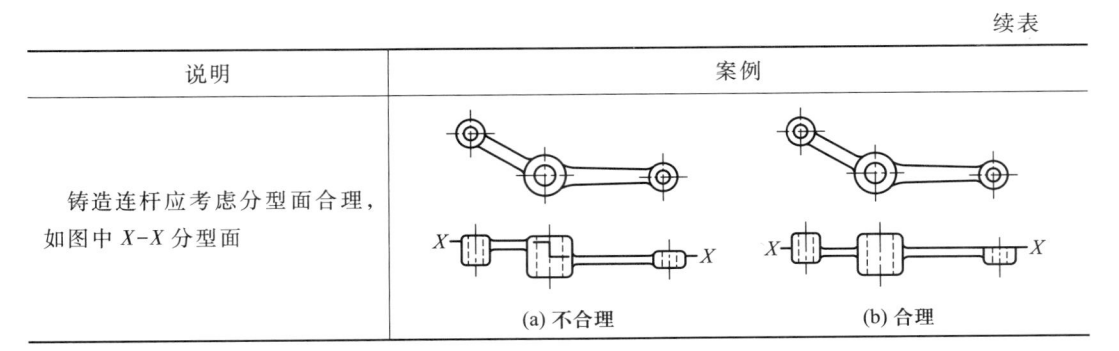

说明	案例
铸造连杆应考虑分型面合理，如图中 X-X 分型面	(a) 不合理　　(b) 合理

6.4 参数设计

1. 参数设计要素

图 6-41 所示为机器零部件参数设计要素图。广义地来说，参数是指用于描述某个物理实体或现象的模型中所包含的、用字母或符号表示的物理量。对于实体设计来说，参数是指决定着零件性能的、能通过设计来确定或控制的关键设计变量。参数设计就是确定这些与零部件质量密切相关的设计变量的值，以获得性能佳且成本低的、最具可行性的设计方案。参数不只是结构的几何尺寸，还包括尺寸公差、几何公差、表面粗糙度、热处理（表面硬度）等。与配置设计相比，参数设计更具分析性。

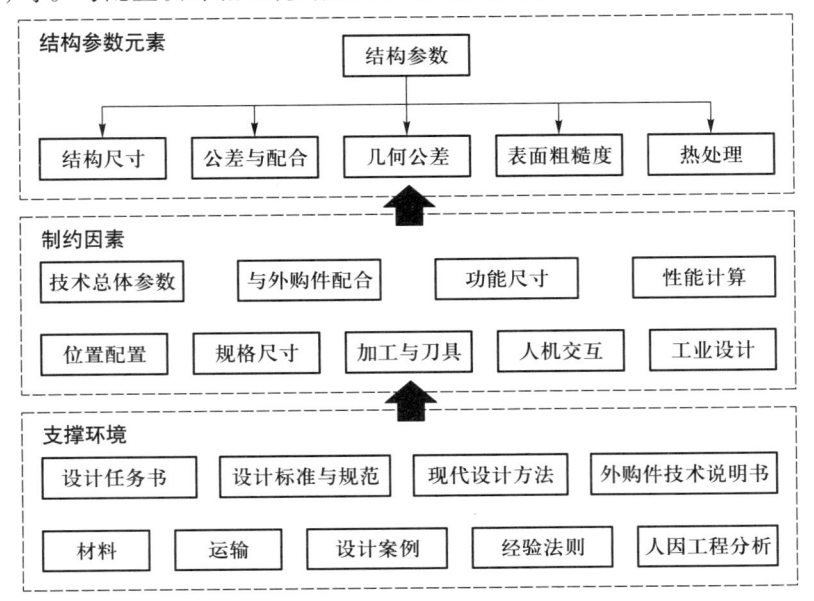

图 6-41 参数设计要素图

具体参数的确定过程可以从如下方面展开：

1）总体技术参数　部分参数属于总体技术参数，或受总体技术参数的影响。如冲程、工作空间等，这些参数的确定主要依据设计任务书；

2）与外购件的配合　根据外购件的尺寸及需求，确定安装空间、孔位置、相配合零件的位置、尺寸等参数。如电机安装法兰相关安装面以及孔的参数、与轴承配合的轴的直径、表面粗糙度、圆柱度以及台阶高度等；

3）功能确定的尺寸　由满足所需功能的条件确定参数。例如根据哪一个零件传递转矩来确定轴的直径、键的尺寸等；

4）性能计算　根据零件的设计公式，如轴的强度、齿轮的表面接触强度等，确定相应的结构参数；

5）相互位置关系　根据零件之间空间关系确定相互间的尺寸。如圆角倒角的关系、配线配管空间、可动部分结构空间尺寸等；

6）规格尺寸　根据设计规范相应的标准、优先数系等，选择确定尺寸，如齿轮模数、键槽尺寸、螺纹孔尺寸等。对于一些非标准的结构尺寸，如轴的直径，一般而言推荐进行系列化，可以参考优先数系展开设计；

7）加工方法、刀具　根据加工所使用的刀具的尺寸及加工方法，确定尺寸；

8）人机交互　根据装配、拆卸、操作等方面确定尺寸，确保方便装配和操作，确保扳手等工具操作空间、操作端配置、机器高度等；

9）工业设计　如从平衡与美学要求等角度出发，确定相应的结构尺寸。外形平衡美观，尽可能形状简单。

参数设计一方面依赖于根据长期总结出来的设计理论和实验数据进行参数设计与确定，通常称此类的设计方法为理论设计方法，如齿轮、轴、螺纹、轴承等的设计与校核；此外，有很多的参数需要根据类比方法，根据对某类已有的类似零件的设计与使用经验，或者经验公式，进行参数配置，然后再进行校核，此类方法称为经验设计方法。对于一些大型且结构复杂的重要零件，为了确保可靠性，可以通过试制等比例或小尺寸的样机，进行物理验证，以确定相关参数，这种方法称为实物模型设计。

随着计算机以及相关支撑技术，如计算机仿真、动力学分析仿真、有限元、机电联合仿真等技术的发展，现代设计仿真技术已日益成为产品性能设计，尤其参数优化设计的重要技术支撑。一方面，可以通过尺度优化、参数优化、结构优化等方法，对相关参数进行优化配置，以实现较好的产品性能；另一方面，可以通过虚拟样机技术等，在物理样机试制前，从静力学、动力学、机电动态特性等角度，对产品的性能进行分析仿真，对结构配置以及参数配置进行评价。

2. 参数设计的一般过程

一般来说，参数设计包括如下步骤：

1）构建参数设计问题

首先，设计人员需要清晰地明确零件需要完成的功能，并定义描述这些功能实现时的工程特征，例如成本（通常与零件的材料重量和形状有关）、效率、安全性和可靠性等。这些工程特征常常会用来评价设计方案的可行性。然后确定设计变量,也就是由设计人员所确定的、决定着零件性能的参数。同样,也要确定零件或系统运行的操作或环境条件。最后,确定参数求解方法和方案,可以是通过基于经验推测、规则判断,或者是通过一些工程学模型计算。在参数设计阶段,为了保证设计质量,往往需要应用精确的工程分析模型,而分析详细程度的可能受时间和资金成本、分析工具可获得性和可用性,以及分析结果可信度和有用性等条件影响。

2)生成备选设计方案

这一步骤实际上是为设计参数设定不同的值以获得不同的候选设计方案。需要注意的是,在进行参数设计前已经确定了结构唯一方案(例如几何特征),参数设计是针对该结构的关键性能和质量要求来确定某个最优的形状细节、尺寸或公差、装配加工要求等。

3)分析备选设计方案

这一步骤是指使用分析模型或者实验模型来预测每一个设计方案的性能。要检查每一个设计是否满足所有的性能约束和期望值。如果满足,则认为该设计方案是可行的。

4)评估分析结果

这一步骤是对所有可行的设计方案进行评估,以确定相对最优的方案。这就需要针对设计对象特点,制定评价指标和评价标准,通过合理科学的评价方法(如德尔菲法)给出不同设计方案的评分,通过评分数值确定最佳方案。

5)改进与优化

如果备选方案中没有一个是可行的,那么就必须制定一系新的设计方案。如果存在可行设计,就可以通过有计划地改变设计变量的值来最大化或最小化目标函数,以优化设计方案。

3. 加工精度与参数设计

机械零件的种类很多,形状各异,基本上是由圆、孔、平面等组成的。

(1) 外圆表面的加工

外圆表面是轴类、盘套类零件的主要表面类型。常见的加工方法有车削、磨削及光整加工(研磨、超精加工和抛光等)。

1)外圆面的车削

车削是外圆面加工的一种主要方法。车削可以是外圆面加工的中间工序,也可以是最终工序。当加工质量要求不太高时,车削可以获得零件的最终尺寸和精度。由于车刀的几何角度和采用的切削用量的不同,车削的精度和表面粗糙度也不同。因此,车削外圆可分为粗车、半精车、精车和细车。

粗车的主要目的是迅速从毛坯上切去大部分加工余量材料,使其接近工作的形状和尺寸。粗车后一般精度可达到 IT12~IT11,表面粗糙度 Ra 值为 50~12.5 μm。

半精车是使工件表面具有中等精度和表面粗糙度。半精车后一般精度可达到 IT10~IT8,表面粗糙度 Ra 值为 6.3~3.2 μm。

精车是使工件表面具有较高的精度和较低的表面粗糙度。精车后一般精度可达到 IT8~IT6,表面粗糙度 Ra 值为 1.6~0.8 μm。

细车是使工件表面具有很高的精度和刚度。细车后一般精度可达到 IT6 以上,表面粗糙度 Ra 值为 $0.8 \sim 0.2 \mu m$。

车削外圆具有生产率高、成本低、位置精度高和使用范围广等优点。

2) 外圆面的磨削

用砂轮切除加工余量的过程称为磨削,它是精加工外圆的主要方法。磨削时由于砂轮的磨粒粗细不同,材料磨削用量不同,磨削后的外圆面精度和表面粗糙度也不同。因此,磨削可分为粗磨、精磨和细磨等。粗磨精度为 IT8 ~ IT7,表面粗糙度 Ra 值为 $1.6 \sim 0.8 \mu m$;精磨精度可达到 IT6,表面粗糙度 Ra 值为 $0.4 \sim 0.2 \mu m$;细磨精度可达到 IT5,表面粗糙度 Ra 值为 $0.2 \sim 0.1 \mu m$。如采用镜面磨削,表面粗糙度 Ra 值可达 $0.008 \mu m$,精度也更高。

3) 外圆表面加工方案的选择

外圆表面加工方案的选择,除应满足技术要求之外,还与零件的材料、热处理要求、零件的结构、生产类型以及现场的设备条件和技术水平密切相关,加工方法与公差配置指南如图 6-42 所示。

(2) 孔的加工

孔是各类机械中常用零件的基本表面。与外圆面相比,孔加工的工作条件较为不利,刀具的尺寸受到被加工孔尺寸的限制,对刀具刚性的影响很大。尺寸和精度都相同的孔和外圆面,孔加工往往需要更多的工步,刀具的消耗量及产生废品的可能性也较大。孔的加工方法有:钻孔、扩孔、铰孔、镗孔、磨孔、拉孔和珩磨孔。

1) 钻孔是用钻头在零件的实体部位加工,是最基本的孔加工方法。钻孔所能达到的精度低(IT10 以下),表面粗糙度大(Ra 值为 $50 \sim 12.5 \mu m$),只能用作粗加工。钻孔最常用的刀具是麻花钻。钻孔的特点是精度低和生产率低。采用组合机床钻孔,可提高效率,用于大批量生产。

2) 扩孔是用扩孔钻对工件上已有的孔进行加工以扩大孔径,并提高孔的精度和降低表面粗糙度,扩孔的精度可达 IT10 ~ IT9,表面粗糙度 Ra 值为 $6.3 \sim 3.2 \mu m$。扩孔用的刀具为扩孔钻。扩孔的特点是精度较高,表面粗糙度较低,并可修整钻孔的轴线歪斜,常用于孔的半精加工。

3) 铰孔是精加工孔常用的方法。铰孔的精度可达 IT8 ~ IT6,表面粗糙度 Ra 值为 $1.6 \sim 0.4 \mu m$。铰孔常用的刀具为铰刀。铰孔的特点是精度较高,表面粗糙度较低,适应性较差,加工材料较广。

4) 镗孔是用镗刀对已加工出的孔作进一步的加工,是最常用的孔加工方法之一。对于直径较大的孔,镗孔是唯一的加工方法。镗孔可分为粗镗、半精镗、精镗和细镗。粗镗精度为 IT13 ~ IT11,表面粗糙度 Ra 值为 $12.5 \sim 6.3 \mu m$;半精镗精度为 IT10 ~ IT9,表面粗糙度 Ra 值为 $3.2 \sim 0.8 \mu m$;精镗精度为 IT8 ~ IT7,表面粗糙度 Ra 值为 $1.6 \sim 0.8 \mu m$;细镗精度为 IT7 ~ IT6,表面粗糙度 Ra 值为 $0.4 \sim 0.05 \mu m$。镗孔具有能靠多次走刀来校正孔的轴线偏斜,且适应性强,工艺装备简单等优点,但生产效率低。

5) 磨孔是精加工孔的一种方法。磨孔的精度可达 IT7,表面粗糙度 Ra 值为 $1.6 \sim 0.4 \mu m$。磨孔的特点是适应性较广。

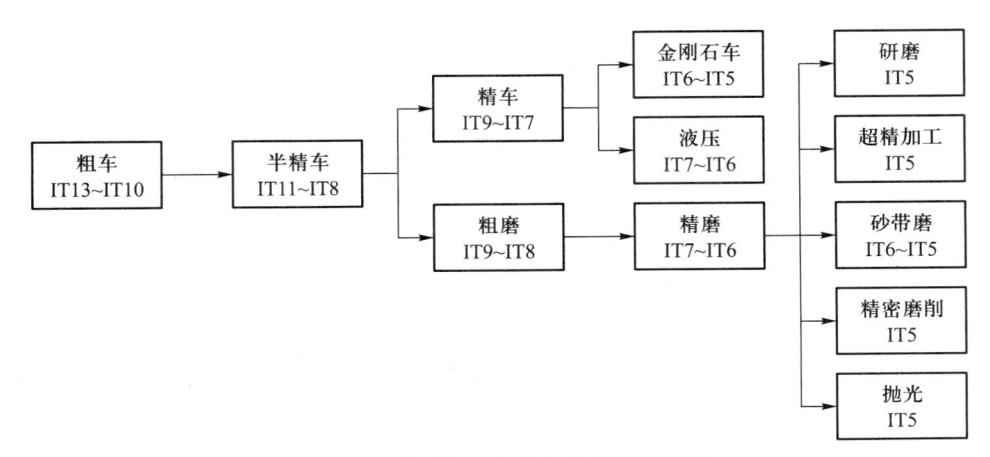

图 6-42 外圆加工方法与公差配置指南

6) 拉孔是一种高效率的精加工方法。一般拉孔的精度可达 IT7,表面粗糙度 Ra 值为 1.6~0.4 μm。拉孔的特点是加工精度高,表面粗糙度小,生产效率高,但成本也高,只适用于大批量的生产。

7) 研磨孔是常用的一种光整加工方法,用于精镗、精铰或精磨之后。研磨后孔的精度可达 IT7~IT6,表面粗糙度 Ra 值为 0.1~0.008 μm。

8) 珩磨孔是对精镗、精铰或精磨过的孔进行光整加工的一种方法。珩磨精度可达 IT7~IT6,表面粗糙度 Ra 值为 0.1~0.008 μm。

(3) 平面的加工

平面是盘形和板形零件的主要表面,也是箱体、支架类零件的主要表面之一。平面的加工方法有:车平面、刨平面、铣平面、磨平面、拉平面和平面的光整加工(研磨、刮研)。图 6-43 列出了平面加工方法与公差配置指南。

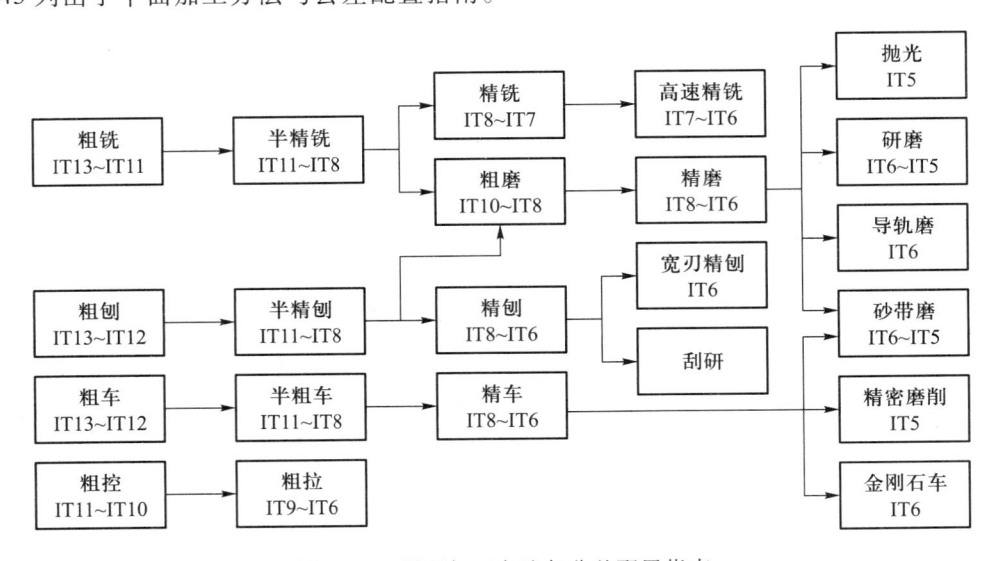

图 6-43 平面加工方法与公差配置指南

（4）公差等级的主要应用示例

公差等级的主要应用示例如表 6-9 所示。

表 6-9　公差等级的主要应用示例

公差等级	主要应用范围
IT01、IT0、IT1	一般用于高精密量块和其他精密尺寸标准块的公差。IT1 也用于检验 IT6、IT7 级轴用量规的校对量规
IT2~IT5	用于特别精密零件的配合及精密量规
IT5（孔 IT6）	用于高精密和重要的配合处。例如，机床主轴的轴颈、主轴箱体孔与精密滚动轴承的配合；车床尾座孔与顶针套筒的配合；发动机活塞销与连杆衬套孔和活塞孔的配合。 配合公差很小，对加工要求很高，应用较少
IT6（孔 IT7）	用于机床、发动机、仪表中的重要配合。如机床传动机构中齿轮与轴的配合；轴与轴承的配合；发动机中活塞与汽缸、曲轴与轴套、气门杆与导套的配合等。 配合公差较小，一般精密加工能够实现，在精密机床中广泛应用
IT7、IT8	用于机床、发动机中的次要配合；也用于重型机械、农业机械、纺织机械、机车车辆等的重要配合上。如机床上操纵杆的支承配合；发动机活塞环与活塞环槽的配合；农业机械中齿轮与轴的配合等。 配合公差中等，加工易实现，在一般机械中广泛应用
IT9、IT10	用于一般要求，或精度要求较高的槽宽的配合
IT11、IT12	用于不重要的配合处。多用于各种没有严格要求，只要求便于连接的配合。如螺栓和螺孔、铆钉和孔等的配合
IT12~IT18	用于未注公差的尺寸和粗加工的工序尺寸上，包括冲压件、铸锻件的公差等。如手柄的直径、壳体的外形、壁厚尺寸、端面之间的距离等

4. 配合与几何公差

（1）常用的配置参考表格

孔、轴配合类别选择的大致方向如表 6-10 所示。

表 6-10　孔、轴配合类别选择的大致方向

	有相对运动（转动或移动）	间隙配合	
孔和轴之间	无相对运动	传递较大转矩，不可拆卸	过渡配合
		定心精度要求高，加键传递转矩，需要拆卸	过渡配合
		加键传递转矩，经常拆卸	间隙配合

各种基本偏差的特点及应用如表 6-11 所示。

表 6-11　各种基本偏差的特点及应用

配合	轴、孔基本偏差	特点及应用
间隙配合	a(A) b(B)	可得到特别大的间隙,应用很少。主要应用于工作温度高、热变形大的零件的配合,如发动机中活塞与汽缸套的配合为 H9/a9
	c(C)	可得到很大间隙,适用于缓慢、松弛的动配合。一般用于工作条件较差(如农业机械、矿山机械)、工作时受力变形大及装配工艺性不好的零件的配合,推荐配合为 H11/c11;也适用于高温工作的间隙配合。如内燃机排气阀杆与导管的配合为 H8/c7
	d(D)	与 IT7~IT11 级对应,适用于较松的间隙配合,如密封盖、滑轮、空转皮带轮轴孔等与轴的配合;以及大尺寸的滑动轴承孔与轴颈的配合,如涡轮机、球磨机、轧滚成形和重型弯曲机等的滑动轴承。活塞环与活塞环槽的配合可选用 H9/d9
	e(E)	与 IT6~IT9 对应,适用于具有明显间隙、易于转动的轴与轴承的配合,以及高速、重载支承的大尺寸轴和轴承的配合。如涡轮发电机、大型电机、内燃机主要轴承处的配合为 H8/e7
	f(F)	多与 IT6~IT8 对应,用于一般转动的配合。当受温度影响不大时,被广泛采用普通润滑油润滑的轴和轴承孔的配合。如齿轮箱、小电动机、泵等的转轴与滑动轴承孔的配合为 H7/f6
	g(G)	多与 IT5~IT7 对应,形成配合的间隙较小,制造成本高,仅用于轻载精密装置中的转动配合。最适合不回转的精密滑动配合,也用于插销的定位配合,滑阀、连杆销等处的配合
	h(H)	多与 IT4~IT11 对应,广泛应用于无相对转动零件的配合,一般的定位配合。若没有温度、变形的影响,也用于精密滑动轴承的配合,如车床尾座孔与滑动套筒的配合为 H6/H5
过渡配合	js(JS)	多用于 IT4~IT7 具有平均间隙的过渡配合,用于略有过盈的定位配合,如联轴器、齿圈与钢制轮毂的配合,滚动轴承外圈与外壳孔的配合多采用 JS7。一般用手或木锤装配
	k(K)	多用于 IT4~IT7 平均间隙接近零的配合,用于稍有过盈的定位配合,如滚动轴承内、外圈分别与轴颈、外壳孔的配合。一般用木锤装配
	m(M)	多用于 IT4~IT7 平均过盈较小的配合,用于精密定位的配合,如蜗轮的青铜轮缘与轮毂的配合为 H7/m6。一般用木锤装配,但在最大过盈时,需要相当的压入力
	n(N)	多用于 IT4~IT9 平均过盈较大的配合,很少形成间隙。用于加键传递较大转矩的配合,如冲床上齿轮与轴的配合,推荐采用 H6/n5;键与键槽的配合采用 N9/h9。一般用木锤或压力机装配

续表

配合	轴、孔基本偏差	特点及应用
过盈配合	p(P)	用于小过盈的配合,与 H6 或 H7 的孔形成过盈配合,而与 H8 的孔形成过渡配合。对于合金钢制件的配合;为易于拆卸,需要较轻的压入配合;而对于碳钢和铸铁制件形成的配合,则为标准压入配合
	r(R)	用于传递大转矩或受冲击负荷而需要加键的配合,如蜗轮与轴的配合为 H7/r6。与 H8 孔的配合,公称尺寸在 100mm 以上时为过盈配合,公称尺寸小于 100mm 时为过渡配合
	s(S)	用于钢和铸铁制件的永久性和半永久性装配,可产生相当大的结合力。如套环压在轴、阀座上用 H7/s6 的配合。当尺寸较大时,为了避免损伤配合的表面,需用热胀或冷缩法装配
	t(T)	用于钢和铸铁制件的永久性结合,不用键可传递转矩。如联轴器与轴的配合用 H7/t6,需用热套法或冷轴法装配
	u(U)	用于大过盈配合,一般应验算在最大过盈时,零件材料是否损坏。如火车轮毂轴孔与轴的配合为 H6/u5,需用热胀或冷缩法装配
	v(V) x(X) y(Y) z(Z)	用于特大的过盈配合,目前使用的经验和资料很少,需经试验后才能应用。一般不推荐

优先配合的特征及应用如表 6-12 所示。

表 6-12 优先配合的特征及应用

优先配合		特征及应用
基孔制	基轴制	
H11/c11	C11/h11	间隙非常大,摩擦情况差。用于要求大公差和大间隙的外露组件,要求装配方便很松的配合,高温工作和松的转动配合
H9/d9	D9/h9	间隙比较大,摩擦情况较好,用于精度要求低、温度变化大、高转速或径向压力较大的自由转动的配合
H8/f7	F8/h7	摩擦情况良好,配合间隙适中的转动配合。用于中等转速和中等轴颈压力的一般精度的转动,也可用于长轴或多支承的中等精度的定位配合
H7/g6	G7/h6	间隙很小,用于不回转的精密滑动配合,或用于不希望自由转动,但可自由移动和滑动,并精密定位的配合,也可用于要求明确的定位配合

续表

优先配合		特征及应用
基孔制	基轴制	
H7/h6 H8/h7 H9/h9 H11/h11	H7/h6 H8/h7 H9/h9 H11/h11	均为间隙配合,其最小间隙为零,最大间隙为孔和轴的公差之和,用于具有缓慢的轴向移动或摆动的配合
H7/k6	K7/h6	过渡配合,装拆方便,用木锤打入或取出。用于要求稍有过盈、精密定位的配合
H7/n6	N7/h6	过渡配合,装拆困难,需要用木锤费力打入。用于允许有较大过盈的更精密的配合,也用于装配后不需拆卸或大修时才拆卸的配合
H7/p6	P7/h6	小过盈的配合,用于定位精度特别重要时,能以最好的定位精度达到部件的刚性及对中性要求,而对内孔承受压力无特殊要求,不依靠配合的紧固性传递摩擦负荷的配合
H7/s6	S7/h6	过盈量属于中等的压入配合,用于一般钢和铸铁制件,或薄壁件的冷缩配合,铸铁件可得到最紧的配合
H7/u6	U7/h6	过盈量较大的压入配合,用于传递大的转矩或承受大的冲击负荷,或不宜承受大压入力的冷缩配合,或不加紧固件就能得到牢固结合的场合

几何特征的选用如表 6-13 所示。

表 6-13　几何特征的选用

内容	选用说明
考虑零件的结构特征	分析加工后的零件可能存在的各种几何误差。如圆柱形零件会有圆柱度误差;圆锥形零件会有圆度和素线直线度误差;阶梯轴、孔类零件会有同轴度误差;孔、槽类零件会有位置度误差或对称度误差等
考虑零件的功能要求	分析影响零件功能要求的主要几何误差的特征。例如,影响车床主轴工作精度的主要误差是前后轴颈的圆柱度误差和同轴度误差;影响溜板箱运动精度的是车床导轨的直线度误差;与滚动轴承内圈配合的轴颈的圆柱度误差和轴肩的轴向圆跳动误差,会影响轴颈与轴承内圈的配合性质,以及轴承的工作性能与使用寿命。又如,圆柱形零件,仅需要顺利装配或保证能减少孔和轴之间的相对运动时,可选用中心线的直线度;当孔和轴之间既有相对运动,又要求密封性能好,且要保证在整个配合的表面有均匀的小间隙,则需要给出圆柱度以综合控制圆柱面的圆度、素线和中心线的直线度。再如,减速器箱体上各轴承孔的中心线之间的平行度误差,会影响减速器中齿轮的接触精度和齿侧间隙的均匀性,为了保证齿轮的正确啮合,需给出各轴承孔之间的平行度公差。 另外,当用尺寸公差控制几何误差能满足精度要求,且又经济时,则可只给出尺寸公差,而不再另给几何公差。这时的被测要素应采用包容要求。如果尺寸精度要求低而几何精度要求高,则不应由尺寸公差控制几何误差,而应按独立原则给出几何公差,否则会影响经济效益

续表

内容	选用说明
考虑各个几何公差的特点	在几何公差中，单项控制的几何特征有：直线度、平面度、圆度等；综合控制的几何特征有：圆柱度和各种方向、位置、跳动公差。选择时应充分发挥综合控制几何特征的功能，这样可减少图样上给出的几何特征项目，从而减少需检测的几何误差数
考虑检测条件的方便性	确定几何特征项目，必须与检测条件相结合，考虑现有条件的可能性与经济性。检测条件包括：有无相应的检测设备、检测的难易程度、检测效率是否与生产批量相适应等。在满足功能要求的前提下，应选用测量简便的几何特征来代替测量较难的几何特征。常对轴类零件提出跳动公差来代替圆度、圆柱度、同轴度等，这是因为跳动公差检测方便，且具有综合控制功能。例如，同轴度公差常用径向圆跳动或径向全跳动公差来代替；端面对轴线的垂直度公差可用轴向圆跳动或轴向全跳动公差来代替。这样，会给测量带来方便。但必须注意，径向全跳动误差是同轴度误差与圆柱面形状误差的综合结果，故用径向全跳动代替同轴度时，给出的径向全跳动公差值应略大于同轴度公差值，否则会要求过严。用轴向圆跳动代替端面对轴线的垂直度，不是十分可靠；而轴向全跳动公差带与端面对轴线的垂直度公差带相同，故可以等价代替

基准的选用如表 6-14 所示。

表 6-14 基准的选用

内容	选用说明
选用方法	选择基准时，主要应根据零件的功能和设计要求，并兼顾到基准统一原则和零件结构特征等方面来考虑
遵守基准统一原则	所谓基准统一原则是指零件的设计基准、定位基准和装配基准是零件上的同一要素。这样既可减少因基准不重合而产生的误差，又可简化工夹量具的设计、制造和检测过程。 ① 根据要素的功能及几何形状来选择基准。如轴类零件，通常是以两个轴承支承运转的，其运转轴线是安装轴承的两段轴颈的公共轴线。因此，从功能要求和控制其他要素的位置精度来看，应选用安装时支承该轴的两段轴颈的公共轴线作为基准； ② 根据装配关系，应选择零件上精度要求较高的表面。如零件在机器中定位面，相互配合、相互接触的结合面等作为各自的基准，以保证装配要求； ③ 从加工和检验的角度考虑，应选择在夹具、检具中定位的相应要素为基准。这样能使所选基准与定位基准、检测基准、装配基准重合，以消除由于基准不重合引起的误差； ④ 基准应具有足够刚度和尺寸，以保证定位稳定性与可靠性

续表

内容	选用说明
选用多基准	选用多基准时,应遵循以下原则: ① 选择对被测要素的功能要求影响最大或定位最稳的平面(可以三点定位)作为第一基准; ② 选择对被测要素的功能要求影响次之或窄而长的平面(可以两点定位)作为第二基准; ③ 选择对被测要素的功能要求影响较小或短小的平面(一点定位)作为第三基准

（2）几个原则

1）根据机器工作条件及设计要求,合理选择配合间隙

图 6-44a 所示为送料机的车轮。在常温下工作时,行走灵活。当送料机进入炉内工作时,经升温、保温、降温至 100℃ 出炉时,用链条拉动小车,发现车轮运行困难,甚至无法转动,只能在轨道上滑行。经分析,由于车轮（盘类零件）配合间隙偏小,在高温条件下工作时,配合的轴和孔同时受热膨胀,其间隙消失,产生过盈,从而使车轮无法转动。配合间隙不合理时易发生零件卡死。改为图 6-44b 所示结构,采用大间隙配合,这样才能保证运行的可靠性。

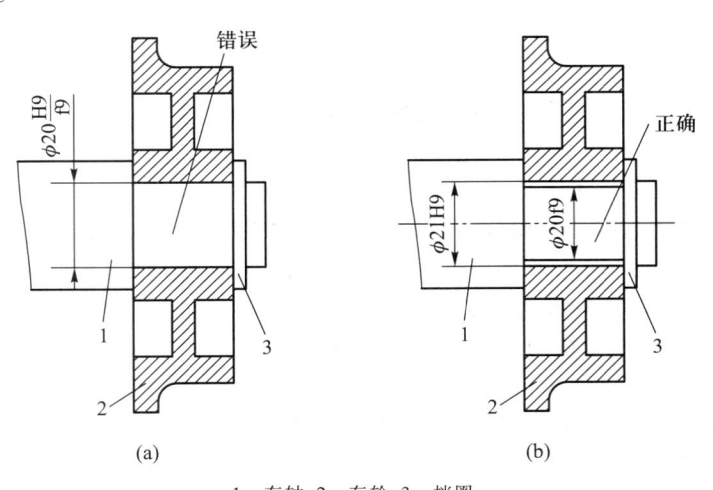

1—车轴,2—车轮,3—挡圈。

图 6-44 送料机车轮的配合结构

2）公差设计应合理

如图 6-45a 所示圆盘零件,其中端面圆跳动不能满足功能要求,因为当端面圆跳动误差为"0"时,端面对基准孔 A 的垂直度误差仍可能较大。可改为图 6-45b 所示结构,垂直度用于端面圆跳动,保证了端面的平面度。

3）对称零件的标注

如图 6-46a 所示,尺寸标注使误差集中到一起,对称度要求较高时不易保证。而图 6-46b 中的标注虽可保证对称度,但因所需的两孔间距成为尺寸链的封闭环,必须提高尺

(a)　　　　　　　　　　　　　　　　(b)

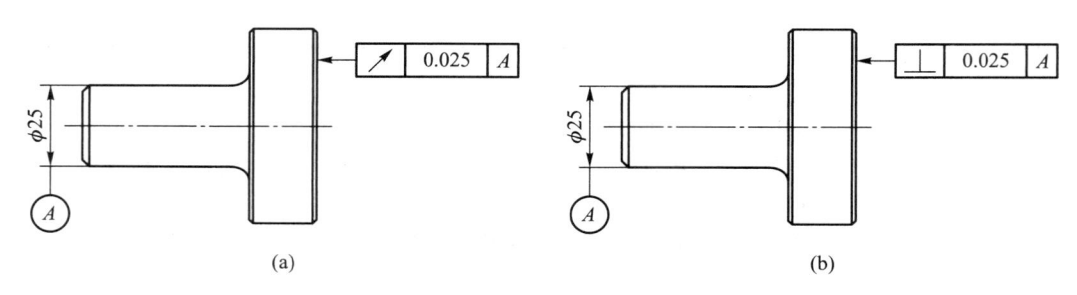

图 6-45　圆盘零件公差设计案例

寸精度,才能保证所需要的孔间距。可将其改为图 6-46c 所示结构,标注孔间距及相对于孔中心线的对称度。

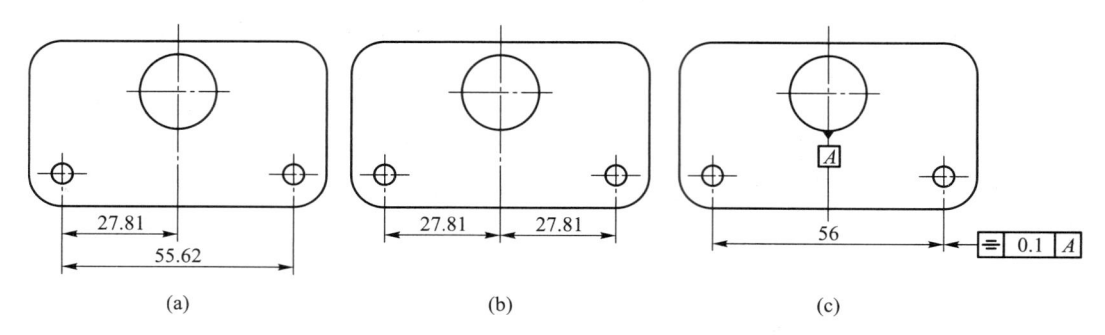

(a)　　　　　　　　　(b)　　　　　　　　　(c)

图 6-46　对称结构的尺寸标注案例

4）尽量减少配合长度

如图 6-47a 所示,内孔是比较长的通孔,不仅加工困难,而且安装精度低。两表面配合时,配合面应精确加工,为减小加工量可减小配合面长度。如果配合面很长,为保证配合件的稳定可靠,可将中间孔加大,中间加大部分不必精加工。因此改为图 6-47b 所示结构,则加工容易,减少了精加工量,配合效果更好。

5）减少不必要的配合面

零件的设计要考虑使用的安全性,避免使用过程中对人身造成伤害,因此要避免结构设计中出现不合理的过定位。

如图 6-48a 所示,高速旋转联轴器有突出在外的部分,高速旋转时会搅动空气,增加损耗或成为其他不良影响的根源,而且容易危及人身安全。且两个端面接触,难以保证长度方向上的配合精度。若改为图 6-48b 所示结构,使突出部分埋入联轴器凸缘的防护罩中,既可避免不必要的损耗,也可避免不必要的人身伤害。"Ⅱ"处改为仅控制一个零件的配合处长度,使其只能一端接触,另一端留有适当的间隙,可以使制造精度降低,从而保证配合精度。

5. 参数设计案例——轴结构尺寸优化设计

这里以轴的结构尺寸优化设计为例,加深大家对参数设计过程的理解。如图 6-49 所示是一个已经简化的轴的结构。在设计这根轴时,有两个重要因素需要考虑。一是轴

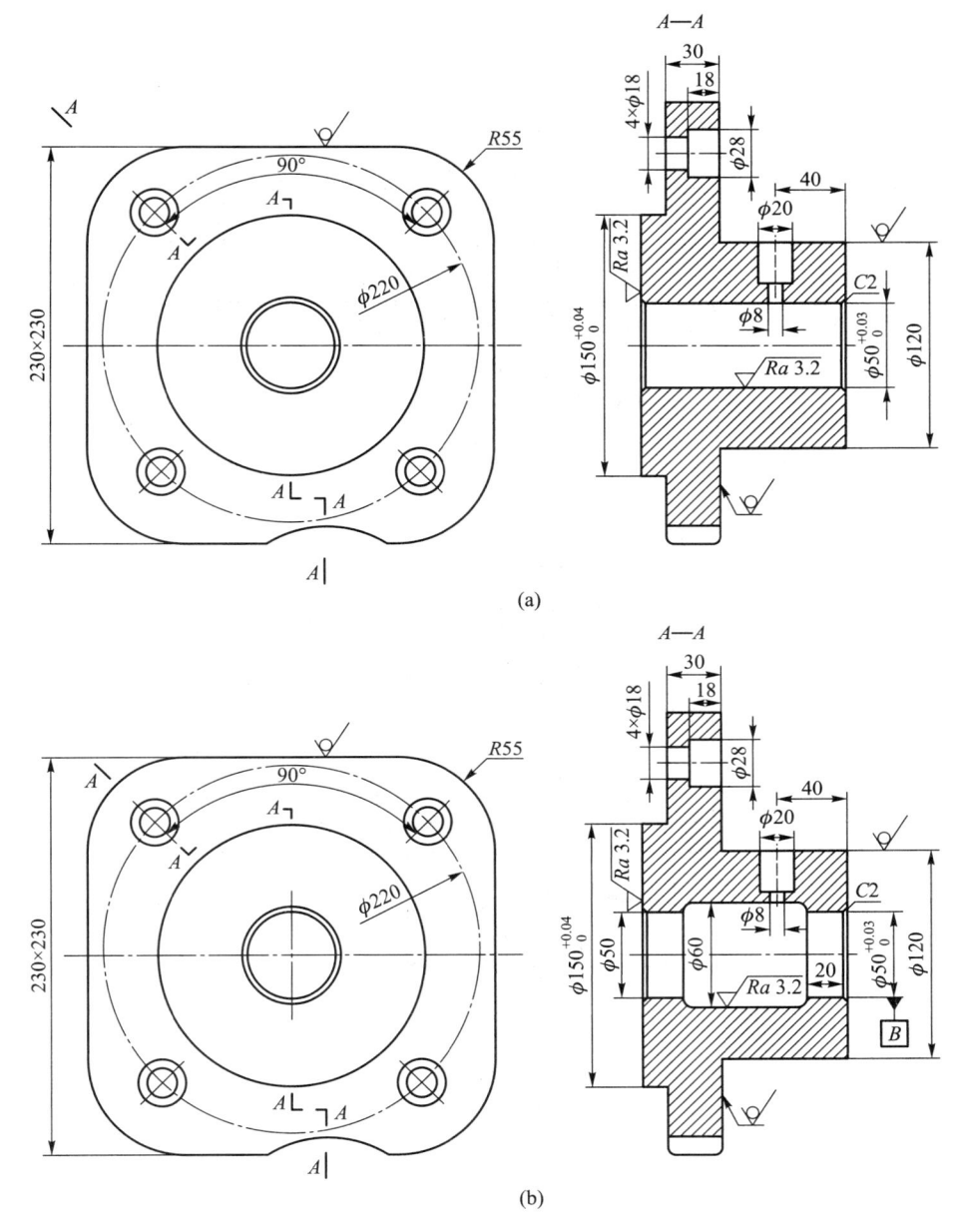

图 6-47 减少配合长度案例

的重量,二是轴伸出端点 C 的挠度。

当轴的材料选定时,其设计方案由四个设计变量决定,即孔径 d、外径 D、跨距 l 及外伸端长度 a。由于轴内孔常用于通过待加工的棒料,其大小给定,不作为设计变量。根据参数设计过程,首先选取设计变量取为

$$\boldsymbol{x} = (x_1, x_2, x_3)^{\mathrm{T}} = (l, D, a)^{\mathrm{T}}$$

本实例中,参数设计的主要目标之一是尽可能减轻轴的重量,由此可以建立轴的优化

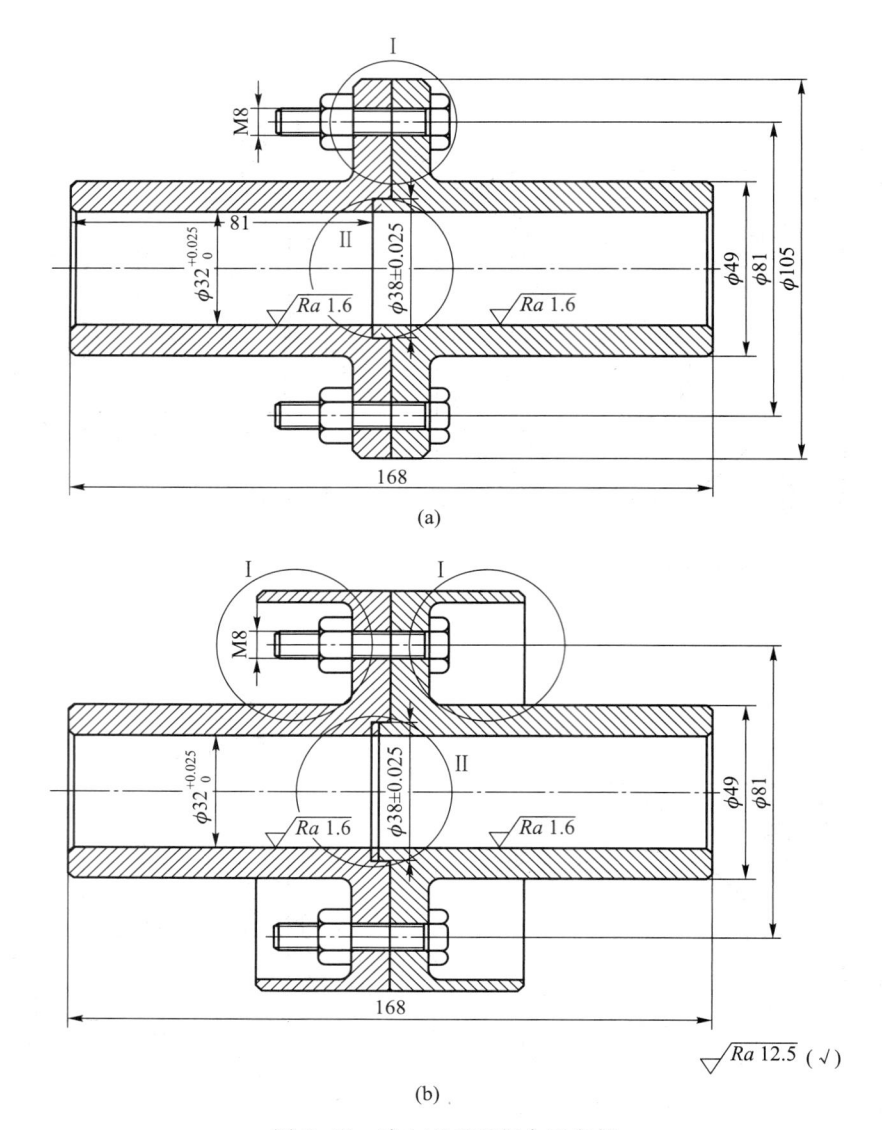

图 6-48 减少不必要配合面案例

设计的目标函数为

$$f(\boldsymbol{x}) = \frac{1}{4}\pi\rho(x_1+x_2)(x_2^2+d^2)$$

式中 ρ 为材料的密度。

另一个设计目标是轴的挠度不得大于许用值 y_0。对于这个目标,有多种处理方法。方法一是将挠度作为另一个优化目标,则总体而言,该问题是一个多目标优化问题;另一种方法是将挠度作为约束处理,来确定约束条件。这里以第二种处理方法,据此建立性能约束

$$g(\boldsymbol{x}) = y - y_0 \leqslant 0$$

图 6-49　轴的参数设计

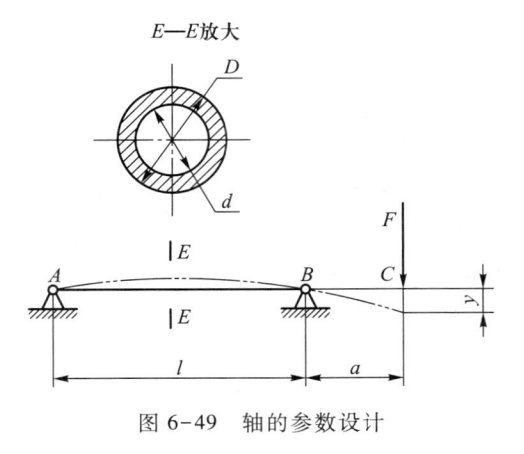

在外力 F 给定的情况下，y 是设计变量 x 的函数，其值按下式计算

$$y=\frac{Fa^2(l+a)}{3EI}$$

式中

$$I=\frac{\pi}{64}(D^4-d^4)$$

则

$$g(\boldsymbol{x})=\frac{64Fx_3^2(x_1+x_3)}{3\pi E(x_2^4-d^4)}-y_0\leqslant 0$$

此外，通常还应考虑轴内最大应力不得超过许用应力。一般而言，轴对刚度要求比较高，当满足刚要求时，强度尚有相当富裕，因此，应力约束条件可不考虑。边界约束条件为设计变量的取值范围，即

$$l_{\min}\leqslant l\leqslant l_{\max}$$
$$D_{\min}\leqslant D\leqslant D_{\max}$$
$$a_{\min}\leqslant a\leqslant a_{\max}$$

综上所述，将所有约束函数规格化，则轴的结构优化设计的数学模型可表示为

$$\min f(x)=\frac{1}{4}\pi\rho(x_1+x_2)(x_2^2+d^2)$$

$$g_1(\boldsymbol{x})=\frac{64Fx_3^2(x_1+x_3)}{3\pi E(x_2^4-d^4)y_0}-1\leqslant 0$$

$$g_2(\boldsymbol{x})=1-x_1/l_{\min}\leqslant 0$$

$$g_3(\boldsymbol{x})=1-x_2/D_{\min}\leqslant 0$$

$$g_4(\boldsymbol{x})=\frac{x_2}{D_{\max}}-1\leqslant 0$$

$$g_5(\boldsymbol{x}) = 1 - \frac{x_3}{a_{\min}} \leq 0$$

这里有两个边界约束未考虑：$x_1 \leq l_{\max}$ 和 $x_3 \leq a_{\max}$。这是因为无论从减小伸出端挠度上看，还是从减轻轴重量上看，都要求轴跨距 x_1、伸出端长度 x_3 变小，所以对其上限可以不作限制。这样可以减少一些不必要的约束，有利于优化计算。

[计算实例] 试对图 6-49 所示的轴进行结构优化设计。已知轴内径 $d = 30$ mm，外力 $F = 15\,000$ N，需用挠度 $y_0 = 0.05$ mm。设计变量数 $n = 3$，约束函数个数 $m = 5$。设计变量的初始值和上、下限值如表 6-15 所示。

表 6-15 轴结构优化设计初始数据

设计变量	x_1	x_2	x_3
初始值	480	100	120
下限值	300	60	90
上限值	650	140	150

该问题用内点惩罚函数法解，代入已知数据后，经 17 次迭代，计算收敛，求得最优解

$$\boldsymbol{x}^* = (300.036 \quad 75.244 \quad 90.001)^T$$
$$f(\boldsymbol{x}^*) = 11.377$$

也可以利用 MATLAB 优化工具箱，对上述优化问题进行求解并展开分析。

上述轴优化设计中，是把阶梯轴简化成当量直径的等截面轴进行结构分析的，这只是一种近似分析方法，而其近似程度往往不能令人满意。尤其是一些受力、形状和支承都比较复杂的轴，不可能进行那样的简化，况且一般情况下轴的设计还对其动力学性能提出一定的要求。因此，将轴简化后用材料力学公式进行分析的方法也不能满足工程设计的需要。这里仅仅作为一种常用的参数确定方法作简要介绍，详细情况可以参考相关专业书籍。

学习指南

结构设计是机器设计的重要环节。本章介绍了机器结构设计的一般流程，对布局设计、零部件结构设计以及参数设计的设计过程、设计因素、设计原则以及主要方法等进行了介绍，并结合工程案例展开探讨。学习本章需重点掌握结构设计的基本原则，能够根据产品功能结构图开展产品架构设计；建立产品零部件设计的基本概念，展开零部件的结构设计与分析；结合产品总功能需要，建立产品参数分析模型，具备对已有产品开展参数分析的能力，并能够初步开展参数设计与优化配置工作。本章思维导图如图 6-50 所示。

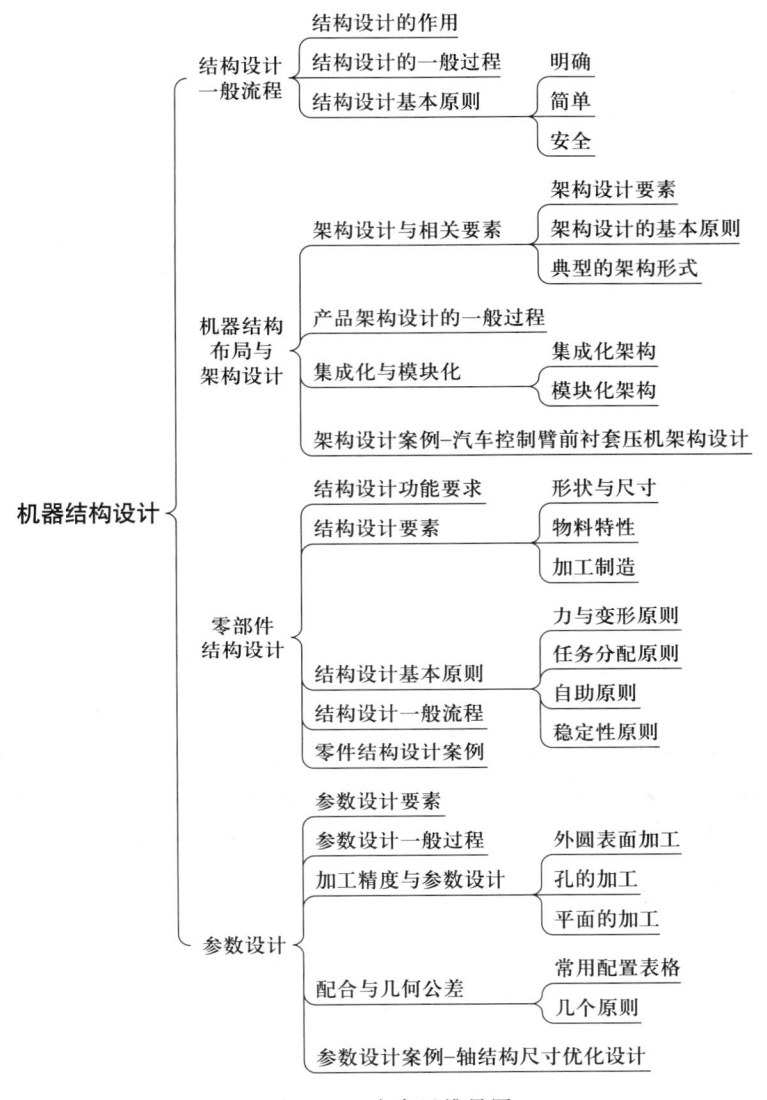

图 6-50　本章思维导图

思考题

6-1　结合课程项目阐述结构设计的基本要求是什么。

6-2　结合课程项目,对其总体架构进行分析。

6-3　如图 6-51 所示远距离往复运动采用的两种连杆机构设计方案,要求驱动手柄 B,通过杆 C 使 A 处一个楔形块实现楔入动作。试对两种配置方案进行分析比较,并解释原因。

图 6-51

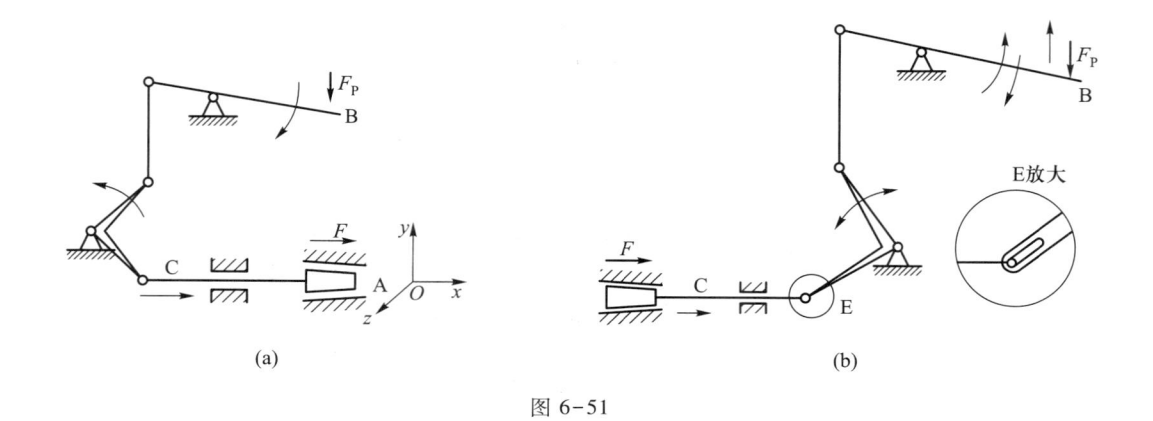

6-4 如图 6-52 所示塔式起重机旋转装置中,由于起重机工况较差,齿轮 3 内的滚柱轴承在工作一段时间后需要定期进行维护。试对如下两种结构配置方案进行分析。

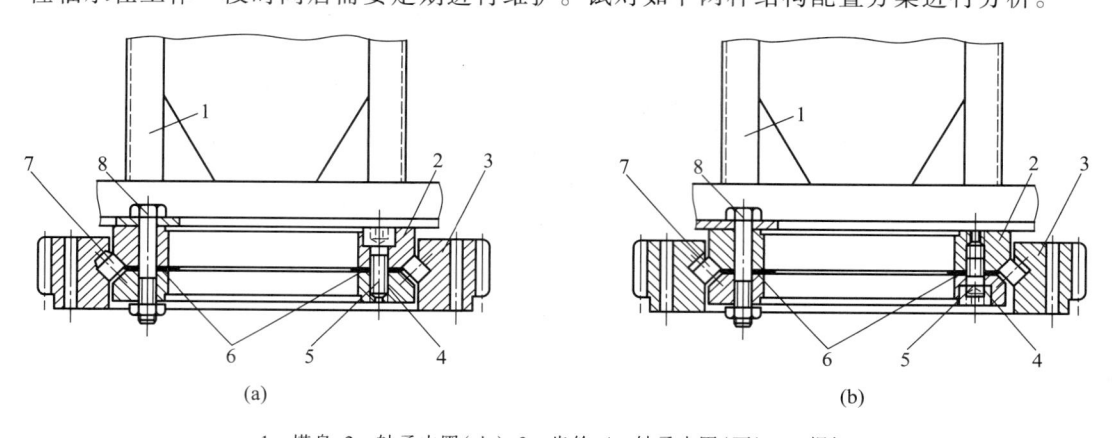

1—塔身;2—轴承内圈(上);3—齿轮;4—轴承内圈(下);5—螺钉
6—薄片;7—滚子;8—螺栓。

图 6-52

第 3 篇　机械设计原理与方法篇

　　机械运动和承载是现代机器的核心功能,广义执行子系统是现代机器机械运动和承载功能的载体,也是现代机器的机械本体,对于这一子系统的设计可以划分为机构设计和结构设计两个阶段。机构设计阶段解决现代机器中机械本体的构形创新和运动学/动力学参数设计与分析等问题;结构设计阶段解决现代机器中的总体布局、零部件几何形体及其力学性能设计与分析等问题。本篇共 10 章,包括机构的表达与组成原理,连杆机构,凸轮机构,齿轮机构与轮系,齿轮传动,键连接与螺纹连接,带传动,链传动,轴及轴的结构设计,轴承及其选用。其中,前 4 章属于机构设计相关内容,阐述一般机构以及几种典型机构的设计与分析的基本概念、基本理论和基本方法;后 6 章属于机械结构设计相关内容,阐述一般零件以及几种典型零部件的设计与计算的基本概念、基本思想和基本方法。本篇内容是机械原理、机械设计的主体内容,配合项目式教学和产品创新研发需要,在机械原理、机械设计专业知识的阐述和应用过程中贯穿动态发展理念,注重概念、理论和方法的实用性和科学性。

第 7 章

机构的表达与组成原理

内容提要

机构是机器的机械运动系统,是机械原理课程的研究对象。机器中的机械运动是通过一个或多个机构来实现的,如常见的连杆机构、凸轮机构、齿轮机构、棘轮机构、槽轮机构、螺旋传动机构、带传动机构、链传动机构等。机构被广泛应用在各类机器中,实现预期的机械运动和动力传递,机器方案的创新与设计离不开机构分析和设计方法的研究和运用。本章探讨机构的一些基本概念和共性问题,重点研究机构的组成元素、机构自由度计算、机构具有确定运动的条件、机构的组成原理以及机构运动简图的绘制方法等问题。

7.1 机构的组成元素

如绪论所述,机构可以形象地比作机器的"骨骼"系统,起到支承、运动产生与变换以及动力传递的作用。作为机器的机械运动系统,机构由构件和运动副两类要素按一定规则组成。

1. 构件与运动副

构件是机构的运动单元,作为一个整体参与机构的运动。构件可以是单一零件,也可以是多个零件刚性连接而成的组合体。构件和零件是两个不同范畴的概念,构件是组成机构的最小单元,是机器的最小运动单元,零件是机械制造的最小单元。从材料特性来说,构件可以是刚性的,也可以是弹性的、挠性的、柔索的、软体的,以及其他能够产生或传递机械运动的材料形式。除非特别指明,本教材后续讨论的构件均默认为刚性构件。

运动副是由两构件直接接触、而又能允许一定形式的相对运动的可动连接关系。构成运动副的两构件的接触表面区域称为**运动副元素**。

一个构件在三维空间中不受约束地作自由运动时有 6 个自由度，即沿三个独立方向的移动自由度和绕三个独立方向的转动自由度。当两个构件构成运动副后，由于运动副元素之间始终保持直接接触，使某些原有的独立相对运动被限制而失去，这种对构件的一个独立运动的限制称为一个**约束**。约束类型和约束数随运动副的几何结构和性质而异，在机器中约束是通过运动副的机械结构设计实现的，因此这里讨论的约束特指几何约束，与力学意义上的约束性质不同。

需要注意的是，虚约束的存在是需要满足严格的几何条件的。在一部机器中，由于制造误差、安装误差、材料变形，可能会导致保持虚约束性质的几何条件失效、发生不能忽略的后果。此时起重复限制作用的条件被破坏，则与其对应的"虚约束"不再为"虚"，转化成真实的约束，机构性质也会发生相应的变化。

很显然，一个构件因运动副受到的独立约束数与其具有的自由度之和始终等于 6。构件受到约束后其自由度减少，每多一个独立约束，自由度便减少一个。因运动副是可动连接关系，因此三维空间中一个运动副引入的独立约束数为 1~5。为叙述简洁，除非有专门说明，本教材后续讨论的约束均指**独立约束**。

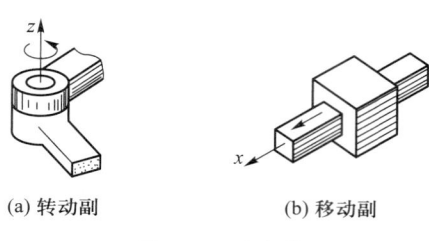

(a) 转动副　　(b) 移动副

图 7-1　运动副

如图 7-1a 所示，允许两构件之间作一维相对定轴转动的运动副称为**转动副**（也称回转副），组成转动副的两构件的运动副元素分别为圆柱轴的外表面与圆柱孔的内表面，该运动副引入了 5 个约束而保留 1 个绕圆柱的回转轴线的转动自由度。如图 7-1b 所示，允许两构件之间作一维相对刚体平移运动的运动副称为**移动副**，该副保留的是 1 个沿导路滑动方向的移动自由度。

运动副还有其他类型，可以根据运动副元素的几何形式、组成运动副的两构件相对运动形式以及运动副引入的约束数等不同特性对运动副进行分类。

（1）根据运动副元素的几何形式，可以分为低副、高副。其中以平面或曲面接触的运动副称为**低副**，如转动副、移动副；以点或线相接触的运动副称为**高副**，如凸轮副、齿轮副。

（2）根据运动副中两构件的相对运动形式可以分为平面运动副、空间运动副。其中若构成运动副的两构件只能在同一个平面或两个平行平面内作相对运动，称之为**平面运动副**，否则称之为**空间运动副**。

（3）根据引入的约束数，将引入 1 个约束的运动副称为 I 级副，引入 2 个约束的运动副称为 II 级副，依此类推，最高为 V 级副。表 7-1 给出了按引入约束数进行分类的部分常用运动副。

表 7-1 部分常用运动副

名称(符号)	性质	几何图形	简图符号	自由度	约束数	级别
转动副 (R)	允许两构件之间作一维相对定轴转动			1	5	V
移动副 (P 或 T)	允许两构件之间作一维相对刚体平移运动			1	5	V
螺旋副 (H)	允许两构件之间作一维螺旋运动			1	5	V
球销副 (S′)	允许两构件之间作两维定点转动			2	4	IV
胡克铰 (U)	允许两构件之间作两维定点转动			2	4	IV
圆柱副 (C)	允许两构件之间作一维转动和一维移动,且移动导路方向和转动轴线重合			2	4	IV
平面副 (E)	允许两构件之间作三维平面运动,包括平面内的两维移动、绕垂直于该平面的轴线的一维转动			3	3	III

续表

名称(符号)	性质	几何图形	简图符号	自由度	约束数	级别
球面副(S)	允许两构件之间作三维定点转动			3	3	Ⅲ
柱面高副	允许两构件之间作三维平面运动以及绕该平面内两构件接触线的一维转动			4	2	Ⅱ
球面高副	允许两构件之间作三维独立转动以及平面内的两维移动			5	1	Ⅰ

构件也有不同类型。**构件由它上面分布的运动副的数目、类型、相对位姿、布局等参数共同决定**。对于一个构件来说，只要其上分布的运动副参数发生了变化，无论是运动副的数目、类型还是相对位姿、布局，构件的性质都会发生改变。因此，可以认为构件是由其上的运动副及其分布情况进行定义的。如表 7-2 所示，根据构件上的运动副数目，可以将构件划分为单副杆、二副杆、三副杆、多副杆等，构件上的运动副的类型、相对位姿和布局也多种多样，因此构件形式是十分丰富的。

表 7-2 构 件 类 型

类型名称	示例
单副杆	
双副杆	
三副杆	
…	…

2. 运动链与机构

运动链是两个或以上构件通过运动副连接而成的相对可动的构件系统。若该构件系统的构件依次首尾相连而构成闭环则称为**闭式链**(又称**封闭链**,简称**闭链**,如图 7-2a 所示);若该构件系统的构件依次相连、但首尾断开而构成开环则称为**开式链**(简称**开链**或**开环**,如图 7-2b 所示);其余称为**混合链**(如图 7-2c 所示)。

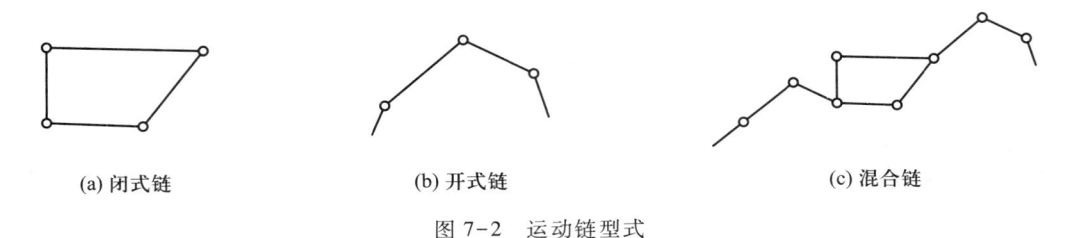

(a) 闭式链　　　　　(b) 开式链　　　　　(c) 混合链

图 7-2　运动链型式

对于一个运动链,如果将其中一个构件固定作为参照,并给定其他一个或几个构件的运动,其余各构件均能按预期的形式运动,这个运动链就成为**机构**。与运动链相对应,如图 7-3a、b、c 所示,机构有闭链(闭环)机构、开链(开环、串联)机构、混联机构之分,其中闭链机构又有单环形式(图 7-3a)、多环形式(图 7-3d、e),开链机构又有无分支(图 7-3b)、多分支(图 7-3f)之分。

(a) 闭链机构　　　　　(b) 开链机构　　　　　(c) 混联机构

(d) 多环机构　　　　　(e) 并联机构　　　　　(f) 多支链开链机构(手部骨骼)

图 7-3　开环与闭环机构的型式

机构中的固定构件称为**机架**,给定运动的构件称为**主动件**(又称**原动件**、**输入构件**、**输入件**),其余随动的构件统称**从动件**,其中一个或几个执行预期运动、完成工作要求的从动件又称为**执行构件**(简称**执行件**)或**输出构件**(简称**输出件**)。

所有构件均在相互平行的平面内运动的运动链称为**平面运动链**,由平面运动链而形成的机构称为**平面机构**;不满足平面运动链条件的运动链称为**空间运动链**,由空间运动链而形成的机构称为**空间机构**。若空间机构的所有构件的转动轴线或所在移动平面的法线均相交于一点,则称为**球面机构**。

3. 一般机构与机器人机构

1948 年,世界上第一台主从式遥控的机械手诞生于美国阿贡国家实验室,用于放射性核燃料的搬运,标志了工业机器人的开端(图 7-4)。随着机器人的发展和应用,其机械运动系统的相关研究受到关注。机器人的机械运动系统即为通常所称的**机器人机构**。与之相对应,通常将一般机器所用的机构称为**一般机构**。

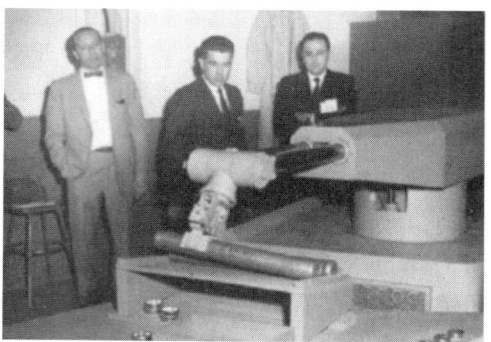

图 7-4 "机器人之父"恩格尔伯格和他研制的世界上第一台工业机器人

机器人机构通常为多自由度机构,具有 2 个或更多的自由度。机器人机构的输出构件(又称**末端执行器**)通常具有 2 个或更多的运动自由度,即**末端自由度**。

如图 7-5 所示,与运动链和机构一样,机器人机构与一般机构均有平面机构、空间机构之分,也有开链机构、闭链机构、混联机构之分。传统意义上的工业机器人大多为开链机器人机构,动物的脚爪、人的手爪(图 7-3f)也为开链形式。闭链机器人机构又可以分为单闭链(单环)机器人机构、多闭链(多环)机器人机构。多闭链机器人机构的典型形式为在末端构件(又称**动平台**)和机架(又称**静平台**)之间连接有 3 个或以上并列的、串联形式的运动支链,该类机器人机构通常称为**并联机器人机构**,是闭链机器人机构的主体形

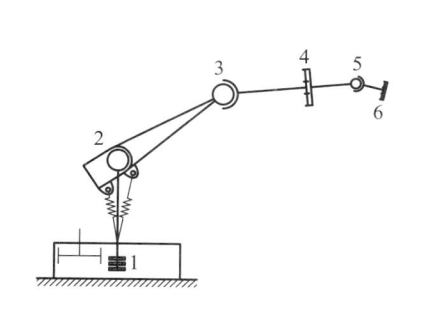

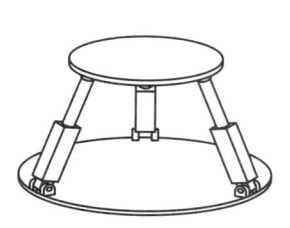

(a) 工业机器人机构　　(b) 并联机器人机构　　(c) 混联机器人机构

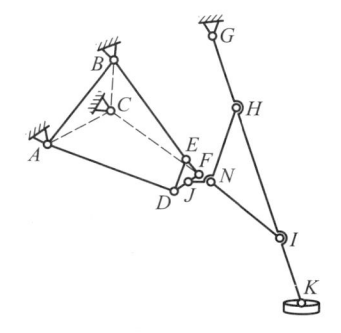

图 7-5 机器人机构

式。另外,还有一类机器人机构称为**串并混联机器人机构**(简称**混联机器人机构**或**混联机构**),是指含有局部闭链的开链机器人,或者运动支链含有局部闭链的并联机器人等。

7.2 机构运动简图

实际的机器与机构都是由若干具有复杂物理结构和几何形状的零部件所组成的构件和运动副构成的。根据前面的介绍,机器与机构的运动仅取决于组成机构的构件和运动副以及主动件的运动规律,与组成构件的零部件的数目、具体物理结构和几何形状、零部件之间的静连接方式等无关。因此,在研究机器和机构的运动学性能时,可以撇开构件的复杂外形和运动副的具体构造,仅用简单的线条和规定的符号代表构件和运动副,并按实际尺寸比例标记各运动副的相对位姿关系。这种能准确表达机器和机构运动情况的简化图形称为**机构运动简图**。机构运动简图又称为**机械运动简图、机器运动简图、机构简图**。若不按实际比例绘制,则称为**机构运动示意图**(或**机械运动示意图、机器运动示意图、机构示意图**)。

表 7-3 是绘制机构运动简图或示意图时一些常用构件的表示符号(摘自 GB/T 4460—2013《机械制图 机构运动简图用图形符号》)。

表 7-3 常用机构示意图表示符号(摘自 GB/T 4460—2013)

类型	两运动构件形成的运动副		两构件之一为机架时所形成的运动副
	二副杆	三副杆	多副杆
构件			
	凸轮机构	棘轮机构	带传动机构
凸轮、棘轮、带传动机构			
	外齿轮	内齿轮	锥齿轮	蜗杆蜗轮
齿轮机构				

绘制机构运动简图时,需要识别机构的构件组成情况以及构件间的运动副情况。步

骤如下：

首先，进行固定构件（即机架）和活动构件的辨识工作，确定出机器包含的全部构件情况，包括主动件、执行件、其他从动件；

其次，确定构件间的运动副形式以及各相邻运动副的相对位姿关系；

然后，用规定的符号和适当比例绘制出全部运动副和所有构件，从而形成机构运动简图。

绘制机构运动简图时需要合理地选择投影面，以便清晰地表达出机器的运动构造。一般选择与多数构件的运动平面相平行的面作为投影面，必要时也可以为机械的不同部分分别选择投影面。绘制机构运动简图的原则是正确、简单、清晰。

下面举例说明机构运动简图的绘制过程。

例 7-1 绘制图 7-6a 所示颚式破碎机的机构运动简图。

(a) 机器图 (b) 机构运动简图

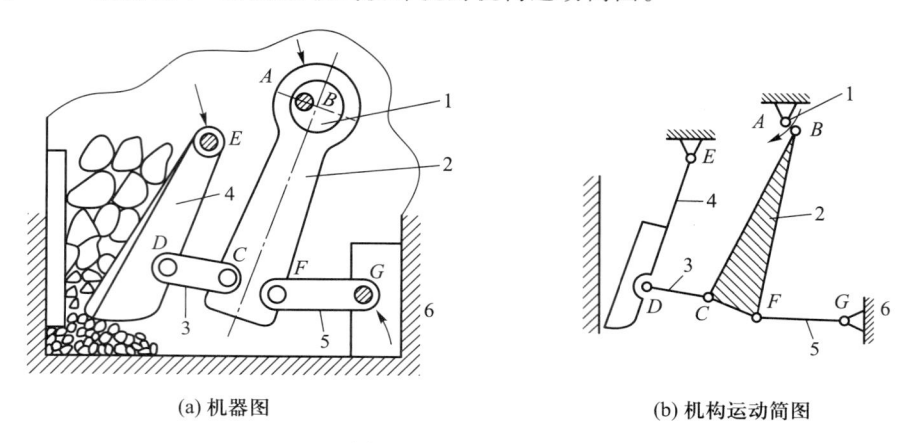

图 7-6 颚式破碎机

解：

（1）识别构件。通过分析可以发现该颚式破碎机由 6 个构件组成，构件 6 为固定机架，1、2、3、4、5 为活动构件。偏心轮 1 为主动件，带动连杆 2 运动，连杆 2 又带动中间连杆 3 和 5 运动，进而带动摇杆 4 往复摆动。摇杆 4 即动颚板，与机架 6 之间反复挤压达到破碎石块的目的。

（2）识别运动副。从主动件 1 开始，按运动传递顺序，依次分析各构件之间的相对运动关系，确定各运动副的类型。很容易观察到，该颚式破碎机的各构件之间均由转动副相连接。

（3）合理选择投影面。该颚式破碎机的各转动副回转轴线相互平行，因此可选择与回转轴线垂直的平面作为投影面。

（4）合理选择长度比例尺 μ(m/mm)，根据机构实际运动学尺寸和长度比例尺，确定出各运动副之间的相对位置，用规定符号画出各运动副和构件，形成机构运动简图（图7-6b）。

例 7-2 绘制图 7-7a 所示制动装置的机构运动简图。

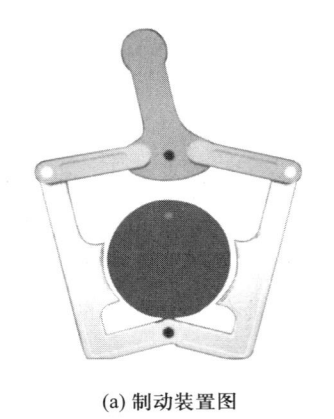

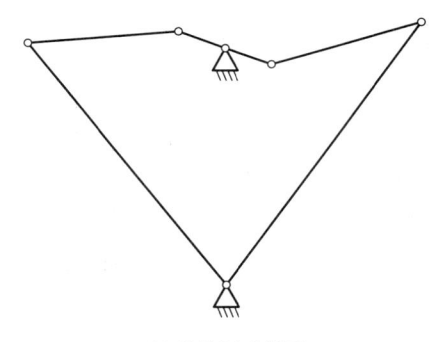

(a) 制动装置图　　　　　　　　　(b) 机构运动简图

图 7-7　制动装置的机构运动简图

解：

（1）识别构件和运动副。先观察图 7-7a 所示处于静止状态的制动装置，通过可能的运动分析判断识别出各基本运动单元即构件，以及相邻构件之间的运动副的类型。

（2）合理选择投影面。很显然该装置是一个平面机构装置，因此选择与回转轴线垂直的平面作为投影面。

（3）合理选择长度比例尺 μ（m/mm），用规定符号画出各运动副和构件，形成该装置的机构运动简图（图 7-7b）。

7.3　机构自由度

1. 机构自由度及机构具有确定运动的条件

机构自由度计算是机构学的基本问题之一，也是一个迄今仍在不断深化的研究议题。

一个构件或机构的**自由度**是指确定这个构件或机构的运动、位姿或几何位形所需的独立参数（或独立坐标）的数目。对机构来说，实质上就是机构具有确定位形时必须给定的独立运动参数的数目，或者说是机构具有确定运动时需要的单维输入（单自由度主动件）的数量，这与需要安装的原动机的数量是相等的（因目前的电动机等原动机大多提供一个独立的驱动运动）。

当机构自由度 $F>0$ 时，若主动件数$<F$，表示还有部分独立运动参数未被明确赋值，机构的运动状态或位形不确定；若主动件数$>F$，机构受到冗余驱动，机构无法正常工作甚至因内力过载而破坏。

显然，当机构自由度 $F\leqslant 0$，机构退化成静定或超静定结构。

因此，只有当机构自由度大于 0 且主动件数等于机构自由度时，机构才具有确定的运动或位形。

正常情况下，对于一个机构，若锁定全部主动件，则机构被完全约束而成为一个不允许构件发生相对运动的刚性结构组合体。

2. 机构自由度计算

机构自由度该怎样计算？下面讨论这个问题。

如图 7-8a 所示，日常生活中我们理解的三维空间内任一个不受约束的构件具有 6 个独立的运动自由度（即 3 个移动自由度、3 个转动自由度）。如图 7-8b 所示，我们理解的二维平面内，任一个不受约束的构件具有 3 个独立的运动自由度（即 2 个移动自由度、1 个转动自由度）。同样，一个 q 维空间中不受约束的任一构件具有 q 个独立的运动自由度（$1 \leq q \leq 6$）。

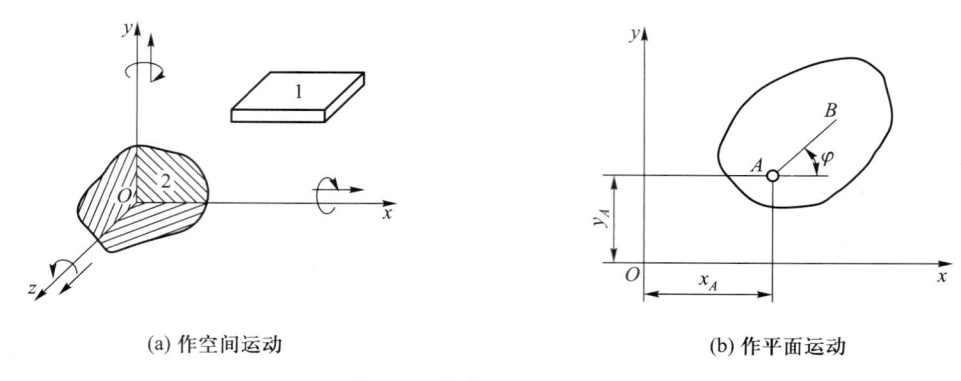

(a) 作空间运动　　　　(b) 作平面运动

图 7-8　构件的运动自由度

对于一个机构，有 $q=6-\lambda$，其中 λ 是指公共约束数，即各运动副所提供的几何约束中作用相同的那一部分约束的维数。对于平面机构，所有构件都受到了 3 个相同约束的作用，使得沿着垂直于机构运动平面的方向的移动自由度、绕该运动平面内任意两个独立轴线的转动自由度因受到限制而失去（图 7-9a）。

除上面提到的 $q=3$、6，即平面和空间两种情况，在机构中还经常存在其他情况，如图 7-9b 所示平面楔块移动空间的公共约束数为 4、机构活动空间的维数 q 为 2（允许平面内或平行于该平面的 2 个移动自由度）；图 7-9c 所示球面机构的公共约束数为 3、机构活动空间的维数 q 为 3（允许 3 个转动自由度）。针对公共约束数的讨论，历史上的学者提出

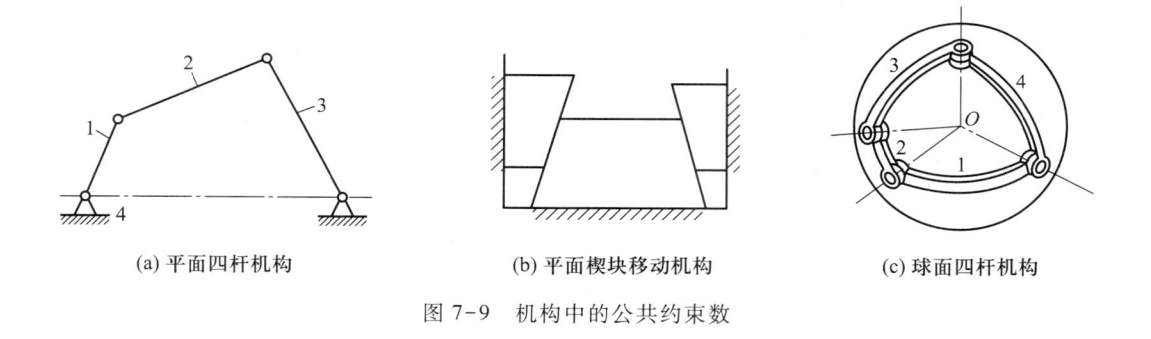

(a) 平面四杆机构　　　(b) 平面楔块移动机构　　　(c) 球面四杆机构

图 7-9　机构中的公共约束数

了很多方法,涉及不同的思维方法和数学工具,这一研究现在仍在发展中,感兴趣的同学可以进一步进行拓展阅读。

对于一个由 N 个构件(包含 1 个机架)组成的机构而言,其机构自由度计算的基本思想是所有活动构件具有的总自由度减去机构中所有运动副引入的独立约束总数,即:

机构自由度=构件总自由度-运动副引入的独立约束总数

这个公式是计算机构自由度的一般性原则,但实际的机构自由度计算却十分复杂。

难点在于两个方面,一是构件总自由度如何准确计算的问题;二是机构中的独立约束总数如何准确计算的问题,这两个问题彼此独立但又相互联系。

下面仅讨论一般情况下的机构自由度计算,更为深入的机构自由度计算及相关理论工具可参阅相关文献。

根据上述计算原则,一般情况下机构自由度计算公式可写为:

$$F = q(N-1) - \sum_{i=1}^{q-1} (q-i)P_i \tag{7-1}$$

其中,q 是构件所在活动空间的维数或阶数;N 是组成机构的构件数(其中包含 1 个机架);P_i 是自由度为 i 的运动副的数目;$(q-i)$ 是一个自由度为 i 的运动副在 q 维空间中引入的约束数目。

根据上述讨论可知,对于平面楔块机构,$q=2$;对于一般平面机构和球面机构,$q=3$;对于一般空间机构,$q=6$。

很显然,当存在两个或以上作用重复的约束时,这些作用重复约束本质上仅相当于一个约束,因此采用式(7-1)计算时所减掉的约束数被减多了,计算得到的机构自由度会偏少,需要采取必要的措施加以修正,加上一个修正项,将多减去的起重复作用的约束数作为修正项再补回去。除运动副直接给机构引入的约束情况外,若存在由运动副连接若干构件形成闭环情况时,闭环也可能因封闭条件而引入新的独立约束。因此,如何判定约束是否重复或者说是否独立往往是比较复杂的。除此之外,还存在影响机构自由度计算结果正确性的其他情况。限于篇幅本书对此不作详细展开,本节第三部分"机构自由度计算应注意的事项"对空间机构情况仅作了简要讨论,有兴趣的同学可参阅相关专业书籍。

对于一般的空间机构,式(7-1)可以展开写成下式:

$$F = 6n - \sum_{i=1}^{5} (6-i)P_i = 6n - 5P_1 - 4P_2 - 3P_3 - 2P_4 - P_5 \tag{7-2}$$

其中,n 是组成机构的活动构件数(即机架除外)。

例 7-3 试计算图 7-10 所示 3-RPS 并联机构的自由度。

解:由图 7-10 可以看出,此机构共有 7 个活动构件,有 3 个 V 级转动副、3 个 V 级移动副、3 个 III 级球面副,按式(7-2)可求得其机构自由度为

$$F = 6 \times 7 - 5 \times (3+3) - 3 \times 3 = 3$$

如上所述,式(7-2)成立的前提条件是所有运动副引入的约束都是独立的。图 7-10 所示的机构没有约束重复的情况。

对于一般的平面机构,式(7-1)可以简化为

$$F = 3n - 2P_L - P_H \tag{7-3}$$

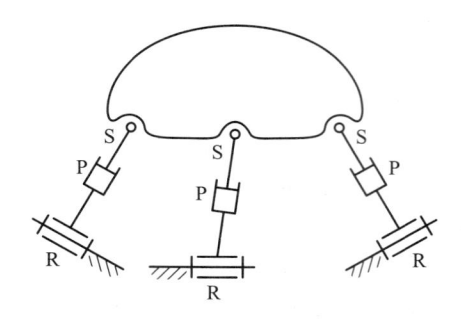

图 7-10 3-RPS 并联机构

其中 P_L 是平面低副(转动副、移动副)数量;P_H 是平面高副数量。因为单个平面低副引入约束数为 2、单个平面高副引入约束数为 1,该公式表示平面机构自由度等于活动构件具有的总自由度数减去平面低副和平面高副引入的独立约束总数。若存在约束不独立的情况,则需要采取一定的修正措施。

这就是平面机构自由度的计算公式,也称为平面机构的结构公式。下面讨论平面机构的自由度计算。

3. 机构自由度计算应注意的事项

利用公式(7-3)计算平面机构自由度时,需要准确获得机构的活动构件数 n、低副数 P_L、高副数 P_H。为得到活动构件的总自由度和运动副引入的独立约束总数,计算平面机构自由度时有三类特殊情况需要加以正确处理,否则会导致错误结果。

(1) 复合铰链

由两个以上构件在同一轴线处构成的多个转动副合称为复合铰链。如图 7-11a 所示,构件 1 和构件 2、3 在同一轴线处分别构成转动副,这两个转动副形成复合铰链。图 7-11b 是该复合铰链的侧视图,有 2 个独立的转动副。当 m 个构件形成一处复合铰链,该复合铰链应作为 $(m-1)$ 个转动副来计算。

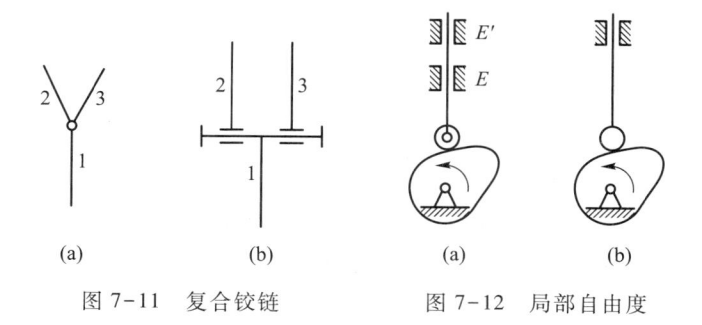

图 7-11 复合铰链   图 7-12 局部自由度

(2) 局部自由度

如图 7-12a 所示凸轮机构为减少高副元素接触处的摩擦磨损,在凸轮和从动件之间安装了圆形滚子,滚子绕其自身回转轴线的自由转动不影响其他构件的运动,因此不需要对其作独立驱动。这种在机构中,某些构件能作局部运动且不影响其他构件和整个机构输出运动的情况,称为局部自由度。当不以该构件作为输出构件时,计算机构自由度时需要去除该局部自由度。如图 7-12b 所示,可设想将滚子与从动件焊接为一体再进行计算。一般情况下,局部自由度只出现在含有回转体形状构件的机构中。

(3) 虚约束

在运动副所引入的约束中,有些约束所起的限制作用可能是和其他约束重复的,这种不起独立限制作用的约束称为**虚约束**,又称过约束、冗余约束。虚约束情况比较复杂,常见的虚约束有以下几种情况。

1) 当两构件构成多处移动副,且其导路互相平行或重合时,则只有一处移动副起约束作用,其余都是虚约束,如图 7-12a 所示的 E 和 E' 情况。

2) 当两构件构成多处转动副,且轴线互相重合时,则只有一处转动副起作用,其余都是虚约束。如图 7-13 四缸发动机的曲轴 1 和机架之间组成 2、2' 和 2″ 三处转动副,由于这三处转动副的中心轴线相互重合,因此只能起到一个转动副的约束作用。

3) 当两构件构成多处高副,存在两种情况。一种情况是各高副处的接触公法线彼此重合,则只有一处高副起约束作用,其余都是虚约束,如图 7-14a 所示等宽凸轮机构情况;另一种情况是各高副处的接触公法线彼此不重合,则只能保留其中 2 处平面高副,其余算作虚约束,如图 7-14b 所示,此时两构件之间相当于有一个平面低副。

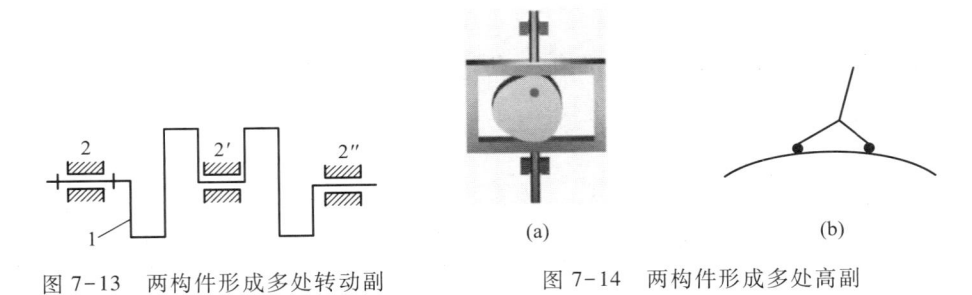

图 7-13 两构件形成多处转动副

图 7-14 两构件形成多处高副

4) 如果机构中两构件上某两点的距离始终保持不变,或者两点运动轨迹重合,此时若用具有两个转动副的附加构件来连接这两个点,或者在重合点处安装一个转动副,则会引入一个虚约束。如图 7-15 所示机构中,$\triangle ABF \cong \triangle DCE$,当机构运动时,构件 1、3 上的 B 和 C、F 和 E 两点间的距离始终保持不变,若将其中 E、F(或 B、C)两点以构件和转动副相连,则引入的约束对机构运动不产生影响,属于虚约束情况。

5) 机构中对运动起重复限制作用的对称部分往往会引入虚约束。如图 7-16 所示的行星轮系,为了受力均衡,采用 3 个行星轮 2、2' 和 2″ 对称布置的结构,但从机构运动来看只要一组行星轮便可满足运动要求,其他两组行星轮引入的约束属于虚约束。

从上面的例子可以看出,机构中的虚约束都是由特定几何条件引起的,如果这些几何条件被破坏,则虚约束就会成为真实的约束,从而对机构运动产生影响。

(4) 特殊情况的处理

上面讨论了机构存在的三类特殊情况。在计算机构自由度时,应首先找出存在虚约

208 第 7 章 机构的表达与组成原理

束的部分,将对应部分去除;再找出并去除局部自由度,然后绘制出与原机构等价的机构运动简图,再判断是否存在复合铰链,得到化简后的机构的活动构件数 n、低副数 P_L、高副数 P_H,最后进行机构自由度计算。

例 7-4 计算图 7-6 所示颚式破碎机的机构自由度。

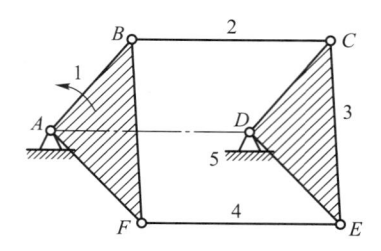

图 7-15　因两构件上某两点距离不变引入的虚约束

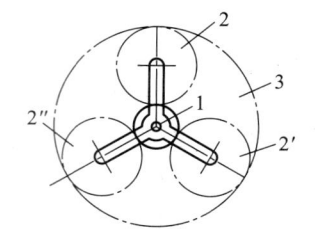

图 7-16　因对称结构引入的虚约束

解:该机构不存在上面讨论的特殊情况。活动构件有 5 个,平面低副有 7 个,没有高副,因此

$$n=5, P_L=7, P_H=0$$
$$F=3n-(2P_L+P_H)=3n-2P_L-P_H=1$$

该机构的自由度为 1。

例 7-5 已知图 7-17a 所示机构中,$DE=FG=HI$,$DF=EG$,$DH=EI$。计算此机构的自由度。

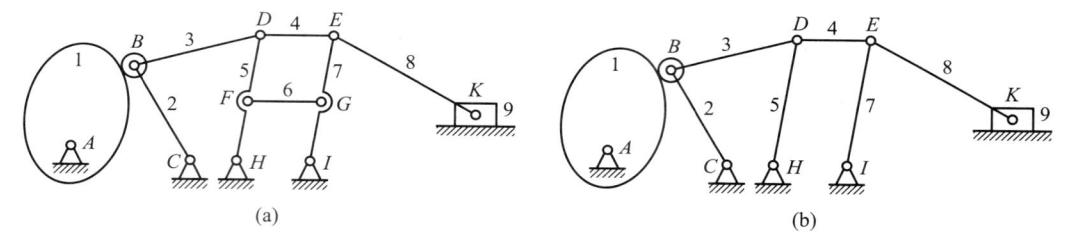

图 7-17　例 7-5 图

解:根据上面的讨论,首先判断虚约束情况,再去除局部自由度,重新画出处理后的机构运动简图,然后找出复合铰链,再进行机构自由度的计算。

首先是虚约束的识别。由给定的几何尺寸条件可以容易地判定出 D 和 E、F 和 G 之间的距离始终保持不变,因此构件 4 与构件 6 两处只要保留任意一处就能保证机构的运动关系,在此将构件 6 及其两端的转动副所引入的约束作为虚约束处理(也可以选取构件 4 处),将对应的部分去除(即构件 6 及其两端的转动副)。

其次是局部自由度的去除。滚子 B 绕自身几何中心的转动自由度属于局部自由度,通过将滚子与杆件 2(或 3)焊接在一起来去除。

之后,就可以重新绘制出图 7-17b 所示机构运动示意图或简图。对于该图,可以判

断开 D、E 两处存在复合铰链,活动构件数为 8 个,低副数为 11 个,高副数为 1 个,有
$$n=8, P_L=11, P_H=1$$
$$F=3n-2P_L-P_H=1$$

例 7-6 如图 7-18 所示,已知:$GI=IJ=HI$,$GH \perp HJ$,计算机构自由度。

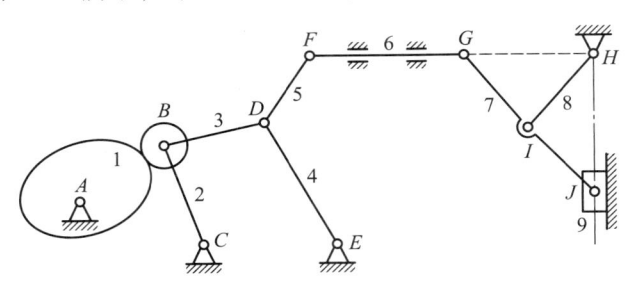

图 7-18 例 7-6 图

解:由直角三角形性质知,H、I 两点间距离不变,点 J 轨迹和滑块 9 导路方向重合,因此滑块 9 及其所连接的转动副与移动副或构件 HI 及其两端的转动副两处之一为虚约束,在计算机构自由度前应去除;滚子 B 处有一个局部自由度,应去除;D 为复合铰链。简化处理后可得出该机构的活动构件数为 8 个,低副数为 11 个,高副数为 1 个,有
$$n=8, P_L=11, P_H=1$$
$$F=3n-2P_L-P_H=1$$

例 7-7 计算图 7-19 所示机构的自由度。

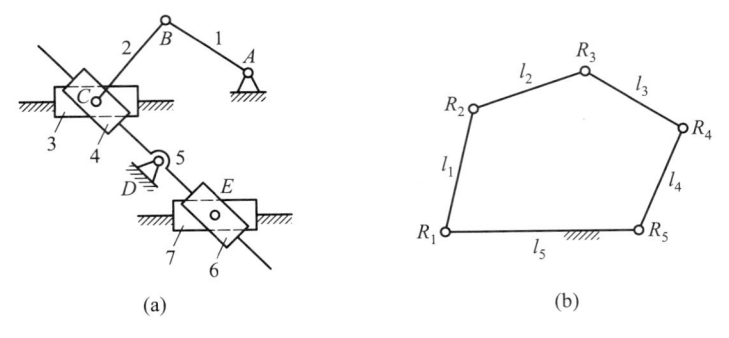

图 7-19 例 7-7 图

解:图 7-19a 中机构不存在局部自由度,也不存在虚约束,C 处为复合铰链。机构的活动构件数为 7,低副数为 10,没有高副,有
$$n=7, P_L=10, P_H=0$$
$$F=3n-2P_L-P_H=1$$

图 7-19b 中机构不存在局部自由度,也不存在虚约束。机构的活动构件数为 4,低副数为 5,没有高副,有

210　第 7 章　机构的表达与组成原理

$$n=4, P_L=5, P_H=0$$
$$F=3n-2P_L-P_H=2$$

例 7-8　计算图 7-20a 所示直角转块机构的自由度。

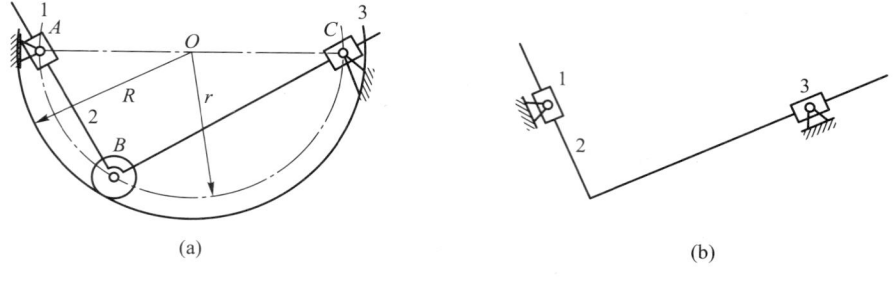

图 7-20　例 7-8 图

解：∠ABC 是直角，由几何知识可知点 B 轨迹是以点 O 为圆心、r 为半径的圆弧。B 处滚子有局部自由度，滚子中心点轨迹也是以点 O 为圆心、r 为半径的圆弧。因此，滚子与构件 2 及机架所形成的转动副和高副对机构运动不产生影响，属于虚约束。去除该虚约束后得到的等效机构如图 7-20b 所示，有活动构件数 3、低副数 4、无高副，故有

$$F=3n-2P_L-P_H=3\times 3-2\times 4=1$$

（5）空间机构的特殊情况

与平面机构类似，空间机构中同样存在虚约束、局部自由度等情况，如一构件或多构件形成的组合体的两端均是球面副时，会存在绕两端球面副球心确定的轴线作自由转动的局部自由度。考虑到这些情况，空间机构的自由度可按以下公式计算

$$F=q(N-1)-\sum_{i=1}^{q-1}(q-i)P_i+\nu-\zeta \tag{7-4}$$

其中，ν 是机构的虚约束数；ξ 是机构的局部自由度数，但它们的确定往往比较复杂。

例 7-9　计算图 7-21 所示并联机器人机构的自由度。

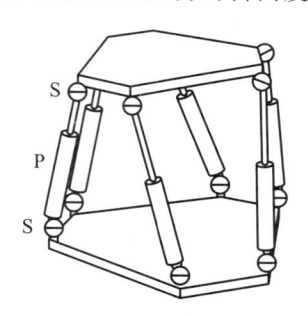

图 7-21　例 7-9 图并联机器人机构

解：该并联机器人机构有 6 条支链，每条支链有 S、P、S 三个运动副。构件活动空间的维数 q 为 6；构件数 N 为 14；机构有 6 个 V 级移动副、12 个 Ⅲ 级球面副；没有虚约束，ν 为 0；每条 SPS 支链存在绕两端 S 副球心连轴线作回转运动的 1 个局部自由度，ξ 为 6。

按式(7-4)可求得其机构自由度为
$$F = 6 \times (14-1) - 5 \times 6 - 3 \times 12 - 6 = 6$$

7.4 平面机构的组成原理与结构分析

1. 平面机构的组成原理

机构由机架、原动件和从动件系统三部分构成。机构具有确定运动的条件是原动件输入自由度数等于机构的自由度数,因此,若将机架以及和机架相连的原动件从机构中去除,则余下的从动件系统的自由度应为零。自由度为零的从动件系统有可能进一步被分解为若干更简单的、自由度为零的构件组。这种不可再分的、自由度为零的最简单构件组称为基本杆组或阿苏尔杆组(Assur group)。因此,任何机构都可以被看作由若干基本杆组依次连接到原动件和机架上所形成,这就是**机构组成原理**。

根据式(7-3),平面机构基本杆组应满足下述条件

$$F = 3n - 2P_L - P_H = 0 \tag{7-5}$$

若构成基本杆组的运动副全部是低副,则上式变为

$$F = 3n - 2P_L = 0 \quad 或 \quad n = \frac{2}{3}P_L \tag{7-6}$$

考虑到活动构件数 n 和低副数 P_L 都是正整数,可以列出满足式(7-6)的组合如表7-4所示:

表 7-4 基本杆组的构件数和运动副数

n	P_L
2	3
4	6
6	9
…	…

由此可见,最简单的平面基本杆组是由两个构件、三个低副组成的杆组,称之为Ⅱ级组,是应用最广的基本杆组。由于平面低副有转动副(R)和移动副(P)两种情况,根据 R 副和 P 副数及排列不同,Ⅱ级杆组有表 7-5 所列的五种形式。

除Ⅱ级杆组外,还有Ⅲ、Ⅳ级等更高级别的基本杆组。如表 7-5 所示,Ⅲ级杆组、Ⅳ级杆组都由 4 个构件、6 个低副组成,其中含有由三个内运动副组成闭环的杆组称为Ⅲ级杆组,含有由四个内运动副组成闭环的杆组称为Ⅳ级杆组。在实际机构中,因分析和设计比较困难,Ⅲ、Ⅳ级或更高级别的基本杆组应用较少。

根据机构所包含的基本杆组的最高级数对机构进行分类,将其作为机构的级数,如把

含有基本杆组最高级数为Ⅱ级的机构称为Ⅱ级机构;把含有基本杆组最高级数为Ⅲ级的机构称为Ⅲ级机构。而把仅由主动件和机架组成的机构(如杠杆机构、电风扇机构等)称为Ⅰ级机构,机构中的对应部分称为Ⅰ级杆组。这就是机构的结构分类方法。当给定Ⅰ级杆组的运动规律后,机构中其余各基本杆组的运动就可以被计算确定。因此,机构的运动分析可以从Ⅰ级杆组开始,通过依次求解其余各基本杆组来完成。

表 7-5　Ⅱ级及部分Ⅲ、Ⅳ级基本杆组结构形式

杆组中含有构件及运动副数	杆　组　形　式	
$n=2$ $P=3$ 二杆三副 (Ⅱ级杆组)	(1) RRR	(2) RRP
^	(3) RPR	(4) PRP
^	(5) RPP	
$n=4$ $P=6$ 四杆六副 (部分Ⅲ、Ⅳ级杆组)	(1) Ⅲ级杆组	(2) Ⅳ级杆组

2. 平面机构的高副低代

为简化问题研究的复杂性,平面机构研究中出现了高副低代的方法,将含有高副的平面机构等效转化为仅含有低副的平面机构,再按低副平面机构进行分析。

为了保证机构的运动保持不变,进行高副低代必须满足下列条件:
(1)代替机构和原机构的自由度必须相同;
(2)代替机构和原机构的瞬时速度和瞬时加速度必须相同。

图 7-22a 所示的高副机构中,构件 1 和构件 2 分别为绕 A 点和 B 点转动的两个圆盘,它们的几何中心分别为 O_1 和 O_2,这两个圆盘在 C 点接触组成高副。由于高副两元素均

为圆弧，故 O_1、O_2 即为构件 1 和构件 2 在接触点 C 的曲率中心，两圆连心线 O_1O_2 所在直线即为过 C 点的公法线。在机构运动时，圆盘 1 的偏心距 AO_1、两圆盘半径之和 O_1O_2、圆盘 2 的偏心距 BO_2 均保持不变，因而这个高副机构可以用图 7-22b 所示的铰链四杆机构 AO_1O_2B 来代替。代替后机构的运动并不发生任何改变，因此能满足高副低代的第二个条件。由于高副具有一个约束，而构件 4 及转动副 O_1、O_2 也具有一个约束，所以这种代替不会改变机构的自由度，即满足高副低代的第一个条件。

上述的代替方法可以推广应用到各种平面高副上。图 7-23a 所示为具有任意曲线轮廓的高副机构，过接触点 C 作公法线 nn，在此公法线上确定接触点的曲率中心 O_1、O_2，构件 4 通过转动副 O_1、O_2 分别与构件 1、构件 2 相连，便可得到图 7-23b 所示的代替机构 AO_1O_2B。当机构运动时，随着接触点的改变，其接触点的曲率半径及曲率中心的位置也随之改变，因而在不同的位置有不同的瞬时代替机构。

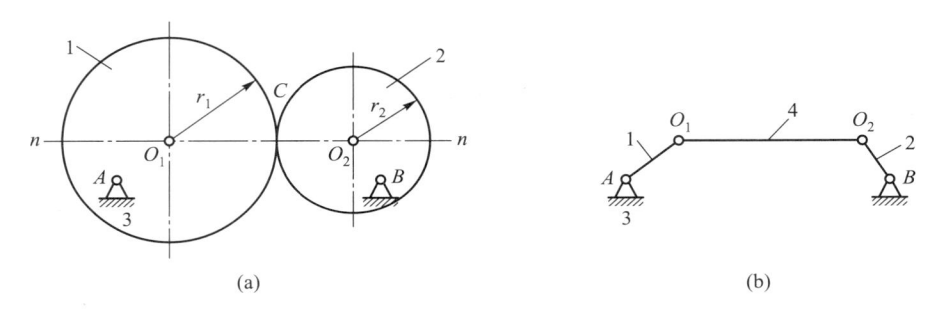

图 7-22 高副机构

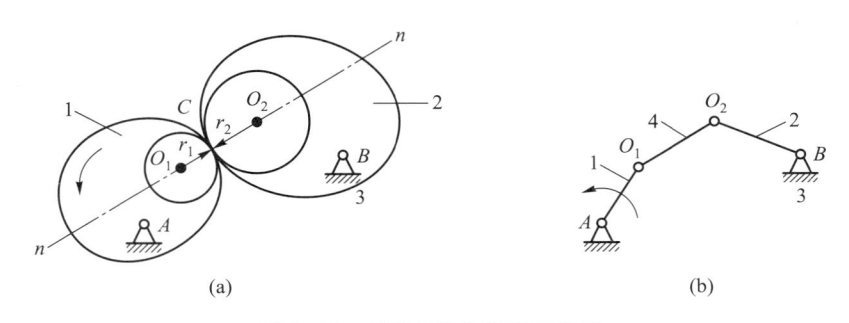

图 7-23 任意曲线轮廓高副机构

根据以上分析，高副低代的方法就是用一个带有两个转动副的构件来代替一个高副，这两个转动副分别处在高副两元素接触点处的曲率中心。

若高副两元素之一为一点，如图 7-24a 所示，则因其曲率半径为零，所以曲率中心与两构件的接触点 C 重合，其瞬时代替机构如图 7-24b 所示。

若高副两元素之一为一直线，如图 7-25a 所示，则因直线的曲率中心在无穷远处，所以这一端的转动副将转化为移动副。其瞬时代替机构如图 7-25b 或图 7-25c 所示。

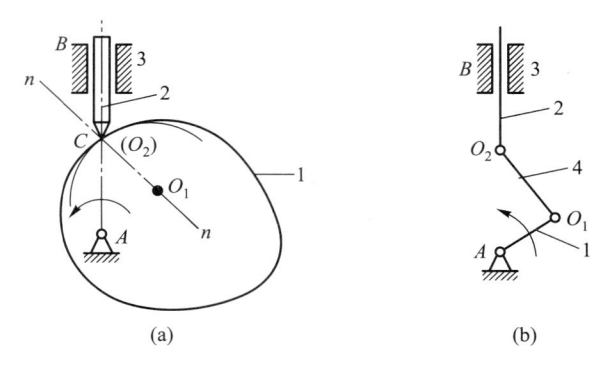

图 7-24 尖底从动件盘形凸轮机构

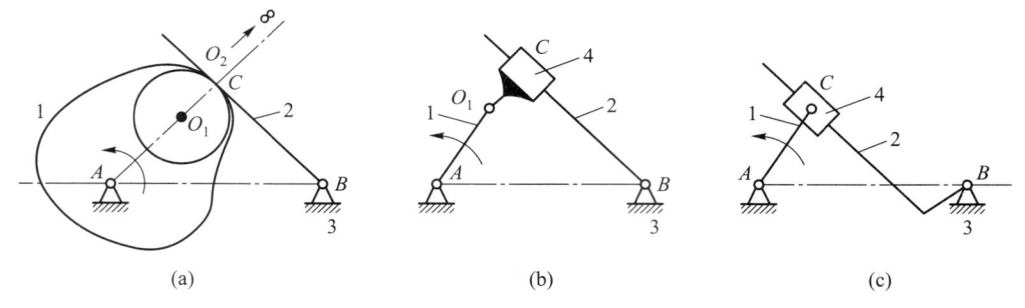

图 7-25 摆动从动件盘形凸轮机构

3. 平面机构的结构分析

机构结构分析就是将已知机构分解为主动件、机架和若干个基本杆组,确定机构的级别。在机构结构分析之前,若有高副的话,利用高副低代原理,将机构转化为全部由低副构成的转化机构,再开始进行结构分析。机构结构分析的步骤是:

1) 预处理:利用高副低代,将机构进行转化;
2) 去除虚约束和局部自由度并识别复合铰链,计算机构的自由度并确定主动件;
3) 拆杆组。从远离主动件的构件开始拆分,首先试拆Ⅱ级组,若不可能时再试拆Ⅲ级组;每拆出一个杆组后,剩下部分仍组成机构,且自由度数与原机构相同,直至全部拆分成杆组,最后只剩下Ⅰ级机构;
4) 确定机构的级别。

例 7-10 计算图 7-26 所示机构的自由度,并确定机构的级别。

解:该机构无虚约束和局部自由度,$n=5$,$P_L=7$,其自由度 F 为

$$F = 3 \times 5 - 2 \times 7 = 1$$

构件 5 为主动件,距离 5 最远且与其不直接相连的构件 2、3 可以组成Ⅱ级杆组,构件 4 和 6 也可以组成Ⅱ级杆组,最后剩下构件 5 与机架 1 组成Ⅰ级机构。该机构由Ⅰ级机构和两个Ⅱ级杆组所组成,因而为Ⅱ级机构。

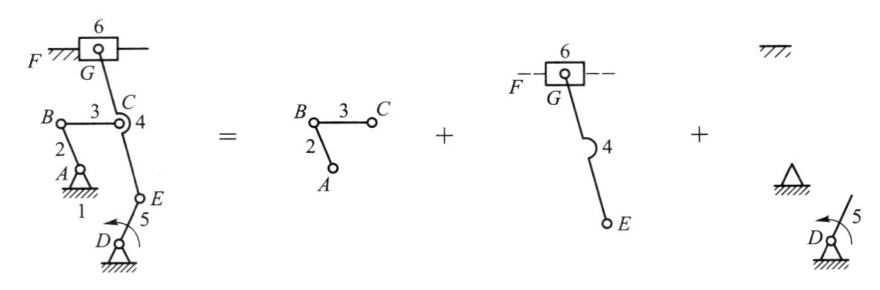

图 7-26 例 7-10 图

对于图 7-26 所示的机构,若以 2 为主动件,则机构将成为Ⅲ级机构。这说明拓扑结构相同的运动链,当指定的机架或主动件不同时,可能形成级别不同的机构。因此,对一个具体机构,必须根据实际工作情况确定主动件,并用箭头标明其运动方向。

学习指南

机构是机器的运动系统,是机械原理课程的研究对象。如图 7-27 所示,本章主要讨论了机构的组成要素、运动简图绘制、机构自由度计算以及机构的组成原理和结构分析等

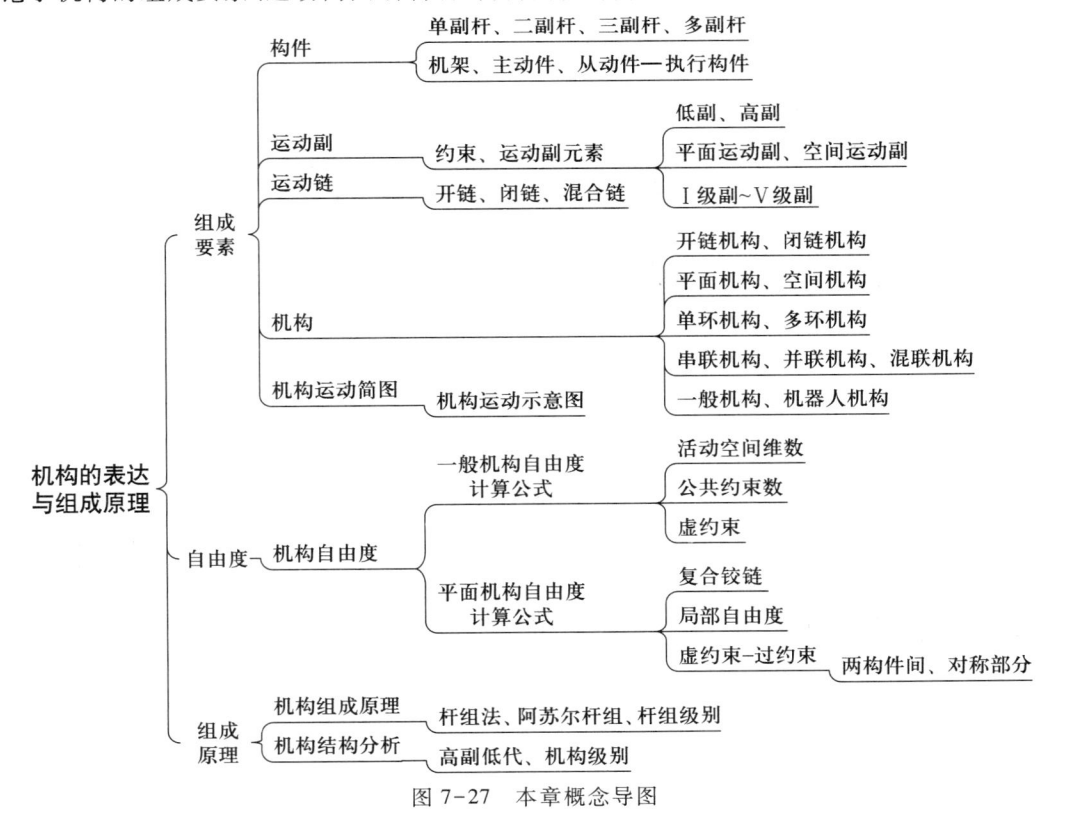

图 7-27 本章概念导图

216　第 7 章　机构的表达与组成原理

基本知识,这些是机械工程的基础性知识,需要深刻理解其本质。重点掌握机构自由度的一般性计算原则和计算方法,包括一般空间机构和平面机构情况。对于平面机构来说,需要特别关注复合铰链、局部自由度及虚约束三种特殊情况的识别及其处理方法。

为抓住机器的机械运动的本质,采用运动简图作为机器运动系统的表达手段。从机械运动的视角出发,机器的运动简图就是机构运动简图,是对机器中机构系统的本质刻画,能够绘制机构运动简图或者机构运动示意图是研究机器的机械运动的前提和基本功。

随着材料、制造工艺、信息等科技的发展,人们对机构的认知程度会深化,机构组成要素也会呈现出新的形式,如弹性构件、柔顺构件、弹性铰链、柔顺铰链等,感兴趣的同学可以自行检索相关工程案例和研究文献。

机构自由度计算也是一个非常基础、但又十分复杂且仍在不断发展的研究课题,其难点在于两方面,一是构件总自由度如何准确计算,二是机构中的独立约束总数如何准确计算,这两个问题的解决有赖于对自由度、约束等基本概念的本质理解和正确把握,以及选取合适的数学工具进行建模和分析。

习题

7-1 绘制图 7-28 所示机械的机构运动简图,判断机构能否运动。若不能运动,请给出相应的修改方案。

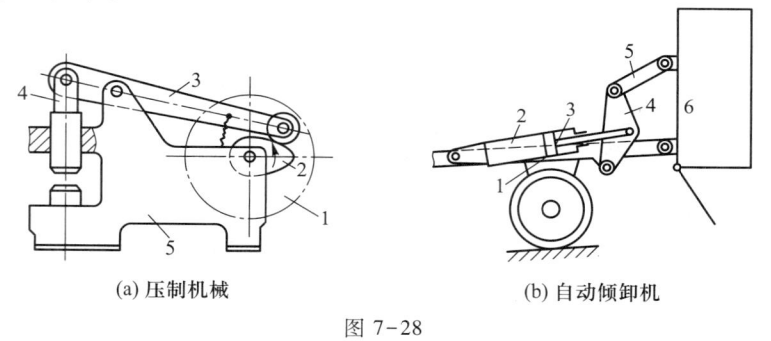

(a) 压制机械　　(b) 自动倾卸机

图 7-28

7-2 计算图 7-29 所示机构自由度(若存在局部自由度、复合铰链、虚约束,请指出)。

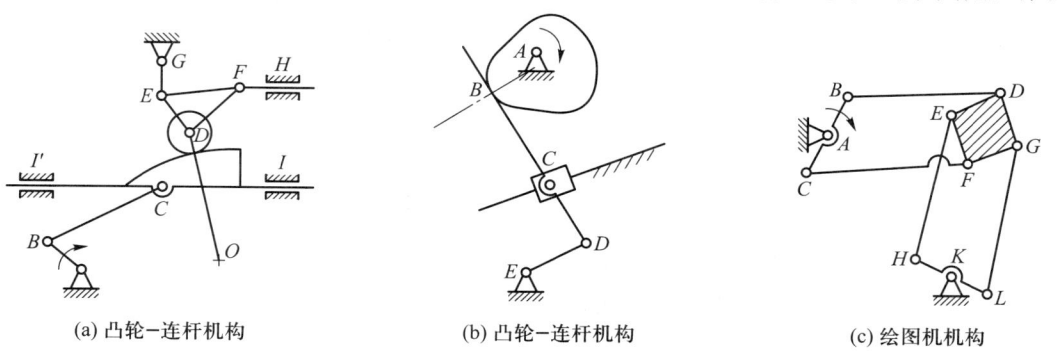

(a) 凸轮-连杆机构　　(b) 凸轮-连杆机构　　(c) 绘图机构
(BCFD 与 EHLG 均为平行四边形)

(d) 多杆机构

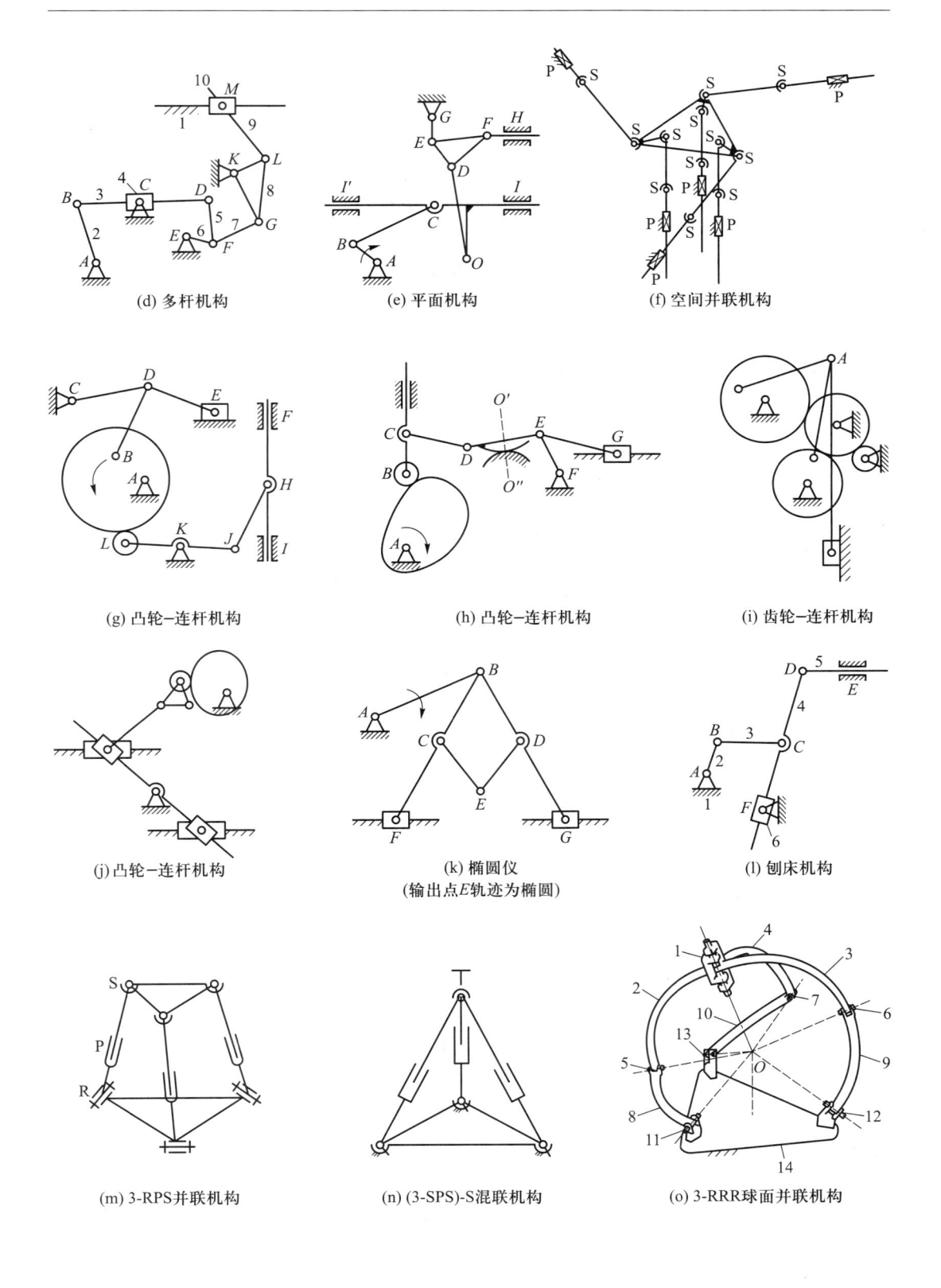

(e) 平面机构

(f) 空间并联机构

(g) 凸轮-连杆机构

(h) 凸轮-连杆机构

(i) 齿轮-连杆机构

(j) 凸轮-连杆机构

(k) 椭圆仪
(输出点E轨迹为椭圆)

(l) 刨床机构

(m) 3-RPS并联机构

(n) (3-SPS)-S混联机构

(o) 3-RRR球面并联机构

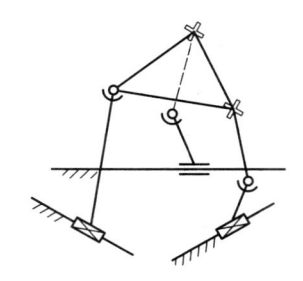

(p) PS-PSU-CSU并联机构

图 7-29

7-3 计算图 7-30 所示机构的自由度,并确定机构的杆组及机构的级别。

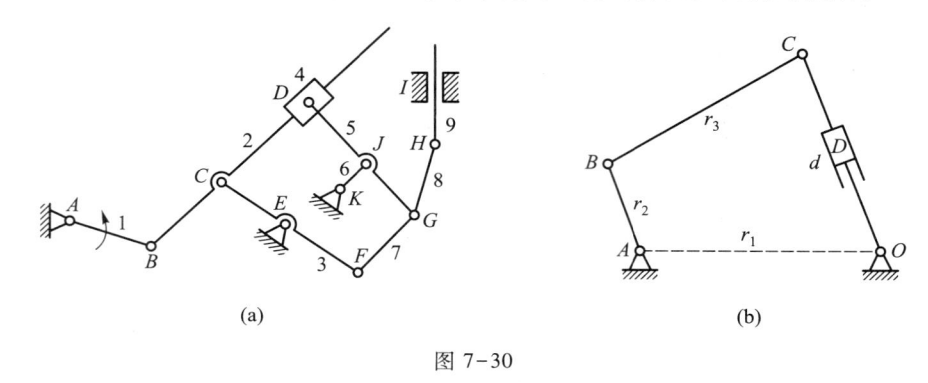

(a)　　　　　　　　　　　　(b)

图 7-30

7-4 计算图 7-31 所示机构自由度（若存在局部自由度、复合铰链、虚约束请指出）。

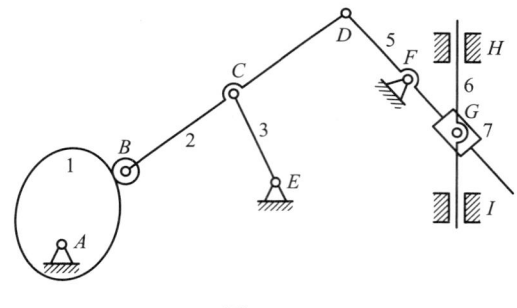

图 7-31

7-5 如图 7-32 所示,已知 $HG = IJ$,且相互平行;$GL = JK$,且相互平行。计算此机构的自由度（若存在局部自由度、复合铰链、虚约束请指出）。

7-6 计算图 7-33 所示机构的自由度（若存在局部自由度、复合铰链、虚约束请指出）。

7-7 计算图 7-34 所示机构的自由度（若存在局部自由度、复合铰链、虚约束请指出）。

习题 219

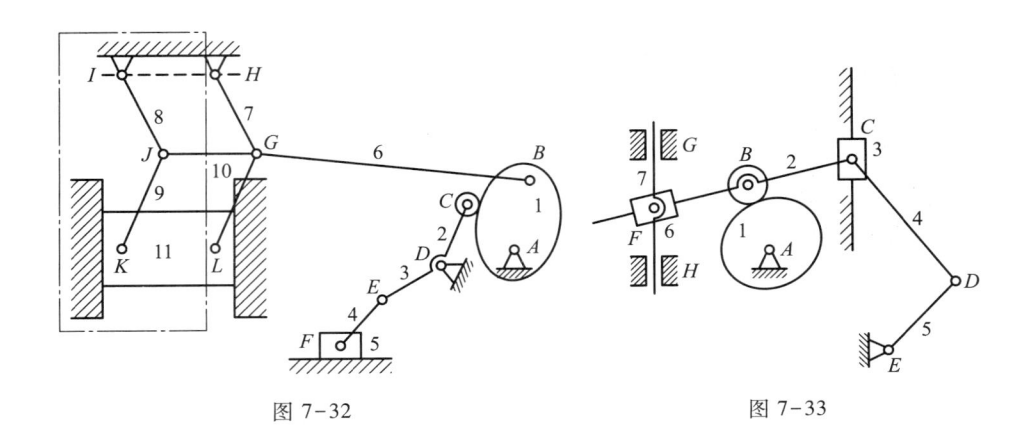

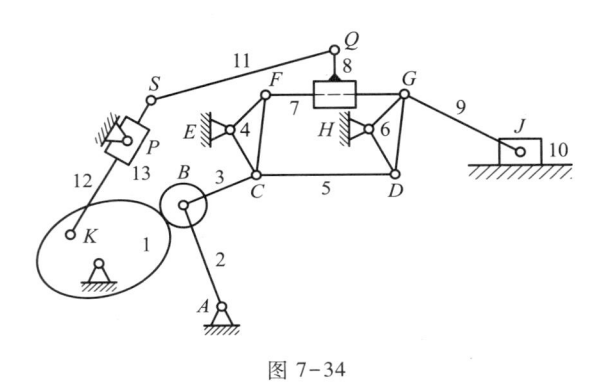

图 7-32

图 7-33

图 7-34

第 8 章 连杆机构

内容提要

连杆机构应用广泛,是常用的典型机构之一,常见的串联工业机器人和并联机器人就是连杆机构的典型应用。本章介绍连杆机构的特点及其基本形式,讨论平面连杆机构的工作特性,进行平面连杆机构的运动分析和运动设计。另外还简要讨论空间连杆机构和机器人机构的基本问题。本章主要解决两个问题:一是掌握连杆机构的基本知识,分析现有连杆机构的运动学和动力学性能;二是根据功能要求、已知几何条件、运动学或动力学规律等设计要求和设计约束来设计机构。

8.1 概述

连杆机构是指用低副将多个构件连接而形成的机构,又称低副机构,在工农业生产、航空航天、星际探测等领域和日常生活中应用广泛,如在工业机器人、行走装置、内燃机、飞机起落架、多铰链开窗装置、折叠式椅子、健身器材等中都能发现连杆机构的应用。

连杆机构雏形的出现及应用非常早,在很多古机械中都能发现它的身影,如三国时期诸葛亮发明的运粮工具"木牛流马"(图 8-1a)、元代《王祯农书》记载的粮食加工机械"水击面罗"(图 8-1b)等。这些复杂的机械装置背后渗透着巧妙的构思和精心的设计,但当时的能工巧匠们是如何进行构思和设计的,采用了什么样的设计方法或手段,现在已不得而知。

连杆机构有多种类型。当构成连杆机构的所有构件都在同一个或相互平行的平面内运动时,称为平面连杆机构,否则称为空间连杆机构。连杆机构中的构件常称作杆。连杆机构中应用最广泛的是平面四杆机构。由机构自由度公式可推知,平面四杆机构也是最简单的平面闭链低副机构。

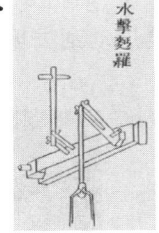

(a) 木牛　　　　　　　　　(b) 水击面罗（水力驱动的筛面机）

图 8-1　古机械中的连杆机构

1. 连杆机构的特点

连杆机构具有诸多优点。

一是连杆机构由转动副、移动副、螺旋副、圆柱副、球销副、球面副等低副构成,特别是平面连杆机构通常仅由转动副或移动副构成,运动副元素易于加工,制造成本相对低廉;

8-1 平面连杆机构的类型、特点和演化

二是在机构运行过程中,低副表面处于面接触状态,接触压强相对较低,运动副元素不易磨损且易于润滑,机构使用寿命较长;

三是对于低副而言,两个构件可以通过运动副元素自身的几何形状来实现封闭,保持可动连接接触的存在。

另外,单自由度的连杆机构能够实现多种曲线运动轨迹和运动规律,因此被广泛应用于各类机械及仪器仪表中。多自由度的连杆机构更是因为独立输入数目的增加和输出构件运动空间的存在,成为机器人机构的主流形式,在机器人系统和装备中得到了大量应用。

当然,连杆机构也存在不足之处。比如连杆机构中作复杂变速运动的构件其惯性力及惯性力矩难以实现完全平衡,单自由度连杆也较难准确实现任意预期的运动规律;多自由度的连杆机构设计方法较复杂,设计较困难,需要进行运动规划等。

2. 平面四杆机构的基本形式

如图 8-2 所示,所有运动副均为转动副的平面四杆机构称为铰链四杆机构,它是平面四杆机构最基本的形式,其他形式的四杆机构都可看成是通过它演化得来的。在该机构中,固定不动的杆称为机架,与机架以运动副连接的杆称为连架杆,不与机架相连的构件称为连杆。连架杆中,能绕机架上转动副轴线作整周回转的称为曲柄,仅能作往复摆动的称为摇杆或摆杆。

根据两连架杆是否能整周回转,铰链四杆机构可分为三种形式。

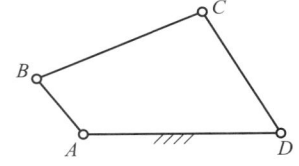

图 8-2　铰链四杆机构

第一种是曲柄摇杆机构,两连架杆中,一为曲柄、另一为摇杆。曲柄摇杆机构应用较广泛,如图 8-3 所示的汽车刮水器利用了曲柄摇杆机构中摇杆的输出运动推动雨刮器往复摆动刮去玻璃上的雨水。

(a) 汽车刮水器 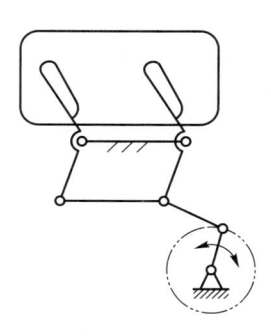　　　　　　　　　(b) 机构示意图

图 8-3　汽车前挡风玻璃雨刷机构

第二种是双曲柄机构,两连架杆均为曲柄。图 8-4 所示的火车多组车轮之间通过平行四边形形式的双曲柄机构实现前后车轮的同步滚动。

(a) 火车车轮联动装置 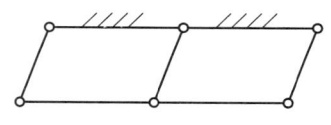　　　　　　　　(b) 机构示意图

图 8-4　火车车轮联动机构

第三种是双摇杆机构,两连架杆均为摇杆。图 8-5 所示的鹤式起重机中即采用了双摇杆机构作为主体。

(a) 鹤式起重机 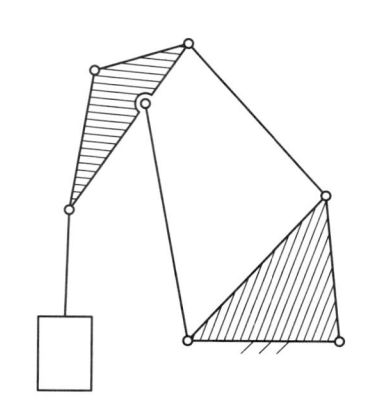　　　　　　　　(b) 机构示意图

图 8-5　鹤式起重机机构

3. 平面四杆机构的形式演化

在铰链四杆机构形式基础上,通过适当变化,可以演化出多种其他形式的平面四杆机构。

(1) 将转动副转化成移动副

在图 8-6a 所示的曲柄摇杆机构中,摇杆 3 上点 C 的运动轨迹是以点 D 为圆心、以摇杆 3 的杆长为半径的圆弧。因此,以圆弧形导轨和滑块替代摇杆,可以得到图 8-6b 所示的机构形式,这两个机构的运动特性是完全一致的。再增大圆弧形导轨的直径至无穷大,则圆弧形导轨最终变化成直线形导轨,获得图 8-6c 所示的滑块机构。其中滑块上铰链点 C 所在导轨导路方向线不经过杆 1 的回转中心点 A,二者之间存在偏距,该机构称为偏置滑块机构。若偏距为零,则成为图 8-6d 所示的对心滑块机构。

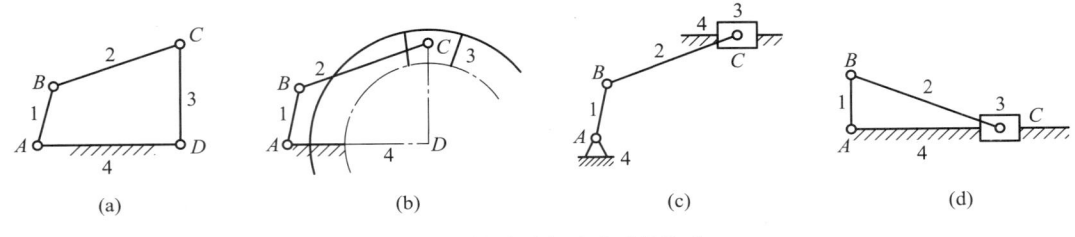

图 8-6 转动副向移动副的演化

在此基础上,可以对滑块机构进一步作类似演化,得到图 8-7 所示机构形式。其中图 8-7a 所示双滑块机构是由转动副 A 转化成移动副而得来的,将转动副 B 替换成移动副会得到图 8-7b 所示的正切机构,而将转动副 C 转化成移动副则得到图 8-7c 所示的正弦机构。

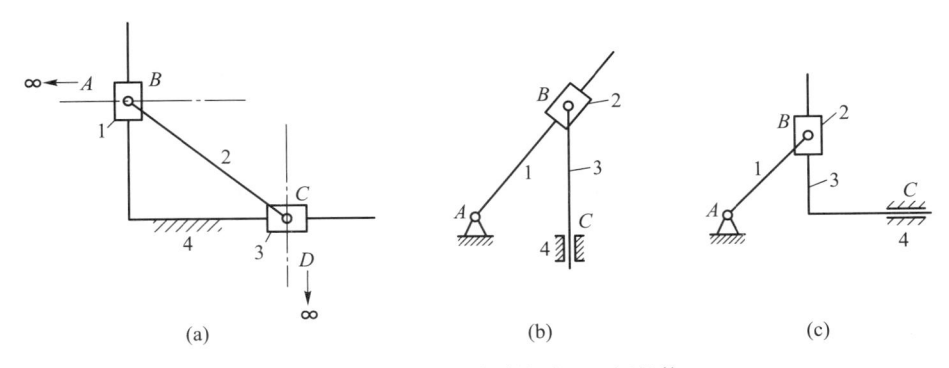

图 8-7 含两个移动副的平面四杆机构

(2) 取不同构件作机架

对一个运动链来说,无论取哪个构件作机架,不同构件之间的相对运动关系是保持不变的,但某一构件相对于机架的绝对运动会发生变化,即机构形式往往会有所不同。以图 8-8a 所示曲柄滑块机构为例,取杆 1 为机架得到图 8-8b 所示的转动导杆机构,取杆 2 为机架得到图 8-8c 所示的曲柄摇块机构,取滑块 3 为机架则得到图 8-8d 所示的移动导杆机构(又称定块机构)。这种取不同构件为机架得到新机构的方法称为机构倒置。同学们可以采用机构倒置的方法变换其他机构来得到新的机构形式。

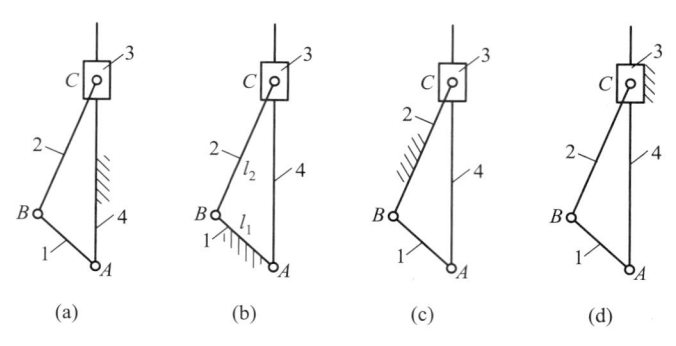

图 8-8 取不同构件作机架

(3) 对运动副进行形式代换

对于含多自由度运动副的机构,可以采用对运动副进行形式代换的方式。比如对于球面副,既可以采用回转轴线汇交于一点的三个转动副依次串联的组合进行代换,也可以采用胡克铰副、回转轴线穿过虎克铰副回转中心的转动副串联的组合进行代换。

除了上述方法之外,还有其他一些方法可以采用,如机构的构件互换、运动副互换、运动副元素互换、更换运动副等。另外,对于机构构件的尺度比例加以变换,也可以得到运动性质不同的机构。

4. 平面连杆机构的基本功能及设计问题分类

连杆机构是应用最为广泛的机构之一。在机器设计中采用连杆机构,往往是为了其输出构件能搬运或操纵物体依次通过一系列的期望位姿,或者希望其输出构件上的某点能经过设定的轨迹,或者希望输出构件的运动相对输入运动能满足一定的函数关系,或者兼而有之。因此,根据这些设计/功能要求的不同,连杆机构设计问题一般可以划分为以下四种情况:

(1) 刚体导引功能与刚体导引机构设计(body guidance):刚体导引是指机构能引导刚体(如连杆)顺序通过一系列给定方位,实现这种功能的机构称为刚体导引机构。刚体导引机构的设计需要同时考虑输出构件的位置和姿态两方面的要求。

图 8-9 所示砂模造型机的翻砂机构在位置 I 处实现砂箱在振实台上造型振实,位置 II 处进行砂箱倒置 180°起模,是一个典型的刚体导引机构。

(2) 轨迹生成功能与轨迹生成机构设计(path generation):轨迹生成是指机构上某指定输出点能顺序通过某预先设定的轨迹或轨迹上的系列位置点,实现这种功能的机构称为轨迹生成机构。轨迹生成机构的设计考虑的是输出构件上某点能实现给定运动轨迹的要求,对姿态没有要求。

图 8-10 所示起重机中,当四杆机构 ABCD 的构件 CD 摆动时,连杆 BC 上悬挂重物的点 E 在近似水平的直线上移动,可避免重物上下波动、消耗额外能量。图 8-11 所示搅拌

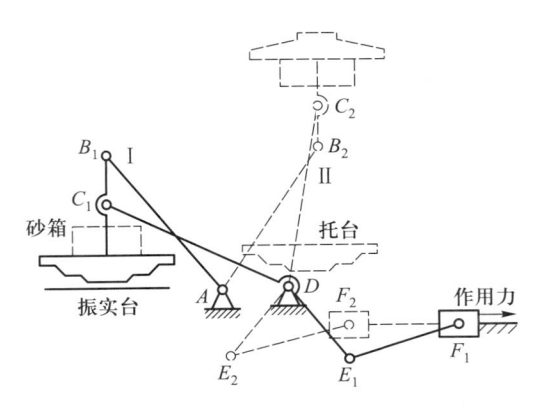

图 8-9 砂模造型机的翻砂机构

机构的搅拌头点 E 沿期望的轨迹运动。

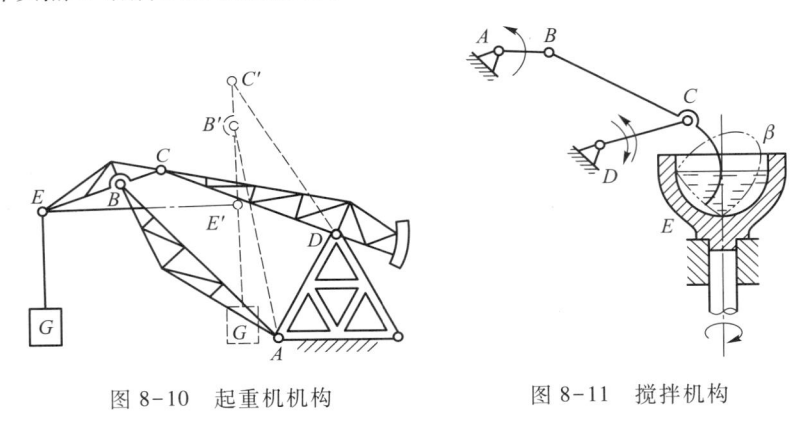

图 8-10 起重机机构

图 8-11 搅拌机构

(3) 函数生成功能与函数生成机构设计(function generation):函数生成是指机构的输出构件的运动相对输入构件的运动能满足给定的函数关系,实现这种功能的机构称为函数生成机构。函数生成机构的设计关注的是输出构件运动相对输入构件运动是否能满足期望的函数关系。

如图 8-12 所示压力指示表机构,通过连杆 AB 的转角相对滑块 C 的位移之间的函数关系,将输入压力大小转换为指针标示的刻度值,实现对压力值的测量。其中压力大小决定了滑块位移,齿轮机构线性放大指针的运动幅度以方便观察。

(4) 具有综合功能要求的机构:工程应用中的机器需要实现的功能往往是综合性的,不限于上述单一功能要求。

图 8-13 所示飞剪机构用来将高速连续运行的带钢剪切成规定尺寸规格的钢板,在剪切过程中,飞剪机构需要完成几方面的运动要求:一是上下剪刀必须连续通过一系列确定的位置(属于刚体导引问题),并使剪切刃按一定轨迹运动(属于轨迹生成问题);二是上下剪刀在剪切时需要在水平方向上与带钢保持同步运动,剪切完成后再复位。该机构的设计需要采用优化方法等手段才能较好满足多方面的综合设计要求。

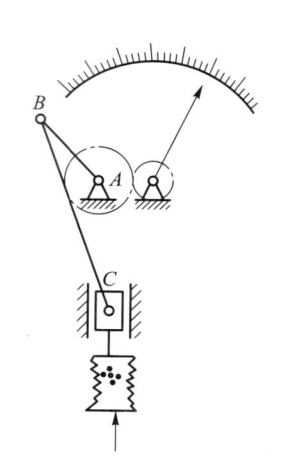

图 8-12 压力指示表机构　　图 8-13 飞剪机构

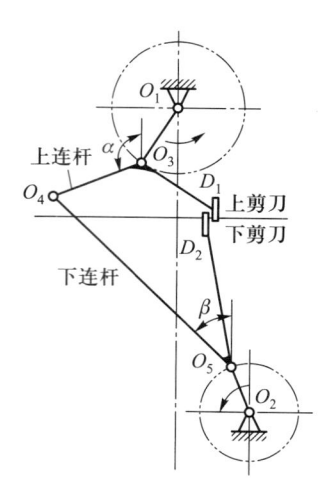

为实现上述不同功能要求的机构设计,可以采用不同的设计求解方法,主要有实验法、图解法、解析法三大类。实验法用作图试凑或利用图谱、表格、模型实验等来确定机构运动学参数,简单直观、适于思考推演,但通常求解精度不高,适用于精度要求不高的场合或参数预选。图解法根据几何学原理、利用几何作图法求解运动学参数,直观易懂,但求解精度也不高,适于简单问题或精度要求低的问题求解。若利用计算机完成图解法可以避免图解法的低精度这个缺陷。解析法是通过建立机构参数与机构运动间的数学模型来求解,求解精度高,易于处理多种不同的设计要求,目前已成为主流方法,但如何开发出通用性强、可商用的机构尺度设计软件功能模块或软件系统还需要从理论方法上作进一步努力。

8.2　平面连杆机构的工作特性

本节主要讨论平面连杆机构的曲柄存在条件、压力角和传动角、死点、极位夹角和急回特性、运动连续性等基本问题。

1. 平面连杆机构的曲柄存在条件

8-2 曲柄存在条件

生产实践中的机器通常是由电机驱动的,往往要求机构的输入构件能作整周旋转运动。那么对于连杆机构来说,满足什么样的条件才能保证输入构件成为曲柄,是一个值得讨论的问题。下面以铰链四杆机构为例加以分析。

如图 8-14a 所示,设铰链四杆机构四根杆长分别为 a、b、c、d。杆 4 为机架,杆 1、3 为连架杆,杆 2 为连杆。有多种思路可以获得曲柄存在条件,下面采用拆副法来分析。

现希望杆 1 成为曲柄,则可从铰链 B 处将机构拆成图 8-14b 所示的连架杆 1 和图 8-14c 所示的杆 2、3 构成的二杆开链机构两部分。很明显,图 8-14b 所示连架杆 1 上铰

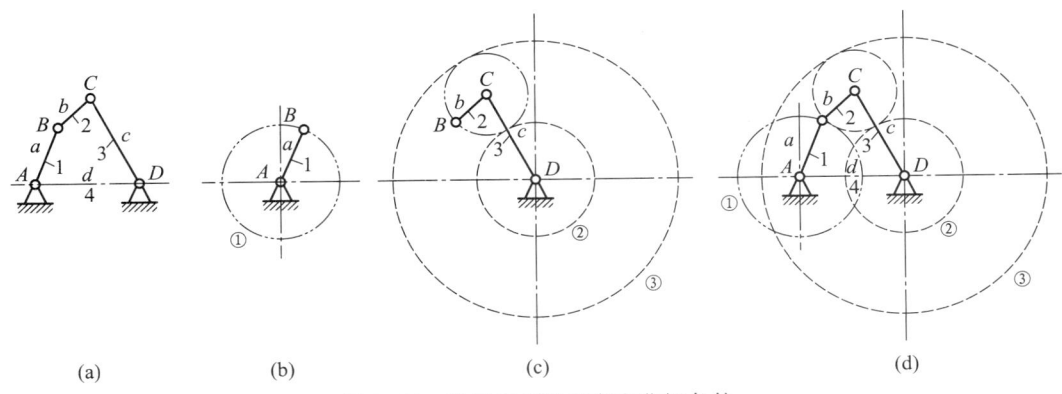

图 8-14 铰链四杆机构存在曲柄条件

链点 B 的轨迹为圆①,图 8-14c 所示构件 2 上铰链点 B 的活动范围为分别以 $|b-c|$ 和 $b+c$ 为半径的圆②和圆③之间的环形区域。当将上述两部分在点 B 处以转动副连接起来(图 8-14d),若圆①部分圆弧位于环形区域以外,则杆 1 只能作往复摆动;若希望杆 1 能整周回转,则圆①应该整体位于圆②和③之间的环形区域内。这时有两种情况,一种是圆②包含在圆①内部,一种是圆①和②没有包含关系。将上述几何关系用数学方程式进行描述,得到下列不等式:

$$a+d \leqslant b+c \tag{8-1}$$

$$|d-a| \geqslant |b-c| \tag{8-2}$$

不等式(8-1)表示圆①必须落在圆③之内;不等式(8-2)表示圆①必须落在圆②之外,分 $d \geqslant a$ 和 $d < a$ 两种情况讨论。

1) 若 $d \geqslant a$,由式(8-2)可得

$$d-a \geqslant b-c,即 \ a+b \leqslant c+d \quad (若\ b \geqslant c) \tag{8-3}$$

或 $$d-a \geqslant c-b,即 \ a+c \leqslant b+d \quad (若\ b < c) \tag{8-4}$$

将式(8-3)、式(8-4)和式(8-1)分别相加,得到下述关系式:

$$a \leqslant c \leqslant b \quad 或 \quad a \leqslant b < c \quad (a \leqslant d \ 时)$$

综上,若 $d \geqslant a$,对于 $b \geqslant c$、$b < c$ 两种情况,连架杆长 a 均为最短杆长,其中

对于 $b \geqslant c$,有 $a \leqslant c \leqslant b$,且

$$a+d \leqslant b+c$$
$$a+b \leqslant c+d$$

对于 $b < c$,有 $a \leqslant b < c$,且

$$a+d \leqslant b+c$$
$$a+c \leqslant b+d$$

很显然,上述两种情况下均有:连架杆长 a 为最短杆长,且最短杆长与最长杆长之和不超过另外两杆杆长之和。

2) 若 $d < a$,由式(8-2)可得

$$a-d > b-c,即 \ b+d < a+c \quad (若\ b \geqslant c) \tag{8-5}$$

或 $$a-d > c-b,即 \ c+d < a+b \quad (若\ b < c) \tag{8-6}$$

将式(8-5)、式(8-6)和式(8-1)分别相加,得到下述关系式:
$$d<c\leqslant b \quad \text{或} \quad d<b<c \quad (d<a \text{时})$$

综上,若 $d<a$,对于 $b\geqslant c$、$b<c$ 两种情况,机架杆长 d 均为最短杆长,其中

对于 $b\geqslant c$,有 $d<c\leqslant b$,且
$$a+d\leqslant b+c$$
$$b+d<a+c$$

对于 $b<c$,有 $d<b<c$,且
$$a+d\leqslant b+c$$
$$c+d<a+b$$

很显然,上述两种情况下均有:机架杆长 d 为最短杆长,且最短杆长与最长杆长之和不超过另外两杆杆长之和。

综上所述,若平面铰链四杆机构存在曲柄,需满足以下条件:
1)连架杆与机架中必有一杆为机构中最短杆;
2)最短杆与最长杆杆长之和应小于或等于其余两杆杆长之和(杆长和条件)。

该条件最早是由德国工程师格拉斯霍夫(Grashof)在1883年提出来的,满足上述杆长和条件的铰链四杆机构又称格拉斯霍夫机构(Grashof机构)。

上述条件表明:当平面铰链四杆机构各杆杆长满足杆长和条件时,其最短杆与相邻两构件之间的转动副都是能作整周旋转的整转副(又称周转副),机构中另外两个转动副一般不是整转副,而是摆动副。

由8.1节讨论可知,平面铰链四杆机构有曲柄摇杆机构、双曲柄机构、双摇杆机构三种类型。下面根据杆长和条件作进一步说明:
1)当各杆杆长满足杆长和条件时,若以最短杆的邻边作机架,则机构成为曲柄摇杆机构;若以最短杆作机架,则机构成为双曲柄机构;若以最短杆的对边作机架,则机构成为双摇杆机构,又称为第一类双摇杆机构。
2)当各杆杆长不满足杆长和条件时,无论选取哪个杆作机架,机构都是双摇杆机构,又称为第二类双摇杆机构。

特别地,对于上述情况,当满足最短杆与最长杆杆长之和等于其余两杆杆长之和条件时,机构存在四杆共线的位形情况,此时称为变点机构。

此外,若要保证四根杆件能够组成一个机构,还需要满足装配条件,即根据封闭多边形的边长条件,最长杆杆长必须小于其余杆杆长之和。

对图8-15a所示的滑块机构,利用拆副法同样可得到 AB 杆成为曲柄的条件:1)a 为最短杆;2)$a+e\leqslant b$。对图8-15b所示的导杆机构,利用拆副法也可以得到 AB 杆成为曲柄的条件:当1)a 为最短杆;2)$a+e\leqslant d$ 时,机构成为摆动导杆机构。当1)d 为最短杆;2)$d+e\leqslant a$ 时,机构成为转动导杆机构。

8-3 压力角、传动角和死点

2. 平面四杆机构的压力角、传动角和死点

(1)压力角和传动角

在机器设计中,不仅要求连杆机构满足预定的运动规律,还希望能运

(a) 曲柄滑块机构　　　　　　(b) 导杆机构

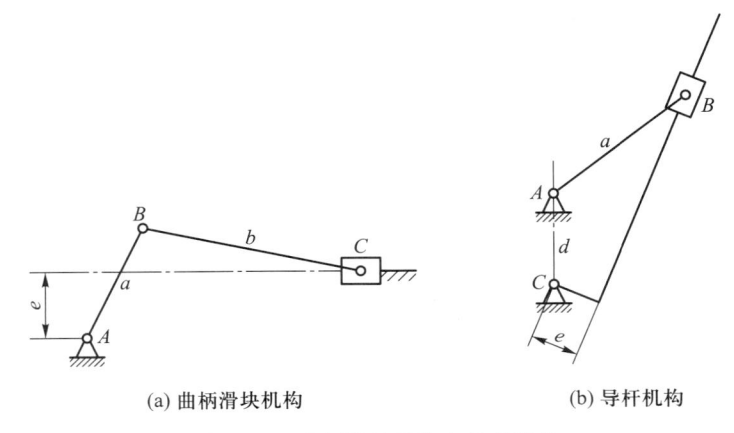

图 8-15　曲柄滑块机构与导杆机构

行轻便、传动效率高。我们采用压力角来描述平面机构的传力性能。若不考虑摩擦力、惯性力和重力影响，机构中驱动输出构件运动的作用力的方向线与输出构件上受力点的速度方向线之间所夹的锐角，称为机构**压力角**，用 α 表示。压力角概念是一个普遍性概念，适用于各类平面机构。通常情况下压力角越小越好。

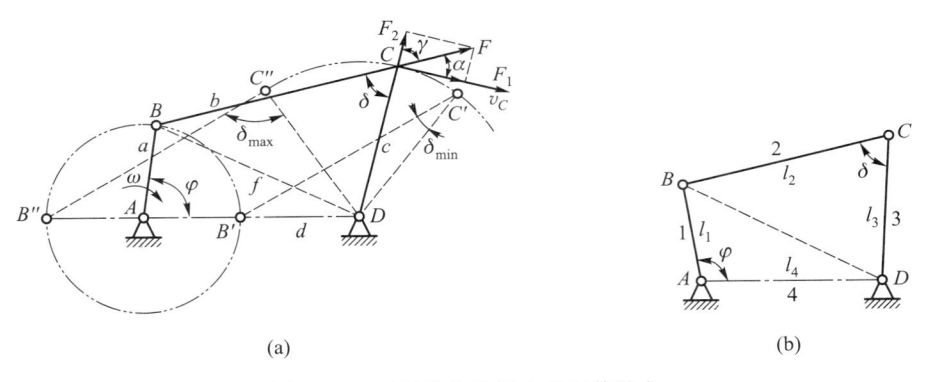

(a)　　　　　　(b)

图 8-16　四杆机构的压力角与传动角

以图 8-16a 所示曲柄摇杆机构为例，若不考虑构件重力、惯性力和运动副中摩擦力的影响，连杆可视为二力杆。当曲柄 AB 作为主动件时，通过连杆 BC 作用在从动摇杆 DC 上的作用力 F 的方向线与该力作用点 C 处的从动摇杆绝对速度 v_c 方向线之间所夹的锐角 α 即为压力角。从图中可以看出，作用力 F 在速度 v_c 方向的分力是能做功的有效分力，$F_1 = F\cos\alpha$，这个分力越大越好；而作用力 F 沿从动摇杆方向的分力 $F_2 = F\sin\alpha$ 对外不做功，通过摇杆作用在机架上，是有害分力，因此越小越好。由此可知，压力角 α 反映了连杆对从动摇杆作用力的有效分量的大小，压力角越小机构的传力性能越好。理想的情况是 $\alpha = 0°$，最差的情况是 $\alpha = 90°$。

从图 8-16 还可以看出，当连杆 BC 和从动摇杆 CD 所夹 δ 角为锐角时，该角与压力角 α 的余角 γ 相等；若 δ 角为钝角，则该角的补角与压力角 α 的余角 γ 相等。γ 角的值越大越好,理想的情况是 $\gamma=90°$,最差的情况是 $\gamma=0°$。由于可以直接通过观察平面连杆机构的几何位形来获知 γ 角大小,常采用 γ 角来评价连杆机构的传力效果,并称之为**传动角**。显然,传动角 γ 是几何量,与压力角 α 是互余关系,即 $\gamma=90°-\alpha$。

对于连杆机构,因能直观地观察到连杆夹角的大小,普遍采用了传动角概念。当机构运转时,传动角大小是变化的。为保证机构的传力效果,设计时应使传动角的最小值 γ_{min} 大于或等于其许用值 $[\gamma]$,即 $\gamma_{min} \geq [\gamma]$。对于一般机械,通常取 $[\gamma]=40°\sim50°$;对于高速和大功率机械,$[\gamma]$ 的取值应更大。

(2) 机构的最小传动角 γ_{min}

保证机构的最小传动角 γ_{min} 不小于其许用值 $[\gamma]$ 是连杆机构设计的一个重要指标。由于 $\gamma=\delta$(δ 为锐角)或 $\gamma=180°-\delta$(δ 为钝角),最小传动角 γ_{min} 会出现在 δ 的最小值 δ_{min} 或最大值 δ_{max} 对应的位置。因此,可以通过分析 δ 的最小值 δ_{min} 或最大值 δ_{max} 来求解最小传动角 γ_{min}。

图 8-16b 中,构件 1、2、3、4 的长度分别为 l_1、l_2、l_3、l_4,在 $\triangle BAD$ 和 $\triangle BCD$ 中,由余弦定理有

$$l_{BD}^2 = l_1^2 + l_4^2 - 2l_1 l_4 \cos\varphi, \quad l_{BD}^2 = l_2^2 + l_3^2 - 2l_2 l_3 \cos\delta$$

可得

$$\delta = \arccos\frac{l_2^2 + l_3^2 - l_1^2 - l_4^2 + 2l_1 l_4 \cos\varphi}{2l_2 l_3} \tag{8-7}$$

由式(8-7)知,当 $\varphi=0°$,即曲柄与机架重叠共线时,δ 达到最小值 δ_{min};当 $\varphi=180°$,即曲柄与机架拉直共线时,δ 达到最大值 δ_{max}。分别求解出 δ_{min} 和 δ_{max} 对应的传动角,其中的较小值就是机构的最小传动角 γ_{min}。

对于图 8-17 所示的曲柄滑块机构,当曲柄为主动件时,$\gamma = \arccos\dfrac{h}{b}$,因此最小传动角 γ_{min} 将出现在曲柄两次垂直于滑块导路方向的瞬时位置中的一处。对于图 8-17a 所示的对心曲柄滑块机构,上述两个瞬时位置处机构完全对称,对应的传动角相等,均为最小传动角 γ_{min}。对于图 8-17b 所示的偏置曲柄滑块机构,显然 AB' 对应的位置处机构的传动角为最小值。

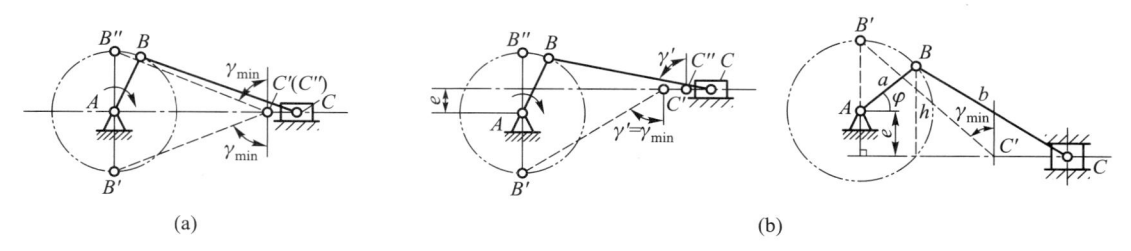

图 8-17 曲柄滑块机构的最小传动角

(3) 死点

从上面的讨论可知,当 $\alpha=90°$($\gamma=0°$)时,作用力 F 在速度 v_c 方向上的有效分力为 0,从动摇杆将失去推动力,在不考虑重力、惯性力和运动副中摩擦阻力影响的情况下,无

论给机构主动件上的驱动力或驱动力矩有多大,均不能使机构运动,这个位置称之为机构的**死点**位置。死点是机构的一种基本特性,也是机构的几何特性,是更为广泛的机构**奇异**现象的一种类型,在机器人机构学中有很多研究和应用。

对于图 8-18 所示的曲柄摇杆机构,如果以摇杆 CD 为主动件,机构运动到连杆 BC 与曲柄 AB 共线的位置即为机构的死点,此时机构无法被推动而"卡死"。在图 8-19a 所示的脚踏式缝纫机中,脚踏板机构属于曲柄摇杆机构,脚踏板(即摇杆)CD 是主动件,当机构运动到连杆 BC 与曲柄 AB 共线的位置时,缝纫机脚踏板往往无法踩动,这就是遇到了死点位置的缘故。

死点出现的原因在于机构压力角 $\alpha = 90°$(或传动角 $\gamma = 0°$),导致相应位置处机构的传力性能变差。对曲柄摇杆机构来说,摇杆作主动件时往往会遇到死点引起的问题,而曲柄作主动件时则不出现死点,因此死点的出现与否和输出构件以及主动件的选取有关。对于一部机器或工作装置,若工作状态发生了变化,机构的受力状态也会随之发生改变,在特定条件下可能会导致构件的属性发生变化,如一个构件从原先的主动件或输出构件转化为其他类型的构件,因此在分析死点问题时需要特别注意机器的工作状态是否发生了变化。

当机构用于传动或传力时,通常是不希望出现死点导致的机构"卡死"现象的,需想办法加以克服。常常采用的办法是利用构件惯性或外部力量使机构脱离或越过死点位置。例如对图 8-19 所示的缝纫机,踩动前可以用手拨动缝纫机头部的手轮,使得脚踏板偏离连杆 BC 与曲柄 AB 共线的死点位置,从而使从动曲柄获得转动力矩。缝纫机踩动运行后,依靠曲柄轴上皮带轮以及手轮的惯性来带动机构越过死点位置。

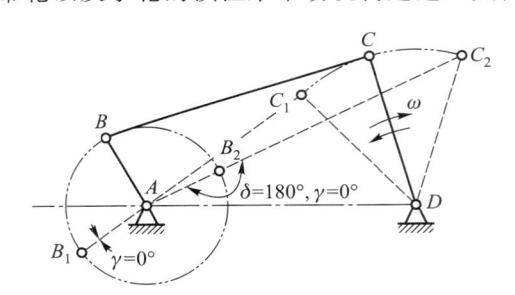

图 8-18 曲柄摇杆机构的死点

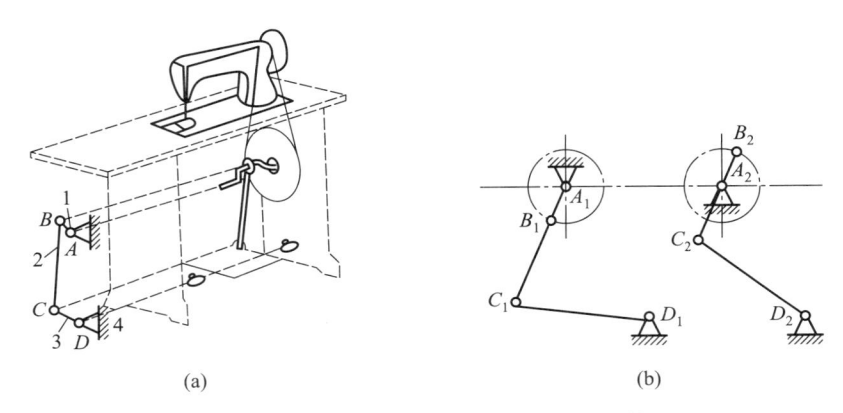

(a)　(b)

图 8-19 脚踏式缝纫机中的曲柄摇杆机构

也可以采用彼此连接的多个机构相互之间死点位置错开排列的办法,使多个机构依次(而不是同时)经过死点位置。图 8-20 所示的六缸发动机曲轴上六只曲拐分成三组错位排列,保障了曲轴能依次顺利通过各机构的死点位置。

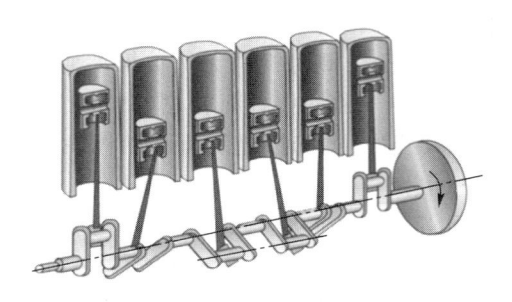

图 8-20 直列六缸发动机曲轴布置

在工程实际中,也常常利用死点的特性来实现特定的工作要求,如锁止、支撑等。图 8-21a 所示的工件夹紧机构利用死点位置来实现工件的锁止夹紧。当压紧操作时手柄 2 构件是原动件,机构压力角位于铰链点 B 处,此时没有"死点"出现;待压紧操作结束后撤去压紧力 F_P,则工件因受挤压力而对压紧头产生了反作用力 F_Q,使得构件 1 成为该状态下的原动件,构件 3 则从一般的从动件转化为该状态下的输出构件,此时机构压力角位于铰链点 C 处,出现了"死点"情况,实现了锁止功能。同样地,图 8-21b 所示的飞机起落架机构利用死点位置增强了对降落瞬间冲击的承受能力和飞机落地停放时对机体的稳定可靠支撑,其机构压力角所在的位置也随起落架机构工作状态的变化而发生了改变。

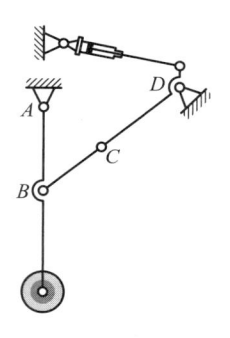

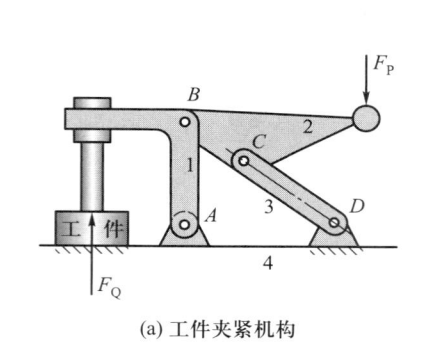

(a) 工件夹紧机构

(b) 飞机起落架机构

图 8-21 死点的应用

3. 平面四杆机构的急回特性

8-4 急回特性

对输出构件作往复运动的连杆机构,若输出构件往返运动花费的时间不一样,使得输出构件具有慢进快回的特性,称之为机构的**急回特性**。连杆机构的输入运动和输出运动之间往往表现出强烈的非线性函数关系,对于其输出构件作往复运动的连杆机构,尽管主动件作匀速回转运动,输出构件在往复运动行程中的快慢也常常不同,即具有急回特性。通常将慢速行程安排为机器的工作行程,将快速行程安排为机器的空回行程,从而在保障工作质量的同时提高机械的生产效率。

为定量评价机构的急回特性,引入机构的**行程速度变化系数** K,又称**行程速比系数**,定义为机构输出构件在空回行程和工作行程的平均速度 v_2、v_1 之比,即

$$K=\frac{v_2}{v_1} \tag{8-8}$$

以图 8-22 所示曲柄摇杆机构为例,当主动曲柄 AB 作匀速回转时,从动摇杆 CD 作往复摆动,C_1D、C_2D 是摆动的两个极限位置。摇杆在这两个极限位置之间作往复摆动时对应的曲柄转角分别为 $\varphi_1=180°+\theta$,$\varphi_2=180°-\theta$,式中 θ 是摇杆位于两个极限位置时相应曲柄位置所夹的锐角,称为**极位夹角**。因此,该机构的行程速度变化系数 K 为

$$K=\frac{v_2}{v_1}=\frac{\overline{C_1C_2}/t_2}{\overline{C_1C_2}/t_1}=\frac{t_1}{t_2}=\frac{\varphi_1/\omega}{\varphi_2/\omega}=\frac{\varphi_1}{\varphi_2}=\frac{180°+\theta}{180°-\theta} \tag{8-9}$$

式中 $\overline{C_1C_2}$ 是摇杆点 C 对应的弧长;t_1、t_2 分别是曲柄回转一周时工作行程、空回行程占用的时间;ω 是曲柄角速度。

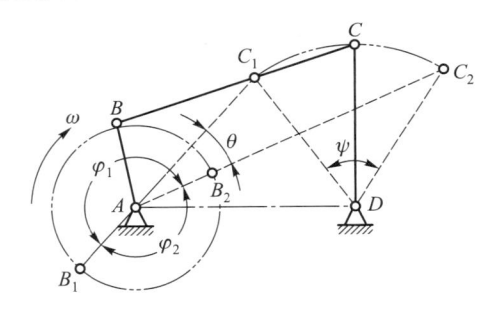

图 8-22 曲柄摇杆机构的急回特性

由上式可知,若极位夹角 $\theta=0°$,则 $K=1$,此时机构往复行程用时相同,无急回特性;若 $\theta>0°$,则 $K>1$,表明机构有急回特性,此时极位夹角越大,急回特性越明显。

从式(8-9)也可以得到

$$\theta=\frac{K-1}{K+1}\cdot 180° \tag{8-10}$$

在设计机器时,人们对生产效率往往有一定的要求,因此可以预先确定出期望的 K 值或其范围。在这个条件下,就可以利用式(8-10)计算出机构的极位夹角 θ 条件,再进行带有急回特性要求的机构设计。

用类似分析方法可知图 8-23 所示的偏置曲柄滑块机构和图 8-24 所示的摆动导杆机构的极位夹角 $\theta>0°$,因此它们的从动输出构件都具有急回特性。

从上述讨论可知,机构存在急回特性的前提条件是主动曲柄作匀速转动、从动输出构件作往复运动以及极位夹角 θ 不为 $0°$,这是针对传统工业中大量采用的普通电机拥有的速度不可调的特性来说的。值得注意的是,现代机器中已经越来越多地采用伺服电机、步

进电机等可编程驱动系统作为机构输入,此时上述 3 个前提条件都可能发生变化,可以通过主动调节电机的输入运动规律来改变机构的急回特性,以及输出构件的往复运动特性,而不仅仅只依赖机构自身的运动学设计所引入的急回特性。

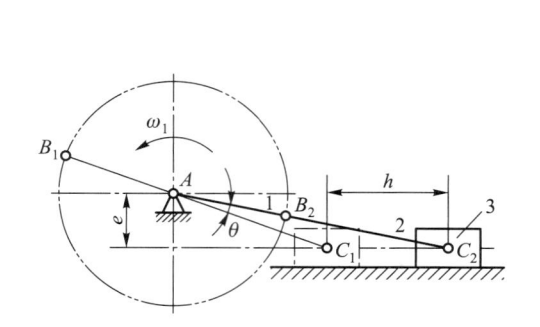

图 8-23 偏置曲柄滑块机构的急回特性 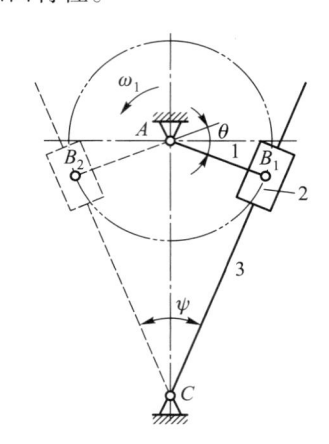　　图 8-24 摆动导杆机构的急回特性

因此,我们可以采用更具普遍意义的定义方式,即输出构件在往复运动行程中所花费的时间之比 $K=t_{工作行程}/t_{空回行程}$。这个定义更能适应采用了伺服电动机、步进电动机等可编程驱动系统的现代机器的运行情况,也与当初提出急回特性概念以反映机械的生产效率的初衷更加贴合。同学们可以针对身边能够见到的可编程控制的现代机械自行推导其 K 的计算公式。

4. 速度瞬心

8-5 速度瞬心

作平面相对运动的两构件,其相对速度为零的瞬时重合点,称为**速度瞬心**或**瞬心**,以 P_{ij} 表示,下标 i、j 分别是两构件的代号。两个构件之间有一个瞬心。若其中一构件是静止的,则其瞬心称为**绝对速度瞬心**或**绝对瞬心**;显然,绝对瞬心是运动构件上瞬时绝对速度为零的点;若两构件都是运动的,则其瞬心称为**相对速度瞬心**或**相对瞬心**。若机构由 N 个构件组成,根据排列组合原理可知该机构具有的瞬心数目 K 为

$$K = C_N^2 = \frac{N(N-1)}{2}$$

如图 8-25 所示机构,$N=5$,$K=5(5-1)/2=10$,共有 10 个速度瞬心,其中 4 个是绝对瞬心。

对于构成运动副的相邻两构件来说,其瞬心位置确定如下:

1) 若两构件 i、j 以转动副相连接,则瞬心 P_{ij} 位于转动副的回转轴线上;

2) 若两构件 i、j 以移动副相连接,则瞬心 P_{ij} 位于垂直于移动副导路方向线的上下无穷远处;

3) 若两构件 i、j 以高副相连接,且在接触点处两构件作相对纯滚动,则接触点就是它

们的瞬心 P_{ij}；若在接触点处两构件有相对滑动，则瞬心 P_{ij} 位于接触点处的公法线上，具体位置再根据其他规则确定。

当两构件无运动副直接连接时，其瞬心位置的确定可采用三心定理来进行。**三心定理**（Kennedy-Aronhold theorem）是指相互作平面运动的三个构件共有三个瞬心，这三个瞬心一定共线，这一定理可以用反证法证得。

如图 8-26 所示，三个构件 1、2、3 作相对平面运动，共有 3 个瞬心 P_{12}、P_{13}、P_{23}。因为构件间的相对运动关系与机架的选取无关，现假定构件 1 为机架，则 P_{12}、P_{13} 为绝对瞬心，相应的虚拟运动副 A、B 相当于两个转动副。此时若瞬心 P_{23} 不在 AB 连线上，则构件 2 上与瞬心 P_{23} 重合的点和构件 3 上与瞬心 P_{23} 重合的点的速度一定不同，这与 P_{23} 是瞬心的假定相矛盾。因此，若 P_{23} 是瞬心则必定在 AB 连线上。三心定理得证。

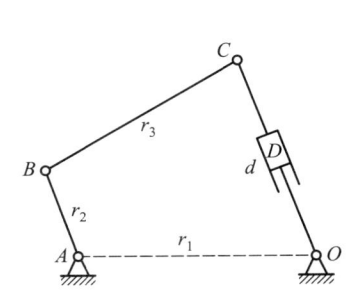

图 8-25　含滑块的平面五杆机构　　　图 8-26　三心定理的反证法

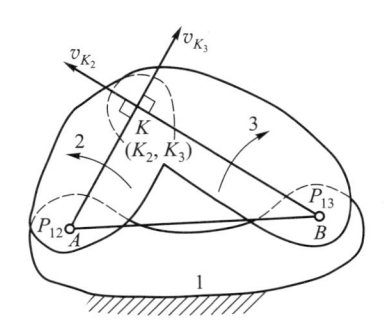

5. 运动连续性

所谓机构的**运动连续性**，是指一个机构在运动过程中能够依次、连续地实现给定的各个位形。对一个真实的机构来说，运转过程中其任何活动构件在空间或平面中依次经过的一系列位置前后之间都是渐变的、有序的、连续的。

如图 8-27a 所示的曲柄摇杆机构 $ABCD$ 中，当曲柄 AB 连续转动时，摇杆 CD 在极限位置 C_1D、C_2D 确定的阴影范围内连续运动（往复摆动），并依次经历其中的所有位置，此摆动范围称之为**运动可行域**。若将机构在运动副 B、D 处拆开后重新按 $B'C'D$ 安装，则摇杆只能在极限位置 $C_1'D$、$C_2'D$ 确定的运动可行域内连续摆动。

对于图 8-27a 所示情况，上述两个运动可行域之间是不连通的，但它们都是该机构在数学意义上的运动学解。若希望摇杆经由的多个位置不在同一个运动可行域内，如从 CD 位置运动到 $C'D$ 位置，则机构不可能实现这样的连续运动。一般称这种运动不连续的情形为**错位不连续**。

在连杆机构设计中，还会遇到另一类运动不连续的问题。如图 8-27b 所示，若要求连杆依次经过 B_1C_1、B_2C_2、B_3C_3，则只有当曲柄 AB 逆时针转动才有可能；若曲柄 AB 顺时针转动则无法实现预期的次序要求。一般称这种运动不连续的情形为**错序不连续**。

设计连杆机构时需要满足运动连续性条件，不能出现错位、错序等问题，在机构设计中遇到违背运动连续性的错位、错序等设计要求时要善于判断和识别，及时对设计要求作出修正。运动连续性特性也能成为机构位置求解出现多个数学解时选取真实机构解的依据。

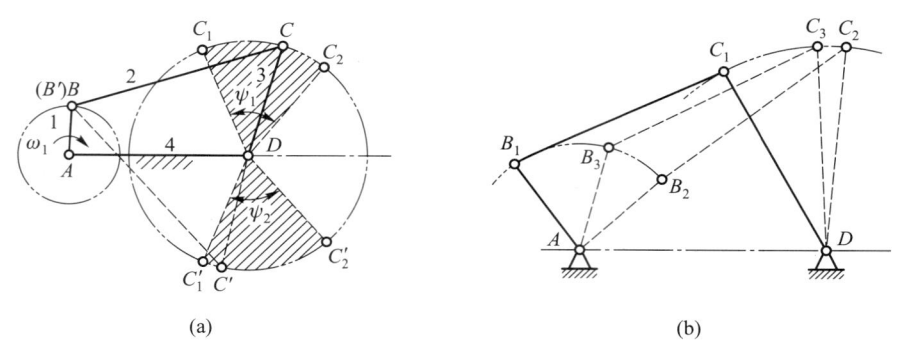

图 8-27 机构的运动连续性

8.3 平面连杆机构的运动分析

机构运动分析是在给定机构几何参数和主动件运动规律的条件下,确定机构其他构件的运动情况,包括求解构件上指定点的位移和轨迹、速度、加速度等,以及这些构件的角位移、角速度、角加速度等,可以用来判定机构产生的运动是否能满足预期的设计要求,是分析和评价改进机器运动学性能和动力学性能的重要依据。

通过机构的位移或轨迹分析,可以确定机构运动时各构件所占用的空间范围、判断构件之间是否会发生干涉、计算从动件的行程大小、考察构件上指定点是否能实现希望到达的位置或要求的轨迹等。如港口用的鹤式起重机在吊起重物后希望能沿水平面运动以避免因克服重力势能引起的能耗。

8-6 运动分析与复数向量法

通过机构的速度和加速度分析,可以获知从动件的速度和加速度变化规律、确定是否满足设计和工作要求,在此基础上能够确定机器的生产效率、各构件的惯性力、机器的功率需求等,为电机等原动机的选取以及机器的受力分析提供基本数据。

机构运动分析的方法主要有图解法和解析法。图解法发展历史较早,形象直观,易于理解,适于较简单的平面机构,精确度不高、作图比较繁琐,在复杂的平面机构和空间机构中应用较困难。解析法在计算机推广应用后得到快速发展,基本思想是将杆件赋予相应的矢量(向量)形成封闭环方程,然后建立机构几何参数、已知运动变量和未知运动变量之间的数学关系式,进行求解,可采用的数学工具有坐标轴投影、复数、坐标向量等,适于各类机构,计算精度高。图解法和解析法具有一定的互补性,简单机构在位置分析时采用图解法往往较为简单,在速度和加速度分析时解析法方程因属于线性代数方程范畴而求解更为方便。二者也存在一定的内在联系,通过图解法原理,借助数学方法和计算机工具可以建立解析法。

1. 平面连杆机构位形/位移分析

下面以铰链四杆机构为例,分别用解析法和图解法进行求解,了解二者之间的内在关联。

(1) 解析法求解机构位形/位移

如图 8-28 所示,$ABCD$ 为铰链四杆机构,已知各构件长度 l_i,$i=1,2,3,4$,以及主动件 AB 杆的运动位置 φ_1,下面求解构件 BC 和 DC 的位置。

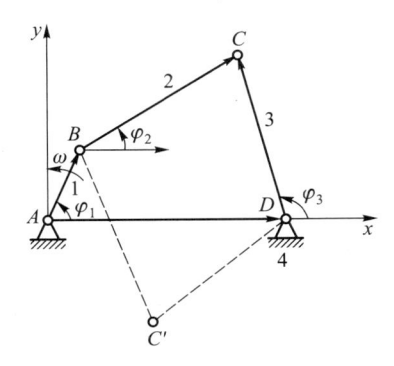

图 8-28 解析法求解铰链四杆机构

以铰链点 A 为原点建立坐标系,AD 所在直线为实轴 x。在 AB、BC、AD、DC 四杆上分别附上向量,可以形成如下封闭环方程:

$$\vec{l}_1 + \vec{l}_2 = \vec{l}_4 + \vec{l}_3 \tag{8-11}$$

可以采用复数、坐标向量来表示式(8-11)中的向量,也可以采用向 x、y 坐标轴投影的方法来展开式(8-11)。下面介绍用复数表示的复数向量法,另外 2 种方法可自行推导、练习。式(8-11)可写成:

$$l_1 e^{i\varphi_1} + l_2 e^{i\varphi_2} = l_4 e^{i\varphi_4} + l_3 e^{i\varphi_3} \tag{8-12}$$

式(8-12)中,φ_1 已知,$\varphi_4 = 0$,未知量是 φ_2、φ_3。

该式为含三角函数的非线性矢量方程,可以采用消元法进行求解,并有不同的消元方法。将式(8-12)写为

$$l_2 e^{i\varphi_2} = l_4 + l_3 e^{i\varphi_3} - l_1 e^{i\varphi_1} \tag{8-13}$$

将上式两边同乘以各自的共轭复数,即

$$l_2 e^{i\varphi_2} \cdot l_2 e^{-i\varphi_2} = (l_4 + l_3 e^{i\varphi_3} - l_1 e^{i\varphi_1})(l_4 + l_3 e^{-i\varphi_3} - l_1 e^{-i\varphi_1})$$

展开可得

$$l_2^2 = l_3^2 + l_4^2 + l_1^2 + 2l_1 l_4 \cos\varphi_3 - 2l_1 l_3 \cos(\varphi_1 - \varphi_3) - 2l_1 l_4 \cos\varphi_1$$

代入三角函数的半角公式,经整理、化简后求得

$$\varphi_3 = 2\tan^{-1}\frac{B \pm \sqrt{B^2 + A^2 - C^2}}{A + C} \tag{8-14}$$

其中:

$$A = l_4 - l_1 \cos \varphi_1$$
$$B = -l_1 \sin \varphi_1$$
$$C = \frac{1}{2l_3}[l_2^2 - l_3^2 - l_4^2 - l_1^2 + 2l_1 l_4 \cos \varphi_1]$$

与图 8-28 中实线和虚线表示的 BC、CD 两处位形对应,式(8-14)中"±"号代表了两种不同的构件装配模式,在任意瞬时只能选取其中之一,表示机构在实际运动中只能处于其中一个位形,可根据机构的运动连续性性质来选取。

再分别取式(8-13)的实部和虚部,可推得

$$\varphi_2 = \tan^{-1} \frac{l_3 \sin \varphi_3 - l_1 \sin \varphi_1}{l_4 + l_3 \cos \varphi_3 - l_1 \cos \varphi_1} \tag{8-15}$$

可以根据式(8-15)中分式部分的分子、分母数值的正负来确定 φ_2 的象限和数值。

(2) 图解法求解机构位形/位移

对铰链四杆机构来说,利用图解法求解机构位置比较简单。如图 8-29 所示,给定 φ_1 后,铰链点 B 的位置即已知。以点 B 为圆心、BC 杆长为半径作圆;再以点 D 为圆心、DC 杆长为半径作圆,两圆分别交于 C、C' 两位置处。量取 BC、BC' 与 x 轴正向所夹角度即为 φ_2 的两个位置解,量取 DC、DC' 与 x 轴正向所夹角度即为 φ_3 的两个位置解,C、C' 的位置坐标也很容易量得。

显然,C、C' 两个位置与解析法中"±"号表示的两个位置解之间是对应的,其实际解的选取可以根据机构的运动连续性性质来判定。

从上面分析可以看出,对于简单机构的位置/位移求解问题,图解法求解比较简单、形象直观、易于思考和理解,可以认为是几何知识的运用和扩展,但作图的求解精度有限。位置/位移求解的解析法是一个包含三角函数的非线性问题,人工求解相对比较麻烦,适合于利用计算机进行求解,求解精度高。现代商用的机械系统分析软件均内嵌了由机构运动分析算法构成的求解器。

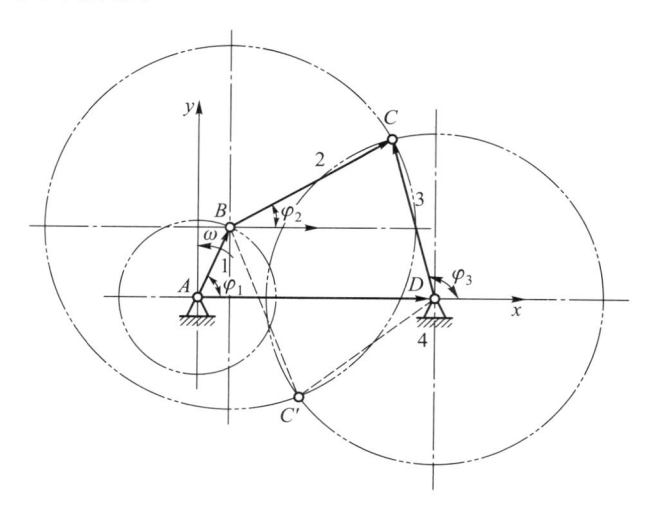

图 8-29 图解法求解铰链四杆机构

2. 平面连杆机构速度/角速度分析

仍以铰链四杆机构为例进行说明,除机构位置/位移分析时的已知量外,主动件 AB 杆的运动角速度 $\dot{\varphi}_1(\omega_1)$ 也是已知的。

(1) 解析法求解机构速度/角速度

对式(8-11)两边分别对时间 t 求导,得:

$$i\dot{\varphi}_1 \cdot l_1 e^{i\varphi_1} + i\dot{\varphi}_2 \cdot l_2 e^{i\varphi_2} = i\dot{\varphi}_3 \cdot l_3 e^{i\varphi_3} \tag{8-16}$$

展开后取实部和虚部,有

$$\begin{cases} l_2\dot{\varphi}_2 \cos\varphi_2 - l_3\dot{\varphi}_3 \cos\varphi_3 = -l_1\dot{\varphi}_1 \cos\varphi_1 \\ l_2\dot{\varphi}_2 \sin\varphi_2 - l_3\dot{\varphi}_3 \sin\varphi_3 = -l_1\dot{\varphi}_1 \sin\varphi_1 \end{cases} \tag{8-17}$$

该式为线性方程组,可以运用克莱姆法则求解,化简得:

$$\begin{cases} \dot{\varphi}_2 = \dfrac{l_1 \sin(\varphi_3 - \varphi_1)}{l_2 \sin(\varphi_2 - \varphi_3)} \dot{\varphi}_1 \\ \dot{\varphi}_3 = \dfrac{l_1 \sin(\varphi_2 - \varphi_1)}{l_3 \sin(\varphi_2 - \varphi_3)} \dot{\varphi}_1 \end{cases} \tag{8-18}$$

根据式(8-18),当出现 $\sin(\varphi_2 - \varphi_3) = 0$ 时两杆角速度将趋于无穷大,此时 BC、CD 两杆出现拉直或重叠的情况,与机构发生奇异的位形对应。

(2) 图解法求解机构速度/角速度

用图解法求解机构速度/角速度则相对较繁琐。如图8-30所示,根据相对运动原理可知,连杆2上点 C 的速度 $\boldsymbol{v}_C$ 等于基点 B 的速度 $\boldsymbol{v}_B$ 和点 C 相对点 B 的相对速度 $\boldsymbol{v}_{CB}$ 的矢量和,即

$$\begin{array}{cccc} & \boldsymbol{v}_C & = & \boldsymbol{v}_B & + & \boldsymbol{v}_{CB} \\ 方向 & \perp CD & & \perp AB & & \perp CB \\ 大小 & ? & & \omega_1 l_{AB} & & ? \end{array}$$

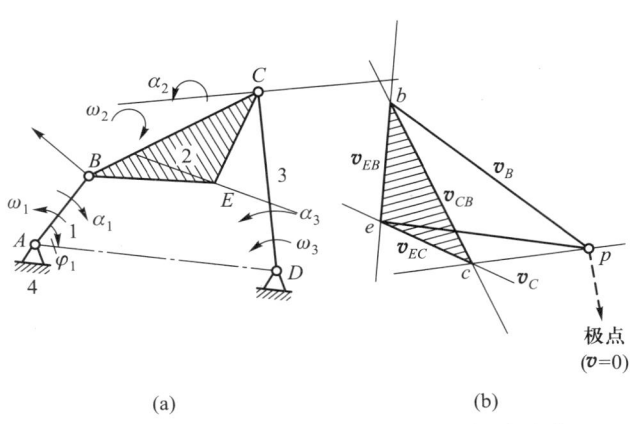

图 8-30 图解法求解铰链四杆机构速度/角速度

上式为构件矢量关系,仅有 $\boldsymbol{v}_C$ 和 $\boldsymbol{v}_{CB}$ 的大小未知,可根据上式关系作速度矢量多边形

图进行求解。如图 8-30b 所示,给定代表零速度的点 p,设定作图比例尺。从 p 点开始,按方向和大小作出矢量 $\boldsymbol{v}_B$ 得到 b 点,并从 b 点作出 $\boldsymbol{v}_{CB}$ 方向线;再从 p 点作出 $\boldsymbol{v}_C$ 方向线,两方向线交于 c 点,分别量取 bc、pc 长度即为 $\boldsymbol{v}_{CB}$ 和 $\boldsymbol{v}_C$ 的大小。

对连杆 2 上任意其他点 E,其速度 $\boldsymbol{v}_E$ 可用下式求得:

$$\begin{array}{cccccc}\boldsymbol{v}_E & = & \boldsymbol{v}_B & + & \boldsymbol{v}_{EB} & = & \boldsymbol{v}_C & + & \boldsymbol{v}_{EC}\\ \text{方向} & ? & \perp AB & & \perp BE & & \perp CD & & \perp CE\\ \text{大小} & ? & \omega_1 l_{AB} & & ? & & pc & & ?\end{array}$$

分别从 b 点和 c 点作出速度矢量 $\boldsymbol{v}_{EB}$ 和 $\boldsymbol{v}_{EC}$ 方向线,两方向线交于 e 点,分别量取 be、ce 长度即为 $\boldsymbol{v}_{EB}$ 和 $\boldsymbol{v}_{EC}$ 的大小,连接 p、e 两点所得矢量即为构件 2 上 E 点速度矢量 $\boldsymbol{v}_E$。很显然,图 8-30b 中 $\triangle bce$ 和图 8-30a 中 $\triangle BCE$ 相似,称图形 bce 为图形 BCE 的速度影像。当已知一构件上两点速度时,可以利用速度影像与构件对应位置点构成的图形相似的原理作图求解构件上其他任一点的速度。速度影像的相似原理只适用于同一构件上的各点。

在速度多边形中,p 点称为极点。连接 p 点与任意一点的矢量表示该点在机构图中的同名点的绝对速度,方向是从 p 点指向该点;连接其他任意两点的矢量则表示该两点在机构图中同名点间的相对速度,方向与速度的下标相反。

从上面分析可以看出,对于速度求解问题,即使是分析一个较为简单的机构,用图解法也显得比较繁琐,且求解精度有限。解析法则是一个线性求解问题,求解过程简捷,也适用于计算机编程,且机构越复杂越显示出解析法的优势。另外,图解法和解析法之间具有严格的对应关系,将二者对照起来有利于加深对速度求解问题本质的理解。

3. 平面连杆机构加速度/角加速度分析

除上述已知量外,主动件 AB 杆的运动角加速度 $\ddot{\varphi}_1(\varepsilon_1)$ 也已知。

(1) 解析法求解机构加速度/角加速度

对式(8-16)两边分别对时间 t 求导,得:

$$\mathrm{i}\ddot{\varphi}_1 \cdot l_1 \mathrm{e}^{\mathrm{i}\varphi_1} - \dot{\varphi}_1^2 \cdot l_1 \mathrm{e}^{\mathrm{i}\varphi_1} + \mathrm{i}\ddot{\varphi}_2 \cdot l_2 \mathrm{e}^{\mathrm{i}\varphi_2} - \dot{\varphi}_2^2 \cdot l_2 \mathrm{e}^{\mathrm{i}\varphi_2} = \mathrm{i}\ddot{\varphi}_3 \cdot l_3 \mathrm{e}^{\mathrm{i}\varphi_3} - \dot{\varphi}_3^2 \cdot l_3 \mathrm{e}^{\mathrm{i}\varphi_3} \quad (8-19)$$

与速度求解类似,展开后取实部和虚部得到方程组,再运用克莱姆法则求解,得:

$$\begin{cases}\ddot{\varphi}_2 = \dfrac{l_3 \dot{\varphi}_3^2 + l_1 \sin(\varphi_3-\varphi_1)\ddot{\varphi}_1 - l_1\cos(\varphi_3-\varphi_1)\dot{\varphi}_1^2 - l_2\cos(\varphi_2-\varphi_3)\dot{\varphi}_2^2}{l_2\sin(\varphi_2-\varphi_3)}\\ \ddot{\varphi}_3 = \dfrac{l_1\sin(\varphi_2-\varphi_1)\ddot{\varphi}_1 - l_1\cos(\varphi_1-\varphi_2)\dot{\varphi}_1^2 - l_2\dot{\varphi}_2^2 + l_3\cos(\varphi_2-\varphi_3)\dot{\varphi}_3^2}{l_3\sin(\varphi_2-\varphi_3)}\end{cases} \quad (8-20)$$

在机械设计时,往往假定主动件作匀速运动,即 $\ddot{\varphi}_1 = 0$,则式(8-20)有所简化。另外,可以看到构件角加速度与相应的构件角速度数学表达式的分母是相同的,所以二者对 BC、CD 两杆出现拉直或重叠情况的敏感程度是一致的。

(2) 图解法求解机构加速度/角加速度

加速度求解与速度求解情况类似,图解法比解析法相对麻烦。如图 8-31 所示,根据刚体运动的加速度合成定理,连杆 2 上点 B、C 的加速度矢量满足下述关系:

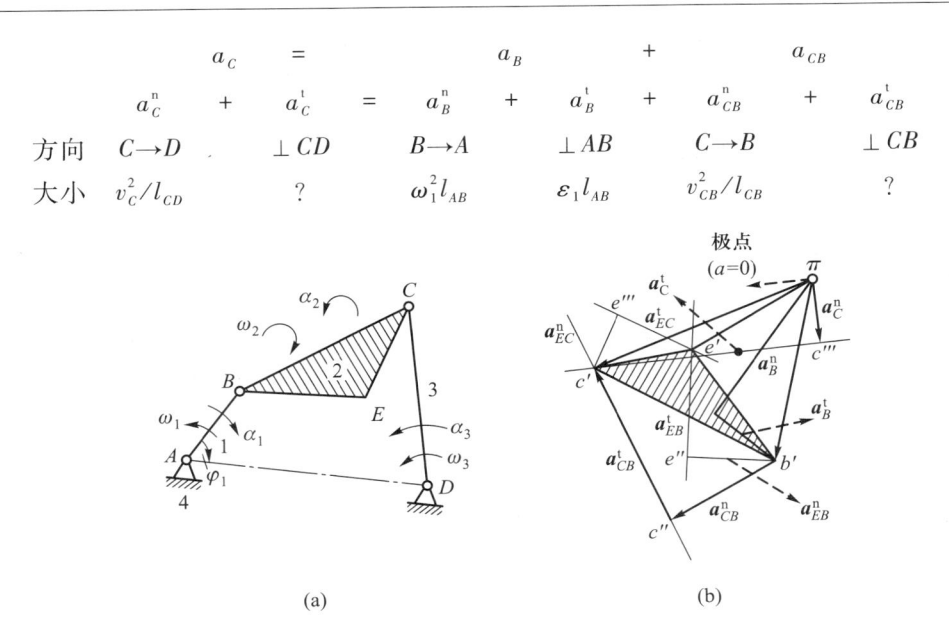

$$a_C = a_B + a_{CB}$$
$$a_C^n + a_C^t = a_B^n + a_B^t + a_{CB}^n + a_{CB}^t$$

| 方向 | $C \to D$ | $\perp CD$ | $B \to A$ | $\perp AB$ | $C \to B$ | $\perp CB$ |
| 大小 | v_C^2/l_{CD} | ? | $\omega_1^2 l_{AB}$ | $\varepsilon_1 l_{AB}$ | v_{CB}^2/l_{CB} | ? |

(a)　　　　　(b)

图 8-31　图解法求解铰链四杆机构加速度/角加速度

上式中仅有 a_C^t 和 a_{CB}^t 的大小未知，可以根据上式关系作加速度矢量多边形图求得。如图 8-31b 所示，给定代表零速度的点 π，设定作图比例尺。从点 π 开始，按方向和大小依次作出矢量 a_B^n 和 a_B^t 得到点 b'，并从点 b' 按方向和大小作出矢量 a_{CB}^n 方向线得到点 c''，并从点 c'' 作出矢量 a_{CB}^t 方向线；接着再从点 π 开始按方向和大小作出矢量 a_C^n 得到 c''' 点，再从点 c''' 作出矢量 a_C^t 方向线，两方向线交于点 c'，分别量取 $c'c''$、$c'c'''$ 长度即为 a_{CB}^t 和 a_C^t 的大小。量取 $\pi b'$、$\pi c'$ 长度为 a_B 和 a_C 的大小，其方向即为 a_B 和 a_C 的方向。

对连杆 2 上任意其他点 E，其加速度 a_E 可用下式求得：

$$a_E = a_B + a_{EB}^n + a_{EB}^t = a_C + a_{EC}^n + a_{EC}^t$$

| 方向 | ? | $\pi \to b'$ | $E \to B$ | $\perp EB$ | $\pi \to c'$ | $E \to C$ | $\perp EC$ |
| 大小 | ? | $\pi b'$ | $\omega_2^2 l_{BE}$ | ? | $\pi c'$ | $\omega_2^2 l_{CE}$ | ? |

分别从点 b' 和点 c' 作出加速度矢量 a_{EB}^n 和 a_{EC}^n 得到点 e''、e'''，并从点 e''、e''' 分别作出矢量 a_{EB}^t 和 a_{EC}^t 方向线，两方向线交于点 e'，分别量取 $e'e''$、$e'e'''$ 长度即为 a_{EB}^t 和 a_{EC}^t 的大小，连接 π、e' 两点所得矢量即为构件 2 上 E 点加速度矢量 a_E。与速度影像关系一样，图 8-31b 中△$b'c'e'$ 和图 8-31a 中△BCE 相似，称图形 $b'c'e'$ 为图形 BCE 的加速度影像。当已知一构件上两点加速度时，可以利用加速度影像与构件对应位置点构成的图形相似的原理作图求解构件上其他任一点的加速度。加速度影像的相似原理只适用于同一构件上的各点，不适用不同构件上的点。

在加速度多边形中，点 π 称为极点。连接点 π 与任意一点的矢量表示该点在机构图中的同名点的绝对加速度，方向是从点 π 指向该点；连接其他任意两点的矢量则表示该两点在机构图中同名点间的相对加速度，方向与加速度的下标相反。

从上可以看出，解析法比图解法更为简洁、精确，图解法与解析法之间具有严格的对

242　第 8 章　连杆机构

应关系,建立二者之间的联系有助于加深对加速度求解问题的内涵理解。

8.4　平面连杆机构的运动设计

8-7 刚体导引机构设计

　　根据前面的讨论,从机构功能要求出发,平面连杆机构的设计主要包含三类问题:一是刚体导引机构的设计问题;二是轨迹生成机构的设计问题;三是函数生成机构的设计问题。在具体设计时,除满足功能要求外往往还要满足一些附加要求,如:(1)是否存在曲柄,以便能够安装连续旋转驱动的普通电动机;(2)压力角或传动角是否满足许用压力角或传动角要求,以保证机构具有较高的传动效率;(3)是否符合急回特性要求,以便机构具有较高的生产效率;(4)是否符合安装空间的要求,达到机器结构紧凑的目标等等。在设计过程中需要合理考虑这些附加要求的约束。

　　下面分别讨论这三类设计问题的求解思路。

1. 刚体导引机构设计

　　当一台机器需要同时满足运动过程中的位置和姿态要求时,可以采用刚体导引机构来进行设计。刚体导引机构设计有实验法、几何图解法、解析法等不同方法,下面介绍刚体导引机构设计的解析法。

　　如图 8-32a 所示,已知连杆上某点 P_j 的 n 个位置坐标 (x_{Pj}, y_{Pj})、连杆上某直线在相

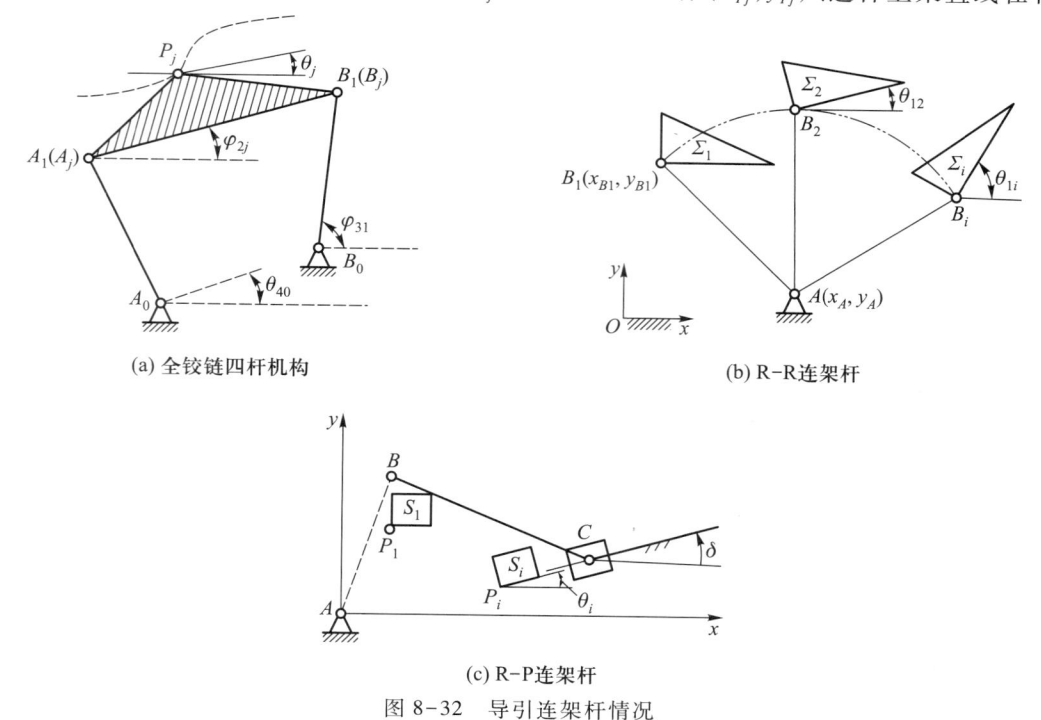

(a) 全铰链四杆机构

(b) R-R 连架杆

(c) R-P 连架杆

图 8-32　导引连架杆情况

应位置的姿态角 $\theta_j(j=1,2,\cdots,n)$，要求设计一个刚体导引四杆机构。

该问题亦即：已知 $(P_j)=x_{P_j}+iy_{P_j}$，$j=1,2,\cdots,n$；$\varphi_{2j}=\theta_j-\theta_1$，$j=2,3,\cdots,n$，设计一个刚体导引四杆机构。

(1) 连架杆设计约束方程

对于一个刚体导引平面四杆机构，因要求连杆在运动过程中姿态能变化，其连杆与机架之间的连架杆有 2 种形式，一种是以 2 个转动副相连接的 R-R 连架杆形式，一种是以转动副和移动副相连接的 R-P 连架杆形式。

对于 R-R 连架杆形式，如图 8-32b 所示，其杆长保持不变，有约束条件方程

$$|(A_j-A_0)|=|(A_1-A_0)|=定值,j=2,3,\cdots,n$$

可得

$$(x_{A_j}-x_{A_0})^2+(y_{A_j}-y_{A_0})^2=(x_{A_1}-x_{A_0})^2+(y_{A_1}-y_{A_0})^2,j=2,3,\cdots,n \tag{8-21}$$

式(8-21)包含了 $(n-1)$ 个方程。其中，连架杆两端的铰链 (A_0)、$(A_j)(j=1,2,\cdots,n)$ 的位置坐标是待求的未知量，形式为

$$\begin{cases}(A_0)=x_{A_0}+iy_{A_0}\\(A_j)=x_{A_j}+iy_{A_j}\end{cases},j=1,2,\cdots,n$$

可以看出 (A_0)、$(A_j)(j=1,2,\cdots,n)$ 共有 $(2+2n)$ 个未知量。若求得初始位置处机构铰链 (A_0)、(A_1) 两个位置的坐标，该连架杆杆长也就确定了。

对于 R-P 连架杆形式，如图 8-32c 所示，其移动副导路方向保持不变，有约束条件方程

$$\frac{y_{B_j}-y_{B_1}}{x_{B_j}-x_{B_1}}=\frac{y_{B_2}-y_{B_1}}{x_{B_2}-x_{B_1}}=tg\delta=定值,j=3,4,\cdots,n \tag{8-22}$$

式(8-22)包含了 $(n-2)$ 个方程。其中，滑块式连架杆的转动铰链 $(B_j)(j=1,2,\cdots,n)$ 的位置坐标以及移动副导路的倾斜角 δ 是待求的未知量，形式为

$$\begin{cases}(B_0)=x_{B_0}+iy_{B_0}\\(B_j)=x_{B_j}+iy_{B_j}\end{cases},j=1,2,\cdots,n$$

上述杆长不变或导路方向不变条件是机构杆件存在的特殊几何条件，充分发现并利用这些特殊几何条件有利于简化机构设计问题，这些特殊几何条件又称几何同一性条件。

(2) 刚体导引功能要求对应的设计约束方程

下面再考虑刚体导引功能所给定的已知条件，即已知连杆上点 P_j 的 n 个位置坐标 (x_{P_j},x_{P_j})、连杆上某直线在相应位置的姿态角 $\theta_j(j=1,2,\cdots,n)$ 或者 $\varphi_{2j}=\theta_j-\theta_1,j=2,3,\cdots,n$，设定该连杆相应地在铰链点 $(A_j)(j=1,2,\cdots,n)$ 处与连架杆相连接，则根据矢量性质有下述关系式：

$$(A_j-P_j)=(A_1-P_1)e^{i\varphi_{2j}},j=2,3,\cdots,n$$

可得

$$(A_j)=(A_1-P_1)e^{i\varphi_{2j}}+(P_j),j=2,3,\cdots,n$$

即

$$\begin{cases} x_{A_j} = (x_{A_1}-x_{P_1})\cos\varphi_{2j} - (y_{A_1}-y_{P_1})\sin\varphi_{2j} + x_{P_j} \\ y_{A_j} = (x_{A_1}-x_{P_1})\sin\varphi_{2j} + (y_{A_1}-y_{P_1})\cos\varphi_{2j} + y_{P_j} \end{cases}, j=2,3,\cdots,n \qquad (8\text{-}23)$$

该式包含了 $2(n-1)$ 个方程,可以认为该式将所有的 $(A_j)(j=2,3,\cdots,n)$ 都转化成了用 (A_1) 坐标和给定的刚体导引条件的表示。

因此,对于 R-R 连架杆形式,将式(8-23)代入式(8-21),则其设计约束方程式(8-21)简化为只包含 (A_1) 坐标的 $(n-1)$ 个方程了。

同样地,对于 R-P 连架杆形式,设连杆在铰链点 $(B_j)(j=1,2,\cdots,n)$ 处与连架杆相连接,则同样有下述关系式:

$$\begin{cases} x_{B_j} = (x_{B_1}-x_{P_1})\cos\varphi_{2j} - (y_{B_1}-y_{P_1})\sin\varphi_{2j} + x_{P_j} \\ y_{B_j} = (x_{B_1}-x_{P_1})\sin\varphi_{2j} - (y_{B_1}-y_{P_1})\cos\varphi_{2j} + y_{P_j} \end{cases}, j=2,3,\cdots,n \qquad (8\text{-}24)$$

该式包含了 $2(n-1)$ 个方程,可以认为该式将所有的 $(B_j)(j=2,3,\cdots,n)$ 都转化成了用 (B_1) 坐标和给定的刚体导引条件的表示。

因此,将式(8-24)代入式(8-22),R-P 连架杆形式的设计约束方程式(8-22)被简化为只包含 (B_1) 坐标的 $(n-2)$ 个方程。

(3) 刚体导引机构的设计

如图 8-33a 所示,若刚体导引机构是全铰链四杆机构,两个连架杆分别是 A_0A_j、$B_0B_j(j=1,2,\cdots,n)$,则有如下约束条件方程组

$$\begin{cases} (x_{A_j}-x_{A_0})^2 + (y_{A_j}-y_{A_0})^2 = (x_{A_1}-x_{A_0})^2 + (y_{A_1}-y_{A_0})^2 \\ (x_{B_j}-x_{B_0})^2 + (y_{B_j}-y_{B_0})^2 = (x_{B_1}-x_{B_0})^2 + (y_{B_1}-y_{B_0})^2 \end{cases}, j=2,3,\cdots,n \qquad (8\text{-}25)$$

(a) 全铰链四杆机构　　　　(b) 铰链滑块机构

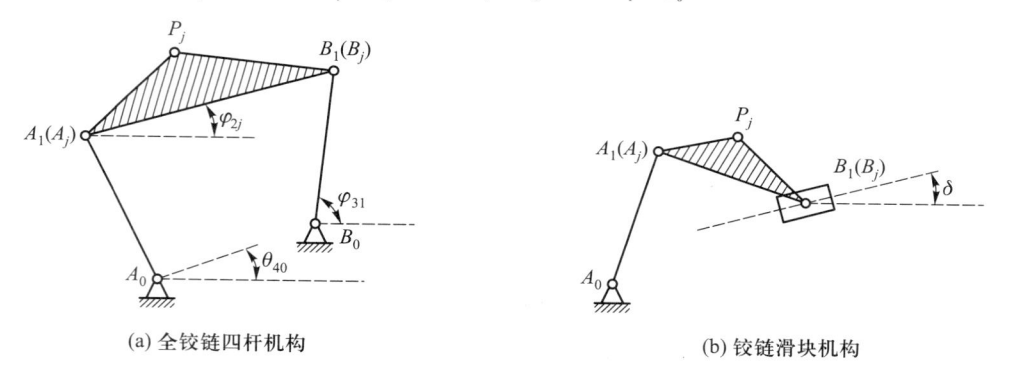

图 8-33　刚体导引机构设计

该方程组包含了 $2(n-1)$ 个方程。利用刚体导引条件,可以将 (A_j)、$(B_j)(j=2,3,\cdots,n)$ 代入上式,上式中未知量只剩下 (A_0)、(A_1)、(B_0)、(A_1) 四个位置的坐标。很显然,(A_0)、(A_1) 的求解和 (B_0)、(B_1) 的求解是相互独立的,即对于刚体导引机构,两个连架杆的求解设计是可以独立进行的。

可以看出,当 $n=5$,即给定连杆的五个位置时,两个连架杆均可以求得一组确定解;若 $n<5$,则两个连架杆均有无穷多解,可以考虑其他要求来挑选可行解;当 $n>5$ 时,方程一般没有精确解,只能采用近似法或优化方法求解。因此,可以说用铰链四杆机构实现刚体

导引功能时,可以精确实现 5 个位置的要求。

若刚体导引机构是铰链滑块四杆机构,如图 8-33b 所示,两个连架杆分别是 R-R 连架杆 A_0A_j、R-P 连架杆即滑块 $B_j(j=1,2,\cdots,n)$,则有约束条件方程组:

$$\begin{cases} (x_{A_j}-x_{A_0})^2+(y_{A_j}-y_{A_0})^2=(x_{A_1}-x_{A_0})^2+(y_{A_1}-y_{A_0})^2, j=2,3,\cdots,n \\ \dfrac{y_{B_j}-y_{B_1}}{x_{B_j}-x_{B_1}}=\dfrac{y_{B_2}-y_{B_1}}{x_{B_2}-x_{B_1}}, j=3,4,\cdots,n \end{cases} \quad (8-26)$$

该方程组包含了 $(n-1)+(n-2)$ 个方程。利用刚体导引条件,将(A_j)、$(B_j)(j=2,3,\cdots,n)$代入上式,上式中未知量只剩下(A_0)、(A_1)、(B_1)三个位置的坐标。很显然,(A_0)、(A_1)的求解和(B_1)的求解是相互独立的,即两个连架杆的求解设计可以独立进行。

可以看出,当 $n=4$,即给定连杆的四个位置时,可求得 R-P 连架杆的一组确定解;若 $n<4$,则有无穷多解,可以考虑其他要求来确定最优解;当 $n>4$ 时,方程一般没有精确解,只能求得近似解或优化解。而对于 R-R 连架杆来说,若要求得精确解,需要给定连杆的五个位置才行,但此时 R-P 连架杆一侧只能得到近似解,因此铰链滑块机构最多可以精确实现 4 个位置的要求。

2. 轨迹生成机构设计

当一台机器的输出构件仅需要满足运动过程中的位置要求而没有姿态要求时,可以采用轨迹生成机构来进行设计。

如图 8-34 所示,已知连杆上某点 P_j 的 n 个位置坐标 (x_{P_j},y_{P_j}),$j=1,2,\cdots,n$,要求设计一个轨迹生成四杆机构。

与刚体导引机构设计相比,轨迹生成机构的已知条件缺少了连杆的姿态信息,即连杆在相应位置的姿态角 $\theta_j(j=1,2,\cdots,n)$ 未知,或者说 $\varphi_{2j}=\theta_j-\theta_1(j=2,3,\cdots,n)$ 未知。因此,与刚体导引机构类似,可以建立起轨迹生成

8-8 轨迹生成机构设计

(a) 全铰链四杆机构   (b) 铰链滑块机构

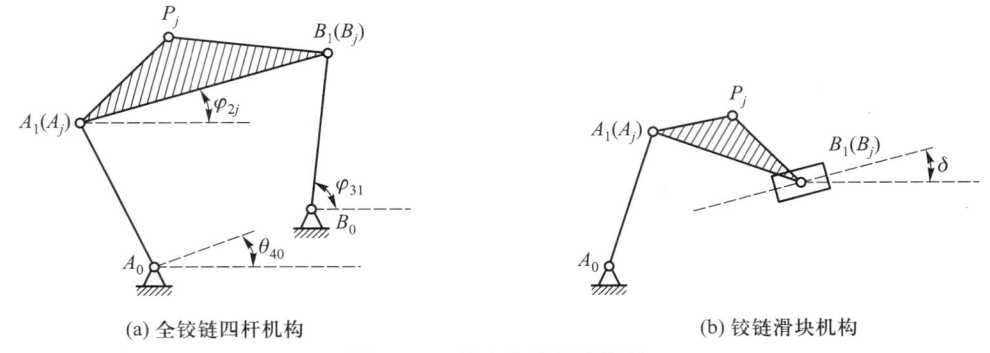

图 8-34 轨迹生成机构设计

机构的设计约束方程,只是其中的姿态角 $\theta_j(j=1,2,\cdots,n)$ 或 $\varphi_{2j}=\theta_j-\theta_1(j=2,3,\cdots,n)$ 成为未知量了。

(1) 全铰链四杆轨迹生成机构的设计

对图 8-34a 所示的全铰链四杆轨迹生成机构来说,约束条件方程组如式(8-25)所

示,包含了 $2(n-1)$ 个方程。利用式(8-23)和式(8-24)条件,可以将式(8-25)中(A_j)、$(B_j)(j=2,3,\cdots,n)$替换为(A_0)、(A_1)、(B_0)、(B_1)四个位置量,很显然,变换后的方程式包含的未知量是(A_0)、(A_1)、(B_0)、(B_1),以及姿态角参量 $\varphi_{2j}(j=2,3,\cdots,n)$,未知量个数为 $8+(n-1)$。与刚体导引机构设计不同的是,由于姿态角参量 $\varphi_{2j}(j=2,3,\cdots,n)$的存在,两个连架杆分别形成的设计约束方程是无法独立求解的,只能构成一个完整的方程组进行统一求解。

可以看出,当 $n=9$,即给定连杆的 9 个位置时,轨迹生成机构可以求得一组确定解;若 $n<9$,轨迹生成机构有无穷多解,可以考虑其他要求来挑选可行解;当 $n>9$ 时,轨迹生成机构只能有近似解或优化解。因此,铰链四杆机构实现轨迹生成功能时,可以精确实现 9 个位置点的要求。

(2) 铰链滑块四杆轨迹生成机构的设计

若轨迹生成机构采用图 8-34b 所示的铰链滑块四杆机构,则约束条件方程组与式(8-26)形式相同,包含了 $(n-1)+(n-2)$ 个方程。将式(8-23)和式(8-24)代入,则方程未知量只剩下(A_0)、(A_1)、(B_1) 三个位置的坐标,以及姿态角参量 $\varphi_{2j}(j=2,3,\cdots,n)$,未知量个数为 $6+(n-1)$。同样,两个连架杆对应的设计约束方程无法独立求解,必须构成一个完整的方程组统一求解。

当 $n=8$,即给定连杆的八个位置时,轨迹生成机构可求得一组确定解;若 $n<8$,则有无穷多解,可以考虑其他要求来确定最优解;当 $n>8$ 时,轨迹生成机构只能求得近似解或优化解。因此铰链滑块机构作为轨迹生成机构时最多可以精确实现 8 个位置的要求。

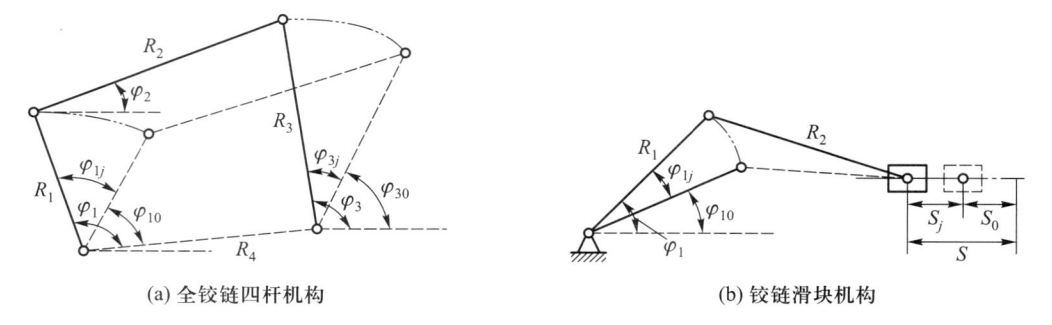

3. 函数生成机构设计

8-9 函数生成机构设计

当一台机器的输出构件相对于时间或输入构件需要满足一定的数学函数关系要求时,可以采用函数生成机构进行设计。

如图 8-35 所示,已知输入构件位置角 $\varphi_{1j}(j=1,2,\cdots,n)$ 及其对应的输出构件位置或位置角 $\varphi_{3j}(j=1,2,\cdots,n)$,要求设计一个函数生成四杆机构。

对图 8-35a 所示的全铰链四杆函数生成机构来说,设杆长为 $R_j,j=1,2,\cdots,n$;各杆与 x 轴夹角为 $\varphi_1、\varphi_2、\varphi_3、\varphi_4$,有关系式 $\varphi_1=\varphi_{10}+\varphi_{1j}$,$\varphi_2=\varphi_{20}+\varphi_{2j}$,$\varphi_3=\varphi_{30}+\varphi_{3j}$,其中 $\varphi_{10}、\varphi_{20}、\varphi_{30}$ 为初始位置处各杆与 x 轴的初始夹角,φ_{40} 为机架与 x 轴的夹角,是常量。

(a) 全铰链四杆机构 (b) 铰链滑块机构

图 8-35 函数生成机构设计

根据矢量封闭环方程有如下关系式：

$$R_1 e^{i\varphi_1} + R_2 e^{i\varphi_2} = R_3 e^{i\varphi_3} + R_4 e^{i\varphi_4}$$

改写为

$$R_2 e^{i\varphi_2} = R_3 e^{i\varphi_3} + R_4 e^{i\varphi_4} - R_1 e^{i\varphi_1}$$

采用共轭消元法，有

$$R_2 e^{i\varphi_2} \cdot R_2 e^{-i\varphi_2} = (R_3 e^{i\varphi_3} + R_4 e^{i\varphi_4} - R_1 e^{i\varphi_1}) \cdot (R_3 e^{-i\varphi_3} + R_4 e^{-i\varphi_4} - R_1 e^{-i\varphi_1})$$

得到：

$$R_2^2 = (R_3 \cos\varphi_3 + R_4 \cos\varphi_4 - R_1 \cos\varphi_1)^2 + (R_3 \sin\varphi_3 + R_4 \sin\varphi_4 - R_1 \sin\varphi_1)^2$$

整理后可得：

$$\cos(\varphi_3 - \varphi_1) = Q_1 + Q_2 \cos\varphi_3 - Q_3 \cos\varphi_1, j = 1, 2, \cdots, n \quad (8-27)$$

其中：$Q_1 = \dfrac{R_1^2 + R_3^2 + R_4^2 - R_2^2}{2R_1 R_3}, Q_2 = \dfrac{R_4}{R_1}, Q_3 = \dfrac{R_4}{R_3}$

式（8-27）包含 n 个方程，未知量为 Q_1、Q_2、Q_3、φ_{10}、φ_{30} 等 5 个。因此，当 $n=5$，即给定机构的五个输入和输出对应关系时，可以求得一组确定解；若 $n<5$，则有无穷多解，可以考虑其他要求来挑选可行解；当 $n>5$ 时，则只能有近似解。因此，可以说用铰链四杆机构实现函数生成功能时，可以精确实现 5 个给定输入和输出对应关系的要求。

同样思路，可以进行图 8-35b 所示的铰链滑块四杆函数生成机构的设计。

8.5 平面连杆机构的受力分析

1. 机构受力分析的任务

前述章节讨论了机构运动分析等问题，可以认为是从纯几何学的角度进行考察的，没有考虑机构在运动过程中的受力问题。力的作用是机构运动状态发生变化的物理原因，在机构运动过程中，各个构件会受到多种力的作用，机构的运动过程本质上也是机构传力和作功的过程。分析作用在机械上的力，既是设计和评价机械运动和动力性能的需要，也为后续的构件结构形状及结构尺寸等机械结构设计提供了计算依据。

机构受力分析的任务主要有两个：

（1）确定机构运动过程中运动副反力，即运动副元素接触处的相互作用力。这些力的大小和变化规律，是分析计算组成机构构件的各零件的强度，运动副中的摩擦、磨损情况，机构的运行效率及运转功率需求等的核心依据。

（2）确定机构主动件按给定规律运动时需要的机械平衡力（或平衡力矩）。所谓平衡力（或平衡力矩）是指按给定规律运动时与作用在机械上的已知外力及各构件的惯性力（惯性力矩）相平衡的未知外力（外力矩）。平衡力（或平衡力矩）计算是确定原动机功率需求，或根据原动机功率确定机械所能承担的最大工作载荷的依据。

2. 机构受力分析的方法

因机械运转速度高低的影响，机构受力分析有不同的层次和水平。对于低速轻载机械,一般进行机构的静力分析,即在不计惯性力所引起的动载荷而仅考虑静载荷的条件下,对机构进行受力分析。对于高速重载机构一般进行机构的动力分析,即同时考虑静载荷和惯性力(惯性力矩)所引起的动载荷而对机构进行受力分析。对于高速轻载机构一般还要考虑构件弹性变形产生的影响,进行机构的弹性动力分析。

进行机构动力分析时,常采用动态静力法,即根据达朗贝尔原理,假想地将惯性力加在产生该力的构件上,在惯性力和该构件上所有其他外力共同作用下,该机构及单个构件都可认为是处于平衡状态,因此可以用静力学的方法进行计算。这种分析计算方法称为机构的动态静力分析。

含有机构的机械系统的受力分析是理论力学课程的重要内容,主要有图解法和解析法两种。图解法通过运用力多边形和二力共线及三力汇交等力平衡原理进行求解,形象直观、概念清晰、易于理解,便于技术人员分析问题;解析法求解精度高,易于求得约束反力与平衡力的变化规律,便于计算机编程和应用。因理论力学课程对此已作系统论述,本书不作展开,下面简要介绍机构力分析的特点。

3. 运动链的动态静定条件

在机构中,若忽略摩擦的影响,转动副中的总反力将总是通过转动副的中心,即反力的着力点已知而大小及方向待定(图 8-36);而移动副中的总反力总是与导路方向垂直,即反力的方向已知而大小及着力点待定(图 8-37)。因此,平面机构中每个低副中的约束反力均包含两个未知参数。

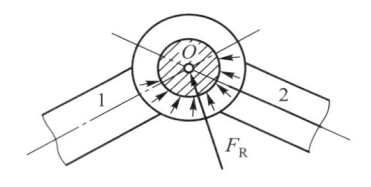

图 8-36 转动副中的反力　　图 8-37 移动副中的反力

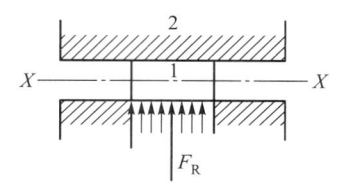

用解析法对机构进行受力分析时,为减小计算量,常按构件组进行动态静力计算,即选用构件组作为隔离示力体。为方便起见,所选用的构件组应满足约束反力静定条件。设运动链(构件组)含有 n 个构件和 P_L 个低副,则由 n 个构件可列出 $3n$ 个独立的平衡方程式,而构件组中所含低副反力中的未知参数为 $2P_L$。因此,由低副连接而成的运动链的动态静定条件为 $3n = 2P_L$,即 $P_L = 3n/2$。该条件与组成杆组的构件数和运动副数应满足的条件相同,因此可知杆组是满足动态静定条件的运动链。

根据机构组成原理,一般平面机构可以划分为静定的杆组以及与机架构成一个运动副的原动件。对原动件而言,其上作用有大小待定的平衡力(或力矩),力的未知参数的数目与平衡方程式的个数相等,所以主动件也满足动态静定条件。当从动件上作用有大小待定的平衡力(或力矩)时,机构的静定杆组可以从主动件开始一一划出,最后剩下的从动件与机架也会满足动态静定条件。我们把作用了大小待定的平衡力(或力矩)的构件统称为受力分析起始件。

4. 平面连杆机构动态静力分析的步骤

平面连杆机构的动态静力分析可按下述步骤进行：

（1）对平面连杆机构进行运动分析，求出有关速度、角速度、加速度和角加速度等运动参数值；

（2）将机构按受力分析起始件及杆组进行分解；

（3）从远离受力分析起始件的杆组开始，逐个对杆组进行动态静力分析，求出各运动副中的反力；

（4）对力分析起始件进行动态静力分析，求出应作用在原动件上的平衡力（或力矩）及有关的约束反力。

由上可知，平面机构动态静力分析的特点是：以杆组作为示力体，列出动态静力平衡方程组进行求解。为应用方便，可将常用杆组及单杆的力分析编制成函数供调用，在对平面机构进行力分析时直接调用相应的函数即可进行求解。

8.6 空间连杆机构和机器人机构简介

1. 空间连杆机构

空间连杆机构在运动时至少有一个构件在三维空间中作运动，这在那些要求构件作空间运动的场景有很普遍的应用。空间连杆机构属于低副机构，所包含的运动副类型多种多样，可以是不同自由度的平面或空间低副，如单自由度的转动副（R 副）、移动副（P 副）、螺旋副（H 副），多自由度的圆柱副（C 副）、球销副（S'副）、球面副（S 副）、平面副（E 副）等（参见表 7-1）。与平面连杆机构相比，空间连杆机构在结构上更为紧凑、可实现的运动类型更为灵活多变，在农机、纺机、轻工机械、重工机械、汽车、机器人等领域有着广泛的应用。

（1）空间连杆机构的分类

根据机构运动的性质、构件运动的性质、机构包含的构件数、环路数目、运动副类型、封闭与否等，可以将空间连杆机构划分为不同类型。如根据机构连架杆的运动性质，与平面连杆机构类似，空间连杆机构也有双曲柄机构、曲柄摇杆机构、双摇杆机构等类型。根据构件运动的性质，可以有球面连杆机构（图 7-9c）、一般空间连杆机构（图 8-38a 所示 RSSR 机构）之分。根据机构所包含的环路情况，有空间四杆机构（图 8-38）、空间五杆机构、空间六杆机构等。根据机构所包含的环路情况，有开环（图 7-3b）、单环（图 7-9a、图 8-38a）、多环（图 7-6b、图 7-10）之分。根据机构所包含的运动副类型，有 RSSR（图 8-38a）、RSCS（图 8-38b）等不同形式。还可以有其他分类方法。

（2）空间连杆机构的建模与分析

与平面连杆机构运动学建模类似，空间连杆机构的运动学建模也有图解法和解析法，但建模更为繁杂、计算工作量更大、人工完成困难，需要依靠计算机等求解工具。由于空

(a) RSSR机构　　　　　　　　(b) RSCS机构

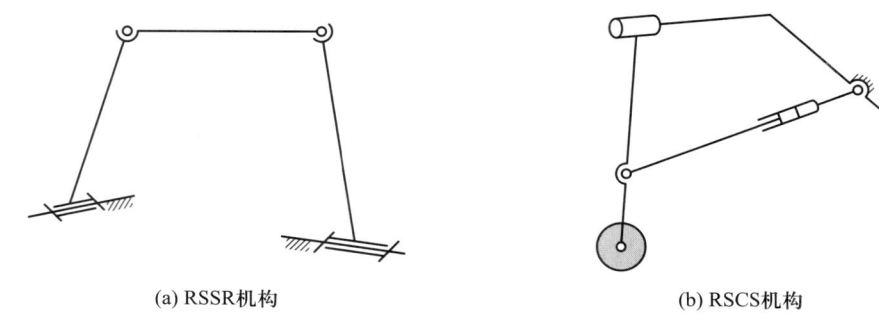

图 8-38　空间连杆机构示例

间机构三维立体作图比较困难,选用解析法已成为空间连杆机构运动学建模的主流方法。

对于解析法,可以选择建立合适的直角坐标系,并给空间连杆机构各构件附上空间向量(矢量),构成矢量封闭环,从而可以列出相应方程。若机构中有 n 个独立的环路,则可以列出 n 个独立的向量环方程,组成向量方程组。因每个向量环方程可以通过向坐标平面投影而列出 3 个分量环方程,因而得到 $3n$ 个标量方程构成的运动学方程组,通过联立求解可得到需要的运动学量。

目前在企业产品开发过程中,空间连杆机构的运动学建模和分析多采用机构运动分析软件进行仿真分析和运动模拟,UG、Solidworks 等三维建模与设计软件也包含机构运动分析仿真功能模块。

鉴于设计问题具有强烈的个性化和复杂性特点,对于空间连杆机构的构型和尺度综合问题,目前还缺乏通用的商用软件可供使用,通常需要根据具体问题进行建模和编程计算。一些大学实验室和科研机构自行开发了一些适用于部分机构的设计程序,用于自用或开源共享,感兴趣的同学可以自行拓展学习。

2. 机器人机构

机器人已经越来越多地在工业生产、社会生活、抢险救灾、航空航天、国防军工等领域得到广泛应用。通常机器人需要执行灵活多变的机械运动,需要采用具有一定自由度的机构来作为产生和传递机械运动和能量的载体。

机器人是机电一体化的多学科交叉的复杂技术系统,通常包含广义执行、信息处理与控制、传感检测三个主要的子系统,其中广义执行子系统是机器人的机械系统的主体组成部分,其载体是机器人机构。

机器人机构可能采用平面机构,也可能采用空间机构。广义来说,机器人机构是指含有 2 个或 2 个以上机构自由度的机构,拥有一定的工作空间,具有通过编程控制实现平面运动或空间运动的能力。

机器人机构有很多类型,也有不同分类方法。按机器人机构形式,有串联机器人机构、并联机器人机构、混联机器人机构之分。目前工厂使用的大多数工业机器人采用了串联机器人机构(图 8-39a),并联机器人机构(图 7-10、图 7-21)和串并混联机器人机构(图 8-39b)在灵巧操作、重载作业、多轴加工等场合得到越来越多的运用。

除机构设计中遇到的一般共性问题，机器人机构还存在因多自由度输入引起的工作空间及其相关特性和性能评价等特殊问题，需要开展专门研究。在此基础上，在机器人产品开发过程中，需要解决好机器人机构的构型综合、尺度综合、动力学设计以及运动规划与控制等技术问题，这方面涉及到比较多的数学和力学工具，感兴趣的同学可以自行拓展学习，也可以在后续选修课程以及研究生阶段进行更为深入、系统的学习。

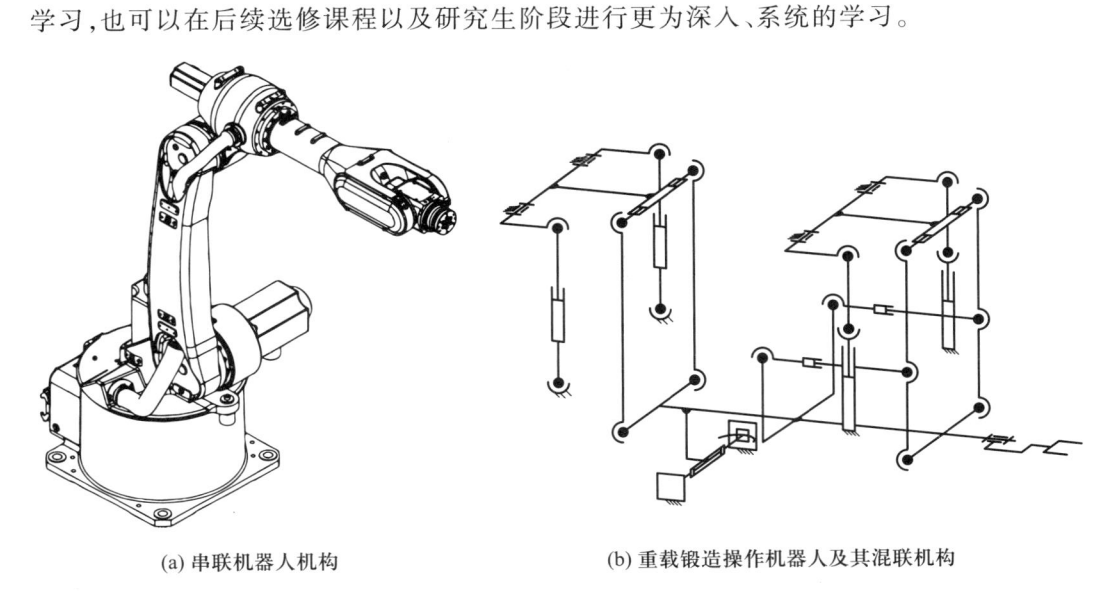

(a) 串联机器人机构　　　　　(b) 重载锻造操作机器人及其混联机构

图 8-39　机器人机构示例

学习指南

连杆机构是最常用的机构之一。本章介绍连杆机构的特点、分类、基本型式、运动特性、动力特性、运动分析、运动设计、受力分析等内容。重点掌握机构存在曲柄的条件、急回特性、压力角和传动角、死点等基本概念，熟悉机构运动分析和设计方法、机构受力分析方法，可以进行连杆机构尺度设计。本章概念导图如图 8-40 所示。

随着计算机、控制、伺服驱动等技术发展，机器人发展取得了巨大成就。连杆式机器人机构作为连杆机构的重要分支，已经发展成为一个庞大的家族。以开链结构为基本特征的串联连杆机构支撑了工业机器人的技术进步，发展日渐成熟；以多环闭链结构为基本特征的并联机器人机构也得到了快速发展，为各类特种机器人装备的技术开发提供了本体支撑，且正在不断发展。

252 第 8 章 连杆机构

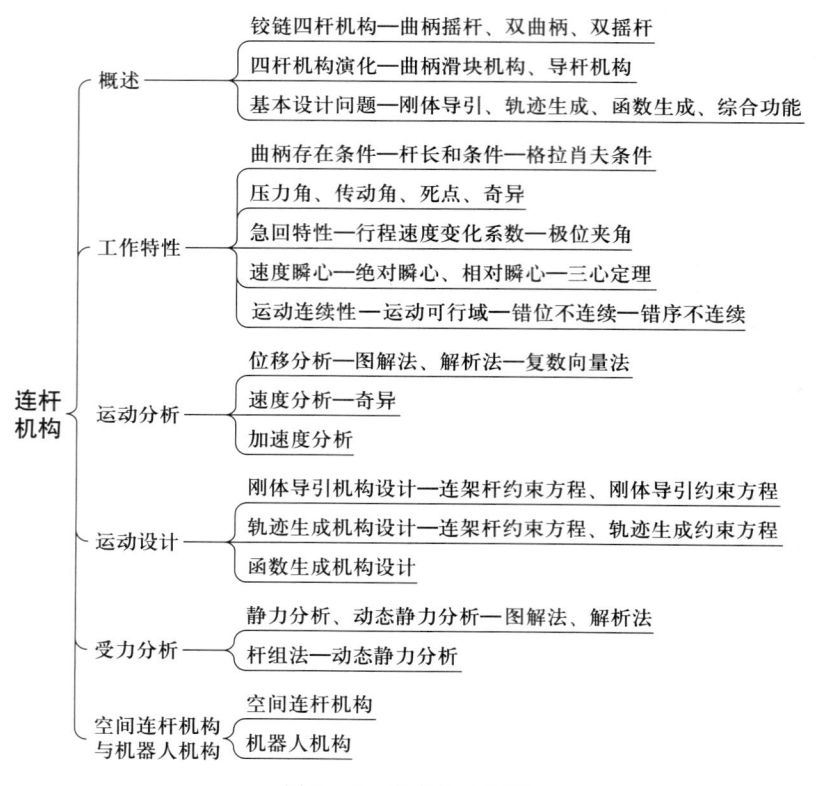

```
            ┌─ 概述 ──┬─ 铰链四杆机构—曲柄摇杆、双曲柄、双摇杆
            │        ├─ 四杆机构演化—曲柄滑块机构、导杆机构
            │        └─ 基本设计问题—刚体导引、轨迹生成、函数生成、综合功能
            │
            ├─ 工作特性 ┬─ 曲柄存在条件—杆长和条件—格拉肖夫条件
            │          ├─ 压力角、传动角、死点、奇异
            │          ├─ 急回特性—行程速度变化系数—极位夹角
            │          ├─ 速度瞬心—绝对瞬心、相对瞬心—三心定理
            │          └─ 运动连续性—运动可行域—错位不连续—错序不连续
   连杆     │
   机构 ────┼─ 运动分析 ┬─ 位移分析—图解法、解析法—复数向量法
            │          ├─ 速度分析—奇异
            │          └─ 加速度分析
            │
            ├─ 运动设计 ┬─ 刚体导引机构设计—连架杆约束方程、刚体导引约束方程
            │          ├─ 轨迹生成机构设计—连架杆约束方程、轨迹生成约束方程
            │          └─ 函数生成机构设计
            │
            ├─ 受力分析 ┬─ 静力分析、动态静力分析—图解法、解析法
            │          └─ 杆组法—动态静力分析
            │
            └─ 空间连杆机构 ┬─ 空间连杆机构
               与机器人机构 └─ 机器人机构
```

图 8-40 本章概念导图

习题

8-1 图 8-41 所示机构中,当偏心盘 1 绕固定中心 A 转动时,滑块 2 在圆柱体 3 的直槽内滑动,使圆柱体 3 绕固定中心 D 转动。请画出机构运动简图,并计算机构自由度。

8-2 图 8-42 所示铰链四杆机构中,各杆长度为 $l_{AB} = 100$ mm, $l_{BC} = 250$ mm, $l_{AD} =$

图 8-41

图 8-42

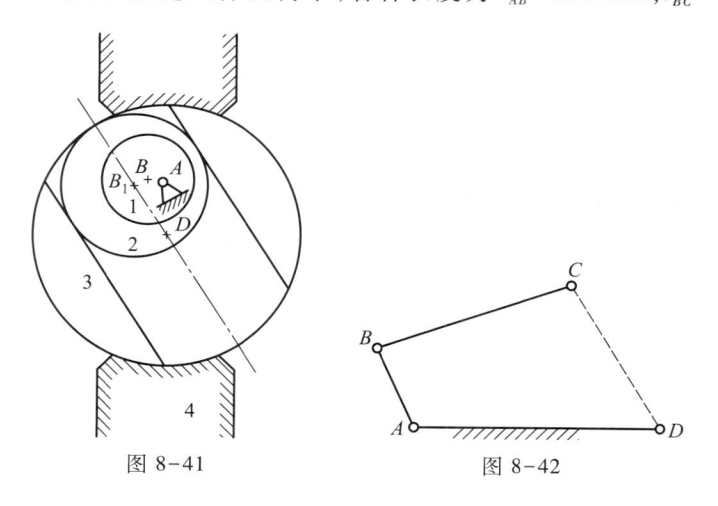

300 mm，试问此机构分别为曲柄摇杆机构、双摇杆机构时，对应摇杆 CD 的杆长取值范围。

8-3 已知铰链四杆机构的行程速度变化系数 K = 1.4，摇杆长度 l_{CD} = 300 mm，摆角 φ = 35°，摇杆在极限位置 DC_1 时铰链 C_1 与 A 间的距离 l_{AC_1} = 225 mm，试设计该机构。

8-4 如图 8-43 所示偏置曲柄滑块机构中，已知偏距 e，曲柄长 R，连杆长 L，曲柄以等角速度回转，试求：(1) 滑块行程 S；(2) 行程速度变化系数 K；(3) 传动角 $\gamma_{\min}$ 和 $\gamma_{\max}$。

8-5 图 8-44 所示为汽车通道内用于加座的折叠椅机构的一部分，求杆件长度 l_{BC}、l_{CD}、l_{AD}（铰链点 C、D 请结合四杆机构位置关系与题目要求自行绘制）。已知连架杆 l_{AB} = 240 mm，要求能分别停留在水平和垂直位置上。当 AB 在水平位置时，机构处于死点位置，且 BC 与 AB 夹角 θ = 60°；当 AB 在垂直位置时，铰链四杆机构的各杆重叠成一条直线。

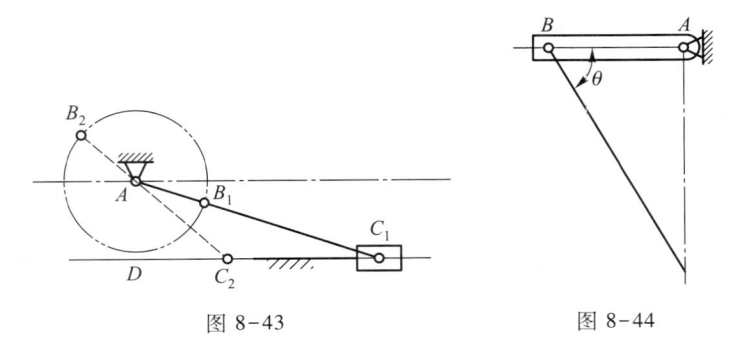

图 8-43   图 8-44

8-6 行程速度变化系数 K = 1 的曲柄摇杆机构被称为对心型曲柄摇杆机构。图 8-45 所示为一对曲柄摇杆机构，曲柄为主动件。
（1）画出该机构的极限位置和摆角；
（2）判断该机构有无急回特性；
（3）画出图示位置时机构的压力角和传动角；
（4）在什么情况下机构会出现死点，并指出机构的死点位置。

8-7 设计一台脚踏轧棉机的曲柄摇杆机构，如图 8-46 所示。要求踏板 CD 在水平位置上下各摆动 10°，l_{CD} = 500 mm，l_{AD} = 1 000 mm，试设计曲柄 AB 和连杆 BC 的长度。

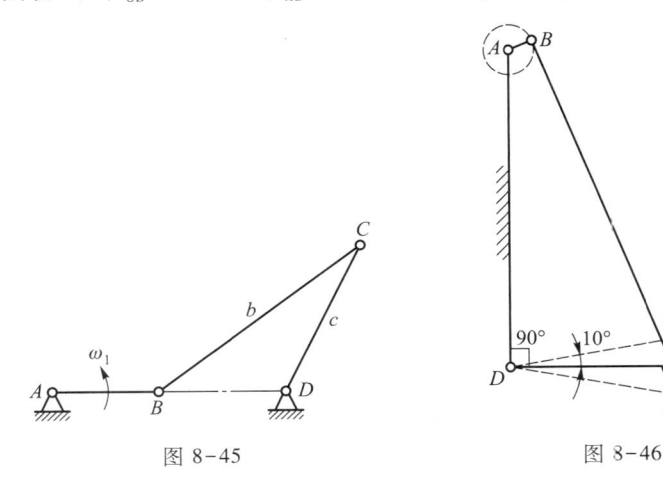

图 8-45   图 8-46

8-8 如图 8-47 所示两导杆机构,请推导:

(1) 图 a 中偏置导杆机构成为转动导杆机构的条件;

(2) 图 b 中导杆 AP 不为转动导杆的条件。

8-9 图 8-48 所示为开关的分合闸机构。已知 $l_{AB} = 150$ mm,$l_{BC} = 200$ mm,$l_{AD} = 400$ mm,$l_{CD} = 200$ mm,请回答:

(1) 该机构属于何种类型的铰链四杆机构;

(2) AB 为主动件时,标出机构在图示虚线位置时的压力角和传动角;

(3) 机构在实线位置(合闸)时,在触头合力 F_Q 作用下,机构会不会打开,为什么?

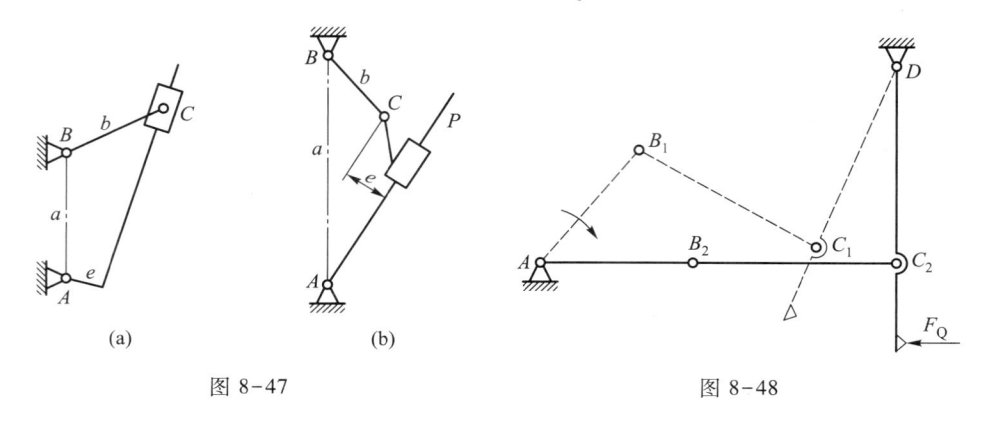

图 8-47

图 8-48

8-10 设计如图 8-49 所示一偏心曲柄滑块机构,已知滑块的行程速度变化系数 $K = 1.5$,滑块的冲程 $l_{C_1C_2} = 50$ mm,导路的偏距 $e = 20$ mm,求曲柄长度 l_{AB} 和连杆长度 l_{BC}。

8-11 图 8-50 所示铰链四杆机构中,已知 $l_{AB} = 25$ mm,$l_{AD} = 36$ mm,$l_{DE} = 20$ mm,主动构件和从动构件之间对应的转角关系如图所示,试设计此机构。

图 8-49

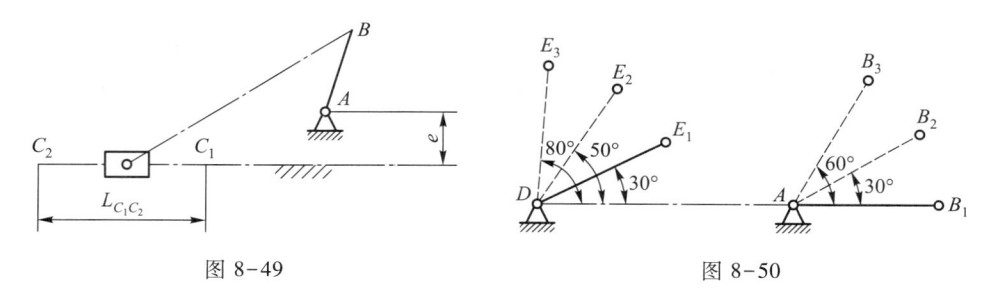

图 8-50

8-12 图 8-51 所示插床的转动导杆机构中,已知 $l_{AB} = 50$ mm,$l_{AD} = 40$ mm,行程速度变化系数 $K = 1.4$,求曲柄 BC 的长度及插刀 P 的行程。若需行程速度变化系数 $K = 2$,则曲柄 BC 应调整为多长?此时插刀行程是否改变?

8-13 在图 8-52 所偏置曲柄滑块机构中,已知滑块行程为 200 mm,当滑块处于两个极限位置时,机构压力角分别为 30°和 60°,试计算:

(1) 杆长 l_{AB}、l_{BC} 和偏心距 e;

(2) 机构的行程速度变化系数 K；

(3) 机构的最大压力角 $\alpha_{\max}$。

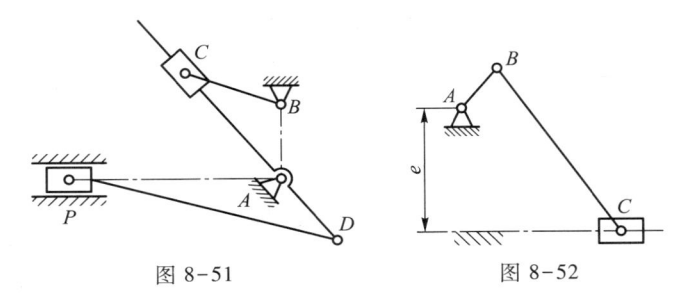

图 8-51　　　　图 8-52

8-14　图 8-53 所示六杆机构，已知曲柄 $l_1 = 62.5$ mm，机架 $l_5 = 50$ mm，滑块行程 $S = 175$ mm，滑块工作行程所需时间为 0.3 s、回程所需时间为 0.1 s，试设计此机构，并计算机构的行程速度变化系数 K。

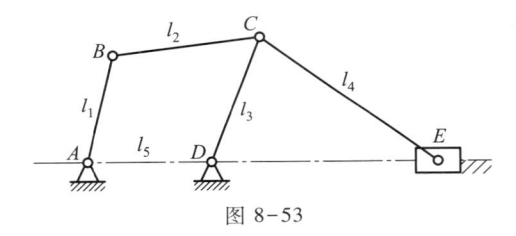

图 8-53

8-15　试绘制图 8-54 所示机构在图示位置处的全部瞬心。

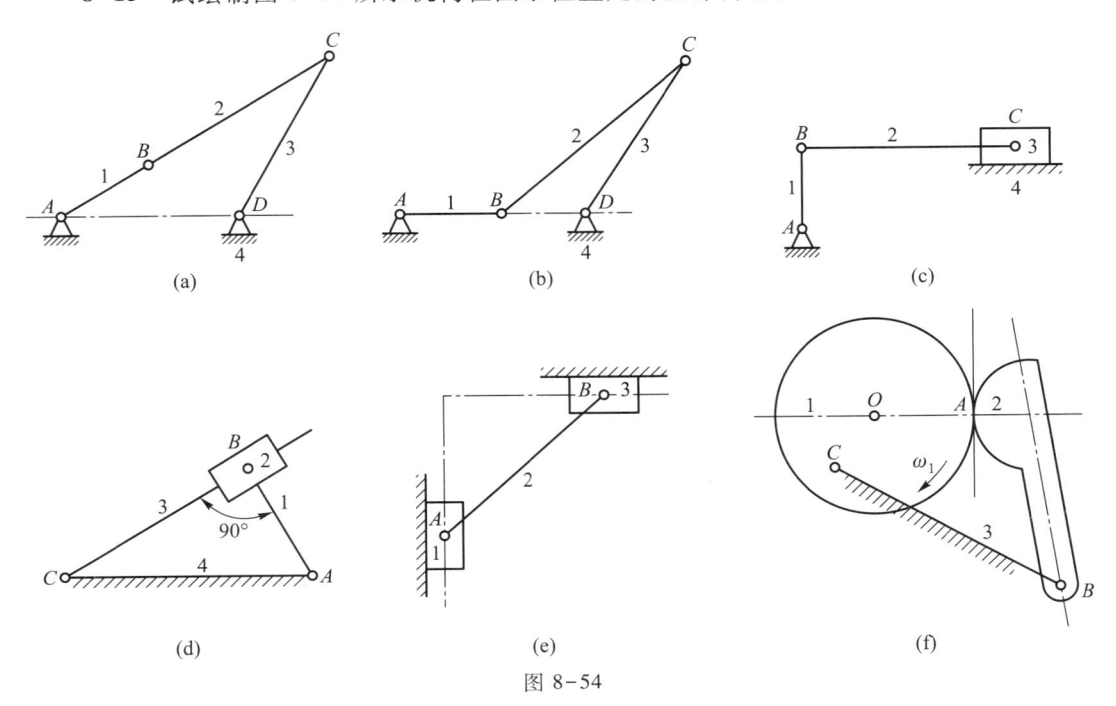

(a)　　　　(b)　　　　(c)

(d)　　　　(e)　　　　(f)

图 8-54

8-16 标出图 8-55 所示机构的压力角和传动角。箭头标注的构件为主动件。

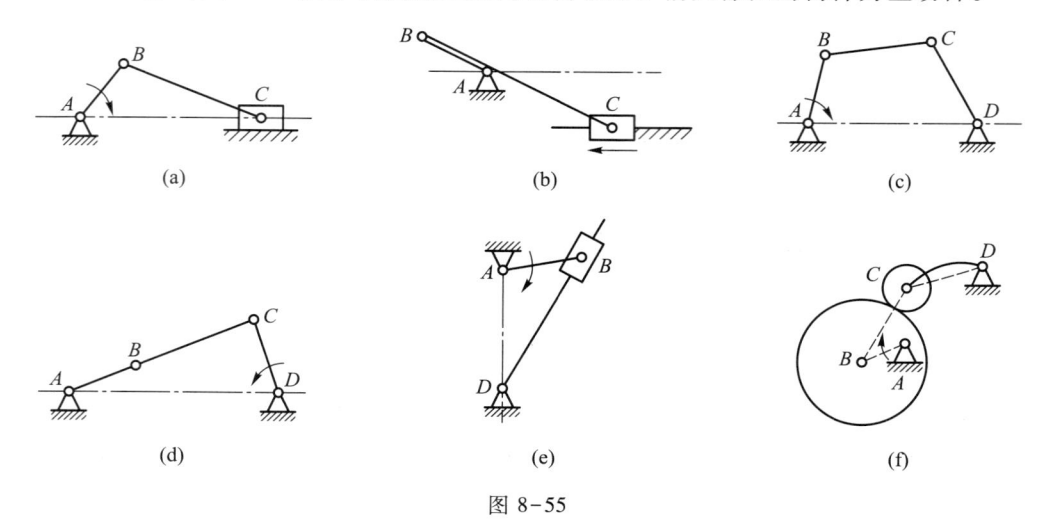

图 8-55

第 9 章 凸轮机构

内容提要

凸轮机构广泛应用于各类机械,特别是自动机械和自动控制装置中,是由具有曲线/曲面轮廓或凹槽的平面或空间凸轮通过高副接触、带动从动件作预期运动的一类高副机构。凸轮机构易于通过运动设计来精确地实现所需要的运动规律。本章主要介绍凸轮机构的类型、从动件运动规律、从动件运动设计、凸轮廓线求解方法以及凸轮机构基本参数设计。

9.1 概述

1. 凸轮机构的组成及特点

凸轮机构是最简单的高副机构之一,由凸轮、从动件和机架三个基本构件组成。其中,凸轮是具有曲线/曲面轮廓或凹槽的特殊形状构件,如图 9-1 所示,凸轮有各式各样的几何外形,如平面盘形凸轮、平面板形凸轮、圆柱槽凸轮、圆柱端面凸轮、圆锥凸轮、椭球

图 9-1 凸轮

凸轮等。从动件端部与凸轮保持高副接触,可作往复直线运动或往复摆动,甚至更为复杂的机械运动。在如图 9-2a 所示的盘形凸轮机构中从动件作往复直线运动;在图 9-2b 所示的盘形凸轮机构中从动件作往复摆动运动。

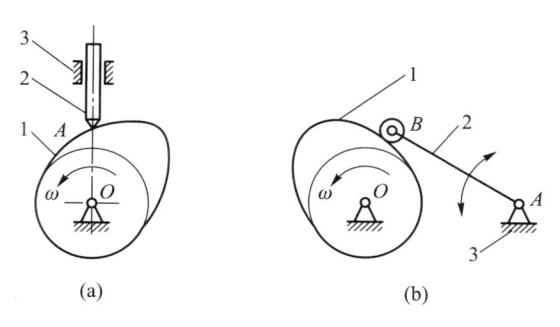

1—凸轮;2—从动件;3—机架。
图 9-2 凸轮机构示意图

凸轮机构结构紧凑,从动件能实现各种复杂的运动,运动设计相对比较简单,适应性很强,在机器开发中得到了广泛应用。凸轮机构也存在一些固有的不足,如高副接触部位易发生磨损,需要考虑高副接触的维持方式,凸轮轮廓形状通常也较为复杂且加工精度要求高,制造成本相对较高。

通常情况下,凸轮是主动件且作匀速运动,此时从动件的运动规律(位移、速度、加速度、跃度等)取决于凸轮与从动件接触部位的轮廓形状。对于这样的凸轮机构,首先需要根据机器的工作要求设计从动件的运动规律,确定机构形式;然后确定凸轮机构的基本参数,求解相应的凸轮轮廓;最后再设计凸轮的结构。当然也有些应用场合会要求凸轮作从动运动,如翻盖手机用于屏幕翻开和闭合的一字转轴部件,采用的就是弹簧锁合的圆柱端面凸轮机构。

2. 凸轮机构的分类

9-1 凸轮机构分类

凸轮机构有多种类型。根据组成凸轮机构的凸轮、从动件的形状及其运动方式的不同,可以对常用的凸轮机构进行分类。

(1) 按凸轮形状进行分类

凸轮具有曲线/曲面轮廓或凹槽,形状各式各样,比较典型的有平面盘形凸轮、平面板形凸轮(移动凸轮)、圆柱槽凸轮、圆柱端面凸轮。

1) 平面盘形凸轮 如图 9-2 所示,凸轮呈盘状,具有变化的向径,且相对机架作定轴转动。盘形凸轮结构简单,应用广泛,是凸轮最基本的形式。盘形凸轮与从动件的运动在同一或相互平行的平面内,因此属于平面凸轮机构。

2) 移动凸轮 如图 9-3 所示,凸轮相对机架作往复移动,可看作盘形凸轮的回转轴线移至无穷远处时的情况。移动凸轮与从动件的运动在同一或相互平行的平面内,因此属于平面凸轮机构。

3) 圆柱凸轮 如图 9-4 所示,凸轮的轮廓曲面位于圆柱体周边或者端面上,可以看作把有一定厚度的移动凸轮卷绕成圆柱体得来。由于圆柱凸轮与从动件的运动不在同一平面或相互平行的平面内,因此属于空间凸轮机构。

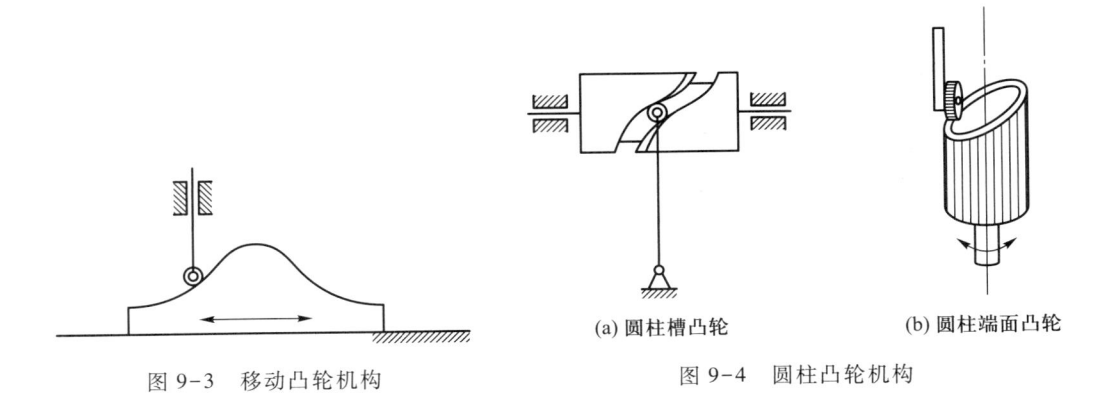

图 9-3　移动凸轮机构

(a) 圆柱槽凸轮　　(b) 圆柱端面凸轮

图 9-4　圆柱凸轮机构

(2) 按从动件形状进行分类

从动件形状特指与凸轮轮廓接触的从动件端部的形状。为保持从动件端部与凸轮之间作合理的高副接触,从动件端部有多种几何形状可供选用。

1) 尖底从动件

如图 9-5a 所示,尖底从动件的端部呈针尖状,结构非常简单,能与任意形状的凸轮轮廓保持接触,实现任意的运动规律。但这种从动件尖底处易磨损,只适用于低速和传力不大的应用场合。

2) 滚子从动件

如图 9-5b 所示,滚子从动件的端部通过滚子与凸轮轮廓接触,存在一个局部转动自由度。这个局部自由度把从动件与凸轮之间的滑动摩擦转化成滚动摩擦,从而大幅减少凸轮机构的磨损,能够传递较大的动力,在工程实际中应用广泛。

3) 平底从动件

如图 9-5c 所示,平底从动件的端部是一平面,从动件与凸轮轮廓之间的法向接触力方向在机构运行过程中始终不改变,机构受力平稳,传动效率高。同时,凸轮与平底接触处易形成楔形油膜,润滑状况好。因此平底从动件常用于高速场合,但必须保证与之配合的凸轮轮廓是外凸形状。

4) 曲底从动件　如图 9-5d 所示,曲底从动件的端部为一曲面,兼有尖底和平底从动件的优点,在工程实际中的应用也较多,但制造成本相对较高。

(3) 按从动件运动形式进行分类

1) 直动从动件　在图 9-5 中,从动件与机架之间构成移动副,因此无论从动件端部形状如何,从动件都作往复直线运动。当从动件的中心线通过凸轮相对机架的回转轴线时,称为对心直动从动件凸轮机构,如图 9-5a、c、d 所示。当从动件的中心线与凸轮相对机架的回转轴线有一定距离时,称为偏置直动从动件凸轮机构,如图 9-5b 所示。

2) 摆动从动件　如图 9-2b、图 9-4a 所示,从动件与机架之间构成转动副,因此无论从动件端部形状如何,从动件总是作往复摆动运动。

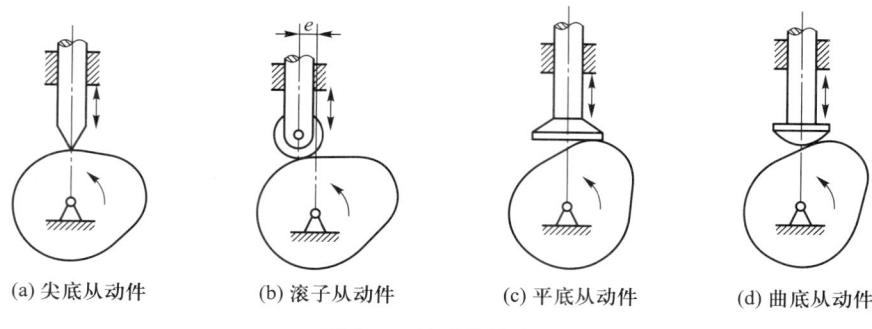

(a) 尖底从动件　　(b) 滚子从动件　　(c) 平底从动件　　(d) 曲底从动件

图 9-5　从动件的类型

(4) 按凸轮与从动件维持高副接触的方式进行分类

凸轮和从动件由高副连接,在机构运行过程中凸轮和从动件易产生跳脱,使高副连接关系丧失、机构运动失效,需要采用一定方式使得凸轮与从动件始终保持接触。根据凸轮与从动件维持高副接触的方式不同,凸轮机构可以分为以下两类:

1) 力封闭方式　力封闭式凸轮机构利用弹簧弹力、从动件自身的重力或者其他外力来保证从动件与凸轮始终处于接触状态。图 9-2、图 9-3、图 9-4b、图 9-5 所示的凸轮机构都是利用从动件自身的重力来维持高副接触。

2) 形封闭方式　形封闭式凸轮机构利用凸轮或者从动件的特殊几何形状来维持凸轮与从动件的高副接触,有多种形式。图 9-6a 所示为槽凸轮机构,在盘形凸轮端面上将轮廓曲线做成凹槽形状。从动件滚子嵌入凹槽,使得从动件在往复行程中都能与凸轮保持接触。这种凸轮的上下两侧轮廓曲线与理论轮廓曲线显然都是等距曲线。图 9-6b 所示为等宽凸轮机构,从动件在往复行程中都与凸轮保持接触,显然需要满足从动件上与凸轮相切接触的上下两条直线始终保持平行且等距。图 9-6c 所示为等径凸轮机构,从动件上装有两个滚子,分别与凸轮廓线两侧相接触,这种凸轮机构必须满足从动件导路中心线与凸轮理论轮廓曲线的两个交点之间的距离与两个滚子间的中心距相等。图 9-6d 为共轭凸轮机构,相当于有两对凸轮机构,但两只凸轮和两个从动件分别固连在一起,因此

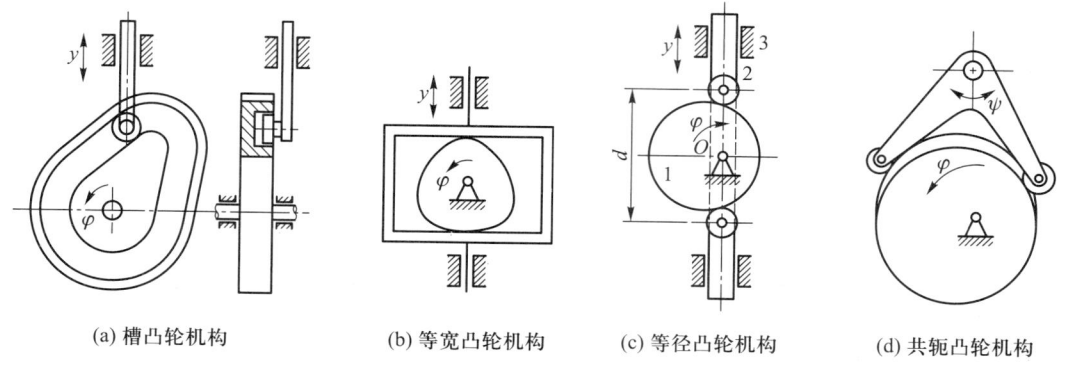

(a) 槽凸轮机构　　(b) 等宽凸轮机构　　(c) 等径凸轮机构　　(d) 共轭凸轮机构

图 9-6　形封闭的凸轮机构

在从动件的往复行程中分别有一对凸轮机构起到机构传动作用。

3. 凸轮机构的命名规则

从上述讨论可知，因凸轮形状、从动件端部形状、从动件运动方式、高副接触维持方式的不同，凸轮机构有多种类型。为清晰描述凸轮机构的类型，凸轮机构的命名一般采取先描述从动件特征、再描述凸轮特征的命名方式，命名规则一般按以下格式进行："（从动件运动方式）（从动件端部形状）**从动件**+（凸轮形状）（高副接触维持方式）**凸轮机构**"或"（从动件端部形状）（从动件运动方式）**从动件**+（凸轮形状）（高副接触维持方式）**凸轮机构**"。

如图 9-4a 所示凸轮机构称作"摆动滚子从动件圆柱槽凸轮机构"或"滚子摆动从动件圆柱槽凸轮机构"；图 9-5d 所示凸轮机构称作"直动曲底从动件盘形凸轮机构"或"曲底直动从动件盘形凸轮机构"。

4. 凸轮机构的常用名词术语

以图 9-7 所示的直动尖底从动件盘形凸轮机构为例，介绍凸轮机构中常用的名词术语。

（1）基圆 以凸轮回转中心为圆心、以凸轮轮廓曲线的最小向径为半径所作的圆称为凸轮的基圆，其半径用 r_0 表示。基圆是量取从动件位移和设计凸轮轮廓曲线的基准。

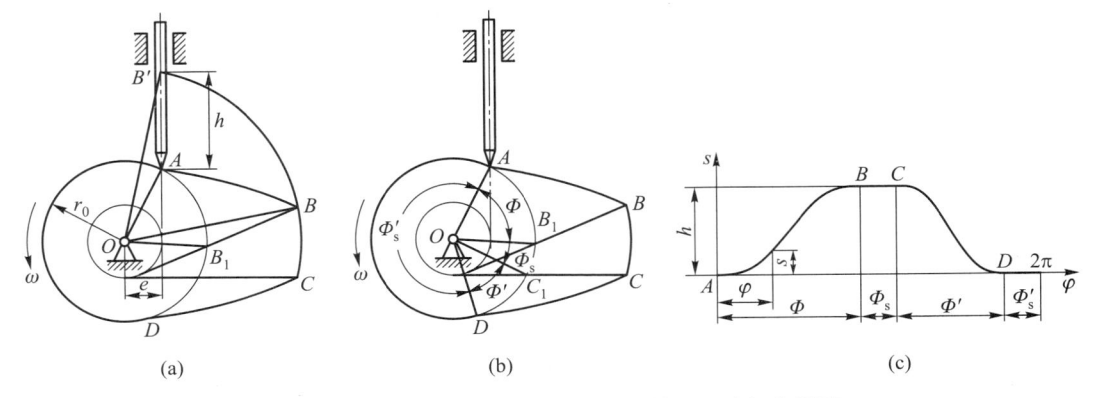

图 9-7 直动尖底从动件盘形凸轮机构及运动规律线图

（2）偏距圆 以凸轮回转中心为圆心、以该回转中心到过从动件尖底接触点的从动件导路的距离为半径所作的圆称为凸轮的偏距圆，其半径用 e 表示。在凸轮机构运行过程中，从动件导路始终与偏距圆保持相切关系。

（3）推程 从动件从距凸轮回转中心的最近点向最远点运动的过程。

（4）回程 从动件从距凸轮回转中心的最远点向最近点运动的过程。

（5）行程 行程是指从动件从距凸轮回转中心的最近点运动到最远点所经过的距离，或从最远点回到最近点所经过的距离，是从动件的最大运动距离，用 h 表示。推程的起始点或回程的起始点都叫行程的起始点,推程的终止点或回程的终止点都叫行程的终止点。

(6) 推程运动角　从动件从距凸轮回转中心的最近点运动到最远点时凸轮所转过的角度称为推程运动角,用 $\varPhi$ 表示。

(7) 回程运动角　从动件从距凸轮回转中心的最远点运动到最近点时凸轮所转过的角度称为回程运动角,用 $\varPhi'$ 表示。

(8) 远休止段、远休止角　从动件在距凸轮回转中心的最远位置处停留不动而凸轮转动所对应的运动段称为远休止段;远休止段对应凸轮所转过的角度称为远休止角,用 $\varPhi_s$ 表示。

(9) 近休止段、近休止角　从动件在距凸轮回转中心的最近位置处停留不动而凸轮转动所对应的运动段称为近休止段;近休止段对应凸轮所转过的角度称为近休止角,用 $\varPhi'_s$ 表示。

(10) 凸轮转角　凸轮绕回转中心转过的角度称为凸轮转角,一般用 φ 表示。一般以近休止段结束、推程开始所对应的凸轮位置作为凸轮转角的 0° 起点。

(11) 从动件位移　从动件当前位置到推程起始点处从动件位置的距离称为从动件位移,一般用 s 表示。这里要注意,从动件位移总是相对凸轮基圆进行度量,并不是从动件在运动过程中实际移动的距离。

(12) 从动件运动规律　从动件的位移 s、速度 v、加速度 a、跃度 j 与凸轮转角(或时间)之间的函数关系称为从动件运动规律。

(13) 从动件运动规律线图　表示从动件运动规律的线图称为从动件运动规律线图,如图 9-7c 所示。其中从动件的位移、速度、加速度、跃度与凸轮转角(或时间)之间的关系曲线又分别称为从动件位移曲线、速度曲线、加速度曲线和跃度曲线。

在一个运动循环过程中,一般都必须有推程和回程,但不一定有远休止段和近休止段。很显然,推程运动角、远休止角、回程运动角、近休止角满足条件 $\varPhi+\varPhi_s+\varPhi'+\varPhi'_s=360°$。当然,也有例外情况,如分度凸轮机构因其分度盘沿圆周方向分布有多个从动件而不需要回程段。

5. 凸轮机构设计过程

从动件运动规律也就是凸轮机构的输出运动,其设计是凸轮机构设计的起点。图 9-8 所示为一般凸轮机构的设计过程,通常包括 5 个基本步骤:

9-3 凸轮机构设计过程

(1) 从动件运动设计:根据凸轮机构指定的升程、回程及停歇要求,设计从动件运动时序图,确定从动件运动规律;

(2) 凸轮机构选型设计:根据机构运动要求,选择适用的凸轮与从动件类型;考虑几何尺寸限制、环境及成本要求;

(3) 凸轮机构参数设计:根据设计要求计算确定凸轮机构

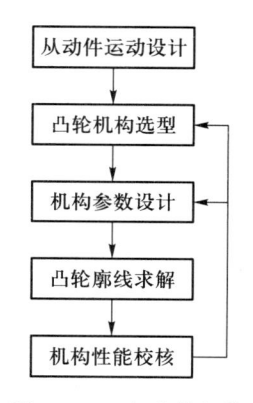

图 9-8　一般凸轮机构的设计过程

参数(基圆、最大压力角、滚子半径/平底宽度等);

(4) 凸轮廓线求解:利用图解法或解析法求解凸轮廓线;

(5) 凸轮机构性能分析校核:分析校核凸轮机构的压力角、曲率半径、尺寸约束等。

当机构性能分析校核不满足设计要求时,需要重新进行凸轮机构参数设计,甚至重新进行凸轮机构的选型。

9.2 从动件运动设计

1. 从动件运动规律的一般方程式

一般来说,凸轮机构的原动件是凸轮,且通常假定其作匀速回转运动,凸轮角速度为 ω,角加速度 ε 为零。以凸轮转角 φ 为自变量,直动从动件运动规律的一般方程式为

$$\begin{cases} s = s(\varphi) \\ v = \dfrac{ds}{dt} = \dfrac{ds}{d\varphi} \cdot \dfrac{d\varphi}{dt} = \omega \dfrac{ds}{d\varphi} \\ a = \dfrac{dv}{dt} = \dfrac{d}{dt}\left(\omega \dfrac{ds}{d\varphi}\right) = \varepsilon \dfrac{ds}{d\varphi} + \omega \dfrac{d}{dt}\left(\dfrac{ds}{d\varphi}\right) = \omega \dfrac{ds}{d\varphi}\left(\dfrac{ds}{d\varphi}\right)\dfrac{d\varphi}{dt} = \omega^2 \dfrac{d^2 s}{d\varphi^2} \end{cases} \quad (9-1)$$

式中:s、v、a 分别指从动件的位移、速度、加速度;$\dfrac{ds}{d\varphi}$、$\dfrac{d^2 s}{d\varphi^2}$ 又分别称为类速度、类加速度,仅决定于凸轮机构的机构参数,与实际运动时间 t 无关。值得注意的是,当凸轮作非匀速运动时,凸轮角加速度 ε 不再恒为零,式(9-1)中的从动件加速度式不能忽略 $\varepsilon \dfrac{ds}{d\varphi}$ 项。

从上式可以看出,从动件的速度和加速度都可以转化为凸轮运转的真实速度和加速度与从动件的类速度和类加速度的运算。其中凸轮运转的真实速度和加速度可以通过可编程原动机配合控制等方法实现;从动件的类速度和类加速度则属于凸轮机构自身的运动学性质,反映的是凸轮机构运动输出和输入的函数关系,可以通过凸轮机构的设计实现。

9-4 从动件运动规律设计

若是摆动从动件,则用角位移、角速度、角加速度符号替换上述公式中的位移、速度、加速度符号即可。

2. 从动件基本运动规律

从动件运动设计本质上是一个满足给定设计要求的一维运动曲线的插值拟合问题,可以采用多种不同的曲线插值方法进行优化求解。在凸轮机构的发展历程中,形成了多种实用的从动件基本运动规律和设计方法,现简要介绍如下。

(1) 多项式类运动规律

根据式(9-1),多项式类运动规律的一般形式可写为

$$\begin{cases} s = c_0 + c_1\varphi + c_2\varphi^2 + c_3\varphi^3 + \cdots + c_n\varphi^n \\ v = \omega(c_1 + 2c_2\varphi + 3c_3\varphi^2 + \cdots + nc_n\varphi^{n-1}) \\ a = \omega^2[2c_2 + 6c_3\varphi + \cdots + n(n-1)c_n\varphi^{n-2}] \end{cases} \quad (9-2)$$

式中：c_0、c_1、c_2、$\cdots$、c_n 为待定系数。多项式类运动规律的设计问题就是根据凸轮机构设计要求确定多项式阶数并求解待定系数的问题。

1）一次多项式运动规律（等速运动规律）

此时，式（9-2）中 $n=1$，即

$$\begin{cases} s = c_0 + c_1\varphi \\ v = c_1\omega \\ a = 0 \end{cases} \quad (9-3)$$

在推程阶段，$\varphi \in [0, \varPhi]$，当 $\varphi = 0$ 时，$s = 0$；当 $\varphi = \varPhi$ 时，$s = h$。可解出待定常数 $c_0 = 0$，$c_1 = \dfrac{h}{\varPhi}$，代入式（9-3）并整理，可得从动件在推程时的运动方程。

$$\begin{cases} s = \dfrac{h}{\varPhi}\varphi \\ v = \dfrac{h}{\varPhi}\omega \\ a = 0 \end{cases} \quad (9-4)$$

在回程阶段，$\varphi \in [0, \varPhi']$，$\varphi = 0$ 时，$s = h$；$\varphi = \varPhi'$ 时，$s = 0$。可解出待定常数 $c_0 = h$，$c_1 = -\dfrac{h}{\varPhi'}$，代入（9-3）式后并整理，可得到从动件在回程时的运动方程。

$$\begin{cases} s = h - \dfrac{h}{\varPhi'}\varphi \\ v = -\dfrac{h}{\varPhi'}\omega \\ a = 0 \end{cases} \quad (9-5)$$

由上式可知，当 $n=1$ 时，从动件按等速运动规律运动。位移是凸轮转角的一次函数，故位移曲线是一条斜直线。等速运动规律运动线图如图 9-9 所示。

在行程的起点与终点处（O、A、B），由于速度发生突变，加速度在理论上为无穷大，导致从动件产生非常大的惯性冲击力，称这种冲击为**刚性冲击**。另外，位移线图的尖点 A 必定在对应的凸轮廓线上产生尖点。这会对从动件的工作产生不良影响，同时也加快了凸轮机构的磨损。为消除等速运动规律的这种不良现象，常对起始点与终止点的运动规律进行必要的修正。

2）二次多项式运动规律（等加速等减速运动规律）

此时，式（9-2）中 $n=2$，即

$$\begin{cases} s = c_0 + c_1\varphi + c_2\varphi^2 \\ v = \omega(c_1 + 2c_2\varphi) \\ a = 2c_2\omega^2 \end{cases} \quad (9-6)$$

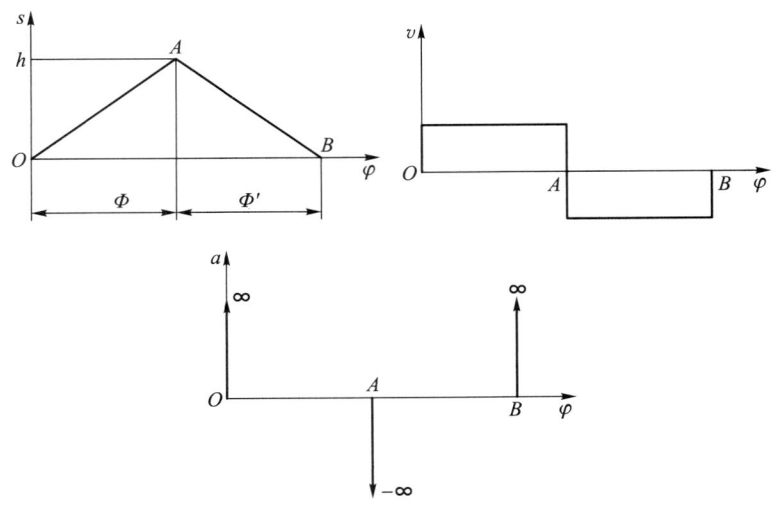

图 9-9 等速运动规律运动线图

根据从动件在一个运动行程中,起始点与终止点的位移连续、速度连续以及等加速和等减速段对称的要求建立边界条件。

在推程的前半段,$\varphi \in [0, \Phi/2]$,从动件作等加速运动,当 $\varphi = 0$ 时,$s = 0$,$v = 0$;当 $\varphi = \Phi/2$ 时,$s = h/2$,代入式(9-6),可求出待定常数 $c_0 = 0$、$c_1 = 0$、$c_2 = \dfrac{2h}{\Phi^2}$,从而得从动件在推程前半段的运动方程:

$$\begin{cases} s = \dfrac{2h}{\Phi^2} \varphi^2 \\ v = \dfrac{4h\omega}{\Phi^2} \varphi \\ a = \dfrac{4h\omega^2}{\Phi^2} \end{cases} \tag{9-7}$$

在推程后半段,$\varphi \in [\Phi/2, \Phi]$,从动件作等减速运动,当 $\varphi = \Phi/2$ 时,$s = h/2$,$v = 2h\omega/\Phi$;当 $\varphi = \Phi$ 时,$s = h$,$v = 0$ 代入式(9-6),可求出待定常数 $c_0 = -h$、$c_1 = \dfrac{4h}{\Phi}$、$c_2 = -\dfrac{2h}{\Phi^2}$,从而得从动件在推程后半段的运动方程:

$$\begin{cases} s = h - \dfrac{2h}{\Phi^2}(\Phi - \varphi)^2 \\ v = \dfrac{4h\omega}{\Phi^2}(\Phi - \varphi) \\ a = -\dfrac{4h\omega^2}{\Phi^2} \end{cases} \tag{9-8}$$

同理,可求出回程阶段的运动方程。

$\varphi \in [0, \Phi'/2]$ 时,从动件作等加速运动,其运动方程为

$$\begin{cases} s = h - \dfrac{2h}{\Phi'^2}\varphi^2 \\ v = -\dfrac{4h\omega}{\Phi'^2}\varphi \\ a = -\dfrac{4h\omega^2}{\Phi'^2} \end{cases} \quad (9\text{-}9)$$

$\varphi \in [\Phi'/2, \Phi']$ 时,从动件作等减速运动,其运动方程为

$$\begin{cases} s = \dfrac{2h}{\Phi'^2}(\Phi'-\varphi)^2 \\ v = -\dfrac{4h\omega}{\Phi'^2}(\Phi'-\varphi) \\ a = \dfrac{4h\omega^2}{\Phi'^2} \end{cases} \quad (9\text{-}10)$$

由式(9-7)到式(9-10)可知,当 $n=2$ 时,从动件按等加速等减速运动规律运动。位移曲线为凸轮转角的二次函数,对应方程形式为抛物线方程。等加速等减速运动规律运动线图如图9-10所示。从图中可以看出,这种运动规律的速度曲线连续,而加速度曲线在 O、A、B、C、D 五点不连续,但因加速度突变为有限值,凸轮机构在运动中由此引起的惯性冲击也是有限的。我们将这种由于有限值的加速度突变而产生的冲击称为**柔性冲击**。这种运动规律适用于中、低速轻载的工况。

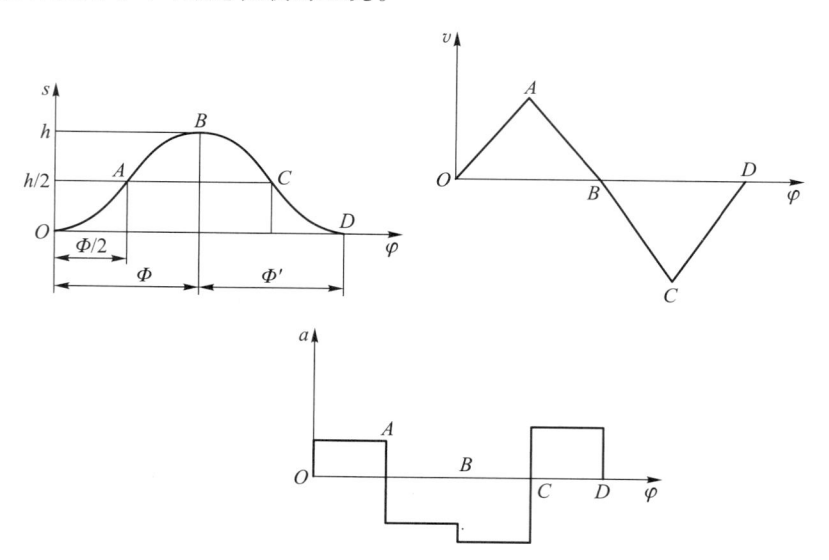

图 9-10 等加速等减速运动规律运动线图

3) 五次多项式运动规律

当式(9-2)中 $n=5$,即

$$\begin{cases} s = c_0 + c_1\varphi + c_2\varphi^2 + c_3\varphi^3 + c_4\varphi^4 + c_5\varphi^5 \\ v = \omega(c_1 + 2c_2\varphi + 3c_3\varphi^2 + 4c_4\varphi^3 + 5c_5\varphi^4) \\ a = \omega^2(2c_2 + 6c_3\varphi + 12c_4\varphi^2 + 20c_5\varphi^3) \end{cases} \quad (9-11)$$

在推程阶段，$\varphi \in [0, \Phi]$，其边界条件为：$\varphi = 0$ 时，$s = 0, v = 0, a = 0$；$\varphi = \Phi$ 时，$s = h, v = 0$，$a = 0$。将其代入式(9-11)，可求出 6 个待定系数：$c_0 = c_1 = c_2 = 0$、$c_3 = \dfrac{10h}{\Phi^3}$、$c_4 = \dfrac{15h}{\Phi^4}$、$c_5 = \dfrac{6h}{\Phi^5}$。推程阶段的运动方程为

$$\begin{cases} s = h\left[10\left(\dfrac{\varphi}{\Phi}\right)^3 - 15\left(\dfrac{\varphi}{\Phi}\right)^4 + 6\left(\dfrac{\varphi}{\Phi}\right)^5\right] \\ v = \dfrac{h\omega}{\Phi}\left[30\left(\dfrac{\varphi}{\Phi}\right)^2 - 60\left(\dfrac{\varphi}{\Phi}\right)^3 + 30\left(\dfrac{\varphi}{\Phi}\right)^4\right] \\ a = \dfrac{h\omega^2}{\Phi^2}\left[60\left(\dfrac{\varphi}{\Phi}\right) - 180\left(\dfrac{\varphi}{\Phi}\right)^2 + 120\left(\dfrac{\varphi}{\Phi}\right)^3\right] \end{cases} \quad (9-12)$$

同理，当 $\varphi \in [0, \Phi']$ 时，可推导出回程阶段的运动方程：

$$\begin{cases} s = h\left[1 - 10\left(\dfrac{\varphi}{\Phi'}\right)^3 + 15\left(\dfrac{\varphi}{\Phi'}\right)^4 - 6\left(\dfrac{\varphi}{\Phi'}\right)^5\right] \\ v = -\dfrac{h\omega}{\Phi'}\left[30\left(\dfrac{\varphi}{\Phi'}\right)^2 - 60\left(\dfrac{\varphi}{\Phi'}\right)^3 + 30\left(\dfrac{\varphi}{\Phi'}\right)^4\right] \\ a = -\dfrac{h\omega^2}{\Phi'^2}\left[60\left(\dfrac{\varphi}{\Phi'}\right) - 180\left(\dfrac{\varphi}{\Phi'}\right)^2 + 120\left(\dfrac{\varphi}{\Phi'}\right)^3\right] \end{cases} \quad (9-13)$$

五次多项式位移方程中仅含有 3、4、5 次幂，故这种运动规律也称为 3-4-5 次多项式运动规律。

五次多项式运动规律运动线图如图 9-11 所示。从图中可见，五次多项式运动规律的速度与加速度曲线均连续，因而没有由惯性力引起的冲击现象，运动平稳性好，可适用于高速中载工况。

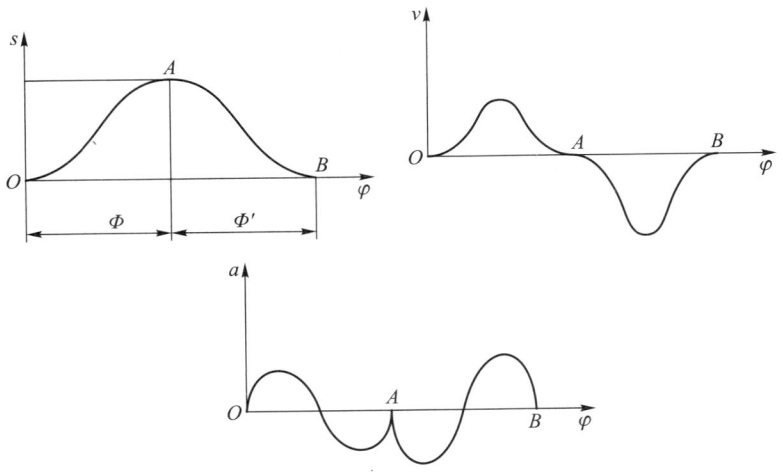

图 9-11 五次多项式运动规律运动线图

（2）三角函数类运动规律

三角函数类运动规律是指从动件的加速度按余弦规律或正弦规律变化的运动规律。

1）简谐运动规律

如图 9-12 所示，动点 M 作匀速圆周运动时，点 M 在坐标轴 s 上投影的变化规律称为简谐运动规律。取动点 M 在 s 轴上的变化规律为从动件的运动规律，并设行程 h 等于圆周直径 $2R$。当动点 M 顺时针由 O 点转过 π 角，从动件推程为 $h=2R$，凸轮转过推程运动角 Φ。如果动点转过角为 θ，从动件位移为 s，凸轮转角为 φ，则有如下关系式：

$$\frac{\pi}{\Phi}=\frac{\theta}{\varphi}$$

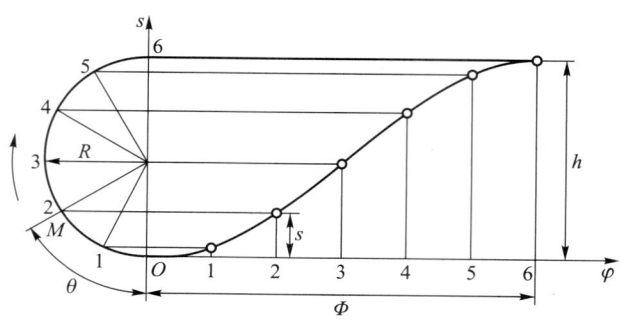

图 9-12 简谐运动规律

可求出动点转过的角度 θ 与凸轮转角 φ 之间的关系。

$$\theta=\frac{\pi}{\Phi}\varphi$$

当 $\varphi\in[0,\Phi]$ 时，推程阶段的位移方程为

$$s=R-R\cos\theta=\frac{h}{2}-\frac{h}{2}\cos\left(\frac{\pi}{\Phi}\varphi\right)$$

分别求位移 s 对时间的一阶导数、二阶导数并整理的推程阶段的运动方程如下：

$$\begin{cases} s=\dfrac{h}{2}\left[1-\cos\left(\dfrac{\pi}{\Phi}\varphi\right)\right] \\ v=\dfrac{\pi h\omega}{2\Phi}\sin\left(\dfrac{\pi}{\Phi}\varphi\right) \\ a=\dfrac{\pi^2 h\omega^2}{2\Phi^2}\cos\left(\dfrac{\pi}{\Phi}\varphi\right) \end{cases} \quad (9\text{-}14)$$

同理，当 $\varphi\in[0,\Phi']$ 时，回程阶段的运动方程为

$$\begin{cases} s=\dfrac{h}{2}\left[1+\cos\left(\dfrac{\pi}{\Phi'}\varphi\right)\right] \\ v=-\dfrac{\pi h\omega}{2\Phi'}\sin\left(\dfrac{\pi}{\Phi'}\varphi\right) \\ a=-\dfrac{\pi^2 h\omega^2}{2\Phi'^2}\cos\left(\dfrac{\pi}{\Phi'}\varphi\right) \end{cases}$$

简谐运动规律运动线图如图 9-13 所示。由于这种运动规律的加速度曲线按余弦规律变化,故又称为余弦加速度运动规律。从图中可见,这种运动规律的速度曲线连续,但加速度曲线在推程、回程的两端均不为零,因此若存在远休止段或近休止段,则远休止段、近休止段的起始点和终止点加速度会有突变,这将引起柔性冲击。但在无休止角的升—降—升型凸轮机构的连续运动中,加速度曲线变成连续曲线,从而能够避免柔性冲击现象,可应用于高速工况场合。

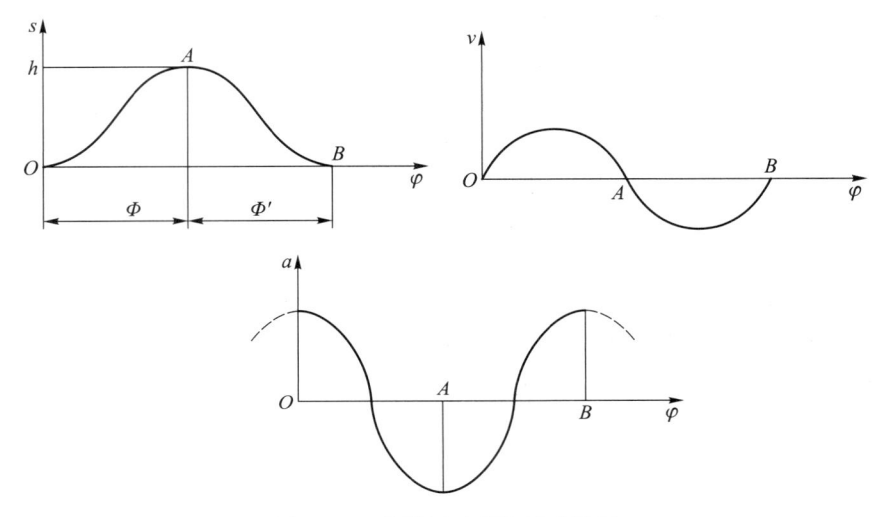

图 9-13 简谐运动规律运动线图

2) 摆线运动规律

半径为 R 的圆沿图 9-14 所示坐标系 $A\varphi s$ 的 s 轴作纯滚动,圆上动点 M 在 s 轴上投影的变化规律为摆线运动规律。取该圆滚动一周沿 s 轴上升的距离为从动件的行程,$h = 2\pi R$。该圆滚动一周自转 2π,对应的从动件上升 h,凸轮转过推程运动角 Φ;当滚圆转过 θ 角时,对应的从动件上升 s,凸轮转角为 φ,则有如下关系式:

$$\frac{2\pi}{\Phi} = \frac{\theta}{\varphi}$$

由上式可导出滚圆转角与凸轮转角之间的关系式为

$$\theta = \frac{2\pi}{\Phi}\varphi$$

当滚圆自转 θ 角,从动件上升的距离 s 为

$$s = AB - BC = \widehat{BM} - BC = R\theta - R\sin\theta = \frac{h}{\Phi}\varphi - \frac{h}{2\pi}\sin\left(\frac{2\pi}{\Phi}\varphi\right)$$

当 $\varphi \in [0, \Phi]$ 时,推程阶段的运动方程为

$$\begin{cases} s = h\left[\dfrac{\varphi}{\varPhi} - \dfrac{1}{2\pi}\sin\left(\dfrac{2\pi}{\varPhi}\varphi\right)\right] \\ v = \dfrac{h\omega}{\varPhi}\left[1 - \cos\left(\dfrac{2\pi}{\varPhi}\varphi\right)\right] \\ a = \dfrac{2\pi h\omega^2}{\varPhi^2}\sin\left(\dfrac{2\pi}{\varPhi}\varphi\right) \end{cases} \qquad (9-15)$$

当 $\varphi \in [0, \varPhi']$ 时,回程阶段的运动方程为

$$\begin{cases} s = h\left[1 - \dfrac{\varphi}{\varPhi'} + \dfrac{1}{2\pi}\sin\left(\dfrac{2\pi}{\varPhi'}\varphi\right)\right] \\ v = -\dfrac{h\omega}{\varPhi'}\left[1 - \cos\left(\dfrac{2\pi}{\varPhi'}\varphi\right)\right] \\ a = -\dfrac{2\pi h\omega^2}{\varPhi'^2}\sin\left(\dfrac{2\pi}{\varPhi'}\varphi\right) \end{cases} \qquad (9-16)$$

摆线运动规律运动线图如图 9-15 所示。由于该运动规律的加速度曲线按正弦规律变化,故又称为正弦加速度运动规律。从图中可见,这种运动规律的速度与加速度曲线均连续,因而在运动中没有冲击,可在高速工况下使用。

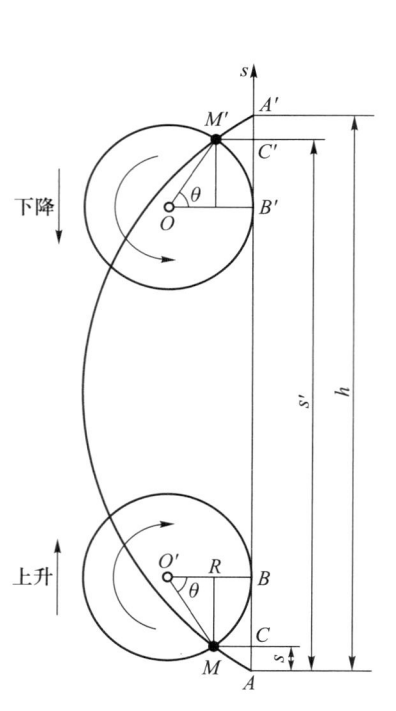

图 9-14 摆线运动规律

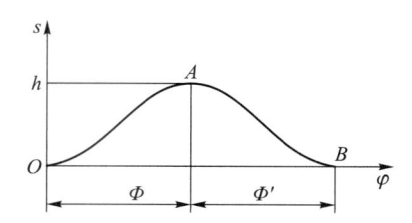

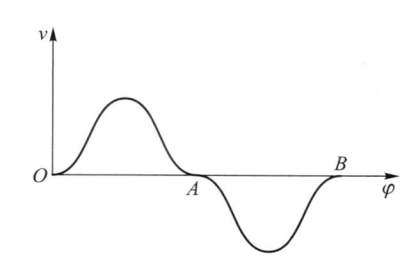

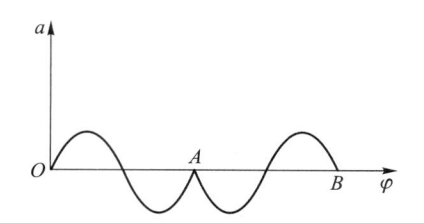

图 9-15 摆线运动规律运动线图

3. 从动件运动规律的组合

在工程实际中,对从动件的运动特性和动力特性的要求是多种多样的。上述单一型的运动规律已不能满足工程的需要。为了获得更好的运动特性和动力特性,可以把几种运动规律曲线拼接起来,构成组合运动规律。构造组合运动规律时,可以根据凸轮机构工作性能指标,选择一种基本运动规律作为主体,再用其他类型的基本运动规律与其拼接。拼接时应遵循以下原则:

(1) 位移曲线和速度曲线(包括运动的起始点和终止点)必须连续,以避免刚性冲击。

(2) 对于高速凸轮机构,要求其加速度曲线(包括运动的起始点和终止点)也必须连续,以避免柔性冲击。跃度曲线可以不连续,但其突变必须是有限值。

因此,当用不同运动规律组合时,它们在连接点处的位移、速度和加速度值应分别相等,这是运动规律组合时必须满足的边界条件。常用的组合运动规律有改进型等速运动规律、改进型正弦加速度运动规律、改进型梯形加速度运动规律等。图 9-16 所示为改进型等速运动规律运动线图。图 9-16a 中,位移曲线用在停歇区相切的两段圆弧与直线拼接,这种组合运动规律避免了刚性冲击,但仍有柔性冲击。若要进一步改善凸轮机构的动力性能,可用正弦加速度运动规律线图与等速运动规律线图的两端拼接,这样的组合运动规律既无刚性冲击,又无柔性冲击,如图 9-16b 所示。

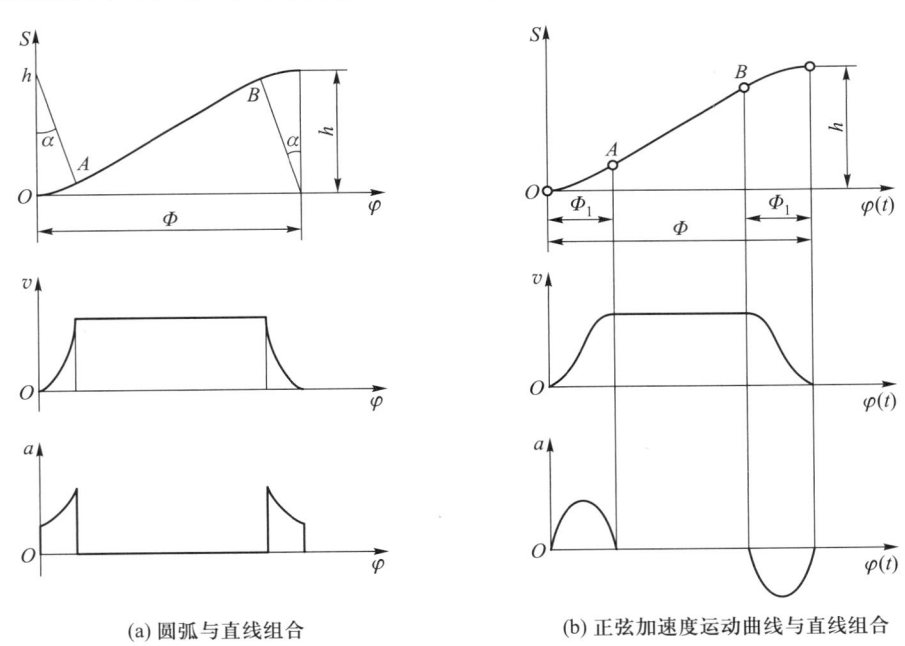

(a) 圆弧与直线组合 (b) 正弦加速度运动曲线与直线组合

图 9-16 改进型等速运动规律运动线图

4. 从动件运动设计

从动件运动规律的选择或设计,涉及许多问题。除了要满足机械的具体工作要求外,还应使凸轮机构具有良好的动力特性,同时又要考虑所设计的凸轮廓线应便于加工等因素。而这些因素又往往是相互制约的。因此,在选择或设计从动件运动规律时,必须根据使用场合、工作条件等分清主次因素综合考虑,确定选择或设计运动规律的主要依据。

(1) 当机械的工作过程只要求从动件实现一定的工作行程,而对其运动规律无特殊要求时,应主要考虑所设计的运动规律使凸轮机构具有较好的动力特性和便于加工等问题。对于低速轻载的凸轮机构,因为这时其动力特性不是主要的,可主要从凸轮廓线是否便于加工来考虑,选择圆弧、直线等易于加工的曲线作为凸轮廓线;而对于速度较高的凸轮机构,则应首先考虑动力特性,以避免产生过大冲击。例如,等加速等减速运动规律与正弦加速度运动规律相比,前者所对应的凸轮廓线的加工并不比后者更容易,而且其动力特性也比后者差,所以在高速场合一般选用后者而不是前者。

(2) 当机械的工作过程对从动件的运动规律有特殊要求,而凸轮转速又不太高时,应首先从满足工作需要出发来选择从动件的运动规律,其次考虑其动力特性和是否便于加工。例如,对于自动机床上控制刀架(图 5-2)进给的凸轮机构,为了使被加工的零件具有较高的表面质量,同时使机床载荷稳定,一般要求刀具切削时作等速运动。在设计这一凸轮机构时,对应于切削过程的从动件的运动规律,应选择等速运动规律。但考虑到推程等速运动规律在运动起始和终止位置时有刚性冲击,动力特性差,可在这两处作适当改进,如图 9-17 所示等速运动规律的修正运动线图,可保证其在满足刀具等速切削的前提下,又具有较好的动力特性。

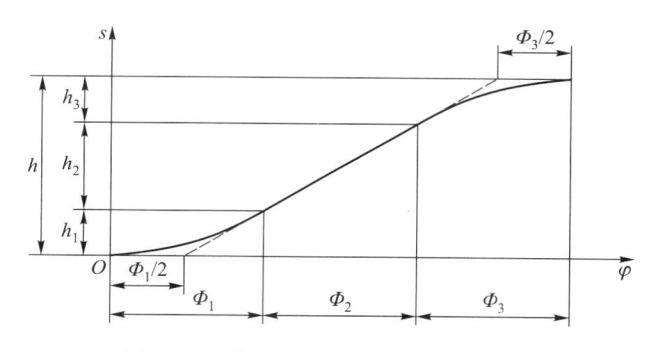

图 9-17 等速运动规律的修正运动线图

(3) 当机械的工作过程对从动件的运动规律有特殊要求,而凸轮的转速又较高时,应兼顾两者来设计从动件的运动规律。通常可考虑把不同形式的常用运动规律恰当地组合起来,形成既能满足工作对运动的特殊要求,又具有良好动力性能的运动规律,如图 9-17 所示。

(4) 在选择或设计从动件运动规律时,除了要考虑其冲击特性外,还应考虑其具有的最大速度 v_{max}、最大加速度 a_{max} 和最大跃度 j_{max},因为这些值也会从不同角度影响凸轮机构的工作性能。其中,最大速度 v_{max} 与从动件系统的最大动量 mv_{max} 有关,为了使机构停动灵活和运行安全,mv_{max} 不宜过大,特别是当从动件系统的质量 m 较大时,应选用 v_{max} 较小的运动规律;最大加速度 a_{max} 与从动件系统的最大惯性力 ma_{max} 有关,而惯性力是影响机构动力学性能的主要因素,惯性力越大,作用在凸轮与从动轮之间的接触应力越大,对构件的强度和耐磨性要求也越高,因此,对于运转速度较高的凸轮机构,应选用 a_{max} 尽可能小的运动规律;最大跃度 j_{max} 与惯性力的变化率密切相关,它直接影响到从动件系统的振动和工作平稳性,因此总希望其越小越好,特别是对于高速凸轮机构尤为重要。表 9-1 列出了几种从动件运动规律的特性值及推荐适用范围,供设计从动件运动规律时参考。

表 9-1 从动件运动规律的特性值及推荐适用范围

运动规律	冲击特性	$v_{max}/(h\omega/\Phi)$	$a_{max}/(h\omega^2/\Phi^2)$	$j_{max}/(h\omega^3/\Phi^3)$	适用场合
等速运动规律	刚性冲击	1.00	∞	—	低速轻载
等加速等减速运动规律	柔性冲击	2.00	8.00	∞	中速轻载
五次多项式运动规律	无	1.88	5.77	60.0	高速中载
简谐运动规律	柔性冲击	1.57	4.93	∞	中速中载
摆线运动规律	无	2.00	6.28	39.5	高速轻载

9.3 凸轮廓线求解

确定了凸轮机构类型、从动件运动规律后,需要根据性能要求进行凸轮基圆半径等基本参数设计,然后就可以进行凸轮轮廓曲线/曲面的求解了。基本参数设计将在 9.4 节专门讨论。本节讨论凸轮轮廓的求解问题,主要有图解法和解析法两类方法。虽然采用的分析工具不同,但基本原理是相同的,都是利用反转法原理。

9-5 凸轮廓线求解与加工

1. 凸轮廓线求解的反转法原理

我们知道,机构各构件的相对运动关系不会随机架的改变而改变。以直动尖底从动件盘形凸轮机构为例进行说明,盘形凸轮外轮廓曲线是一个复杂的平面几何封闭曲线。因此,对凸轮机构来说,如果让凸轮固定不动成为机架,则从动件导路将会绕凸轮原先的回转中心反方向旋转,且从动件沿导路仍作直动往复运动。此时,若从动件尖底是一支笔的话,则其在图纸平面上画出的曲线就是凸轮轮廓。根据这个思路,我们就可以找到凸轮轮廓的求解方法,即**反转法**,又称**相对运动原理**。

如图 9-18 凸轮机构的反转法原理示意图所示,凸轮以一定角速度绕回转中心 O 逆时针转动 φ 角,从动件沿导路从最低位置 A 移动距离 s 到位置 B'。若假定把凸轮固定,则导路会绕 O 从位置 OA 顺时针转动 φ 角到达位置 OA_1,相应的从动件尖底也从位置 A 变换到位置 A_1,同时从动件沿导路方向移动、其尖底从位置 A_1 移动距离 s 到位置 B,位置 B 即为凸轮转角 φ 对应的凸轮轮廓点。以此类推,依次可以画出凸轮轮廓其他点,从而形成整个凸轮廓线。

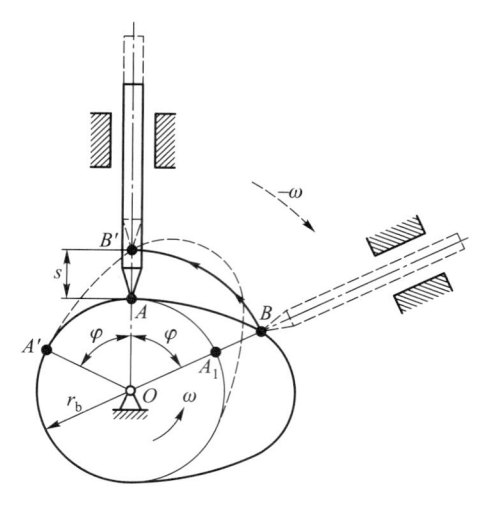

图 9-18 凸轮机构的反转法原理示意图

2. 直动从动件盘形凸轮廓线求解

利用反转法原理作图求解凸轮廓线就是图解法,若把反转法原理用数学方程进行表达则得到解析法。我们可以认为凸轮廓线求解的解析法是图解法的数学化,二者本质是一致的,但解析法更符合现代设计条件下的生产加工需要。

（1）尖底从动件

有两种直动尖底从动件盘形凸轮机构情况,一种是对心从动件情况;一种是偏置从动件情况。

1）对心情况

图 9-18 所示机构为对心直动尖底从动件盘形凸轮机构,如上一节所述,假定把凸轮固定为机架,通过反转法原理,可以确定凸轮转角 φ 对应的凸轮轮廓点位置,从而求得凸轮轮廓。以点 O 为坐标原点、以 OA 为虚轴设置坐标系,则凸轮轮廓上点 B 矢量 r 为

$$r = r_{A_1} + \overrightarrow{A_1 B} = r_A e^{-i\varphi} + s e^{i\frac{\pi}{2}} e^{-i\varphi} = r_0 e^{i\frac{\pi}{2}} e^{-i\varphi} + s e^{i\frac{\pi}{2}} e^{-i\varphi} = (r_0 + s) e^{i\left(\frac{\pi}{2} - \varphi\right)} \quad (9-17)$$

写成直角坐标方程形式为

$$\begin{cases} x = (r_0+s)\cos\left(\frac{\pi}{2}-\varphi\right) = (r_0+s)\sin\varphi \\ y = (r_0+s)\sin\left(\frac{\pi}{2}-\varphi\right) = (r_0+s)\cos\varphi \end{cases} \quad (9-18)$$

2）偏置情况

图 9-19 所示是一偏置直动尖底从动件盘形凸轮机构。从动件导路偏于凸轮回转中心右侧,偏距为 e,凸轮以逆时针方向转动。

凸轮轮廓上点 B_1 位置对应的凸轮转角为 0°,从动件位移为 0。根据反转法原理,假

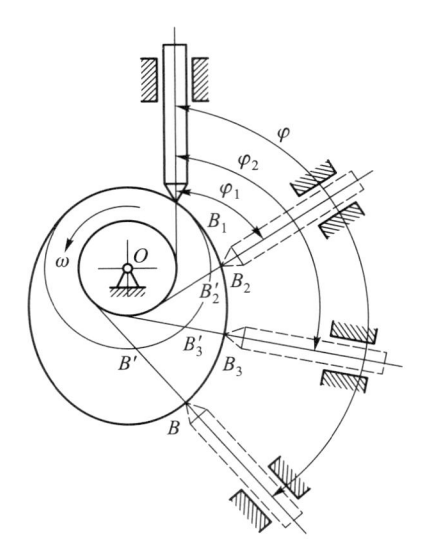

图 9-19 偏置直动尖底从动件凸轮廓线设计

定把凸轮固定为机架,则从动件导路会绕点 O 顺时针方向转动,在转动过程中从动件导路与凸轮回转中心点 O 距离保持不变,即从动件导路始终与偏距圆相切。因此,根据从动件导路与偏距圆的相切关系可以确定凸轮转角分别为 φ_1、φ_2、φ 时对应的导路方向 B'_2B_2、B'_3B_3、$B'B$,其中点 B'_2、B'_3、B' 分别为基圆上的对应点,点 B_2、B_3、B 则是从基圆上按凸轮转角为 φ_1、φ_2、φ 时对应的从动件位移沿各自导路方向量取的点,这些点也就是对应的凸轮轮廓点。按照这一方法可以依次确定凸轮轮廓其他点,从而形成整个凸轮廓线。将上述求解过程用矢量方程表达即可得到凸轮廓线的解析方程式。

以点 O 为坐标原点、以平行于 B_1 位置处的从动件导路方向为虚轴设置坐标系,则凸轮轮廓上点 B 矢量 $\boldsymbol{r}$ 为

$$\boldsymbol{r} = \boldsymbol{r}_{B'} + \overrightarrow{B'B} = \boldsymbol{r}_{B_1}\mathrm{e}^{-\mathrm{i}\varphi} + s\mathrm{e}^{\mathrm{i}\frac{\pi}{2}}\mathrm{e}^{-\mathrm{i}\varphi} = r_0\mathrm{e}^{\mathrm{i}\cos^{-1}\frac{e}{r_0}}\mathrm{e}^{-\mathrm{i}\varphi} + s\mathrm{e}^{\mathrm{i}\frac{\pi}{2}}\mathrm{e}^{-\mathrm{i}\varphi} \tag{9-19}$$

写成直角坐标方程形式为

$$\begin{cases} x = r_0\cos\left(\cos^{-1}\dfrac{e}{r_0} - \varphi\right) + s\cos\left(\dfrac{\pi}{2} - \varphi\right) = e\cos\varphi + \sqrt{r_0^2 - e^2}\sin\varphi + s\sin\varphi \\ y = r_0\sin\left(\cos^{-1}\dfrac{e}{r_0} - \varphi\right) + s\sin\left(\dfrac{\pi}{2} - \varphi\right) = \sqrt{r_0^2 - e^2}\cos\varphi - e\sin\varphi + s\cos\varphi \end{cases} \tag{9-20}$$

(2)滚子从动件

对图 9-20 所示的机构为偏置直动滚子从动件盘形凸轮机构,该机构中可以将滚子回转中心点看作是尖底从动件的尖底,则利用反转法原理得到的对应轮廓方程与式(9-20)相同,该轮廓也就是凸轮的理论廓线,凸轮实际廓线是该理论廓线的等距曲线,距离为滚子半径,有内外两条。

根据包络原理或共轭曲面原理,凸轮实际廓线是圆心位于理论廓线上的滚子圆族的包络线,方程为

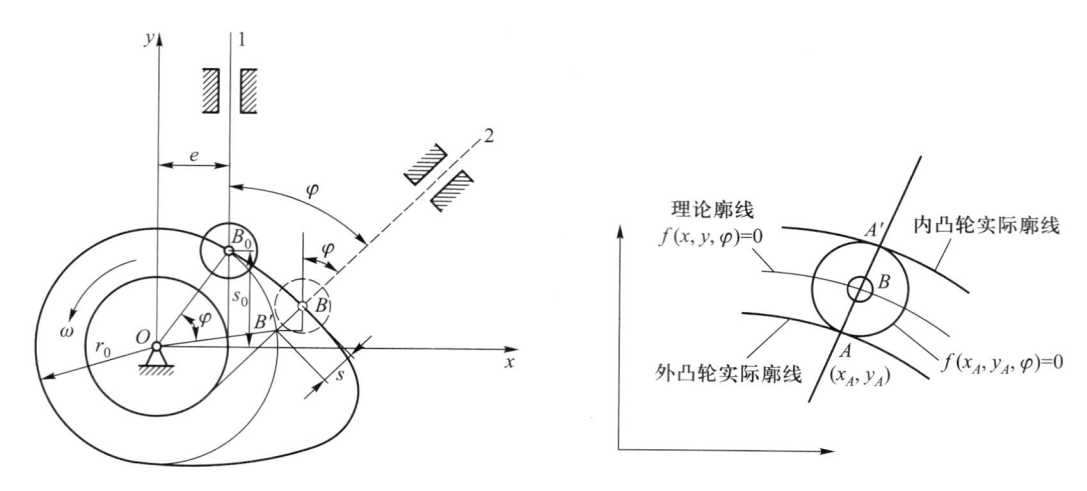

图 9-20 滚子从动件凸轮廓线的设计

$$\begin{cases} F(x,y,\varphi) = 0 \\ \dfrac{\partial F(x,y,\varphi)}{\partial \varphi} = 0 \end{cases} \qquad (9\text{-}21)$$

滚子圆族的方程为

$$F(x,y,\varphi) = (x_A-x)^2 + (y_A-y)^2 - r_r^2 = 0 \qquad (9\text{-}22)$$

如图 9-20 所示,(x,y) 为理论廓线上的坐标;(x_A,y_A) 为滚子圆上的坐标。对(9-22)式求导,得

$$\frac{\partial F(x,y,\varphi)}{\partial \varphi} = 2(x_A-x)\frac{\mathrm{d}x}{\mathrm{d}\varphi} + 2(y_A-y)\frac{\mathrm{d}y}{\mathrm{d}\varphi} = 0$$

$$(x_A-x)\frac{\mathrm{d}x}{\mathrm{d}\varphi} = -(y_A-y)\frac{\mathrm{d}y}{\mathrm{d}\varphi} \qquad (9\text{-}23)$$

联立式(9-21)和式(9-22)求解,可得凸轮实际廓线方程:

$$\begin{cases} x_A = x \pm r_r \dfrac{\dfrac{\mathrm{d}y}{\mathrm{d}\varphi}}{\sqrt{\left(\dfrac{\mathrm{d}x}{\mathrm{d}\varphi}\right)^2 + \left(\dfrac{\mathrm{d}y}{\mathrm{d}\varphi}\right)^2}} \\ \\ y_A = y \mp r_r \dfrac{\dfrac{\mathrm{d}x}{\mathrm{d}\varphi}}{\sqrt{\left(\dfrac{\mathrm{d}x}{\mathrm{d}\varphi}\right)^2 + \left(\dfrac{\mathrm{d}y}{\mathrm{d}\varphi}\right)^2}} \end{cases} \qquad (9\text{-}24)$$

式中 $\dfrac{\mathrm{d}x}{\mathrm{d}\varphi}$、$\dfrac{\mathrm{d}y}{\mathrm{d}\varphi}$ 可由式(9-20)对 φ 求导获得:

$$\begin{cases} \dfrac{\mathrm{d}x}{\mathrm{d}\varphi} = -e\sin\varphi + \sqrt{r_0^2-e^2}\cos\varphi + s\cos\varphi\,\dfrac{\mathrm{d}s}{\mathrm{d}\varphi} \\ \dfrac{\mathrm{d}y}{\mathrm{d}\varphi} = -\sqrt{r_0^2-e^2}\sin\varphi - e\cos\varphi - s\sin\varphi\,\dfrac{\mathrm{d}s}{\mathrm{d}\varphi} \end{cases}$$

式(9-24)中上下两组符号分别对应图 9-20 所示外、内两条凸轮实际廓线。

（3）平底从动件

以平底直动从动件盘形凸轮机构为例，介绍平底从动件凸轮廓线的设计方法，如图 9-21 所示，可以将平底与从动件导路的交点 B_0 看作为尖底从动件的尖底，此时相当于对心直动尖底从动件盘形凸轮机构情况，因此利用反转法原理可以确定该尖底对应的凸轮理论廓线，其方程与(9-18)式相同。在此基础上，有两种方法可以求解凸轮实际廓线。一种是利用包络原理进行求解，另一种是利用瞬心法进行求解。下面分别进行简要介绍。

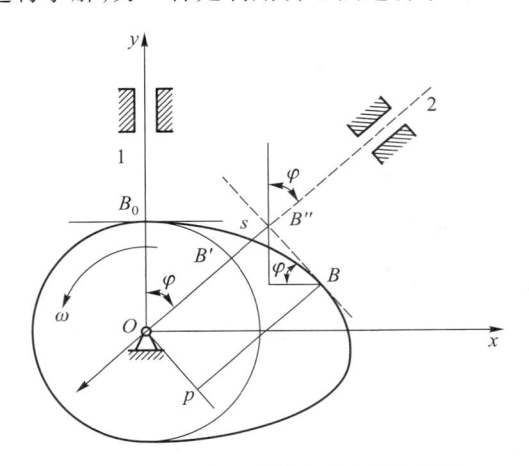

图 9-21 平底从动件凸轮廓线的设计

1）利用包络原理求解

在理论廓线上任意位置均可以作出代表平底的方位线，则理论廓线上所有点对应的平底方位线族会包络形成一个封闭的轮廓，此即凸轮的实际廓线。根据包络原理，凸轮实际廓线方程为

$$\begin{cases} F(x,y,\varphi) = 0 \\ \dfrac{\partial F(x,y,\varphi)}{\partial \varphi} = 0 \end{cases} \tag{9-25}$$

对任意凸轮转角 φ，根据反转法原理可得 B'' 点：$\boldsymbol{r}_{B''} = \boldsymbol{r}_{B'} + \overrightarrow{B'B''} = (r_0+s)\,\mathrm{e}^{\mathrm{i}\left(\frac{\pi}{2}-\varphi\right)}$，与式(9-17)相同。同时，$B''$点位于平底方位线上，该平底方位线一般方程为

$$y = x\tan(\pi-\varphi) + q \tag{9-26}$$

将 B'' 点坐标代入式(9-26)，可得 $q = \dfrac{r_0+s}{\cos\varphi}$

因此，根据式(9-26)可得平底方位线族的方程为

$$F(x,y,\varphi) = \tan \varphi \cdot x + y - \frac{r_0 + s}{\cos \varphi} \tag{9-27}$$

联立式(9-25)和式(9-27)求解,可得凸轮实际廓线方程:

$$\begin{cases} x = (r_0 + s)\sin \varphi + \dfrac{\mathrm{d}s}{\mathrm{d}\varphi}\cos \varphi \\ y = (r_0 + s)\cos \varphi - \dfrac{\mathrm{d}s}{\mathrm{d}\varphi}\sin \varphi \end{cases} \tag{9-28}$$

2) 利用瞬心法求解

下面再讨论利用瞬心法求解凸轮实际廓线的方法。在图 9-21 中,凸轮转角为 φ 时,凸轮实际廓线点 B 为从动件平底与凸轮轮廓的切点,该点相对点 B'' 距离设为 b。作出该瞬时从动件与凸轮的瞬心点 P,显然有 $b = \dfrac{v}{\omega} = \dfrac{\mathrm{d}s/\mathrm{d}t}{\mathrm{d}\varphi/\mathrm{d}t} = \dfrac{\mathrm{d}s}{\mathrm{d}\varphi}$。

因此,根据反转法原理可得凸轮廓线点 B:

$$\boldsymbol{r}_B = \boldsymbol{r}_{B''} + \overrightarrow{B''B} = (r_0 + s)\mathrm{e}^{\mathrm{i}\left(\frac{\pi}{2} - \varphi\right)} + b\mathrm{e}^{\mathrm{i}(0 - \varphi)} \tag{9-29}$$

写成直角坐标方程形式同样可得式(9-28)。

3. 摆动从动件盘形凸轮廓线求解

对于摆动从动件盘形凸轮机构来说,从动件的运动规律由角位移、角速度、角加速度、角跃度等组成,其凸轮廓线的求解仍然可以采用反转法原理通过作图法或者解析法来实现。

(1) 尖底从动件

图 9-22 所示机构为尖底摆动从动件盘形凸轮机构,凸轮回转中心与从动件转轴之间的中心距为 a,凸轮基圆半径为 r_0,从动件长度为 l,凸轮逆时针转动。

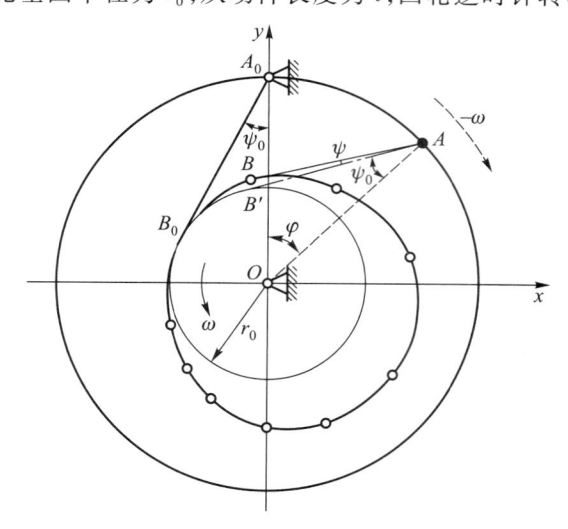

图 9-22 尖底摆动从动件凸轮廓线的设计

如图 9-22 所示,凸轮以一定角速度绕回转中心 O 逆时针转动 φ 角,从动件绕转轴点 A_0 从最低位置 B_0 摆动角度 ψ 到当前位置。利用反转法原理,假定把凸轮固定,则从动件转轴从位置 A_0 顺时针转动到位置 A,从动件绕转轴点 A 从最低位置 B' 摆动角度 ψ 到当前位置 B,位置 B 即为凸轮转角 φ 对应的凸轮轮廓点。以此类推,依次可以画出凸轮轮廓其他点,从而形成整个凸轮廓线。

以点 O 为坐标原点、以 OA_0 为虚轴设置坐标系,则凸轮轮廓上点 B 矢量 $\boldsymbol{r}$ 为

$$\boldsymbol{r} = \boldsymbol{r}_A + \overrightarrow{AB} = a\mathrm{e}^{\mathrm{i}\frac{\pi}{2}}\mathrm{e}^{-\mathrm{i}\varphi} + l\mathrm{e}^{\mathrm{i}\left(\frac{3\pi}{2}-\psi_0\right)}\mathrm{e}^{-\mathrm{i}\varphi}\mathrm{e}^{-\mathrm{i}\psi} = a\mathrm{e}^{\mathrm{i}\left(\frac{\pi}{2}-\varphi\right)} + l\mathrm{e}^{\mathrm{i}\left(\frac{3\pi}{2}-\psi_0-\varphi-\psi\right)} \tag{9-30}$$

写成直角坐标方程形式为

$$\begin{cases} x = a\sin\varphi - l\sin(\psi_0 + \varphi + \psi) \\ y = a\cos\varphi - l\cos(\psi_0 + \varphi + \psi) \end{cases} \tag{9-31}$$

图 9-22 中从动件 AB 画成直线,在具体结构设计时,为避免从动件与凸轮发生干涉引起运动失真,从动件头部可以采用弯钩等形状,但 AB 两点距离保持不变。

(2)滚子从动件

图 9-23 所示机构为摆动滚子从动件盘形凸轮机构,凸轮回转中心与从动件转轴之间的中心距为 a,凸轮基圆半径为 r_0,从动件长度为 l,凸轮逆时针转动。

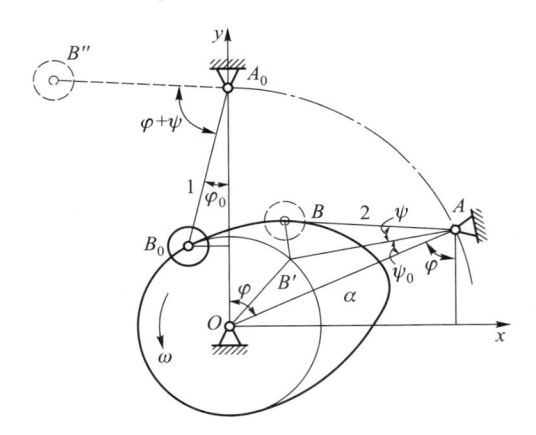

图 9-23 摆动滚子从动件盘形凸轮廓线的设计

对图 9-23 所示的摆动滚子从动件盘形凸轮机构,可以将滚子回转中心点看作是尖底从动件的尖底,则利用反转法原理得到的理论廓线方程与式(9-31)相同,凸轮实际廓线是该理论廓线的等距曲线,距离为滚子半径,有内外两条。

利用包络原理得到的凸轮实际廓线方程与式(9-24)相同,但式中 $\dfrac{\mathrm{d}x}{\mathrm{d}\varphi}$、$\dfrac{\mathrm{d}y}{\mathrm{d}\varphi}$ 由式(9-31)对 φ 求导获得:

$$\begin{cases} \dfrac{\mathrm{d}x}{\mathrm{d}\varphi} = a\cos\varphi - l\cos(\psi_0 + \varphi + \psi)\left(1 + \dfrac{\mathrm{d}\psi}{\mathrm{d}\varphi}\right) \\ \dfrac{\mathrm{d}y}{\mathrm{d}\varphi} = -a\sin\varphi + l\sin(\psi_0 + \varphi + \psi)\left(1 + \dfrac{\mathrm{d}\psi}{\mathrm{d}\varphi}\right) \end{cases}$$

（3）平底从动件

图 9-24 所示机构为摆动平底从动件盘形凸轮机构，凸轮回转中心与从动件转轴之间的中心距为 a，凸轮基圆半径为 r_0，凸轮逆时针转动。

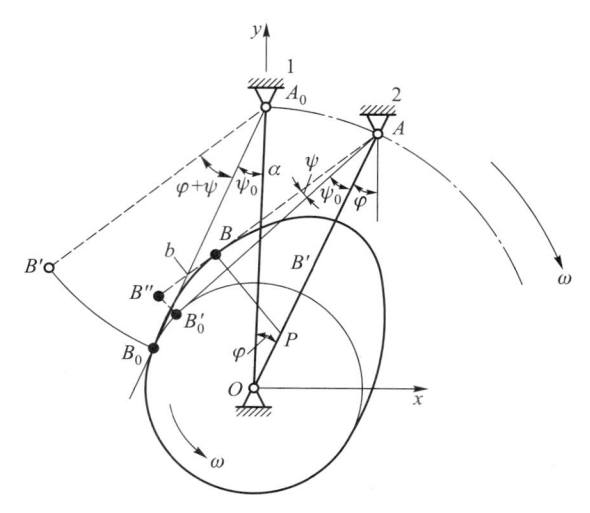

图 9-24 摆动平底从动件盘形凸轮廓线的设计

利用反转法原理，假定把凸轮固定，则从动件转轴从 A_0 位置顺时针转动到 A 位置，从动件绕转轴 A 点从最低位置 B_0'' 摆动角度 ψ 到当前 B'' 位置。依次类推，可以画出不同凸轮转角对应的从动件摆动位置，从而包络形成整个凸轮廓线。在任意凸轮转角位置，从动件与凸轮轮廓的切点即为对应的凸轮廓线点。因此，利用瞬心法可以写出凸轮廓线的解析方程式。

以 O 点为坐标原点、以 OA_0 为虚轴设置坐标系，则凸轮轮廓上 B 点矢量 r 为

$$r = r_A + \overrightarrow{AB''} + \overrightarrow{B''B} = a e^{i\left(\frac{\pi}{2} - \varphi\right)} + (l-b) e^{i\left(\frac{3\pi}{2} - \psi_0 - \varphi - \psi\right)} \tag{9-32}$$

式中 b 为从动件上 B'' 点与 B 点之间的距离，可以利用瞬心法求得：

$$b = a\cos\psi_0 - \frac{a\cos(\psi_0 + \psi)}{1 + \dfrac{\mathrm{d}\psi}{\mathrm{d}\varphi}}$$

凸轮廓线写成直角坐标方程形式为

$$\begin{cases} x = a\sin\varphi - (l-b)\sin(\psi_0 + \varphi + \psi) \\ y = a\cos\varphi - (l-b)\cos(\psi_0 + \varphi + \psi) \end{cases} \tag{9-33}$$

4. 凸轮加工中刀具中心轨迹的坐标计算

凸轮可以在数控铣床、磨床或线切割机床上进行加工。加工凸轮时通常需要给出刀具中心的运动轨迹。对于滚子从动件盘形凸轮，若刀具直径和滚子相同，则刀具中心的运动轨迹与凸轮的理论廓线相同；若刀具直径与滚子不同，则刀具中心的运动轨迹会偏离凸轮的理论廓线，二者是等距曲线的关系，法向距离为二者的半径差。如图 9-25 所示刀具

中心轨迹，其对应方程为

$$\begin{cases} x_c = x \pm |r_c - r_r| \dfrac{dy/d\varphi}{\sqrt{(dx/d\varphi)^2 + (dy/d\varphi)^2}} \\ y_c = y \mp |r_c - r_r| \dfrac{dx/d\varphi}{\sqrt{(dx/d\varphi)^2 + (dy/d\varphi)^2}} \end{cases} \quad (9-34)$$

在式(9-34)中，当刀具半径 r_c 大于滚子半径 r_r 时，取下面一组加减号；当刀具半径 r_c 小于滚子半径 r_r 时，取上面一组加减号。

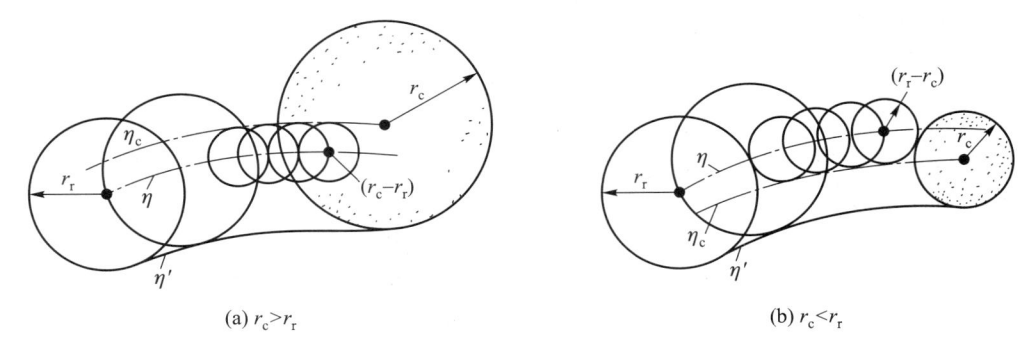

(a) $r_c > r_r$　　(b) $r_c < r_r$

图 9-25　刀具中心轨迹

9.4　凸轮机构基本参数设计

设计凸轮机构时，除了要保证实现需要的从动件运动规律外，还需要保证机构运行时具有良好的动力学性能，并根据机器设计要求考虑机构安装、加工成本、易维护性等不同因素。在从动件运动规律设计完成后，这些设计要求主要在凸轮机构的基本参数设计中予以考虑，如基圆半径、从动件偏置方向和偏距大小、滚子半径、平底宽度等，以保障压力角能满足要求、机构结构紧凑、凸轮高副接触不失效、机构运动不失真等。

9-6 凸轮机构压力角

1. 凸轮机构的压力角和许用压力角

凸轮机构的压力角是指在不考虑摩擦力、惯性力和重力影响时，凸轮作用在从动件上作用力 F 的方向线与从动件在该力作用点的运动线速度 v 的方向线所夹的锐角，常用 α 表示。

（1）直动从动件盘形凸轮机构的压力角

图 9-26 所示是直动从动件盘形凸轮机构的压力角。对于尖底从动件情况，尖底所在点即为凸轮驱动从动件的力作用点；对于滚子从动件情况，可以选取滚子回转中心点作为凸轮驱动从动件的力作用点；对于平底从动件情况，凸轮和平底的相切接触点是凸轮驱动从动件的力作用点。对于前 2 种情况，点 P 是凸轮和直动从动件的瞬心，根据图中的

几何关系，可以写出机构压力角的计算公式为

$$\alpha = \tan^{-1}\frac{OP \mp e}{s_0 + s} = \tan^{-1}\frac{\dfrac{ds}{d\varphi} \mp e}{\sqrt{r_0^2 - e^2} + s} \tag{9-35}$$

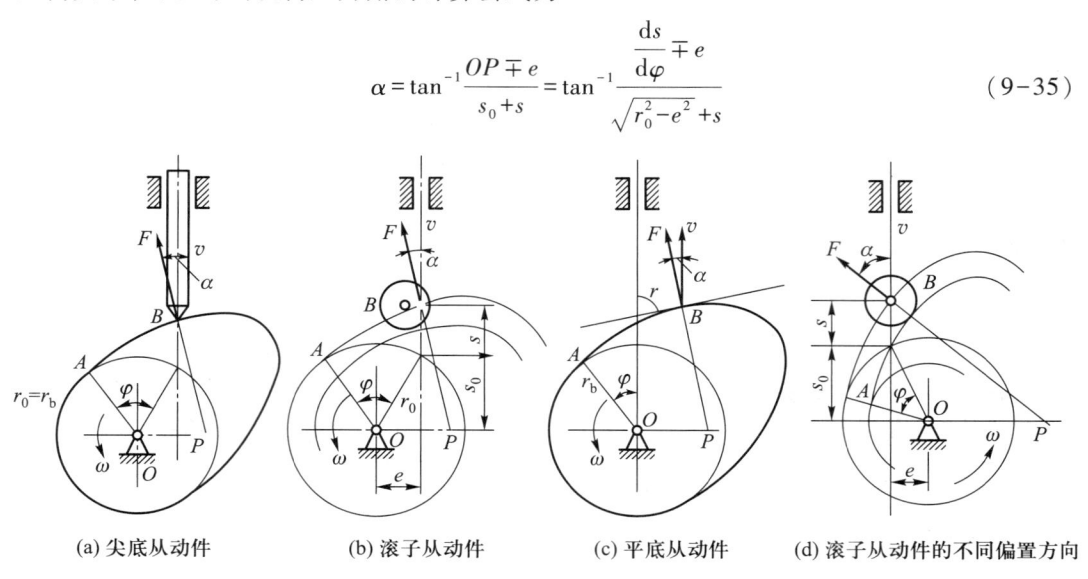

图 9-26　直动从动件盘形凸轮机构的压力角

(a) 尖底从动件　(b) 滚子从动件　(c) 平底从动件　(d) 滚子从动件的不同偏置方向

式中："∓"号选取与凸轮转向和从动件偏置方向有关。当凸轮逆时针转动、从动件右侧偏置，或者凸轮顺时针转动、从动件左侧偏置时，取"−"号；反之，当凸轮逆时针转动、从动件左侧偏置，或者凸轮顺时针转动、从动件右侧偏置时，取"+"号。如图 9-26a、b 所示情况，凸轮逆时针转动、从动件右侧偏置，取"−"号；图 9-26d 所示情况为从动件左侧偏置而凸轮转向未变，取"+"号。

对于如图 9-26c 所示的第 3 种平底从动件情况，无论从动件如何运动，在力作用点处从动件所受的作用力方向及其运动速度方向都不发生改变，因此机构压力角始终保持不变，等于常量 $\left(\dfrac{\pi}{2} - \gamma\right)$，其中 γ 为从动件导路方向和平底方向的夹角，若二者垂直，则机构压力角始终为 0°，因此平底从动件凸轮机构具有良好的承力性能。

（2）摆动从动件盘形凸轮机构的压力角

图 9-27 所示是摆动从动件盘形凸轮机构的压力角情况。力作用点的确定与直动从动件盘形凸轮机构的情况相同。

对于前 2 种情况，P 点是凸轮和摆动从动件的瞬心，根据图中的几何关系，可以写出机构压力角的计算公式为

$$\alpha = \tan^{-1}\frac{BD}{PD} = \tan^{-1}\frac{AP\cos(\psi_0 + \psi) - l}{AP\sin(\psi_0 + \psi)} \tag{9-36}$$

可以利用瞬心 P 性质来求解 AP 长度，有如下关系式：

$$\frac{d\varphi}{dt}(AP - a) = \frac{d\psi}{dt}AP$$

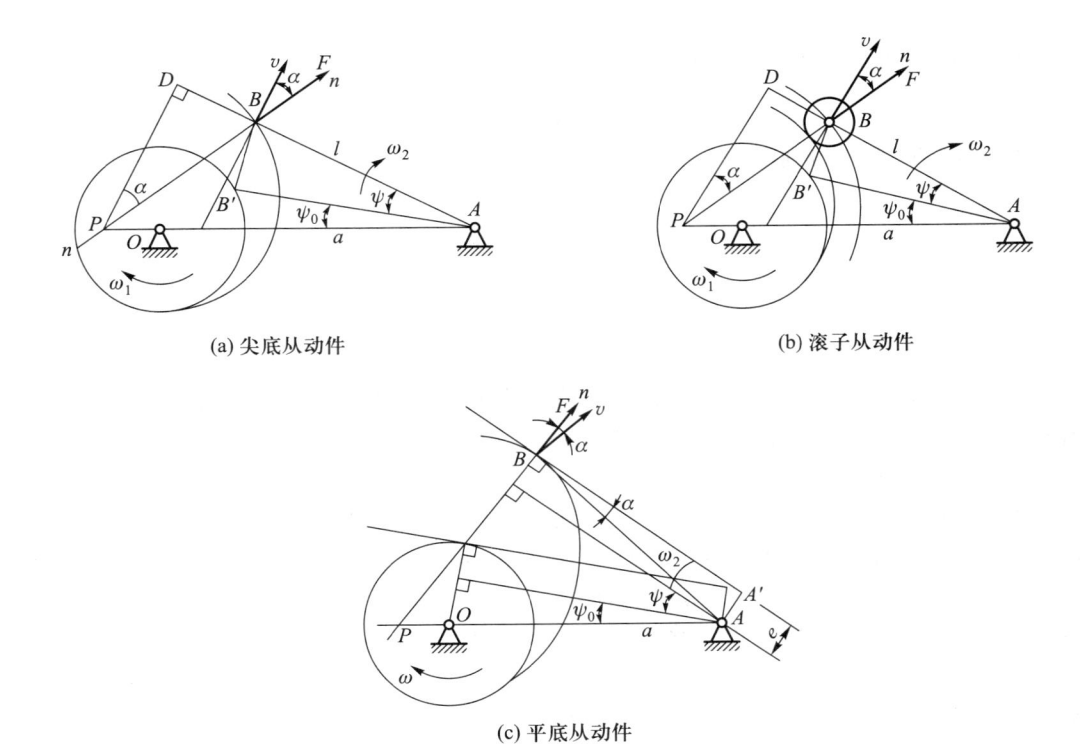

9.4 凸轮机构基本参数设计　283

(a) 尖底从动件

(b) 滚子从动件

(c) 平底从动件

图 9-27　摆动从动件盘形凸轮机构的压力角

故有 $AP = \dfrac{a}{1 - \dfrac{\mathrm{d}\psi}{\mathrm{d}\varphi}}$

代入式(9-36),得到机构压力角的计算公式:

$$\alpha = \tan^{-1}\dfrac{a\cos(\psi_0+\psi) - l\left(1 - \dfrac{\mathrm{d}\psi}{\mathrm{d}\varphi}\right)}{a\sin(\psi_0+\psi)} \tag{9-37}$$

式中: $\psi_0 = \cos^{-1}\dfrac{a^2 + l^2 - r_0^2}{2al}$

对于平底从动件情况,如图 9-27c 所示,机构压力角的计算公式为

$$\alpha = \tan^{-1}\dfrac{e}{A'B} \tag{9-38}$$

可以利用凸轮和从动件之间的瞬心 P 性质来求解 $A'B$ 长度。有如下关系式:

$$\dfrac{\mathrm{d}\varphi}{\mathrm{d}t}(AP - a) = \dfrac{\mathrm{d}\psi}{\mathrm{d}t}AP$$

故有 $AP = \dfrac{a}{1 - \dfrac{\mathrm{d}\psi}{\mathrm{d}\varphi}}$

因而可得：$A'B = AP\cos(\psi_0+\psi) = \dfrac{a\cos(\psi_0+\psi)}{1-\dfrac{\mathrm{d}\psi}{\mathrm{d}\varphi}}$

代入式（9-38），得到摆动平底从动件凸轮机构压力角的计算公式：

$$\alpha = \tan^{-1}\dfrac{e\left(1-\dfrac{\mathrm{d}\psi}{\mathrm{d}\varphi}\right)}{a\cos(\psi_0+\psi)} \tag{9-39}$$

式中：$\psi_0 = \sin^{-1}\dfrac{r_0-e}{a}$

由式（9-39）可知，对于摆动平底从动件凸轮机构来说，若从动件平底存在不为零的 e，则机构压力角是变化的。若 e 为 0 时，平底从动件凸轮机构的压力角为 0°。

（3）凸轮机构的许用压力角

由式（9-35）、式（9-37）、式（9-39）可知，凸轮机构的压力角与基圆半径、偏距、滚子半径等凸轮机构的基本参数有关，且这些参数的影响往往互相制约。如对直动尖底从动件盘形凸轮机构来说，在其他参数不变的情况下，增大凸轮的基圆半径有利于减小机构的压力角，改善机构传力性能，但会降低凸轮机构的紧凑性；反之采用较小的凸轮基圆半径会使得机构变得紧凑，但会增大机构的压力角，恶化机构传力性能，若超过一定限度甚至会引起凸轮机构发生自锁而无法运转。因此，在设计凸轮机构时需要对最大压力角加以限制，使其不超过许用压力角，即 $\alpha_{\max} \leqslant [\alpha]$。表 9-2 所示为一般情况下凸轮机构的许用压力角取值范围。可以看出在推程阶段和回程阶段的许用压力角是不相同的，因为一般取凸轮机构的推程阶段作为工作行程，推程阶段的压力角要求相对较高。

表 9-2　凸轮机构的许用压力角

封闭形式	从动件的运动方式	推程	回程
外力封闭	直动从动件	$[\alpha] = 25°\sim35°$	$[\alpha'] = 70°\sim80°$
	摆动从动件	$[\alpha] = 35°\sim45°$	$[\alpha'] = 70°\sim80°$
形封闭	直动从动件	$[\alpha] = 25°\sim35°$	$[\alpha'] = [\alpha]$
	摆动从动件	$[\alpha] = 35°\sim45°$	$[\alpha'] = [\alpha]$

2. 凸轮机构的其他基本参数设计

9-7 凸轮基本参数设计

（1）凸轮的基圆半径

进行凸轮基圆半径的设计时，希望在满足机构许用压力角的条件下，尽可能选取小的基圆半径，以实现凸轮机构的结构紧凑和好的性价比。

对于直动尖底/滚子从动件盘形凸轮机构，可根据式（9-35）来设计凸轮的基圆半径，有

$$r_0 = \sqrt{\left(\frac{\frac{ds}{d\varphi} \mp e}{\tan \alpha} - s\right)^2 + e^2} \quad (9-40)$$

可以看出,压力角 α 越大,凸轮的基圆半径就越小,凸轮机构也就结构越紧凑。考虑到机构传力性能要求,当取 α=[α]、并选取有利于减少压力角的偏置方向时,可以得到凸轮的最小基圆半径 $r_{0\ min}$:

$$r_{0\ min} = \sqrt{\left(\frac{\frac{ds}{d\varphi} - e}{\tan[\alpha]} - s\right)^2 + e^2} \quad (9-41)$$

对于直动平底从动件盘形凸轮机构,由于其压力角为常量,凸轮基圆半径的设计无法按许用压力角来确定。此时,通常按照凸轮廓线全部外凸的条件来确定凸轮的基圆半径,即凸轮廓线上各点的曲率半径 ρ>0,以确保凸轮和从动件间的正常高副接触、避免机构运动失真。设计中一般取 $\rho \geqslant \rho_{min}$,$\rho_{min}$ 为允许的最小曲率半径。

前面已经推导出直动平底从动件盘形凸轮的实际廓线方程式,如式(9-28)所示。已知曲率半径的计算公式为

$$\rho = \frac{(1+y'^2)^{\frac{3}{2}}}{y''} \quad (9-42)$$

式中:$y' = \frac{dy}{dx} = \frac{dy/d\varphi}{dx/d\varphi}$,因此有

$$\rho = \frac{\left[\left(\frac{dx}{d\varphi}\right)^2 + \left(\frac{dy}{d\varphi}\right)^2\right]^{\frac{3}{2}}}{\frac{dx}{d\varphi}\frac{d^2y}{d\varphi^2} - \frac{dy}{d\varphi}\frac{d^2x}{d\varphi^2}} \quad (9-43)$$

对式(9-28)求导,可得

$$\begin{cases} \frac{dx}{d\varphi} = (r_0+s)\cos\varphi - \frac{ds}{d\varphi}\sin\varphi + \frac{d^2s}{d\varphi^2}\cos\varphi \\ \frac{dy}{d\varphi} = -(r_0+s)\sin\varphi - \frac{ds}{d\varphi}\cos\varphi - \frac{d^2s}{d\varphi^2}\sin\varphi \\ \frac{d^2x}{d\varphi^2} = -(r_0+s)\sin\varphi - \frac{ds}{d\varphi}\cos\varphi - 2\frac{d^2s}{d\varphi^2}\sin\varphi + \frac{d^3s}{d\varphi^3}\cos\varphi \\ \frac{d^2y}{d\varphi^2} = -(r_0+s)\cos\varphi + \frac{ds}{d\varphi}\sin\varphi - 2\frac{d^2s}{d\varphi^2}\cos\varphi - \frac{d^3s}{d\varphi^3}\sin\varphi \end{cases} \quad (9-44)$$

将式(9-44)代入式(9-43),化简后有 $\rho = r_0 + s + \frac{d^2s}{d\varphi^2} > \rho_{min}$,故有 $r_0 > \rho_{min} - s - \frac{d^2s}{d\varphi^2}$。

(2) 滚子半径

对于滚子从动件盘形凸轮机构,凸轮实际廓线是理论廓线的等距曲线,二者间的法向距离为滚子半径。在设计滚子半径时,需要保证滚子能同时满足运动特性要求和强度

要求。

从运动特性要求考虑,要保证凸轮机构不发生运动失真的现象。图 9-28 中 a 为实际廓线,b 为理论廓线。当理论廓线外凸时(图 9-28a、b、c,$\rho>0$),实际廓线上的曲率半径 ρ_a 等于理论廓线上的曲率半径 ρ 与滚子半径 r_r 之差,即 $\rho_a=\rho-r_r$。当 $\rho=r_r$ 时,$\rho_a=0$(图 9-28b),表明实际廓线上该位置出现尖点,运行过程中该部分轮廓极易磨损难以使用;当 $\rho<r_r$ 时,对应部分的实际廓线曲率为负值(图 9-28c),说明在包络加工过程中,交叉阴影部分的实际廓线将被切掉而并不存在,机构会发生运动失真现象。为避免上述不良现象,机构设计时要对滚子半径加以限制,通常取 $r_r \leqslant 0.8\rho_{min}$,确保凸轮实际廓线始终大于零(图 9-28a)。

(a) $\rho_a=\rho-r_r$,$\rho>r_r$

(b) $\rho_a=\rho-r_r$,$\rho=r_r$

(c) $\rho_a=\rho-r_r$,$0<\rho<r_r$

(d) $\rho_a=\rho+r_r$,$\rho<0$

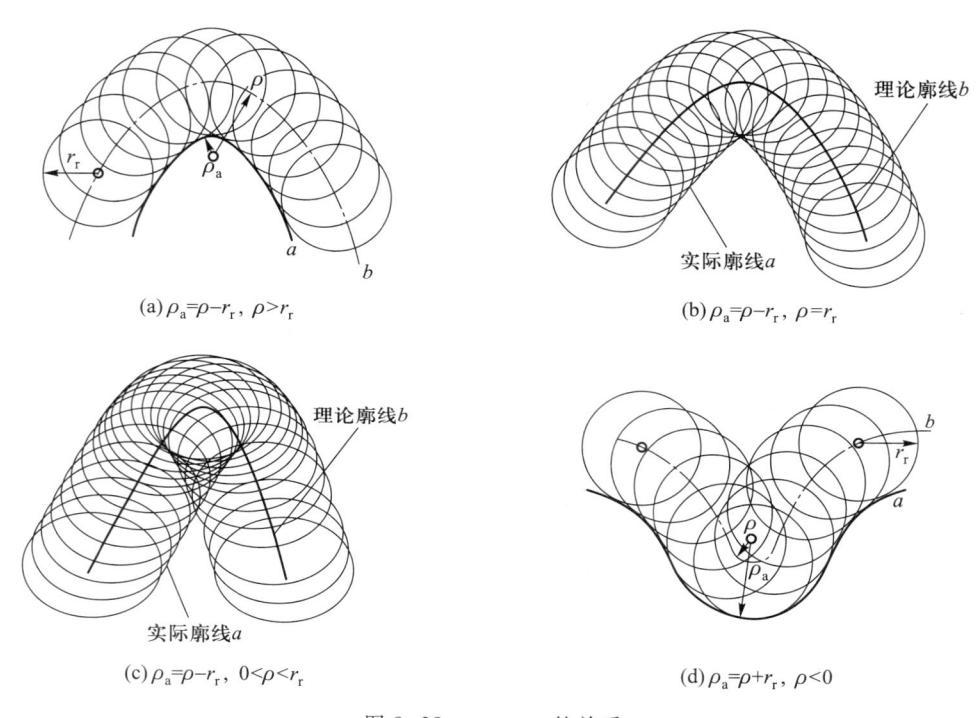

图 9-28 ρ_a、ρ、r_r 的关系

当理论廓线内凹时(图 9-28d,$\rho<0$),有 $\rho_a=\rho+(-r_r)=\rho-r_r$,与理论廓线外凸时关系式相同,但轮廓曲率半径为负值。无论滚子半径 r_r 大小如何,该凸轮实际廓线总是光滑连续的,并且曲率为负。

在上述分析中,从凸轮实体来看,实际廓线均在理论廓线的内侧,即理论廓线分布在实际凸轮的外侧。若取理论廓线的另一侧等距曲线作为凸轮实际廓线时,则会出现不同的结论。请同学们自行分析。

另一方面,从强度要求出发,根据工程经验希望滚子半径 r_r 能满足 $r_r \geqslant (0.1\sim0.5)r_0$。

(3)平底宽度

如图 9-29 所示,对于直动平底从动件,应保证运动过程中从动件的平底始终能与凸轮廓线相切接触。根据凸轮与从动件之间的瞬心 P 性质,高副接触点与瞬心位置始终相对应,因此平底上高副接触点的分布范围与瞬心 P 的运动范围一致。为保障可靠接触,机构设计时通常要求平底宽度 l 应满足如下条件:

$$l = 2OP_{\max} + \Delta l = 2\left(\frac{\mathrm{d}s}{\mathrm{d}\varphi}\right)_{\max} + \Delta l \tag{9-45}$$

式中:Δl 为附加长度,根据具体结构确定,一般取 $\Delta l = 5 \sim 7$ mm。

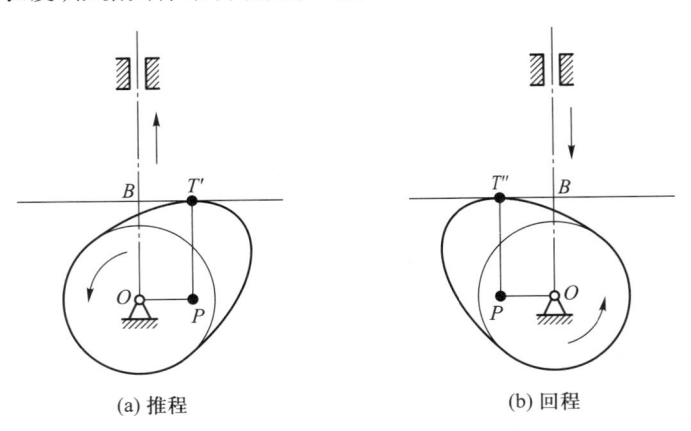

图 9-29 直动平底从动件

(4) 直动从动件的偏置方向

从前面讨论可知,凸轮机构的压力角受从动件的偏置方向和凸轮转向的直接影响,从动件的偏置方向选择与凸轮转向具有关联关系。通常情况下,凸轮机构在推程阶段和回程阶段的压力角特性是相反的,减小推程阶段的压力角会导致回程阶段的压力角增大,因此回程阶段的许用压力角范围相对较大(表 9-2)。对凸轮机构来说,一般取其推程阶段作为机器的工作行程,因此,从动件的偏置方向选择应该使得凸轮机构在推程阶段的压力角相对较小,以保证推程阶段的良好传力性能。

综上所述,凸轮机构的不同参数之间有时是相互制约的,在进行机构设计时需要综合考虑各种因素,保证凸轮机构的综合性能满足设计要求。

学习指南

凸轮机构是一种应用广泛的高副机构,具有准确实现所需运动规律的能力。本章讨论了凸轮机构的类型、从动件运动规律及其设计、凸轮廓线求解方法、凸轮机构基本参数设计等内容,介绍了凸轮机构的设计过程。需要重点掌握从动件运动设计以及凸轮廓线的反转法求解原理,熟悉凸轮机构的压力角、基圆半径、滚子半径、直动从动件的偏距、平底从动件的平底长度等基本参数的设计。本章概念导图如图 9-30 所示。

凸轮机构设计首先需要进行机构选型,再根据功能需求进行从动件运动规律的设计,然后确定凸轮机构基本参数,在此基础上进行凸轮廓线的求解。平面凸轮机构的凸轮轮廓可以简化为平面的凸轮廓线,可以采用反转法原理求解。空间凸轮机构的凸轮轮廓是

288　第 9 章　凸轮机构

三维的凸轮廓面,则必须采用专门的数学理论才能准确求解。这方面的数学工具有微分几何、包络理论或共轭曲面理论,可以用来统一处理平面凸轮和空间凸轮的轮廓求解。

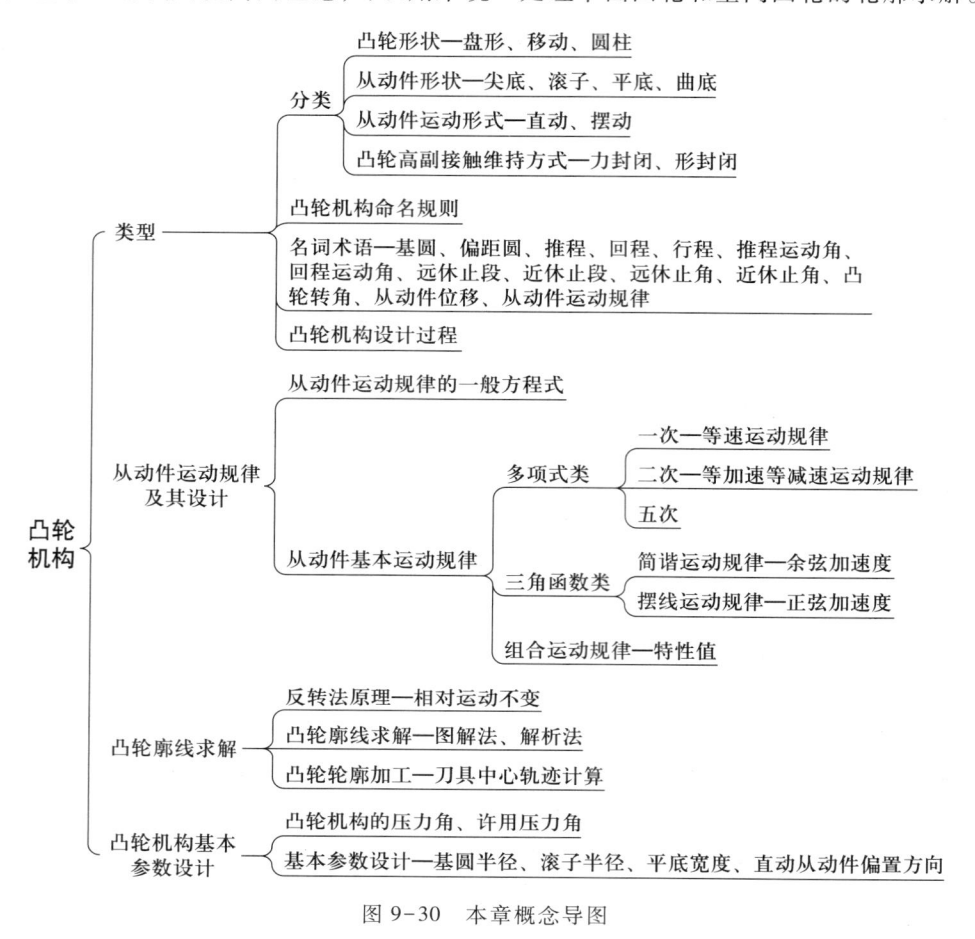

```
凸轮机构
├─ 类型
│   ├─ 分类
│   │   ├─ 凸轮形状——盘形、移动、圆柱
│   │   ├─ 从动件形状——尖底、滚子、平底、曲底
│   │   ├─ 从动件运动形式——直动、摆动
│   │   └─ 凸轮高副接触维持方式——力封闭、形封闭
│   ├─ 凸轮机构命名规则
│   ├─ 名词术语——基圆、偏距圆、推程、回程、行程、推程运动角、
│   │            回程运动角、远休止段、近休止段、远休止角、近休止角、凸
│   │            轮转角、从动件位移、从动件运动规律
│   └─ 凸轮机构设计过程
├─ 从动件运动规律及其设计
│   ├─ 从动件运动规律的一般方程式
│   └─ 从动件基本运动规律
│       ├─ 多项式类
│       │   ├─ 一次——等速运动规律
│       │   ├─ 二次——等加速等减速运动规律
│       │   └─ 五次
│       ├─ 三角函数类
│       │   ├─ 简谐运动规律——余弦加速度
│       │   └─ 摆线运动规律——正弦加速度
│       └─ 组合运动规律——特性值
├─ 凸轮廓线求解
│   ├─ 反转法原理——相对运动不变
│   ├─ 凸轮廓线求解——图解法、解析法
│   └─ 凸轮轮廓加工——刀具中心轨迹计算
└─ 凸轮机构基本参数设计
    ├─ 凸轮机构的压力角、许用压力角
    └─ 基本参数设计——基圆半径、滚子半径、平底宽度、直动从动件偏置方向
```

图 9-30　本章概念导图

习题

9-1　已知图 9-31 所示凸轮机构的凸轮实际廓线均为圆形,作图画出凸轮的基圆和从动件位移线图;标出凸轮再继续转过 45°和 90°角时的从动件位移和机构压力角。

9-2　已知图 9-32 所示凸轮的部分轮廓曲线:

(1) 作图标出滚子与凸轮由接触点 D_1 到接触点 D_2 的运动过程中,对应凸轮转过的角度 θ。

(2) 作图标出滚子与凸轮在 D_2 点接触时的凸轮机构压力角 α。

9-3　图 9-33 所示摆动滚子从动件盘形凸轮机构中,凸轮的实际廓线上有两段圆弧 GH 和 IJ,其圆心均位于凸轮的回转中心点 O。(1) 作图标出凸轮的基圆 r_0,推程运动角

(a) (b) (c)

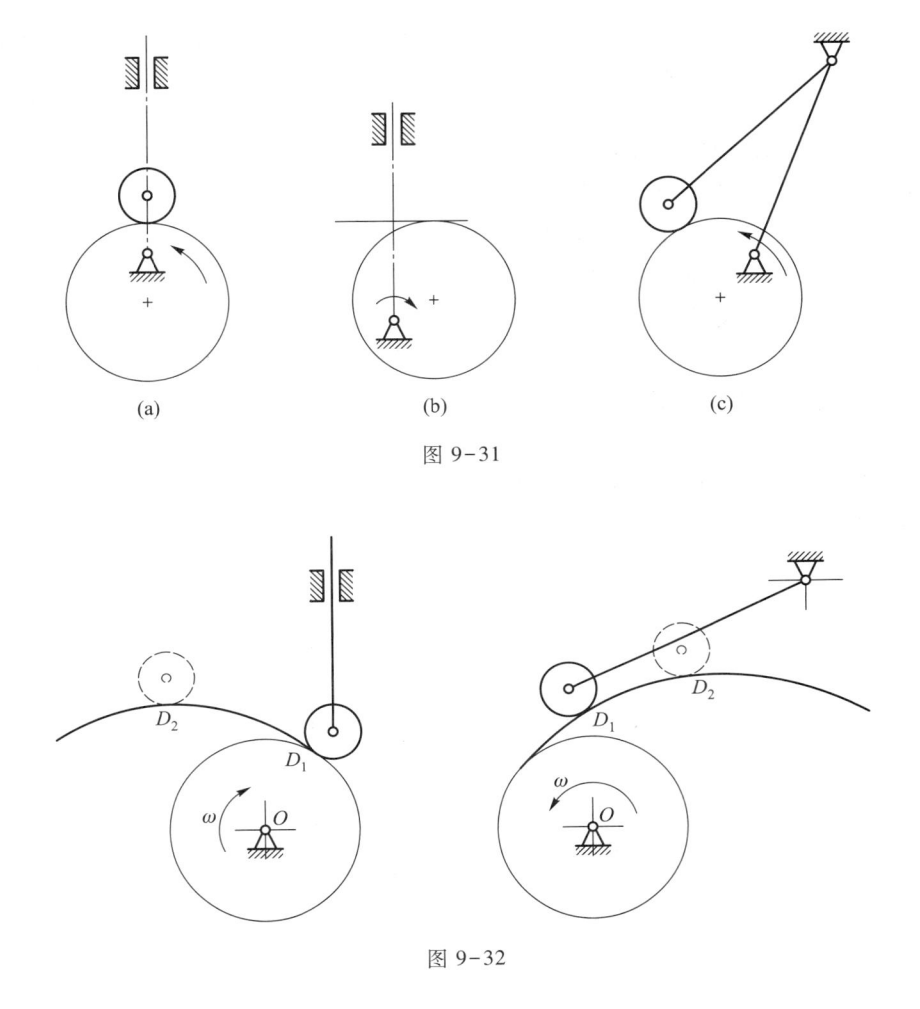

图 9-31

图 9-32

Φ,远休止角 Φ_s,回程运动角 Φ',近休止角 Φ'_s 和从动摆杆的最大角行程 ψ_{max}。（2）作图标出图示位置的压力角 α,位移 s 和凸轮转角 φ。

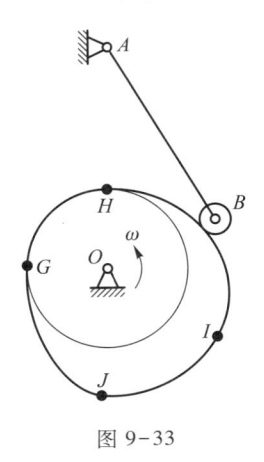

图 9-33

9-4 试设计一对心直动滚子从动件盘形凸轮机构。已知凸轮以等角速度 ω 顺时针方向转动。在凸轮的一个运转周期时间内,要求从动件在 1 s 时间内匀速上升 10 mm,接着在 0.5 s 内静止不动,再在 0.5 s 时间内匀速上升 6 mm,然后在 2 s 时间内静止不动,最后在 2 s 时间内等速下降 16 mm 回到初始位置。

(1) 作图画出从动件的位移线图;
(2) 求解该凸轮的基圆半径(推程许用压力角 $[\alpha]=30°$);
(3) 推导该凸轮的理论廓线和实际廓线的方程;
(4) 编程绘制从动件运动曲线和凸轮廓线。

9-5 如图 9-34,试设计一偏置直动滚子从动件盘形凸轮机构的凸轮廓线。已知凸轮以等角速度 ω 逆时针方向转动,基圆半径 $r_0=40$ mm,偏距 $e=10$ mm,滚子半径 $r_r=10$ mm,行程 $h=30$ mm。从动件的运动规律为:凸轮转过 180°,从动件等速上升 30 mm;凸轮继续转过 60°,从动件在最高位置处静止不动;凸轮再转过 120°,从动件以简谐运动规律回到最低位置。

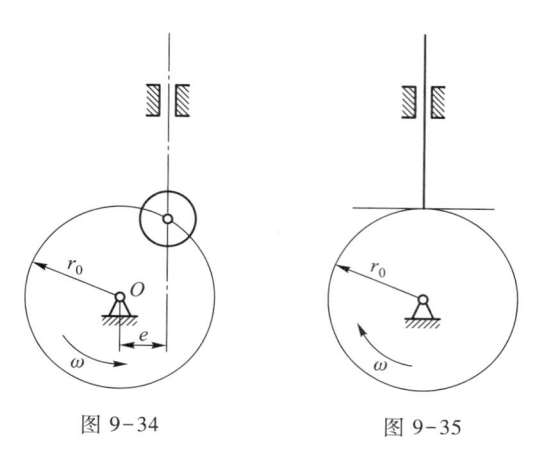

图 9-34   图 9-35

9-6 如图 9-35,试设计一直动平底从动件盘形凸轮机构的凸轮廓线。已知凸轮以等角速度 ω 顺时针方向转动,基圆半径 $r_0=30$ mm,平底与导路方向垂直。从动件的运动规律为:凸轮转过 180°,从动件按简谐运动规律上升 25 mm;凸轮继续转过 180°,从动件以等加速等减速运动规律回到最低位置。

9-7 如图 9-36,试设计一摆动滚子从动件盘形凸轮机构的凸轮廓线。已知凸轮以

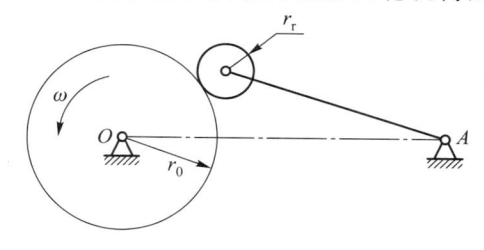

图 9-36

等角速度 ω 逆时针方向转动，基圆半径 $r_0 = 30$ mm，滚子半径 $r_r = 6$ mm，摆杆长 $l = 50$ mm，凸轮转动中心 O 与摆杆的摆动中心之间的距离为 $a = 60$ mm。从动件的运动规律为：凸轮转过 180°，从动件按摆线运动规律向远离凸轮中心方向摆动 30°；凸轮再转过 180°，从动件以简谐运动规律回到最低位置。

9-8 如图 9-37 所示，试设计一平底摆动从动件盘形凸轮机构。已知凸轮以等角速度 ω 逆时针方向转动，基圆半径 $r_0 = 30$ mm，摆杆的初始位置 AB 与 OB 垂直，凸轮转动中心 O 与摆杆的摆动中心之间的距离为 $a = 50$ mm。从动件的运动规律为：凸轮转过 180°，从动件按摆线运动规律向远离凸轮中心方向摆动 30°；凸轮再转过 180°，从动件以简谐运动规律回到最低位置。

9-9 图 9-38 所示凸轮机构中，已知凸轮为一偏心圆盘。要求：

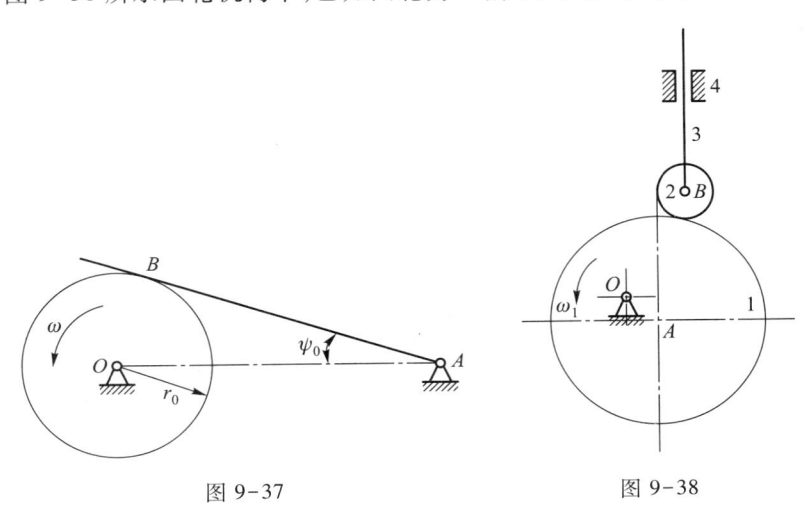

图 9-37　　图 9-38

（1）给出此凸轮机构的名称；
（2）画出此凸轮机构的基圆（其半径以 r_0 表示）和凸轮的理论轮廓曲线；
（3）标出从动件的行程 h 及在图示位置时从动件的位移 s；
（4）标出此凸轮机构在图示位置时的压力角 α 及由图示位置再继续转过 30°时的压力角 α'；
（5）标出在图示位置时，瞬心 P_{13} 的位置。

第 10 章

齿轮机构与轮系

内容提要

10-1 齿轮机构概述

齿轮机构由一对齿轮和一只机架构成,由两只以上齿轮构成的齿轮机构通常习惯称为**轮系**。齿轮机构和轮系常用于运动或动力传递,在各类仪器仪表、机械装备和动力装备中得到广泛应用。本章介绍齿轮机构的特点、类型、基本参数、渐开线齿廓性质、齿轮啮合的基本原理以及切制方法、轮系传动比计算等基本内容。

10.1 概述

齿轮机构是应用最广的传动机构之一,用于传递空间任意轴间的运动和动力,具有传动平稳、机械效率高、适用的圆周速度和功率范围广、使用寿命长、可靠性高、便于标准化制造等特点。

齿轮机构出现很早,根据考古发现,在汉代我国已出现了金属齿轮;在东汉时期已有了人字齿轮,如图 10-1 所示。齿轮在我国古代的指南车、计里鼓车、水运仪象台、水转大纺车等军事、农业机械装置中已有巧妙应用,是现代应用最为广泛的机械传动方式之一。

齿轮机构属于高副机构,一般来说其制造和安装精度要求较高,制造和维护也较困难,同时齿轮机构不适合远距离的轴间传动。

齿轮机构有很多类型。通常的齿轮机构都是定传动比机构,这也是齿轮机构的主流应用情况,但也有少量设计成变传动比的情况,应用在一些特殊场合,如椭圆齿轮机构。本章主要讨论定传动比的齿轮机构。齿轮的设计和制造已经标准化,一般应用场合下可以进行设计选型并通过市场采购获得。

齿轮机构主要优点有

(1) 适用的圆周速度和功率范围广;

(a) 汉铁齿轮　　　　　　(b) 汉代人字齿轮

图 10-1　古代的齿轮机构

（2）机械效率较高；
（3）传动比稳定；
（4）寿命较长；
（5）工作可靠性较高；
（6）可实现平行轴、任意角相交轴和任意角交错轴之间的传动。

齿轮机构也存在缺点，主要有
（1）要求较高的制造和安装精度，成本较高；
（2）不适宜于远距离两轴之间的传动。

按照一对齿轮传递的相对运动是平面运动还是空间运动，可以将齿轮机构分为平面齿轮机构和空间齿轮机构两大类。

1. 平面齿轮机构

作平面相对运动的齿轮机构称为平面齿轮机构，用于传递空间两平行轴间的运动和动力，常见的有直齿圆柱齿轮、斜齿圆柱齿轮、人字齿轮传动三种形式，又有内外啮合之分，平面齿轮机构如图 10-2 所示。

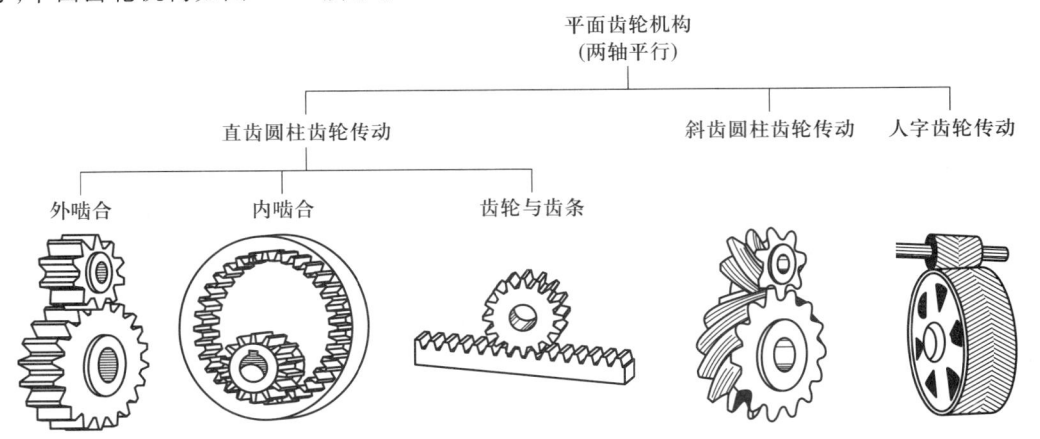

图 10-2　平面齿轮机构

直齿圆柱齿轮机构由一对直齿圆柱齿轮（又称为正齿轮或简称直齿轮）和机架构成，直齿圆柱齿轮的轮齿与其回转轴线平行。当轮齿分布在圆柱体外部时，称作外啮合直齿圆柱齿轮传动，传动过程中两齿轮的转动速度方向相反；当轮齿分布在空心圆柱体的内部时，称作内啮合直齿圆柱齿轮传动，传动过程中两齿轮的转动速度方向相同；当其中一齿轮的齿数趋于无穷多而演变成齿条时，称为齿轮齿条传动，齿轮转动而齿条作直线平移运动。

斜齿圆柱齿轮机构由一对斜齿圆柱齿轮（简称斜齿轮）和机架构成，斜齿圆柱齿轮的轮齿与其回转轴线有一个倾斜角度，该角度称为斜齿轮的螺旋角。与直齿圆柱齿轮机构类似，斜齿圆柱齿轮传动也有外啮合斜齿圆柱齿轮传动、内啮合斜齿圆柱齿轮传动、斜齿的齿轮齿条传动三种情况。斜齿轮加工困难，斜齿圆柱齿轮机构有轴向力产生。外啮合斜齿圆柱齿轮传动平稳、适合于高速转动、应用较多；内啮合斜齿圆柱齿轮和齿轮齿条传动因制造困难应用较少，斜齿圆柱齿轮传动如图 10-3 所示。

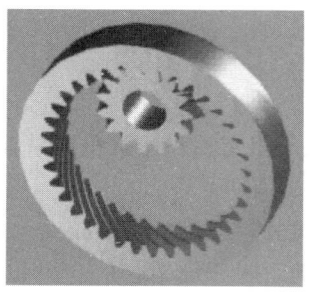

(a) 外啮合　　　　　　　　(b) 内啮合　　　　　　　　(c) 齿轮齿条

图 10-3　斜齿圆柱齿轮传动

人字齿轮可以看作由两个螺旋角方向相反的斜齿轮组合而成，可制成整体式或组合式，其轴向力相互抵消，适合于高速和重载传动场合，但制造成本较高。

2. 空间齿轮机构

作空间相对运动的齿轮机构称为空间齿轮机构，用于传递空间两相交轴或交错轴之间的运动和动力，常见的有相交轴传动的锥齿轮传动，以及交错轴传动的交错轴斜齿轮传动、蜗杆传动和准双曲面齿轮传动，如图 10-4 所示。

锥齿轮机构由一对锥齿轮和机架构成，一般情况下两轴的交角为 90°。锥齿轮的轮齿分布在截圆锥体上，有直齿、斜齿、曲线齿之分。直齿锥齿轮的轮齿沿圆锥母线排列，是相交轴齿轮传动的基本形式，制造较为简单，应用较多；斜齿锥齿轮的轮齿与圆锥母线有非零交角/螺旋角，制造困难，应用较少；曲线齿锥齿轮的轮齿呈曲线形，有圆弧齿、螺旋齿等，传动平稳，适用于高速、重载传动场合，尤其是在汽车等行业应用广泛，但制造成本较高。

交错轴斜齿轮机构的两个齿轮都是斜齿圆柱齿轮，但螺旋角大小不等，两轮齿为点接触，相对滑动速度较大，主要用于传递运动或轻载传动；蜗杆传动多用于交错角为 90° 的

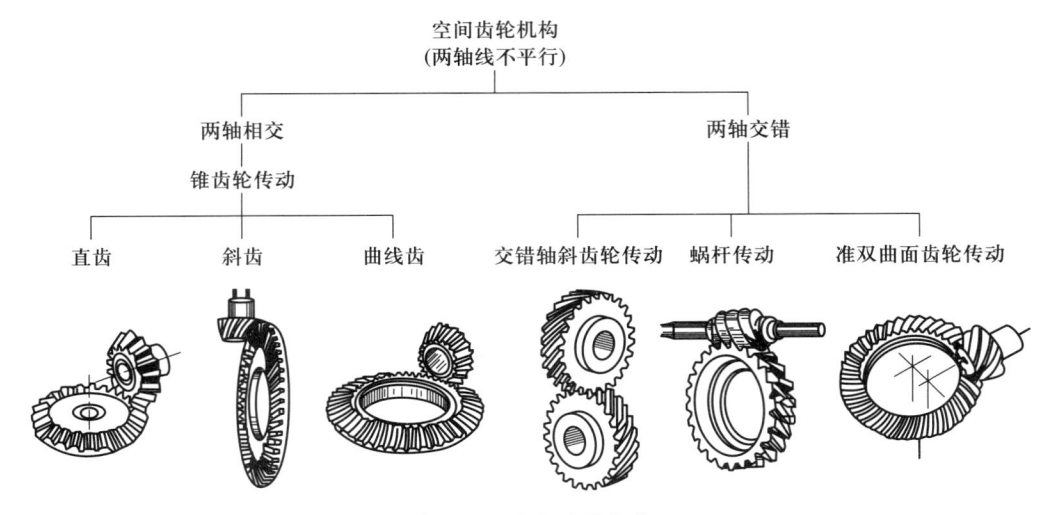

图 10-4 空间齿轮机构

两轴传动,传动比大,传动平稳,有自锁性,效率较低;准双曲线齿轮的节曲面为单叶双曲线回转体的一部分,能实现中心距较小的两交错轴间的传动,制造困难,应用较少。

10.2 齿廓啮合基本定律及渐开线齿形

齿轮机构是典型的三构件高副机构,运行时主动齿轮的轮齿依次拨动从动齿轮的轮齿,依靠一对齿接着一对齿进入啮合再脱开啮合实现运动和动力的传递。齿轮机构每对齿的齿廓需要满足一定的条件才能保证齿轮传动过程的瞬时平稳性,这就是齿廓啮合的基本定律。

10-2 齿廓啮合基本定律及渐开线齿形

1. 齿廓啮合基本定律

图 10-5 所示为一对外啮合齿轮相互啮合的轮齿,O_1、O_2 分别为两齿轮回转中心,K 为轮齿间的瞬时啮合点。齿轮 1 以角速度 ω_1 转动,通过齿廓 C_1 推动齿轮 2 的齿廓 C_2 以角速度 ω_2 转动。

过瞬时啮合点 K 的直线 n-n 为轮齿齿廓 C_1、C_2 的公法线,根据三心定理,其与连心线 O_1O_2 的交点 C 为两轮齿间的瞬心(又称节点),因此有如下关系:

$$\omega_1 \cdot O_1C = \omega_2 \cdot O_2C$$

故相啮合的两齿轮间的角速度之比即传动比为

$$i_{12} = \frac{\omega_1}{\omega_2} = \frac{O_2C}{O_1C} \tag{10-1}$$

该式表明,作平面啮合的一对齿廓,其瞬时啮合点 K 处的公法线与两齿轮的连心线交于节点 C,该节点将齿轮的连心线分成两段,该两段线段的长度之比与该对齿轮的角速

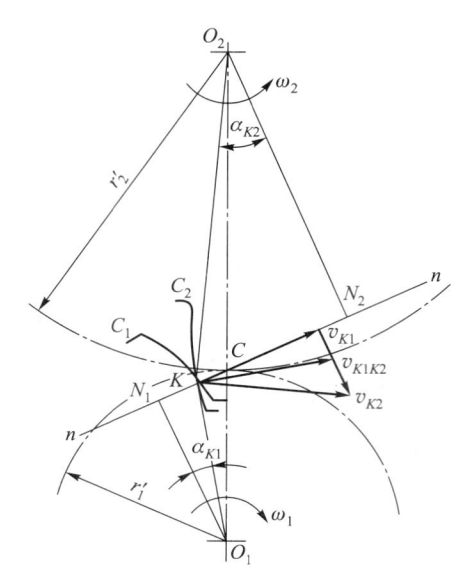

图 10-5 齿廓啮合基本定律

比成反比,此即**齿廓啮合基本定律**。节点 C 的位置与齿廓曲线形状有关,C 点在各齿轮运动平面上的轨迹称为各齿轮的节曲线。

由于两轮中心距不变,如果通过齿廓曲线形状的设计使得节点 C 的位置始终保持不变,则该齿轮机构的传动比是定值,齿轮传动平稳。此时,两齿轮各自的节曲线成为以两齿轮回转中心 O_1、O_2 为圆心、分别过节点 C 所作的两个圆(也称作**节圆**),齿轮传动可以看成是一对节圆作纯滚动。若节点 C 的位置发生变化,则该齿轮传动为变传动比,节曲线为非圆曲线。

满足齿轮啮合基本定律的一对齿廓称为共轭齿廓。理论上共轭齿廓曲线有很多种,在定传动比齿轮传动中可采用渐开线、摆线、圆弧等,其中渐开线齿廓最为常用。

如图 10-5 所示,N_1、N_2 分别为两齿轮回转中心 O_1、O_2 向公法线 nn 所作垂线的垂足,可知 $\triangle O_1 N_1 C$ 和 $\triangle O_2 N_2 C$ 相似,有

$$\frac{\omega_1}{\omega_2} = \frac{\overline{O_2 C}}{\overline{O_1 C}} = \frac{\overline{O_2 N_2}}{\overline{O_1 N_1}} = \frac{\overline{O_2 K} \cos \alpha_{K2}}{\overline{O_1 K} \cos \alpha_{K1}}$$

其中,α_{K1}、α_{K2} 分别为啮合点 K 与两齿轮回转中心 O_1、O_2 的连心线相对于各自垂线 $O_1 N_1$、$O_2 N_2$ 的夹角。由上式进一步可得

$$\omega_1 \overline{O_1 K} \cos \alpha_{K1} = \omega_2 \overline{O_2 K} \cos \alpha_{K2}$$

由上式可知,齿轮要能够正常传动,相啮合的两轮齿在 K 点处沿公法线方向的速度分量一定相同。在 K 点处沿两轮齿齿廓公切线方向的相对滑动速度可以利用瞬心性质得到:

$$v_{K2K1} = (\omega_1 + \omega_2) \cdot \overline{CK}$$

因此,一对啮合的轮齿的相对滑动速度随着啮合点位置的变化而变化,啮合点 K 离

节点 C 越远,其相对滑动速度越大,相应的齿面磨损也越严重。

式(10-1)不仅对一对轮齿齿廓之间的啮合传动关系适用,对任意的平面三构件高副机构都是适用的。

2. 渐开线齿形

(1) 渐开线的形成

渐开线的形成过程非常简单。如图 10-6 所示,直线 xx 紧靠半径 r_b 的圆作纯滚动时,其上任一点 K 在平面上留下的轨迹称为该圆的一条渐开线。这个圆称为基圆,直线 xx 称为发生线,角 θ_K 称为渐开线 AK 段的展角。

(2) 渐开线的性质

1) 渐开线形状决定于基圆大小。基圆越小,渐开线越弯曲;基圆越大,渐开线越平直。当基圆半径趋于无穷大时,渐开线变成一条直线,如图 10-7 所示。

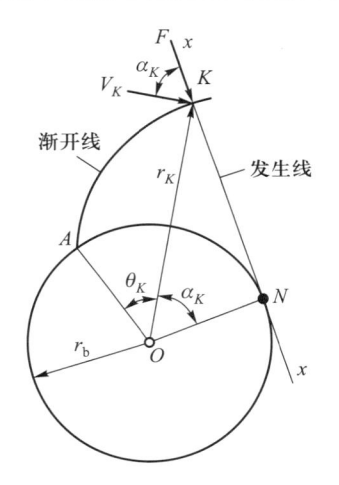

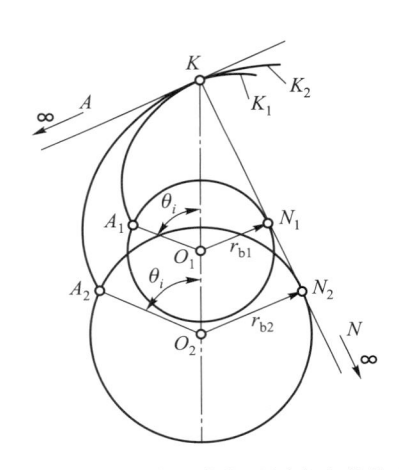

图 10-6 渐开线的形成过程　　图 10-7 渐开线形状与基圆大小的关系

2) 发生线沿基圆滚过的线段长度 $\overline{KN}$ 等于基圆上被滚过的弧长 $\widehat{AN}$,即 $\overline{KN}=\widehat{AN}$。

3) 发生线是渐开线在点 K 的法线,也是基圆的切线,切点 N 为渐开线上点 K 的曲率中心,线段长度 $\overline{KN}$ 是其曲率半径。显然,渐开线上离基圆越远的点处对应的曲率半径越大,反之曲率半径越小。基圆上曲率半径为零。

4) 基圆以内没有渐开线。

(3) 渐开线齿廓及其压力角

如图 10-8 所示,通常取渐开线靠近基圆的一段作为齿廓曲线,齿的两侧渐开线沿齿轮径向对称分布,即两侧渐开线分别是由顺时针和逆时针两条相反旋向的发生线沿同一个基圆形成的。多只相同的齿沿圆周按一定间距均匀分布形成完整的齿轮,因此一只齿轮上的所有齿廓拥有相同的基圆。

齿轮啮合时,如图 10-6 所示,一对轮齿在点 K 接触,从动轮齿所受的力方向为点 K

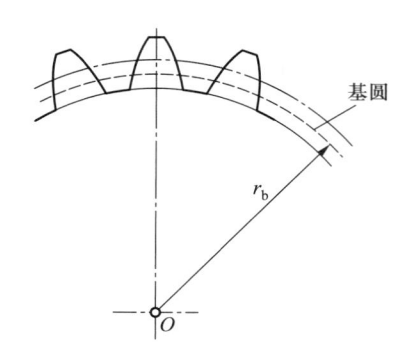

图 10-8 渐开线的形成过程

法线方向,轮齿上点 K 线速度方向垂直于矢径 OK,则二者所夹锐角 α_K 为该渐开线轮廓在点 K 的压力角。根据几何关系,可以知道在 $\triangle ONK$ 中 ON 和 OK 两边所夹角度与压力角 α_K 大小相等。因此有

$$\alpha_K = \cos^{-1}\frac{\overline{ON}}{\overline{OK}} = \cos^{-1}\frac{r_b}{r_K} \tag{10-2}$$

式中:r_K 为矢径大小。由上式可知,渐开线齿廓上离基圆越远的点处压力角越大,离基圆越近的点处压力角越小,基圆上的压力角为零。

(4) 渐开线函数

根据图 10-6 可知,渐开线的展角 θ_K 存在如下关系:

$$\theta_K = \angle AON - \alpha_K = \frac{\widehat{AN}}{r_b} - \alpha_K = \frac{\overline{KN}}{r_b} - \alpha_K = \tan\alpha_K - \alpha_K \tag{10-3}$$

上式表明渐开线的展角 θ_K 是压力角 α_K 的函数,又称为渐开线函数,工程上常用 inv 表示,即:

$$\mathrm{inv}\alpha_K = \theta_K = \tan\alpha_K - \alpha_K \tag{10-4}$$

(5) 渐开线方程

根据渐开线的形成过程,采用极坐标建立渐开线方程是最佳的。如图 10-6 所示,以 OA 为极坐标轴,则渐开线上任一点 K 的矢径和极角分别为 r_K 和 θ_K,故渐开线的极坐标方程为

$$\begin{cases} r_K = r_b/\cos\alpha_K \\ \theta_K = \mathrm{inv}\alpha_K = \tan\alpha_K - \alpha_K \end{cases} \tag{10-5}$$

渐开线的复数向量方程为

$$\vec{r} = \vec{r}_K = r_K \mathrm{e}^{j\theta_K}\left(=\frac{r_b}{\cos\alpha_K}e^{j(\tan\alpha_K - \alpha_K)}\right) \tag{10-6}$$

10.3 渐开线标准直齿圆柱齿轮的基本参数

1. 齿轮各部分的名称和符号

图 10-9 所示为渐开线标准直齿外啮合圆柱齿轮的一部分。单只齿轮上定义有四个特别的圆,分别是基圆、齿顶圆、齿根圆、分度圆。

（1）基圆　发生轮齿齿廓渐开线的圆称为基圆,其直径和半径分别用 d_b 和 r_b 表示。

（2）齿顶圆　过齿轮各齿顶所作的圆称为齿顶圆,是沿齿轮径向的最小外接圆,其直径和半径分别用 d_a 和 r_a 表示。

（3）齿根圆　齿轮的齿槽底部所在的圆称为齿根圆,其直径和半径分别用 d_f 和 r_f 表示。

（4）分度圆　为计算齿轮几何尺寸而规定的基准圆称为分度圆,分布在齿顶圆和齿根圆之间,具有标准模数和标准压力角,其直径和半径分别用 d 和 r 表示。

一对齿轮啮合时,还存在一对以各齿轮回转中心为圆心、过两轮之间的节点形成的两个节圆,其直径和半径分别用 d' 和 r' 表示。

齿轮上沿齿轮径向定义有齿顶高、齿根高、齿全高。

（1）齿顶高　位于齿顶圆与分度圆之间的轮齿部分称为齿顶。齿顶部分的径向高度称为齿顶高,用 h_a 表示。

（2）齿根高　位于齿根圆与分度圆之间的轮齿部分称为齿根。齿根部分的径向高度称为齿根高,用 h_f 表示。

（3）齿全高　齿顶圆与齿根圆之间的径向距离称为齿全高（又称全齿高、齿高）,用 h 表示,$h = h_a + h_f$。

（4）顶隙　当一对齿轮啮合传动时,为避免发生一只齿轮的齿顶与另一只齿轮的齿槽底部接触,并利于润滑油驻留,两者之间需要预留一定间隙,称为齿轮的顶隙,用 c 表示。

齿轮上沿齿轮周向定义有齿厚、齿槽宽、齿距、基节、法节。

（1）齿厚　在直径为 d_i 的圆周上一个轮齿的两侧齿廓之间的弧长称为该圆上的齿厚,用 s_i 表示。

（2）齿槽宽　在直径为 d_i 的圆周上一个齿槽两侧齿廓之间的弧长称为该圆上的齿槽宽,用 e_i 表示。

（3）齿距　在直径为 d_i 的圆周上相邻两轮齿的同侧齿廓之间的弧长称为该圆上的齿距,用 p_i 表示,$p_i = s_i + e_i$。

当上述圆周取为基圆、齿顶圆、齿根圆时,下标 i 分别替换为 b、a、f,取为分度圆时无下标。

（4）基圆上的齿距称为基节,用 p_b 表示。

（5）法节：相邻两个轮齿同侧齿廓之间沿法向的距离称为法向齿距,又称法节,用 p_n

表示。根据渐开线性质,有 $p_n = p_b$。

沿齿轮轴向定义有齿宽,指轮齿沿齿轮轴线方向的宽度尺寸,用 b 表示。

以上各部分名称也适用于内齿轮(图 10-10),不同之处在于内齿轮的轮齿分布在空心圆柱体的内表面上,内齿轮的齿顶圆小于分度圆而齿根圆大于分度圆。

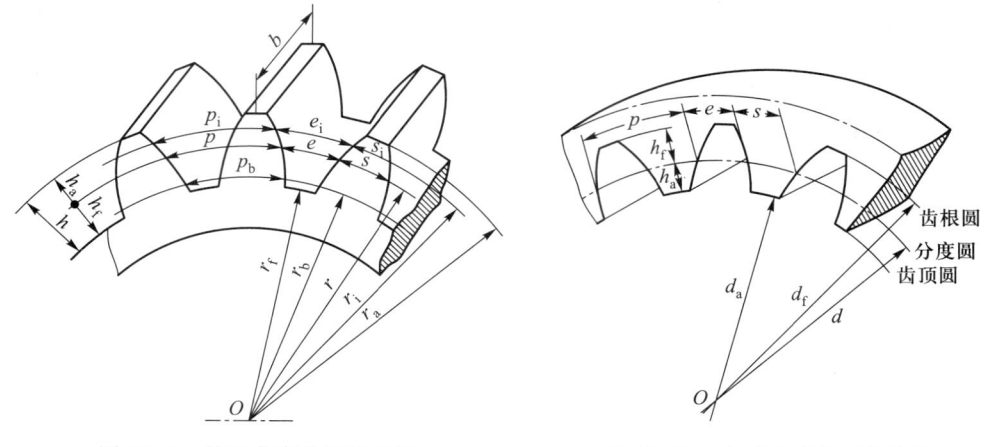

图 10-9 外啮合直齿圆柱齿轮　　图 10-10 内啮合直齿圆柱齿轮

2. 基本参数

渐开线标准直齿圆柱齿轮有五个基本参数,分别是齿数 z、模数 m、压力角 α、齿顶高系数 h_a^*、顶隙系数 c^*。

(1) 齿数 z:齿轮圆周表面上的轮齿总数称为齿轮的齿数,用 z 表示。

(2) 模数 m:作为计算齿轮各部分尺寸的基准圆,分度圆周长等于 πd,也等于 zp,故有

$$d = \frac{p}{\pi} z \tag{10-7}$$

由于 π 是无理数,使得分度圆的直径有可能是无理数,给齿轮的设计、制造、测量等带来不便。为便于齿轮的设计、制造和互换使用,将 p/π 的取值限定为简单的有理序列,该比值称为模数,用 m 表示,单位为 mm。分度圆的模数从标准值中选用(表 10-1)。

表 10-1　渐开线齿轮的标准模数系列(GB/T 1357—2008)

第一系列	1.25	1.5	2	2.5	3	4	5	6	8	10	1 12
	16	20	25	32	40	50					
第二系列	1.125	1.375		1.75	2.25	2.75		3.5		4.5	5.5
	(6.5)	7	9	11	14	18	22	28		36	45

注:1. 优先选用第一系列,括号内的数值尽量不用。
　　2. 对斜齿轮是指法面模数。

显然,有 $p=\pi m, d=mz$。齿数不变时,模数越大,齿轮的齿距、分度圆直径、齿厚、齿高等都相应增大(图 10-11)。

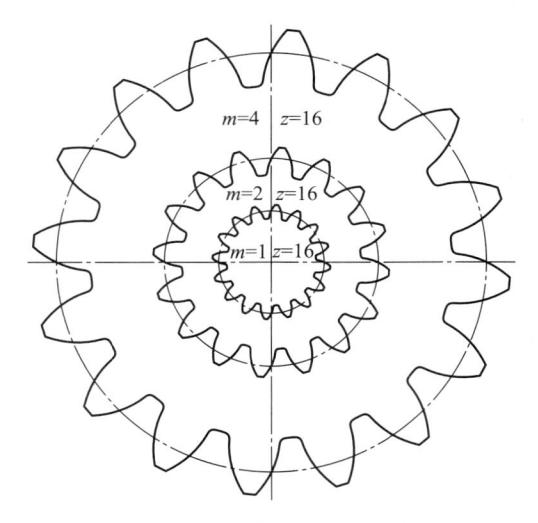

图 10-11 模数与齿轮尺寸关系

(3) 压力角 α:由式(10-2)知不同圆周上的渐开线齿廓有不同的压力角。压力角的大小与齿轮的传力及抗弯性能有关,我国规定分度圆上的压力角 α 为标准值,其值为 20°。在某些场合也采用压力角为 14.5°、15°、22.5°、25° 等的齿轮。

(4) 齿顶高系数 h_a^*:用模数 m 来定义齿顶高,规定齿顶高 $h_a = h_a^* m$,其中 h_a^* 为齿顶高系数。齿顶高系数已标准化,正常齿制中 $h_a^* = 1$(GB/T 1356—2001);非标准的短齿制中 $h_a^* = 0.8$。

(5) 顶隙系数 c^*:用模数 m 来定义顶隙,规定顶隙 $c = c^* m$,其中 c^* 为顶隙系数。正常齿制中 $c^* = 0.25$;非标准的短齿制中 $c^* = 0.3$。

由于顶隙的存在,轮齿的齿根高计算公式为

$$h_f = (h_a^* + c^*) m \tag{10-8}$$

3. 渐开线标准直齿圆柱齿轮

齿顶高与齿根高为标准值、分度圆上的齿厚等于齿槽宽的直齿圆柱齿轮称为标准齿轮。标准齿轮的基本尺寸计算见表 10-2。

表 10-2 渐开线标准直齿圆柱齿轮的基本尺寸计算

名称	符号	计算公式	
		齿轮 1	齿轮 2
分度圆直径	d	$d_1 = mz_1$	$d_2 = mz_2$
基圆直径	d_b	$d_{b1} = mz_1 \cos \alpha$	$d_{b2} = mz_2 \cos \alpha$

续表

名称	符号	计算公式 齿轮1	计算公式 齿轮2
齿顶圆直径	d_a	$d_{a1}=d_1+2h_a=m(z_1+2h_a^*)$	$d_{a2}=d_2\pm 2h_a=m(z_2\pm 2h_a^*)$
齿根圆直径	d_f	$d_{f1}=d_1-2h_f=m(z_1-2h_a^*-2c^*)$	$d_{f2}=d_2\mp 2h_f=m(z_2\mp 2h_a^*\mp 2c^*)$
齿顶高	h_a	$h_a=h_a^* m$	
齿根高	h_f	$h_f=(h_a^*+c^*)m$	
齿全高	h	$h=(2h_a^*+c^*)m$	
顶隙	c	$c=c^* m$	
齿厚	s	$s=\dfrac{1}{2}\pi m$	
齿槽宽	e	$e=\dfrac{1}{2}\pi m$	
齿距	p	$p=\pi m$	
基节/法节	p_b/p_n	$p_n=p_b=\pi m\cos\alpha$	
中心距	a	$a=\dfrac{1}{2}m(z_2\pm z_1)$	

注：上面符号用于外齿轮或外啮合传动，下面符号用于内齿轮或内啮合传动。

10.4 渐开线标准直齿圆柱齿轮机构的啮合传动

1. 渐开线齿轮传动的基本性质

（1）节点、节圆与定传动比

图 10-12 所示为一对渐开线齿轮的齿廓啮合情况。

进入啮合的一对轮齿在 K 点接触。根据渐开线特性可知，该点处公法线分别与两只齿轮的基圆相切，切点分别记为 N_1、N_2，即公法线是两只基圆之间的内公切线 N_1N_2。由于两个齿轮的基圆始终保持不变，因而两个基圆之间的内公切线 N_1N_2 也是不变的。因此，无论一对齿轮如何转动，进入啮合状态的一对轮齿的啮合点 K 就始终位于这条固定的内公切线 N_1N_2 上，且这条内公切线与两个齿轮回转中心的连心线 O_1O_2 的交点也只有一个，即节点 C。根据齿廓啮合基本定律，有

$$i_{12}=\frac{\omega_1}{\omega_2}=\frac{O_2C}{O_1C}=\frac{O_2N_2}{O_1N_1}=\frac{r_{b2}}{r_{b1}} \tag{10-9}$$

因此，渐开线齿轮机构的瞬时传动比是定值，即渐开线齿轮机构能实现定传动比的传动。

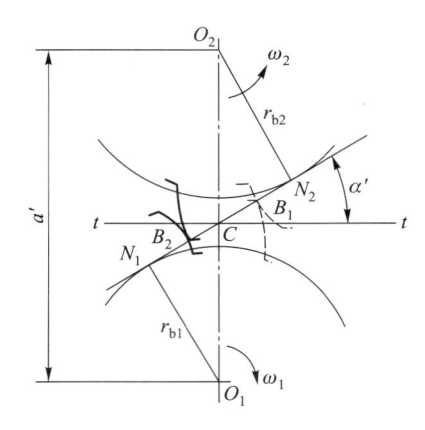

图 10-12 一对渐开线齿轮的齿廓啮合示意图

另外,以齿轮回转轴线位置为圆心、过节点 C 所作的圆称为齿轮的节圆,节圆是讨论一对齿轮传动时才存在的圆,只有单个齿轮时不出现。因此,一对齿轮传动可以看成是一对节圆作无滑动的对滚。根据式(10-7)关系可推得两齿轮节圆半径 r'_1、r'_2 分别为

$$r'_1 = \frac{1}{1+i_{12}}a', \quad r'_2 = \frac{i_{12}}{1+i_{12}}a', \quad a' \text{为两齿轮中心距}。$$

(2) 渐开线齿轮传动的啮合线、啮合角和节圆压力角

图 10-12 所示点 B_2 是从动轮 2 的齿顶圆与公法线 N_1N_2 的交点,是主动轮齿廓靠近齿根的一点,也是一对齿廓进入啮合的起始点。点 B_1 是主动轮 1 的齿顶圆与公法线 N_1N_2 的交点,此点是这对齿廓脱开啮合的点。因此,进入啮合状态的轮齿啮合点 K 必定在直线段 B_2B_1 之间运动,由点 B_2 进入啮合、由点 B_1 脱开啮合。我们将齿轮啮合点的轨迹称为齿轮的啮合线,称线段 $\overline{B_2B_1}$ 为齿轮的实际啮合线。若将两只齿轮的齿顶圆加大,则实际啮合线就向 N_1、N_2 点靠近,考虑到基圆以内没有渐开线,所以两轮的齿顶圆不可能超过 N_1、N_2 点,线段 $\overline{N_1N_2}$ 是理论上可能的最长的啮合线,称为理论啮合线。点 N_1、点 N_2 称为啮合极限点。

啮合线 N_1N_2 与两齿轮节圆内公切线 tt 所夹的锐角称为啮合角,该角在数值上恒等于两齿轮节圆上的压力角,故一对齿轮的啮合角与节圆上的压力角均用 α' 表示。根据渐开线齿轮特性,可以得到 $\alpha' = \cos^{-1}\frac{r_{b1}}{r'_1} = \cos^{-1}\frac{r_{b2}}{r'_2}$。齿轮在传动过程中,啮合线和啮合角始终不变,所以传力性能良好。

(3) 渐开线齿轮传动具有中心距的可分性

一对齿轮因制造和安装误差以及机器运行后轴承磨损等原因的影响,其齿轮中心距与设计值会存在一定差异。由上述讨论可知,只要渐开线齿廓的形状不改变,一对渐开线齿轮机构的啮合线就始终与不变的两只基圆相切,根据式(10-7),齿轮机构的传动比就是常量,与实际中心距无关。我们将这种渐开线齿轮传动中心距发生变化但不影响其传动比的特性称为中心距的可分性。这种特性给渐开线齿轮的制造及安装带来便利,可以

适当放宽齿轮中心距公差,使其便于加工和装配。但中心距也不能分离太大,因为中心距加大时两轮的节圆半径及啮合角也相应增大,两轮啮合齿侧会产生间隙,从而影响齿轮传动的平稳性。

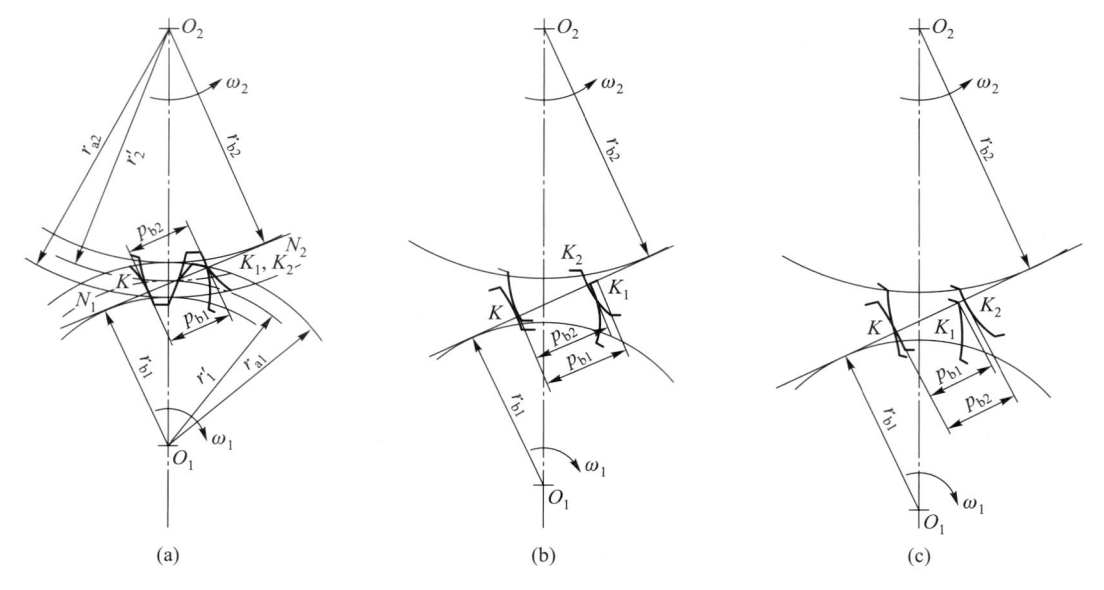

图 10-13 渐开线齿轮正确啮合条件

2. 渐开线齿轮的正确啮合条件

渐开线齿轮传动是依靠一对轮齿接着一对轮齿的依次进入、脱开啮合实现的,进入啮合状态的轮齿对的啮合点始终在啮合线上,啮合线所在直线同时也就是这对轮齿齿廓的公法线。因此,为保证齿轮轮齿正常交替啮合,轮齿的分布必须使主动轮、从动轮相邻同侧齿廓在啮合线上所卡的线段即法向齿距(法节)p_{n1}、p_{n2}相等(图10-13a),否则会出现相邻两齿廓在啮合线上重叠(图10-13b)或不接触(图10-13c)的现象,使齿轮无法正确啮合传动。

由 $p_{n1}=p_{n2}$,有 $\pi m_1 \cos \alpha_1 = \pi m_2 \cos \alpha_2$。考虑到齿轮的模数和压力角均已标准化,所以两渐开线直齿圆柱齿轮的正确啮合条件为

$$m_1 = m_2 = m$$
$$\alpha_1 = \alpha_2 = \alpha$$
(10-10)

3. 渐开线齿轮的连续传动条件

由上述讨论可知,在图 10-14a 中,线段 $\overline{B_2 B_1}$ 是一对齿轮的实际啮合线,轮齿对由 B_2 点进入啮合、由 B_1 点脱开啮合,每个轮齿实际参与啮合的是渐开线齿廓靠近齿根的点(对主动轮来说是 B_2 对应的点,对从动轮来说是 B_1 对应的点)至渐开线齿廓的顶点(对主动轮来说是 B_1 对应的点,对从动轮来说是 B_2 对应的点)之间的齿廓部分,称为轮齿的

实际工作齿廓(图 10-14b 中的阴影线部分)。

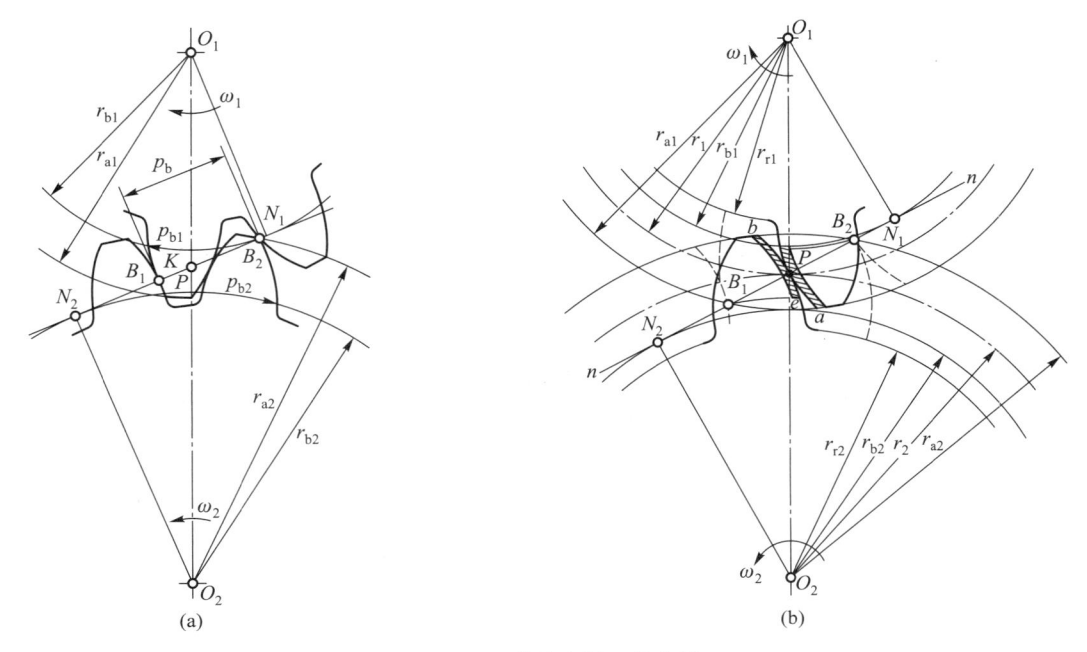

图 10-14 轮齿实际工作齿廓

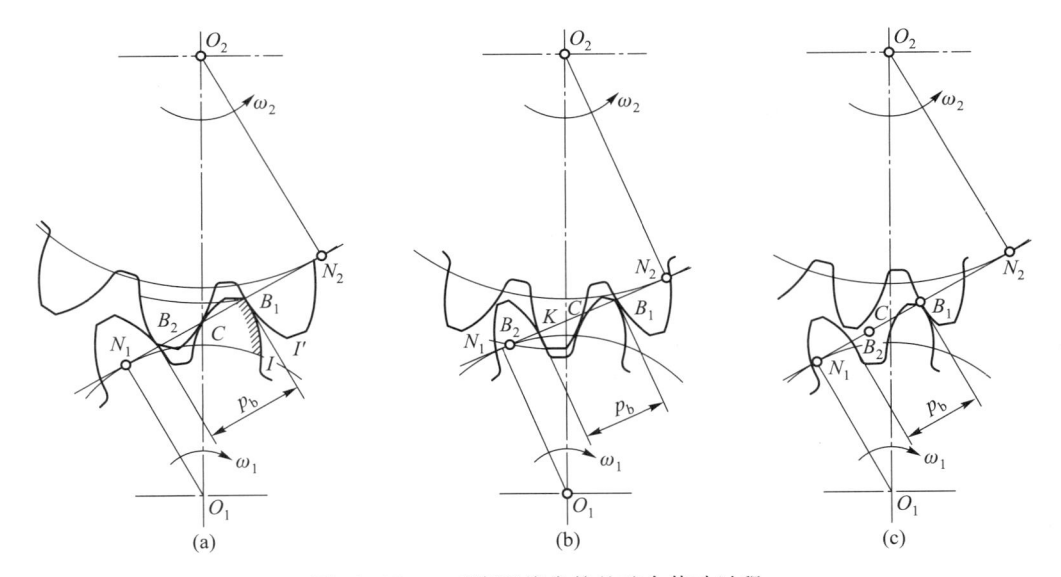

图 10-15 一对渐开线齿轮的啮合传动过程

如图 10-15a、图 10-15b 所示,要使齿轮能够连续传动,就必须要保证前一对轮齿在脱开啮合瞬间,后一对轮齿已经进入啮合状态,即 $\overline{B_2B_1}$ 线段长度应等于或大于前后两对轮齿的法向齿距(法节),即 $\overline{B_2B_1} \geqslant p_b$,或 $\overline{B_2B_1} \geqslant p_n$。若 $\overline{B_2B_1} < p_n$,如图 10-15c 所示,则前一

对轮齿在脱开啮合瞬间，后一对轮齿还没有进入啮合状态，齿轮传动出现不连续的现象，齿轮传动的平稳性被破坏。因此，渐开线齿轮的连续传动条件是 $B_2B_1 \geq p_b$，即 $\overline{B_2B_1}/p_b \geq 1$。我们将 $\overline{B_2B_1}/p_b$ 的比值定义为齿轮传动的重合度，用 ε_α 表示，即

$$\varepsilon_\alpha = \frac{\overline{B_2B_1}}{p_b} \tag{10-11}$$

考虑到制造和装配误差的影响，设计齿轮时应保证重合度 $\varepsilon_\alpha > 1$。不同的机器设计时要求的许用重合度 $[\varepsilon_\alpha]$ 是不同的（表 10-3），需要根据具体的设计任务进行选择。齿轮设计时要保证 $\varepsilon_\alpha \geq [\varepsilon_\alpha]$。

表 10-3　许用重合度 $[\varepsilon_\alpha]$ 的推荐值

使用场合	一般机械制造业	汽车、拖拉机	金属切削机床
$[\varepsilon_\alpha]$	1.4	1.1~1.2	1.3

重合度 ε_α 的大小还反映了一对齿轮能够同时进入啮合状态的轮齿对数情况。图 10-16 所示为 $\varepsilon_\alpha = 1.3$ 的情况，可以看到，在实际啮合线上的 $\overline{B_1D}$ 与 $\overline{D'B_2}$ 两段内同时各有一对轮齿（分别是相邻的前一对轮齿和后一对轮齿）处于啮合状态，因此将这两段区间称为双齿啮合区，两段长度相同均为 $0.3p_b$；当轮齿啮合进入实际啮合线中部的 $\overline{DD'}$ 段时则仅有一对轮齿处于啮合状态（此时该对轮齿的前一对轮齿和后一对轮齿均处于脱开啮合状态），该段称为单齿啮合区，该段长度为 $0.7p_b$。从这里可以看出，齿轮传动的重合度 ε_α 值越大，表明实际啮合线内同时有多对齿处于啮合状态的区段越长，齿轮传动的连续性和平稳性越好，承载能力也越强。

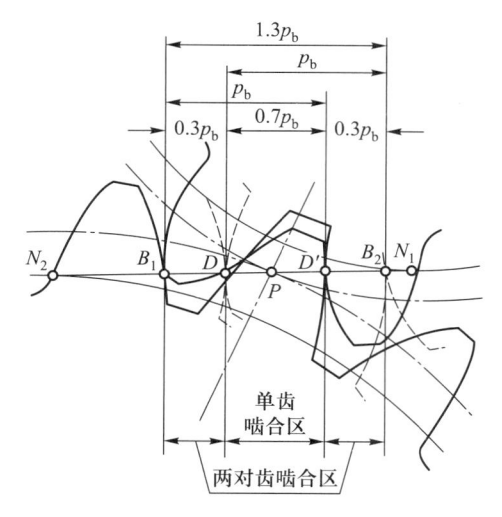

图 10-16　$\varepsilon_\alpha = 1.3$ 时一对齿轮轮齿的啮合情况

要计算齿轮传动的重合度 ε_α，关键在于确定实际啮合线的长度 $\overline{B_2B_1}$。如图 10-17 所示，实际啮合线的长度为

$$\overline{B_2B_1} = \overline{B_2C} + \overline{CB_1}$$

根据图 10-17，有

$$\overline{B_2C} = \overline{B_2N_2} - \overline{CN_2} = r_{b2}(\tan\alpha_{a2} - \tan\alpha') = \frac{mz_2}{2}\cos\alpha(\tan\alpha_{a2} - \tan\alpha')$$

$$\overline{CB_1} = \overline{N_1B_1} - \overline{N_1C} = r_{b1}(\tan\alpha_{a1} - \tan\alpha') = \frac{mz_1}{2}\cos\alpha(\tan\alpha_{a1} - \tan\alpha')$$

(10-12)

式中：α' 为啮合角；α_{a1} 为齿轮 1 的齿顶圆压力角，其值为 $\alpha_{a1} = \cos^{-1}\dfrac{r_{b1}}{r_{a1}}$；$\alpha_{a2}$ 为齿轮 2 的齿顶圆压力角，其值为 $\alpha_{a2} = \cos^{-1}\dfrac{r_{b2}}{r_{a2}}$。

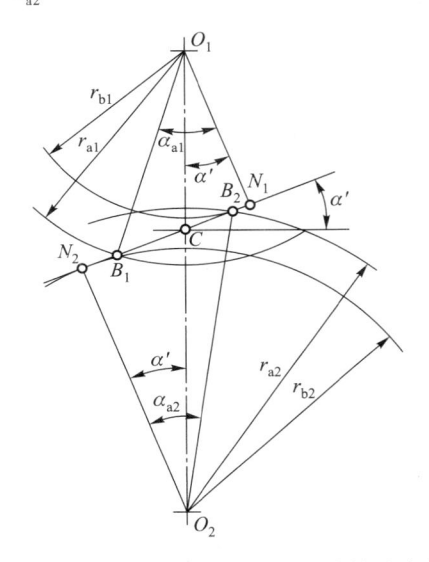

图 10-17　一对外啮合标准渐开线圆柱齿轮重合度的计算

将 $\overline{B_2C}$、$\overline{CB_1}$、基节 $p_b = \pi m\cos\alpha$ 代入式(10-11)，化简得：

$$\varepsilon_\alpha = \frac{z_1(\tan\alpha_{a1} - \tan\alpha') + z_2(\tan\alpha_{a2} - \tan\alpha')}{2\pi}$$

(10-13)

由式(10-13)可知，齿数越多重合度越大；啮合角增大重合度减小。反之亦然。此外，齿轮正确啮合时模数大小对重合度没有影响。

4. 安装中心距和标准安装

安装中心距/中心距是齿轮传动的一个基本尺寸。一对外啮合标准齿轮传动时，其安装中心距 a' 为两齿轮节圆半径 r_1'、r_2' 之和。根据渐开线齿廓特性，可以推得

$$a' = r'_1 + r'_2 = \frac{r_{b1}}{\cos \alpha'} + \frac{r_{b2}}{\cos \alpha'} = \frac{(r_1+r_2)\cos \alpha}{\cos \alpha'} = \frac{a\cos \alpha}{\cos \alpha'}$$

故有

$$a'\cos \alpha' = a\cos \alpha = r_{b1} + r_{b2} = 常量 \tag{10-14}$$

即安装中心距 a' 与节圆压力角/啮合角 α' 的余弦之积恒等于两齿轮基圆半径之和。当 $a' = a = r_1 + r_2$，即安装中心距等于两齿轮分度圆半径之和时，两齿轮的节圆与各自的分度圆重合，即 $r'_1 = r_1$、$r'_2 = r_2$，此时一对齿轮传动相当于一对分度圆作无滑动的对滚。对于标准齿轮来说，分度圆上的齿厚与齿槽宽相等，因此一只齿轮的齿厚与齿槽宽与另一只齿轮的齿槽宽和齿厚对应相等，这对齿轮传动时轮齿两侧的理论齿侧间隙（又称侧隙）为零。若两齿轮的中心距 a' 加大，齿轮啮合角 α' 也随之加大。由于齿轮自身几何形状未改变，齿轮传动轮齿两侧会出现齿侧间隙，从而影响齿轮传动的连贯性，造成齿廓间冲击。

对齿轮传动来说，为防止运动干涉并有利于润滑剂的驻留，还需要保证一只齿轮的齿根和另一只齿轮的齿顶不发生接触，因此需要保证齿轮的顶隙为标准值，即 $c = c^* m$。如图 10-18 所示，此时 $a' = r_{f1} + c + r_{a2} = r_1 + r_2$。根据上述讨论，此时也可保证齿轮传动的齿侧间隙为零。因此，对于渐开线标准齿轮传动，我们将满足顶隙为标准值、齿侧间隙为零两个条件的安装中心距称为标准安装中心距（简称标准中心距），用 a 表示，它等于两齿轮分度圆半径之和（即 $a = r_1 + r_2$），并称此时的齿轮安装为标准安装。

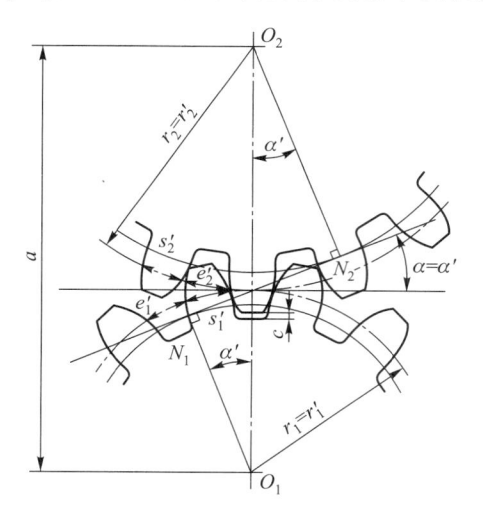

图 10-18 标准中心距和顶隙

实际工程应用中，考虑到齿轮加工和安装误差、啮合齿廓间润滑油膜形成要求及避免轮齿因摩擦发热膨胀而卡死等因素，齿轮传动的齿侧应适当留有一定的间隙，这种侧隙要求通常通过规定齿厚、安装中心距等制造和装配公差来保证。

5. 齿轮和齿条传动

当一对啮合齿轮中一只齿轮的齿数趋于无穷多时，该齿轮的基圆和分度圆的直径趋于无穷大,齿轮中相应的基圆、分度圆、齿顶圆、齿根圆以及节圆均被拉直而成为互相平行的直线,即基线、分度线(又称中线)、齿顶线、齿根线、节线。根据渐开线特性,此时基圆半径无穷大,渐开线齿廓成为直线,齿轮变成了作直线运动的齿条。

与渐开线齿轮相比,渐开线齿条具有以下特点(图 10-19):

(1) 齿条齿廓为直线,齿条齿廓线上各点压力角均为标准值,且等于齿条齿廓的倾斜角(齿形角),$\alpha = 20°$。

(2) 齿的两侧齿廓由对称斜直线组成,在平行于齿顶线的各直线上有相同的齿距和模数。对标准齿条来说,分度线上的齿厚等于齿槽宽,即 $s = e = \pi m/2$。

(3) 标准齿条的齿顶高及齿根高与标准齿轮相同,$h_a = h_a^* m$,$h_f = (h_a^* + c^*) m$。

图 10-19 标准齿条

图 10-20 齿轮和齿条传动

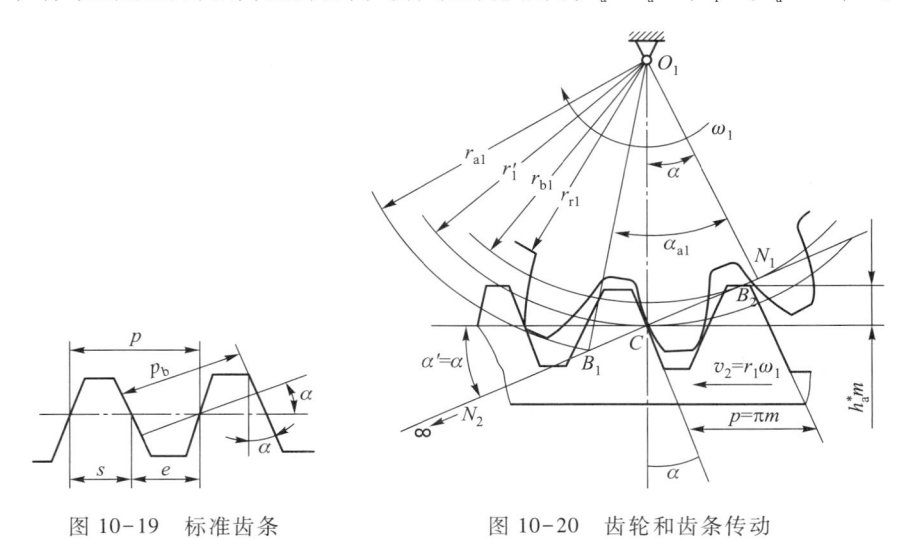

图 10-20 为齿轮与齿条的啮合传动情况。

(1) 啮合线为一条固定直线,齿轮与齿条啮合时,其啮合线是一条过啮合点垂直于齿条齿廓并与齿轮基圆相切的直线。由于齿轮基圆不变、齿条同侧直线齿廓的方向也不变,所以啮合线也固定不变,节点 C 位置不变。

(2) 标准齿轮与齿条正确安装时,齿轮分度圆与齿条中线相切并作纯滚动。此时,齿轮的节圆与其分度圆重合,齿条直线移动速度为 $v_2 = r_1 \omega_1$,啮合角 α' 等于压力角 α,$\alpha' = \alpha = 20°$。

(3) 齿条中线沿 O_1C 线远离(或靠近)齿轮时,由于节点 C 位置不变,啮合线、啮合角保持不变,与齿轮节圆相切并作纯滚动的是一条与齿条中线相平行的节线。

(4) 不论齿条中线是否与齿轮节圆相切(是否标准安装),齿轮节圆大小不变,且齿轮分度圆总是与节圆重合;啮合角 α' 总是等于齿轮分度圆的压力角 α(也等于齿条齿形角)。

(5) 齿轮与齿条传动的重合度计算与齿轮传动相同,也是实际啮合线长度与法向齿距的比值 $\varepsilon_\alpha = \overline{B_2 B_1}/p_b$。如图 10-20 所示,$\overline{B_2 B_1} = \overline{B_2 C} + \overline{CB_1}$,点 B_1 是从动齿轮的齿顶圆与

啮合线的交点,点 B_2 则是主动齿轮的齿顶线与啮合线的交点。$\overline{CB_1}$ 由式(10-12)可得,$\overline{B_2C} = \dfrac{h_a^* m}{\sin \alpha}$,因此有

$$\varepsilon_\alpha = \frac{1}{2\pi}\left[z_1(\tan \alpha_{a1} - \tan \alpha') + \frac{2h_a^*}{\sin \alpha \cos \alpha}\right] \tag{10-15}$$

由式(10-13)和式(10-15)可知,齿轮传动的重合度随齿数的增多而增大。当其中一齿轮因齿数趋于无穷大时变成齿条,其相应啮合线段对应的重合度部分也增大到 $\dfrac{h_a^*}{\pi \sin \alpha \cos \alpha}$ 而不再增大。若设想两齿轮齿数均趋于无穷大,则此时重合度 ε_α 也趋于最大值 $\varepsilon_{\max}$,即 $\varepsilon_{\max} = \dfrac{2h_a^*}{\pi \sin \alpha \cos \alpha}$。对于标准的齿轮和齿条,$\alpha = 20°$、$h_a^* = 1$,故 $\varepsilon_{\max} = 1.981$。因此,对于渐开线直齿圆柱齿轮传动,同时进入啮合状态的轮齿对数不超过 2,承载能力有限。

10.5 齿轮的加工、根切与变位

1. 齿轮加工方法

根据载荷特性、制造精度、生产成本、生产效率、使用场合等不同要求,齿轮加工可以采用铸造、模锻、热轧、冷轧、粉末冶金、冲压、3D 打印、电加工法、切削法等不同方法,其中最常用的是切削法。从加工原理看,可以分为成形法和展成法两大类。

(1) 成形法

成形法是利用与齿轮齿槽形状相同的成形铣刀直接加工出轮齿齿廓的方法,即铣齿加工方法。成形刀有盘形铣刀、指状铣刀、拉刀等不同形式。图 10-21 所示为成形法加工齿轮的盘形铣刀和指状铣刀加工情况,铣刀绕自身轴线高速回转并沿齿轮毛坯的轴向进给铣齿,一次能完整加工出一个齿槽,逐个加工出所有齿槽从而制造出完整齿轮。

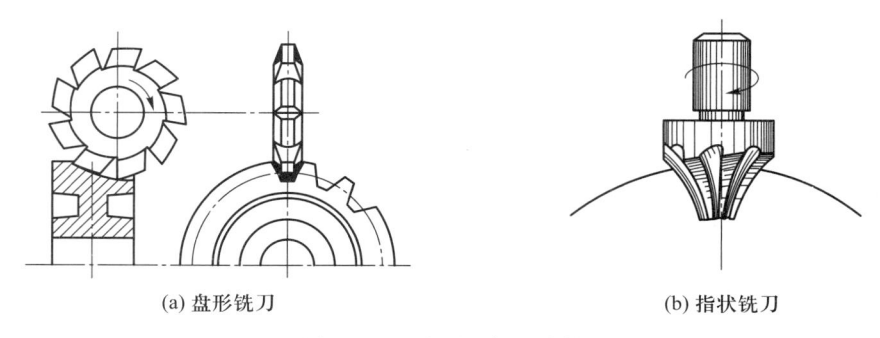

(a) 盘形铣刀   (b) 指状铣刀

图 10-21 成形法加工齿轮

成形法加工齿轮时没有齿轮啮合运动,对机床要求低,制造成本低,缺点是对相同模数和压力角的齿轮,为了减少刀具数量而将齿数分段,只准备 8 把或 15 把铣刀,一段齿数内的齿轮加工用同一把刀具(表 10-4),导致齿形存在系统误差,齿轮精度较低,该方法多用于修配和小批量生产中。

表 10-4　刀具的加工齿数范围(JB/T 7970.1—1999 盘形齿轮铣刀)

刀号	1	2	3	4	5	6	7	8
加工齿数范围	12~13	14~16	17~20	21~25	26~34	35~54	55~134	≥135

(2) 展成法

展成法是刀具和齿轮毛坯之间严格按照齿轮啮合运动关系来进行轮齿齿廓加工的方法,又称包络法或范成法,主要有插齿和滚齿两种加工形式,相应的有齿轮插刀、齿条插刀和滚刀等不同刀具。插齿加工的插齿刀与齿坯相当于一对圆柱齿轮的啮合,主要用于加工内、外啮合的圆柱齿轮,不能加工蜗轮。滚齿严格按照一对斜齿圆柱齿轮啮合的传动比关系作旋转运动,滚刀在齿坯上连续不断地切齿,加工精度高。

图 10-22a、b 所示为齿轮插刀和齿条插刀加工情况,插刀沿齿轮毛坯的轴向进给插齿加工,退刀让刀后插刀和齿轮毛坯分别按照齿轮啮合运动关系进给后继续插齿加工,逐步加工出轮齿齿廓进而制造出完整齿轮。插齿加工中插刀和齿轮毛坯之间的加工运动是不连续的,两次插齿加工之间必须有退刀让刀动作和插刀与轮坯的进给动作,因此生产效率不高。

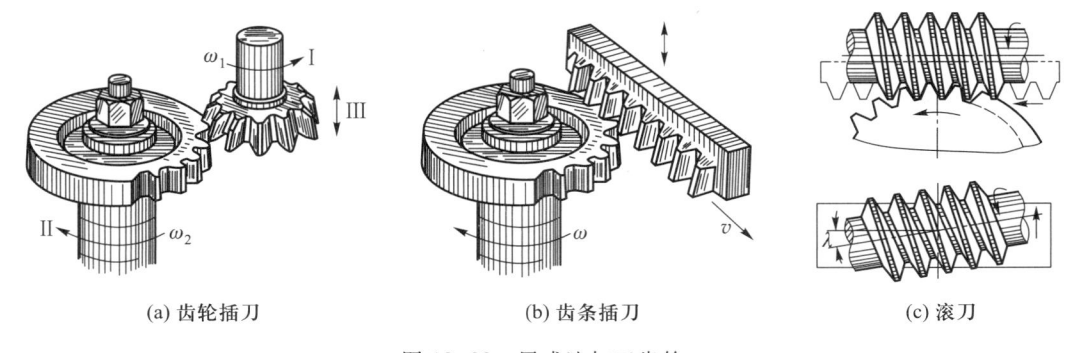

(a) 齿轮插刀　　(b) 齿条插刀　　(c) 滚刀

图 10-22　展成法加工齿轮

为克服插齿加工过程不连续的缺点,采用了蜗杆滚刀形式(图 10-22c)。滚刀上均匀开有若干条纵向槽以制出切削刃,加工直齿轮时滚刀的轴线与轮坯端面的夹角应等于滚刀螺旋升角,以保证在啮合部位滚刀与齿轮的齿向一致。滚刀轴向剖面的齿形与齿条插刀的齿形相同,滚齿加工时相当于有无数把齿条插刀进行连续的插齿加工,因此滚齿加工的生产效率比插齿加工要高。

与成形法加工齿轮相比,展成法加工精度高,生产率高,适合于大批量生产。

2. 齿条刀切制齿轮原理

从上面分析可知,齿条插刀与滚刀切制齿轮的基本展成原理是一致的。对齿轮齿条传动来说,若将其中的齿条做成刀具,则其啮合过程就成为展成加工过程(图10-23a),因此齿条刀具的基本形状和基本参数与齿条相同。同时,为切制出相啮合齿轮的齿根高,齿条刀具的齿廓形状如图10-23b标准齿条刀具所示,在齿条齿顶线(亦即刀具齿顶线)以上有高为 c^*m 的高出部分,用半径为 ρ 的圆弧进行过渡,高出的齿顶部分将会切制出齿轮齿根的过渡曲线部分,显然齿轮齿根的过渡曲线部分不是渐开线齿廓。

由于标准齿条刀的分度线上齿厚与齿槽宽相等,如图10-23c所示,标准安装时齿条刀的分度线和齿轮毛坯的分度圆相切并作纯滚动,就可以切制出分度圆上齿厚等于齿槽宽、齿顶高和齿根高为标准值的标准齿轮。

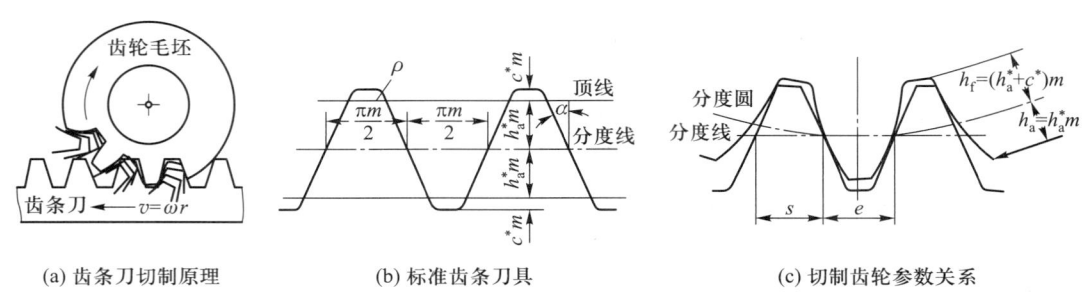

(a) 齿条刀切制原理　　(b) 标准齿条刀具　　(c) 切制齿轮参数关系

图 10-23　齿条刀切制原理与齿条刀具

3. 齿轮的根切现象

我们知道,基圆以内没有渐开线。因此,展成法加工齿轮时若发生刀具侵入基圆以内(即图10-24a所示刀具齿顶线超过了被切制齿轮的啮合极限点 N_1)的情况则会引起根切现象(图10-24b),即在展成法加工一个轮齿的过程中,轮齿齿根前期已经切制好的渐开

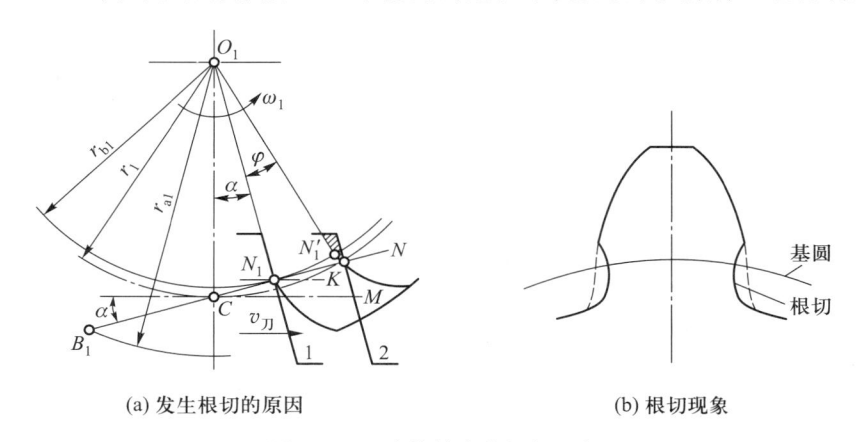

(a) 发生根切的原因　　(b) 根切现象

图 10-24　齿轮轮齿的根切现象

线齿廓的一部分会被后续的展成加工切去,从而导致齿廓渐开线区域缩小、齿根厚度变薄,使得齿根强度和轮齿抗弯能力被削弱、齿轮传动的重合度降低。

如图 10-24a 所示,当刀具加工到被切齿轮的啮合极限点 N_1 位置时,齿轮轮齿的渐开线齿廓部分加工完毕。但由于刀具的齿顶线超过了 N_1 点,因此刀具的切制过程并没有结束,刀具继续直线进给由位置 1 到达位置 2 时,刀具齿廓与啮合线交于 K 点,齿轮毛坯转过相应角度 φ,齿轮毛坯上 N_1 点随齿轮旋转相应到达 N_1' 点位置。由渐开线性质可知,$N_1 N_1'$ 弧长等于 $N_1 K$ 直线长度(亦即 N_1 点相对位置 2 处刀具直线齿廓的法向距离),因此 N_1' 点落在刀具齿廓以内,即已切制好的轮齿齿廓的 $N_1' K$ 部分会被刀具切掉,这个过切的过程直到刀具直线齿廓部分与啮合线没有交点为止才结束。

4. 避免根切的方法与变位齿轮

从上面的分析可以看出,齿轮发生根切的原因是刀具的齿顶线超过了啮合极限点 N_1。在不改变齿轮基本参数的情况下,如图 10-25 所示,可以采取两种方法来避免刀具齿顶线超过啮合极限点的情况发生:一种是增大基圆半径使啮合极限点超出刀具齿顶线,这可以通过增加齿轮齿数的方法实现;另一种是移离齿条刀具使其齿顶线落在啮合极限点以下,此时与齿轮分度圆相切的将是与齿条中线平行的节线,这种方法称为齿轮变位。

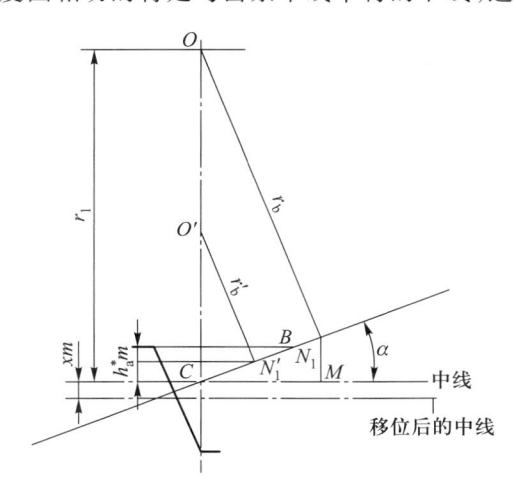

图 10-25 避免轮齿根切的方法

(1)避免根切的最小齿数

齿轮发生根切的临界条件是刀具齿顶线刚好通过啮合极限点,此时对应的齿轮齿数将是避免根切的最小齿数 $z_{\min}$。此时有 $CN_1 \sin \alpha = h_a^* m$,又 $CN_1 = r\sin \alpha$,故有

$$z_{\min} = \frac{2h_a^*}{\sin^2 \alpha} \tag{10-16}$$

对标准齿轮,$\alpha = 20°$、$h_a^* = 1$,故 $z_{\min} = 17.097$,即不发生根切的最小齿数为 18。表 10-5 为不同齿轮标准时避免根切的最小齿数,用展成法切制标准齿轮的齿数应不小于最少齿数。

表 10-5　不同齿轮标准时避免根切的最小齿数 z_{min} 值

α	20°	20°	15°	15°
h_a^*	1	0.8	1	0.8
z_{min}	18	14	30	24

（2）齿轮变位

当齿轮齿数少于不发生根切的最小齿数时，可以采取移离刀具使其齿顶线落在啮合极限点以下的齿轮变位方法避免根切现象发生。设移离的距离为 xm，x 称为变位系数，则不发生根切时满足以下条件：

$$CN_1 \sin \alpha \geq h_a^* m - xm$$

故有

$$x \geq h_a^* - \frac{z}{2}\sin^2\alpha \quad (10\text{-}17)$$

考虑到式（10-16），进一步有

$$x \geq h_a^* \left(1 - \frac{z}{z_{min}}\right) \quad (10\text{-}18)$$

式（10-18）为避免发生根切需要采用的变位系数条件。采用变位方法切制的齿轮称为变位齿轮，根据齿轮齿条啮合性质可知，与标准齿轮相比，变位齿轮的模数、压力角、基圆、分度圆、齿距、基节均不变；但齿厚和齿槽宽、齿顶高和齿根高等发生变化。一般情况下变位系数 x 大于零，称为正变位。对于轮齿数超出最小齿数的情况，有时为了优化齿轮传动的综合性能，也采用变位系数 x 小于零的齿轮设计，此时称为负变位。对于没有变位的标准齿轮加工，变位系数 x 等于零，有时也称为零变位。

10.6　其他齿轮机构

1. 平行轴斜齿圆柱齿轮机构

（1）齿面的形成及啮合特点

如图 10-26a 所示，渐开线直齿圆柱齿轮实际上是有一定宽度的，因此之前讨论的发生线 NK 本质上是一个发生面 $NNKK$，则基圆成为一个基圆柱，发生线上的点 K 对应一条平行于基圆柱母线的直线 KK，发生面和基圆柱相切于基圆柱的母线 NN。由于没有扭曲现象，基圆柱上的渐开面及其发生过程与在基圆柱端面任意平行截面上的渐开线投影性质是一致的，因此可以认为直齿圆柱齿轮是由一定齿宽范围内，无数相同的微小宽度的渐开线齿廓曲线堆叠形成的，渐开线的起始点相同并在基圆柱上形成一条平行于母线的直线 K_0K_0。因而在前述章节中，为简化讨论，忽略了齿轮宽度方向的影响，只讨论某一截面上的渐开线齿廓情况。

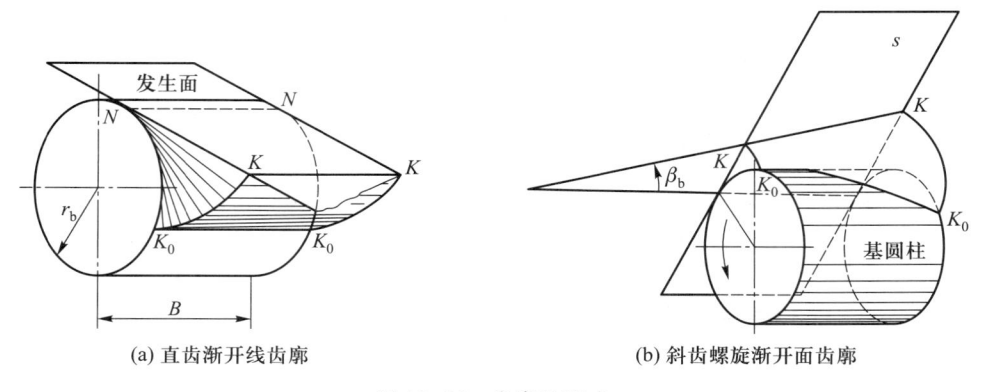

(a) 直齿渐开线齿廓　　　(b) 斜齿螺旋渐开面齿廓

图 10-26　齿廓的形成

在工程实际中,很多齿轮的齿廓情况与直齿圆柱齿轮不同。如图 10-26b 所示,发生面上的直线 KK 不再平行于基圆柱的母线,而是有一个夹角 β_b,在发生面紧贴基圆柱表面作无滑动滚动时,斜直线 KK 形成了相应的螺旋渐开面,从而构成了斜齿轮齿廓曲面,显然斜齿轮齿廓曲面为直纹面。直线 KK 上的任意点在平行于基圆柱端面的截面内形成的仍旧是一条相同的渐开线,只是各条渐开线的起始点不同。因此与直齿圆柱齿轮一样,仍旧可以认为斜齿圆柱齿轮是由一定齿宽范围内无数相同的微小宽度的渐开线齿廓曲线堆叠形成的,只是渐开线的起始点在基圆柱上形成了一条螺旋线 K_0K_0。将 β_b 角称为基圆柱上的螺旋角,形成的齿廓曲面是渐开螺旋面。

如图 10-27a 所示,一对平行轴斜齿轮啮合传动时,可以看成是发生面(啮合面)分别与两个基圆柱相切并作纯滚动,发生面上的斜直线 KK 分别在两基圆柱上形成螺旋角相同、方向相反的渐开螺旋面,其中一个左旋、另一个右旋,这对斜齿轮的瞬时接触线即为斜直线 KK,也就是一对斜齿轮在啮合传动时其接触线始终是一条斜直线。图 10-27b 所示为接触线在齿廓上的分布情况。由于一对斜齿轮的轮齿是反向倾斜的,因此啮合时从动轮是由前端面逐步进入啮合、由后端面逐步退出啮合,其接触线由短变长、再由长变短,这种渐入渐出的啮合接触方式使得齿轮传动过程比较平稳,引起的啮入冲击和振动较小,这比图 10-27c 所示的直齿圆柱齿轮沿齿宽方向的整体啮入和啮出的接触方式要更加柔和平稳,可以认为斜齿轮传动相当于齿宽范围内接力进行的无数对直齿轮连续传动,因此渐开线斜齿圆柱齿轮传动适合在高速重载场合应用。

从平行于基圆柱端面的任意截面上看,斜齿圆柱齿轮传动和直齿圆柱齿轮传动是完全相同的,因此具有和直齿圆柱齿轮传动相同的基本性质。传动过程中,具有定啮合线、定传动比、啮合角不变、中心距可分性等特点。

(2) 标准参数及基本尺寸

与渐开线标准直齿圆柱齿轮相比,渐开面斜齿圆柱齿轮因为引入了螺旋角 β_b 而有所不同,与螺旋角无关的性质则不改变,如有基圆柱、齿顶圆柱、齿根圆柱、分度圆柱以及齿轮传动时的节圆柱,齿数,以及端面上的模数、压力角、齿顶高系数、顶隙系数及其关系与直齿轮相同。

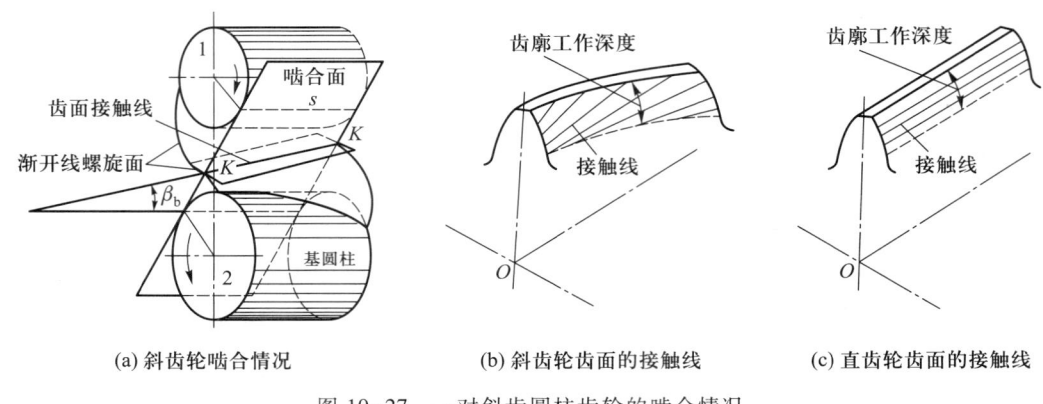

(a) 斜齿轮啮合情况　　(b) 斜齿轮齿面的接触线　　(c) 直齿轮齿面的接触线

图 10-27　一对斜齿圆柱齿轮的啮合情况

1）标准参数

由于斜齿轮引入了螺旋角 β_b，切制斜齿轮时刀具将沿着螺旋线方向进刀，因此轮齿的法面参数与刀具的参数相同，规定斜齿轮的法面参数为标准参数，即法面模数 m_n、法面压力角 α_n、法面齿顶高系数 h_{an}^*、法面顶隙系数 c_n^* 为标准参数。斜齿轮的端面参数为非标准参数，包括端面模数 m_t、端面压力角 α_t、端面齿顶高系数 h_{at}^*、端面顶隙系数 c_t^*。因此斜齿轮上有两套基本参数。

2）基圆柱螺旋角和分度圆柱螺旋角

与直齿圆柱齿轮一样，斜齿轮的基本尺寸是以分度圆柱为基准来计算的。由于斜齿圆柱齿轮的齿面为螺旋面，所以用分度圆柱面截此螺旋面将得到一条螺旋线，称为分度圆柱上的螺旋线。该螺旋线的切线与分度圆柱面的母线所夹的锐角称为分度圆柱螺旋角（简称螺旋角），用 β 表示。下面讨论基圆柱螺旋角 β_b 和分度圆柱螺旋角 β 之间的关系。

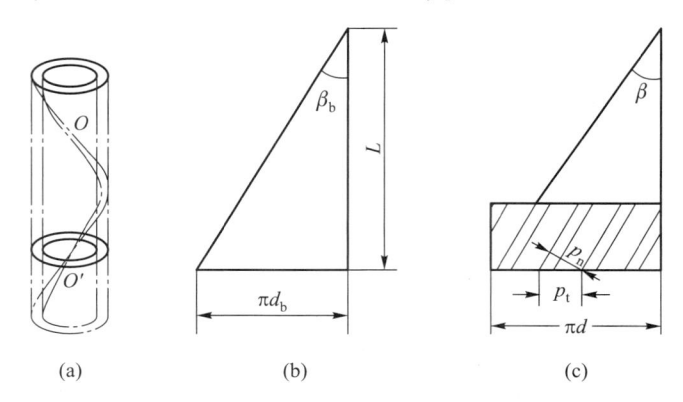

图 10-28　斜齿圆柱齿轮在分度圆柱面上的展开情况

如图 10-28a 所示，将斜齿轮分别沿基圆柱面和分度圆柱面展开，则两个圆柱面上的螺旋线分别被展成一条斜直线，如图 10-28b、c 所示，有

$$\tan\beta_b = \frac{\pi d_b}{L}, \quad \tan\beta = \frac{\pi d}{L}$$

式中：L 为螺旋线的导程，即螺旋线绕基圆柱面或分度圆柱面一周所上升的高度，d_b、d 分别为斜齿轮基圆柱和分度圆柱的直径。所以可得

$$\frac{\tan\beta_b}{\tan\beta} = \frac{d_b}{d} = \cos\alpha_t$$

有
$$\tan\beta = \frac{d}{d_b}\tan\beta_b \quad \text{或} \quad \tan\beta_b = \tan\beta\cos\alpha_t \tag{10-19}$$

斜齿轮的螺旋角 β 是重要的基本参数，不同圆柱面上的螺旋角不同，圆柱直径越大，其上的螺旋角就越大。由于螺旋角 β 的存在，使得斜齿轮传动时产生轴向力，β 角越大，轴向力越大。

3）法面参数与端面参数

① 模数

如图 10-28c 所示，p_n、p_t 分别为斜齿轮法面和端面的齿距，有关系式 $p_n = p_t\cos\beta$，又有 $p_n = \pi m_n$，$p_t = \pi m_t$，因此有

$$m_n = m_t\cos\beta \tag{10-20}$$

② 齿顶高系数、顶隙系数、变位系数

螺旋角对齿轮径向尺寸不产生影响，法面齿顶高与端面齿顶高相同，因此有

$$h_a = h_{an}^* m_n = h_{at}^* m_t$$

故
$$h_{at}^* = h_{an}^*\frac{m_n}{m_t} = h_{an}^*\cos\beta \tag{10-21}$$

同理，斜齿轮法面和端面的顶隙相同，也可得到

$$c_t^* = c_n^*\cos\beta \tag{10-22}$$

齿轮变位的距离是沿齿轮径向的，因此从斜齿轮法面和端面来看变位距离都相同，也可得到

$$x_t = x_n\cos\beta \tag{10-23}$$

③ 压力角

斜齿轮与斜齿条正确啮合时，斜齿轮的法面参数和端面参数一定与斜齿条的相应参数分别相同，因此两者的法面参数和端面参数之间的关系也一定相同。由于斜齿条的齿廓是直面，因此便于直观地分析法面和端面的压力角之间的关系。

如图 10-29 所示，在法面（$\triangle a'b'c$）和端面（$\triangle abc$）中，齿高方向的直角边长度相等，有关系式

$$\frac{b'c}{\tan\alpha_n} = \frac{bc}{\tan\alpha_t}$$

在底面 $\triangle bb'c$ 中，有 $b'c = bc\cos\beta$，所以有

$$\tan\alpha_n = \tan\alpha_t\cos\beta \tag{10-24}$$

斜齿轮的基本尺寸计算公式示于表 10-6。

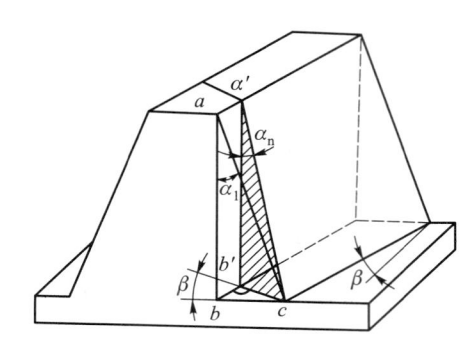

图 10-29　斜齿轮法面和端面的压力角关系

表 10-6　外啮合标准斜齿圆柱齿轮的基本尺寸计算公式

名称	符号	计算公式
分度圆直径	d	$d_i = m_t z_i = \dfrac{m_n}{\cos \beta} z_i$
基圆直径	d_b	$d_{bi} = d_i \cos \alpha_t$
齿顶高	h_a	$h_{ai} = h_{an}^* m_n$
齿根高	h_f	$h_{fi}(h_{an}^* + c_n^*) m_n$
齿顶圆直径	d_a	$d_{ai} = m_n z_i / \cos \beta + 2 h_{an}^* m_n$
齿根圆直径	d_f	$d_{fi} = m_n z_i / \cos \beta - 2(h_{an}^* + c_n^*) m_n$
端面齿厚	s_t	$s_t = \pi m_n / 2 \cos \beta$
端面齿距	p_t	$p_t = \pi m_n / \cos \beta$
端面基节	p_{bt}	$p_{bt} = p_t \cos \alpha_t$
中心距	a	$a = \dfrac{1}{2} m_n (z_1 + z_2) / \cos \beta$

注：公式中下标 $i = 1, 2$。

（3）正确啮合条件

一对平行轴外啮合斜齿轮正确啮合时，其端面和法面分别相当于一对直齿圆柱齿轮的啮合，因此需要满足模数和压力角分别相等的条件。根据上面端面参数和法面参数之间关系的讨论，可以推知这两组正确啮合条件是等价的。除此之外，斜齿轮还需要满足螺旋角大小相等、旋向相反的条件，即

10-5 其他齿轮机构啮合特点

$$m_{n1} = m_{n2} \quad \text{或} \quad m_{t1} = m_{t2}$$
$$\alpha_{n1} = \alpha_{n2} \quad \text{或} \quad \alpha_{t1} = \alpha_{t2}$$
$$\beta_1 = -\beta_2$$

（4）斜齿轮传动的重合度

如前所述,斜齿轮传动相当于齿宽范围内接力进行的无数对直齿轮的连续传动,因此斜齿轮传动具有比直齿轮传动更大的重合度。如图 10-30a 所示,$B_1B_1B_2B_2$ 是直齿圆柱齿轮的啮合面,轮齿沿齿宽方向是同时进入啮合状态、也是同时脱离啮合状态的,因此轮齿宽度 b 对齿轮传动的重合度计算没有影响。

图 10-30b 所示为斜齿轮的啮合区情况,B_1B_1、B_2B_2 是两条斜直线,当一对轮齿在前端面的 B_2 点进入啮合状态时,后端面仍未进入啮合;当轮齿的前端面在点 B_1 脱离啮合状态时,后端面仍处在啮合状态;只有当该对轮齿后端面到达虚线处的点 B_1、前端面到达虚线处的点 B_1' 时,该对轮齿才全部脱离啮合。显然斜齿轮传动的实际啮合区比直齿轮传动的实际啮合区增加了 B_1B_1' 段,长度为 $b\tan\beta_b$。因此,斜齿轮传动的重合度为

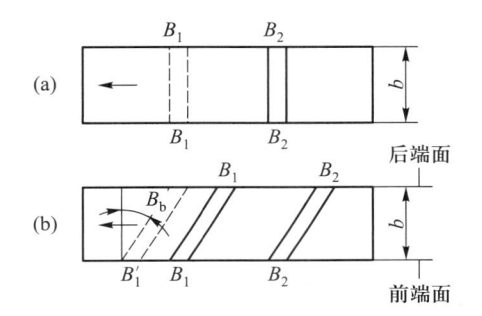

图 10-30 斜齿轮的重合度计算 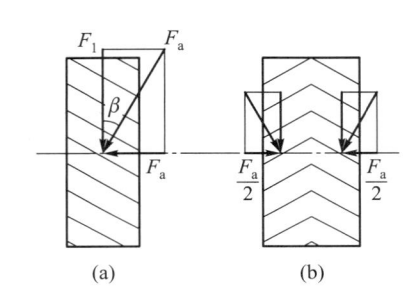　　图 10-31 斜齿轮的轴向力及人字齿轮

$$\varepsilon_\gamma = \frac{B_2B_1 + B_2B_1'}{p_{bt}} = \frac{B_2B_1}{p_{bt}} + \frac{B_2B_1'}{p_{bt}} = \varepsilon_\alpha + \varepsilon_\beta \tag{10-25}$$

其中 ε_α 称为端面重合度,其计算方法与直齿轮传动完全一样,用端面啮合角 α_t' 和端面齿顶压力角 α_{at1}、α_{at2} 代入式(10-13)即可得到,即

$$\varepsilon_\alpha = \frac{1}{2\pi}[z_1(\tan\alpha_{at1} - \tan\alpha_t') + z_2(\tan\alpha_{at2} - \tan\alpha_t')] \tag{10-26}$$

ε_β 称为轴面重合度,推得

$$\varepsilon_\beta = \frac{b\tan\beta_b}{p_t\cos\alpha_t} = \frac{b\sin\beta}{\pi m_n} \tag{10-27}$$

因此,斜齿轮传动的重合度比直齿轮传动的重合度要大,通过增大齿宽 b 和螺旋角 β,斜齿轮传动的重合度可以达到很大。斜齿轮传动时同时参加啮合的轮齿对数多,传动过程平稳、承载能力高。另一方面,螺旋角 β 增大后也会带来更大的轴向力,使得齿轮轴两端的支承结构复杂,对传动不利。因此,设计时根据工程经验一般取 $\beta = 8° \sim 15°$。当用于高速大功率传动时,为了消除轴向力影响可以采用左右对称的人字齿轮(图 10-31),此时因齿轮内部轴向力可以相互平衡,其螺旋角可以取得大些,$\beta = 25° \sim 40°$。

（5）斜齿轮的法面齿形及当量齿数

斜齿轮的作用力是沿着轮齿法面的,其强度的设计校核和齿轮的制造都是以法面为依据的,因此需要知道斜齿轮的法面齿形。斜齿轮的端面为渐开线,而其法面齿形不是准

确的渐开线。为便于研究,往往采用近似的方法用一个与其法面齿形相当的直齿轮齿形来代替,这个直齿轮就是斜齿轮的当量齿轮,当量齿轮的齿数称为当量齿数,用 z_v 表示。

如图 10-32 所示,过斜齿轮分度圆柱螺旋线上的点 c 作某一轮齿的法截面,其分度圆柱截面为一椭圆。椭圆上只有点 c 附近的齿形可看作斜齿轮的法面齿形。为求与法面齿形相当的直齿圆柱齿轮的渐开线齿形,可以椭圆上点 c 处的曲率半径 ρ 作为当量齿轮的分度圆半径 r_v,并设当量齿轮的模数和压力角分别与斜齿轮的法面模数 m_n、法面压力角 α_n 相等,这样当量齿轮的齿形就与斜齿轮的法面齿形非常接近。

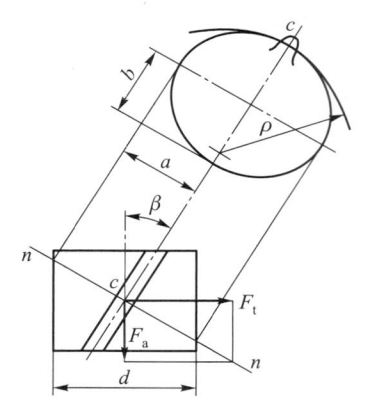

图 10-32 斜齿轮的当量齿轮

由图 10-32 可以看出,椭圆的长半径 a 和短半径 b 分别为 $a = r/\cos\beta$、$b = r$,r 为斜齿轮的分度圆半径,$r = \frac{1}{2} m_t z$。因此有

$$r_v = \rho = \frac{a^2}{b} = \frac{r}{\cos^2\beta} = \frac{1}{2} m_n \frac{z}{\cos^3\beta} \quad (10-28)$$

因此当量齿数为

$$z_v = \frac{z}{\cos^3\beta} \quad (10-29)$$

由上式可以求出用展成法切制斜齿轮时不产生根切的最小齿数:

$$z_{\min} = z_{v\min} \cos^3\beta \quad (10-30)$$

$z_{v\min}$ 是当量齿轮不发生根切的最小齿数,见表 10-3。在斜齿轮强度计算时,要用当量齿数 z_v 决定其齿形系数;在用成形法切制斜齿轮时,也要用当量齿数来决定铣刀的号数。

2. 蜗轮蜗杆机构

蜗轮蜗杆机构用来传递空间两垂直交错轴之间的运动和动力,又称蜗杆传动,由蜗轮、蜗杆和机架组成。

(1) 蜗轮、蜗杆的形成

如图 10-33 所示,蜗轮蜗杆机构本质上是一对 $\Sigma = \beta_1 + \beta_2 = 90°$ 的交错轴斜齿轮机构,其中齿轮 1 的分度圆直径 d_1 很小且齿数 z_1 也很少,螺旋角 β_1 很大且轴线长度很长,这样每个轮齿将在分度圆柱上绕成多圈完整的螺旋线,称为蜗杆,蜗杆的齿数又称头数;齿轮

2 的螺旋角 β_2 较小，$\beta_2 = 90° - \beta_1$，齿数 z_2 很多，分度圆直径 d_2 大，称为蜗轮，这样形成的蜗轮蜗杆机构轮齿间的啮合为点接触。为了改善蜗杆传动的啮合状况，可以用与蜗轮相啮合的蜗杆作为刀具来展成加工蜗轮（蜗杆滚刀的外径比标准蜗杆多出一个顶隙，以便切制出蜗轮的齿根高），这样切制出来的蜗轮母线为圆弧形，其与蜗杆齿面间的接触为线接触（图 10-34），可提高承载能力。

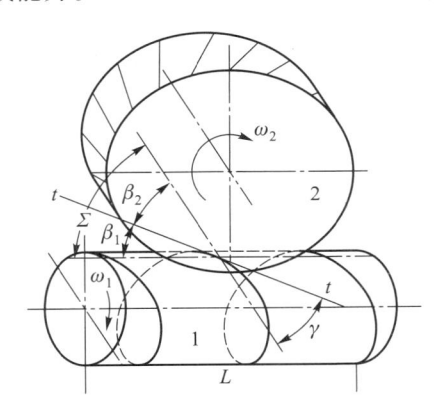

图 10-33 蜗轮蜗杆机构的啮合形式

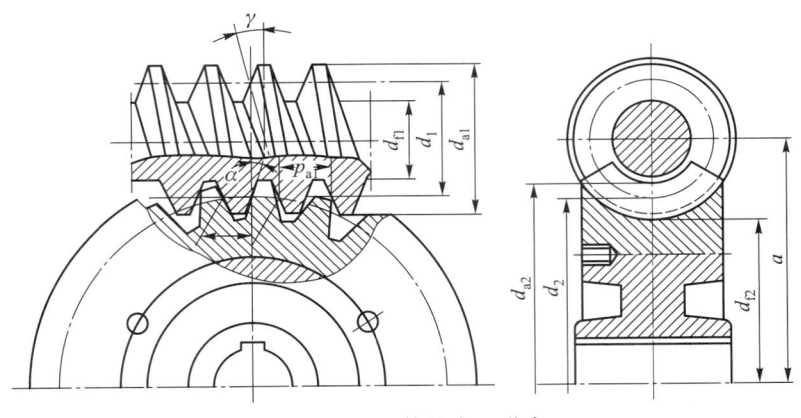

图 10-34 蜗轮的齿面形式

蜗杆有右旋和左旋之分，蜗杆的导程角（螺旋升角）$\lambda_1 = 90° - \beta_1$，而 $\Sigma = \beta_1 + \beta_2 = 90°$，因此蜗轮的螺旋角 $\beta_2 = \lambda_1$。蜗杆上只有一条螺旋曲面，即端面上只有一个齿的蜗杆称为单头蜗杆。有两条或多条螺旋曲面的，称为双头或多头蜗杆，蜗杆螺纹的头数即蜗杆齿数，用 z_1 表示。

由斜齿轮演化而来的蜗杆端面齿廓是渐开线齿廓，称为渐开线蜗杆。由于其加工工艺复杂，故应用不广。常用的蜗杆是阿基米德蜗杆，其端面齿形为阿基米德螺旋线，轴面齿形为直线，相当于齿条。阿基米德蜗杆的切制工艺与车梯形螺纹相似（图 10-35），加工方便因而应用广泛。

（2）基本参数

图 10-34 为阿基米德蜗杆与蜗轮的啮合情况。过蜗杆轴线并垂直于蜗轮轴线的平

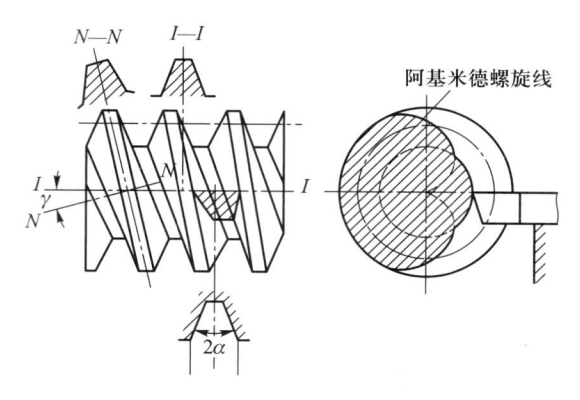

图 10-35 圆柱蜗杆的加工原理

面称为蜗杆传动的中间平面。在该平面上看蜗轮蜗杆传动相当于齿轮齿条传动,因此蜗轮、蜗杆的标准参数及基本尺寸的计算都以中间平面为基准,对蜗轮即端面、对蜗杆即轴面。

1) 标准参数

蜗轮的标准参数在端面上,即 m_{t2}、α_{t2}、h_{at}^*、c_t^* 为标准值;蜗杆的标准参数在轴面上,即 m_{a1}、α_{a1}、h_{aa}^*、c_a^* 为标准值。

2) 模数、压力角、齿顶高系数、顶隙系数

由于蜗轮的切制与蜗杆滚刀的尺寸有关,为了减少刀具的品种,标准模数的种类比圆柱齿轮少(表 10-7),标准压力角、齿顶高系数、顶隙系数分别为 20°、1、0.2。

3) 蜗杆头数和蜗轮齿数

蜗杆头数一般推荐取 $z_1=1、2、4、6$。当要求大传动比或具有自锁性时,z_1 取小值;当要求较高传动效率或传动速度时,z_1 取较大值。蜗轮齿数可根据传动比 i_{12} 和 z_1 确定。

蜗轮蜗杆机构的传动比 i_{12} 往往很大,$i_{12}=\dfrac{\omega_1}{\omega_2}=\dfrac{z_2}{z_1}$,一般 $i_{12}=10\sim 80$,需要时甚至大于 300。

4) 蜗杆的直径系数与蜗杆导程角

为保证蜗杆与蜗轮能够啮合传动,蜗轮多用与蜗杆尺寸和形状相当的滚刀去加工,对于同一模数 m_a 的蜗杆又有不同的直径 d_1。为了减少蜗轮滚刀的数量,在 GB/T10089—2018 中规定了 d_1 与 m_a 的匹配系列值(表 10-7)。

表 10-7 m_a 和 d_1 的标准值(摘自 GB10089—2018) mm

m	d_1	m	d_1	m	d_1	m	d_1
1	18	3.15	(28)	8	(63)	16	(112)
1.25	20		35.5		80		140
1.25	22.4		(45)		(100)		(180)
			56		140		250

续表

m	d_1	m	d_1	m	d_1	m	d_1
1.6	20 28	4	(31.5) 40 (50) 71	10	(71) 90 (112) 160	20	(140) 160 (224) 315
2	(18) 22.4 (28) 39.5	5	(40) 50 (63) 90	12.5	(90) 112 (140) 200	25	(180) 200 (280) 400
2.5	(22.4) 28 (39.5) 45	6.3	(50) 63 (80) 112				

由于蜗杆相当于螺旋,因此可以将蜗杆沿分度圆柱展开,如图 10-36 所示,设蜗杆的头数为 z_1、分度圆直径为 d_1、螺旋导程为 L、轴向齿距为 p_a、蜗杆导程角为 λ_1,则有

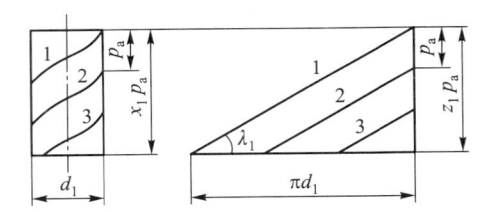

图 10-36 蜗杆螺旋线与导程的关系

$$\tan \lambda_1 = \frac{L}{\pi d_1} = \frac{z_1 m_a}{d_1} \tag{10-31}$$

即

$$d_1 = m_a \frac{z_1}{\tan \lambda_1}$$

从上式可以看出,为保证蜗杆分度圆直径 d_1 和模数 m_a 均为标准系列,蜗杆导程角 λ_1 不能随便取值,必须按该式计算得到。

令 $q = \dfrac{z_1}{\tan \lambda_1}$,称 q 为蜗杆的直径系数,因此有 $d_1 = m_a q$。

当 m_a 一定时,增大 q 值,可以提高蜗杆轴的强度和刚度;增大 λ_1 值,可提高蜗杆传动的效率。

蜗轮蜗杆机构的基本尺寸计算公式示于表 10-8。

表 10-8　蜗轮蜗杆机构的基本尺寸计算公式

名称	符号	公式 蜗杆	公式 蜗轮
分度圆直径	d_1	$d_1 = mq$	$d_2 = mz_2$
齿顶圆直径	d_{a1}	$d_{a1} = m(q + 2h_a^*)$	$d_{a2} = m(z_2 + 2h_a^* + 2x)$
齿根圆直径	d_f	$d_{f1} = m(q - 2h_a^* - 2c^*)$	$d_{f2} = m(z_2 - 2h_a^* - 2c^* + 2x)$
齿顶高	h_a	$h_{a1} = h_a^* m$	$h_{a2} = (h_a^* + x)m$
齿根高	h_f	$h_{f1} = (h_a^* + c^*)m$	$h_{f2} = (h_a^* + c^* - x)m$
节圆直径	d'	$d_1' = d + 2xm$	$d_2' = d_2$
中心距	a'	$a' = \dfrac{m}{2}(q + z_2 + 2x)$	

注:标准蜗轮的变位系数 $x = 0$,正变位蜗轮的尺寸用 $x > 0$ 代入公式,负变位蜗轮尺寸用 $x < 0$ 代入公式。

（3）蜗杆蜗轮传动的正确啮合条件

在蜗轮蜗杆机构的中间平面上,蜗轮与蜗杆的啮合相当于齿轮与齿条啮合,因此蜗轮蜗杆机构的正确啮合条件为:在中间平面内蜗轮和蜗杆的模数和压力角应分别相等,即蜗轮的端面模数 m_{t2} 应等于蜗杆的轴面模数 m_{a1},蜗轮的端面压力角 α_{t2} 应等于蜗杆的轴面压力角 α_{a1}。此外还要保证蜗轮和蜗杆的轴线交角 Σ 为 $90°$,即蜗轮的螺旋角 β_2 应等于蜗杆的导程角 λ_1,即

$$\begin{cases} m_{a1} = m_{t2} = m \\ \alpha_{a1} = \alpha_{t2} = \alpha \\ \lambda_1 = \beta_2 \end{cases} \quad (10\text{-}32)$$

（4）蜗杆蜗轮传动的特点

1）传动平稳。由于蜗杆相当于螺旋,蜗轮蜗杆啮合时具有连续的线接触,故传动平稳、无噪声。

2）传动比大。由于蜗杆头数少、蜗轮齿数多,蜗轮蜗杆机构可实现大传动比的空间交错轴传动,且结构紧凑。

3）具有自锁性。当蜗杆导程角 λ_1 小于当量摩擦角时,蜗轮主动时将发生自锁。此时只能由蜗杆作为主动件,常用于起重及其他需要自锁安全的场合。

4）齿面间的相对滑动速度大,磨损快,易发热,传动效率较低。一般效率 $\eta = 0.7 \sim 0.8$,具有自锁性的蜗轮蜗杆传动的效率 $\eta \leq 0.5$。

5）蜗杆轴向力较大。蜗杆导程角小,故其螺旋角大,蜗杆所受的轴向力大,其两端支承结构较复杂。

3. 直齿锥齿轮机构

直齿锥齿轮机构用于传递两相交轴之间的运动和动力,两轴夹角一般为 $\Sigma = 90°$。锥

齿轮可以看作是由直齿圆柱齿轮的一端收缩为一点得到的,其轮齿分布在截锥体上,因此与直齿圆柱齿轮传动的五个圆柱相对应,直齿锥齿轮有基圆锥、分度圆锥、齿顶圆锥、齿根圆锥、节圆锥。锥齿轮的轮齿形状有直齿、斜齿、曲线齿(圆弧齿、摆线齿)等多种类型。直齿锥齿轮的设计、制造和安装均较简单,在一般机械传动中应用最广泛。在汽车、拖拉机等高速或重载机械中,为提高传动的平稳性和承载能力、降低噪声,多用曲线齿锥齿轮。下面仅讨论直齿锥齿轮机构。

(1) 齿廓曲面的形成

一对直齿锥齿轮传动时,如图10-37a所示,两节圆锥顶重合于一点 O,两轮的节圆锥相切并作纯滚动,两齿轮的相对运动为球面运动。如图10-37b所示,发生面 S 沿基圆柱作纯滚动,点 O 是发生面 S 和基圆柱的共同点,在发生面上取任一过点 O 的直线 OK,直线上任一点 K' 在空间的展开轨迹是相对点 O 距离不变的球面渐开线,取直线上任一段 $K'K$ 可以形成球面渐开面构成锥齿轮齿廓一侧曲面。锥齿轮传动时,两轮绕各自的轴线回转,只有与锥顶 O 等距的对应点才啮合。

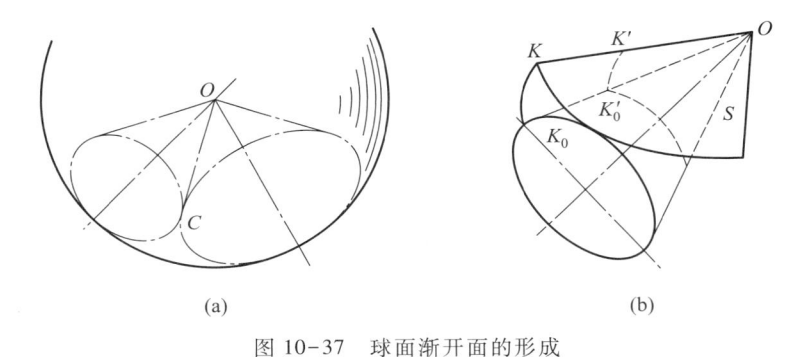

图 10-37 球面渐开面的形成

如图10-38所示,锥齿轮的轮齿自大端向球心收缩,各截面轮齿大小不同,因此形成大端齿廓和小端齿廓。为设计和制造方便,取大端齿形参数作为标准参数。

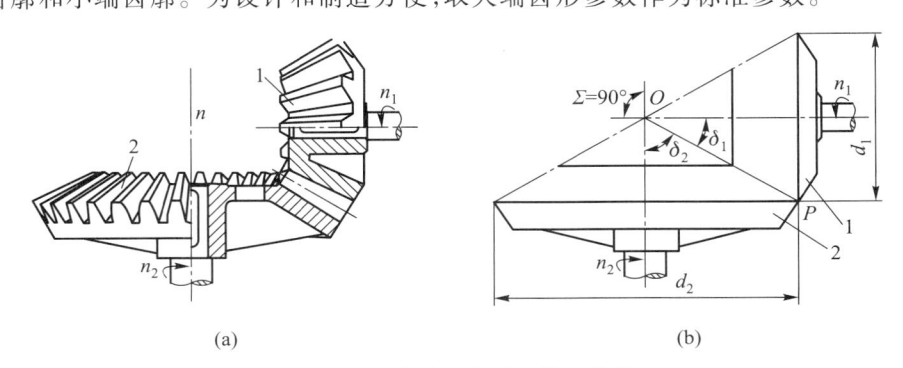

图 10-38 直齿锥齿轮的轮齿分布

(2) 背锥与当量齿轮

球面渐开线/面不能展开成平面,给设计和制造带来不便,因此采用展开成平面的当量齿轮的近似的平面齿廓曲线进行分析计算。图10-39为一对锥齿轮机构的轴剖面图。

作圆锥 O_1C_1C 和 O_2C_2C 分别在两轮节圆锥 OC_1C、OC_2C 处与两轮的大端球面相切,形成两个切圆,分别过点 C_1、C、C_2,这两个圆锥称为背锥。将两轮的球面渐开线 ab 和 ef 分别投影到各自背锥上,得到在背锥上的渐开线 $a'b'$ 和 $e'f'$,投影出来的渐开线齿形与原大端齿形非常相似,因此可用背锥上的齿形代替大端球面渐开线齿形。

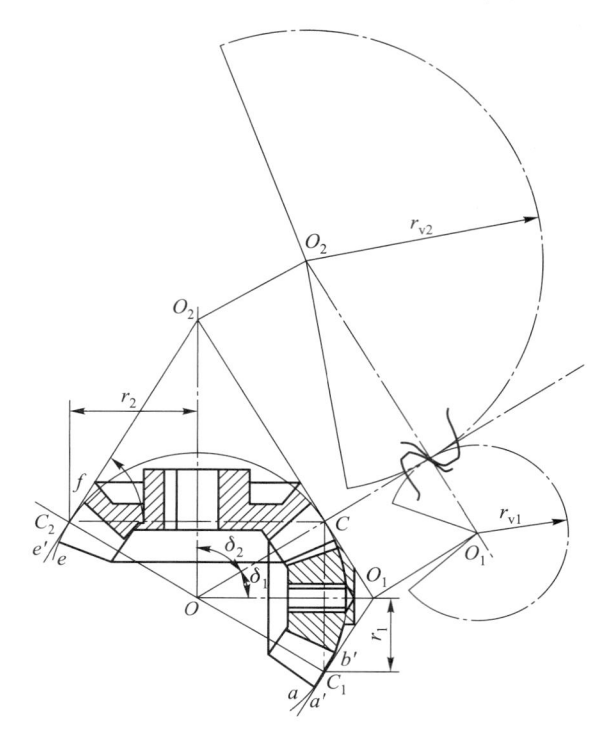

图 10-39 锥齿轮的背锥和当量齿轮

将背锥展开成平面后,得到两个扇形齿轮,其齿数分别为锥齿轮的齿数 z_1、z_2。若将扇形的缺口补全使之成为完整的圆形齿轮,这个齿轮称为当量齿轮,其齿形近似等于直齿锥齿轮大端齿形。当量齿轮的分度圆半径 r_{v1}、r_{v2} 即等于背锥锥距 O_1C、O_2C。由图 10-39b 可得

$$r_{v1}=\frac{r_1}{\cos\delta_1}, \quad r_{v2}=\frac{r_2}{\cos\delta_2},$$

式中:r_1、r_2 分别为两锥齿轮的分度圆半径;δ_1、δ_2 分别为分度圆锥角。根据 $r=mz/2$、$r_v=mz_v/2$ 可推导出锥齿轮的当量齿数为

$$z_{v1}=\frac{z_1}{\cos\delta_1}, \quad z_{v2}=\frac{z_2}{\cos\delta_2},$$

显然,当量齿轮一般不是整数,且其齿数大于锥齿轮齿数,也容易得知直齿锥齿轮不发生根切的最少齿数 z_{min} 与其当量齿轮的最少齿数 z_{vmin} 关系为

$$z_{min}=z_{vmin}\cos\delta \tag{10-33}$$

z_{vmin} 为直齿圆柱齿轮不发生根切的最少齿数(当 $h_a^*=1$,$\alpha=20°$ 时,$z_{vmin}=17.097$),故

锥齿轮不根切的最少齿数小于 z_{vmin}。

（3）正确啮合条件

一对标准直齿锥齿轮传动时，两轮的分度圆锥与各自的节圆锥重合。由于一对锥齿轮在大端的啮合相当于一对当量齿轮的啮合，因此其正确啮合条件与直齿圆柱齿轮的正确啮合条件相同。同时，为保证两轮的节圆锥顶重合以使啮合齿面为线接触，应保证 $\delta_1 + \delta_2 = \Sigma$。因此，一对标准直齿锥齿轮的正确啮合条件为

$$m_1 = m_2 = m\text{；}\quad \alpha_1 = \alpha_2 = \alpha\text{；}\quad \delta_1 + \delta_2 = \Sigma$$

（4）基本参数与几何尺寸计算

国标 GB/T12368—1990 规定锥齿轮大端分度圆上的模数 m 按表 10-9 的锥齿轮模数系列选取，锥齿轮大端分度圆压力角 $\alpha = 20°$，齿顶高系数 $h_a^* = 1$，顶隙系数 $c^* = 0.2$。

表 10-9　锥齿轮模数（摘自 GB/T12368—1990）　　mm

…	1	1.125	1.25	1.375	1.5	1.75	2	2.25	2.5	2.75
3	3.25	3.5	3.75	4	4.5	5	5.5	6	6.5	7
8	9	10	…							

图 10-40 所示为轴交角 $\Sigma = 90°$ 的一对直齿锥齿轮轴剖面图，轴交角等于两分度圆锥角之和，即 $\Sigma = \delta_1 + \delta_2 = 90°$。锥齿轮的分度圆、齿顶圆、齿根圆等是指圆锥底部的相应圆，而其齿顶高和齿根高又应在其背锥母线上量取，一对锥齿轮的传动比为

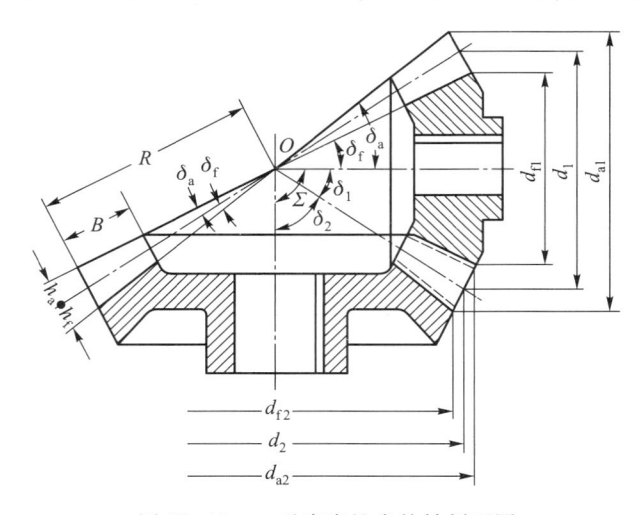

图 10-40　一对直齿锥齿轮轴剖面图

$$i_{12} = \frac{\omega_1}{\omega_2} = \frac{z_2}{z_1} = \frac{r_2}{r_1} = \frac{d_2}{d_1} = \frac{\sin \delta_2}{\sin \delta_1} \quad (10\text{-}34)$$

当 $\Sigma = 90°$ 时，有

$$i_{12} = \cot \delta_1 = \tan \delta_2 \quad (10\text{-}35)$$

根据锥齿轮的啮合特点,参考图 10-40 可得出直齿锥齿轮的几何尺寸,其计算公式列于表 10-10 中。

为提高承载能力,锥齿轮也可以变位,通常采用高度变位齿轮。

表 10-10　标准直齿锥齿轮传动几何尺寸计算公式表($\Sigma = 90°$)

序号	名称	代号	计算公式
1	分度圆锥角	δ	$\delta_1 = \text{arccot}\dfrac{z_2}{z_1}, \delta_2 = 90° - \delta_1$
2	分度圆直径	d	$d_1 = mz_1, \quad d_2 = mz_2$
3	锥距	R	$R = \dfrac{1}{2}\sqrt{d_1^2 + d_2^2} = \dfrac{1}{2}m\sqrt{z_1^2 + z_2^2}$
4	齿顶高	h_a	$h_a = h_a^* m$
5	齿根高	h_f	$h_f = (h_a^* + c^*)m$
6	齿顶圆直径	d_a	$d_{a1} = d_1 + 2h_a\cos\delta_1, \quad d_{a2} = d_2 + 2h_a\cos\delta_2$
7	齿根圆直径	d_f	$d_{f1} = d_1 - 2h_f\cos\delta_1, \quad d_{f2} = d_2 - 2h_f\cos\delta_2$
8	齿顶角	θ_a	正常收缩齿:$\theta_{a1} = \theta_{a2} = \arctan(h_a/R)$ 等顶隙收缩齿:$\theta_{a1} = \theta_{f2}, \quad \theta_{a2} = \theta_{f1}$
9	齿根角	θ_f	$\theta_{f1} = \theta_{f2} = \arctan(h_f/R)$
10	齿顶圆锥角	δ_a	正常收缩齿:$\delta_{a1} = \delta_1 + \theta_{a1}, \quad \delta_{a2} = \delta_2 + \theta_{a2}$ 等顶隙收缩齿:$\delta_{a1} = \delta_1 + \theta_{f2}, \quad \delta_{a2} = \delta_2 + \theta_{f1}$
11	齿根圆锥角	δ_f	$\delta_{f1} = \delta_1 - \theta_{f1}, \quad \delta_{f2} = \delta_2 - \theta_{f2}$
12	当量齿数	z_v	$z_v = z/\cos\delta$
13	分度圆齿厚	s	$s = \pi m/2$
14	齿宽	B	$R \leqslant R/3$

10.7　轮系传动比计算

前述章节介绍的由一对齿轮组成的齿轮机构是最简单的齿轮传动形式。工程实际中,采用更多的往往是由一对以上的齿轮组成的齿轮传动系统,称为轮系。轮系运转时,如果所有齿轮的回转轴线相对机架始终都不改变位置,该轮系称为定轴轮系;若至少有一个齿轮的回转轴线绕另一齿轮的轴线转动,该轮系称为周转轮系。轮系可以由圆柱齿轮、锥齿轮、蜗轮蜗杆等组成。

轮系中首轮(主动轮)和末轮(从动轮)的角速度(或转速)之比称为轮系的传动比。

在进行轮系的运动分析时,主要任务是确定其传动比的大小及各轮转向。

当轮系中首轮用 1 表示、末轮用 k 表示时,其传动比的大小为

$$i_{1k} = \frac{\omega_1}{\omega_k} = \frac{n_1}{n_k}$$

其中 ω 或 n 表示齿轮的角速度(或转速)。用 ω 表示齿轮转速时,其单位为 rad/s;用 n 表示齿轮转速时,其单位为 r/min(每分钟转数)。两者之间转换关系为 $\omega = \frac{2\pi n}{60}$。

根据前面讨论,一对齿轮的传动比大小为两只齿轮齿数的反比,即

$$i_{12} = \frac{\omega_1}{\omega_2} = \frac{n_1}{n_2} = \frac{z_2}{z_1}$$

一对外啮合齿轮传动时,两轮的转向相反;一对内啮合齿轮传动时,两轮转向相同,各轮转向的标注方法如图 10-41a、b 所示。图 10-41c 为一对锥齿轮传动时齿轮转向的标注方法,两只表示转向的箭头同时指向或者背离节点位置。

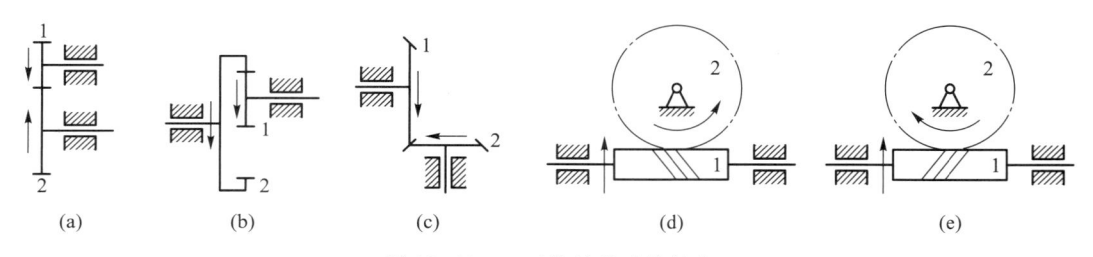

图 10-41 一对齿轮传动的转向

对于蜗轮蜗杆传动来说,一般情况下蜗杆为主动件,其转向已知,蜗轮转向可以采用左右手规则来判断,方法如下。如图 10-41d、e 所示,首先判断蜗杆旋向,将蜗杆回转轴线立起后观察,若齿向螺旋线是向右边爬升则为右旋,若齿向螺旋线是向左边爬升则为左旋;然后判断蜗轮转向,蜗杆左旋则用左手、右旋则用右手,伸出四指顺着蜗杆转向抓握蜗杆,大拇指指向表示蜗杆相对蜗轮的移动方向,蜗轮的转向与蜗杆相反。

1. 定轴轮系的传动比

定轴轮系中,若所有齿轮的回转轴线均相互平行,该定轴轮系称为平面定轴轮系。

(1)平面定轴轮系

1)传动比的大小

图 10-42 所示为平面定轴轮系,其中齿轮 1 为首轮,齿轮 5 为末轮,各轮的转速和齿数分别为 ω_1、ω_2、ω_3、ω_4、ω_5 和 z_1、z_2、z_3、z_3'、z_4、z_4'、z_5。首末两轮的传动比大小 i_{15} 为

$$i_{15} = \frac{\omega_1}{\omega_5} = \frac{\omega_1 \omega_2 \omega_3 \omega_4}{\omega_2 \omega_3 \omega_4 \omega_5} = \frac{\omega_1 \omega_2 \omega_{3'} \omega_{4'}}{\omega_2 \omega_3 \omega_4 \omega_5} = i_{12} i_{23} i_{3'4} i_{4'5} = \frac{z_2}{z_1} \frac{z_3}{z_2} \frac{z_4}{z_{3'}} \frac{z_5}{z_{4'}} = \frac{z_2 z_3 z_4 z_5}{z_1 z_2 z_{3'} z_{4'}}$$

$$= \frac{\text{首轮 1 至末轮 5 之间所有从动轮的齿数之积}}{\text{首轮 1 至末轮 5 之间所有主动轮的齿数之积}}$$

上式表明平面定轴轮系首末两轮的传动比大小为所有主动轮齿数之积与所有从动轮

齿数之积的反比,也等于组成该轮系的各对齿轮传动比的连乘积。

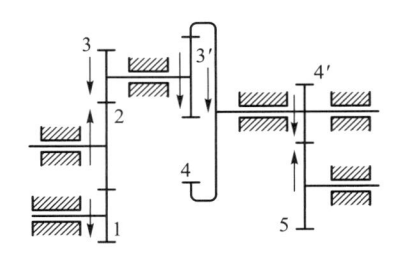

图 10-42 平面定轴轮系

平面定轴轮系传动比大小的一般表达式为

$$i_{1k} = \frac{\omega_1}{\omega_k} = \frac{n_1}{n_k} = i_{12} \cdots i_{k-1,k} = \frac{z_2 \cdots z_k}{z_1 \cdots z_{k-1}} = \frac{\text{首轮 1 至末轮 } k \text{ 之间所有从动轮的齿数之积}}{\text{首轮 1 至末轮 } k \text{ 之间所有主动轮的齿数之积}}$$
(10-36)

2）各齿轮的转向

对平面定轴轮系来说,各齿轮的回转轴线相互平行。对其中任意一对相啮合的齿轮来说,如前所述,外啮合传动时两轮转向相反,内啮合传动时两轮转向相同,因此,可以有两种方法来判定各齿轮的转向。一种是采用上述画箭头的标注方法,从首轮开始按上述规则来标注齿轮转向,如图 10-42 所示;另一种是采取数外啮合次数的方法,若两轮之间的外啮合次数为奇数,则该两轮的转向相反;若两轮之间的外啮合次数为偶数,则该两轮的转向相同。因此设两轮之间的外啮合次数为 n,则该两轮传动比符号为 $(-1)^n$。对图 10-42 所示的平面定轴轮系,齿轮 1 和 4′之间有 2 对外啮合齿轮,因此传动比 $i_{14'}$ 取正号;齿轮 1 和 5 之间有 3 对外啮合齿轮,因此传动比 i_{15} 取负号。因此传动比计算公式又可以写为

$$i_{1k} = (-1)^n \frac{z_2 \cdots z_k}{z_1 \cdots z_{k-1}}$$
(10-37)

从式(10-36)、式(10-37)可知,若一齿轮同时与前后两只齿轮相啮合,则该齿轮在这相邻两对齿轮啮合中承担了主动轮和被动轮两种角色,因此其齿数在公式中会被约掉,即该齿轮齿数对传动比大小没有影响,称之为惰轮。惰轮虽然对传动比大小没有影响,但改变了前后两只齿轮间的转向关系。图 10-42 所示平面定轴轮系中的齿轮 2 即为惰轮。

（2）空间定轴轮系

定轴轮系中,若至少有一个齿轮的回转轴线与其他齿轮轴线不平行,该定轴轮系称为空间定轴轮系。

1）传动比的大小

上面在推导平面定轴轮系传动比大小的计算公式时,并没有涉及齿轮回转轴线是否平行,因此对空间定轴轮系来说,其传动比大小的一般计算公式与式(10-36)相同。

2）各齿轮的转向

与平面定轴轮系不同,空间定轴轮系的各齿轮转向只能通过标注箭头法确定。如图

10-43 所示,从首轮出发,给定其转向,依次按相邻齿轮对的转向关系标注箭头,从而确定出各齿轮的转向关系。

当首末两轮的回转轴线平行时,根据标注箭头结果在传动比计算式(10-36)前加上正负号,以表示两轮转向关系。如图 10-43a 中齿轮 1、3 传动比前加"−"号,图 10-41b 中齿轮 1、3 传动比前加"+"号。

当首末两轮的回转轴线不平行时,只能通过标注箭头法标注各轮转向,传动比计算式(10-36)前不用加正负号。如图 10-43c 所示空间定轴轮系中,首轮为 1,其余各轮通过标注箭头法标明转向,齿轮 1、8 的传动比大小为 $i_{18}=\dfrac{\omega_1}{\omega_8}=\dfrac{z_2z_4z_6z_8}{z_1z_3z_5z_7}$。

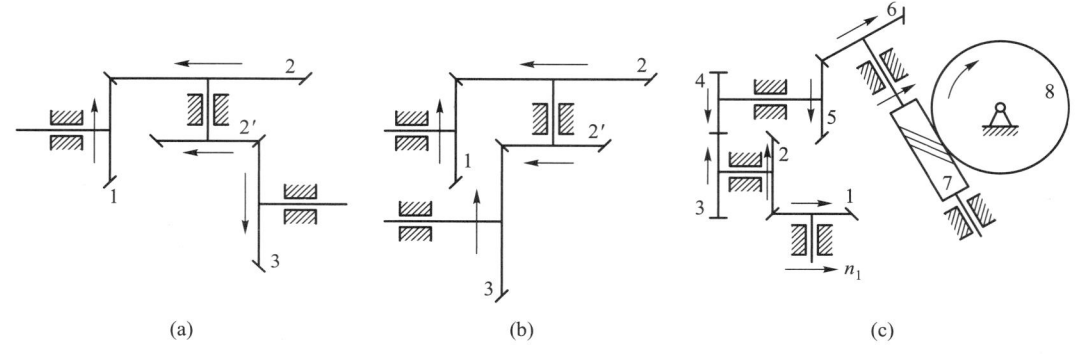

图 10-43 空间定轴轮系

2. 周转轮系的传动比

(1) 周转轮系的组成

与定轴轮系不同,周转轮系中至少有一个齿轮的回转轴线绕另一齿轮的轴线转动。如图 10-44 所示,绕 O_1O_1 轴(该轴又称为主轴线)作回转运动的转臂 H 又称行星架或系杆,用来支撑齿轮 2,使齿轮 2 既绕自身轴线自转,同时又随着转臂 H 绕转臂的轴线公转,因此齿轮 2 又称行星轮。齿轮 1 和 3 的回转轴线固定并与主轴线重合,且都与行星轮相啮合,这种齿轮称为中心轮或太阳轮,以 K 表示。因此,周转轮系由行星轮、中心轮、行星架和机架组成。周转轮系中凡是回转轴线与主轴线 O_1O_1 重合,并承受外力矩的构件称为基本构件。图 10-44 中心轮 1、3 与行星架 H 属于基本构件。

(2) 周转轮系的类型

周转轮系有很多类型,常按机构自由度或者基本构件的组成进行分类。

按机构自由度分,周转轮系可以分为行星轮系和差动轮系。行星轮系的机构自由度为 1(图 10-44a),有一个独立运动的主动件。差动轮系的机构自由度为 2(图 10-44b)或更多(图 10-44c),有两个或多个独立运动的主动件。

按基本构件的组成分,周转轮系可以分为 2K-H 型周转轮系、3K 型周转轮系、K-H-V 型周转轮系等。图 10-45a、b、c 为 2K-H 型周转轮系,均有 2 个中心轮。图 10-45d 为 3K 型周转轮系,有 3 个中心轮。图 10-45e 为 K-H-V 型周转轮系,有 1 个中心轮,其运

(a)　　　　　　　　　　　(b)　　　　　　　　　　　(c)

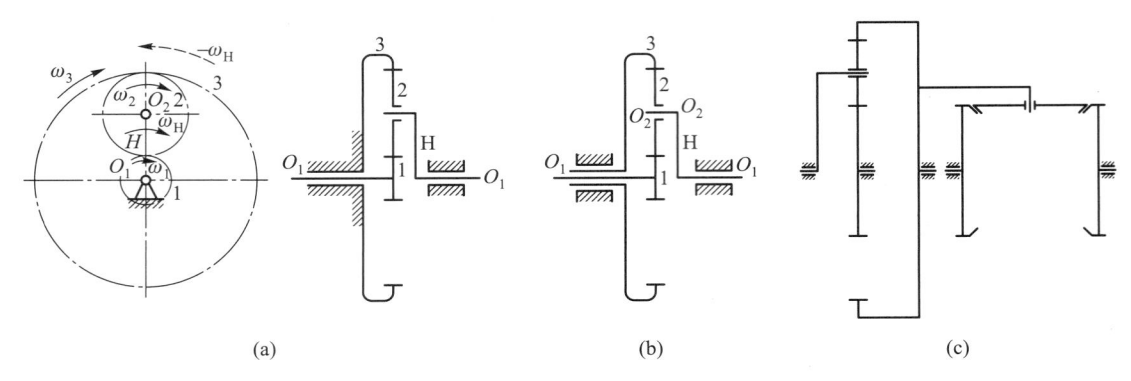

图 10-44　周转轮系

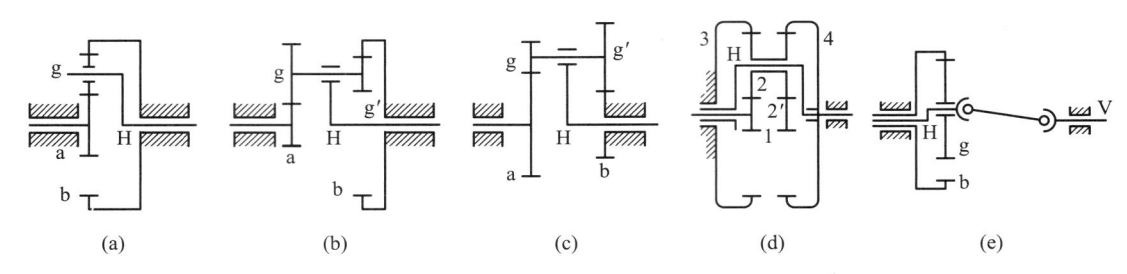

(a)　　　(b)　　　(c)　　　(d)　　　(e)

图 10-45　周转轮系的类型

动是通过等角速机构由 V 轴输出。

（3）周转轮系的传动比计算

周转轮系中存在作复合运动的行星轮，其传动比无法直接利用定轴轮系的计算方法求解。周转轮系中，由于行星架的回转，使得行星轮的回转轴线不固定，传动比计算困难。由于行星架的回转轴线与中心轮轴线和主轴线重合，因此，若将周转轮系整体附加上一个与行星架转向相反、转速大小相等的公共角速度，则行星架会被固定下来，整个周转轮系就转化成一个定轴轮系，这个定轴轮系称为转化轮系，转化轮系中各构件之间的相对运动关系保持不变。在转化轮系中，可以按定轴轮系的方法进行传动比的分析和计算。这种方法称为反转法或转化轮系法。

10-6 轮系应用、特殊行星轮系简介

在转化轮系中，按定轴轮系列出传动比计算公式，并按定轴轮系的齿轮转向标注箭头法画出各齿轮转向。为避免和真实的齿轮转向混淆，在转化轮系中建议用虚线标示箭头，该箭头反映的是转化轮系中各齿轮的转向关系，各齿轮的真实转向需要通过计算结果的正负才能判定。根据式(10-36)，可以得到转化轮系中的传动比计算公式为

$$i_{1k}^H = \frac{\omega_1 - \omega_H}{\omega_k - \omega_H} = \frac{n_1 - n_H}{n_k - n_H} = (\pm 1)\frac{z_2 \cdots z_k}{z_1 \cdots z_{k-1}} \quad (10-38)$$

以图 10-44a 所示的周转轮系为例进行说明。设行星架角速度为 ω_H，现将周转轮系整体附加上 $-\omega_H$，则转化轮系中行星架的角速度成为 0，行星架不再作回转运动。周转轮

系中各构件的角速度在转化前后如下表所示。

	构件 1 角速度	构件 2 角速度	构件 3 角速度	构件 H 角速度
原周转轮系	ω_1	ω_2	ω_3	ω_H
转化轮系	$\omega_1^H = \omega_1 - \omega_H$	$\omega_2^H = \omega_2 - \omega_H$	$\omega_3^H = \omega_3 - \omega_H$	$\omega_H^H = \omega_H - \omega_H = 0$

因此,可以列出转化轮系的传动比计算公式:

$$i_{12}^H = \frac{\omega_1 - \omega_H}{\omega_2 - \omega_H} = -\frac{z_2}{z_1}, \quad i_{13}^H = \frac{\omega_1 - \omega_H}{\omega_3 - \omega_H} = -\frac{z_2 z_3}{z_1 z_2} = -\frac{z_3}{z_1}$$

运用转化轮系传动比计算公式(10-38)时需要注意以下事项:

1) 该公式只适用于首末两轮以及行星架的轴线平行/重合的情况。当回转轴线不平行时不可以利用反转法。

2) 该公式右侧齿数比之前的正负号需要在转化轮系中根据标注虚线箭头法来确定。

3) ω_1、ω_k 和 ω_H 均为代数量,需要根据转化轮系中虚线箭头标注的齿轮转向关系标明正负号。

例 10-1 图 10-46 所示行星轮系中,已知齿轮 1、2、3 的齿数分别为:$z_1 = 10$、$z_2 = 20$、$z_3 = 50$,齿轮 3 固定不动,试求传动比 i_{1H}。

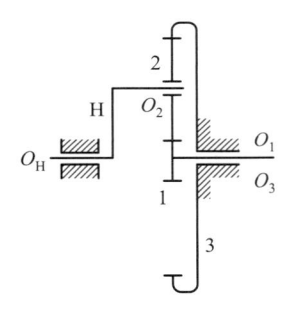

图 10-46 行星轮系

解:齿轮 3 固定不动,即 $\omega_3 = 0$。由转化轮系传动比计算式(10-38)可得:

$$i_{13}^H = \frac{\omega_1^H}{\omega_3^H} = \frac{\omega_1 - \omega_H}{\omega_3 - \omega_H} = \frac{\omega_1 - \omega_H}{0 - \omega_H} = -\frac{\omega_1}{\omega_H} + 1$$

$$= -i_{1H} + 1$$

$$= (-1)^1 \frac{z_2 z_3}{z_1 z_2} = -\frac{z_3}{z_1} = -\frac{50}{10} = -5$$

即

$$i_{1H} = \frac{\omega_1}{\omega_H} = 1 + 5 = 6$$

计算求得的 $i_{1H} = 6 > 0$,说明行星轮系中齿轮 1 的转动方向与行星架 H 的转动方向相同,且中心轮 1 转过 6 圈行星架 H 转 1 圈。

例 10-2 图 10-47a 周转轮系中,齿轮 1、齿轮 2、齿轮 2′及齿轮 3 的齿数分别为:$z_1 = 60, z_2 = 20, z_{2'} = 25, z_3 = 15$。已知齿轮 1 及齿轮 3 的转速分别为:$n_1 = 100$ r/min, $n_3 = 400$ r/min,两个齿轮的转向如图 10-47a 中箭头所示,求转臂 H 的转速 n_H,并确定其转向。

解:图 10-47 周转轮系由圆锥齿轮组成,轮系中含有轴线不平行的齿轮(齿轮 2 及齿轮 2′),根据题意,已知齿轮 1、齿轮 3 的转速值 n_1 和 n_3 及其转向,欲求转臂 H 的转速 n_H,并确定其转向。由图 10-47a 知,齿轮 1、齿轮 3 及转臂 H 三者轴线重合(相互平行),因此,可以利用周转轮系转速关系式(10-38)建立齿轮 1、齿轮 3 及转臂 H 三者转速 n_1、n_3 及 n_H 之间的关系。

图 10-47a 周转轮系的转化轮系(即图 10-47b 所示定轴轮系)中,将齿轮 1 视为首轮,齿轮 3 视为末轮,首末两轮的轴线平行。但是,两个齿轮之间含有轴线不平行的齿轮 2 及 2′,因此,只能在机构运动简图中,用箭头标示出转化轮系中各个齿轮的转向,如图 10-47b 所示,转化轮系中,齿轮 1 与齿轮 3 的转向相反,因此,运用式(10-38)求解转化轮系中齿轮 1 与齿轮 3 的传动比 i_{13}^H 时,等式右边取 "-" 号,即

$$i_{13}^H = \frac{n_1^H}{n_3^H} = \frac{n_1 - n_H}{n_3 - n_H} = -\frac{z_2 z_3}{z_1 z_{2'}}$$

由题意,已知实际周转轮系中,齿轮 1 与齿轮 3 转向相反(图 10-47a),如果规定齿轮 1 的转向为正,即 $n_1 = 100$ r/min,取正值,则齿轮 3 的转速 n_3 应以负值,即 $n_3 = -400$ r/min。代入上式进行计算,得:

$$\frac{100 - n_H}{(-400) - n_H} = -\frac{20 \times 15}{60 \times 25} = -\frac{1}{5}$$

因此求得转臂 H 转速 $n_H \approx 16.7$ r/min。由于已经规定齿轮 1 的转向为正向,求得的 $n_H > 0$,说明转臂 H 的转向与齿轮 1 的转向相同。

(a) 周转轮系 (b) 转化轮系

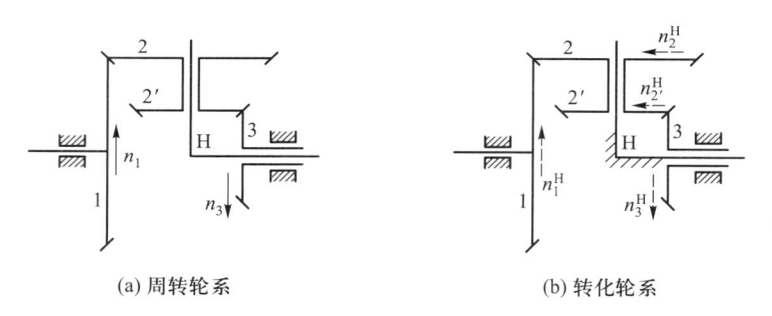

图 10-47 例 10-2 图

应当注意:

(1) $i_{13} \neq i_{13}^H$。$i_{13} = \dfrac{n_1}{n_3}$ 是周转轮系中齿轮 1 与齿轮 3 的绝对转速 n_1 与 n_3 之比;而 $i_{13}^H = \dfrac{n_1 - n_H}{n_3 - n_H}$ 是转化轮系中齿轮 1 与齿轮 3 转速(相对于转臂的运动速度)之比。

(2) 图 10-47a 周转轮系中，$i_{13} \neq \dfrac{z_3}{z_1}$，即周转轮系不能直接用定轴轮系计算传动比的方法计算两个齿轮的传动比。

例 10-3 设图 10-48 轮系中，各个齿轮的齿数分别为：$z_1 = 100, z_2 = 101, z_{2'} = 100, z_3 = 99$，求传动比 i_{1H}。

解： 图 10-48 中，齿轮 z_3 固定不动，其转速 $\omega_3 = 0$，齿轮 z_1 及齿轮 z_3 的轴线均与转臂 H 的转动轴线平行，运动从齿轮 1 传递至齿轮 3 经历两次外啮合传动，即啮合次数 $m = 2$。利用式(10-38)求解 i_{1H}，得

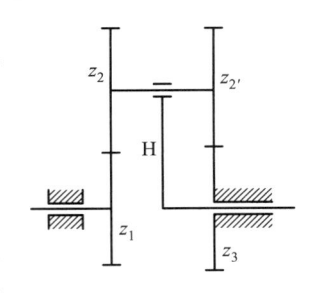

图 10-48 例 10-3、例 10-4 图

$$i_{13}^H = \frac{\omega_1^H}{\omega_3^H} = \frac{\omega_1 - \omega_H}{\omega_3 - \omega_H} = \frac{\omega_1 - \omega_H}{0 - \omega_H} = 1 - i_{1H}$$

$$= (-1)^2 \frac{z_2 z_3}{z_1 z_{2'}} = \frac{101 \times 99}{100 \times 100} = \frac{9\,999}{10^4}$$

即

$$i_{1H} = \frac{n_1}{n_H} = 1 - i_{13}^H = \frac{1}{10\,000}$$

$i_{1H} > 0$，说明齿轮 1 转动 1 周，转臂 H 与齿轮 1 同方向转动 10 000 周。如果将转臂 H 作为主动件，齿轮 1 作为从动件，则传动比 $i_{H1} = \dfrac{n_H}{n_1} = \dfrac{1}{i_{1H}} = 10\,000$。该例说明利用轮系可以实现大传动比的运动传递。

例 10-4 图 10-48 轮系中，将齿轮 3 的齿数增加 1，由原来的 99 改变成 100，其余齿轮的齿数与例题 10-3 相同，即 $z_1 = 100, z_2 = 101, z_{2'} = 100, z_3 = 100$，求传动比 i_{1H}。

解： 解法与例题 10-3 相似，只是以不同的齿数 z_3 代入转速关系式中计算，即：

$$i_{13}^H = \frac{\omega_1^H}{\omega_3^H} = \frac{\omega_1 - \omega_H}{\omega_3 - \omega_H} = \frac{\omega_1 - \omega_H}{0 - \omega_H} = 1 - i_{1H}$$

$$= (-1)^2 \frac{z_2 z_3}{z_1 z_{2'}} = \frac{101 \times 100}{100 \times 100} = \frac{101}{100}$$

即

$$i_{1H} = \frac{n_1}{n_H} = 1 - i_{13}^H = -\frac{1}{100}$$

$i_{1H} < 0$，说明齿轮 1 转 1 转，转臂 H 与齿轮 1 反方向转动 100 转。

上述两例说明，行星轮系中输出轴的转向不仅与输入轴的转向有关，而且与轮系中各齿轮的齿数有关。例题 10-4 只将例题 10-3 中的齿轮 3 增加了一个齿，转臂 H 不仅改变了方向，由原来与齿轮 1 转向相同变成与齿轮 1 转向相反，而且转臂的转速也发生很大变化，与齿轮 1 之间的传动比由 $i_{1H} = \dfrac{1}{10\,000}$ 变成 $i_{1H} = -\dfrac{1}{100}$。这一特点正是周转轮系与定轴轮系的不同之处。

3. 复合轮系的传动比

所谓复合轮系,是指既包含定轴轮系、又包含周转轮系,或者包含多个周转轮系的齿轮传动系统。行星轮和行星架是基本周转轮系的标志,一个行星架及其上的行星轮以及与行星轮相啮合的中心轮组成一个基本周转轮系。由于不同轮系的相对运动关系不同,求解复合轮系的传动比时,需要将其分解为基本的周转轮系以及定轴轮系,然后按照上述方法分别列出方程。求解复合轮系传动比的一般步骤是:

(1) 正确划分定轴轮系和基本周转轮系。划分轮系时,通过观察找出支撑行星轮的行星架,进而找出该行星架上的所有行星轮,以及和这些行星轮相啮合的所有中心轮,再加上机架一起构成一个基本周转轮系。一个行星架对应一个基本周转轮系。划分出所有的基本周转轮系后剩下的齿轮构成定轴轮系。

(2) 分别列出各基本轮系的传动比计算方程,联立构成方程组。

(3) 列出各已知条件以及各轮系间关联条件,进行联立方程组求解。

例 10-5 图 10-49 轮系中,已知各个齿轮的齿数分别为: $z_1 = 24, z_2 = 52, z_{2'} = 21, z_3 = 78, z_{3'} = 18, z_4 = 30, z_5 = 78$,求传动比 i_{1H}。

解:图 10-49 既不是一个单纯的定轴轮系,也不是一个单纯的周转轮系。因此,求解传动比 i_{1H} 之前,首先需分析轮系的组成。再根据基本轮系之间的联系,建立轮系中相关构件的转速关系。

① 分析轮系组成

图 10-49 轮系中,齿轮 2 及 2′的轴线位置随着框架 H (齿轮 5)一同绕框架 H 的转动中心转动,故为行星轮;内齿轮 5 支承行星轮 2 及 2′,因此是转臂 H;而分别与行星轮 2 及 2′啮合的齿轮 1 及齿轮 3 则是周转轮系中的中心轮。鉴于这一分析结果知,齿轮 2 及 2′、转臂 H、齿轮 1 和齿轮 3 组成一个基本周转轮系。

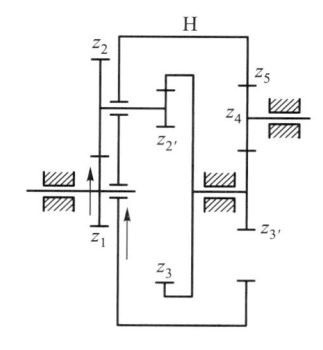

图 10-49 例 10-5 图

另外,图 10-49 中齿轮 3′、齿轮 4 以及齿轮 5 的轴线位置均固定,组成一个定轴轮系。

图 10-49 中,差动轮系与定轴轮系之间,通过齿轮 3、3′、5(转臂 H)联系在一起。

② 求解传动比

组成差动轮系的齿轮 1、齿轮 3 及转臂 H 轴线平行,因此,由差动轮系的转化轮系,以及式(10-38)可得:

$$i_{13}^H = \frac{n_1 - n_H}{n_3 - n_H} = (-1)\frac{z_2 z_3}{z_1 z_{2'}}$$

将各轮齿数代入上式得:

$$\frac{\dfrac{n_1}{n_H} - 1}{\dfrac{n_3}{n_H} - 1} = \frac{i_{1H} - 1}{i_{3H} - 1} = -\frac{52 \times 78}{24 \times 21} = -\frac{169}{21}$$

即

$$\frac{i_{1H}-1}{i_{3H}-1}=-\frac{169}{21}$$

组成定轴轮系的齿轮 3′、齿轮 4 及齿轮 5 的轴线相互平行，根据定轴轮系传动比计算公式(10-37)以及题中给定的齿轮齿数得：

$$i_{3'5}=\frac{n_{3'}}{n_5}=(-1)\frac{z_4z_5}{z_{3'}z_4}=-\frac{z_5}{z_{3'}}=-\frac{78}{18}=-\frac{13}{3}$$

根据图 10-49 中两个轮系的关联条件：$n_3=n_{3'}$ 及 $n_5=n_H$ 得：$i_{3'5}=i_{3H}=-\frac{13}{3}$，代入上式得

$$i_{1H}=-\frac{169}{21}\left(-\frac{13}{3}-1\right)+1=43.9$$

求得的传动比值 $i_{1H}=43.9>0$，说明齿轮 1 与转臂 H(内齿轮 5)的转向相同。

10.8 轮系设计需要满足的条件

前述章节介绍了齿轮机构的基本概念、基本原理、基本分析与计算方法，下面讨论行星轮系设计中各轮齿数需要满足的条件(行星轮系齿数设计)。

设计行星轮系时，各轮的齿数选配需要满足多方面条件。以图 10-44a 所示单排行星轮系为例，需要满足以下四个条件。

(1) 传动比条件

根据周转轮系传动比计算式(10-38)有，$i_{13}^H=\frac{\omega_1-\omega_H}{\omega_3-\omega_H}=-\frac{z_3}{z_1}$，且 $\omega_3=0$。故有

$$i_{13}^H=\frac{\omega_1-\omega_H}{-\omega_H}=-\frac{\omega_1}{\omega_H}+1=-i_{1H}+1=-\frac{z_3}{z_1}$$

因此，设计行星轮系时齿轮齿数需要满足传动比条件：

$$\frac{z_3}{z_1}=i_{1H}-1 \tag{10-39}$$

(2) 同心条件

设计行星轮系时需要保证两个中心轮与行星架的回转轴线重合，即 $r_3=r_1+d_2$，故有

$$z_3=z_1+2z_2 \tag{10-40}$$

(3) 装配条件

为了平衡轮系中的离心惯性力、减小行星架的支承反力、减轻轮齿载荷，一般在两个中心轮之间均匀安装多个行星轮，这些行星轮安装在同一个行星架上，这需要满足一定的装配条件，确保行星轮正确安装。

如图 10-50 所示，设一只行星架上装有均布的 k 只行星轮，则相邻两只行星轮回转轴线相对于主轴线的张角为 $2\pi/k$。当行星轮 2 处于图示位置 I 时，中心轮 1、3 处于能与之啮合的图示位姿。要保证其他行星轮也能顺利安装，可以设想让大中心轮 3 固定不动、让

小中心轮 1 转动并带动行星架 H 转过 $\varphi_H = 2\pi/k$ 角至图示位置 II，此时若小中心轮 1 上靠近位置 I 附近的轮齿位姿恰好又恢复成原先行星架在该位置所对应的轮齿位姿时，则可以在位置 I 处再顺利装入一个新行星轮。很显然，此时小行星轮 1 应该转过了整数 N 个齿对应的角度 φ_1。

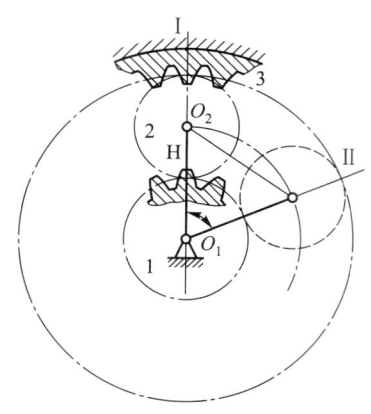

图 10-50 行星轮系的装配条件分析

按此思路同样可以保证其他几个行星轮的顺利装入。因此，有关系式 $\dfrac{\varphi_1}{\varphi_H} = \dfrac{\dfrac{2\pi}{z_1}N}{\dfrac{2\pi}{k}} = \dfrac{k}{z_1}N$，而 $\dfrac{\varphi_1}{\varphi_H} = \dfrac{\omega_1}{\omega_H} = i_{1H}$，根据（10-39）式又有 $i_{1H} = \dfrac{z_3}{z_1} + 1$，因此可得行星轮系的装配条件：

$$\frac{z_1 + z_3}{k} = N \tag{10-41}$$

该式表明行星轮系两中心轮的齿数之和应为行星轮个数的整数倍。

（4）邻接条件

此外，行星架上要安装多个行星轮，还要保证行星轮之间不会发生干涉，即相邻两行星轮回转轴线之间的距离应大于行星轮齿顶圆直径。因此由图 10-50 可以有：$2(r_1 + r_2)\sin(\pi/k) > 2r_{a2}$，代入分度圆及齿顶圆计算公式后得：

$$(z_1 + z_2)\sin\frac{\pi}{k} > z_2 + 2h_a^* \tag{10-42}$$

学习指南

齿轮机构与轮系在工程实际中应用广泛，是非常重要的机械传动方式。本章讨论了渐开线齿形的性质，探讨了渐开线直齿圆柱齿轮机构、斜齿圆柱齿轮机构、蜗轮蜗杆机构、锥齿轮机构的啮合原理、参数计算及其啮合传动计算，轮系传动比计算等基本知识。

学习指南

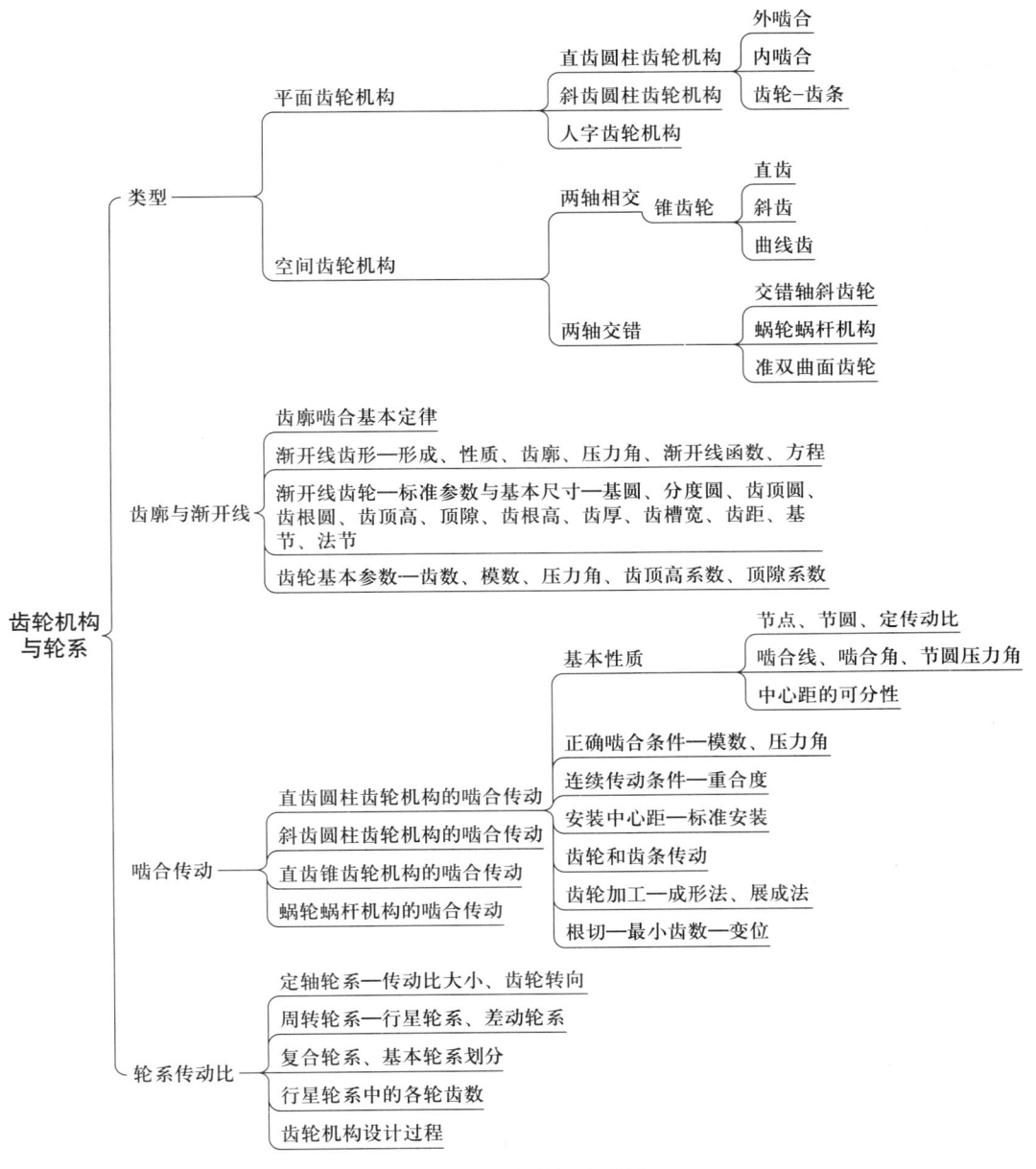

```
                                                          ┌ 外啮合
                                        ┌ 直齿圆柱齿轮机构 ┤ 内啮合
                         ┌ 平面齿轮机构 ─┤ 斜齿圆柱齿轮机构 └ 齿轮-齿条
                         │              └ 人字齿轮机构
              ┌ 类型 ────┤                              ┌ 直齿
              │          │              ┌ 两轴相交─锥齿轮┤ 斜齿
              │          │              │                └ 曲线齿
              │          └ 空间齿轮机构 ─┤        ┌ 交错轴斜齿轮
              │                         └ 两轴交错┤ 蜗轮蜗杆机构
              │                                   └ 准双曲面齿轮
              │
              │          ┌ 齿廓啮合基本定律
              │          │ 渐开线齿形—形成、性质、齿廓、压力角、渐开线函数、方程
              ├ 齿廓与渐开线 ─┤ 渐开线齿轮—标准参数与基本尺寸—基圆、分度圆、齿顶圆、
              │          │   齿根圆、齿顶高、顶隙、齿根高、齿厚、齿槽宽、齿距、基
              │          │   节、法节
              │          └ 齿轮基本参数—齿数、模数、压力角、齿顶高系数、顶隙系数
              │
  齿轮机构    │                              ┌ 节点、节圆、定传动比
  与轮系 ─────┤                        ┌基本性质 ┤ 啮合线、啮合角、节圆压力角
              │                        │         └ 中心距的可分性
              │                        │ 正确啮合条件—模数、压力角
              │          ┌ 直齿圆柱齿轮机构的啮合传动
              │          │ 连续传动条件—重合度
              ├ 啮合传动─┤ 斜齿圆柱齿轮机构的啮合传动
              │          │ 直齿锥齿轮机构的啮合传动 │ 安装中心距—标准安装
              │          └ 蜗轮蜗杆机构的啮合传动   │ 齿轮和齿条传动
              │                                     │ 齿轮加工—成形法、展成法
              │                                     └ 根切—最小齿数—变位
              │
              │          ┌ 定轴轮系—传动比大小、齿轮转向
              │          │ 周转轮系—行星轮系、差动轮系
              └ 轮系传动比┤ 复合轮系、基本轮系划分
                         │ 行星轮系中的各轮齿数
                         └ 齿轮机构设计过程
```

图 10-51 本章概念导图

齿轮机构与轮系用于在不同齿轮轴之间传递运动和动力,可以有定传动比和变传动比之分,本章主要介绍定传动比情况。齿轮的齿廓除有渐开线齿形之外,还有圆弧、摆线、准双曲面等其他齿形,有兴趣者可以参阅相关书籍学习。

齿轮机构也是不断发展的,根据需要发明新的实用化的啮合形式是齿轮研究者的一个努力目标。一对啮合的齿廓齿形满足共轭曲线/共轭曲面关系,要正确进行齿轮机构发明和设计就需要掌握齿轮啮合的基本原理,感兴趣的读者也可自行参阅相关书籍。

习题

10-1 已知渐开线（图 10-52），基圆半径 $r_b = 50$ mm，试求渐开线上压力角 $\alpha_K = 20°$ 处的曲率半径 ρ_K，渐开线的展角 θ_K 和该点的向径 r_K。

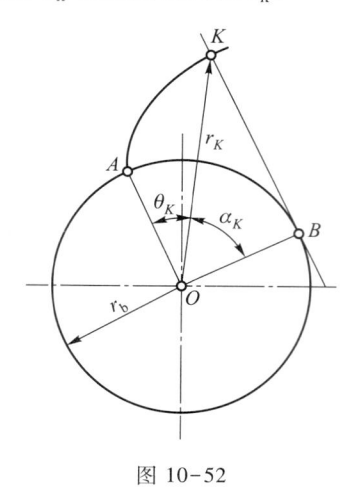

图 10-52

10-2 已知一渐开线的基圆半径 $r_b = 40$ mm，求渐开线上半径为 $r_K = 50$ mm 处的压力角 α_K 和展角 θ_K 以及曲率半径 ρ_K。

10-3 已知两标准齿轮的齿数分别为 20 和 25，而测得其齿顶圆直径均为 216 mm。试求两轮的模数和齿顶高系数。

10-4 设有一对外啮合渐开线标准齿轮，$z_1 = 20$，$z_2 = 30$，模数 $m = 4$ mm，压力角 $\alpha = 20°$，齿顶高系数 $h_a^* = 1$，试求当中心距 $a' = 102$ mm 时，两轮的啮合角 α'。又当 $\alpha' = 26.5°$ 时，试求其中心距 a'。

10-5 已知一正常齿渐开线标准外齿轮，齿数 $z = 20$，模数 $m = 10$ mm，分度圆压力角 $\alpha = 20°$，求齿顶圆和基圆上的齿厚 s_a、s_b 以及齿槽宽 e_a、e_b。

10-6 已知一对标准渐开线外啮合直齿圆柱齿轮传动，$\alpha = 20°$，$h_a^* = 1$，$c^* = 0.25$，$m = 8$ mm，中心距 $a' = 208$ mm，传动比 $i_{12} = 2$，试设计核对齿轮传动（求出两轮的齿数，各部分的尺寸及重合度）。

10-7 有一个标准的蜗杆蜗轮机构。已知蜗杆头数 $z_1 = 1$，蜗轮齿数 $z_2 = 40$，蜗杆轴面齿距 $p_{x1} = 19.7$ mm，蜗杆齿顶圆直径 $d_{a1} = 60$ mm。试求模数 m，蜗轮螺旋角 β_2，蜗轮分度圆直径 d_2 及中心距 a。

10-8 一对外啮合标准渐开线圆柱齿轮传动，已知两齿轮的中心距、基圆、齿顶圆与齿根圆的大小，且已知主动齿轮的回转方向为顺时针方向。试通过作图的方法画出这对齿轮的节圆 r_1' 与 r_2'、啮合角 α'、理论啮合线 N_1N_2 及实际啮合线 B_1B_2。

10-9 设已知一对斜齿圆柱齿轮传动，$z_1 = 20$，$z_2 = 40$，$m_n = 8$ mm，$\alpha_n = 20°$，$h_a^* = 1$，$\beta = $

$16°16'$，$B=30$ mm，求 a，ε_α 及 z_{v1}、z_{v2}。

10-10 用齿条刀具加工一直齿圆柱齿轮。已知刀具的模数 $m=4$ mm，压力角 $\alpha=20°$，齿顶高系数 $h_a^*=1$，顶隙系数 $c^*=0.25$，刀具的移动速度 $V_刀=60$ mm/s，被加工齿轮轮坯的角速度 $\omega=1$ rad/s，齿条分度线与被加工齿轮中心的距离为 $L=58$ mm，试求：

（1）被加工齿轮的齿数；

（2）变位系数；

（3）该齿轮是否会产生根切？

10-11 图 10-53 所示轮系中，左旋蜗杆 1 的头数 $z_1=2$，转向如图所示。蜗轮 2 的齿数 $z_2=50$，右旋蜗杆 2' 的头数 $z_{2'}=1$，蜗轮 3 的齿数 $z_3=40$，其余各齿轮齿数分别为：$z_{3'}=30$、$z_4=20$、$z_{4'}=26$、$z_5=18$、$z_{5'}=46$、$z_6=16$ 及 $z_7=22$。试求蜗杆 1 与齿轮 7 的传动比 i_{17}，并确定齿轮 7 的转动方向。

10-12 图 10-54 所示为组合机床分度工作台驱动系统中的行星轮系，已知 $z_1=2$（右旋）、$z_2=46$、$z_3=18$、$z_4=28$、$z_5=18$、$z_6=28$，求 i_{16} 及齿轮 6 的转向。

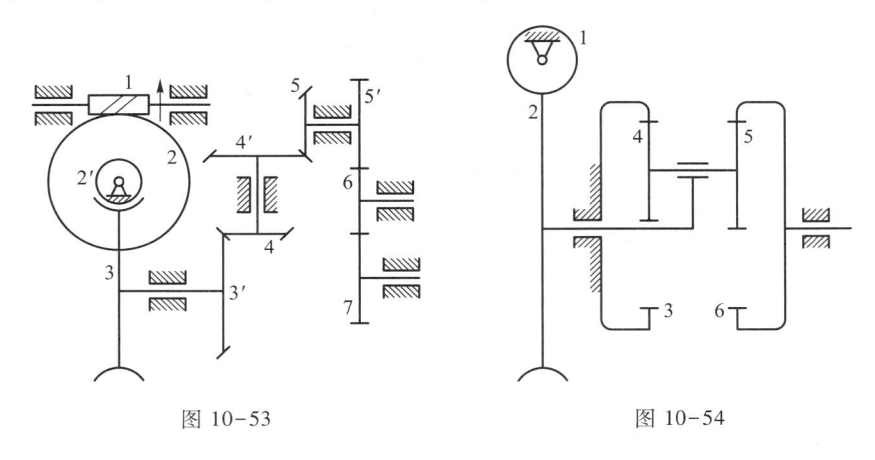

图 10-53　　　　图 10-54

10-13 图 10-55 所示复合轮系中，已知各轮齿数为 $z_1=40$，$z_2=40$，$z_{2'}=20$，$z_3=18$，$z_4=24$，$z_{4'}=76$，$z_5=20$，$z_6=36$，求 i_{16}。

10-14 图 10-56 所示轮系中，已知 $z_2=z_3=z_4=18$、$z_{2'}=z_{3'}=40$。设各齿轮的模数、压

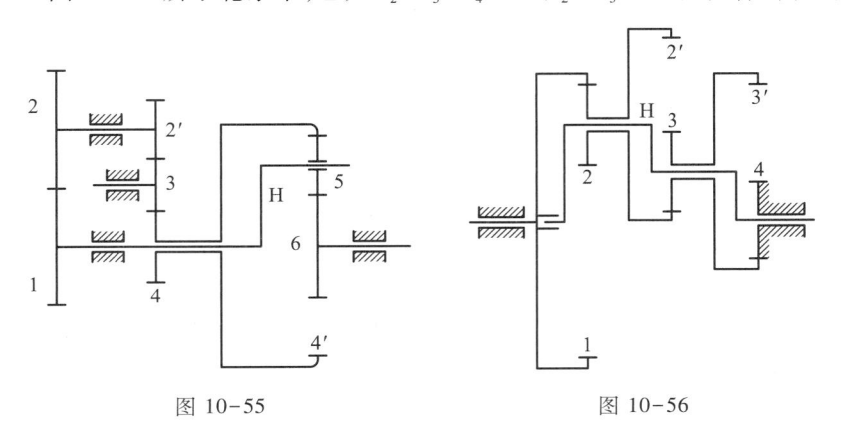

图 10-55　　　　图 10-56

力角均相等,并为标准齿轮传动。求齿轮 1 的齿数 z_1 及传动比 i_{1H}。

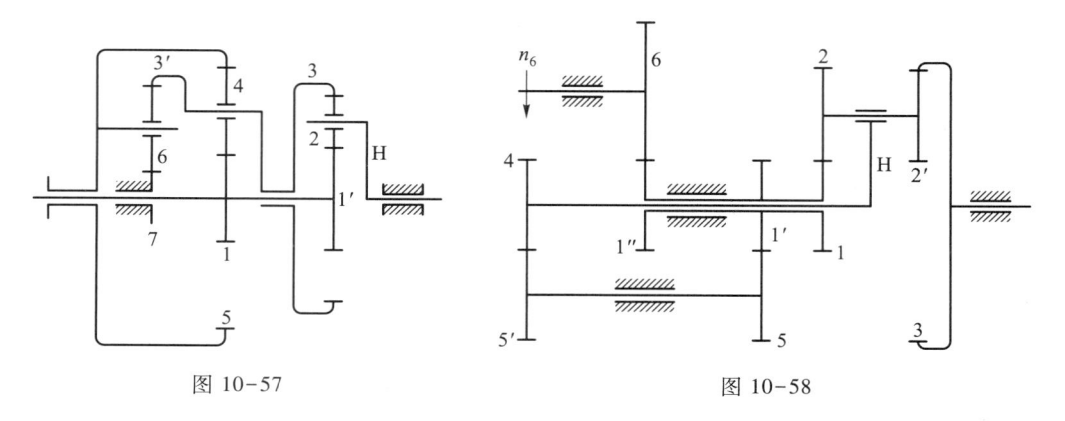

图 10-57

图 10-58

10-15 图 10-57 所示轮系中,已知各轮齿数分别为 $z_1=30, z_{1'}=35, z_2=18, z_3=71, z_{3'}=78, z_4=30, z_5=90, z_6=30, z_7=18$,求轮系的传动比 i_{1H}。

10-16 图 10-58 所示轮系中,已知 $z_1=25, z_{1'}=24, z_{1''}=20, z_2=25, z_{2'}=25, z_3=75, z_4=18, z_5=18, z_{5'}=24, z_6=40, n_6=54$ r/min。求 n_3。

10-17 图 10-59 所示轮系中,设各齿轮模数、压力角均相同,且为标准齿轮传动,$z_1=z_3=z_4=z_6=25, z_{1'}=75, z_{3'}=z_{5'}=40, z_{4'}=20, z_5=30$。求 i_{6H} 及构件 H 的转向和齿轮 2 的齿数 z_2。

10-18 图 10-60 所示复合轮系中,已知 $z_1=z_4=17, z_3=z_6=51, n_1=150$ r/min,求 n_{H2}。

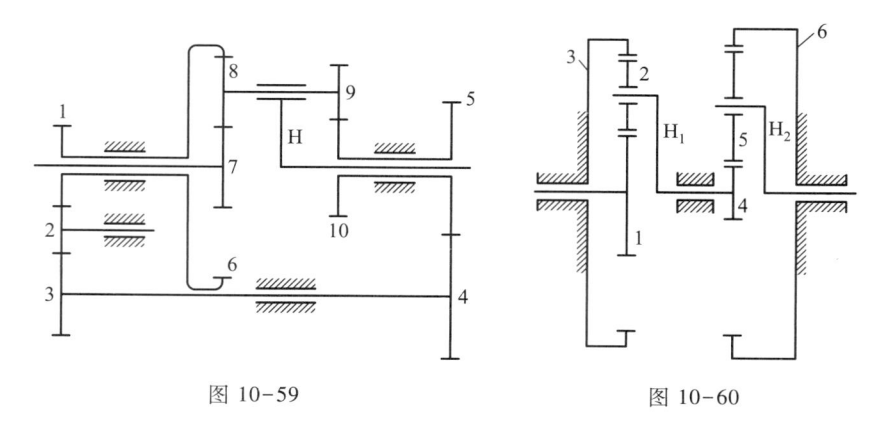

图 10-59

图 10-60

10-19 图 10-61 所示轮系中,已知 $z_1=z_2=20, z_3=60, z_4=90, z_5=210$,电动机轴与齿轮 1 轴相连,电动机外壳固装在齿轮 3 上,电动机转速为 $n_d=1440$ r/min,求 n_1。

10-20 图 10-62 所示为建筑用绞车的行星齿轮减速器。已知 $z_1=z_3=17, z_2=z_4=39, z_5=18, z_7=152, n_1=1450$ r/min。当制动器 B 制动,A 放松时,鼓轮 H 回转,试求此时的鼓轮转速 n_H。

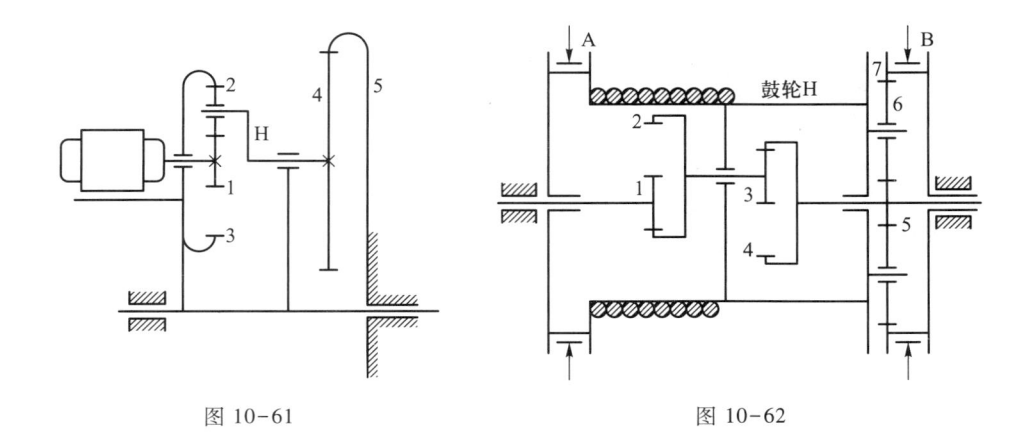

图 10-61

图 10-62

第 11 章

齿轮传动

内容提要

齿轮传动是机械传动中应用最广泛的传动形式之一，不仅用来传递运动，还用来传递动力，因此需要具有足够的承载能力，在设计时需要进行强度校核，以保证在整个工作寿命期间不会失效。本章讨论齿轮传动的失效形式、齿轮的材料及其热处理、齿轮传动的载荷计算、齿轮传动的设计准则、标准直齿圆柱齿轮传动及标准斜齿圆柱齿轮传动的强度计算。

11.1 概述

齿轮传动是机械传动中应用最广泛的传动形式之一，它具有传动平稳、传动比准确、承载能力强、工作效率高、结构紧凑等优点。大多数齿轮传动不仅用来传递运动，还用来传递动力，因此需要具有足够的承载能力。齿轮在工作时的应力状态往往是非常复杂的，不仅需要考虑齿轮齿根部的循环往复的弯曲应力，还要考虑接触应力以及齿面之间的相互接触所带来的磨损。

按照工作条件，齿轮传动可分为闭式齿轮传动和开式齿轮传动两种。闭式传动的齿轮封闭在箱体内，能够保证良好的润滑和工作条件；开式传动的齿轮是外露的，不能保证良好的润滑，而且容易落入灰尘、杂质，故齿面容易磨损，只宜用于低速传动。

11.2 齿轮传动的失效形式

齿轮在传动过程中会出现传动失效的问题，齿轮齿圈、轮辐、轮毂部分的结构尺寸通常按照经验设计，其强度和刚度较为富裕，因此在传动中极少失效；主要失效部位为轮齿，失效情况可分为齿体失效和齿面失效。

1. 轮齿折断

轮齿折断的类型有两种：疲劳折断和过载折断，如图 11-1 所示。疲劳折断是由于轮齿重复受载产生弯曲应力，当弯曲应力超过材料疲劳极限时，在轮齿齿根受拉一侧就会产生疲劳裂纹。在齿根应力集中处，裂纹加速扩展，直至轮齿折断。过载折断是由于轮齿短时意外严重过载或受冲击且齿轮材料较脆，从而突然折断。轮齿折断常发生在闭式硬齿面及开式齿轮传动中轮齿受拉应力一侧的齿根部位。对于齿宽较小的直齿轮常发生全齿折断；对于齿宽较大的直齿轮、斜齿轮，常发生部分齿折断。

11-1 齿轮传动的失效形式

图 11-1 轮齿折断

2. 齿面点蚀

齿面点蚀是由于齿面受到脉动循环接触应力作用，当接触应力超过材料的接触疲劳极限时，就会产生细微裂纹，这时润滑油进入裂缝，形成高压封闭油腔，润滑油的楔紧作用使裂纹扩展，直至齿面材料点状剥落，如图 11-2 所示。齿面点蚀常发生在闭式软齿面齿轮靠近节线的齿根面上，这是由于齿轮传动重合度小于 2，节线处一般只有一对齿啮合，接触应力较大；同时由于节线处做纯滚动，靠近节线附近滑动速度小，油膜不易形成，摩擦力大，易产生裂纹。开式齿轮传动无齿面点蚀，原因是开式齿轮传动齿面磨损速度大于点蚀速度。

3. 齿面胶合

齿面胶合分为冷胶合和热胶合，如图 11-3 所示。在高速重载的齿轮传动中，较高的速度使得啮合区温升较大，润滑油黏度降低，油膜遭到破坏，金属表面直接接触而熔焊，此时齿面间的相对运动使得较软的齿面沿着滑动方向撕脱，形成沟痕，这种现象即热胶合。而在低速重载的齿轮传动中，由于齿轮传动功率较大，速度较低，齿面间不易形成油膜，而出现冷黏着，这种现象即冷胶合。

齿面胶合会使传动不平稳，甚至导致齿轮报废。

图 11-2　齿面点蚀　　　　　　图 11-3　齿面胶合

4. 齿面磨损

齿面磨损有两种类型：磨粒磨损、研磨磨损，如图 11-4 所示。磨粒磨损是开式齿轮传动的主要失效形式，它是由于齿轮长期暴露在外面，砂粒、金属碎屑、灰尘等硬颗粒进入齿面而引起的齿面磨损。研磨磨损是由于齿面相互搓削引起的，它是一种不可避免的损耗现象。齿面磨损会使齿廓变形，瞬时传动比不固定，从而导致传动精度低，产生冲击、振动、噪声等。如果齿面磨损进一步加剧，会使得轮齿变薄，齿根弯曲疲劳强度降低，容易发生轮齿折断。改用闭式齿轮传动是避免齿面磨粒磨损最有效的办法。

5. 齿面塑性变形

在软齿面齿轮传动中，在重载荷作用下，齿面间的应力超过了材料屈服极限，较硬一侧的齿面沿摩擦力方向推挤较软一侧齿面而产生塑性流动，这种现象即为齿面塑性变形，如图 11-5 所示。齿面塑性变形常发生在低速重载或过载的软齿面齿轮传动中。

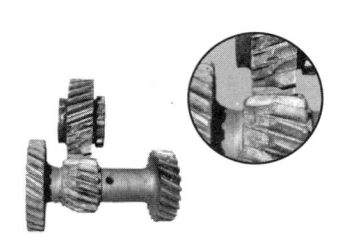

图 11-4　齿面磨损　　　　　　图 11-5　齿面塑性变形

齿轮的失效形式很多，除了上述 5 种主要形式外，还可能出现过热、侵蚀、电蚀和由于不同原因产生的多种腐蚀与裂纹等，感兴趣的读者可参看有关资料进行了解。从齿轮的失效形式可知，齿根要有较高的抗折断能力，齿面具有较高的抗磨损、抗点蚀、抗胶合及抗塑性变形的能力。

11.3 齿轮的材料及其热处理

齿轮材料的选择以及相关的热处理工艺无论对于齿轮的质量,还是使用性能都具有很大的影响。合适的热处理工艺能提高齿轮的耐磨性、承载能力和使用寿命,热处理后的齿轮具有较高的弯曲疲劳强度和接触疲劳强度(抗疲劳点蚀),齿面具有较高的硬度和耐磨性,齿轮心部具有足够的强度和韧性。比较常用的热处理工艺包括:表面淬火、渗碳淬火、渗碳、渗氮、调质、正火。这些热处理方法中,调质和正火两种处理后的齿面硬度较低(≤350 HBW),为软齿面,其工艺过程较简单,但因齿面硬度较低,故其接触疲劳强度和弯曲疲劳强度极限较低;用其他几种方法处理后的齿面硬度较高,为硬齿面。硬齿面的接触疲劳极限和弯曲疲劳极限较高,故设计出来的传动尺寸较紧凑,但工艺过程较复杂。表 11-1 列出了常用的齿轮材料及其热处理后的硬度等力学性能。

表 11-1 常用齿轮材料及其力学性能

材料牌号	热处理方式	硬度	接触疲劳极限 σ_{Hlim}/MPa	弯曲疲劳极限 σ_{Flim}/MPa
45	正火	156~217 HBW	350~400	280~340
	调质	197~286 HBW	550~620	410~480
	表面淬火	40~50 HRC	1 120~1 150	680~700
40Cr	调质	217~286 HBW	650~750	560~620
	表面淬火	48~55 HRC	1 150~1 210	700~740
40CrMnMo	调质	229~363 HBW	680~710	580~690
	表面淬火	45~50 HRC	1 130~1 150	690~700
35SiMn	调质	207~286 HBW	650~760	550~610
	表面淬火	45~50 HRC	1 130~1 150	690~700
40MnB	调质	241~286 HBW	680~760	580~610
	表面淬火	45~55 HRC	1 130~1 210	690~720
38SiMnMo	调质	241~286 HBW	680~760	580~610
	表面淬火	45~55 HRC	1 130~1 210	690~720
	氮碳共渗	57~63 HRC	880~950	790
20CrMnTi	渗氮	>850 HV	1 000	715
	渗碳淬火,回火	56~62 HRC	1 500	850
20Cr	渗碳淬火,回火	56~62 HRC	1 500	850

续表

材料牌号	热处理方式	硬度	接触疲劳极限 σ_{Hlim}/MPa	弯曲疲劳极限 σ_{Flim}/MPa
ZG310-570	正火	163~197 HBW	280~330	210~250
ZG340-640	正火	179~207 HBW	310~340	240~270
ZG35SiMn	调质	241~269 HBW	590~640	500~520
	表面淬火	45~53 HRC	1 130~1 190	690~720
HT300	时效	187~255 HBW	330~390	100~150
QT500-7	正火	170~230 HBW	450~540	260~300
QT600-3	正火	190~270 HBW	490~580	280~310

1. 齿轮材料的热处理

（1）正火

正火是将钢加热到 Ac_3 或 Ac_{cm} 温度以上 30~50 ℃后，保温一段时间后出炉空冷。正火处理可消除齿轮内部过大的应力，增加齿轮的韧性，改善材料的切削性能。正火处理常用于含碳量为 0.3%~0.5% 的优质碳钢或合金钢制造的齿轮。正火齿轮的强度和硬度比淬火或调质齿轮要低，硬度 156~217 HBW。因此对于机械性能要求不很高或不适合采用淬火或调质的大直径齿轮，常采用正火处理。

（2）表面淬火

淬火是把钢加热到临界温度以上，保温一定时间，然后以大于临界冷却速度进行冷却。齿轮经表面淬火后需进行低温回火，以便降低内应力和脆性，齿面硬度一般为 45~55 HRC。表面淬火齿轮承载能力高，并能承受冲击载荷。通常淬火齿轮的毛坯可先经正火或调质处理，以便使轮齿芯部有一定的强度和韧度。

（3）渗碳淬火

渗碳淬火齿轮常用含碳量为 0.10%~0.25% 的合金钢或高合金钢制造。渗碳淬火后，齿面硬度 58~62 HRC，一般需进行磨齿或珩齿，以消除热处理后引起的变形。这类齿轮具有很高的接触强度和弯曲强度，并能承受较大的冲击载荷。各种载重车辆中的重要齿轮常进行渗碳淬火处理。

（4）调质

调质是在淬火后再经高温回火处理。调质常用于含碳量为 0.3%~0.5% 的优质碳素钢或合金钢制造的齿轮。调质处理可细化晶粒，并获得均匀的具有一定弥散度的和具有优良综合机械性能的细密球状珠光体类组织。一般经调质处理后，轮齿硬度可达 220~285 HBW，对尺寸较小的齿轮，其硬度会更高些。调质齿轮的综合性能比正火齿轮要高，其屈服极限和冲击韧性比正火处理的齿轮可高出 40% 左右，强度极限与断面收缩率也高出 5%~6%（对于碳钢）。调质齿轮在运行中易跑合、齿根强度裕量大、抗冲击能力强，在重型齿轮传动中占有相当大的比重。

(5) 渗氮

渗氮可提高轮齿的表面硬度、耐磨性、疲劳强度及抗蚀能力。渗氮处理温度低,故齿轮变形极小,不需要磨削或只需精磨即可。渗氮齿轮的材料主要有 38CrMoAlA、30CrMoSiA、20CrMnTi 等。渗氮齿轮由于渗氮层薄(0.15~0.75 mm),硬化层有剥落的危险,其承载能力一般不及渗碳齿轮高,不宜于承受冲击载荷或有强烈磨损的场合使用。

2. 齿轮材料的选用

齿轮材料的选用主要根据齿轮工作时载荷的大小,转速的高低及齿轮的精度要求来确定的。载荷大小主要是指齿轮传递转矩的大小,一般分为:轻载荷、中载荷、重载荷和超重载荷。齿轮工作时转速越大,齿面和齿根受到的交变应力次数越多,齿面磨损越严重,因此可以把齿轮转动的圆周速度作为材料承受疲劳和磨损的尺度。一般分为:低速齿轮(1~9 m/s)、中速齿轮(6~10 m/s)、高速齿轮(10~15 m/s)。齿轮的精度越高,则齿形准确、公差小、啮合紧密、传动平稳且无噪声。机床齿轮精度一般为 6~8 级(中、低速)和 8~12 级(高速);汽车、拖拉机齿轮精度一般为 6~8 级。

(1) 轻载、低速或中速、冲击力小、精度较低的一般齿轮,选用中碳钢如材料牌号 40、45、50、50Mn 等制造。常用正火或调质等热处理制成软齿面齿轮,正火硬度 160~200 HBW;一般调质硬度 200~280 HBW。因硬度适中,精切齿廓可在热处理后进行,工艺简单,成本低。齿面硬度不高则易于磨合,但承载能力也不高。这种齿轮主要用于标准系列减速箱齿轮、冶金机械、中载机械和机床中的一些次要齿轮。

(2) 中载、中速、承受一定冲击载荷、运动较为平稳的齿轮,选用中碳钢或合金调质钢,如材料牌号 45、50Mn、40Cr、40CrMnMo 等。其最终热处理采用高频或中频淬火及低温回火,制成硬齿面齿轮,齿面硬度可达 50~55 HRC。齿轮心部保持正火或调质状态,具有较好的韧性。由于感应加热表面淬火的齿轮变形小,若精度要求不高(如 7 级以下),可不必再磨齿,机床中绝大多数齿轮就是这种类型的齿轮。对表面硬化的齿轮,应注意控制硬化层深度及硬化层沿齿廓的合理分布。

(3) 重载、高速或中速,且受较大冲击载荷的齿轮,选用低碳合金渗碳钢或碳氮共渗钢,如材料牌号 20Cr、20CrMnTi、20CrNi3、18Cr2Ni4WA、40Cr、30CrMnTi 等钢。其热处理采用渗碳、淬火、低温回火,齿轮表面获得 58~63 HRC 的高硬度,因淬透性较高,齿轮心部有较高的强度和韧性。这种齿轮的表面耐磨性、抗疲劳强度和齿根的抗弯强度及心部抗冲击能力都比表面淬火的齿轮高,但热处理变形大,在精度要求较高时,最后一般要进行磨削。它适用于工作条件较为恶劣的汽车、拖拉机的变速箱和后桥齿轮。

碳氮共渗与渗碳相比,热处理变形小,生产周期短,力学性能好,而且还应用于中碳钢或中碳合金钢,所以许多齿轮可用碳氮共渗来代替渗碳工艺。内燃机车、坦克、飞机上的变速齿轮的负载和工作条件比汽车的更大、更恶劣,要求材料的性能更高,应选用含合金元素高的合金渗碳钢,以获得更高的强度和耐磨性。

(4) 精密传动齿轮或磨齿有困难的硬齿面齿轮(如内齿轮),要求精度高,热处理变形小,宜采用氮化钢,如材料牌号 35CrMo、38CrMoAlA 等钢。热处理采用调质及氮化处理,氮化后齿面硬度高达 65~70 HRC,热稳定性好(在 500~550 ℃仍能保持高硬度),并有一定的抗蚀性。其缺点是硬化层薄,不耐冲击,故不适用于载荷频繁变动的重载齿轮,而多用于载荷平稳、润滑良好的精密传动齿轮或磨齿困难的内齿轮。

11.4 齿轮传动的载荷计算

为了便于分析计算,通常取沿齿面接触线单位长度上所受的载荷进行计算。沿齿面接触线单位长度上的平均载荷 p(单位为 N/mm)为

$$p = \frac{F_n}{L} \tag{11-1}$$

F_n:作用于齿面接触线上的法向载荷,N;
L:沿齿面的接触线长,mm。

法向载荷 F_n 为公称载荷,在实际传动中,由于原动机及工作机性能的影响,以及齿轮的制造误差,特别是基节误差和齿形误差的影响,会使法向载荷增大。此外在同时啮合的齿对间,载荷的分配并不是均匀的,即使在一对齿上,载荷也不可能沿接触线均匀分布。因此在计算齿轮传动强度时,应按接触线单位长度上的最大载荷,即计算载荷 p_{ca}(单位为 N/mm)进行计算。即:

$$p_{ca} = Kp = \frac{KF_n}{L} \tag{11-2}$$

式中:K 为载荷系数。

计算齿轮强度用的载荷系数 K,包括使用系数 K_A、动载系数 K_V、齿间载荷分配系数 K_α 及齿向载荷分布系数 K_β,即:

$$K = K_A K_V K_\alpha K_\beta \tag{11-3}$$

1. 使用系数 K_A

使用系数 K_A 是考虑齿轮啮合时外部因素引起的附加动载荷影响的系数。这种动载荷取决于原动机和工作机的特性、质量比、联轴器类型以及运行状态等。K_A 的使用值应针对设计对象,通过实践确定。表 11-2 所列的 K_A 值可供参考。

表 11-2 使用系数 K_A

原动机工作特性	工作机工作特性			
	均匀平稳	轻微振动	中等振动	严重振动
均匀平稳	1.00	1.25	1.50	1.75
轻微振动	1.10	1.35	1.60	1.85
中等振动	1.25	1.50	1.75	2.00
严重振动	1.50	1.75	2.00	≥2.25

注:表中所列 K_A 值仅适用于减速传动;若为增速传动,K_A 值约为表值的 1.1 倍。

2. 动载系数 K_V

动载系数 K_V 是考虑齿轮自身啮合传动时所产生的动载荷影响的系数，由齿轮制造误差、工作中的变形、原动机和工作机的特性等原因引起。制造精度越低、圆周速度越高时，附加动载荷越大。

齿轮传动不可避免地会有制造及装配的误差，轮齿受载后还要产生弹性形变。这些误差及变形导致啮合轮齿的法向齿距不相等，从而轮齿就不能正确的啮合传动，从动齿轮在运转中就会产生角加速度，最终引起了动载荷或冲击。对于直齿轮传动，轮齿在啮合过程中，不论是由双对齿啮合过渡到单对齿啮合，或是由单对齿啮合过渡到双对齿啮合，由于啮合齿对的刚度变化，也要引起动载荷。齿轮的制造精度及圆周速度对轮齿啮合过程中产生动载荷的大小影响很大。提高制造精度，减小齿轮直径以降低圆周速度，均可减小动载荷。

动载系数 K_V 应针对设计对象通过实践确定，可参考图 11-6 选用。图中 6~10 为齿轮传动的精度系数，与齿轮的精度有关。

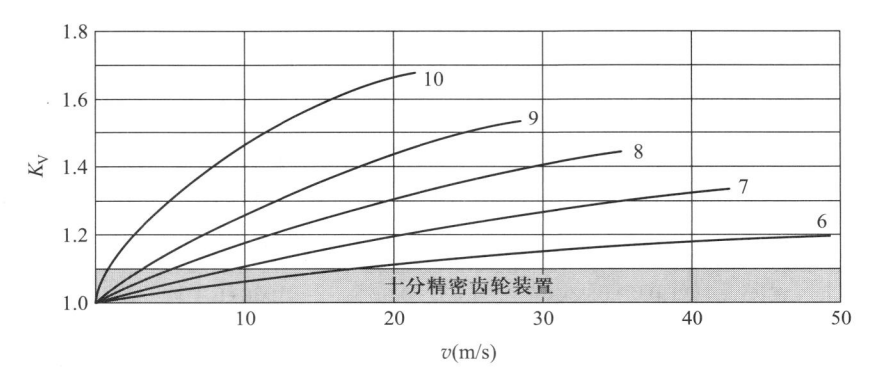

图 11-6 动载系数 K_V 值

3. 齿间载荷分配系数 K_α

齿间载荷分配系数 K_α 是考虑齿间载荷分布的不均匀所产生影响的系数，与齿距误差、弹性变形等有关。K_α 的值可查表 11-3：

表 11-3 齿间载荷分配系数 K_α

$K_A F_t / b$	≥100 N/mm				<100 N/mm
精度等级（Ⅱ组）	5	6	7	8	5 级或更低
硬齿面直齿轮	1.0		1.1	1.2	≥1.2
硬齿面斜齿轮	1.0	1.1	1.2	1.4	≥1.4
非硬齿面直齿轮	1.0			1.1	≥1.2
非硬齿面斜齿轮	1.0	1.1	1.2		≥1.4

4. 齿向载荷分布系数 K_β

齿向载荷分布系数 K_β 是考虑齿面上载荷沿接触线分布不均所产生影响的系数。与齿轮相对轴承的位置,轴、轴承、支座的变形以及制造、装配误差等有关。为了改善载荷沿着接触线分布不均的情况,可以采取增大轴、轴承及支座的刚度等方法对称地配置轴承,以及适当地限制轮齿的宽度等措施,同时尽可能避免齿轮做悬臂布置。

齿向载荷分布系数 K_β 可以分为 $K_{H\beta}$ 和 $K_{F\beta}$,其中 $K_{H\beta}$ 为按齿面接触疲劳强度计算时所用的系数;$K_{F\beta}$ 为按齿根弯曲疲劳强度计算时所用的系数。$K_{H\beta}$ 的简化计算方法可按照表 11-4,根据齿轮在轴上的布置方式、齿宽系数 ψ_d 进行计算。

$$\psi_d = \frac{b}{d}$$

式中:b 为齿宽;d 为齿轮直径。

表 11-4 $K_{H\beta}$ 的简化计算方法

硬度	类型	对称布置	非对称布置 轴刚性较大	非对称布置 轴刚性较小	悬臂布置
≤350HBW	直齿	$1.025+0.155\psi_d^2$	$1.025+0.2\psi_d^2$	$1.025+0.31\psi_d^2$	$1.025+9.5\psi_d^2$
	斜齿	$1.065+0.18\psi_d^2$	$1.065+0.23\psi_d^2$	$1.065+0.36\psi_d^2$	$1.025+1.1\psi_d^2$
>350HBW	直齿	$1.038+0.23\psi_d^2$	$1.038+0.3\psi_d^2$	$1.038+0.47\psi_d^2$	$1.038+1.42\psi_d^2$
	斜齿	$1.098+0.27\psi_d^2$	$1.098+0.35\psi_d^2$	$1.098+0.54\psi_d^2$	$1.098+1.65\psi_d^2$

齿轮传动的 $K_{F\beta}$ 可以根据 $K_{H\beta}$ 值、齿宽和齿高比 (b/h) 求出:

$$K_{F\beta} = K_{H\beta}^N \tag{11-4}$$

其中 N 由下式计算:

$$N = \frac{(b/h)^2}{1+b/h+(b/h)^2} \tag{11-5}$$

11.5 齿轮传动的设计准则

齿轮强度计算是根据齿轮可能出现的失效形式来进行的,因此针对上述各种失效形式,都应分别确立相应的设计准则。但对于齿面磨损、塑性变形等,由于尚未建立起工程中广泛使用而且行之有效的计算方法及设计数据,所以目前在设计一般使用的齿轮传动时,通常只按保证齿根弯曲疲劳强度及保证齿面接触疲劳强度两种准则进行计算。

对于闭式软齿面(硬度≤350HBW)齿轮,因其主要失效原因是齿面接触强度不足,故先按齿面接触强度公式算出直径或中心距,再校核其齿根弯曲疲劳强度;而对于闭式硬齿面齿轮,因其主要失效形式是齿根折断,因此先按齿根弯曲疲劳强度公式计算出模数,再校核其齿面接触疲劳强度(高速重载齿轮还需校核齿面胶合能力)。在采用其中一个强度条件计算出一个参数后,需要选择齿数后,再由 $d=mz$ 的关系计算出另一个参数,这就不能保证最后算出的参数是否能满足另一项强度要求,所以还需进行另一项强度的校核。

11.6　标准直齿圆柱齿轮传动的强度计算

1. 轮齿的受力分析

图 11-7 为直齿圆柱齿轮传动受力情况,从图中可以看出,轮齿所受总法向力 F_n 垂直于齿面,可以分解为圆周力 F_t 和径向力 F_r:

$$\left.\begin{array}{l} F_t = \dfrac{2T_1}{d_1} \\ F_r = F_t \tan \alpha \\ F_n = \dfrac{F_t}{\cos \alpha} \end{array}\right\} \quad (11\text{-}6)$$

式中:T_1 为小齿轮传递的转矩;d_1 为小齿轮的节圆直径;α 为啮合角。

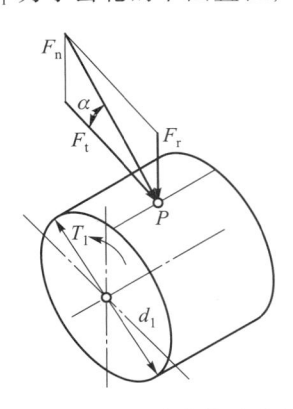

图 11-7　直齿圆柱齿轮传动受力情况

2. 齿面接触疲劳强度计算

齿面接触疲劳强度与齿面接触应用的大小有关,而齿面接触应力可以近似地用赫兹接触应力公式,把齿轮啮合转化为圆柱体接触,即:

$$\sigma_H = \sqrt{\dfrac{F_n\left(\dfrac{1}{\rho_1} \pm \dfrac{1}{\rho_2}\right)}{\pi L\left(\dfrac{1-\mu_1^2}{E_1} + \dfrac{1-\mu_2^2}{E_2}\right)}} \leqslant [\sigma_H] \quad (11\text{-}7)$$

式中:ρ 为齿廓曲率半径;E 为齿轮材料的弹性模量;μ 为齿轮材料的泊松比;下标 1 为小齿轮;下标 2 为大齿轮;正号用于外啮合;负号用于内啮合。

试验表明,齿根部分靠近节线处最容易发生点蚀,故取节点处的接触应力为计算依据。对于标准直齿轮传动,节点处的齿廓曲率半径为

$$\rho_1 = \frac{d_1}{2}\sin\alpha, \quad \rho_2 = \frac{d_2}{2}\sin\alpha$$

令 u 为齿数比,可得:

$$\frac{1}{\rho_\Sigma} = \frac{1}{\rho_1} \pm \frac{1}{\rho_2} = \frac{u \pm 1}{u} \frac{2}{d_1 \sin\alpha} \tag{11-8}$$

为计算方便,设法向载荷均匀作用在一对齿上,接触线长度 L 与齿宽 b 相等,则有

$$\frac{F_n}{L} = \frac{F_t}{b\cos\alpha}$$

令:

$$Z_E = \sqrt{\frac{1}{\pi\left(\dfrac{1-\mu_1^2}{E_1} + \dfrac{1-\mu_2^2}{E_2}\right)}}$$

$$Z_H = \sqrt{\frac{2}{\sin\alpha\cos\alpha}}$$

则上式为

$$\sigma_H = Z_E Z_H \sqrt{\frac{F_t}{bd_1} \frac{u \pm 1}{u}} \tag{11-9}$$

式中:ρ_Σ——啮合齿面上啮合点的综合曲率半径,mm;Z_E——弹性影响系数,$\sqrt{MP_a}$(表 11-5);Z_H——区域系数(标准直齿轮时 $\alpha = 20°$,$Z_H = 2.5$)。

表 11-5 弹性影响系数 Z_E($\sqrt{MP_a}$)

齿轮材料	配对齿轮材料的弹性模量 E/P_a				
	灰铸铁	球墨铸铁	铸钢	锻钢	夹布塑胶
	$11.8×10^4$	$17.3×10^4$	$20.2×10^4$	$20.6×10^4$	$0.785×10^4$
锻钢	162.0	181.4	188.9	189.8	56.4
铸钢	161.4	180.5	188	—	—
球墨铸铁	156.6	173.9	—		
灰铸铁	143.7	—			

注:表中所列夹布塑胶的泊松比 μ 为 0.5,其余材料的 μ 为 0.3。

设载荷系数为 K,用 KF_t 取代 F_t,得:

$$\sigma_H = Z_E Z_H \sqrt{\frac{2KT_1}{bd_1^2}\frac{u\pm1}{u}} \leqslant [\sigma_H] \text{ MPa} \qquad (11-10)$$

上式可以用来验算齿面的接触强度。

圆柱齿轮的齿宽系数见表 11-6，令齿宽系数 $\psi_d = \dfrac{b}{d_1}$，可得计算公式：

$$d_1 \geqslant \sqrt[3]{\frac{2KT_1}{\psi_d}\frac{u\pm1}{u}\left(\frac{Z_E Z_H}{[\sigma_H]}\right)^2} \text{ mm} \qquad (11-11)$$

式中：d_1 即为满足齿面接触强度所需的最小 d_1 值；

$[\sigma_H]$ 应取配对齿轮中的较小的许用接触应力。

$$[\sigma_H] = \frac{\sigma_{Hlim}}{S_H} \text{ MPa}$$

式中：σ_{Hlim} 为接触疲劳强度极限，参见表 11-1；S_H 为安全系数，参见表 11-7。

表 11-6　圆柱齿轮的齿宽系数 ψ_d

齿轮相对于轴承的位置	齿面硬度	
	软齿面（≤350HBW）	硬齿面（>350HBW）
对称布置	0.8~1.4	0.4~0.9
非对称布置	0.6~1.2	0.3~0.6
悬臂布置	0.3~0.4	0.2~0.25

表 11-7　最小安全系数 S_{Hmin}、S_{Fmin} 的参考值

使用要求	S_{Hmin}	S_{Fmin}
高可靠度（失效概率≤1/10 000）	1.5	2.0
较高可靠度（失效概率≤1/1 000）	1.25	1.6
一般可靠度（失效概率≤1/100）	1.0	1.25

3. 齿根弯曲疲劳强度公式

齿轮在受载时，齿根所受的弯矩最大，因此齿根处的弯曲疲劳强度最弱。通常按全部载荷作用于齿顶来计算齿根的弯曲疲劳强度。计算弯曲强度时将轮齿作为简支梁，按照梁弯曲模型理论推导，其危险截面用 30°切线法确定。

轮齿啮合受载如图 11-8 所示，法向力 F_n 与轮齿对称中心线的垂线的夹角为 α_F，即齿顶圆压力角 α_a。

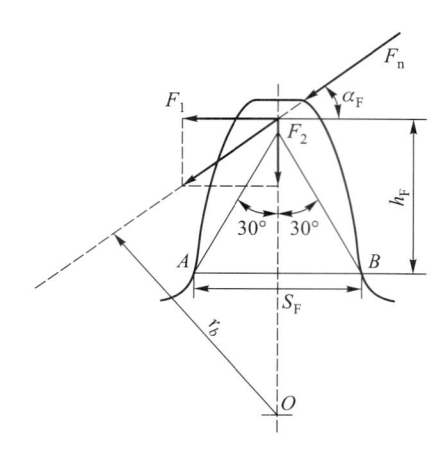

图 11-8 轮齿啮合受载

F_n 可以分解为 $F_1 = F_n \cos \alpha_F$ 和 $F_2 = F_n \sin \alpha_F$。其中 F_1 使齿根产生弯曲应力，F_2 使齿根产生压应力，在齿根危险截面 AB 处的压应力 σ_c 仅为弯曲应力 σ_F 的百分之几，故可忽略。

齿根危险截面的弯曲力矩为

$$M = KF_n h_F \cos \alpha_F \tag{11-12}$$

其中 K 为载荷系数；h_F 为弯曲力臂。

危险截面的弯曲截面系数 W 为

$$W = \frac{b S_F^2}{6}$$

故危险截面的弯曲应力为

$$\sigma_{F0} = \frac{M}{W} = \frac{6KF_n h_F \cos \alpha_F}{b s_F^2} = \frac{6KF_t h_F \cos \alpha_F}{b s_F^2 \cos \alpha} \tag{11-13}$$

取 $h_F = K_h m$，$s_F = K_s m$，可以获得：

$$\sigma_{F0} = \frac{6KF_t \cos \alpha_F \cdot K_h m}{b \cos \alpha \cdot (K_s m)^2} = \frac{KF_t}{bm} \frac{6K_h \cos \alpha_F}{K_s^2 \cos \alpha} \tag{11-14}$$

令：齿形系数 $Y_{Fa} = \dfrac{6K_h \cos \alpha_F}{K_s^2 \cos \alpha}$

Y_{Fa} 称为齿形系数，只与齿廓形状有关，而与齿轮的模数无关。

上式中的 σ_{F0} 仅为齿根危险截面处的理论弯曲应力，实际计算时，还应考虑齿根过渡圆角所引起的应力集中作用以及弯曲应力以外的其他应力对齿根应力的影响，因此齿根危险截面的弯曲强度条件为

$$\sigma_F = \sigma_{F0} Y_{Sa} = \frac{KF_t}{bm} Y_{Fa} Y_{Sa} \leq [\sigma_F] \tag{11-15}$$

式中：Y_{Sa} 为载荷作用于齿顶时的应力修正系数（表 11-8）。

表 11-8　齿形系数 Y_{Fa} 及应力修正系数 Y_{Sa}

$z(z_V)$	17	18	19	20	21	22	23	24	25	26	27	28	29
Y_{Fa}	2.97	2.91	2.85	2.80	2.76	2.72	2.69	2.65	2.62	2.60	2.57	2.55	2.53
Y_{Sa}	1.52	1.53	1.54	1.55	1.56	1.57	1.575	1.58	1.59	1.595	1.60	1.61	1.62
$z(z_V)$	30	35	40	45	50	60	70	80	90	100	150	200	∞
Y_{Fa}	2.52	2.45	2.40	2.35	2.32	2.28	2.24	2.22	2.20	2.18	2.14	2.12	2.06
Y_{Sa}	1.625	1.65	1.67	1.68	1.70	1.73	1.75	1.77	1.78	1.79	1.83	1.865	1.97

将 $F_t = \dfrac{2T_1}{d_1}$ 代入，可得弯曲强度计算公式为

$$\sigma_F = \dfrac{2KT_1}{bd_1 m} Y_{Fa} Y_{Sa} \leq [\sigma_F] \tag{11-16}$$

在设计时为减少未知数，用齿宽系数 $\psi_d = \dfrac{b}{d_1}$ 代替 b 后，将齿宽用齿宽系数和直径的乘积代替，再将直径用模数和齿数的乘积代替，公式可变为

$$m \geq \sqrt[3]{\dfrac{2KT_1}{\psi_d z_1^2} \left(\dfrac{Y_{Fa} Y_{Sa}}{[\sigma_F]} \right)} \tag{11-17}$$

通过以上分析可知，齿轮直径对于齿面接触强度和齿根弯曲强度都是重要的影响因素，在齿轮传动的 3 个参数（d, m, z）都未知的情况下，可根据齿面接触强度条件计算出齿轮直径（或中心距），再根据算出的直径或中心距用齿根弯曲强度条件（即简化后的公式计算出模数）最后计算出齿数。若最后得出的齿数小于 25，而且要求设计结果比较准确的话，可根据齿轮的重要程度决定是否采用修正系数对模数加以修正。

例 11-1　设计用于带式输送机传动装置的闭式单级直齿圆柱齿轮传动。传递功率 $P = 2.7$ kW，小齿轮转速 $n_1 = 350$ r/min，传动比 $i = 4$。传输机工作平稳，单向运转。齿轮对称布置，预期寿命 10 年，每年工作 300 天。

解：

（1）选择齿轮精度等级、材料、齿数

1）小齿轮选用 45 钢调质处理，齿面硬度 197～286 HBW，$\sigma_{Hlim} = 595$ MPa，$\sigma_{Flim} = 230$ MPa；大齿轮选用 45 号钢正火处理，齿面硬度 156～217 HBW，$\sigma_{Hlim} = 380$ MPa，$\sigma_{Flim} = 300$ MPa

2）初选小齿轮齿数 $z_1 = 24$，则 $z_2 = iz_1 = 96$。

3）对于齿面硬度小于 350 HBW 的闭式软齿面齿轮传动，应按齿面接触强度设计，再按照齿根弯曲强度校核。

（2）按齿面接触强度设计

1）原动机为电动机，工作机械是输送机，且工作平稳，取载荷系数 $K = 1.2$

2）小齿轮传递的转矩 $T_1 = 9.55 \times 10^6 \times \dfrac{P}{n_1} = 9.55 \times 10^6 \times \dfrac{2.7}{350}$ N·mm $= 7.367 \times 10^4$ N·mm

3) 齿轮为软齿面,对称布置,取齿宽系数 $\psi_d = 1$
4) 两齿轮材料都是锻钢,故取弹性系数 $Z_E = 189.8\sqrt{\text{MPa}}$
5) 两齿轮为标准齿轮,且正确安装,故节点区域系数 $Z_H = 2.5$

则有

$$d_1 \geqslant \sqrt[3]{\frac{KT_1}{\psi_d} \times \frac{u \pm 1}{u} \times \left(\frac{Z_E Z_H}{[\sigma_H]}\right)^2} = \sqrt[3]{\frac{1.2 \times 73\,670}{1} \times \frac{(4+1)}{4} \times \left(\frac{189.8 \times 2.5}{380}\right)^2} \text{ mm} = 55.65 \text{ mm}$$

6) 模数 $m = \dfrac{d_1}{z_1} = 55.65/24 = 2.32 \text{ mm}$,取标准值 2.5 mm

7) 齿宽 $b = \psi_d d_1 = 55.65 \text{ mm}$,圆整后取 $b_1 = 60 \text{ mm}$

8) 中心距 $a = \dfrac{d_1 + d_2}{2} = \dfrac{m \times z_1 + m \times z_2}{2} = \dfrac{60 + 240}{2} \text{ mm} = 150 \text{ mm}$

(3) 验算轮齿弯曲强度

1) 取齿形系数 $Y_{Fa1} = 2.65$,$Y_{Fa2} = 2.21$
2) 取应力集中系数 $Y_{Sa1} = 1.58$,$Y_{Sa2} = 1.77$
3) 大小齿轮弯曲应力分别为

$$\sigma_{F1} = \frac{2KT_1}{bd_1 m} Y_{Fa} Y_{Sa} = \frac{2 \times 1.2 \times 73\,670}{60 \times 55.65 \times 4} \times 2.65 \times 1.58 \text{ MPa} = 55.43 \text{ MPa} \leqslant [\sigma_{F1}] = 230 \text{ MPa}$$

$$\sigma_{F1} = \frac{2KT_1}{bd_2 m} Y_{Fa} Y_{Sa} = \frac{2 \times 1.2 \times 73\,670}{56 \times 55.65 \times 4} \times 2.21 \times 1.77 \text{ MPa} = 55.48 \text{ MPa} \leqslant [\sigma_{F2}] = 300 \text{ MPa}$$

经验算是安全的。

11.7 标准斜齿圆柱齿轮传动的强度计算

1. 轮齿的受力分析

图 11-9 为斜齿圆柱齿轮传动受力分析,从图中可以看出,轮齿所受总法向力 F_n 处于与轮齿相垂直的法面上,可以分解为圆周力 F_t、径向力 F_r 和轴向力 F_a:

11-4 强度计算(二)

$$\begin{cases} F_t = \dfrac{2T_1}{d_1} \\ F_r = \dfrac{F_t \tan \alpha_n}{\cos \beta} \\ F_a = F_t \tan \beta \\ F_n = \dfrac{F_t}{\cos \alpha_n \cos \beta} \end{cases} \quad (11-18)$$

式中:α_n 法向压力角,对于标准齿轮 $\alpha_n = 20°$;β 为节圆螺旋角,β 角增大,则重合度增

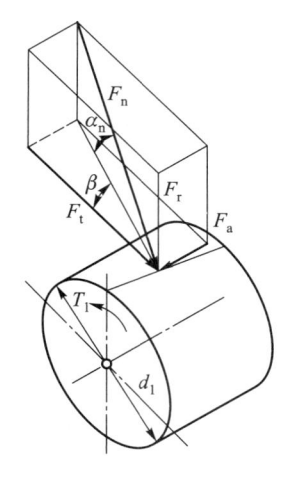

图 11-9 斜齿圆柱齿轮传动受力分析

大,传动更平稳,但轴向力也会增加,因而增加轴承的负载一般取 $\beta=8°\sim12°$。

从动轮齿上的载荷也可以分解为圆周力 F_t、径向力 F_r 和轴向力 F_a,它们分别与主动轮上的各力大小相等,方向相反。圆周力 F_t 的方向在主动轮上与转动方向相反,在从动轮上与运动方向相同;径向力 F_r 的方向指向两个齿轮各自的轴心;轴向力 F_a 的方向决定于轮齿螺旋方向和齿轮回转方向。对于主动轮,可用左、右手法则判断:左螺旋用左手,右螺旋用右手,拇指伸直与轴线平行,其余四指沿回转方向握住轴线,则拇指的指向即为主动轮的轴向力方向,从动轮所受轴向力方向则与主动轮相反。

如图 11-10 所示的一对斜齿轮传动中,主动轮的轮齿左旋,故用左手,四指沿着回转方向握拳,则左手拇指指向左,即为主动轮所受轴向力 F_{a1} 的方向。

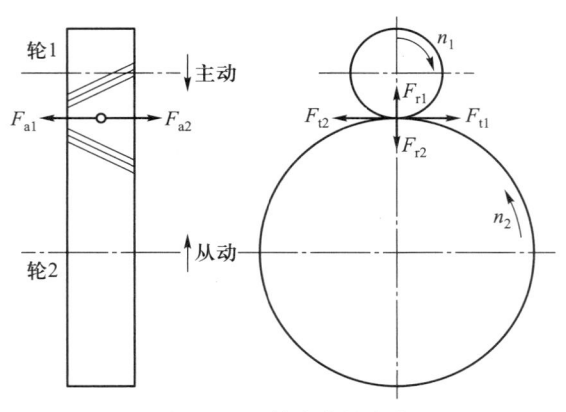

图 11-10 轴向力的方向

2. 轮齿的强度计算

斜齿圆柱齿轮传动的强度计算是按轮齿的法面进行分析的,其基本原理与直齿圆柱齿轮传动类似。斜齿圆柱齿轮的重合度较大、相啮合的轮齿较多、轮齿的接触线是倾斜的,同时在法面内斜齿轮的当量齿轮的分度圆半径比较大,因此斜齿轮的接触应力和弯曲应力均相比直齿轮有所降低。关于斜齿轮强度问题的详细讨论,可参阅相关资料。

标准斜齿圆柱齿轮传动的齿面接触应力及强度条件为

$$\sigma_H = 3.54 Z_E Z_\beta \sqrt{\frac{2KT_1}{bd_1^2} \frac{u \pm 1}{u}} \leq [\sigma]_H \text{ MPa} \tag{11-19}$$

$$d_1 \geq 2.32 \sqrt[3]{\frac{KT_1}{\phi_d} \frac{u \pm 1}{u} \left(\frac{Z_E Z_\beta}{[\sigma_H]}\right)^2} \text{ mm} \tag{11-20}$$

式中:Z_E 为材料的弹性系数;$Z_\beta = \sqrt{\cos\beta}$ 称为螺旋角系数。

齿弯曲疲劳强度条件为

$$\sigma_F = \frac{2KF_t}{bd_1 m_n} Y_{Fa} Y_{Sa} \leq [\sigma_F] \text{ MPa} \tag{11-21}$$

$$m_n \geq \sqrt[3]{\frac{2KT_1}{\psi_d Z_1^2} \frac{Y_{Fa} Y_{Sa}}{[\sigma_F]} \cos^2\beta} \text{ mm} \tag{11-22}$$

式中:Y_{Fa} 为齿形系数;Y_{Sa} 为应力修正系数,分别通过计算当量齿数 $Z_V = \dfrac{Z}{\cos^3\beta}$ 并查表 11-8 确定。

学习指南

为了保证齿轮传动具有足够的承载能力,因此在设计时需要进行严格的强度校核。本章介绍了齿轮传动的失效形式、齿轮的材料、齿轮传动的载荷计算、齿轮传动的设计准则、标准直齿轮传动以及标准斜齿圆柱齿轮传动的强度计算。重点掌握齿轮传动失效形式的机理分析、齿轮传动的受力分析、载荷系数的主要影响因素及选取方法、强度校核流程;掌握直齿圆柱齿轮齿根弯曲疲劳强度以及齿面接触疲劳强度计算的理论依据;掌握公式中各参数的意义。对斜齿圆柱齿轮,注意当量齿轮的计算方法以及与直齿圆柱齿轮计算的异同点。本章概念导图如图 11-11 所示。

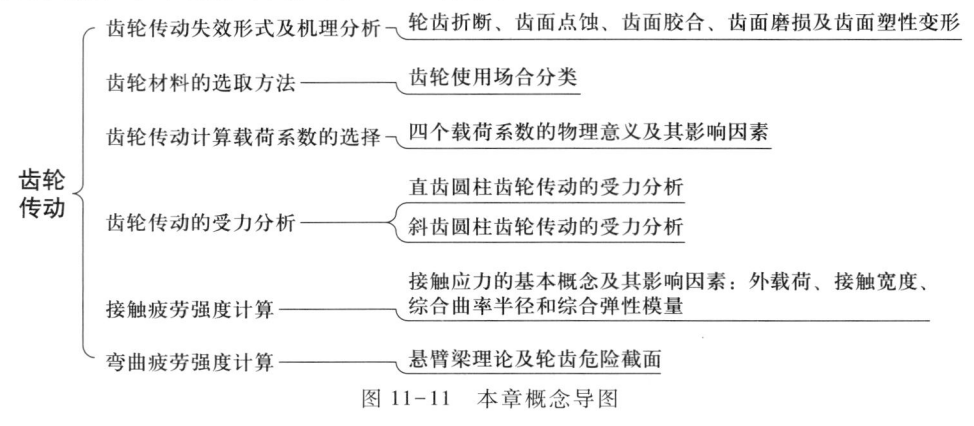

齿轮传动
- 齿轮传动失效形式及机理分析 —— 轮齿折断、齿面点蚀、齿面胶合、齿面磨损及齿面塑性变形
- 齿轮材料的选取方法 —— 齿轮使用场合分类
- 齿轮传动计算载荷系数的选择 —— 四个载荷系数的物理意义及其影响因素
- 齿轮传动的受力分析
  - 直齿圆柱齿轮传动的受力分析
  - 斜齿圆柱齿轮传动的受力分析
- 接触疲劳强度计算 —— 接触应力的基本概念及其影响因素:外载荷、接触宽度、综合曲率半径和综合弹性模量
- 弯曲疲劳强度计算 —— 悬臂梁理论及轮齿危险截面

图 11-11 本章概念导图

齿轮传动设计首先需要进行受力分析,再根据使用条件进行设计准则的选取,然后确定齿轮机构基本参数,在此基础上进行强度的校核。斜齿圆柱齿轮的强度计算,应由相应的当量齿轮转化为圆柱齿轮后再进行强度计算。感兴趣的同学可以参阅相关文献学习。

习题

11-1 分析图 11-12 所示齿轮传动中各齿轮所受的力(用受力图表示各力的作用位置及方向)。

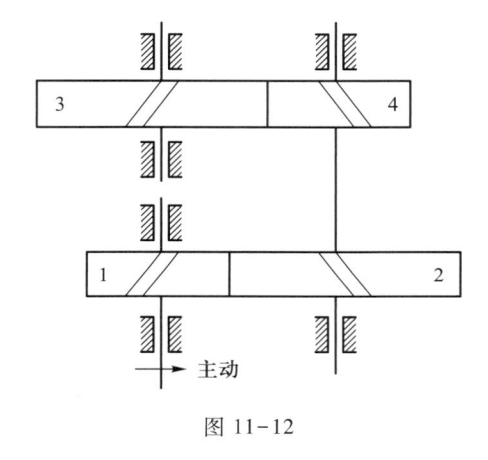

图 11-12

11-2 设计铣床中的一对圆柱齿轮传动,已知传递功率 $P_1 = 7.5$ kW,转速 $n_1 = 1\ 450$ r/min, $z_1 = 26$, $z_2 = 54$,寿命 $L_h = 12\ 000$ h,小齿轮相对其轴的支承为不对称布置。

11-3 设计航空发动机的一对斜齿圆柱齿轮传动。已知传递功率 $P_1 = 7.5$ kW,转速 $n_1 = 1\ 450$ r/min, $z_1 = 26$, $z_2 = 54$,寿命 $L_h = 12\ 000$ h,小齿轮做悬臂布置,使用系数 $K_A = 1.25$。

第12章

键连接与螺纹连接

内容提要

12-1 连接的基本类型和键连接

本章主要介绍键连接和螺纹连接。在实际应用时,应当根据设计要求选择键的类型,并且针对不同的失效形式进行键的设计校核。针对螺纹连接,重点介绍其受力与运动的分析方法,以及不同受载状态下螺栓连接的强度校核方法。另外,还将介绍螺纹传动的原理及应用场合。

12.1 概述

为了方便加工,复杂机电系统通常分解为零部件或子系统分头进行加工制造,然后再组合形成完整的系统。组合的方式有两种,一种是以运动副的形式,称为动连接;另外一种形式中,零部件之间没有相对运动,称为静连接。运动副和动连接在前面章节中已经介绍过,本章主要介绍静连接。静连接是指被连接件与连接件的组合,可分为两类:第一类是可拆连接,如螺纹连接、键连接、销连接等,可以多次装拆并对使用性能没有损害;第二类是不可拆连接,如焊接、铆接、胶接等,这类连接如果拆开,会破坏连接中的零件或者使用性能。

本章主要讲述键连接和螺纹连接,它们在机电产品设计制造中被广泛应用。在介绍键连接和螺纹连接之前,先简单介绍一下其他几种常用的连接形式。胶接是一种非常简便的连接方式,其技术发展也很迅猛,有时候胶接的承载能力甚至可以超过焊接或铆接。但是胶接的连接强度随环境温度和应力的变化而变化,胶接性能不稳定。铆接也很常见,日常生活中使用的一些剪刀和钳子所采用的都是活动铆接;在桥梁和建筑中大量采用的是固定铆接。焊接是利用局部加热方法,使材料在连接处熔融后凝固而构成不可拆连接,包括电焊、气焊等。焊接在大型船舶和核电装备中被大量采用。近些年来,自动化焊接装备或者焊接机器人在快速发展,有望部分地取代人力并具有一些优势。过盈连接是利用零件间配合的过盈量,在连接面上产生正压力,进而利用摩擦实现连接。比如滚动轴承的内外圈与轴颈或座孔的连接,采用的就是过盈连接。过盈连接的特点是结构简单、定心精度高;缺点是加工精度要求高、装拆不方便。

按数量计算,连接零件是机械装备中使用最多的零件,可占零件总数的50%以上。从降低生产成本、缩短新产品开发周期、便于使用和方便维修的角度出发,连接零件一般应为标准件。因此在机械设计过程中,如无特殊原因,都应选用螺栓、螺钉、螺母、垫圈、键等标准的连接零件。标准化连接零件的使用大大简化了设计过程,设计人员通过简单的选择就可以设计。然而,"根据什么原则进行选择"仍然很重要。如果仅仅根据直觉进行选择,或者仿照其他的机型进行选择,那这种随意的选择就不能判断是否会导致连接失效,也无法确认连接设计是否过强,因而不是合理的设计方法。所以,连接的设计或选用,还是要遵循一定的流程。本章将详细介绍键连接和螺纹连接的原理及校核过程,可供设计人员参考。其他连接方式请查阅相关资料,在此不作详细介绍。

12.2 键连接

1. 键连接类型

键主要用于轴和轮毂零件间的连接,实现周向固定并传递转矩。有些情况下键连接也被用来实现轴向固定并传递一定的轴向载荷,或者实现轴上零件沿轴向移动的导向作用。常见的键连接包括:平键连接、半圆键连接、楔键连接、切向键连接等。

平键分为普通平键和导向平键两种,它的工作面是两个侧面,顶面与轴上零件之间有间隙。普通平键仅用来实现周向固定,没有轴向的固定作用。按键端形状分为圆头(A型)、平头(B型)、单圆头(C型),如图12-1所示。普通平键的对中性好、易拆装、精度较高,广泛用于齿轮、带轮、链轮与轴的周向定位与固定。

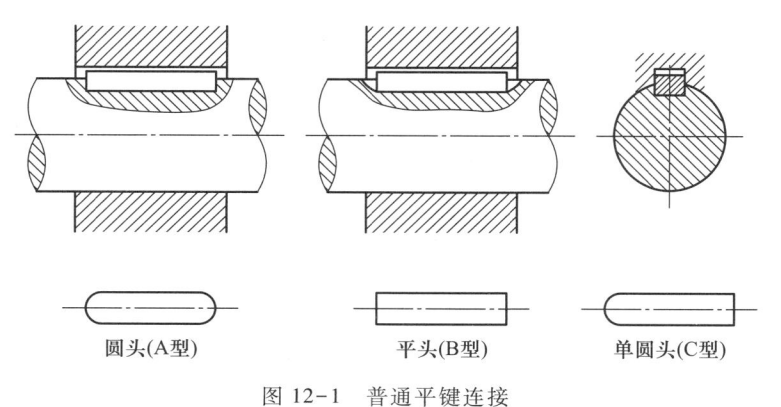

图 12-1 普通平键连接

导向平键较长,需要用螺钉固定在轴槽中,如图12-2所示。导向键可使轴上的零件发生轴向移动,实现动连接,常用于轴上零件轴向移动量不大的情况,如变速箱中的滑移齿轮。

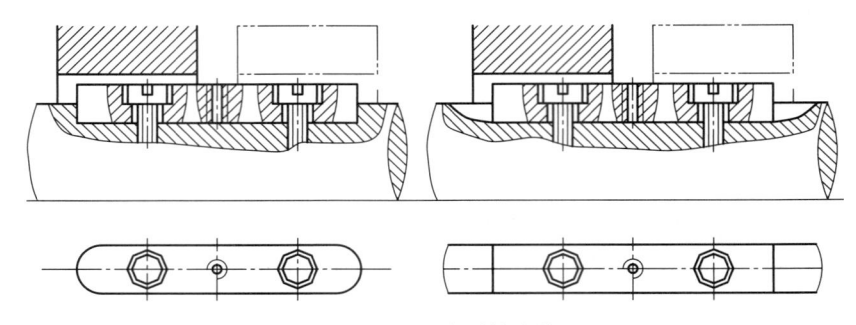

图 12-2 导向平键连接

滑键是另外一种动连接,同样用于轴上零件的轴向移动,工作面是两个侧面。不同的是,滑键固定在轮毂上,相对于槽滑动。图 12-3 中展示了双勾头滑键和单圆勾头滑键。与导向键不同,滑键的键短槽长,并且对中性好、易拆装,常用于轴上零件轴向移动量比较大的场合。

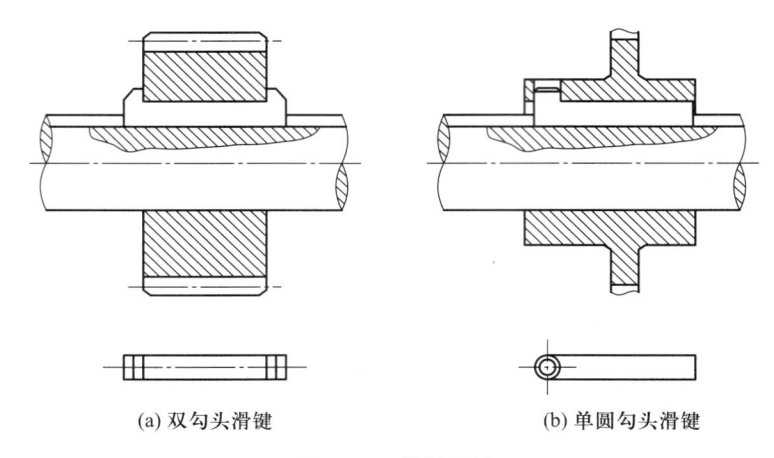

(a) 双勾头滑键　　(b) 单圆勾头滑键

图 12-3 滑键连接

半圆键以两侧面为工作面,也是一种轴上零件的周向固定方式,半圆键连接如图 12-4

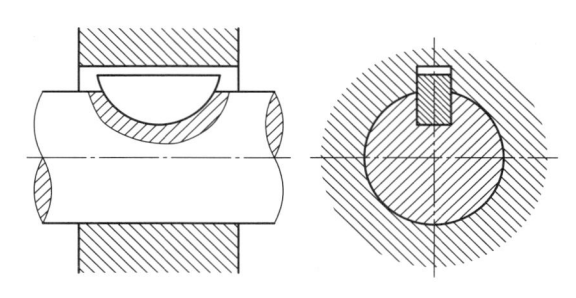

图 12-4 半圆键连接

所示。半圆键的优点是工艺性好、装配方便,但是键槽比较深,对轴的削弱较大,因此适用于轻载连接,一般应用于锥形轴端的连接。

楔键的工作面是上、下两面,靠键的楔紧作用来传递转矩和进行运动。楔键对零件有轴向固定作用,能承受单方向的轴向力。安装时,需要用力将楔键打入,造成轴与轴上零件产生偏心,因此楔键的对中精度不高,适用于对中精度要求较低、转速不高的场合。常见楔键包括圆头楔键、平头楔键、钩头楔键等,楔键连接如图 12-5 所示。

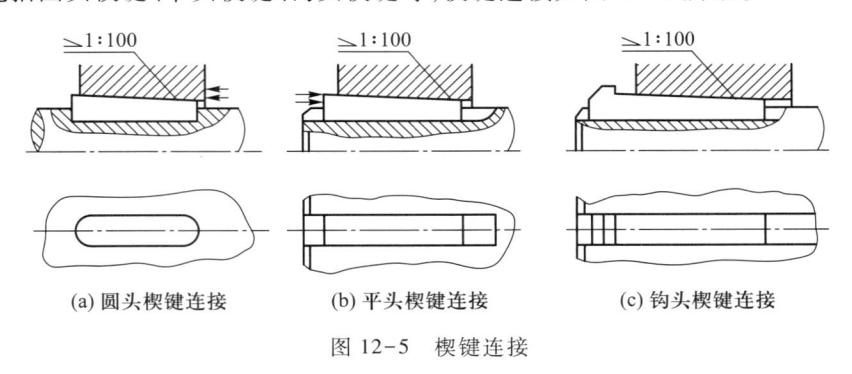

(a) 圆头楔键连接　　(b) 平头楔键连接　　(c) 钩头楔键连接

图 12-5　楔键连接

切向键由一对楔键组成,是一种可以承受重载的键连接,切向键连接如图 12-6 所示。上下较窄的两个面为工作面,靠挤压力和摩擦力来传递转矩,因此切向键承载能力很好。当两组切向键成 120°~130° 夹角布置时,可以传递双向转矩。但是由于切向键的键槽对轴的削弱比较大,一般用在直径大于 100 mm 的轴上,如大型带轮及飞轮、矿用大型绞车的齿轮与轴的连接等。

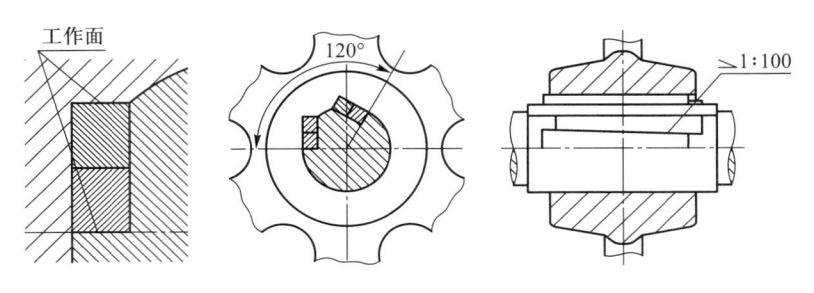

图 12-6　切向键连接

花键连接是由周向均布多个键齿的花键轴(也称外花键),与带有相同数目键齿槽的轮毂孔(也称内花键)相配合而成的,如图 12-7 所示。花键的齿侧面为工作面且相当于多个平键,因此承载能力高、对中性好、齿槽浅、对轴的削弱小。缺点是对加工精度的要求高,成本也高。常用于汽车、拖拉机和机床中需要换挡的轴毂连接中。

花键按照齿形不同可分为矩形花键和渐开线花键两类,如图 12-8 所示。矩形花键的齿廓为矩形,采用小径定心方式连接,即外花键与内花键的小径为配合表面。这种方式制造容易、定心精度高、稳定性好,常用于中轻载荷工况下。渐开线花键的齿廓为渐开线,受力时花键齿面产生径向力,产生自动平衡定心的功能,各齿受力均匀、承载能力大、寿命

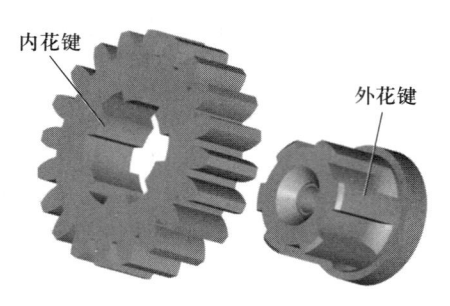

图 12-7 花键连接

长。这种加工工艺与齿轮相同,制造精度要求高。花键既可用于静连接也可以用于动连接。

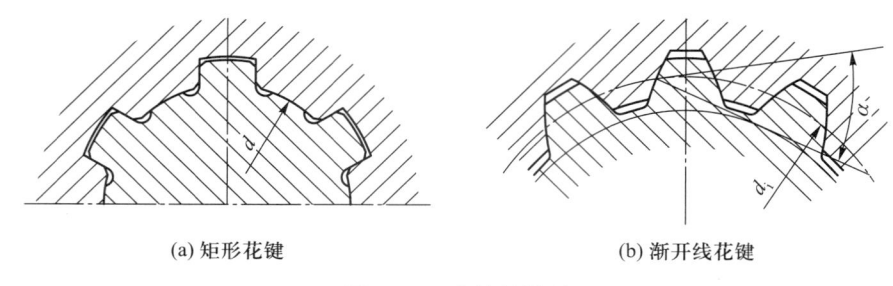

(a) 矩形花键　　　　(b) 渐开线花键

图 12-8 花键的类型

2. 键连接校核

键连接已经标准化,可根据设计要求选择键的类型,然后再进行键的校核。在实际应用中,键的选择和校核流程可概括为:先根据连接的结构特点、使用要求和工作条件,选择键的类型;然后根据轴的直径选择键的截面尺寸,根据轮毂的宽度选择键的长度;最后,对键的连接强度进行计算校核。

以普通平键为例,当传递转矩时,键、轴上键槽和轮毂键槽的工作面均承受挤压应力,键在剪切剖面方向上还承受剪切应力,这导致工作面压溃或键被剪断是平键连接中常见的失效形式。因此,平键的强度条件是工作面上的挤压应力或剪切应力小于相应的许用应力值。

$$\sigma_{bs} = \frac{4T}{dhl} \leq [\sigma_{bs}] \tag{12-1}$$

对导向键或滑键来说,其主要的失效形式是工作面过度磨损,因此以工作面压强来进行设计校核计算。

$$P = \frac{4T}{dhl} \leq [P] \tag{12-2}$$

式中:T 为转矩,N·mm;d 为轴直径;h 为键的高度;l 为键的工作长度,mm;$[\sigma_{bs}]$ 为许用挤压应力;$[P]$ 为许用压强,MPa,平键受力示意图可参照图 12-9。

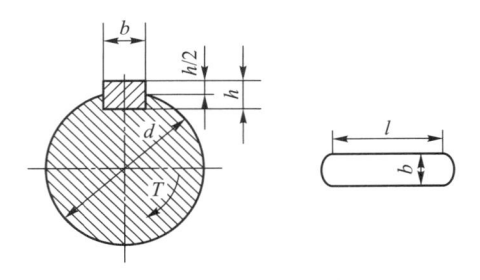

图 12-9　平键受力示意图

12.3　螺纹连接

1. 螺纹类型及受力分析

在圆柱或圆锥表面上,沿着螺旋线所形成的具有规定牙型的连续凸起称为螺纹。在机械领域,螺纹可以用来连接和传动。螺纹连接是利用螺纹零件构成的可拆连接,是最为常用的连接形式之一。此外,螺旋传动也应用广泛,图 12-10 所示的螺纹千斤顶便是一个典型示例。它可以轻松承受较大的重量,而所需要施加的驱动力矩却很小。为了剖析螺纹连接和螺旋传动背后的原理,首先需要了解螺纹的基本知识和螺旋副的力学特性。

12-2 螺纹类型及受力分析

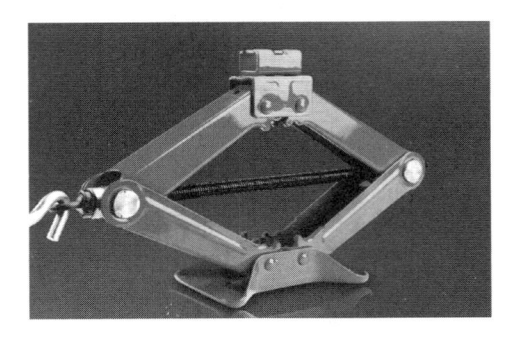

图 12-10　螺纹千斤顶

如图 12-11 所示,如果将一直角三角形 abc 绕在直径为 d_2 的圆柱表面上,使三角形底边 ab 与圆柱的底边重合,点 a 在底边上,则三角形的斜边 amc 在圆柱表面形成一条螺旋线 am_1c_1。如果取一个通过圆柱轴线的平面图形,使它沿着螺旋线运动,并保持通过圆柱体的轴线,则这平面图形在空间形成一个螺旋形体,称为螺纹。按照平面图形的形状,螺纹可以分为三角形螺纹、梯形螺纹和锯齿形螺纹等。三角形 abc 的斜边与底边的夹角 ψ,称为螺纹升角。按照螺旋线的旋向,螺纹可以分为左旋螺纹和右旋螺纹。机械制造中一般采用右旋设计,只有在一些特殊场合下,才会采用左旋螺纹。螺纹的另外一个要素是线数。如图 12-12 所示,沿一条螺旋线形成的螺纹为单线螺纹,沿两条或两条以上在轴向等距分布的螺旋线形成的螺纹,称为多线螺纹。为了便于加工,线数一般小于等于 4。

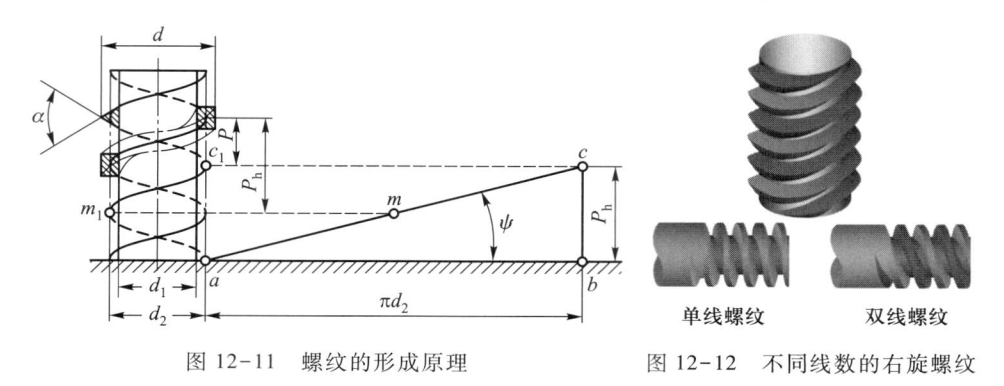

图 12-11 螺纹的形成原理

图 12-12 不同线数的右旋螺纹

螺纹有几个重要的尺寸,首先是大径、小径和中径。大径是螺纹的公称直径,是与外螺纹牙顶或内螺纹牙底相切的假想圆柱的直径,分别以无下标的 d 和 D 表示,其中 d 表示外螺纹的大径,D 表示内螺纹的大径。小径 d_1、D_1 是与外螺纹牙底或者内螺纹牙顶相切的假想圆柱的直径,是螺纹的最小直径,在强度计算中常作为危险截面的计算直径。在大径和小径之间有一圆柱,在其轴线剖面内母线上的牙宽和槽宽相等,该圆柱的直径为中径 d_2、D_2。中径是确定螺纹几何参数和配合性质的直径。螺纹大径、小径和中径如图 12-13 所示。

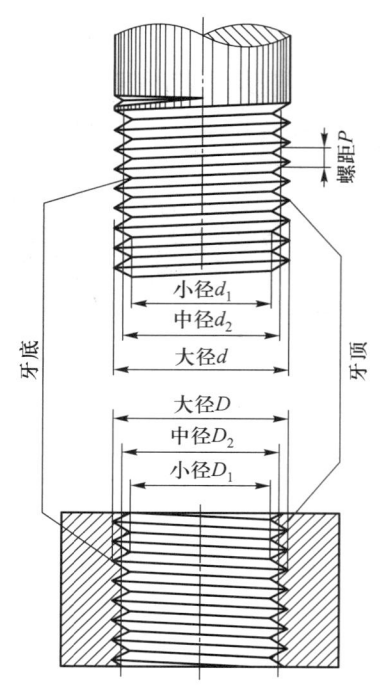

图 12-13 螺纹大径、小径和中径示意图

如图 12-14 所示,螺纹上相邻两牙在中径线上对应两点之间的轴向距离称为螺距,用字母 P 表示;同一条螺纹上相邻两牙在中径线上对应两点之间的轴向距离称为导程,用 P_h 表示。对单线螺纹来说,$P_h = P$;对多线螺纹来说,导程 $P_h = P \times n$,n 为线数。

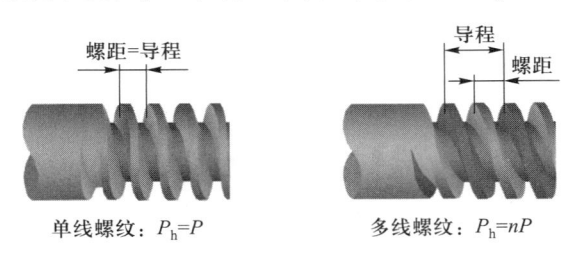

图 12-14 螺距与导程

螺纹中有三个重要的角度:升角,牙型角和牙侧角。升角 ψ 是在中径圆柱面上,螺旋线的切线与垂直于螺纹轴线的平面间的夹角(图 12-15)。升角的正切函数值,等于导程除以中径圆柱面的周长。牙型角 α 是指螺纹两侧面的夹角。牙侧角 β 是螺纹牙型的侧边与螺纹轴线的垂线间的夹角。对称牙型的牙侧角,等于牙型角的一半。

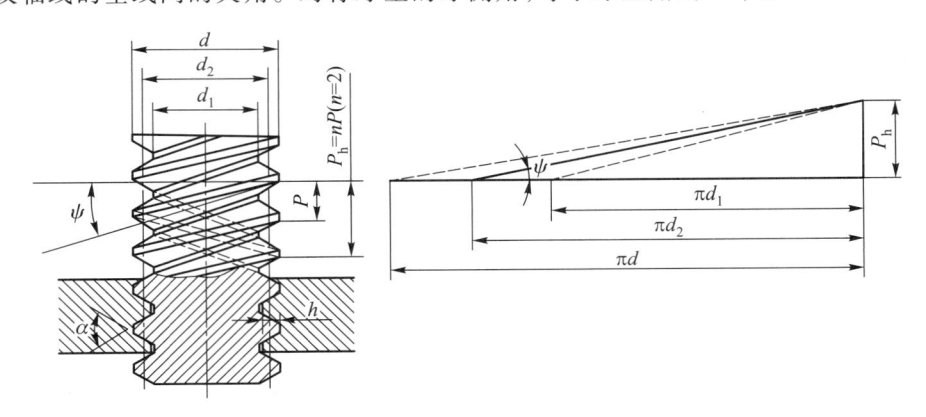

图 12-15 双线螺纹中的典型尺寸和角度示意图

按照牙型划分,常见的螺纹形式包括三角形螺纹、梯形螺纹、矩形螺纹和锯齿形螺纹,如图 12-16 所示。三角形螺纹又可分为普通螺纹和管螺纹。普通螺纹的牙型为等边三角形,牙型角为 60°,其自锁性好、牙根强度高、工艺性好,一般用于螺纹连接;管螺纹的牙型为等腰三角形,牙型角为 55°,内外螺纹旋合后无径向间隙,靠自身变形或者添加密封物实现密封,此种螺纹一般用于水、煤气和润滑管路中。梯形螺纹的牙型为等腰梯形,牙型角 30°,是最常用的传动螺纹。矩形螺纹的牙型为矩形,牙型角和牙侧角均为 0°,传动效率比其他螺纹高,但是牙根强度弱、工艺性差,目前已逐渐被梯形螺纹取代。锯齿形螺纹为不等腰梯形,工作面牙侧角为 3°,非工作面牙侧角为 30°,兼有矩形螺纹传动效率高和梯形螺纹牙根强度高的优点,但是仅用于单向传动。可以看出,用于传动的梯形螺纹和锯齿形螺纹的牙侧角都比三角形螺纹的牙侧角小得多,这是因为牙侧角与摩擦损失和传动效率有关,后文会进一步分析。此外,传动螺纹在应用中,会保留较大的间隙来存储润滑油。

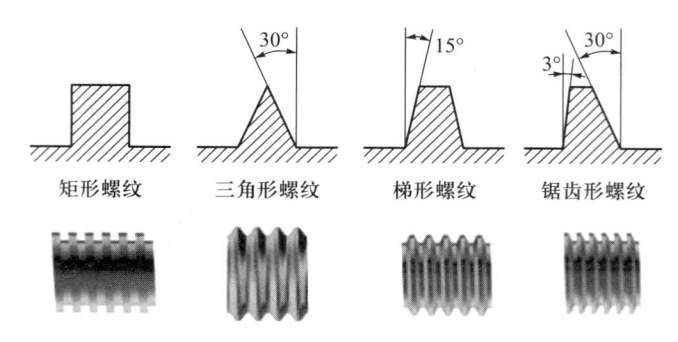

图 12-16 常见的螺纹牙型

了解螺纹的主要类型和几何尺寸参数后,接下来通过螺旋副的力学特性来进一步分析螺纹的内在机理。

（1）矩形螺纹的受力分析

为了更好地理解螺旋副的受力,首先分析斜面上一个滑块的受力与运动情况。如图 12-17 所示,当滑块等速上升时,滑块的重力 F_Q（对螺旋副来说相当于轴向力）、斜面对滑块的支持力 F_{N21}、斜面与滑块之间的摩擦力 F_{21}、外部施加给滑块的驱动力 F,这四个力的矢量和为零。将支持力 F_{N21} 和摩擦力 F_{21} 的矢量和表示为 F_{R21},并注意到

$$\tan \rho = \frac{F_{21}}{F_{N21}} = f \tag{12-3}$$

式中:f 为摩擦系数;ρ 称为摩擦角。

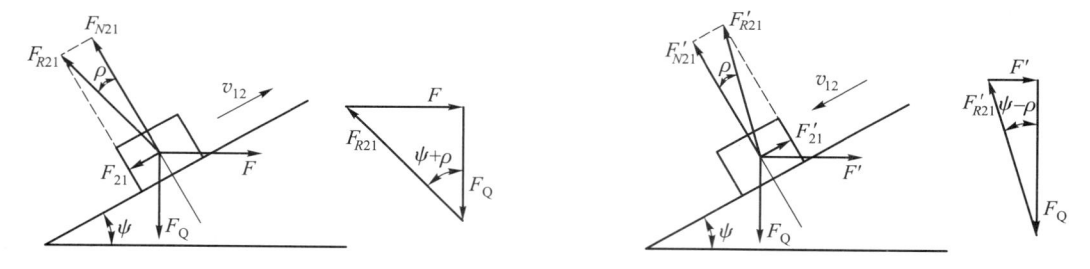

图 12-17 滑块（矩形螺纹）的受力分析

假设斜面升角为 ψ,则维持滑块等速上升所需要的驱动力为

$$F = F_Q \cdot \tan(\psi+\rho) \tag{12-4}$$

同样,如果滑块等速下滑,则所需要的维持力为

$$F' = F_Q \cdot \tan(\psi-\rho) \tag{12-5}$$

当滑块下滑时,如果 $\psi \leqslant \rho$,则所需要的维持力 $F' \leqslant 0$,这意味着滑块需要一定的驱动力（力的方向与运动方向一致）,它才能下滑,否则滑块就不能下滑。这种现象称为滑块的自锁。所以,针对斜面摩擦,可以得到一个结论:当斜面升角小于摩擦角时,滑块会自锁。这个结论与日常经验是一致的:当把一个滑块放置在一个平缓的斜坡上,如果斜坡升

角小于摩擦角,则滑块静止不动;当斜坡的升角增加、斜坡变陡,斜坡升角大于摩擦角,滑块会加速下滑。

　　螺旋副的相对运动可以看成作用在中径的水平力推动滑块沿螺纹运动。以矩形螺纹为例,如图 12-18 所示。假设轴向载荷 F_Q 作用在中线上,单面产生摩擦力,对矩形螺纹来说,拧紧力(也就是让滑块匀速上行的力)为 $F_Q \cdot \tan(\psi+\rho)$,其中 ψ 为螺纹升角,ρ 为摩擦角。拧紧力矩即拧紧力乘以中径的一半。对矩形螺纹来说,防松力(也就是防止滑块下滑的力)为 $F_Q \cdot \tan(\psi-\rho)$,如果 $\psi>\rho$,必须靠一定的防松力,否则螺旋副会松动;如果 $\psi \leqslant \rho$,则需要的防松力小于等于零,此时意味着螺旋副自锁,必须靠一定的松动力螺旋副才可以松动。除了螺纹升角和摩擦角,轴向力 F_Q 也对螺纹性能有重要影响。如果 F_Q 很小,即使螺旋副自锁,但是作用很小的松动力,螺旋副就会松动。因此,一般需要通过增加预紧力,来防止螺旋松动。结合上述讨论,矩形螺纹的拧紧力、拧紧力矩、防松力和防松力矩分别为

$$F = F_Q \cdot \tan(\psi+\rho) \tag{12-6}$$

$$M = F \cdot \frac{d_2}{2} = \frac{d_2}{2} \cdot F_Q \cdot \tan(\psi+\rho) \tag{12-7}$$

$$F' = F_Q \cdot \tan(\psi-\rho) \tag{12-8}$$

$$M' = F' \cdot \frac{d_2}{2} = \frac{d_2}{2} \cdot F_Q \cdot \tan(\psi-\rho) \tag{12-9}$$

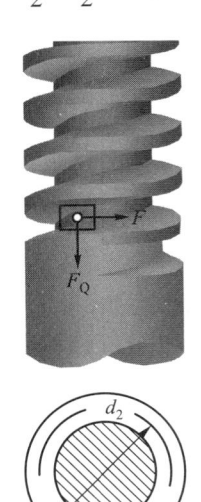

图 12-18　滑块沿螺纹中径运动(以矩形螺纹为例)

　　关于如何对应螺纹的受力运动与图 12-17 滑块的情形,做进一步的解释如下:当轴向载荷为阻力,阻碍螺纹的相对运动(如拧紧螺母、螺纹千斤顶举重物、车床丝杠走刀)时,相当于滑块沿斜面等速上升,应用式(12-4)计算;当轴向载荷为驱动力,与螺纹的相对运动方向一致(如旋松螺母、螺纹千斤顶降落重物)时,相当于滑块沿斜面等速下滑,应

用式(12-5)计算。

对矩形螺纹螺旋副来说,螺母在力矩 M 作用下转动一周时,输入功是 $2\pi M$。升举重物所做的有效功等于轴向力 F_Q 乘以导程 P_h。则螺旋副效率(有效功与输入功之比)为

$$\eta = \frac{F_Q P_h}{2\pi M} = \frac{\tan \psi}{\tan(\psi + \rho)} \quad (12-10)$$

由上式看出,螺纹升角 ψ 越大,摩擦角 ρ 越小,螺旋副效率越高。当摩擦角不变时,螺旋副效率随螺纹升角的增大而增加。对于传动用的螺旋副,螺纹升角一般取 25°左右。升角太大会引起制造困难,并且效率的增加也不再显著,升角与传动效率关系如图 12-19 所示。

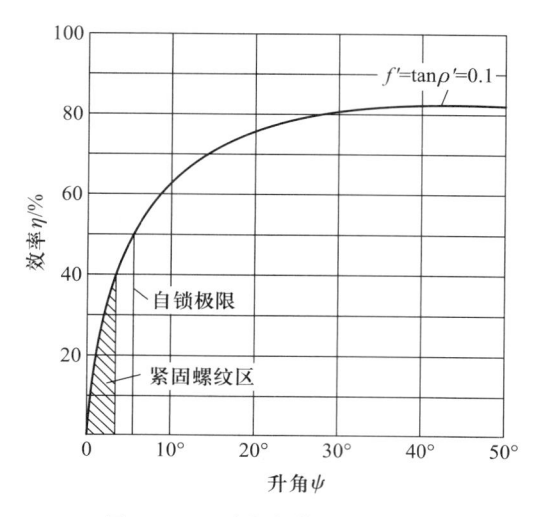

图 12-19 升角与传动效率关系

(2)非矩形螺纹的受力分析

非矩形螺纹指牙侧角 $\beta \neq 0$ 的三角形螺纹、梯形螺纹和锯齿形螺纹。它们的情况与矩形螺纹类似。当轴向力同样为 F_Q 时,非矩形螺纹接触面上的法向力比矩形螺纹要大。若不计升角影响,非矩形螺纹接触面上的法向力为

$$F_{N21} = \frac{F_Q}{\cos \beta} \quad (12-11)$$

相应的摩擦力 F_{21} 等于摩擦系数乘以法向力,可以表达为下式:

$$F_{21} = \frac{\mu F_Q}{\cos \beta} = \mu' F_Q \quad (12-12)$$

$$\mu' = \frac{\mu}{\cos \beta} = \tan \rho_V \quad (12-13)$$

其中 μ 是真实的摩擦系数;μ' 是当量摩擦系数;ρ_V 是当量摩擦角。以当量摩擦角来代入上述介绍的矩形螺纹螺旋副的计算公式中,便可以得到三角螺纹的拧紧力、拧紧力矩、防松力和防松力矩如下所示。

$$F = F_Q \cdot \tan(\psi+\rho_V) \tag{12-14}$$

$$M = F \cdot \frac{d_2}{2} = \frac{d_2}{2} \cdot F_Q \cdot \tan(\psi+\rho_V) \tag{12-15}$$

$$F' = F_Q \cdot \tan(\psi-\rho_V) \tag{12-16}$$

$$M' = F' \cdot \frac{d_2}{2} = \frac{d_2}{2} \cdot F_Q \cdot \tan(\psi-\rho_V) \tag{12-17}$$

需要指出的是,非矩形螺纹的当量摩擦角,比相同条件下矩形螺纹的摩擦角要大。这意味着在同样条件下,非矩形螺纹的拧紧力更大。基于与式(12-10)同样的分析,得到非矩形螺纹的效率计算公式如式(12-18)所示。与矩形螺纹相比,二者区别在于当量摩擦角。当螺纹升角和其他条件相同时,非矩形螺纹的当量摩擦角更大,因此传动效率较低;同时根据自锁条件,非矩形螺纹(如三角形螺纹)更容易自锁。

$$\eta = \frac{\tan\psi}{\tan(\psi+\rho_V)} \tag{12-18}$$

2. 螺纹连接的基本类型

螺纹连接主要有四种基本类型:螺栓连接、螺钉连接、双头螺柱连接和紧定螺钉连接。

(1) 螺栓连接

螺栓连接的特点是在被连接件上开有通孔,孔中不加工螺纹,螺栓穿过通孔后和螺母旋紧连接,如图12-20所示。就普通螺栓连接而言,被连接件的孔径要比螺栓公称直径大10%左右,因而在螺栓杆与被连接件孔壁之间有间隙。这种连接的优点是加工简单,对孔的尺寸精度和表面粗糙度没有太高要求,一般用钻头粗加工即可,是应用最广的一种螺栓连接形式。

与普通螺栓连接不同,铰制孔用螺栓连接的螺杆外径与螺栓孔的内径具有相同公称尺寸,并采用过渡配合。这种情况下,螺栓杆与孔壁之间几乎无间隙,可以承受垂直于螺栓轴线的横向载荷。使用铰制孔用螺栓连接时,被连接件的孔径在粗加工后,需要用铰刀进行精加工,以满足表面粗糙度和孔径公差配合要求。

(a) 普通螺栓连接 (b) 铰制孔用螺栓连接

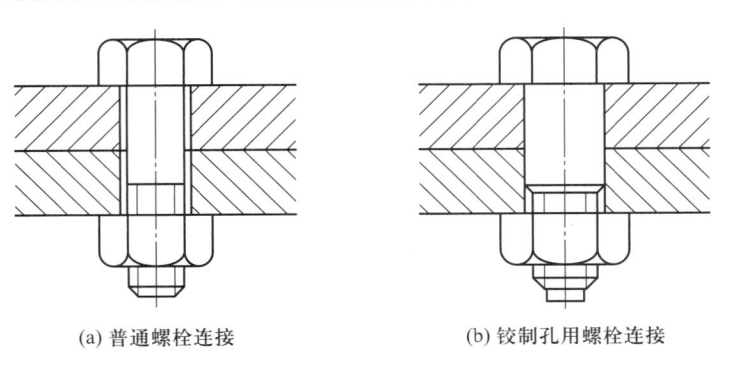

图 12-20 螺栓连接

(2) 螺钉连接

螺钉连接是只用螺钉,不用螺母的螺纹连接。被连接件之一为光孔,另一个为螺纹孔,螺钉直接被拧进螺钉孔中。如图 12-21 所示。螺钉连接不宜经常装拆,以免被连接件的螺纹孔被磨损而使连接失效。

(3) 双头螺柱连接

双头螺柱连接是用两头都有螺纹的螺柱和一个螺母,把被连接件连接起来的形式。其中一个被连接件为光孔,另一个为螺纹孔,如图 12-22 所示。双头螺柱多用于较厚的连接件,允许多次装拆而不损坏被连接件。

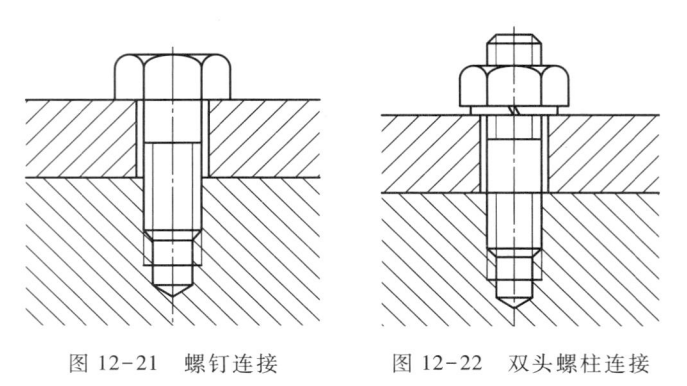

图 12-21 螺钉连接　　图 12-22 双头螺柱连接

(4) 紧定螺钉连接

紧定螺钉利用拧入被连接件螺纹孔中的螺钉末端顶住另外一个零件的表面,以固定两零件的相对位置,可传递较小的力或转矩,其典型应用如图 12-23 所示。

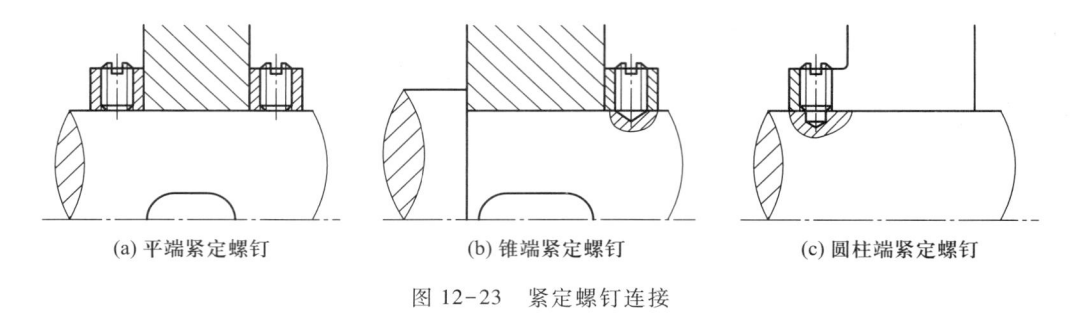

(a) 平端紧定螺钉　　(b) 锥端紧定螺钉　　(c) 圆柱端紧定螺钉

图 12-23 紧定螺钉连接

3. 螺纹连接的预紧和防松

大多数情况下,螺纹连接在装配时都必须拧紧,使其受到预紧力。预紧的目的有三个:一是提高连接的紧密性;二是防止连接松动;三是提高螺纹连接的强度和横向载荷承受能力。为了充分保证预紧可靠,螺栓的预紧应力一般可达材料屈服极限的 50%~70%。常见的预紧力控制方法有两种:一是使用测力矩扳手;二是使用定力矩扳手(图 12-24)。

(a) 测力矩扳手　　　　　　　　　　(b) 定力矩扳手

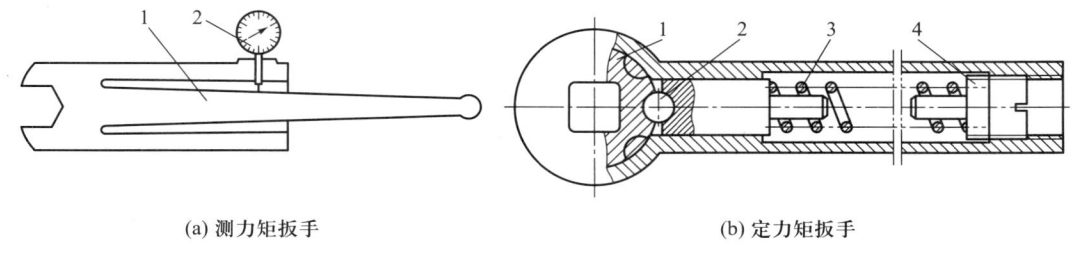

图 12-24　力矩扳手

螺纹连接的拧紧力矩 T 等于螺纹间的摩擦阻力矩 T_1 与螺母和接触面之间的摩擦阻力矩 T_2 的和：

$$T = T_1 + T_2 = \frac{F_a d_2}{2}\tan(\psi + \rho_V) + f_c F_a r_f \quad (12-19)$$

式中：F_a 是螺纹的轴向载荷，当螺纹连接不承受轴向载荷时，它便是预紧力。根据螺纹拧紧力公式，便可以得到螺纹间的摩擦阻力矩为 $\frac{F_a d_2}{2}\tan(\psi + \rho_V)$，$d_2$ 是螺纹中径。$f_c F_a r_f$ 则代表了螺母和接触面之间的摩擦阻力矩。f_c 是摩擦系数，无润滑状态下可以近似取 0.15；$r_f = \frac{d_w + d_0}{4}$ 代表支撑面的摩擦半径。d_w 是螺母外径，d_0 是螺栓孔直径。对于 M10～M68 的粗牙螺纹，当假设螺纹间、螺母和接触面之间的摩擦系数都为 0.15 时，上式可以简化为

$$T \approx 0.2 F_a d \quad (12-20)$$

式中：d 是螺纹公称直径。

经过预紧的螺纹连接，在冲击、振动、变载和温度变化情况下，预紧力可能在某一瞬间消失，连接有可能松脱。因此，需要进一步进行防松处理。防松的原理是限制螺旋副的相对转动，主要方法有摩擦防松、机械防松、永久防松等。

摩擦防松，是利用附加的摩擦力进行防松。利用该原理进行防松的常见形式有弹簧垫圈防松（图 12-25a）、对顶螺母防松（图 12-25b）和自锁螺母防松（图 12-25c）。弹簧垫圈的防松原理是把弹簧垫圈压平后，弹簧垫圈会产生一个持续的弹力，使螺母与螺栓的螺纹连接副持续保持摩擦状态，始终有摩擦力，产生阻力矩，防止螺母松动。对顶螺母是利用两个螺母的对顶拧紧，使螺栓始终受到附加的拉力和摩擦力。由于对顶螺母多用一个螺母，并且工作不十分可靠，目前已经较少使用。自锁螺母也是靠摩擦力来达到防松和抗振目的。其原理是运用螺母与锁紧机构相连，当拧紧螺母时，锁紧机构锁住尺身，使尺框不可自由移动，达到锁紧的目的；当松开螺母时，锁紧机构脱开尺身，尺框可沿尺身移动。基于摩擦防松原理的常见防松形式如图 12-25 所示。

机械防松，是采用专门的防松元件来防松，常用的有止动垫片防松和开口销防松，如图 12-26 所示。止动垫片防松是将垫片折边，以固定螺母和被连接件的相对位置。开口销防松是在螺栓上开小孔，同时将螺母开槽，将开口销穿过螺栓上的小孔和螺母上的槽，阻止螺栓和螺母的相对转动，从而达到防松目的。

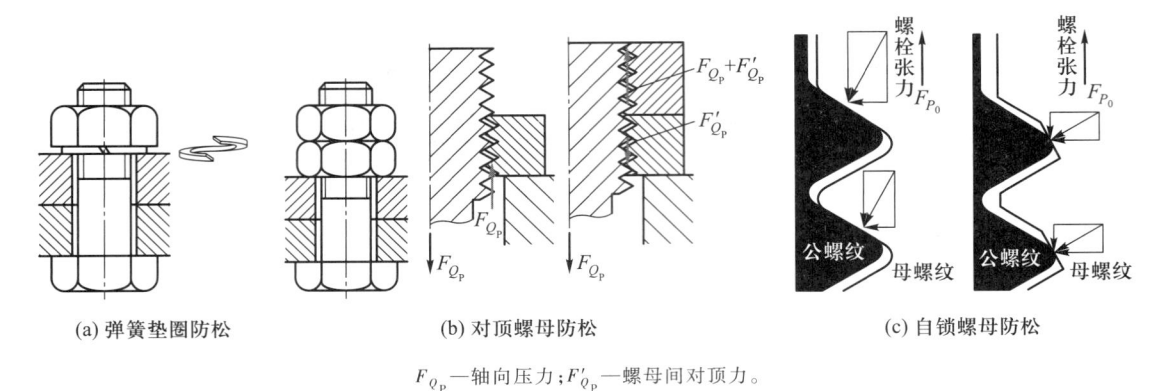

(a) 弹簧垫圈防松   (b) 对顶螺母防松   (c) 自锁螺母防松

F_{Q_P}—轴向压力；F'_{Q_P}—螺母间对顶力。

图 12-25　基于摩擦防松原理的常见防松形式

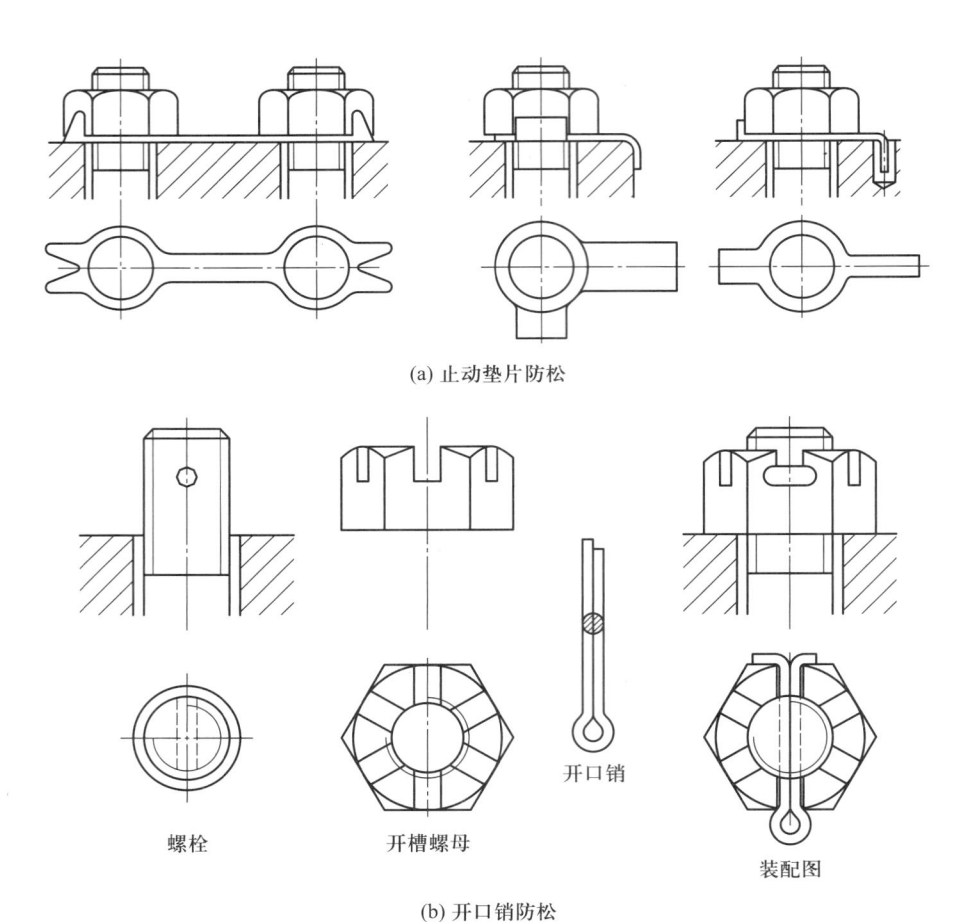

(a) 止动垫片防松

螺栓　　开槽螺母　　开口销　　装配图

(b) 开口销防松

图 12-26　机械防松

其他防松方法,包括串联钢丝、焊接、铆冲等,也可以达到可靠的防松效果,如图 12-27 所示。

(a) 串联钢丝　　　　(b) 焊接　　　　(c) 铆接

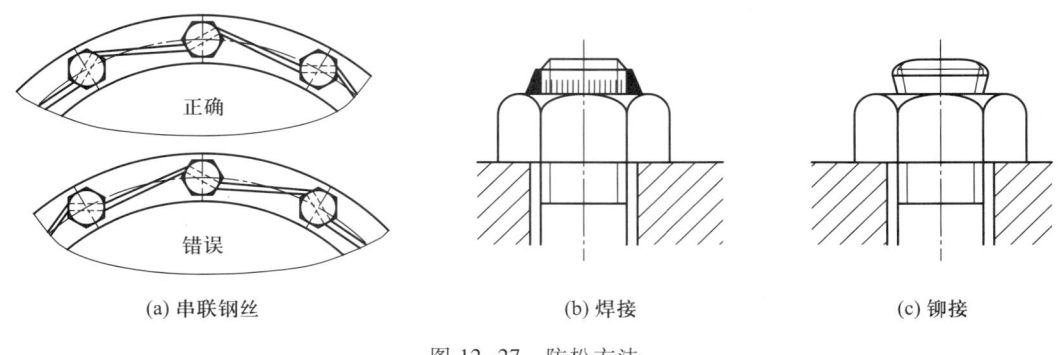

图 12-27　防松方法

4. 螺纹连接强度校核

为防止连接失效,螺纹连接要遵循一定的设计规范。以螺栓连接为例,主要的失效形式包括:螺栓杆被拉断;螺纹被压溃或者剪断;多次装拆后螺纹发生磨损从而发生滑扣现象等。对单个螺栓连接的设计来说,主要是确定螺纹小径,以及根据标准选定公称直径和螺距。关于螺纹牙以及其他尺寸,螺纹标准中根据等强度原则及使用经验已经进行了规定。对多个螺栓连接来说,还需要考虑到螺栓组的布局设计等。

(1) 松连接下的螺栓强度校核

所谓松连接,是指装配时不把螺母拧紧、没有预紧力的螺栓连接。在承受载荷之前,螺栓连接几乎不受力,比如起重吊钩(图 12-28)是一种典型的松连接。当承受轴向工作载荷 F 时,螺栓的最大拉应力需要小于许用拉应力 $[\sigma]$,如式(12-21)所示,其中 d_1 是螺纹小径。根据此强度条件,可以确定螺栓小径的取值范围。

图 12-28　松连接的典型应用——起重吊钩

$$\sigma = \frac{F}{\frac{\pi}{4}d_1^2} < [\sigma] \tag{12-21}$$

(2) 紧连接下的螺栓强度计算

对于紧螺栓连接,也就是装配时需要拧紧的螺栓,与松螺栓连接的主要区别在于:螺栓既承受拉应力，又承受扭切应力。紧螺栓连接，可分为两种情况，第一种情况是螺栓仅承受预紧力 F'，此时预紧力产生的拉伸应力 σ 和扭切应力 τ 可以用如下两个公式来计算。

$$\sigma = \frac{F'}{\frac{\pi}{4}d_1^2} \tag{12-22}$$

$$\tau = \frac{T_1}{W} = \frac{F'\tan(\psi+\rho')\frac{d_2}{2}}{\frac{\pi}{16}d_1^3} = \tan(\psi+\rho') \cdot \frac{2d_2}{d_1} \cdot \frac{F'}{\frac{\pi}{4}d_1^2} \tag{12-23}$$

式中：ρ' 是当量摩擦角。对于常用的 M10~M64 的普通螺纹，摩擦系数一般取 0.15~0.17，则 $\tan\rho' \in [0.15, 0.17]$。升角 ψ 和 d_2/d_1 取平均值，则紧连接螺栓承受的扭切应力 τ 大概是拉应力 σ 的 0.5 倍。根据第四强度理论，此时当量应力 σ_{ca} 为

$$\sigma_{ca} = \sqrt{\sigma^2 + 3\tau^2} \approx \sqrt{\sigma^2 + 3(0.5\sigma)^2} \approx \frac{1.3F'}{\frac{\pi}{4}d_1^2} \tag{12-24}$$

可以看出，当量应力约为拉应力的 1.3 倍。故螺栓螺纹部分的强度条件可以写为

$$\frac{1.3F'}{\frac{\pi}{4}d_1^2} \leqslant [\sigma] \tag{12-25}$$

式中：$[\sigma]$ 是许用应力，可参考设计手册进行确定。根据强度条件，可以确定小径的取值范围。

紧螺栓连接的第二种情况，是螺栓同时承受预紧力和轴向拉力。需要注意的是，此时螺栓实际承受的总拉伸载荷 F_0，并不等于预紧力 F' 与轴向工作拉力 F 之和，下面将给出详细的解释。图 12-29 展示了单个螺栓连接在承受轴向拉伸载荷前后的受力及变形情况。图 12-29a 展示的是螺母刚好拧到和被连接件相接触，但是螺母尚未拧紧的情况，此时螺栓和被连接件均不受力，变形均为零。图 12-29b 是螺母已经拧紧，但尚未承受工作载荷时的情况。此时螺栓受预紧力 F' 的拉伸作用，螺栓伸长量为 δ_L；与之相反，被连接件承受 F' 的压缩力，压缩量为 δ_F。图 12-29c 展现了螺栓进一步承受工作载荷 F 时的情况，如果假设此时螺栓和被连接件的变形仍然在弹性变形范围内，则受力与变形关系符合胡克定律。螺栓承受工作载荷 F 后，所受拉力由 F' 进一步增加至 F_0，拉伸变形也增加了 $\Delta\delta_L$；与此同时，原来被压缩的被连接件，因螺栓伸长而被放松，其承受的压缩力由 F' 被降低到 F''，这里的 F'' 称为残余预紧力。被连接件的压缩变形也相应地被释放了 $\Delta\delta_F$。根据连接的变形协调条件，被连接件压缩量的减少量 $\Delta\delta_F$ 与螺栓拉伸变形的增加量 $\Delta\delta_L$ 相等。

从上面的分析可以看出，螺栓的总拉伸载荷 F_0 为工作载荷 F 和残余预紧力 F'' 之和：

$$F_0 = F + F'' \tag{12-26}$$

螺栓和被连接件的受力与变形关系，也可以用如图 12-30 的方式来表示。图中纵坐标为力，横坐标为变形。在只承受预紧力 F' 时，螺栓变形为 δ_L，被连接件变形为 δ_F。现将

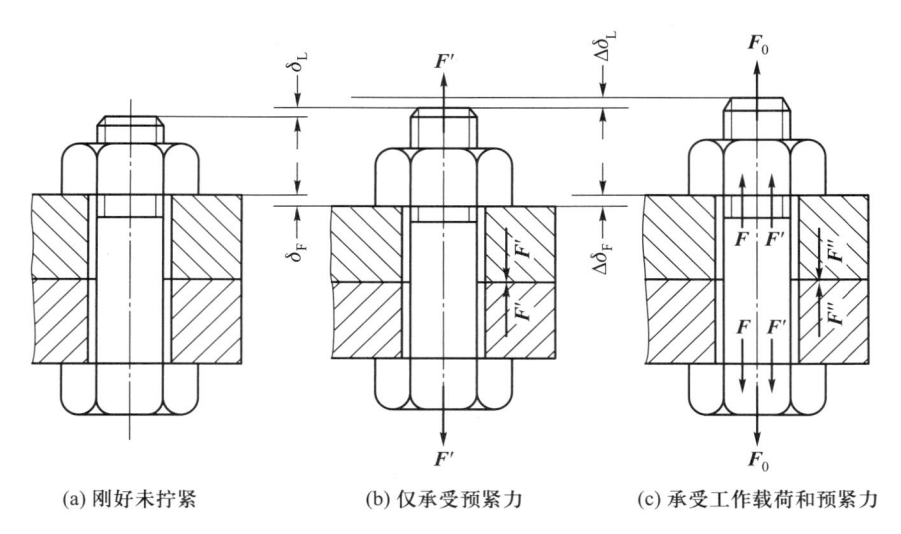

(a) 刚好未拧紧　　(b) 仅承受预紧力　　(c) 承受工作载荷和预紧力

图 12-29　载荷与变形示意图

两条线的末尾重合在一起,如图 12-30b 所示。则螺栓的刚度可表示为

$$c_L = \tan \gamma_L = F'/\delta_L \qquad (12\text{-}27)$$

被连接件的刚度为

$$c_F = \tan \gamma_F = F'/\delta_F \qquad (12\text{-}28)$$

当承受工作载荷 F 之后,螺栓的伸长量为 $\delta_L + \Delta\delta_L$,相应的总拉伸载荷为 F_0;被连接件的压缩量为 $\delta_F - \Delta\delta_F$,残余预紧力为 F''。根据图中的关系,可以导出各力之间的关系,以及螺栓刚度和被连接件刚度对这些力的影响。接下来,可以根据工作载荷是静载荷还是周期变化载荷,进行相应的强度计算。

紧螺栓连接应该要保证连接件的接合面不出现缝隙,因此残余预紧力 F'' 应该大于零。当工作载荷 F 基本不随时间变化时,可取残余预紧力 $F'' = 0.2F \sim 0.6F$;当螺栓承受时变载荷时,可以将残余预紧力加大为 $F'' = 0.6F \sim 1F$。对于有紧密性要求的(例如压力容器),残余预紧力要更大,一般 $F'' = 1.5F \sim 1.8F$。在强度校核中,可先根据工作要求确定残余预紧力,然后得到总的工作载荷,最后带入式(12-25)进行强度校核,得到螺纹最小的公称直径。

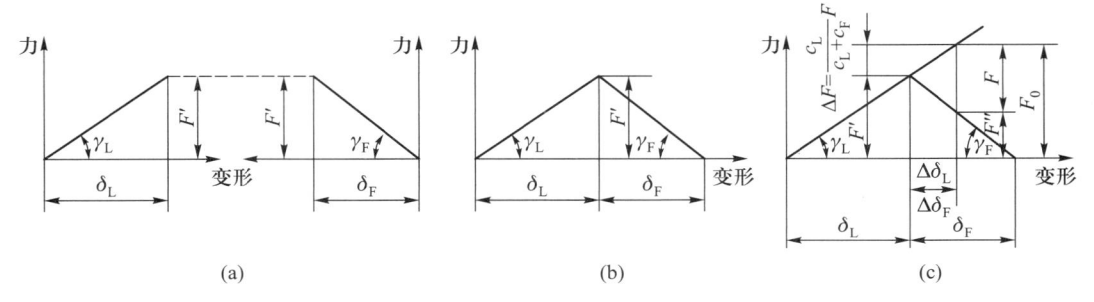

图 12-30　紧连接螺栓载荷与变形的关系

现在对图 12-30 做进一步的讨论。从图 12-30c 可以看出：

$$F_0 = F' + c_L \Delta \delta_L \tag{12-29}$$

$$F'' = F' - c_F \Delta \delta_F \tag{12-30}$$

注意到 $\Delta \delta_L = \Delta \delta_F = \Delta \delta$；$F = c_L \Delta \delta + c_F \Delta \delta$，即 $\Delta \delta = \dfrac{F}{c_L + c_F}$，带入上式后得：

$$F_0 = F' + F \frac{c_L}{c_L + c_F} \tag{12-31}$$

$$F'' = F' - F \left(1 - \frac{c_L}{c_L + c_F}\right) \tag{12-32}$$

式中：$\dfrac{c_L}{c_L + c_F}$ 称为螺栓的相对刚性系数。它与螺栓及被连接件的材料、尺寸结构等因素有关。不同垫片下的相对刚度系数可按表 12-1 选取。

表 12-1　螺栓的相对刚度系数

金属垫片或无垫片	皮革垫片	铜皮石棉垫片	橡胶垫片
0.2~0.3	0.7	0.8	0.9

（3）受横向工作载荷的螺栓强度校核

对普通螺栓连接来说，螺栓杆与被连接件孔壁之间有间隙，如果横向载荷过大，结合面之间的摩擦力不足，在横向载荷的作用下结合面发生相对滑动，这时螺纹连接就已经被认为失效。为了避免发生相对滑动，螺栓轴向预紧力可以用下式估算：

$$F' \geqslant \frac{CF_H}{mf} \tag{12-33}$$

式中：F' 为预紧力，F_H 为横向载荷，C 为可靠系数，取值范围为 1.1~1.3；m 为接合面数目，f 为接合面摩擦系数，对于钢制或铸铁零件，$f = 0.1 \sim 0.15$。求出轴向载荷 F' 后，便可按式 12-25 校核强度。当 $f = 0.15$，$m = 1$，$C = 1.2$ 时，带入上式计算得到 $F' \geqslant 8F_H$。这意味着，预紧力要为横向载荷 F_H 的 8 倍。经强度校核后选出的螺栓尺寸相应也会较大。为了解决这个问题，可以通过套筒、键、销钉、止口等方式来承担横向载荷，螺栓仅起连接作用，如图 12-31 所示。也可以采用没有间隙的铰制孔用螺栓。

受横向载荷的铰制孔用螺栓连接，其主要失效形式为螺栓杆被剪断、螺栓杆或孔壁被压溃，因此其强度条件是剪切应力和挤压压力均需要小于许用值。以图 12-32 为例，其强度条件为式（12-34）与式（12-35）。

$$\tau = \frac{F}{\dfrac{\pi}{4}d_0^2} \leqslant [\tau] \tag{12-34}$$

$$\sigma_{bs} = \frac{F}{d_0 L_{min}} \leqslant [\sigma_{bs}] \tag{12-35}$$

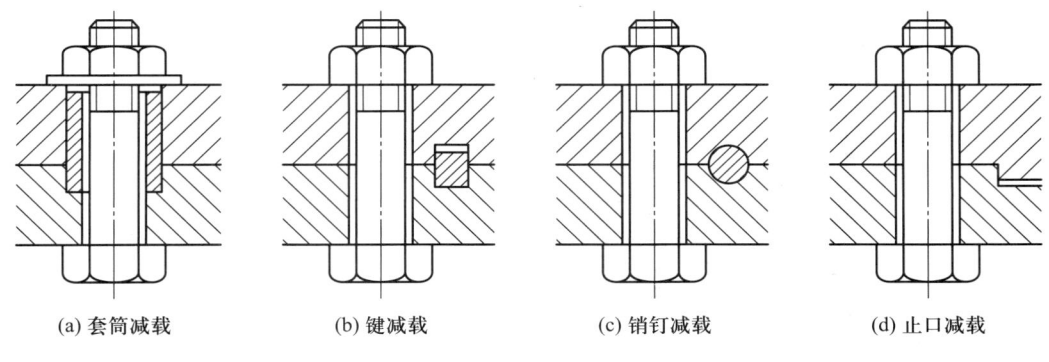

(a) 套筒减载　　　(b) 键减载　　　(c) 销钉减载　　　(d) 止口减载

图 12-31　减轻轴向载荷的措施

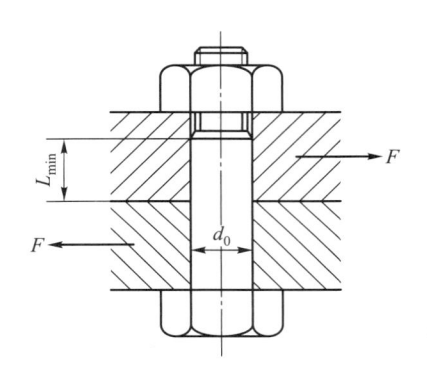

图 12-32　受横向载荷的螺栓连接

12.4　传动螺纹

1. 常见的螺旋传动形式

螺旋传动是利用螺杆和螺母的啮合来传递动力和运动的机械传动,主要用于将旋转运动转换成直线运动、将转矩转换成推力,常见的如机床进给机构。按照使用要求,螺旋传动可分为三种类型:传力螺旋、传导螺旋和调整螺旋。

(1) 传力螺旋

传力螺旋的常见形式有举重器、千斤顶、加压螺旋等,主要用来传递动力,以小转矩产生大的轴向力,要求能够自锁。图 12-33 展示的是螺纹千斤顶的原理。

(2) 传导螺旋

传导螺旋典型的形式如机床的进给丝杠(图 12-34),主要用来传递运动,要求有较高的精度,可以高速连续工作。

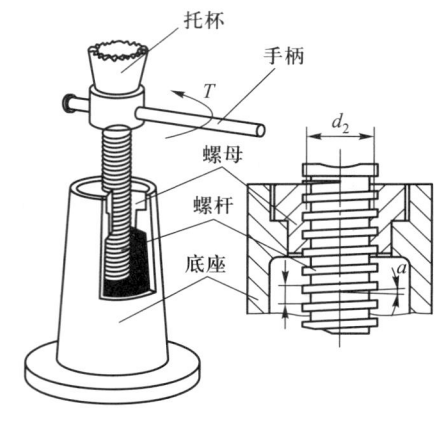

图 12-33 螺纹千斤顶的原理

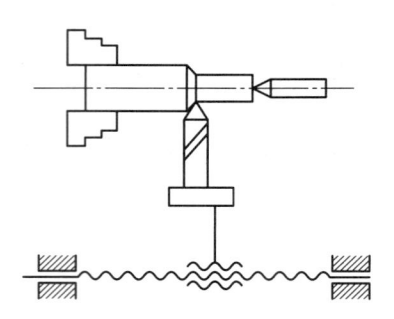

图 12-34 机床的进给丝杠

（3）调整螺旋

调整螺旋主要用于仪器中的微调螺旋，它被用来调整移动件和固定零件之间的相互位置，受力较小并且不经常转动。机床卡盘是较常见的应用，如图 12-35 所示。

对螺旋传动的强度计算，主要包括限制螺纹接触处的压强，进行耐磨性计算；考虑螺杆拉伸应力和扭切应力，按第四强度理论进行螺杆强度校核；对细长螺杆在较大轴向压力下进行稳定性校核；对螺纹牙根部剪断的强度进行校核等。

2. 滚动螺旋简介

图 12-35 机床卡盘

前面介绍的螺旋，螺旋面的摩擦为滑动摩擦，其优点是结构简单，传力大，易于自锁，目前应用最广泛。但是滑动螺旋的缺点是摩擦阻力大，传动效率一般仅为 30%～40%。如果在螺旋和螺母之间设计一个封闭循环的滚道，中间充满钢珠，则螺旋面的摩擦就变成滚动摩擦，这种螺旋称为滚动螺旋或滚珠丝杠，滚动螺旋示意图及实物图如图 12-36 所示。滚动螺旋的优势是摩擦阻力小，传动效率可大于 90%；

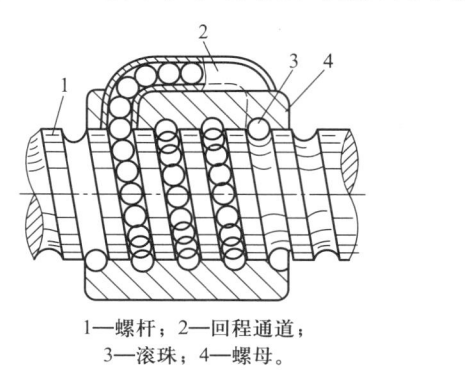

1—螺杆；2—回程通道；
3—滚珠；4—螺母。

图 12-36 滚动螺旋示意图及实物图

滚动螺旋的缺点是结构复杂、制造要求高,因此多用于高精度和高效的机构中。

学习指南

设计键连接时,应首先了解不同类型键的特点以及适用场合。对键连接进行校核时,应确定键的工作面和失效类型,选择对应的校核公式。针对螺纹连接应深入理解其作为连接件时的作用机理,了解其传动原理,熟悉其主要传动形式,熟练掌握螺纹的基本参数,并可以对其做详细的校核。

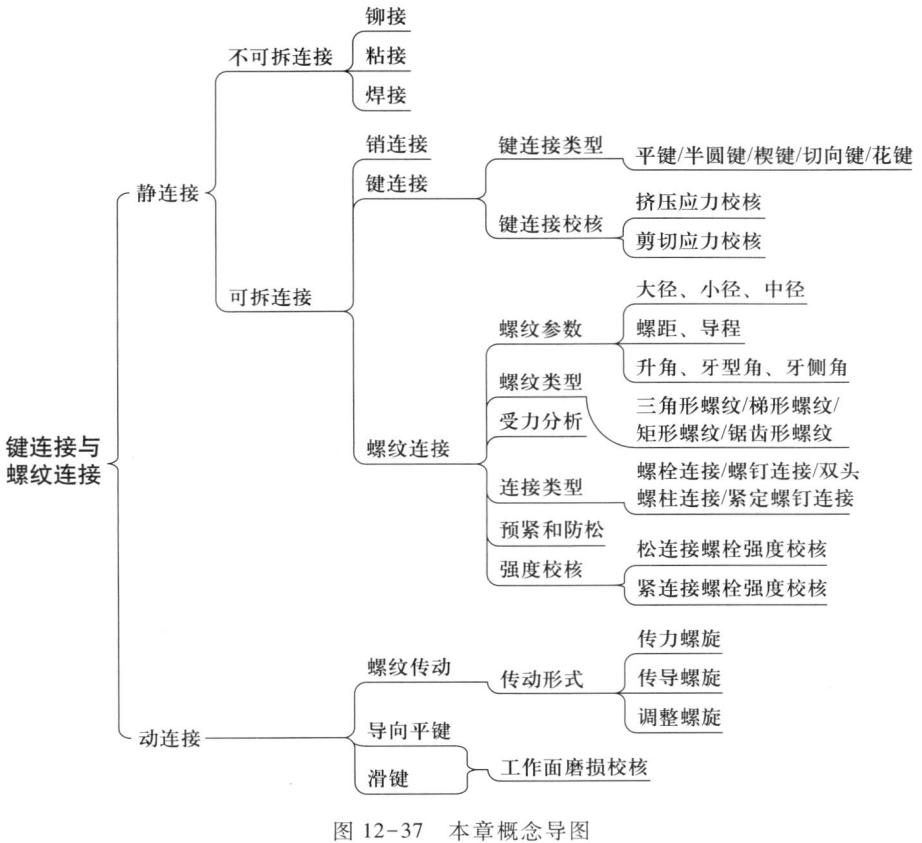

图 12-37 本章概念导图

习题

12-1 与平键连接相比,花键连接有何优缺点?

12-2 试校核 A 型普通平键连接铸铁轮毂的挤压强度。已知,键宽 $b = 18$ mm,键高 $h = 11$ mm,键长 $L = 80$ mm,传递的转矩 $T = 840$ N·m,轴颈 $d = 60$ mm,铸铁轮毂的许用挤

压应力 $[\sigma_{bs}] = 80$ MPa。

12-3 如图 12-38 所示,已知皮带轮节圆直径 $D = 360$ mm,工作时的有效圆周力 $F_t = 3$ kN,轴颈 $d = 50$ mm,键的工作长度 $L' = 85$ mm,键宽 $b = 16$ mm,键高 $h = 10$ mm,铸铁轮毂 $[\sigma_{bs}] = 80$ MPa,摩擦系数 $\mu = 0.17$。试校核带轮与联轴器钩头键的挤压强度。

注:楔键挤压强度公式: $\sigma_{bs} = \dfrac{12T}{bL'(b+6\mu d)} \leqslant [\sigma_{bs}]$

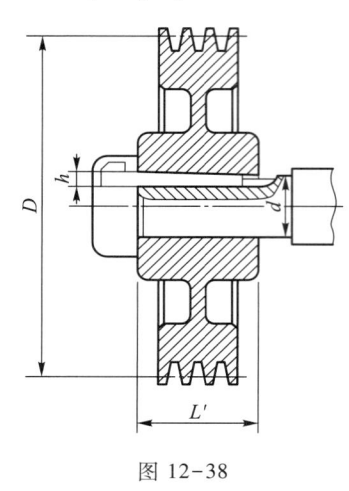

图 12-38

12-4 试证明具有自锁性的螺旋传动,其效率恒小于 50%。

12-5 试计算 M20、M20×1.5 螺纹的螺纹升角,并指出哪种螺纹的自锁性较好。

12-6 用 12 in(英寸)扳手拧紧 M8 螺栓。已知螺栓力学性能等级为 4.8 级,螺纹间摩擦系数 $f = 0.1$,螺母与支撑面间摩擦系数 $f_c = 0.12$,手掌中心至螺栓轴线的距离 $l = 240$ mm。试问当手掌施力 125 N 时,该螺栓所产生的拉应力为多少?螺栓会不会损坏?(由设计手册可查得 M8 螺母 $d_w = 11.5$ mm,$d_0 = 9$ mm)

12-7 在图 12-39 所示的某重要拉杆螺纹连接中,已知拉杆所受拉力 $F_a = 13$ kN,载荷稳定,拉杆材料为 Q275,试计算螺纹接头的螺纹。

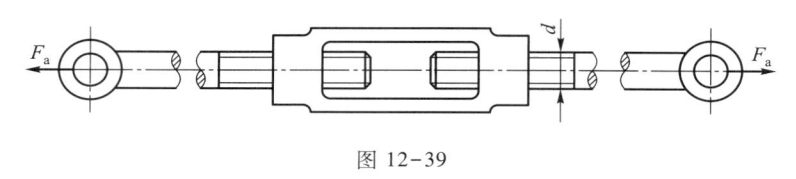

图 12-39

12-8 图 12-40 所示凸缘联轴器,允许传递最大转矩 $T = 630$ N·m,材料为 HT250。联轴器用 4 个 M12 绞制孔用螺栓连接成一体,取螺栓力学性能等级为 8.8 级。(1)试查手册确定该螺栓的合适长度并写出其标记(已选定配用螺母为带尼龙垫圈的防松螺母,其厚度不超过 10.23 mm);(2)校核其剪切和挤压强度。

12-9 一钢制液压油缸(图 12-41),油压 $p = 3$ MPa,油缸内径 $D = 160$ mm。为保证气密性要求,螺纹间距 l 不得大于 $4.5d$(d 为螺柱大径),若取螺柱力学性能等级为 5.8 级,试计算此油缸的螺柱连接和螺柱分布圆直径 D_0。

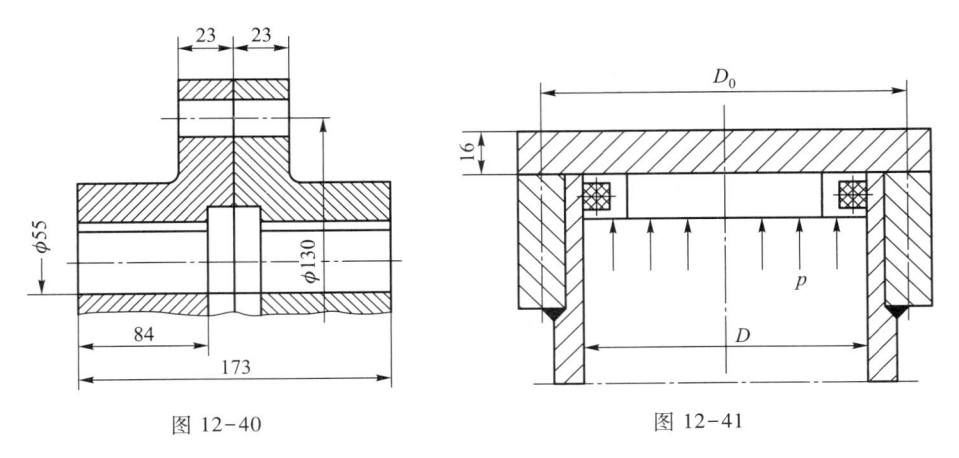

图 12-40

图 12-41

12-10 如图 12-42 所示，一小型压力机的最大压力为 25 kN，螺旋副采用梯形螺纹，螺杆取 45 钢正火，$[\sigma]$ = 80 MPa。螺母材料为 ZCuAl10Fe3。设压头支撑面平均直径 $D_m = d_2$，d_2 是螺纹中径。操作时螺旋副当量摩擦系数 f' = 0.12，压头支撑面摩擦系数 f_c = 0.1。试求螺纹参数（要求自锁）和手轮直径。

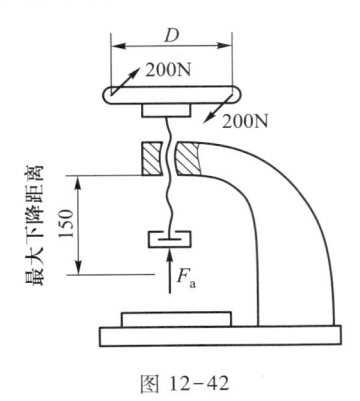

图 12-42

第 13 章

带传动

内容提要

带传动是一种常用的、成本较低的动力装置,通过中间挠性件(带)传递运动和动力,适用于两轴中心距较大的场合。带传动具有运动平稳、清洁(无需润滑)、噪声低的特点;具有缓冲减振和过载保护的作用;且维修方便。但与链传动和齿轮传动相比,带传动的强度较低和疲劳寿命较短。本章主要介绍带传动的特点、受力分析、应力分析、传动设计,以及各类传动带和带轮结构。

13.1 概述

1. 工作原理及类型

带传动通常是由主动轮 1、从动轮 2 和张紧在两轮上的环形带 3 组成,带传动简图如图 13-1 所示。安装时带被张紧在带轮上,这时带所受的拉力称为初拉力,它使带与带轮的接触面间产生压力。主动轮回转时,依靠与带轮接触面间的摩擦力拖动从动轮一起回转,从而传递一定的运动和动力。

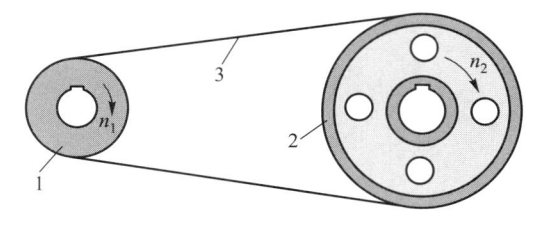

图 13-1 带传动简图

根据工作原理的不同,带传动分为摩擦型带传动和啮合型带传动两大类。按截面形状分类,可分为:V 带传动、平带传动和特殊截面带传动(如:多楔带传动、圆带传动等),其中,V 带传动又可以细分为普通 V 带传动、窄 V 带传动、宽 V 带传动等。如图 13-2 所示。

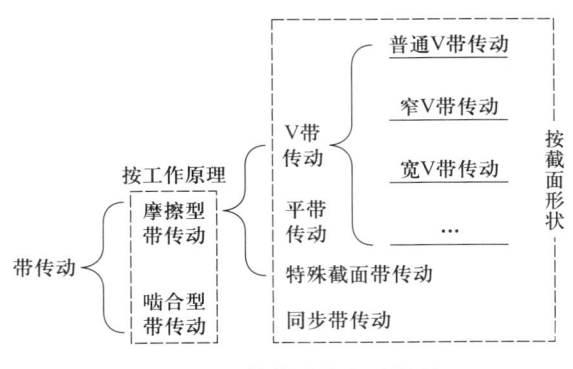

图 13-2 带传动的主要类型

对于摩擦型带传动,当主动轮转动时,依靠带与带轮表面间的摩擦力带动从动轮转动,从而传递运动和动力。大多数带传动属于摩擦型带传动,摩擦型带动是属于有中间挠性件的摩擦传动,本章主要讨论摩擦型带传动。

平带的横截面为扁平矩形,工作时带的环形内表面与轮缘相接触(图 13-3a);V 带的横截面为等腰梯形,工作时其两侧面与轮槽的侧面相接触,V 带与轮槽槽底并不接触(如图 13-3b)。由于轮槽的楔形效应,初拉力相同时,V 带传动较平带传动能产生更大的摩擦力,故具有较大的牵引能力。多楔带以其扁平部分为基体,下面有几条等距纵向槽,其工作面是楔的侧面(图 13-3c)。这种带兼有平带的弯曲应力小和 V 带的摩擦力大等优点,常用于传递动力较大而又要求结构紧凑的场合。

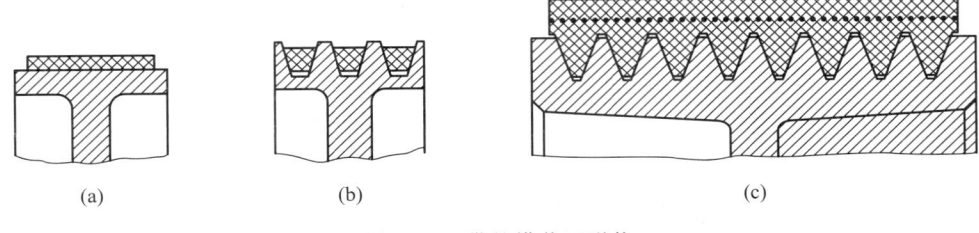

图 13-3 带的横截面形状

V 带通常由包布、顶胶、抗拉体和底胶组成,根据抗拉体的结构不同,可分为帘布芯结构和绳芯结构,V 带结构如图 13-4 所示。

当带受纵向弯曲时,在带中保持原长度不变的任一条周线称为节线;由全部节线构成的面称为节面,如图 13-5 所示。带的节面宽度称为节宽,当带受纵向弯曲时,该宽度保持不变。与节面相对应的带轮直径称为带轮的基准直径。

普通 V 带是一般机械传动中应用最为广泛的一种带传动,传动功率大,结构简单,价

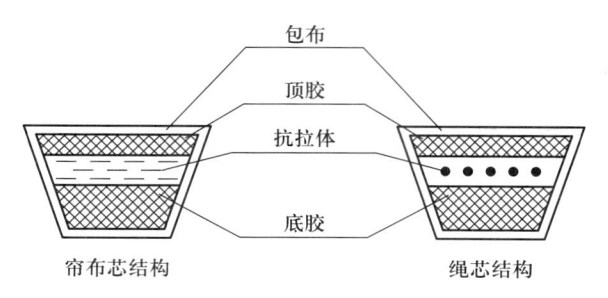

图 13-4 V带结构

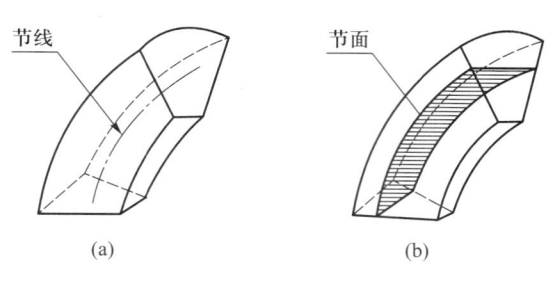

图 13-5 V带的节线和节面

格便宜。普通 V 带的型号按截面尺寸的不同,可以分为七种:Y、Z、A、B、C、D、E,如图 13-6 所示。普通 V 带还有包边 V 带和切边 V 带之分,如图 13-7 所示。

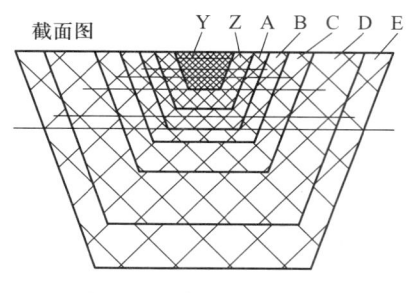

图 13-6 普通 V 带截面图

图 13-7 包边 V 带和切边 V 带

窄 V 带的型号按截面尺寸的不同,可以分为四种:SPZ、SPA、SPB、SPC,如图 13-8 所示。与同型号的普通 V 带相比,窄 V 带(图 13-9)的高度为普通 V 带的 1.3 倍;自由状态下,带的顶面为拱形,受力后绳芯为排齐状,因而带芯受力均匀;带的侧面为内凹曲面,带在轮上弯曲时,带侧面变直,使之与轮槽保持良好的贴合;窄 V 带承载能力较普通 V 带可提高 50%~150%,使用寿命长。

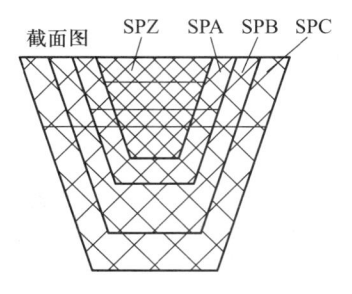

图 13-8 窄 V 带截面图

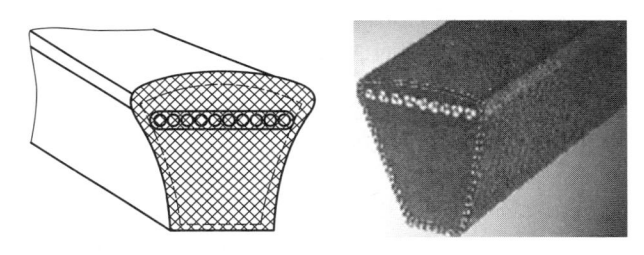

图 13-9 窄 V 带示意图和实物图

宽 V 带(图 13-10)主要用于无级变速装置的中间挠性摩擦件,因此常称为无级变速带。带体宽,可有较大变速范围;带体较薄,可以减小弯曲应力和纵向截面变形,但其横向变形较大,因此比普通 V 带寿命短。

图 13-10 宽 V 带

V 带传动时,V 带只和轮槽的两个侧面相接触,即以两个侧面为工作面,根据槽面摩擦原理,在同样的张紧力下,V 带传动较平带传动能产生更大摩擦力,这是 V 带传动最主要的优点。目前 V 带传动应用最广,一般带速为 $v = 5 \sim 25$ m/s,传动比为 $i \leqslant 7$,功率不大($\leqslant 40 \sim 50$ kW),传动效率 $\approx 0.90 \sim 0.95$。

平带(图 13-11)的带体薄、软、轻,具有良好的耐弯曲性能,适用于小直径带轮传动。

高速运行时,带体容易散热,传动平稳。过去多采用丝、麻、合成纤维等编制物用耐磨胶黏合而成;近年来,普遍采用以尼龙薄片为强力层的片基复合胶带,可用于高速的磨床、电影放映机、精密包装机等高速装置的传动。平带用于高速传动时,应制成无接头的环行带。带轮的轮缘表面应有凸度,可使高速传动平带在运转时自动保持在带轮中部,以防滑移脱落。带轮轮缘表面应开有若干条平行的圆弧形沟槽,使高速运转时带与带轮缘表面间的截留空气逸出,保证带与带轮间的贴合性并减少噪声。

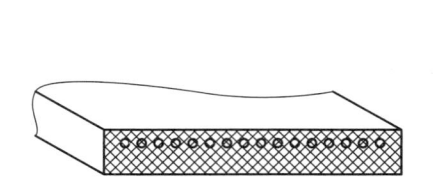

图 13-11 平带

多楔带(图 13-12)兼有 V 带和平带二者的优点,既有平带的柔韧性好的特点,又有 V 带结构紧凑、高效率的优点。空间相同时,多楔带比普通 V 带的传动功率提高 30%;带体薄,柔软性好,能适应于小带轮传动;适用于高速传动,带速可高达 40 m/s,发热少,运转平稳。

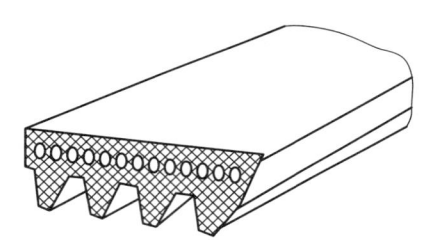

图 13-12 多楔带

同步带(图 13-13)传动综合了带传动、链传动和齿轮传动的优点。由于带的工作面呈齿形,与带轮的齿槽作啮合运动,并由带的抗拉层承受负载,故带与带轮之间没有相对滑动,从而使主、从动轮间能作无滑差的同步传动。同步带传动的速度范围很宽,从每分

图 13-13 同步带

钟几转到线速度 40 m/s 以上,传动效率可达 99.5%,传动比可达 10,传动功率从几瓦到数百千瓦。

2. 带传动的张紧

带传动不仅安装时必须把带张紧在带轮上,而且当带工作一段时间之后,因永久伸长而松弛时,还应将带重新张紧。

带传动常用的张紧方法有调节中心距和采用张紧轮两种方法。

如图 13-14a 所示,用调节螺钉 1 使装有带轮的电动机沿滑轨 2 移动,改变了中心距从而实现张紧;图 13-14b 中用螺杆及调节螺母 1 使电动机绕轴 2 摆动,改变了中心距从而实现张紧。前者适用于水平或倾斜不大的布置,后者适用于垂直或接近垂直的布置。

当中心距不能调节时,可采用具有张紧轮的装置(如图 13-14c 所示),它靠悬重 1 将张紧轮 2 压在带上,以保持带的张紧。

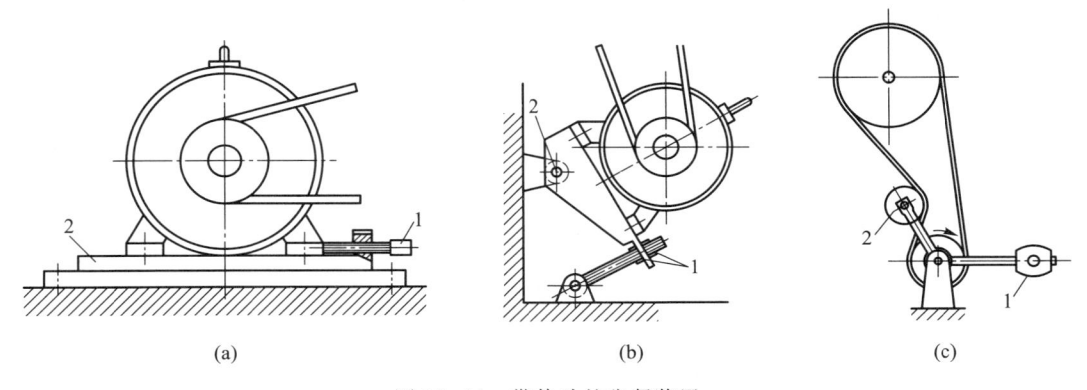

图 13-14 带传动的张紧装置

3. 几何关系

中心距:两带轮轴线间的距离称为中心距,用字母 C 表示。

包角:带与带轮接触弧所对的中心角称为包角,用 θ 表示,包角为带传动的一个重要参数。

如图 13-15 所示,
$$\theta = \pi \pm 2\beta$$

因 β 较小,以 $\beta \approx \sin\beta = \dfrac{d_{d2}-d_{d1}}{2C}$ 代入上式得:

$$\left. \begin{aligned} \theta &= \pi \pm \frac{d_{d2}-d_{d1}}{C} \text{rad} \\ \text{或}\ \theta &= 180° \pm \frac{d_{d2}-d_{d1}}{C} \times 57.3° \end{aligned} \right\} \quad (13-1)$$

"+"代表大带轮包角 θ_2;"-"代表小带轮包角 θ_1;d_{d1} 为小带轮基准直径;d_{d2} 为大带轮

基准直径。

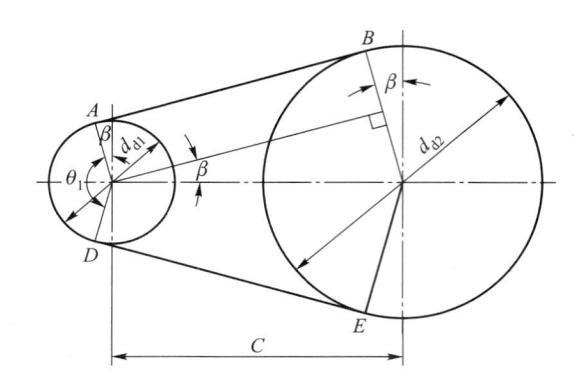

图 13-15 带传动几何关系

带长:用字母 L 表示,可以用下面的公式进行计算。

$$L = 2AB+\widehat{BE}+\widehat{AD} = 2C\cos\beta+\frac{\pi}{2}(d_{d1}+d_{d2})+\beta(d_{d2}-d_{d1}) \tag{13-2}$$

把 $\cos\beta \approx 1-\frac{1}{2}\beta^2$ 及 $\beta \approx \frac{d_{d2}-d_{d1}}{2C}$ 代入上式得:

$$L \approx 2C+\frac{\pi}{2}(d_{d1}+d_{d2})+\frac{(d_{d2}-d_{d1})^2}{4C} \tag{13-3}$$

带传动优点是:
(1) 适用于中心距较大的传动;
(2) 带有良好的挠性,能吸收震动,缓和冲击,传动平稳,噪声小;
(3) 当带传动过载时,带在带轮上打滑,防止其他零部件损坏,起到过载保护作用;
(4) 结构简单,制造、安装和维护方便,成本低廉。

带传动的缺点是:
(1) 带与带轮之间存在一定的弹性滑动,故不能保证恒定的传动比,传动精度和传动效率较低,不宜用于对传动比有准确性要求的场合;
(2) 由于带工作时需要张紧,带对带轮轴有很大的压轴力;
(3) 带传动装置外廓尺寸大,结构不够紧凑;
(4) 带的寿命较短,需经常更换;
(5) 因摩擦生电,一般不宜用于有易燃物场所。

由于带传动存在上述特点,故通常用于中心距较大的小功率电动机与工作机两轴之间的动力传递,传递功率一般不超过 50 kW。在多轴传动或高速情况下,平带传动是十分有效的。

13.2　带传动的受力分析

如前所述,带必须以一定的初拉力张紧在带轮上。静止时,带两边的拉力都等于初拉力 F_0(图 13-16a);传动时,由于带与轮面间摩擦力的作用,带两边的拉力不再相等(图 13-16b)。绕进主动轮的一边,拉力由 F_0 增加到 F_1,称为紧边,F_1 为紧边拉力;而另一边带的拉力由 F_0 减为 F_2,称为松边,F_2 为松边拉力。设环形带的总长度不变,则紧边拉力的增加量 F_1-F_0 应等于松边拉力的减少量 F_0-F_2,即

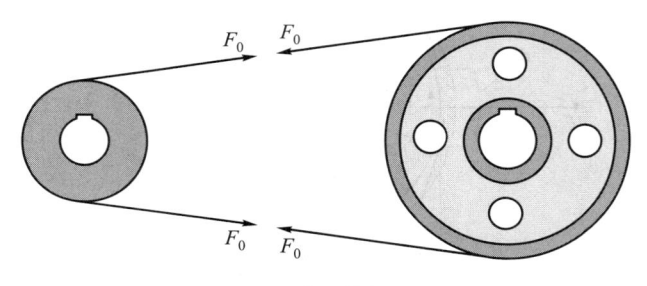

$$F_0 = \frac{1}{2}(F_1+F_2) \tag{13-4}$$

(a) 静止状态

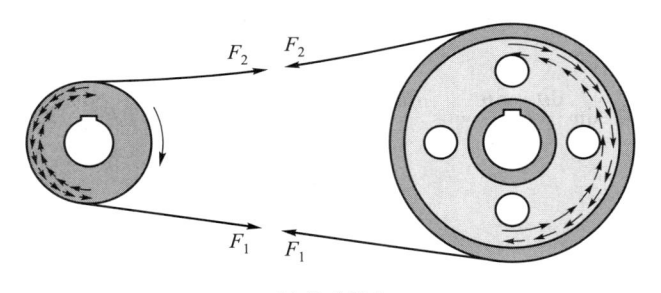

(b) 传动状态

图 13-16　带传动的受力情况

两边拉力之差称为带传动的有效拉力,也就是带所传递的圆周力 F,即

$$F = F_1 - F_2 \tag{13-5}$$

圆周力 $F(\text{N})$、带速 $v(\text{m/s})$ 和传递功率 $P(\text{kW})$ 之间的关系为

$$P = \frac{Fv}{1\,000} \tag{13-6}$$

圆周速度 v 与主动轮转速之间的关系是:

$$v = \frac{\pi n_1 D_1}{60\,000} \tag{13-7}$$

式中:n_1 为主动轮转速(rpm,rad/min),D_1 为主动轮直径(mm)。

以平带为例,分析带在即将打滑时紧边拉力所受圆周拉力 F_1 与松边拉力 F_2 的关系。如图 13-17 所示,在平带上截取一微弧段 $\mathrm{d}l$,对应的包角为 $\mathrm{d}\theta$。设微弧段两端的拉力分别为 F 和 $F+\mathrm{d}F$,带轮给微弧段的正压力为 $\mathrm{d}F_N$,带与轮面间的极限摩擦力为 $f\mathrm{d}F_N$。若不考虑带的离心力,由法向和切向各力的平衡得:

$$\mathrm{d}F_N = F\sin\frac{\mathrm{d}\theta}{2}+(F+\mathrm{d}F)\sin\frac{\mathrm{d}\theta}{2}$$

$$f\mathrm{d}F_N = (F+\mathrm{d}F)\cos\frac{\mathrm{d}\theta}{2}-F\cos\frac{\mathrm{d}\theta}{2}$$

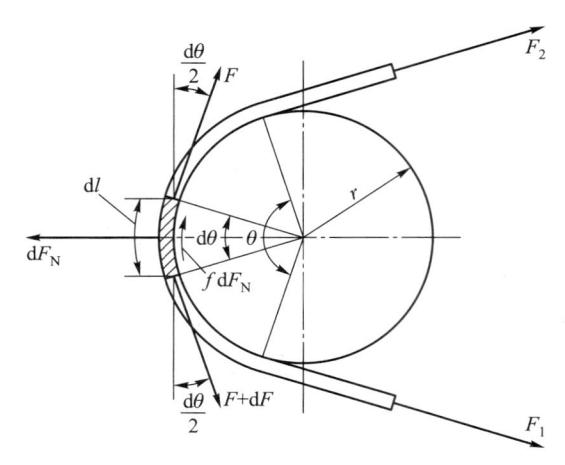

图 13-17 工作时微段弧带所受圆周拉力

因 $\mathrm{d}\theta$ 很小,可取 $\sin\dfrac{\mathrm{d}\theta}{2}\approx\dfrac{\mathrm{d}\theta}{2}$,$\cos\dfrac{\mathrm{d}\theta}{2}\approx 1$,并略去二阶微量 $\mathrm{d}F\dfrac{\mathrm{d}\theta}{2}$,将以上两式简化得

$$\mathrm{d}F_N = F\mathrm{d}\theta$$

$$f\mathrm{d}F_N = \mathrm{d}F$$

由上两式得:

$$\frac{\mathrm{d}F}{F}=f\mathrm{d}\theta$$

$$\int_{F_2}^{F_1}\frac{\mathrm{d}F}{F}=\int_0^\theta f\mathrm{d}\theta$$

$$\ln\frac{F_1}{F_2}=f\theta$$

故紧边和松边的拉力比为

$$\frac{F_1}{F_2}=\mathrm{e}^{f\theta} \tag{13-8}$$

式中:f 为带与轮面间的摩擦系数;θ 为带轮的包角,rad;e 为自然对数的底,e ≈ 2.718。式(13-8)是挠性体摩擦的欧拉公式。

联解 $F=F_1-F_2$ 和式(13-8)得

$$\left.\begin{aligned} F_1 &= F\frac{e^{f\theta}}{e^{f\theta}-1} \\ F_2 &= F\frac{1}{e^{f\theta}-1} \\ F &= F_1 - F_2 = F_1\left(1-\frac{1}{e^{f\theta}}\right) \end{aligned}\right\} \quad (13-9)$$

由此可知：增大包角或（和）增大摩擦系数，都可提高带传动所能传递的圆周力。因小带轮包角 θ_1 小于大带轮包角 θ_2，故计算带传动所能传递的圆周力时，式（13-9）中应取 θ_1。

V 带与平带传动的初拉力相等（即带压向带轮的压力同为 F_Q）时，它们的法向力 F_N 则不相同，如图 13-18 所示，可以看出：

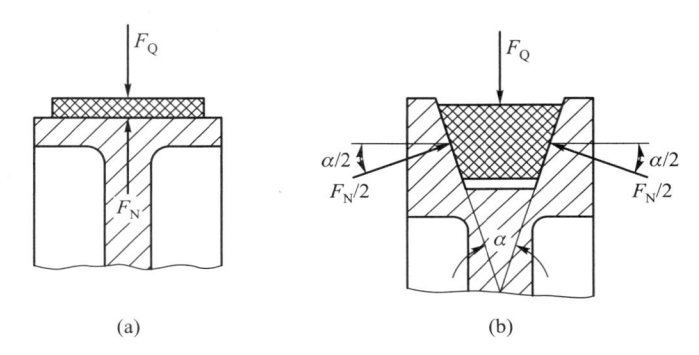

图 13-18 带与带轮间的法向力

平带的极限摩擦力为：$F_N f = F_Q f$

V 带的极限摩擦力为：$F_N f = \dfrac{F_Q}{\sin\dfrac{\alpha}{2}} f = F_Q f'$

α 为 V 带轮轮槽角；$f' = \dfrac{f}{\sin\dfrac{\alpha}{2}}$，为当量摩擦系数，因 $f' > f$，故 V 带能传递更大的功率。

13.3 带的应力分析

传动时，带中应力由三部分组成：紧边和松边拉力产生的拉应力、离心力产生的拉应力和弯曲应力。

1. 紧边和松边拉力产生的拉应力

紧边拉应力：

$$\sigma_1 = \frac{F_1}{A} \quad \text{MPa}$$

松边拉应力：

$$\sigma_2 = \frac{F_2}{A} \quad \text{MPa}$$

式中：A 为带的横截面面积，单位 mm^2。

2. 离心力产生的拉应力

当带绕过带轮时，在微弧段 dl 上产生的离心力（图13-19）为

$$dF_{Nc} = (rd\alpha) m \frac{v^2}{r} = mv^2 d\theta \quad \text{N}$$

式中：m 为带每米长的质量，单位是 kg/m；v 为带速，单位是 m/s。设离心力在该微弧段两边引起拉力为 F_c，由微弧段上各力的平衡得：

$$2F_c \sin\frac{d\alpha}{2} = qv^2 d\theta$$

取 $\sin\frac{d\theta}{2} \approx \frac{d\theta}{2}$，则

$$F_c = qv^2 \quad \text{N}$$

离心力只发生在带作圆周运动的部分，但由此引起的拉力却作用于带的全长。故离心拉应力为

$$\sigma_c = \frac{F_c}{A} = \frac{qv^2}{A} \quad \text{MPa}$$

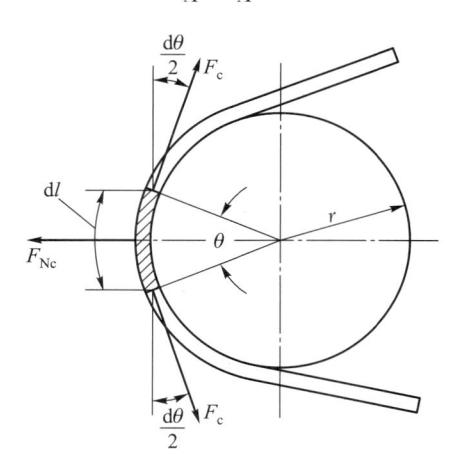

图 13-19 带的离心力

3. 弯曲应力

带绕过带轮时，因弯曲而产生弯曲应力。V带中的弯曲应力如图13-20所示。由材

料力学公式得带的弯曲应力为

$$\sigma_b = \frac{2yE}{d} \quad \text{MPa}$$

式中:y 为带的中性层到最外层的距离,单位是 mm;E 为带的弹性模量,MPa;d 为带轮的直径,mm。显然,两轮直径不相等时,带在两轮上的弯曲应力也不相等。

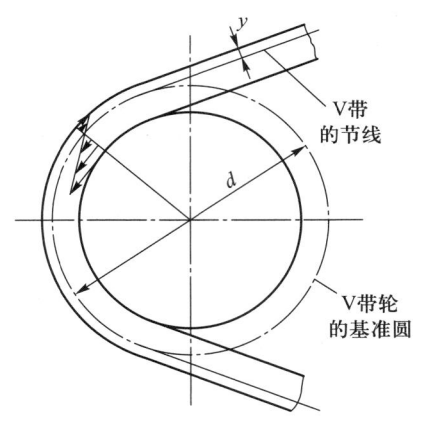

图 13-20 带的弯曲应力

图 13-21 所示为带的应力分布,各截面应力的大小用自该处引出的径向线(或垂直线)的长短来表示。由图可知,在运转过程中,带经受变应力。最大应力发生在紧边与小带轮的接触处,其值为

$$\sigma_{max} = \sigma_1 + \sigma_{b1} + \sigma_c$$

最小应力为

$$\sigma_{min} = \sigma_2 + \sigma_c$$

图 13-21 带的应力分布

试验表明,疲劳曲线方程也适用于经受变应力的带,即 $\sigma_{max}^m N = C$,式中:m、C 与带的种类和材质有关;N 为应力循环总次数。

设 v 为带速(m/s)、L 为带长(m),则每秒钟带绕行整周的次数(绕转频率)为 $\dfrac{v}{L}$。设带寿命为 T(h),则应力循环总次数为

$$N = 3\ 600\ kT\dfrac{v}{L}$$

式中:k 为带轮数,一般 $k=2$,即带每绕转一整周完成两个应力循环。

由此可知,带的长度将影响带的寿命。

例 13-1 一平带传动,传递功率 $P=15$ kW,带速 $v=15$ m/s,带在小带轮上的包角 $\theta=170°(2.97\ \text{rad})$,带的厚度 $\delta=4.8$ mm、宽度 $W=100$ mm,带的密度 $\rho=1\times10^{-3}$ kg/cm³,带与带轮间的摩擦系数 $f=0.3$。试求:(1)传递的圆周力;(2)紧边、松边拉力;(3)离心力在带中引起的拉力;(4)所需的初拉力;(5)作用在轴上的压力。

解:

(1)传递的圆周力

$$F = \dfrac{1\ 000P}{v} = \dfrac{1\ 000\times 15}{15}\ \text{N} = 1\ 000\ \text{N}$$

(2)紧边、松边拉力

$$e^{f\theta} = e^{0.3\times 2.97} = 2.44$$

由式(13-9)得

$$F_1 = F\dfrac{e^{f\theta}}{e^{f\theta}-1} = \dfrac{1\ 000\times 2.44}{2.44-1}\ \text{N} = 1\ 694\ \text{N}$$

$$F_2 = F\dfrac{1}{e^{f\theta}-1} = \dfrac{1\ 000}{2.44-1} = 694\ \text{N}$$

(3)离心力引起的拉力

平带单位长度质量为

$$m = 100w\delta\rho = 100\times 10\times 0.48\times 1\times 10^{-3}\ \text{kg/m} = 0.48\ \text{kg/m}$$

如前所述,离心力引起的拉力为

$$F_c = mv^2 = 0.48\times 15^2\ \text{N} = 108\ \text{N}$$

(4)所需的初拉力

由式(13-4)

$$F_0 = \dfrac{1}{2}(F_1+F_2)$$

带的离心力使带与带轮间的压力减小、传递能力降低,为了补偿这种影响,所需初拉力应为

$$F_0 = \dfrac{1}{2}(F_1+F_2)+F_c = \left(\dfrac{1\ 694+694}{2}+108\right)\ \text{N} = 1\ 302\ \text{N}$$

此结果表明,传递圆周力 1 000 N 时,为防止打滑所需的初拉力不得小于 1 302 N。

(5)作用在轴上的压力

如图 13-22 所示,静止时轴上压力为

$$F_Q = 2F_0 \sin\frac{\theta_1}{2} = 2 \times 1\ 302 \times \sin\frac{170}{2}\ \text{N} = 2\ 590\ \text{N}$$

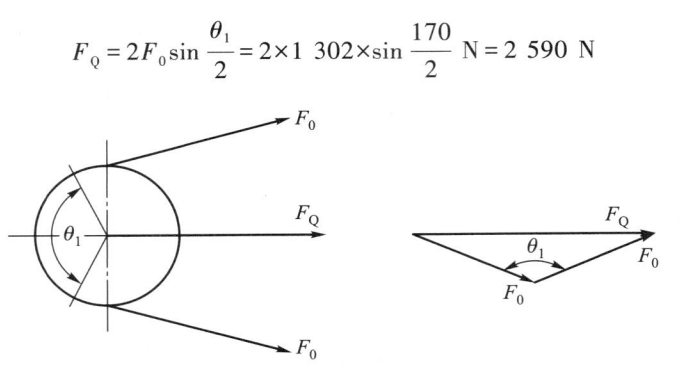

图 13-22　作用在轴上的力

13.4　带传动的弹性滑动、传动比和打滑现象

1. 弹性滑动、滑动率与传动比

胶带受拉力时产生的弹性伸长较大,故应考虑其对传动的影响。带的紧边进入与主动轮的接触点 A 时,带速与主动轮是相等的(图 13-23),当带绕过主动轮时,其所受拉力由 F_1 减为 F_2,故带的弹性伸长量将逐渐减小,即相当于带速在逐渐减慢,导致带速逐渐小于主动轮的圆周速度 v_1,而在带绕过从动轮时,其所受拉力由 F_2 增至 F_1,使带的弹性伸长量逐渐增加,因而带在从动轮轮缘上产生向前的相对滑动,导致从动轮的圆周速度 v_2 逐渐小于带速,即

$$v_1 > v_2$$

这就是带传动的弹性滑动现象。弹性滑动是不可避免的,故对于要求准确传动比的场合,不可采用带传动(同步带传动除外)。

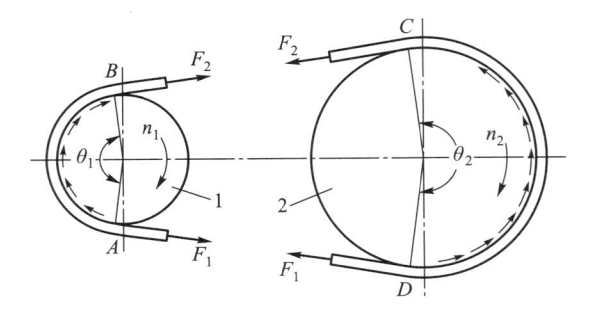

图 13-23　带传动的弹性滑动

带圆周速度与带轮转速之间的关系是 $v = \dfrac{\pi n D}{60 \times 1\ 000}$ m/s,由于弹性滑动是不可避免的,

因此，从动轮圆周速度 v_2 总是低于主动轮圆周速度 v_1，传动过程中由于带的弹性滑动引起的从动轮圆周速度下降率称为滑动率 ε，

$$\varepsilon = \frac{v_1 - v_2}{v_1} = \frac{d_1 n_1 - d_2 n_2}{d_1 n_1} \tag{13-10}$$

因为在带传动正常工作时存在弹性滑动现象，从而使得其传动比不准确。真实的传动比为

$$i = \frac{n_1}{n_2} = \frac{d_2}{d_1(1-\varepsilon)} \tag{13-11}$$

式中：ε 为滑动率，由于 ε 很小，一般为 1%~2%，故在运动分析时一般不计入，计算传动比仍用：

$$i = \frac{d_2}{d_1}$$

2. 打滑现象

当外载荷所需的圆周力大于带与主动轮轮缘间的极限摩擦力时，带与轮缘表面将产生显著的相对滑动，这一现象称为打滑。因带在小带轮上的包角较小，故打滑多发生在小带轮上。打滑将使带的磨损加剧，导致传动失效，在设计时就应当考虑避免产生打滑。不过，过载时产生的打滑现象却可以避免机器因过载而损坏。

3. 弹性滑动和打滑的区别

从现象上看：弹性滑动是局部带在带轮的局部接触弧面上发生的微量相对滑动；打滑则是整个带在带轮的全部接触弧面上发生的显著相对滑动；

从本质上看：弹性滑动是由带本身的弹性和带传动两边的拉力差引起的，带传动只要传递动力，两边就必然出现拉力差，所以弹性滑动是不可避免的。而打滑则是带传动载荷过大使两边拉力差超过极限摩擦力而引起的，因此打滑是可以避免的。

13.5 V 带传动的计算

本节主要介绍普通 V 带和窄 V 带传动的计算。计算所用的表格数据，均摘自 GB/T 13575.1—2022。

1. 单根普通 V 带的许用功率

在 V 带轮上，与所配用 V 带的截面宽度 W_p 相对应的带轮直径称为基准直径 d（见表 13-1 附图）。V 带在规定的张紧力作用下，位于带轮基准直径上的周线长度称为基准长度 L_d。V 带长度系列见表 13-2。

表 13-1 V 带截面尺寸

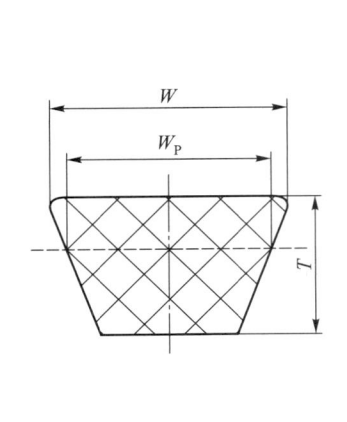

类型		节宽 W_p/mm	顶宽 W/mm	高度 T/mm	单位长度质量 q/(kg/m)
普通 V 带	窄 V 带				
Y		5.3	6.0	4.0	0.023
Z		8.5	10.0	6.0	0.060
	(SPZ)	8.5	10.0	8.0	0.072
A		11.0	13.0	8.0	0.105
	(SPA)	11.0	13.0	10.0	0.112
B		14.0	17.0	11.0	0.170
	(SPB)	14.0	17.0	14.0	0.192
C		19.0	22.0	14.0	0.300
	(SPC)	19.0	22.0	18.0	0.370
D		27.0	32.0	19.0	0.630
E		32.0	38.0	23.0	0.970

表 13-2 V 带基准长度 L_d 和带长修正系数 K_L

Z 型		A 型		B 型		C 型	
L_d/mm	K_L	L_d/mm	K_L	L_d/mm	K_L	L_d/mm	K_L
406	0.87	630	0.81	930	0.83	1 565	0.82
475	0.90	700	0.83	1 000	0.84	1 760	0.85
530	0.93	790	0.85	1 100	0.86	1 950	0.87
625	0.96	890	0.87	1 210	0.87	2 195	0.90
700	0.99	990	0.89	1 370	0.90	2 420	0.92
780	1.00	1 100	0.91	1 560	0.92	2 715	0.94
920	1.04	1 250	0.93	1 760	0.94	2 880	0.95
1 080	1.07	1 430	0.96	1 950	0.97	3 080	0.97
1 330	1.13	1 550	0.98	2 180	0.99	3 520	0.99
1 420	1.44	1 640	0.99	2 300	1.01	4 060	1.02
1 540	1.54	1 750	1.00	2 500	1.03	4 600	1.05
		1 940	1.02	2 700	1.04	5 380	1.08
		2 050	1.04	2 870	1.05	6 100	1.11
		2 200	1.06	3 200	1.07	6 815	1.14
		2 300	1.07	3 600	1.09	7 600	1.17
		2 480	1.09	4 060	1.13	9 100	1.21

续表

Z 型		A 型		B 型		C 型	
L_d/mm	K_L	L_d/mm	K_L	L_d/mm	K_L	L_d/mm	K_L
		2 700	1.10	4 430	1.15	10 700	1.24
				4 820	1.17		
				5 370	1.20		
				6 070	1.24		

带在带轮上打滑或带发生疲劳损坏（脱层、撕裂或拉断）时，就不能传递动力。因此带传动的设计依据是保证带不打滑及具有一定的疲劳寿命。

为了保证带传动不出现打滑，由式(13-9)，并以 f' 代替 f，可得单根普通 V 带能传递的功率为

$$P_0 = F_1\left(1 - \frac{1}{e^{f'\theta}}\right)\frac{v}{1\,000} = \sigma_1 A\left(1 - \frac{1}{e^{f'\theta}}\right)\frac{v}{1\,000} \tag{13-12}$$

式中：A 为单根普通 V 带的横截面积。

为了使带具有一定的疲劳寿命，应使 $\sigma_{max} = \sigma_1 + \sigma_b + \sigma_c \leq [\sigma]$，即

$$\sigma_1 \leq [\sigma] - \sigma_b - \sigma_c \tag{13-13}$$

式中：$[\sigma]$ 为带的许用应力。

将式(13-13)代入式(13-12)，得带传动在既不打滑又有一定寿命时单根 V 带能传递的功率为

$$P_1 = ([\sigma] - \sigma_b - \sigma_c)\left(1 - \frac{1}{e^{f'\theta}}\right)\frac{Av}{1\,000} \text{ kW} \tag{13-14}$$

P_1 称为单根 V 带的基本额定功率。在载荷平稳、包角 $\theta_1 = \pi$（即 $i = 1$）、带长 L_d 为特定长度、抗拉体位化学纤维绳芯结构的条件下，由式(13-14)求得单根普通 V 带的基本额定功率 P_0 见表 13-3。

表 13-3　单根普通 V 带的基本额定功率 P_1（包角 $\theta = \pi$、特定基准长度、载荷平稳时）

型号	小带轮基准直径 d_{d1}/mm	小带轮转速 n_1/(r/min)													
		200	400	700	800	950	1 200	1 450	1 600	2 000	2 400	2 800	3 200	3 600	4 000	5 000	6 000
Z	50	0.04	0.06	0.09	0.10	0.12	0.14	0.16	0.17	0.20	0.22	0.26	0.28	0.30	0.32	0.34	0.31
	56	0.04	0.06	0.11	0.12	0.14	0.17	0.19	0.20	0.25	0.30	0.33	0.35	0.37	0.39	0.41	0.40
	63	0.05	0.08	0.13	0.15	0.18	0.22	0.25	0.27	0.32	0.37	0.41	0.45	0.47	0.49	0.50	0.48
	71	0.06	0.09	0.17	0.20	0.23	0.27	0.30	0.33	0.39	0.46	0.50	0.54	0.58	0.61	0.62	0.56
	80	0.10	0.14	0.20	0.22	0.26	0.30	0.35	0.39	0.44	0.50	0.56	0.61	0.64	0.67	0.66	0.61
	90	0.10	0.14	0.22	0.24	0.28	0.33	0.36	0.40	0.48	0.54	0.60	0.64	0.68	0.72	0.73	0.56

续表

型号	小带轮基准直径 d_{d1} /mm	小带轮转速 n_1/(r/min)														
		200	400	700	800	950	1 200	1 450	1 600	2 000	2 400	2 800	3 200	3 600	4 000	5 000	6 000
A	75	0.22	0.38	0.58	0.64	0.73	0.86	0.98	1.05	1.21	1.35	1.47	1.57	1.65	1.72	1.79	1.72
	90	0.30	0.53	0.84	0.93	1.06	1.27	1.47	1.58	1.85	2.09	2.30	2.48	2.64	2.77	2.96	2.94
	100	0.36	0.64	1.01	1.12	1.28	1.54	1.78	1.92	2.26	2.56	2.83	3.06	3.26	3.42	3.66	3.63
	112	0.42	0.76	1.21	1.34	1.54	1.86	2.15	2.32	2.74	3.11	3.44	3.73	3.97	4.16	4.41	4.31
	125	0.49	0.89	1.42	1.58	1.82	2.20	2.55	2.75	3.25	3.69	4.08	4.41	4.68	4.89	5.12	4.86
	140	0.57	1.04	1.66	1.86	2.14	2.58	2.99	3.23	3.81	4.33	4.77	5.14	5.44	5.65	5.77	5.23
	160	0.68	1.23	1.98	2.21	2.55	3.08	3.57	3.85	4.54	5.14	5.64	6.04	6.32	6.49	6.33	—
	180	0.78	1.42	2.29	2.56	2.95	3.56	4.13	4.45	5.23	5.89	6.42	6.82	7.06	7.14	6.53	—
B	125	0.65	1.13	1.75	1.93	2.19	2.59	2.94	3.13	3.58	3.92	4.17	4.30	4.32	4.23	3.40	
	140	0.79	1.40	2.18	2.41	2.75	3.27	3.73	3.99	4.58	5.05	5.38	5.58	5.62	5.50	4.42	
	160	0.97	1.74	2.74	3.04	3.48	4.15	4.75	5.09	5.86	6.46	6.88	7.10	7.11	6.89	5.20	
	180	1.16	2.08	3.29	3.66	4.19	5.01	5.74	6.14	7.07	7.77	8.23	8.42	8.31	7.89	—	
	200	1.34	2.42	3.84	4.27	4.89	5.84	6.70	7.16	8.21	8.97	9.41	9.50	9.19	8.46	—	
	224	1.55	2.81	4.48	4.99	5.71	6.82	7.80	8.33	9.49	10.26	10.61	10.47	9.79	8.52	—	
	250	1.79	3.24	5.16	5.74	6.57	7.84	8.94	9.52	10.75	11.46	11.59	11.07	9.81	—	—	
	280	2.05	3.72	5.92	6.59	7.54	8.96	10.17	10.79	12.02	12.56	12.29	11.13	—	—	—	
C	200	1.94	3.39	5.19	5.72	6.46	7.53	8.41	8.85	9.69	9.93	9.60	8.59				
	224	2.35	4.14	6.40	7.07	7.99	9.36	10.48	11.03	12.06	12.35	11.82	10.38				
	250	2.78	4.93	7.67	8.49	9.62	11.26	12.61	13.27	14.41	14.58	13.65	11.48				
	280	3.27	5.84	9.12	10.09	11.43	13.37	14.93	15.66	16.80	16.62	14.94	—				
	315	3.84	6.87	10.76	11.90	13.47	15.70	17.42	18.18	19.10	18.21	15.23	—				
	355	4.48	8.04	12.57	13.89	15.70	18.19	19.98	20.69	21.05	18.89	—	—				
	400	5.19	9.32	14.55	16.05	18.19	20.74	22.46	22.99	22.28	18.03	—	—				
	450	5.97	10.72	16.66	18.32	20.74	23.24	24.68	24.84	22.33	—	—	—				

实际工作条件与上述条件不同时,应对 P_0 值加以修正。修正后即得实际工作条件下单根 V 带所能传递的功率,称为许用功率 $[P_0]$,即

$$[P_0] = (P_0 + \Delta P_0) K_\theta K_L \tag{13-15}$$

式中:ΔP_0 为功率增量,考虑传动比 $i \neq 1$ 时,带在大带轮上的弯曲应力较小,故在寿命相同的条件下,可增大传递的功率。普通 V 带的 ΔP_1 值见表 13-4。

表 13-4　单根普通 V 带 $i \neq 1$ 时额定功率的增量 ΔP_0（包角 $\theta = \pi$、特定基准长度、载荷平稳时）

型号	传动比 i	小带轮转速 n_1/(r/min)										
		400	700	800	950	960	1 200	1 450	1 600	2 000	2 400	2 800
Z	1.35~1.50	0	0.01	0.01	—	0.02	0.02	0.02	0.02	0.03	0.03	0.04
	1.51~1.99	0.01	0.01	0.02	—	0.02	0.02	0.02	0.03	0.03	0.04	0.04
	≥2.00	0.01	0.02	0.02	—	0.02	0.03	0.03	0.03	0.04	0.04	0.04
A	1.35~1.51	0.04	0.07	0.08	0.09		0.11	0.14	0.15	0.19	0.23	0.27
	1.52~1.99	0.04	0.08	0.09	0.10		0.13	0.16	0.17	0.22	0.26	0.31
	≥2.00	0.05	0.09	0.10	0.12		0.15	0.18	0.20	0.25	0.29	0.34
B	1.35~1.51	0.10	0.18	0.20	0.24		0.30	0.37	0.40	0.51	0.61	0.71
	1.52~1.99	0.12	0.20	0.23	0.27		0.35	0.42	0.46	0.58	0.69	0.81
	≥2.00	0.13	0.22	0.26	0.31		0.39	0.47	0.52	0.65	0.78	0.91
C	1.35~1.51	0.28	0.49	0.56	0.66		0.84	1.01	1.12	1.39	1.67	1.95
	1.52~1.99	0.32	0.56	0.64	0.76		0.96	1.16	1.28	1.59	1.91	2.23
	≥2.00	0.36	0.63	0.72	0.85		1.08	1.30	1.43	1.79	2.15	2.51

K_θ—包角修正系数，考虑 $\theta_1 \neq \pi$ 时对传动能力的影响，见表 13-5。

K_L—带长修正系数，考虑带长不为特定长度时对传动能力的影响，普通 V 带的带长修正系数见表 13-2。

表 13-5　包角修正系数 K_θ

包角 θ_1/(°)	180	170	160	150	140	130	120	110	100	90
K_θ	1.00	0.98	0.95	0.92	0.89	0.86	0.82	0.78	0.74	0.69

2. 带的型号和根数的确定

设 P 为传动的额定功率(kW)，K_A 为工作情况系数(表 13-6)，则计算功率为

$$P_c = K_A P$$

根据计算功率 P_c 和小带轮转速 n_1，按图 13-24 的推荐选择普通 V 带的型号。图中以粗斜直线划定型号区域，若工况坐标点临近两种型号的交界线，可按两种型号同时计算，并分析比较决定取舍，带的截面较小则带轮直径小，但根数较多。V 带根数按下式计算：

$$z = \frac{P_c}{[P_0]} = \frac{P_c}{(P_0 + \Delta P_0) K_\theta K_L} \quad (13-16)$$

z 应取整数。为了使每根 V 带受力均匀，V 带根数不宜太多，通常 $z < 10$。

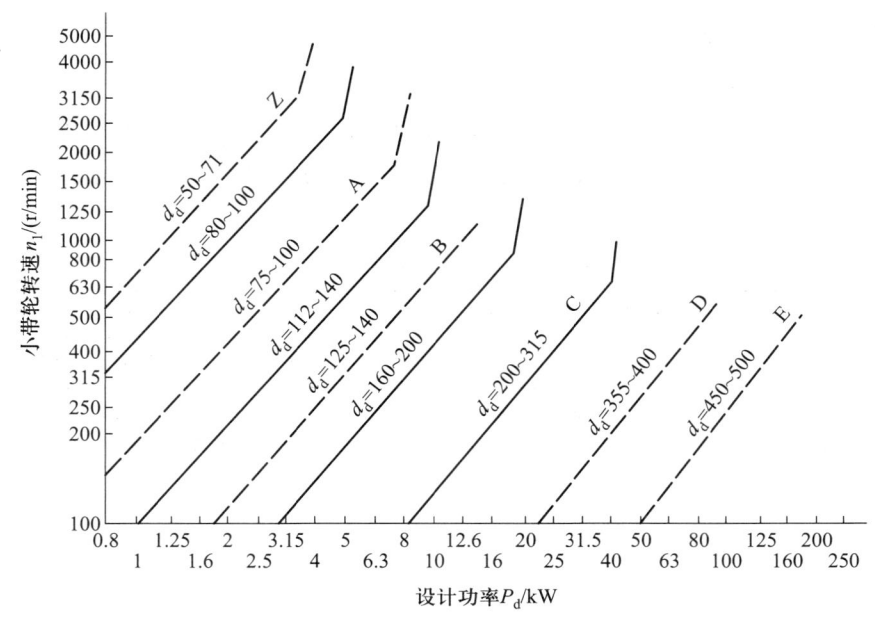

图 13-24 普通 V 带选型图

表 13-6 载荷工况系数 K_A

载荷性质	工作机	原动机 电动机（交流启动、三角起动、直流并励）、四缸以上的内燃机			电动机（联机交流启动、直流复励或串励）、四缸以下的内燃机		
		每天工作小时数/h					
		<10	10~16	>16	<10	10~16	>16
载荷变动最小	液体搅拌机、通风机和鼓风机（不大于 7.5 kW）、离心式水泵和压缩机、轻负荷输送机	1.0	1.1	1.2	1.1	1.2	1.3
载荷变动小	带式输送机（不均匀负荷）、通风机（大于 7.5kW）、旋转式水泵和压缩机（非离心式）、发电机、金属切削机床、印刷机、旋转筛、锯木机和木工机械	1.1	1.2	1.3	1.2	1.3	1.4
载荷变动较大	制砖机、斗式提升机、往复式水泵和压缩机、起重机、磨粉机、冲剪机床、橡胶机械、振动筛、纺织机械、重载输送机	1.2	1.3	1.4	1.4	1.5	1.6
载荷变动很大	破碎机（旋转式、颚式等）、磨碎机（球磨、棒磨、管磨）	1.3	1.4	1.5	1.5	1.6	1.8

3. 主要参数的选择

(1) 带轮直径和带速

小带轮的基准直径 d_{d1} 应等于或大于表 13-7 所示的 d_{dmin}。若 d_{d1} 过小，则带的弯曲应力将过大而导致带的寿命降低；反之，虽能延长带的寿命，但带传动的外轮廓尺寸却随之增大。

表 13-7 带轮最小基准直径

型号	Y	Z	SPZ	A	SPA	B	SPB	C	SPC	D	E
d_{dmin}/mm	20	50	63	75	90	125	140	200	224	355	500

注：V 带轮的基准直径系列为 20 22.4 25 28 31.5 40 45 50 56 63 71 75 80 85 90 95 100 106 112 118 125 132 140 150 160 170 180 200 212 224 236 250 265 280 300 315 355 375 400 425 450 475 500 530 560 600 630 670 710 750 800 900 1000 等。

由式(13-10)得大带轮的基准直径为

$$d_{d2} = \frac{n_1}{n_2} d_{d1}(1-\varepsilon)$$

d_{d1}，d_{d2} 应符合带轮基准直径尺寸系列，见表 13-7 注。

带速为

$$v = \frac{\pi d_{d1} n_1}{60 \times 1\,000} \text{ m/s}$$

对于普通 V 带，一般应使带速在 5~30 m/s 的范围内；对于窄 V 带，带速可达到 40 m/s。带速过小则传递的功率小，过大则离心力大。

(2) 中心距、带长和包角

一般推荐按下式初步确定中心距 C_0：

$$0.7(d_{d1}+d_{d2}) < C_0 < 2(d_{d1}+d_{d2})$$

由式(13-2)可得初定的 V 带基准长度为

$$L_{d0} = 2C_0 + \frac{\pi}{2}(d_{d1}+d_{d2}) + \frac{(d_{d2}-d_{d1})^2}{4C_0}$$

根据初定的 L_{d0}，由表 13-2 选取接近的基准长度 L_d，再按下式近似计算所需的中心距：

$$C = C_0 + \frac{L_d - L_{d0}}{2} \tag{13-17}$$

考虑带传动的安装、调整和 V 带张紧的需要，中心距变动范围为

$$(C - 0.015 L_d) \sim (C + 0.03 L_d)$$

小带轮包角由式(13-1)计算

$$\theta_1 = 180° - \frac{d_{d2}-d_{d1}}{a} \times 57.3°$$

一般应使 $\theta_1 \geq 120°$，否则可增大中心距或增设张紧轮。

(3) 初拉力

保持适当的初拉力是带传动正常工作的首要条件。初拉力不足，会出现打滑；初拉力

过大,将增大轴和轴承上的压力,并降低带的寿命。

单根普通 V 带适宜的初拉力可按下式计算:

$$F_0 = \frac{500P_d}{Zv}\left(\frac{2.5}{K_\theta}-1\right) + mv^2 \text{ N} \tag{13-18}$$

式中:P_d 为计算功率,kW;Z 为 V 带根数;v 为 V 带速度,m/s;K_θ 为包角修正系数,见表 13-5;m 为 V 带单位长度质量,kg/m,见表 13-1。

(4) 作用在带轮轴上的压力 F_Q

设计支撑带轮的轴和轴承时,需知道 F_Q。由图 13-22 已知

$$F_Q = 2ZF_0\sin\frac{\theta_1}{2} \tag{13-19}$$

式中:Z 为带的根数。

设计带传动的原始数据一般是:传动用途、载荷性质、传递的功率、带轮的转速以及对传动外轮廓尺寸的要求等。V 带传动设计计算的主要任务是:选择合理的传递参数,确定 V 带的型号、长度和根数,确定带轮的材料、结构和尺寸。设计计算的一般步骤如图 13-25 所示,带轮的结构设计见 9.6 节。

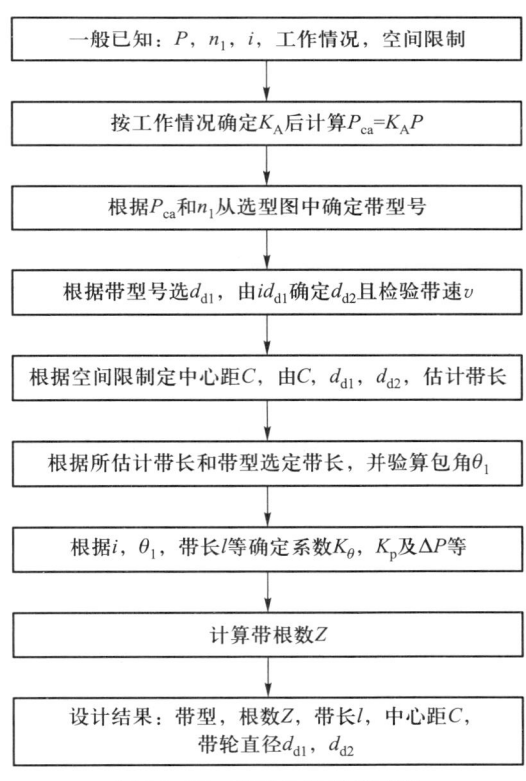

```
┌─────────────────────────────────────┐
│ 一般已知:P,n₁,i,工作情况,空间限制 │
└─────────────────────────────────────┘
              ↓
┌─────────────────────────────────────┐
│ 按工作情况确定 K_A 后计算 P_ca=K_A P │
└─────────────────────────────────────┘
              ↓
┌─────────────────────────────────────┐
│ 根据 P_ca 和 n₁ 从选型图中确定带型号 │
└─────────────────────────────────────┘
              ↓
┌──────────────────────────────────────────┐
│ 根据带型号选 d_d1,由 id_d1 确定 d_d2 且检验带速 v │
└──────────────────────────────────────────┘
              ↓
┌──────────────────────────────────────────────┐
│ 根据空间限制定中心距 C,由 C,d_d1,d_d2,估计带长 │
└──────────────────────────────────────────────┘
              ↓
┌────────────────────────────────────────────┐
│ 根据所估计带长和带型选定带长,并验算包角 θ₁ │
└────────────────────────────────────────────┘
              ↓
┌──────────────────────────────────────────────┐
│ 根据 i,θ₁,带长 l 等确定系数 K_θ,K_p 及 ΔP 等 │
└──────────────────────────────────────────────┘
              ↓
┌──────────────────────┐
│     计算带根数 Z      │
└──────────────────────┘
              ↓
┌──────────────────────────────────────────┐
│ 设计结果:带型,根数 Z,带长 l,中心距 C,  │
│          带轮直径 d_d1, d_d2             │
└──────────────────────────────────────────┘
```

图 13-25 带传动设计流程图

例 13-2 设计一鼓风机用普通 V 带传动。已知电动机额定功率 $P = 10$ kW、转速 $n_1 = 1\ 450$ r/min,从动轴转速 $n_2 = 400$ r/min,中心距约为 1 500 mm,每天工作 24 h。

解:

(1) 求计算功率 P_c

查表 13-6 得 $K_A = 1.3$,故

$$P_c = K_A \times P = 1.3 \times 10 \text{ kW} = 13 \text{ kW}$$

(2) 选 V 带型号

根据 $P_c = 13$ kW、$n_1 = 1\,450$ r/min,由图 13-24 选用 B 型普通 V 带。

(3) 求大、小带轮基准直径 d_{d2}、d_{d1}

由图 13-24,$d_{d1} = 125 \sim 140$ mm,因传动比不大,d_{d1} 可取大值而不会使 d_{d2} 过大,现取 $d_{d1} = 140$ mm,由式(13-11)得:

$$d_{d2} = \frac{n_1}{n_2} d_{d1}(1-\varepsilon) = \frac{1\,450}{400} \times 140 \times (1-0.02) \text{ mm} = 497.35 \text{ mm}$$

由表 13-7 取 $d_{d2} = 500$ mm。

(4) 验算带速 v

$$v = \frac{\pi d_{d1} n_1}{60 \times 1\,000} = \frac{\pi \times 140 \times 1\,450}{60\,000} \text{ mm/s} = 10.63 \text{ mm/s}$$

带速在 5~25 m/s 范围内,合适。

(5) 求 V 带基准长度 L_d 和中心距 C

初步选取中心距

$$L_0 = 2C_0 + \frac{\pi}{2}(d_{d1}+d_{d2}) + \frac{(d_{d2}-d_{d1})^2}{4C_0} = 2 \times 1\,500 + \frac{\pi}{2}(140+500) + \frac{(500-140)^2}{4 \times 1\,500} \text{ mm} = 4\,026.9 \text{ mm}$$

查表 13-2,对 B 型带选用 $L_d = 4\,000$ mm。再由式(13-17)计算实际中心距

$$C = C_0 + \frac{L_d - L_0}{2} = 1\,500 + \frac{4\,000 - 4\,026.9}{2} = 1\,487 \text{ mm}$$

(6) 验算小带轮包角 θ_1

由式(13-1)得

$$\theta_1 = 180° - \frac{d_{d2}-d_{d1}}{a} \times 57.3° = 180° - \frac{500-140}{1\,487} \times 57.3° = 166.13° > 120°$$

合适。

(7) 求 V 带根数 Z

由式(13-16)得

$$Z = \frac{P_c}{(P_0 + \Delta P_0) K_\theta K_L}$$

令 $n_1 = 1\,450$ r/min, $d_{d1} = 140$ mm,查表 13-3 得

$$P_0 = 3.73 \text{ kW}$$

由式(13-11)得传动比

$$i = \frac{d_2}{d_1(1-\varepsilon)} = \frac{400}{140 \times (1-0.02)} = 2.92$$

查表 13-4 得

$$\Delta P_0 = 0.47 \text{ kW}$$

由 $\theta_1 = 166°$ 查表 13-5 可估得 $K_\theta = 0.97$，查表 13-2 得 $K_L = 1.13$，由此可得

$$z = \frac{13}{(3.73+0.47) \times 0.97 \times 1.13} = 2.82$$

取 3 根。

（8）求作用在带轮轴上的压力 F_Q

查表 13-1 得 $m = 0.17 \text{ kg/m}$，故由式（13-18）得单根 V 带的初拉力

$$F_0 = \frac{500 P_c}{Zv}\left(\frac{2.5}{K_\theta} - 1\right) + mv^2 = \frac{500 \times 13}{3 \times 10.63} \times \left(\frac{2.5}{0.97} - 1\right) + 0.17 \times 10.63^2 \text{ N} = 260.33 \text{ N}$$

作用在轴上的压力

$$F_Q = 2ZF_0 \sin\frac{\theta_1}{2} = 2 \times 3 \times 260.33 \times \sin\frac{166}{2} \text{ N} = 1\,512.6 \text{ N}$$

（9）带轮结构设计（略）

13.6　V 带轮的结构

带轮常用铸铁制造，有时也采用钢或非金属材料（如塑料、木材）。铸铁带轮（HT150、HT200）允许的最大圆周速度为 25 m/s。速度更高时，可采用铸钢或钢板冲压后焊接。塑料带轮的重量轻、摩擦系数大，常用于机床中。

带轮直径较小时采用实心式（图 13-26a）；中等直径的带轮可采用腹板式（图 13-26b）；直径大于 350 mm 时可采用轮辐式（图 13-27）。

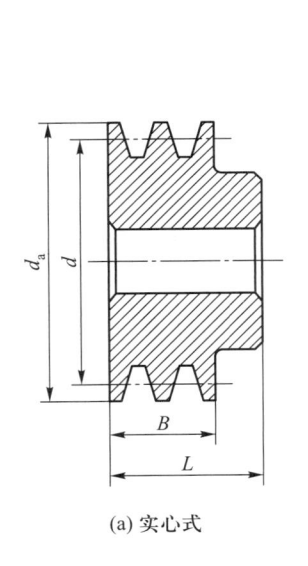

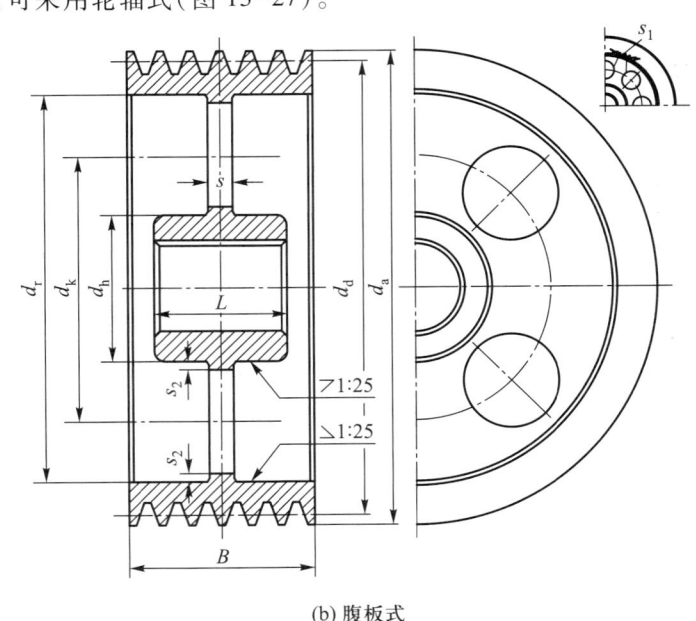

(a) 实心式　　(b) 腹板式

图 13-26　实心式和腹板式带轮

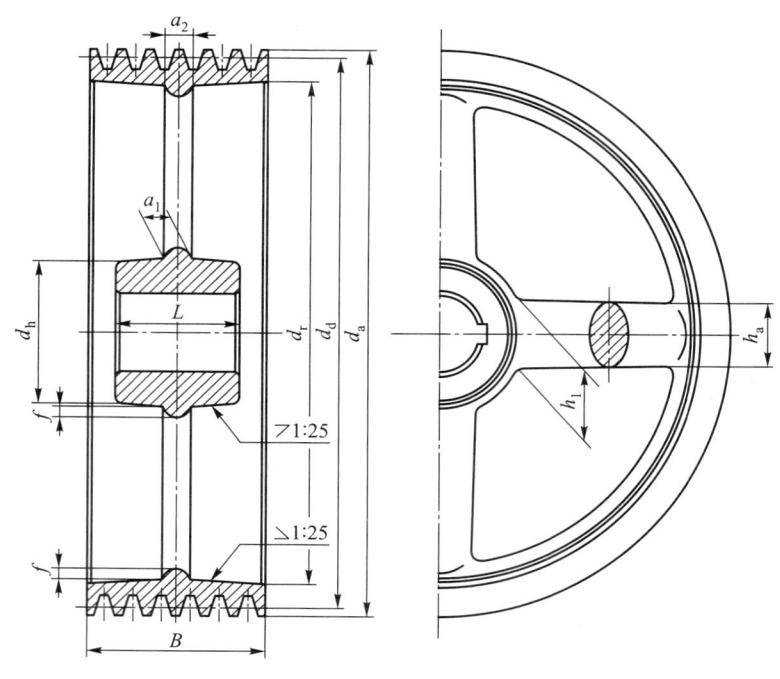

图 13-27 轮辐式带轮

普通 V 带两侧的夹角均为 40°,但在带轮上弯曲时,由于截面变形将其夹角变小,为了使胶带仍能紧贴轮槽两侧,将 V 带轮槽角规定为 32°、34°、36° 和 38°,随带轮直径而定。

学习指南

带传动是一种常用的、成本较低的动力传动装置,通过中间挠性件(带)传递运动和动力,适用于两轴中心距较大的场合。本章节介绍带传动的特点、受力分析、应力分析、运动分析、传动设计,以及各类传动带、带轮,给出了带传动的设计流程。需要了解带传动的类型、工作原理、特点和应用;重点掌握带传动的几何关系计算,受力分析、应力分析、失效形式和计算准则;了解带的型号和尺寸,理解带传动的主要参数、选择和设计计算,理解带的弹性滑动和打滑。本章概念导图如图 13-28 所示。

带传动的设计首先要确定带的型号,根据带型号确定带轮直径,并验算带速;然后根据空间限制定中心距,选定带长,验算小带轮包角,最后计算带根数。

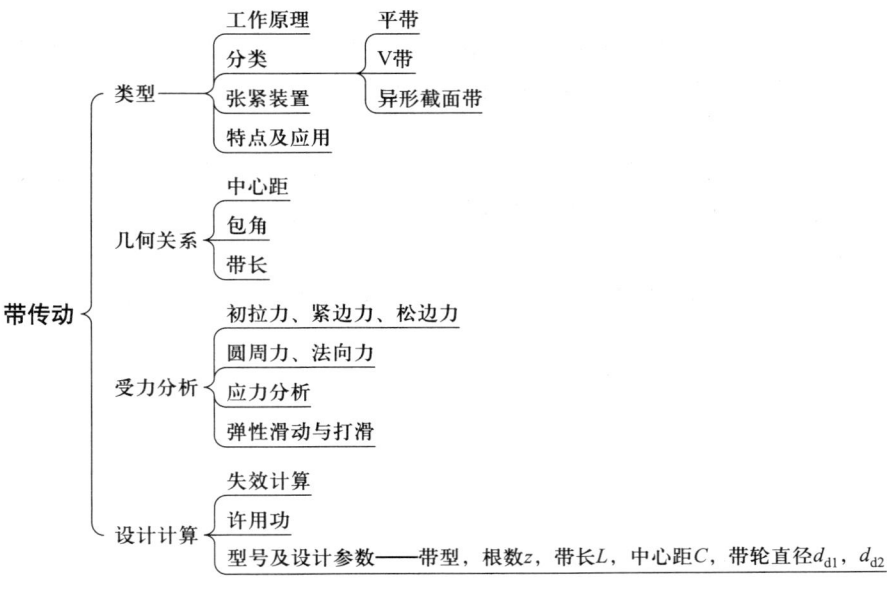

```
                    ┌ 工作原理    ┌ 平带
             ┌ 类型 ┤ 分类       ┤ V带
             │     │ 张紧装置    └ 异形截面带
             │     └ 特点及应用
             │
             │         ┌ 中心距
             │ 几何关系┤ 包角
             │         └ 带长
带传动 ──────┤
             │         ┌ 初拉力、紧边力、松边力
             │ 受力分析│ 圆周力、法向力
             │         │ 应力分析
             │         └ 弹性滑动与打滑
             │
             │         ┌ 失效计算
             └ 设计计算│ 许用功
                       └ 型号及设计参数——带型，根数z，带长L，中心距C，带轮直径$d_{d1}$，$d_{d2}$
```

图 13-28 本章概念导图

习题

13-1 如图 13-29 所示，一平带传动，已知两带轮直径分别为 150 mm 和 400 mm，中心距为 1 000 mm，小带轮主动、转速为 1 460 r/min。试求：(1) 小带轮包角；(2) 带的几何长度；(3) 不考虑带传动的弹性滑动时大带轮的转速；(4) 滑动率 $\varepsilon = 0.015$ 时大带轮的实际转速。

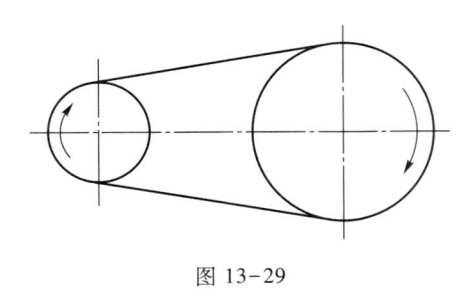

图 13-29

13-2 题 13-1 中，若传递功率为 5 kW，带与铸铁带轮间的摩擦系数 $f = 0.3$，所用平带单位长度质量 $q = 0.35$ kg/m，试求：(1) 带的紧边、松边拉力；(2) 此带传动所需的初拉力；(3) 作用在轴上的压力。

13-3 一普通 V 带传动，已知带的型号为 A 型，两个 V 带轮的基准直径分别为 125 mm 和 250 mm，初定中心距 $C_0 = 450$ mm。试：(1) 初步计算带的长度 L_0；(2) 按表 13-2

选定带的基准长度 L_d；(3) 确定实际的中心距。

13-4 题 13-3 中的普通 V 带传动，用于电动机与物料磨粉机之间，作减速传动，每天工作 8 h。已知电动机功率 $P=4$ kW，主动轮转速 $n_1=1\,440$ r/min，试求所需 A 型带的根数。

13-5 试计算一带式输送机中的普通 V 带传动（确定带的型号、长度及根数）。已知从动轮的转速 $n_2=610$ r/min，单班工作制，电动机额定功率为 7.5 kW，主动轮转速 $n_1=1\,450$ r/min。

13-6 在例 13-2 中，若选用 A 型普通 V 带，试确定带的长度和根数。

第14章 链传动

内容提要

链传动主要由链轮和中间挠性件——链条组成,依靠链条与链轮轮齿的啮合来传递平行轴间的运动和动力,属于具有啮合性质的强迫传动。链传动适用于工作条件沉重、温度变化较大或工作环境不洁的情况,多用于低速级传动。

链传动中的链条主要有滚子链和齿形链两类,其中以滚子链应用最广泛,本章主要介绍滚子链传动,关键问题包括链传动的运动分析与受力分析、失效方式与设计准则及其设计计算流程。

14.1 概述

1. 链传动的组成和工作原理

链传动主要由安装在平行轴上的主动链轮(通常为小链轮)、从动链轮和绕在链轮上的环形链条所组成,以链条作为中间挠性件,依靠链条与链轮轮齿的啮合来传递运动和动力(图14-1)。部分链传动还需要配置封闭装置、润滑装置和张紧装置等辅助装置。

链传动中的链条也有紧边和松边之分,如图14-1,当主动轮顺时针转动时,上侧为紧边,下侧为松边。

链传动通常用于两个链轮之间的同向传动(图14-1),少数情况下也会采用"一输入多输出"及反向传动的特殊形式。本章主要围绕前者展开介绍。

2. 链传动的应用范围

链传动在农业、矿山、冶金、建筑、石化等领域以及摩托车和自行车等常见机械中应用广泛。通常情况下,链传动的适用范围如下:传递功率 $P \leqslant 110$ kW,链速 $v \leqslant 12 \sim 15$ m/s,

图 14-1 链传动简图

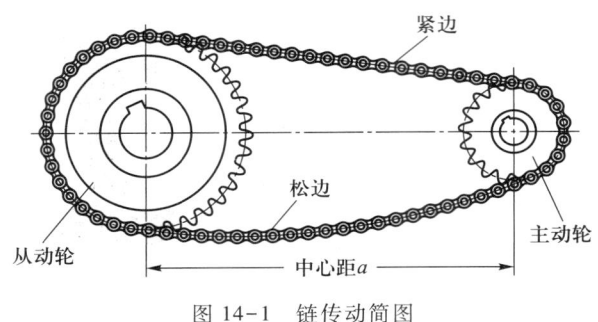

传动比 $i \leqslant 8 \sim 10$，中心距 $a \leqslant 8m$。

链传动的典型应用如图 14-2 所示。

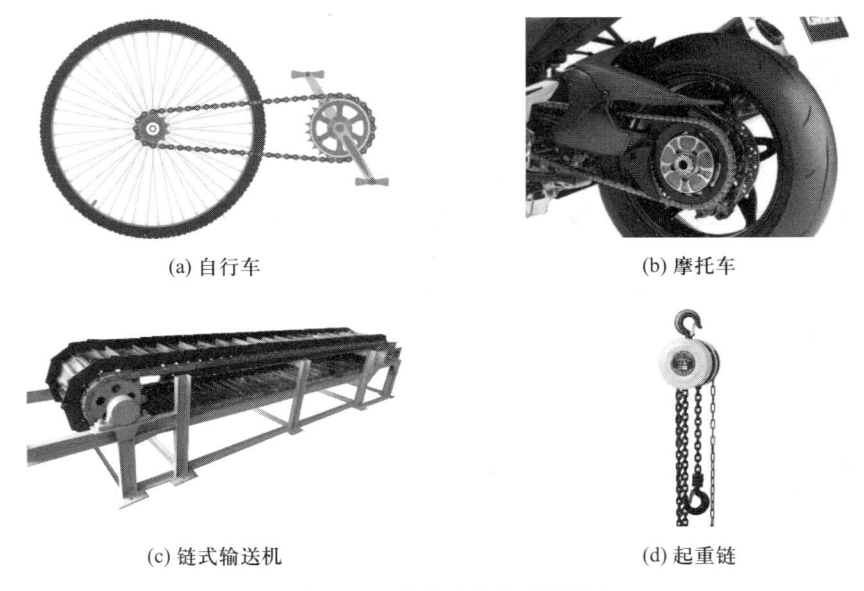

(a) 自行车

(b) 摩托车

(c) 链式输送机

(d) 起重链

图 14-2 链传动的典型应用

3. 链传动的优缺点

(1) 优点

与带传动相比，链传动属于带有中间挠性件的啮合传动，没有弹性滑动和打滑，能保持准确的平均传动比；需要的张紧力较小，因此作用在轴上的压力也较小，可较少轴承磨损；传递功率较大，结构紧凑，传动效率较高；能在温度较高、有油污等恶劣环境条件下工作。

与齿轮传动相比，链传动具有一定的缓冲吸振能力，结构简单，加工成本低廉，安装精度要求较低；中心距较大时传动结构简单。

(2) 缺点

一般只用于平行轴间的同向传动;瞬时链速和瞬时传动比不恒定,因此传动不平稳,工作中有一定的冲击和噪声;不适用于载荷变化很大和急速反转的场合;与带传动相比,成本较高。

14.2　基本结构与参数

链传动中的核心零部件是链条和链轮,本节将分别对其进行介绍。

1. 链条

常用链条按结构不同主要可区分为滚子链(图 14-3a)和齿形链(图 14-3b)。

(a) 滚子链　　　　(b) 齿形链

图 14-3　常用链条结构

滚子链的具体结构如图 14-4 所示,由内链板 1、外链板 2、销轴 3、套筒 4 和滚子 5 所组成,亦称套筒滚子链。内链板与套筒铆牢,外链板与销轴铆牢,分别构成内、外链节,内、外链节构成一个铰链。滚子与套筒、套筒与销轴间均为间隙配合,当链条啮入和啮出时,内外链节作相对转动;同时,滚子沿链轮轮齿滚动,可减少链条与轮齿的磨损。内外链板均成"8"字形,以减轻重量并保持链板各横截面强度大致相等。链条各零件主要由碳素钢或合金钢制成,并通过热处理以提高其强度和耐磨性。

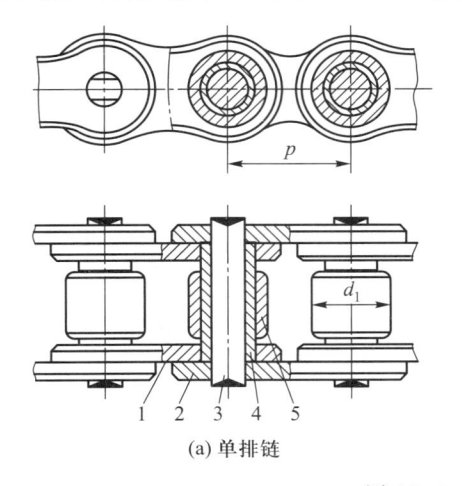

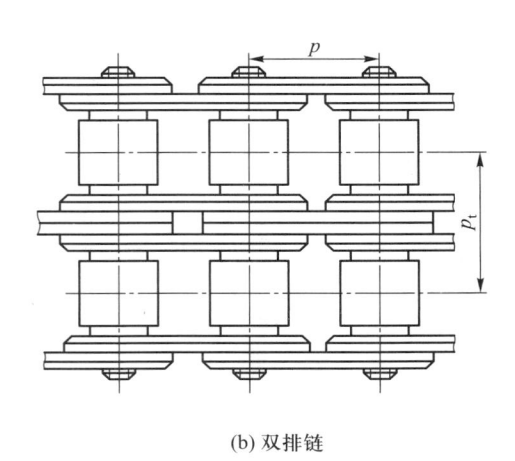

(a) 单排链　　　　(b) 双排链

图 14-4　滚子链的具体结构

滚子链上相邻两滚子中心的距离称为链条节距,通常用 p 表示。节距越大,链条各零件尺寸越大,所能传递的功率也越大。

滚子链可分为单排链和多排链,如图 14-4b 所示即为双排链。多排链承载能力与排数成正比,但由于精度影响,各排载荷不均匀,故排数不宜过多。排距(两排链中心之间的距离)通常用 p_t 表示。

滚子链目前已经标准化(GB/T 1243—2006),分为 A、B 两种系列,我国常用的是 A 系列,其主要参数如表 14-1 所示,其中的节距可通过链号×25.4/16 计算得到(单位:mm)。

表 14-1 A 系列滚子链的主要参数

链号	节距 p/mm	排距 p_t/mm	滚子外径 d_1/mm	抗拉极限载荷 Q(单排)/N	单位长度质量 q(单排)/(kg/m)
08A	12.7	14.38	7.95	13 900	0.60
10A	15.875	18.11	10.16	21 800	1.00
12A	19.05	22.78	11.91	31 300	1.50
16A	25.40	29.29	15.88	55 600	2.60
20A	31.75	35.76	19.05	87 000	3.80
24A	38.10	45.44	22.23	125 000	5.60
28A	44.45	48.87	25.40	170 000	7.50
32A	50.80	58.55	28.58	223 000	10.10
40A	63.50	71.55	39.68	347 000	16.10
48A	76.20	87.83	47.63	500 000	22.60

使用过渡链节时,其极限载荷按表数值 80% 计算

链条长度采用链节数表示,链节数最好选用偶数节(图 14-5a),以便链条联成环形时正好是外链板与内链板相接,闭合接头处可用开口销或弹簧夹锁紧(图 14-6a、b)。若链节数为奇数节(图 14-5b),则需要采用过渡链节(图 14-6c),在链条工作受拉时,过渡链节要承受附加弯曲载荷,因此应尽量避免。

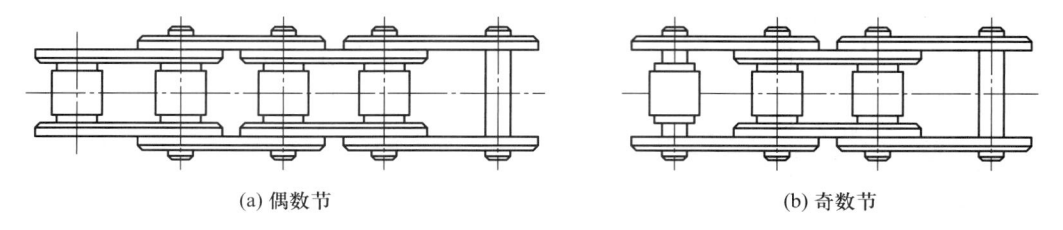

(a) 偶数节　　　　　　　　　　　(b) 奇数节

图 14-5 具有不同链节数的滚子链结构

(a) 开口销　　　　　　　(b) 弹簧夹　　　　　　　(c) 过渡链节

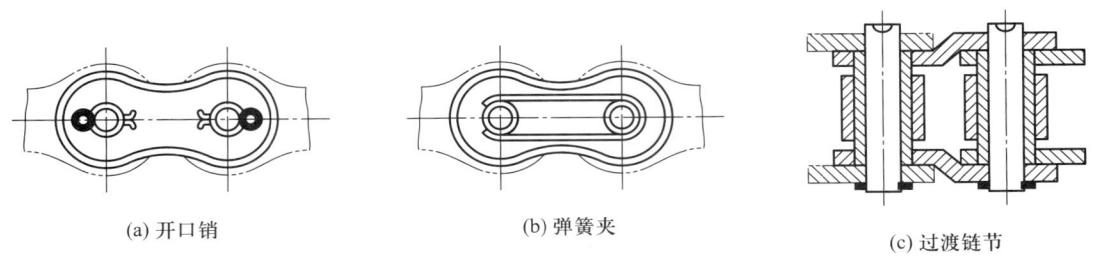

图 14-6　滚子链闭合接口的固定连接形式

A 系列滚子链的常用标记方法为"链号-排数×链节数　标准号",例如,"16A-1×80 GB/T 1243—2006"指的是按国标制造的 A 系列滚子链,节距为 25.4 mm,单排,链节数为 80 节。

齿形链是由许多齿形链板用铰链连接而成(图 14-7)。齿形链板的侧边是直边,工作时链板侧边与链轮齿廓相啮合,铰链可做成滑动副(圆销式或轴瓦式齿形链)或滚动副(滚销式齿形链)。

与滚子链相比,齿形链传动平稳、噪声较小(又称"无声链")、承受冲击载荷能力强,多用于大功率、大传动比、高速(链速可达 40 m/s)传动或对运动精度要求较高的传动装置中;但是齿形链结构复杂、价格较高、重量较大,因此其应用没有滚子链普遍,本章也不再展开介绍。

(a) 齿形链与链轮啮合　　　　　　　(b) 滚销式齿形链

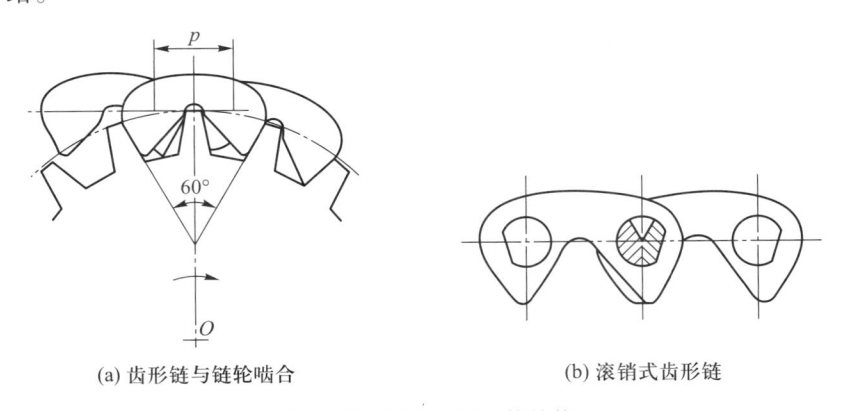

图 14-7　齿形链的具体结构

2. 链轮

链轮齿形目前已经标准化(GB/T 1243—2006),但国家标准仅规定了齿槽的齿面圆弧半径 r_e、齿沟圆弧半径 r_i 和齿沟角 α(图 14-8a)的最大和最小值,因此实际链轮齿廓曲线设计具有灵活性,基本原则是端面齿形应在最大和最小齿槽形状之间,且应保证链节能平稳进入和退出啮合,并便于加工。符合上述要求的端面齿形有多种,最常用的是"三圆弧一直线"齿形(图 14-8b),由三段圆弧(a-a、a-b 和 c-d)和一段直线(b-c)组成。

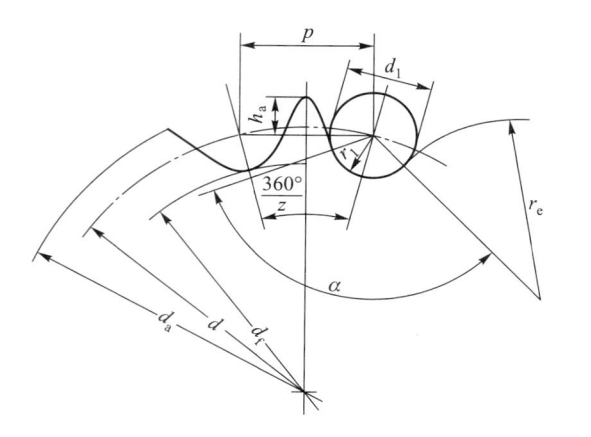

(a) 国家标准中链轮的尺寸参数定义 　　　　　(b) "三圆弧—直线"链轮齿形

图 14-8　链轮的端面齿形

链轮轴面齿形两侧呈圆弧状,以便于链节进入和退出啮合,如图 14-9 所示。

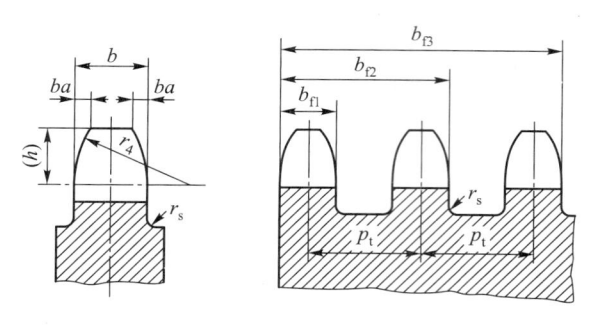

图 14-9　链轮的轴面齿形

链轮上能被链条标准节距等分的圆(即链条构成的正多边形的外接圆)称为分度圆,其直径用 d 表示(参见图 14-8)。已知节距 p 和齿数 z 时,链轮主要尺寸计算式如下:

分度圆直径:

$$d=\frac{p}{\sin\frac{\pi}{z}} \tag{14-1}$$

国家标准规定的齿顶圆直径范围:

$$d_{a\max}=d+1.25p-d_1 \tag{14-2}$$

$$d_{a\min}=d+\left(1-\frac{1.6}{z}\right)p-d_1 \tag{14-3}$$

如选用"三圆弧—直线"齿形,则齿顶圆直径为

$$d_a=p\left(0.54+\cot\frac{\pi}{z}\right) \tag{14-4}$$

齿根圆直径:

$$d_f = d - d_1 \tag{14-5}$$

式中 d_1 为滚子直径。

采用标准刀具加工链轮齿形时,在图样上不必绘制端面齿形,但需要绘制轴面齿形,以便于车削链轮毛坯。轴面齿形具体尺寸参见有关标准及设计手册。

链轮轮齿应具有足够的接触强度和耐磨性,故齿面需要进行热处理。小链轮每齿啮合次数比大链轮多,所受冲击力也大,故所用材料一般要优于大链轮。常用链轮材料有碳素钢(如 Q235、Q275、45、ZG310-570 等)、灰铸铁(如 HT200)等,重要链轮可采用合金钢。

常用链轮结构如图 14-10 所示,小直径链轮可制成实心式(图 14-10a);中等直径链轮可制成孔板式(图 14-10b),可以减轻其整体重量;直径较大的链轮可设计成组合式(图 14-10c),其齿圈可更换,若轮齿因磨损而失效,可直接更换齿圈。链轮轮毂部分的具体尺寸可参考带轮。

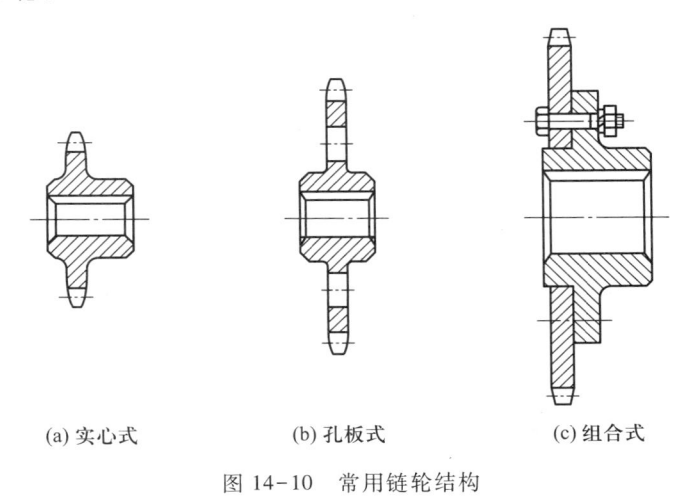

(a) 实心式　　　　(b) 孔板式　　　　(c) 组合式

图 14-10　常用链轮结构

14.3　链传动的运动分析与受力分析

1. 链传动的运动分析

如图 14-11 所示为主动轮(小链轮)的运动速度示意图,链条进入链轮后形成折线,因此链传动相当于一对多边形轮之间的传动。

设 z_1、z_2 为两链轮的齿数(一般以 z_1 代指小链轮齿数),p 为节距(mm),n_1、n_2 为两链轮的转速(r/min),小链轮转动一周,链条行进 z_1 个节距,则链条平均线速度(简称平均链速,单位 m/s)可表示为

$$v_m = \frac{z_1 p n_1}{60 \times 1\,000} \tag{14-6}$$

大链轮转动一周,链条行进 z_2 个节距,则平均链速亦可表示为

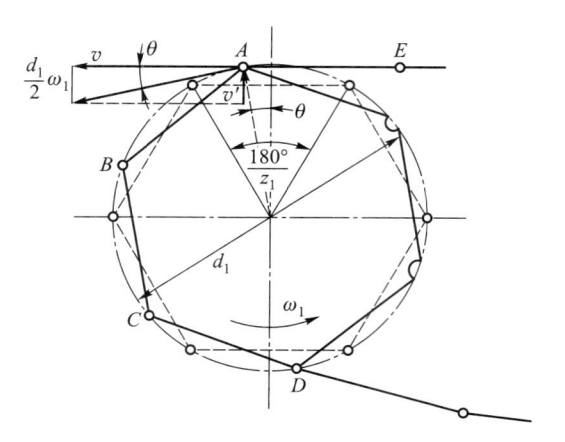

图 14-11　链传动主动轮运动速度示意图

$$v_m = \frac{z_2 p n_2}{60 \times 1\,000} \tag{14-7}$$

于是可求得平均传动比为

$$i_m = \frac{n_1}{n_2} = \frac{z_2}{z_1} \tag{14-8}$$

链传动的平均链速和平均传动比均为定值,但由于多边形效应,瞬时链速和瞬时传动比都是变化的。

以角速度恒定(ω_1)的主动轮为例分析其瞬时链速,如图 14-11 所示,链轮分度圆(即多边形的外接圆)上的圆周速度为

$$v_t = \frac{d_1 \omega_1}{2} \tag{14-9}$$

位于分度圆上的链条铰链(如点 A)已经与链轮固结,其线速度亦为

$$v_A = \frac{d_1 \omega_1}{2} \tag{14-10}$$

则此时的瞬时链速(未啮入链条的线速度,即铰链在点 A 沿 EA 方向的线速度)等于铰链 A 线速度沿 EA 方向的分速度:

$$v = v_A \cos\theta = \frac{d_1 \omega_1}{2} \cos\theta \tag{14-11}$$

θ 为啮入过程中链节铰链在主动轮上的相位角,其变化范围为

$$\left(-\frac{\pi}{z_1}\right) \sim \left(+\frac{\pi}{z_1}\right)$$

当 $\theta = 0$ 时,链速最大:

$$v_{max} = \frac{d_1 \omega_1}{2} \tag{14-12}$$

当 $\theta = \pm\pi/z_1$ 时,链速最小:

$$v_{\min} = \frac{d_1\omega_1}{2}\cos\frac{\pi}{z_1} \tag{14-13}$$

即链轮每转过一齿,链速就时快时慢地变化一次,当 ω_1 为常数时,瞬时链速和瞬时传动比都作周期性变化。同理,链条在垂直于链节中心线方向的分速度为

$$v' = \frac{d_1\omega_1}{2}\sin\theta \tag{14-14}$$

该分速度也作周期性变化,这会导致链条上下抖动。

链速变化用链速不均匀系数 δ 来表示:

$$\delta = \frac{v_{\max} - v_{\min}}{v_m} \tag{14-15}$$

式中:v_m 为平均链速。齿数不同时链速不均匀系数的变化如图 14-12 所示,齿数越少,相位角的变化幅度越大,因此链速越不均匀。

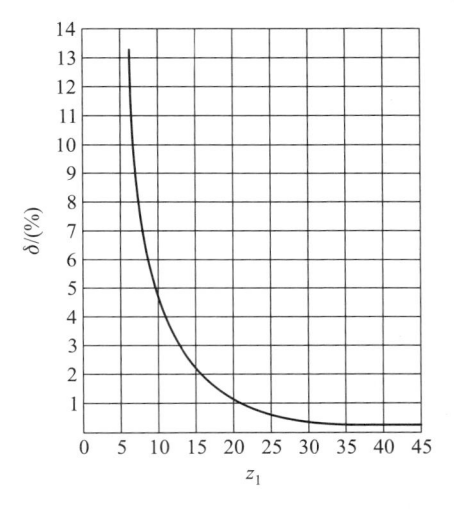

图 14-12 齿数-链速不均匀系数曲线图

参考图 14-13 分析链传动的瞬时传动比,定义沿链条 CA 方向为 x 轴,垂直该方向为 y 轴,则主动轮上铰链于点 A 在 x 方向的分速度(即瞬时链速)为

$$v_{Ax} = \frac{d_1\omega_1}{2}\cos\beta \tag{14-16}$$

从动轮上铰链于点 C 在 x 方向的分速度(同样为瞬时链速)为

$$v_{Cx} = \frac{d_2\omega_2}{2}\cos\gamma \tag{14-17}$$

因二者相等,于是可以得到瞬时传动比为

$$i = \frac{\omega_1}{\omega_2} = \frac{d_2\cos\gamma}{d_1\cos\beta} \tag{14-18}$$

瞬时传动比与主动轮及从动轮的相位角均有关。

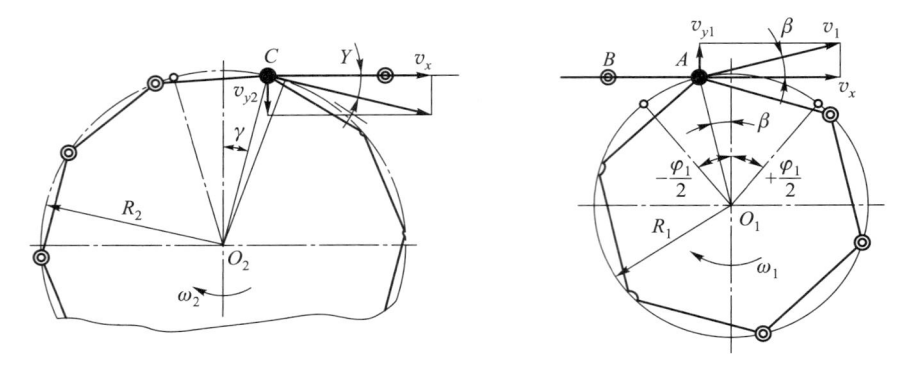

图 14-13 链传动示意图主、从动轮运动速度示意图

当主动轮角速度 ω_1 恒定时,链速的周期性变化、从动轮角速度的变化及啮合冲击(链接啮入时 y 方向速度从非零变成零)均会产生动载荷,导致振动或噪声。

2. 链传动的布置与张紧

链传动的两轴应平行排布,两链轮应位于同一平面内。一般宜采用水平或接近水平的布置方式,并使松边在下,具体工作情况及布置方式参见表 14-2。

表 14-2 不同传动参数下的链传动布置方式选取原则

传动参数	正确布置	不正确布置	说明
$i>2$ $a=(30\sim50)p$			两轮轴线在同一水平面,紧边在上、在下均不影响工作
$i>2$ $a<30p$			两轮轴线不在同一水平面,松边应在下,否则其下垂量增大后,链条易与链轮卡死
$i<1.5$ $a>60p$			两轮轴线在同一水平面,松边应在下,否则其下垂量增大后,松边会与紧边相碰,需经常调整中心距
i、a 为任意值			两轮轴线在同一铅垂面内,下垂量增大会减少下链轮有效啮合齿数,降低传动能力,为此可采用如下措施:中心距可调;设张紧装置;上下轮错开,使两轮轴线不在同一铅垂面内

链传动在安装过程中需要张紧,其目的是避免在链条垂度过大时产生啮合不良、链条振动、跳齿和脱链现象,亦可增加链条与链轮的啮合包角,但整体而言,链传动对于张紧的要求比带传动低。

当链传动中心距可调时,可通过调整中心距张紧;当中心距不可调时,可通过设置张紧轮张紧。如果张紧轮布置在外侧,一般压在松边靠近小轮处;如果张紧轮布置在内侧,则一般压在松边靠近大轮处。

3. 链传动的受力分析

不考虑动载荷,作用在链条上的力有:圆周力(即有效拉力)F,离心拉力F_c和悬垂拉力F_y。如图14-14所示,紧边拉力为

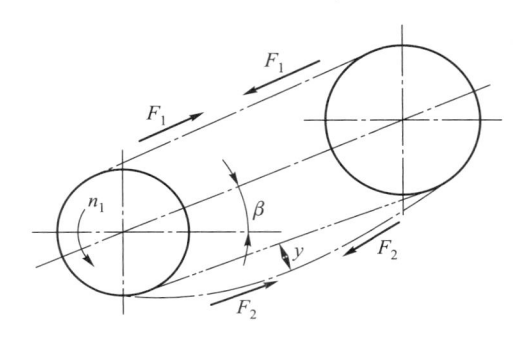

$$F_1 = F + F_c + F_y \tag{14-19}$$

图 14-14 链传动受力分析示意图

松边拉力为

$$F_2 = F_c + F_y \tag{14-20}$$

圆周力(有效拉力)为

$$F = \frac{1\,000P}{v} \tag{14-21}$$

绕在链轮上的链节在运动中产生的离心拉力为

$$F_c = qv^2 \tag{14-22}$$

式中 q 为单位长度链条的质量,单位为 kg/m;v 为链速,单位为 m/s。

悬垂拉力可利用求悬索拉力的方法近似求得:

$$F_y = K_y qga \tag{14-23}$$

式中 a 为链传动的中心距,单位为 m;g 为重力加速度;K_y 为下垂量 $y=0.02a$ 时的垂度系数,其值与布置方式(中心线与水平线的夹角 β)有关(表14-3)。

表 14-3 不同布置方式下的垂度系数

夹角 β	90°(垂直布置)	0°(水平布置)	75°	60°	30°
垂度系数 K_y	1	7	2.5	4	6

链传动作用在轴上的压力 F_Q 可近似取为

$$F_Q = (1.2 \sim 1.3)F \qquad (14-24)$$

有冲击和振动时取大值；轴压力用于后续轴系的受力分析与设计校核。

14.4　失效形式与设计准则

1. 失效形式

（1）链板疲劳破坏

链在松边拉力和紧边拉力的反复作用下，经过一定循环次数，链板会发生疲劳破坏。正常润滑条件下，链板疲劳强度是限定链传动承载能力的主要因素。

（2）套筒和滚子的冲击疲劳破坏

链传动的啮入冲击首先由套筒和滚子承受。在反复冲击下，经过一定循环次数，套筒和滚子会发生冲击疲劳破坏。多发生于中、高速闭式链传动中。

（3）销轴与套筒的胶合

当润滑不当或速度过高时，销轴和套筒的工作表面会发生胶合。胶合限定了链传动的极限转速。

（4）链条铰链磨损

在开式传动、环境条件恶劣或润滑密封不良时，极易引起铰链磨损，从而急剧降低链条的使用寿命。

铰链未磨损时的节距称为标准节距，标准节距对应的节圆直径 d' 即分度圆直径 d。链条铰链磨损会导致链条节距增加，但链轮较少磨损、齿距不变，链条与链轮实际啮合位置上升，表现为节圆直径 d' 的增加（图 14-15），节圆直径变化量 $\Delta d'$ 与链条节距变化量 Δp 的关系可由下式表示：

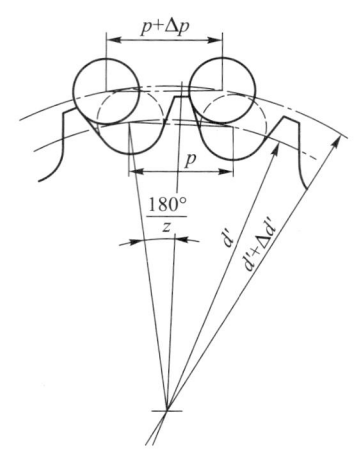

图 14-15　节圆直径变化量与节距变化量之间的关系

$$\Delta d' = \frac{\Delta p}{\sin\dfrac{\pi}{z_1}} \tag{14-25}$$

当 Δp 一定时,齿数越多,$\Delta d'$ 越大,越容易发生跳齿和脱链现象。

(5) 过载拉断

通常发生于低速重载或严重过载的链传动中。

2. 功率曲线图

链传动有多种失效形式,其中链板疲劳破坏、套筒和滚子的冲击疲劳破坏、销轴与套筒的胶合以及铰链磨损均与传动速度(链轮转速)及承受的载荷(需要传动的功率)密切相关。在一定使用寿命条件下,针对特定失效形式,不同的主动链轮转速 n_1 均对应存在一个极限功率,将其绘制在同一张图上即可得到不同失效形式对应的极限功率曲线,如图 14-16 所示。

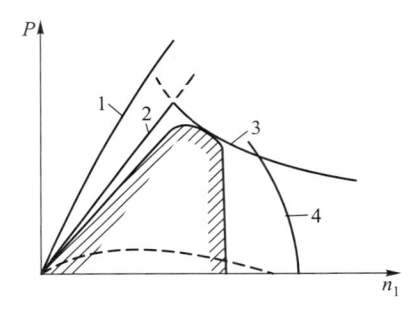

1—正常润滑条件下,铰链磨损限定的极限功率;2—链板疲劳强度限定的极限功率;
3—套筒和滚子冲击疲劳强度限定的极限功率;4—铰链胶合限定的极限功率。

图 14-16 极限功率曲线

图 14-17 所示为 A 系列滚子链的功率曲线图。其计算条件为:两轮共面;小链轮齿数 $z_1 = 19$;链长(链节数)$L_p = 100$ 节;载荷平稳,按推荐方式润滑;工作寿命为 15 000 h;链条因磨损引起的相对伸长量不超过 3%。

功率曲线图给出了推荐润滑条件下链传动的额定功率 P_c、小轮转速 n_1 和链号(链条节距)三者之间的关系;若润滑不良或不能采用推荐润滑方式时,链传动的额定功率 P_c 值会降低:当链速 $v \leq 1.5$ m/s 时,降低到 50%;当 1.5 m/s $< v \leq 7$ m/s 时,降低到 25%;当 $v > 7$ m/s 且润滑不当时,传动不可靠。

3. 许用功率(设计准则一)

当实际工作条件与确定上述额定功率的条件不同时,在实际设计中应通过修正得到所需的许用功率(实际条件下链条所能传递的功率),即:

$$[P_c] = P_c K_z K_L K_m \tag{14-26}$$

式中 K_z 为小链轮齿数 $z_1 \neq 19$ 时的修正系数(齿数系数);K_L 为链长 $L_p \neq 100$ 节时的修正系数(链长系数);K_m 为多排链系数。其取值参见表 14-4 和表 14-5。

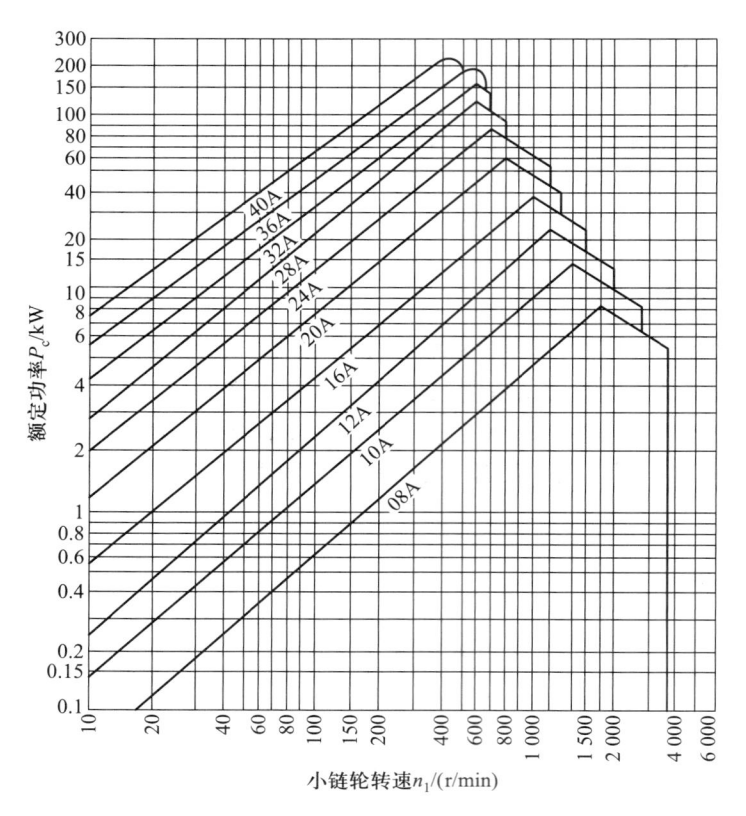

图 14-17 A系列滚子链的功率曲线图

表 14-4 齿数系数与链长系数

在图 14-20 中的位置	位于功率曲线顶点左侧时（链板疲劳）	位于功率曲线顶点右侧时（滚子套筒冲击疲劳）
齿数系数 K_z	$\left(\dfrac{19}{z_1}\right)^{1.08}$	$\left(\dfrac{19}{z_1}\right)^{1.5}$
链长系数 K_L	$\left(\dfrac{L_p}{100}\right)^{0.26}$	$\left(\dfrac{L_p}{100}\right)^{0.5}$

表 14-5 多排链系数

排数	1	2	3	4	5	6
K_m	1.0	1.7	2.5	3.3	4.0	4.6

相应的设计准则为

$$\left. \begin{array}{c} P_{ca} \leqslant [P_c] = P_c K_z K_L K_m \\ 或 \quad \dfrac{P_{ca}}{K_z K_L K_m} \leqslant P_c \end{array} \right\} \quad (14\text{-}27)$$

其中计算功率 $P_{ca}=K_A P$,此处 K_A 为工况系数,取值参见表 14-6;P 为名义功率(电机的输出功率)。

表 14-6 工 况 系 数

载荷种类	原动机	
	电动机或汽轮机	内燃机
载荷平稳	1.0	1.2
中等冲击	1.3	1.4
较大冲击	1.5	1.7

4. 静强度安全系数(设计准则二)

低速($v \leqslant 0.6$ m/s)重载工况下的主要失效形式为链条的过载拉断,设计时需要校核其静强度安全系数:

$$\frac{Q}{K_A F_1} \geqslant S \tag{14-28}$$

其中 Q 为链的极限载荷(参见表 14-1);F_1 为紧边拉力(参见公式 14-19);S 为安全系数,$S=4\sim 8$。

例 14-1 一单排滚子链传动,已知:链轮齿数 $z_1=17$, $z_2=25$,采用 08A 链条(节距 $p=12.7$ mm),中心距 $a=40\,p$(m),水平布置;传动功率 $p=1.5$ kW,原动机为电动机,载荷平稳;小链轮为主动轮,其转速为 $n_1=150$ r/min。求(1)离心拉力 F_c;(2)悬垂拉力 F_y;(3)链条的紧边拉力和松边拉力;(4)链条的静强度安全系数。

解:

(1)离心拉力

链速

$$v=\frac{z_1 n_1 p}{60\times 1\,000}=\frac{17\times 150\times 12.7}{60\times 1\,000}=0.54 \text{ m/s}$$

由表 14-1 查得 08A 链条每米质量 $q=0.60$ kg/m,故离心拉力为

$$F_c=qv^2=0.6\times 0.54^2=0.175 \text{ N}$$

因链速很小,F_c 很小,可以忽略不计。

(2)悬垂拉力

水平布置时垂度系数 $K_y=7$,故

$$F_y=K_y qga=7\times 0.60\times 9.81\times 40\times \frac{12.7}{1\,000}=21 \text{ N}$$

(3)链条的紧边拉力和松边拉力

圆周力

$$F=\frac{1\,000P}{v}=\frac{1\,000\times 1.5}{0.54}=2\,778 \text{ N}$$

紧边拉力
$$F_1 = F+F_y = 2\ 778+21 = 2\ 799\ \text{N} \quad (已略去\ F_c)$$

松边拉力
$$F_2 = F_y = 21\ \text{N} \quad (已略去\ F_c)$$

（4）链条的静强度安全系数

由表 14-1 查得 08A 链的极限拉伸载荷 $Q = 13\ 800$ N，由表 14-6 查得工况系数 $K_A = 1$，故静强度安全系数为

$$S = \frac{Q}{K_A F_1} = \frac{13\ 800}{2\ 799} = 4.93$$

14.5 链传动的设计计算

本节结合例题介绍链传动设计计算的基本流程，并结合该流程理解关键设计参数对于链传动特性的影响规律。

例 14-2 电动机功率为 $P = 5.5$ kW，转速为 $n_1 = 1\ 450$ r/min，通过链传动驱动液体搅拌器，载荷平稳，传动比 $i = 3.2$，通过调整中心距实现张紧，试设计此链传动。

1. 传动比

传动比根据实际应用需求确定，在中心距确定的情况下，传动比越大，小链轮包角越小，小链轮上实际参与啮合的齿数越少，单个轮齿以及与之啮合的铰链承受的载荷越大，在工作过程中越容易发生磨损、跳齿和脱链，因此通常限制链传动的传动比 $i \leq 6$，推荐传动比 $i = 2 \sim 3.5$（在例 14-2 中限定了传动比 $i = 3.2$）。

2. 链轮齿数

根据式（14-11）和式（14-14）可知，链轮齿数越少，相位角的变动幅度越大，瞬时链速及垂直链节中心线方向的分速度越不稳定；根据式（14-18），链轮齿数越少，瞬时传动比越不稳定；在主动轮角速度恒定的情况下，从动轮转速越不稳定。简言之，链轮齿数越少，运动越不平稳，动载荷和冲击作用越显著。因此，设计选取的小链轮齿数不宜过少，通常限制 $z_1 \geq 17$，具体参照表 14-7，根据预估链速初选小链轮齿数，然后按照传动比确定大链轮齿数 $z_2 = iz_1$。

链轮齿数增加意味着传动系统整体尺寸和重量增加，并且根据式（14-25），链轮齿数越多，由于铰链磨损导致链条节距增加、进而导致跳齿和脱链的概率增加，因此链轮齿数也不宜过多，通常限制大链轮齿数 $z_2 \leq 120$。

为避免采用过渡链节，链节数最好选用偶数节，因此链轮齿数最好选取为奇数，以使得链条和轮齿的磨损更均匀。

例 14-2 中，预估（假设）链速为 $v = 3 \sim 8$ m/s，根据表 14-7 选取 $z_1 = 21$，计算 $z_2 = iz_1 = 67.2$，取 $z_2 = 67$，大小链轮齿数均为奇数，实际传动比为 3.19，与限定值近似相等，可以接受。

表 14-7　小链轮齿数选择

链速 $v(\text{m/s})$	0.6~3	3~8	8
z_1	≥17	≥21	≥25

3. 中心距和链节数

相同链速下,中心距越小,链节数越少,单位时间屈伸次数增加,且小链轮包角小,参与啮合齿数少,更容易发生疲劳和磨损失效;中心距过大,松边上下颤动现象显著,传动不平稳。因此在设计时一般初选中心距 $a_0 = 30p \sim 50p$,最大不超过 $80p$。

用链节数表示链条长度(计算出的链节数应圆整为整数,且最好取偶数):

$$L_\text{p} = \frac{2a_0}{p} + \frac{z_1+z_2}{2} + \left(\frac{z_2-z_1}{2\pi}\right)^2 \frac{p}{a_0} \tag{14-29}$$

上述例题中,初选 $a_0 = 40p$,计算链节数:

$$L_\text{p} = \frac{2a_0}{p} + \frac{z_1+z_2}{2} + \left(\frac{z_2-z_1}{2\pi}\right)^2 \frac{p}{a_0} \approx 125$$

链节数宜取偶数,故取为 $L_\text{p} = 126$。

4. 链号和节距

根据式(14-27)计算额定功率:

$$P_\text{c} \geq \frac{P_\text{ca}}{K_z K_L K_\text{m}} = \frac{K_A P}{K_z K_L K_\text{m}}$$

然后根据图 14-17 选择链号并可确定其节距 p。

根据式(14-1),在链轮齿数确定的情况下,节距越大,分度圆直径越大;根据式(14-11)和式(14-14),分度圆直径越大,链速不均匀性越显著,且动载荷和冲击作用也越显著。此外,链轮转速越高,链速不均匀性和冲击作用也越显著。因此在设计时应尽可能选用小节距的链条。

具体而言,对于低速重载的链传动,可以选择较大节距的单排链以传递重载;对于高速重载的链传动,应当选择小节距的链条,为了能够传递重载,可以选择多排链。

例 14-2 中,查表 14-6 得到 $K_A = 1.0$;

根据图 14-17,$n_1 = 1\,450$ r/min 对应的失效形式最有可能是链板疲劳破坏(08A)或套筒和滚子的冲击疲劳破坏(10A 及以上),初定其失效形式为前者,按照表 14-4 计算齿数系数和链长系数:

$$K_z = \left(\frac{19}{z_1}\right)^{1.08} = \left(\frac{19}{21}\right)^{1.08} = 0.898$$

$$K_L = \left(\frac{L_\text{p}}{100}\right)^{0.26} = \left(\frac{126}{100}\right)^{0.26} = 1.06$$

初定为单排链,查表 14-5 确定 $K_\text{m} = 1.0$;

链传动的额定功率

$$P_c \geq \frac{K_A P}{K_z K_L K_m} = 5.77 \text{ kW}$$

根据图 14-17 查得当 $n_1 = 1\ 450$ r/min,08A 链条能传递的功率为 6.8 kW,符合传动的额定功率需求,其最有可能的失效形式确实是链板疲劳破坏,且单排链即可符合要求,与前述初定条件完全一致(若不一致需要再进行重复计算和设计选型)。

08A 链条的节距为 $p = 12.7$ mm。

5. 实际中心距

为了便于安装链条和调节链的张紧程度,一般将中心距设计成可调节,初选中心距 a_0 一般在可调节范围内,因此不需要再计算实际中心距。

若中心距不能调节,则可根据选定链条的节距精确计算实际中心距:

$$a = \frac{p}{4}\left[\left(L_p - \frac{z_1+z_2}{2}\right) + \sqrt{\left(L_p - \frac{z_1+z_2}{2}\right)^2 - 8\left(\frac{z_2-z_1}{2\pi}\right)^2}\right] \quad (14-30)$$

若中心距不能调节且又没有张紧装置时,应将实际中心距减小 2~5 mm。这样可使链条有较小的初垂度,以保持链传动的张紧。

上述例题中要求通过调整中心距来实现张紧,因此不需要精确计算实际中心距,可直接取为

$$a \approx a_0 = 40p = 40 \times 12.7 = 508 \text{ mm}$$

6. 校核链速和静强度

根据式 14-6 计算平均链速,校核链速是否符合小链轮齿数初选时预估的情况,以及是否符合链传动的基本需求。

对于低速($v \leq 0.6$ m/s)重载工况,其主要失效形式可能为链条的过载拉断,还需要根据式(14-28)校核其静强度安全系数。

上述例 14-2 中,链速为

$$v = \frac{z_1 p n_1}{60 \times 1\ 000} = \frac{21 \times 12.7 \times 1\ 450}{60 \times 1\ 000} = 6.45 \text{ m/s}$$

与初始预估(3~8 m/s)一致(若不一致需要再进行重复计算和设计选型),且满足链传动的基本需求($v \leq 12$~15 m/s)。

7. 润滑方式

链传动的润滑至关重要,合适的润滑能显著降低链传动的失效概率,延长其使用寿命。常用润滑方式有四种,具体可根据实际情况(图 14-18)选用。

人工定期润滑:用油壶或油刷给油;
滴油润滑:用油杯通过油管向松边内外板间隙处滴油(图 14-19a);
油浴或飞溅润滑:油浴润滑(图 14-19b)或甩油飞溅润滑(图 14-19c);
压力喷油润滑:用油泵向链条连续供油,起润滑和冷却作用(图 14-19d)。

14.5 链传动的设计计算 431

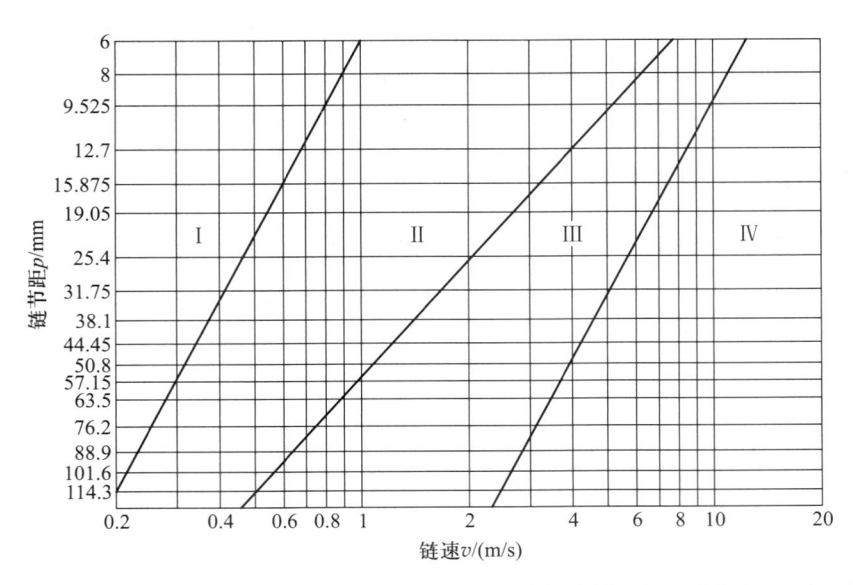

Ⅰ-人工定期润滑；Ⅱ-滴油润滑；Ⅲ-油浴或飞溅润滑；Ⅳ-压力喷油润滑。

图 14-18 链传动润滑方式的选取

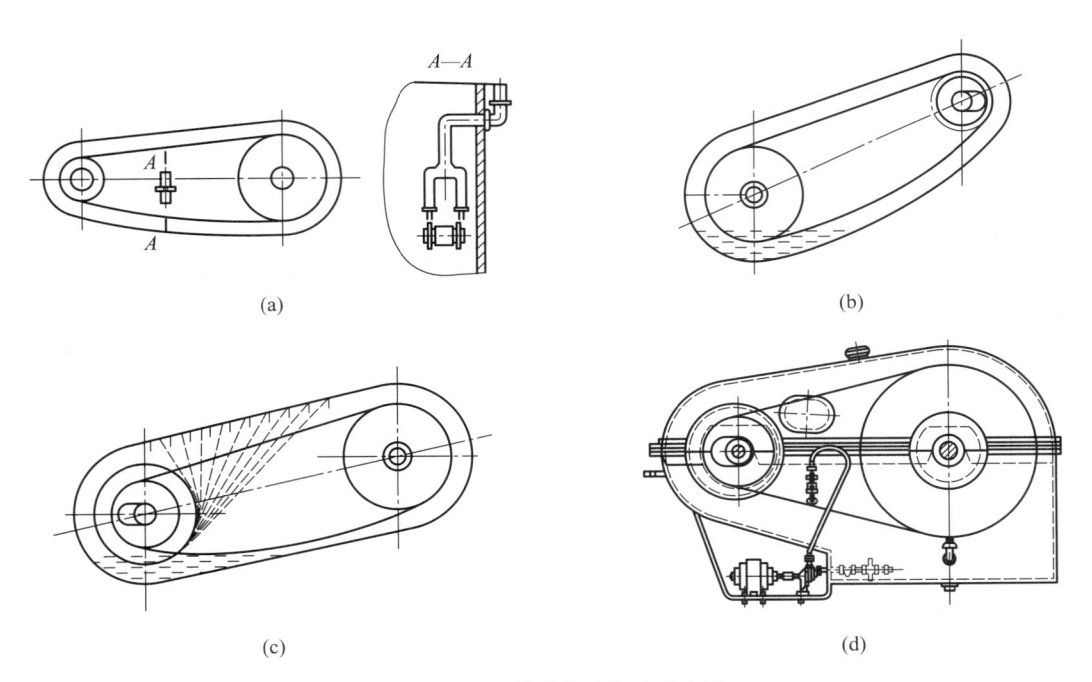

图 14-19 链传动润滑方式示意图

封闭于壳体内的链传动可以防尘、减轻噪声及保护人身安全。

润滑油可选用 L-AN32、L-AN46、L-AN68 全损耗系统用油,环境温度高或载荷大时宜选取黏度较高的润滑油,反之则选取黏度较低的润滑油。

例 14-2 中,$p = 12.7$ mm,$v = 6.45$ m/s,润滑方式选择为油浴或飞溅润滑。

8. 具体结构及辅助装置设计

包括大小链轮具体结构设计、布置形式设计、封闭装置设计、张紧装置设计、润滑装置设计、机架设计等。

例 14-2 中该部分省略。

学习指南

本章概述部分介绍了链传动的组成、工作原理、应用范围及其优缺点,然后介绍了链条和链轮的基本结构与参数,链传动的运动和受力特性(包含链传动的布置与张紧),失效形式与设计准则,以及设计计算流程(包括润滑方式)。

本章的学习目标如下(其中 * 标注的是重点的学习目标):

(1) 对比理解并描述链传动与其他常用传动形式的区别及特点;

(2) 了解滚子链和齿形链的基本结构及其特点;

(3) 了解链轮基本齿形,理解分度圆直径的定义;

(4) *对链传动进行运动分析,理解并描述其平均/瞬时速度、平均/瞬时传动比特性及冲击(动载荷)特性;

(5) 了解链传动的布置与张紧方式;

(6) *对链传动进行受力分析;

(7) *了解链传动的主要失效形式,理解对应设计计算准则(尤其是极限功率曲线的含义);

(8) *理解关键参数对链传动特性的影响规律,并在实际应用中灵活应用相关设计方法完成链传动的设计计算。

本章思维导图如图 14-20 所示。

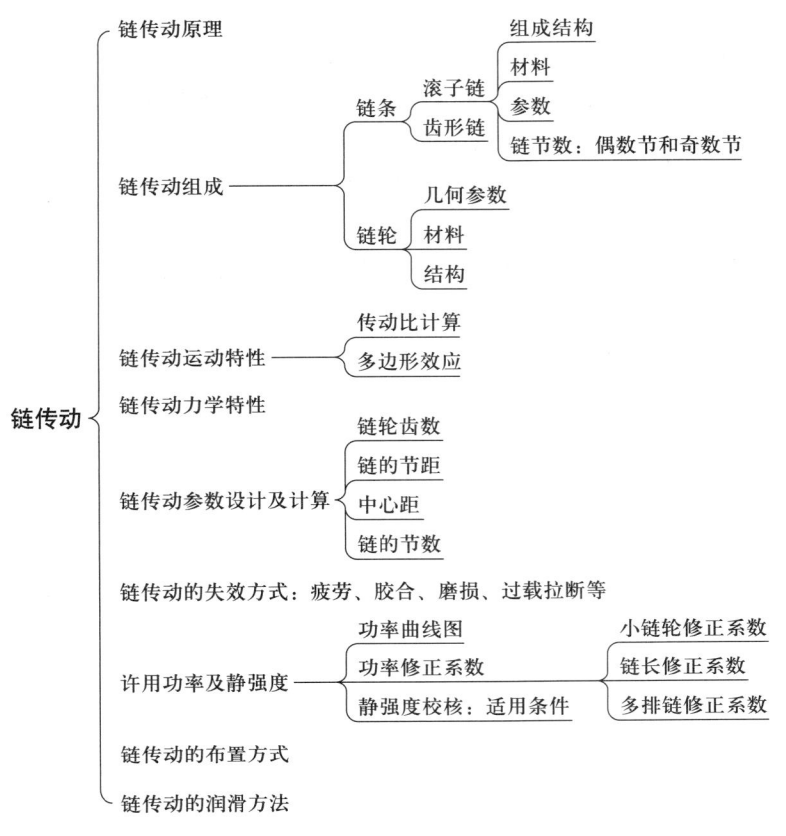

图 14-20 本章思维导图

习题

14-1 分析链传动的优缺点。

14-2 什么情况下链传动的瞬时传动比恒定？

14-3 为什么铰链磨损后链条节距会增大？

14-4 新自行车大、小链轮哪个更容易掉链子？发生磨损后哪个掉链子的概率会增加更多？为什么？

14-5 传动比对链传动性能有何影响？

14-6 链轮齿数对链传动性能有何影响？选择链轮齿数的原则是什么？

14-7 链节距 p 对链传动性能有何影响？选择节距 p 的原则是什么？

14-8 中心距对链传动性能有何影响？选择中心距的原则是什么？

14-9 单排滚子链传动，链节距 $p = 19.05$ mm，小链轮分度圆直径 $d_1 = 152.04$ mm，小链轮转速 $n_1 = 720$ r/min，每米链长质量 $q = 2.6$ kg/m，求小链轮齿数 z_1 及链所受的离心拉

力 F_c。

14-10 已知功率 $P=7$ kW，小链轮转速 $n_1=200$ r/min，大链轮转速 $n_2=102$ r/min。中等冲击，小链轮齿数 $z_1=21$，大链轮齿数 $z_2=41$，工作情况系数 $K_a=1.3$，小链轮齿数系数 $K_z=1.114$，链长系数 $K_L=1.03$，设计该滚子链传动。

14-11 已知链节距 $p=19.05$ mm，主动链轮齿数 $z_1=23$，转速 $n_1=970$ r/min，求平均链速 v、瞬时最大链速 v_{max} 和瞬时最小链速 v_{min}。

14-12 *解析推导并分析链速周期性变化以及从动轮转速变化引起的动载荷。

14-13 *思考如何采用链传动实现反向传动。

14-14 *思考如何采用链传动实现无级变速。

第15章 轴及轴的结构设计

内容提要

机械系统中的回转零件,如带轮、齿轮、链轮、联轴器和离合器等,都必须用轴来支承才能正常工作,因此轴是机械中不可缺少的重要零件。轴一般为圆杆状,各段可以有不同的直径,机械系统中作回转运动的零件安装在轴上随轴一起回转,并传递运动和动力。

15.1 概述

轴一般都是非标准件,机器的工作能力在很大程度上与轴有关,所以轴设计的好坏对整个轴系以及整个机器都至关重要。合理的结构和足够的强度是轴的设计必须满足的基本要求。

15-1 轴

对轴的结构进行设计主要是确定轴的结构形状和尺寸。轴的结构和形状取决于下面几个因素:(1)轴的毛坯种类;(2)轴上作用力的大小及其分布情况;(3)轴上零件的位置、配合性质及其连接固定的方法;(4)轴承的类型、尺寸和位置;(5)轴的加工方法、装配方法以及其他特殊要求。

因此,在进行轴的设计时要全面综合考虑各种因素,在选择轴的结构和形状时应注意以下几个方面:(1)使轴的形状接近于等强度条件;(2)尽量避免各轴段剖面突然改变以降低局部应力集中;(3)改变轴上零件的布置,有时可以减小轴上的载荷;(4)改进轴上零件的结构也可以减小轴上的载荷。

一般在进行轴结构设计时的已知条件有:机器的装配简图,轴的转速,传递的功率,轴上零件的主要参数和尺寸等。基于已知条件,如图 15-1 所示,轴的设计过程一般为:

(1)选择材料:根据轴的使用环境和承载要求,选择合适的材料作为轴的材料。

(2)初算轴径:估算轴的基本直径,这个直径作为轴最细段的直径。

(3)结构设计:根据轴上零件的装配方案确定轴的结构设计,确定各轴段的直径和

（4）承载能力验算：根据使用要求验算轴的强度、刚度、稳定性等。

（5）验算合格，则轴的设计完成，否则需要回到初算轴径步骤修改轴的基本直径，对轴重新进行结构设计，直至验算合格为止。

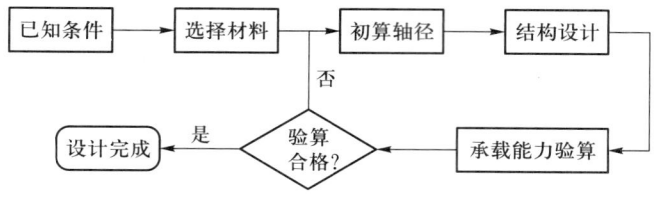

图 15-1 轴的设计过程

15.2 轴的类型和组成

轴的类型很多，按轴线形状不同可分为直轴（图 15-2）、曲轴和挠性轴。曲轴常用于往复式机械（如内燃机、空气压缩机等）中，挠性轴可将旋转运动灵活地传到所需要的位置，常用于医疗设备中，本节只讨论直轴。

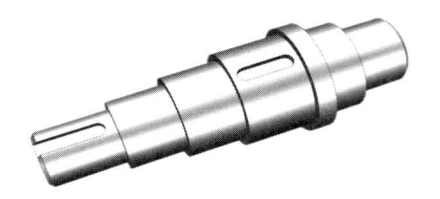

图 15-2 直轴—阶梯轴

1. 轴的类型

直轴按**外形**可分为光轴、阶梯轴和空心轴。

光轴形状简单，加工容易，应力集中减少，但轴上零件不容易装配及定位。光轴主要用作传动轴，比如机床主轴。

阶梯轴加工复杂，应力集中源较多，容易实现轴上零件的装配和定位。阶梯轴常用作转轴，比如减速器中的轴。

空心轴在轴体的中心制有一通孔，并在通孔内开有内键槽，轴体的外表面加工有阶梯形圆柱，并开有外键槽。空心轴占用的空间体积比较大，但可以降低重量。

在汽车工业中，空心轴起着非常重要的作用，它不但具有在重量最低的情况下，自然弯曲频率和扭转刚度的最高潜在协调性；而且，空心轴可使自然弯曲频率和扭转刚度调整至用户的需求。同时，对于大多数空心轴的应用，不再需要减振器，节省材料，减轻了汽车整体的重量。根据材料力学分析,在转轴传递扭矩时,从径向截面看,越靠外的地方传递有效力矩的作用越大。在转轴需要传递较大力矩时,就需要较粗的轴径,而由于在轴心部位传递力矩的作用较小,所以一般采用空心轴,以减少转轴的自重。在材料相同、截面积相等的情况下,空心轴比实心轴的抗扭能力强,能够承受较大的外力矩。在相同的外力矩情况下,选用空心轴要比实心轴省材料,但空心轴比实心轴加工制造困难,造价也高。

直轴也可按**承载情况**不同分为转轴、心轴和传动轴三类。

转轴在工作时既承受弯矩又承受扭矩,是机械中最常见的轴,如各种减速器中的轴。

心轴用来支承转动零件只承受弯矩而不传递扭矩。有些心轴转动,如铁路车辆的轴,称为转动心轴;有些心轴则不转动,如支承滑轮的轴,称为固定心轴。

传动轴主要用来传递扭矩而不承受弯矩,如汽车的驱动轴。

在对轴进行强度计算时,需要根据轴的类型用扭转强度或弯扭合成强度来计算轴的基础直径,因此需要先通过分析该轴是否传递转矩或承受弯矩来判断轴的类型。

判断轴是否传递转矩时,从原动机向工作机画传动路线,若传动路线沿该轴轴线走过一段距离,则该轴传递转矩,否则该轴不传递转矩;判断轴是否承受弯矩时,主要判断该轴上除联轴器外是否还有其他传动零件,若有,则该轴承受弯矩,否则该轴不承受弯矩。

图 15-3 所示的机械系统中共六根轴,其中 0 号轴通过联轴器连接电动机和轴Ⅰ,轴Ⅰ支撑齿轮 1,轴Ⅱ支撑齿轮 2,轴Ⅲ支撑齿轮 3 和齿轮 4,轴Ⅳ支撑齿轮 5 和齿轮 6,轴Ⅴ支撑带齿轮 7 的卷筒。

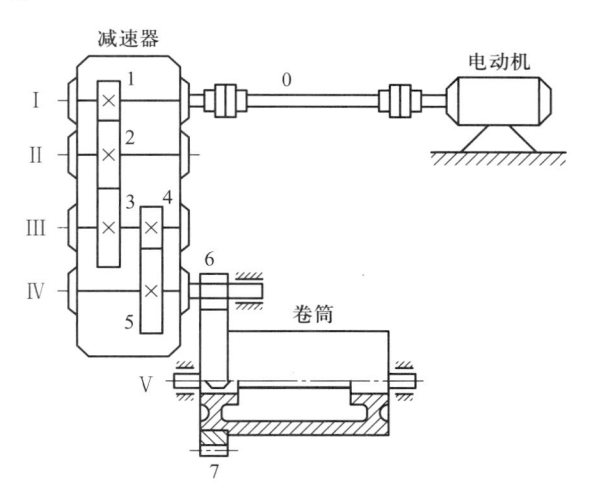

图 15-3 轴的类型判断

为了判断这六根轴的类型,需要分析这六根轴的承载情况,判断它们是否传递转矩或承受弯矩。首先来判断这六根轴是否传递转矩,从原动机(电动机)出发向工作机(卷筒)画传动路线,图 15-4 中箭头所示即为传动路线,传动路线沿该轴Ⅳ、轴Ⅰ、轴Ⅲ和轴Ⅳ的轴线走过一段距离,因此轴 0、轴Ⅰ、轴Ⅲ和轴 0 均传递转矩;而轴Ⅱ和轴Ⅴ不传递转矩。接着我们再来判断这六根轴是否承受弯矩,轴 0 除联轴器外没有其他传动零件,其他五根轴上都有齿轮或卷筒等传动零件,所以除了轴 0 不承受弯矩外,其他五根轴均承受弯矩。

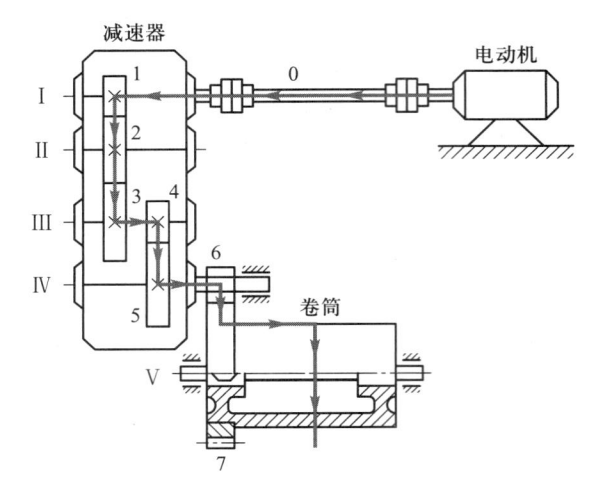

图 15-4 从原动机向工作机画传动路线

因此可判断出,轴 0 只传递转矩为传动轴,轴 I、轴 III 和轴 IV 既传递转矩又承受弯矩为转轴,轴 II 和轴 V 只承受弯矩不传递转矩为转动心轴。

2. 轴的组成

轴主要由轴颈、轴头、轴身、轴肩或轴环组成,如图 15-5 所示。轴和轴承配合部分称为轴颈;轴上安装轮毂的部分称为轴头;连接轴头和轴颈的部分称为轴身。阶梯轴上截面尺寸变化的部位称为轴肩或轴环。

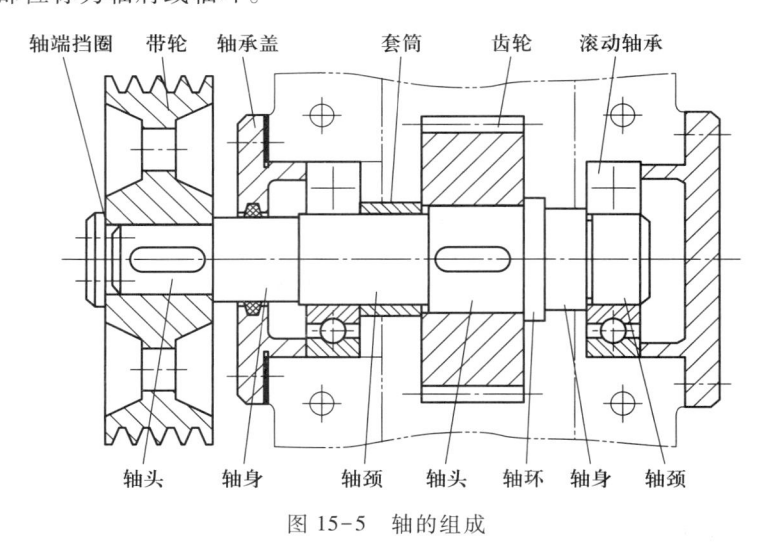

图 15-5 轴的组成

15.3 轴的材料

轴的材料主要采用碳素钢或合金钢,也可采用球墨铸铁或合金铸铁等。碳素钢比合金钢价廉,对应力集中的敏感性小,机械性能也较好,所以在工程中应用较为广泛。钢轴的毛坯一般用轧制的圆钢或锻件,锻件的内部组织比较均匀且机械强度好,因此重要的轴应采用锻制毛坯材料。

1. 轴类零件的毛坯

轴类零件通常用圆棒料和锻件做坯料,只有某些大型的或结构复杂的轴才采用铸件。轴类零件可根据具体使用要求、生产类型、现有设备条件及结构,选用棒料或锻件等毛坯形式。对于外圆直径相差不大的轴,一般以棒料为主;而对于外圆直径相差大的阶梯轴或重要的轴,常选用锻件,这样既节约材料又减少机械加工的工作量,还可改善力学性能。根据生产规模的不同,毛坯的锻造方式有自由锻和模锻两种。中小批生产多采用自由锻,大批量生产时采用模锻。

2. 轴类零件的材料

轴类零件应根据不同的工作条件和使用要求选用不同的材料并采用不同的热处理规范(如调质、正火、淬火等),以获得一定的强度、韧性和耐磨性。为了获得较好的综合力学性能,轴类零件常需要调质处理。毛坯余量大时,调质一般安排在粗车之后、半精车之前,而当毛坯余量较小时,调质可安排在粗车之前进行。如要进行表面淬火处理,可安排在精加工之前,以纠正淬火引起的局部变形。对精度要求高的轴,在淬火或粗磨后,还需要低温时效处理,以保证尺寸精度。

45钢是轴类零件的常用材料,它价格低廉,经过调质(或正火)后,可得到较好的切削性能,而且能获得较高的强度和韧性等综合力学性能,淬火后表面硬度可达45~52 HRC。

40Cr等合金结构钢适用于中等精度而转速较高的轴类零件,这类钢经调质和淬火后,具有较好的综合机械性能。

轴承钢 GCr15 和弹簧钢 65Mn,经调质和表面高频淬火后,表面硬度可达50~58 HRC,并具有较高的耐疲劳性能和较好的耐磨性能,可制造较高精度的轴。

精密机床的主轴(例如磨床砂轮轴、坐标镗床主轴)可选用 38CrMoAlA 氮化钢。这种钢经调质和表面氮化后,不仅能获得很高的表面硬度,而且能保持较软的芯部,因此耐冲击韧性好。与渗碳淬火钢比较,它有热处理变形很小、硬度更高的特性。

表15-1为轴的常用材料及其力学性能。

表 15-1 轴的常用材料及其主要力学性能

材料及热处理	毛坯直径 /mm	硬度 /HBW	强度极限 σ_B/MPa	屈服极限 σ_S/MPa	弯曲疲劳极限 σ_{-1}/MPa	应用说明
Q235	>16~40		440	240	200	用于不重要或载荷不大的轴
35 正火	≤100	149~187	520	270	250	有好的塑性和适当的强度，可做一般曲轴、转轴等
45 正火	≤100	170~217	600	300	275	用于较重要的轴，应用最广泛
45 调质	≤200	217~255	650	360	300	
40Cr 调质	25		1000	800	500	用于载荷较大，而冲击不大的重要轴
	≤100	241~286	750	550	350	
	>100~300	241~266	700	550	340	
40MnB 调质	25		1000	800	485	性能接近于 40Cr，用于重要的轴
	≤200	241~286	750	500	335	
35CrMo 调质	≤100	207~269	750	550	390	用于承受重载的轴
20Cr 渗碳淬火回火	15	表面 56~62HRC	850	550	375	用于强度、韧性及耐磨性要求较高的轴
	≤60		650	400	280	

15.4 轴的结构设计

15-2 轴的结构设计

轴的结构设计包括确定轴的合理外形和确定各轴段的全部结构尺寸，是轴设计的重要步骤。轴的结构主要取决于轴上安装零件的类型、尺寸、数量以及零件和轴连接的方法，还有载荷的性质、大小、方向及分布情况，以及轴的加工工艺等。由于影响轴的结构的因素较多，且其结构形式又要随着具体情况的不同而异，所以轴没有标准的结构形式，进行轴的结构设计时，必须针对不同情况进行具体的分析。但是不论何种具体条件，轴的结构都应满足基本要求，即：轴和装在轴上的零件要有准确的位置，轴上零件应便于装拆和调整，轴应具有良好的制造工艺性等。设计者可根据轴的具体要求进行结构设计，必要时可做几个方案进行比较，以便选出最佳设计方案。

1. 轴结构设计原则

轴结构设计的一般原则如下：
① 节约材料，减轻重量，尽量采用等强度外形尺寸或截面系数较大的截面形状；
② 轴的结构要方便轴上零件精确稳固的定位，并易于零件的装配、拆卸和调整；

③ 减少应力集中,采用各种提高强度的结构措施;
④ 便于加工制造和保证精度;

因此,轴的结构设计总体要求可总结为:定位准确、固定可靠、受力合理、便于装拆。

2. 轴结构设计流程

在进行轴的结构设计时,首先要依据轴的使用要求拟定轴上零件的装配方案,再确定轴上零件的定位和固定方式,然后确定轴各段的直径和长度。同时要注意轴的结构设计要有好的结构工艺性,尽量改善轴的受力状况,避免或减小应力集中。轴结构设计及轴上零件装配如图 15-6 所示。

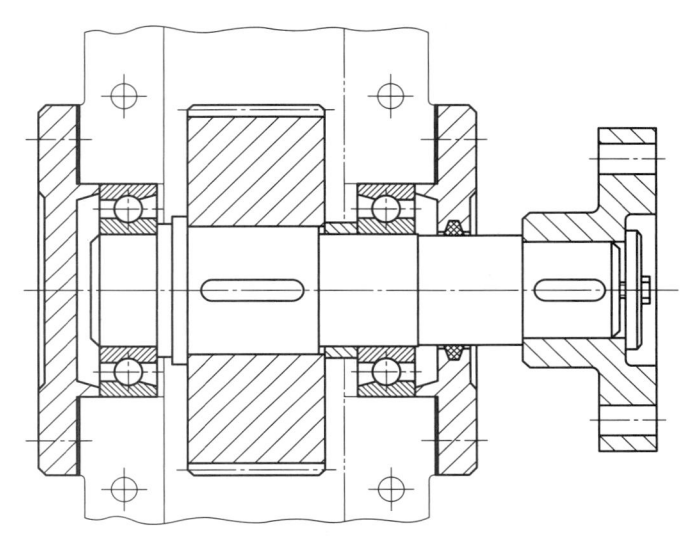

图 15-6 轴结构设计及轴上零件装配

轴的结构设计流程一般为:

(1) 拟定轴上零件的装配方案。轴的结构形式取决于轴上零件的装配方案。装配方案要满足轴的强度要求、便于轴的加工并使轴尽量轻,同时要便于轴上零件的安装和定位。轴类零件大多采用阶梯轴,对于一般剖分式箱体中的轴,它的直径从轴端逐渐向中间增大。为使轴上零件易于安装,轴端及各轴段的端部应有倒角。为了保证轴的加工精度,轴上磨削的轴段,应有砂轮越程槽;车制螺纹的轴段,应有退刀槽(图 15-7)。在满足使用要求的情况下,轴的形状和尺寸应力求简单,以便于加工。

螺纹退刀槽   砂轮越程槽

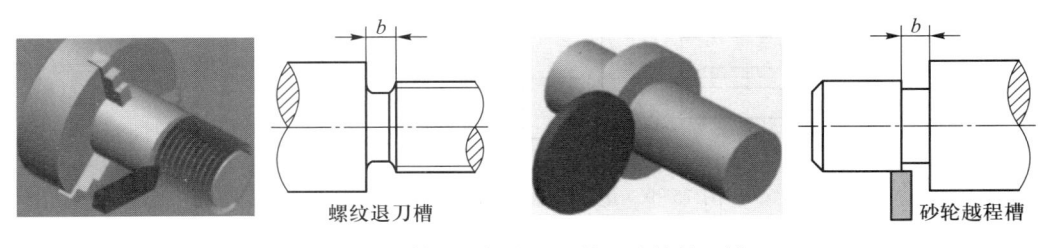

图 15-7 轴上的螺纹退刀槽和砂轮越程槽

(2) 确定轴上零件的定位和固定方式。轴上零件的轴向定位及固定方式主要有轴肩、轴环、弹性挡圈、套筒、圆螺母和止动垫圈、螺钉锁紧挡圈以及圆锥面和轴端挡圈等;轴上零件的周向固定方式主要有键、花键、销、弹性环、过盈配合及成形连接等。其中,以键和花键连接应用最广。在传力不大时,也可用紧定螺钉做周向固定。

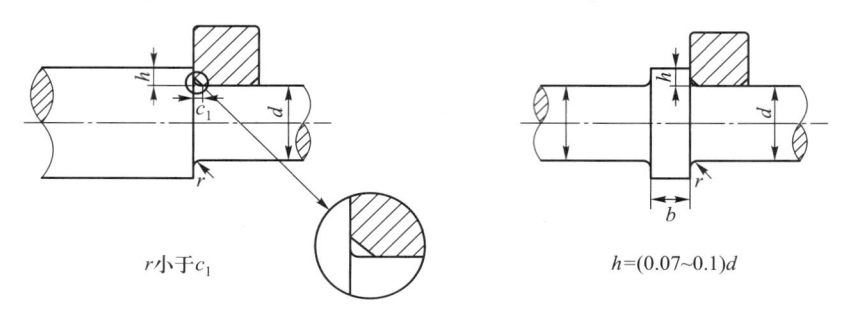

(3) 确定轴各段尺寸,包括轴各段的直径和长度。确定各轴段的尺寸时,需要注意以下事项:仅受扭矩的轴段上如有键槽,应适当增大轴径,且键槽的长度略小于轴段长度;为了加工方便,各轴段的键槽应设计在同一加工直线上,并应尽可能采用同一规格的键槽截面尺寸;轴段直径应与该段所装配零件的标准孔径匹配,并取标准值;非配合轴段直径可不取标准值,但应取整数;相邻段直径之差通常取 5~10 mm;轴段长度略小于(2~3 mm)所装配零件与其配合部分的轴向尺寸;安装标准件(如轴承)的轴段长度由标准件与其配合部分的轴向尺寸确定;为了保证轴上零件紧靠定位面(轴肩),轴肩的圆角半径 r 必须小于相配零件的倒角 C_1 或圆角半径 R,轴肩高 h 必须大于 C_1 或 R(图 15-8)。

图 15-8 轴肩圆角半径与轴肩高的取值要求

在进行轴类零件结构设计时,还要考虑轴的结构工艺性、受力合理性,并尽量避免或减少应力集中,以提高轴类零件的强度。

(1) 使轴具有良好的结构工艺性。良好的结构工艺性可使得轴类零件的加工、装配和拆卸更为方便,因此在设计轴类零件时需考虑以下结构工艺性要求:轴的结构应便于加工和轴上零件的装拆;同一根轴上有两个键槽时,键槽应开在同一条母线上,且键槽的尺寸也应尽可能一致(图 15-9);同一根轴上的圆角应尽可能取相同半径;为了便于轴上零件装拆,轴应设计成阶梯形,且轴端应加工出 45°(或 30°或 60°)倒角,轴上倒角的尺寸也应取相同值;有过盈连接的轴段,压入端常加工出导向锥面;安装轴承处轴肩或套筒的定位高度应小于轴承内圈的厚度,以便于拆卸轴承。

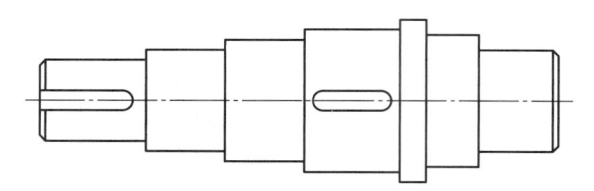

图 15-9 键槽设置在同一方位母线上

（2）改善轴类零件的受力状况。要改善轴类零件的受力状况，可以从以下几个方面考虑：使轴只受弯矩不受扭矩、优化零件在轴上的布置、轴上零件结构的合理性、优化轴的支点位置、优化轴上零件的布局使力平衡或局部相抵消。

图 15-10a 所示轴上装两个齿轮，该轴为转轴，既承受弯矩又传递扭矩；若采用图 15-10b 所示的双联齿轮，则该轴仅承受弯矩，受力状况得到改善。

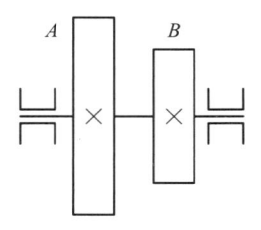

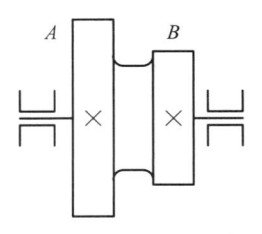

(a) 分装齿轮：轴承受弯矩+扭矩　　(b) 双联齿轮：轴仅承受弯矩

图 15-10　装两个齿轮的轴结构

同时，通过合理布置轴上零件，也可以减小轴所受的转矩。如图 15-11 所示，将输入轮放在输出轮之间，则轴所受的最大转矩将减小。

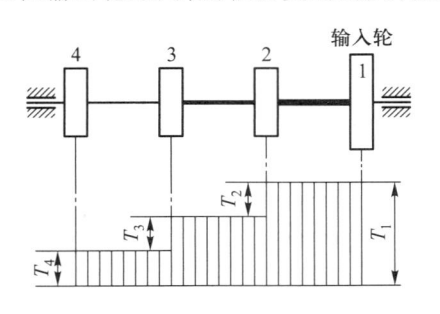

(a) 轴承受扭矩较大，轴上零件布置不合理　　(b) 轴承受转矩较小，轴上零件布置合理

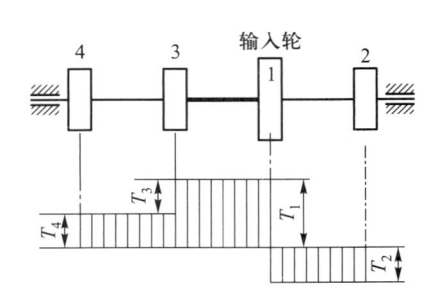

图 15-11　合理布置轴上零件的位置

对于很长的轮毂（图 15-12a），轴的弯曲应力较大；如把轮毂分成两段（图 15-12b），不仅可以减小轴的弯矩，而且能得到良好的轴孔配合。

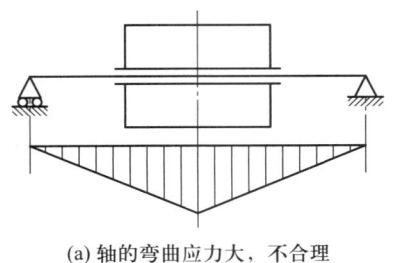

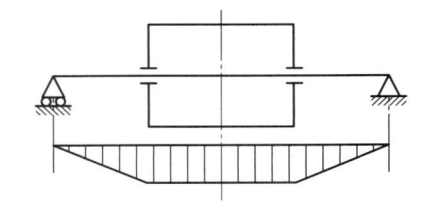

(a) 轴的弯曲应力大，不合理　　(b) 轴的弯曲应力小，合理

图 15-12　轴上零件的轮毂分段布置

在锥齿轮和斜齿轮轴系中,轴承的正装或反装时,轴的受力支点位置有所不同,图 15-13 的布置中方案 1 优于方案 2,因为方案 1 中不仅轴的最大弯矩较小,而且轴的刚度也好一些。

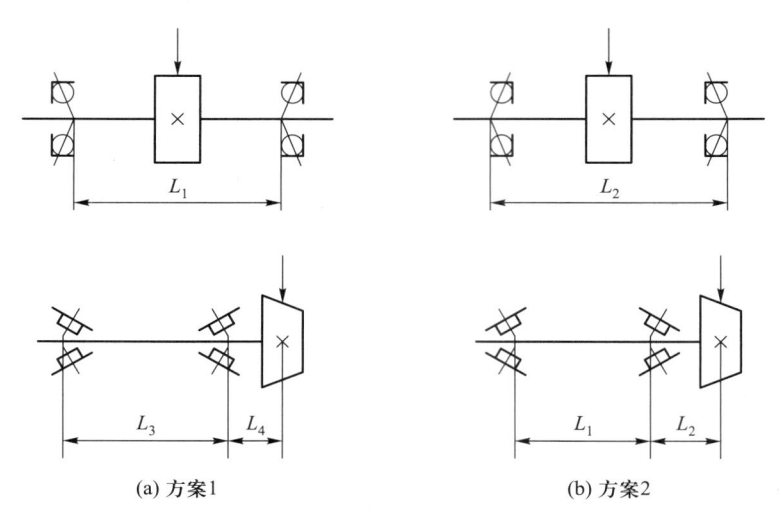

(a) 方案1　　　　　　　　(b) 方案2

图 15-13　轴承的合理安装

通过优化轴上零件的布局,也可以改善轴的受力。如:同一轴上的两个斜齿轮若旋向相同,则该轴所受轴向力可相互抵消一部分。在图 15-14 所示行星齿轮减速器,由于行星轮均匀布置,可以使太阳轮轴只受转矩而不受弯矩。

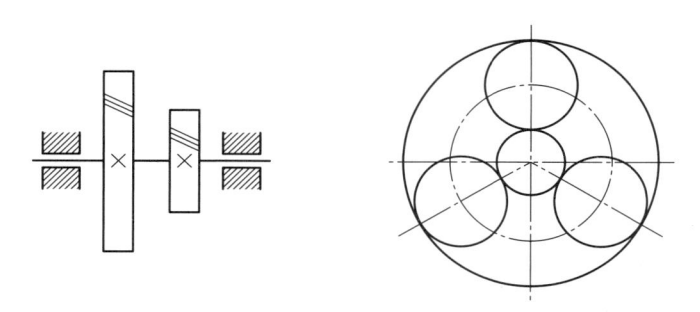

图 15-14　合理布置零件使轴所受轴向力相互抵消

(3) 避免或减小应力集中。合金钢对应力集中比较敏感,在选材时应加以注意。零件截面发生突变的地方,都会产生应力集中,因此在阶梯轴截面尺寸变化处应采用圆角过渡,圆角半径不宜过小,并应避免在轴上(特别是应力大的部位)开横孔、切口或凹槽。必须开孔时,孔边要倒圆。在重要的结构中,可采用卸载槽 B(图 15-15a)、过渡肩环(图 15-15b)或凹切圆角(图 15-15c)增大轴肩圆角半径,以减小局部应力,在轮毂上作出卸载槽 B(图 15-15d),也能减小过盈配合处的局部应力。

(a)　　　　　(b)　　　　　(c)　　　　　(d)

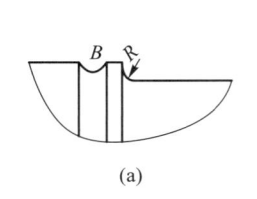

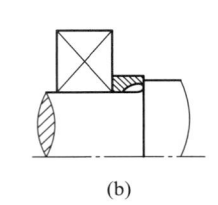

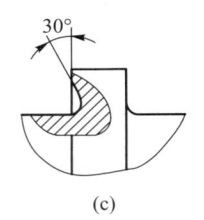

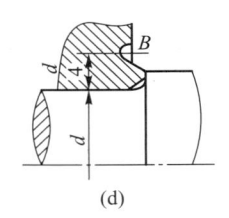

图 15-15　采用卸载结构减少轴上应力集中

3. 轴上零件的定位与固定方式

为了保证轴上零件在轴上有准确可靠的工作位置，进行轴的结构设计时，必须考虑轴上零件的轴向定位和周向定位方式（表 15-2）。

（1）轴上零件的轴向定位与固定方式

轴上零件的轴向定位及固定方式主要有轴肩或轴环、套筒、圆螺母和止动垫圈、弹性挡圈、轴端挡圈、螺钉锁紧挡圈以及圆锥面等。

（2）轴上零件的周向定位与固定方式

轴上零件的周向固定：键、花键、销、弹性环、过盈配合及成形连接等。其中，以键和花键连接应用最广。在传力不大时，也可用紧定螺钉做周向固定。

表 15-2　轴上零件的定位与固定方式

轴上零件的轴向定位与固定		
定位与固定方式	简图	特点与应用
轴肩、轴环		固定和定位简单可靠，不需附加零件，能承受较大的轴向力。但会使轴径增大，阶梯处形成应力集中，阶梯过多不利于加工。为使零件与轴肩贴合，轴上圆角 r 应小于轴上零件孔端的圆角半径 R 或倒角 C。轴肩高度 $h=(0.07\sim0.1)d$
套筒		适用与轴上两个零件间的固定与定位，简单可靠，简化了轴的结构设计且不削弱轴的强度；但机器重量增加，且由于套筒与轴的配合较松，故不宜于高速运转的轴

续表

定位与固定方式	简图	特点与应用
圆螺母和止动垫圈		固定可靠,可承受较大的轴向力,需要止动垫圈防松。需要在轴上车制螺纹,切制螺纹处有较大的应力集中,会降低轴的疲劳强度
弹性挡圈		结构简单紧凑,常用于滚动轴承的轴向固定,但承受的轴向力较小。切槽尺寸需要一定的精度,否则可能出现与被固定件间存在间隙或弹性挡圈不能装入切槽的现象
轴端挡圈		有消除间隙的作用,能承受冲击载荷,对中精度要求较高,主要用于有振动和冲击的轴端零件的轴向固定。轴的端部可以是锥面或柱面
圆锥面		用于轴端零件的定位与固定,装拆方便,可承受冲击载荷。轴和零件轮毂间无径向间隙,但轴向定位不准确
锁紧挡圈		结构简单,可承受不大的轴向载荷,多用于无冲击或振动较小的场合

轴上零件的周向定位与固定

定位与固定方式	简图	特点与应用
过盈连接		结构简单,对中性好,承载能力较强,并能承受一定冲击力,但对配合面的精度要求高,加工和装拆都比较困难,用于不经常装拆的场合

续表

定位与固定方式	简图	特点与应用
键连接		平键连接具有结构简单、装拆方便、对中性好等优点,高精度、高转速,可用于冲击载荷的场合,应用广泛
花键连接		花键连接承载能力高,对中性好。花键的因齿数较多,总接触面积较大,因而可承受较大的载荷。但花键的制造成本较高,需用专用刀具加工
型面连接		型面连接强度高,没有应力集中,可以传递大扭矩且效率高,也可以承受冲击载荷,且拆装方便及维修便利
胀套		无键式连接结构,在轴向力的作用下,胀套的内外套内缩外涨使轴和毂紧密贴合而产生足够的摩擦力以传递扭矩。胀套连接的定心性能好,装配时无需加热,调整轴与毂的相应位置方便。没有应力集中,承载能力强、扭矩大,平稳性好,精度高,不损坏配合表面

轴向和周向同时固定

定位与固定方式	简图	特点与应用
紧定螺钉		紧定螺钉一般用于固定两个受力不大的零件的相对位置。紧定螺钉按端部形状不同分为锥端、平端、凹端、长圆柱头等

定位与固定方式	简图	特点与应用
销连接	圆柱销 轴　轴套	常用的销有圆柱销、圆锥销、开口销等,它们都是标准件。销在机器中可起到定位和连接的作用,而开口销常与开槽螺母配合使用,它穿过螺母上的槽和螺杆上的孔,防止螺母松动。销连接只能传递不大的扭矩

总的来讲,轴上零件要有准确的位置和可靠的相对固定,同时要便于轴上零件的装拆和调整。轴应具有良好的制造和装配工艺性,应使轴受力合理,应力集中少,应有利于减轻重量,节约材料。

4. 轴系结构改错举例

图 15-16 所示轴系结构设计中存在多处设计错误或设计不合理之处,请仔细观察,从轴的加工是否方便、轴上零件安装与拆卸是否方便、轴上零件的定位是否准确、固定是否可靠、轴系受力是否合理、是否存在应力集中等方面来评价该轴的结构是否合理,指出不合理之处并更正设计。

图 15-16 所示轴的设计主要存在以下问题:① 联轴器孔未打通;② 联轴器没有轴向固定及定位;③ 联轴器没有周向固定;④ 轴与端盖发生直接接触;⑤ 无调整垫片,无法调整轴承间隙;⑥ 套筒与轴承外圈接触,套筒与齿轮不能可靠接触;⑦ 键过长,套筒无法装入;⑧ 轴肩过高,无法拆卸轴承;⑨ 此弹性圈没有用;⑩ 无密封圈;⑪ 精加工面过长,且

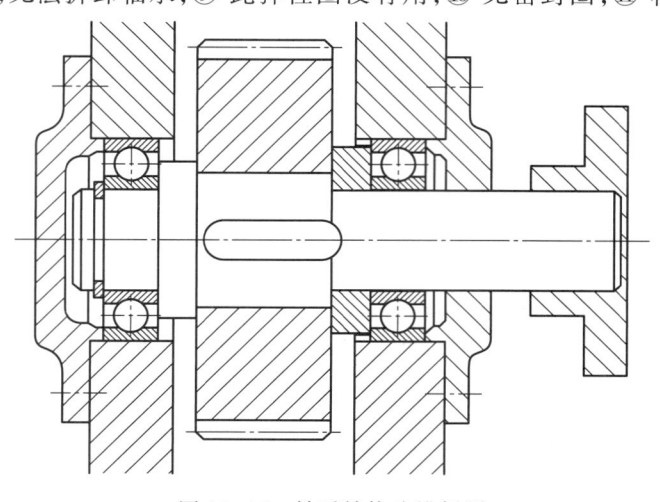

图 15-16 轴系结构改错例题

装拆轴承不便。

修改后的轴系设计如图 15-17 中轴线下半部分所示。

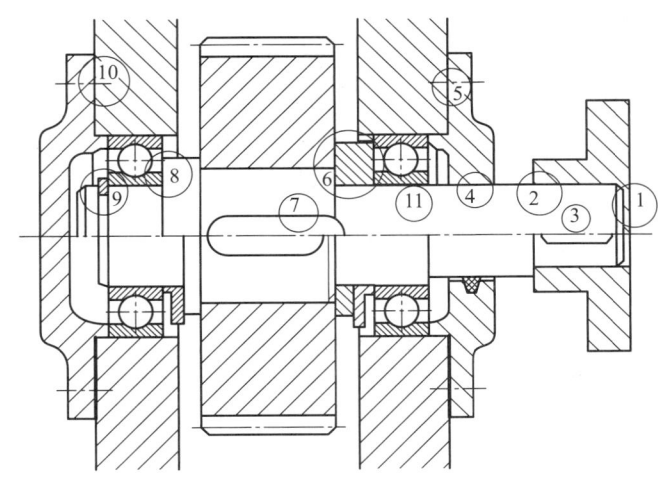

图 15-17　轴系结构改错——更改设计

15.5　轴的工作能力计算

完成轴的结构设计后,还需要对轴的工作能力进行计算和校核。为防止轴的断裂和塑性变形,需要对轴进行强度校核;为防止轴过大的弹性变形,需要对轴进行刚度校核;为防止轴发生共振破坏,需要对轴进行振动稳定性计算。实际设计时应根据具体情况,有选择地对所设计的轴进行工作能力校核。

1. 轴的强度计算

轴的强度计算应根据轴的承载情况,采用相应的计算方法。常见的轴的强度计算方法有两种:按扭转强度计算和按弯扭合成强度计算。

按扭转强度计算适用于只承受转矩的传动轴的精确计算,也可用于既受弯矩又受扭矩的轴的近似计算。

传动轴只承受扭矩,直接按扭转强度进行计算。而对于转轴,在开始设计轴时,通常还不知道轴上零件的位置及支点位置,弯矩值不能确定,因此,一般在进行轴的结构设计前先按纯扭转对轴的直径进行估算。对于圆截面的实心轴,设轴在转矩 T 的作用下,产生剪应力 τ。对于圆截面的实心轴,其抗扭强度条件为

$$\tau = \frac{T}{W_T} = \frac{9.55 \times 10^6 P}{0.2 d^3 n} \leqslant [\tau] \quad \text{MPa}$$

式中:τ 为轴的扭切应力,MPa;T 为转矩,N·mm;W_T 为抗扭截面系数,mm³;对圆截

面轴，$W_T = \dfrac{\pi d^3}{16} \approx 0.2 d^3$；$P$ 为传递的功率，kW；n 为轴的转速，r/min；d 为轴的直径，mm；$[\tau]$ 为许用扭切应力，MPa。

当利用上式初步估计既传递扭矩又承受弯矩的轴的直径时，必须把轴的许用扭切应力 $[\tau]$ 适当降低，以补偿弯矩对轴的影响。轴的直径计算公式如下：

$$d \geqslant \sqrt[3]{\dfrac{9.55 \times 10^6}{0.2[\tau]}} \cdot \sqrt[3]{\dfrac{P}{n}} \geqslant C \sqrt[3]{\dfrac{P}{n}} \quad \text{mm}$$

式中：C 为由轴的材料和承载情况确定的常数，取值见表 15-3。应用上式求出的 d，一般作为轴的最细处直径，再进行其他轴段的结构设计。

表 15-3　常用材料的 [τ] 值和 C 值

轴的材料	Q235,20	35	45	40Cr,35SiMn
[τ]/MPa	12~20	20~30	30~40	40~52
C	160~135	135~118	118~107	107~98

注：当作用在轴上的弯矩比传递的转矩小或只传递转矩时，C 取较小值，否则取较大值。

转轴同时承受扭矩和弯矩，必须按弯曲和扭转组合强度进行计算。完成轴的结构设计后，作用在轴上外载荷（扭矩和弯矩）的大小、方向、作用点、载荷种类及支点反力等就已确定，可按弯扭合成的理论进行轴危险截面的强度校核。进行强度计算时通常把轴当作置于铰链支座上的梁，作用于轴上零件的力作为集中力，其作用点取为零件轮毂宽度的中点。支点反力的作用点一般可近似地取在轴承宽度的中点上。具体的计算步骤如下：

对既受弯矩又受扭矩的轴需要按弯扭合成强度进行精确计算。当零件在草图上布置妥当后，外载荷和支承反力的作用位置即可确定。由此可作轴的受力分析，绘制弯矩图和转矩图依据第三强度理论求出危险截面的当量应力 σ_e。

$$\sigma_e = \sqrt{\sigma_b^2 + 4\tau^2} \leqslant [\sigma_b]$$

式中：σ_b 为轴危险截面上的弯矩 M 产生的弯曲应力；τ 为转矩 T 产生的扭切应力。对于直径为 d 的圆轴，$\sigma_b = \dfrac{M}{W} = \dfrac{M}{\pi d^3/32} \approx \dfrac{M}{0.1 d^3}$；　$\tau = \dfrac{T}{W_T} = \dfrac{T}{2W}$

其中，W、W_T 分别为抗弯截面系数和抗扭截面系数。那么，轴的强度条件可表示为

$$\sigma_e = \sqrt{\left(\dfrac{M}{W}\right)^2 + 4\left(\dfrac{M}{2W}\right)^2} = \dfrac{1}{W}\sqrt{M^2 + T^2} \leqslant [\sigma_b]$$

一般 σ_b 为对称循环应力，考虑 τ 和 σ_b 循环特性不同的影响，对上式中转矩 T 乘以折合系数 α，则：

$$\sigma_e = \dfrac{M_e}{W} = \dfrac{1}{0.1 d^3} \sqrt{M^2 + (\alpha T)^2} \leqslant [\sigma_{-1b}]$$

式中：M_e 为当量弯矩，$M_e = \sqrt{M^2 + (\alpha T)^2}$；$\alpha$ 为根据转矩性质而定的折合系数。

- 不变转矩，$\alpha = \dfrac{[\sigma_{-1b}]}{[\sigma_{+1b}]} \approx 0.3$；
- 脉动转矩，$\alpha = \dfrac{[\sigma_{-1b}]}{[\sigma_{0b}]} \approx 0.6$；
- 对于频繁正反转的轴，τ 可作为对称循环变应力，$\alpha = 1$；
- 若转矩变化规律不清楚，则按脉动循环处理。

总而言之，按弯扭合成强度计算轴径的一般步骤如下：

（1）将外载荷分解到水平面和垂直面内，求垂直面支反力 F_V 和水平面支反力 F_H；

（2）作垂直面弯矩 M_V 图和水平面弯矩 M_H 图；

（3）作合成弯矩 M 图，$M = \sqrt{M_H^2 + M_V^2}$；

（4）作转矩 T 图；

（5）弯扭合成，作当量弯矩 M_e 图，$M_e = \sqrt{M^2 + (\alpha T)^2}$；

（6）计算危险截面轴径 $d \geqslant \sqrt[3]{\dfrac{M_e}{0.1[\sigma_{-1b}]}}$ mm。

若计算出的轴径大于结构设计初步估算的轴径，则表明结构图中的轴的强度不够，必须修改结构设计；若计算出的轴径小于结构设计的估算轴径，且相差不很大时，一般就以结构设计的轴径为准。

2. 轴的刚度计算

轴的刚度分为弯曲刚度和扭转刚度，弯曲刚度以挠度 y 和偏转角 θ 来度量，扭转刚度以扭转角 φ 来度量。

轴在载荷作用下会发生弯曲变形和扭转变形，轴的变形如图 15-18 所示，过大的变形将会影响轴上零件的正常工作。例如，对于安装齿轮的轴，若轴的弯曲刚度不足而产生过大的挠度 y 和偏转角 θ，齿轮轮齿啮合发生偏载。在滑动轴承中运转的轴颈，若轴的偏转角 θ 过大，会使轴承与轴颈发生边缘接触，加剧磨损和导致胶合。对于用滚动轴承支承的轴，偏转角 θ 会使轴承内、外套圈互相倾斜，如偏转角超过滚动轴承的允许转角，就显著降低滚动轴承的使用寿命。因此，必须根据轴的工作条件对轴的弯曲变形和扭转变形加以限制，即需要对轴做刚度校核。

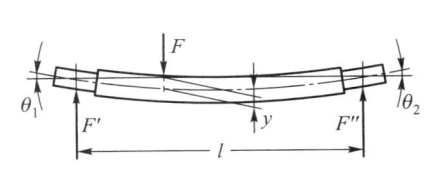

(a) 轴的弯曲变形 (b) 轴的扭转变形

图 15-18 轴的变形

轴的刚度校核条件如下：

$$\begin{cases} 挠度 & y \leq [y] \\ 偏转角 & \theta \leq [\theta] \\ 扭转角 & \varphi \leq [\varphi] \end{cases}$$

式中：$[y]$、$[\theta]$、$[\varphi]$分别为许用挠度、许用偏转角和许用扭转角，其值可查表15-4得到。

表15-4 轴的许用变形量

变形种类		适用场合	许用值
弯曲变形	挠度 $y/$ mm	一般用途的轴	$[y]=(0.0003\sim0.0005)L$
		刚度要求较高的轴	$[y]\leq 0.0002L$
		安装齿轮的轴	$[y]=(0.01\sim0.03)m_n$
		安装蜗轮的轴	$[y]=(0.02\sim0.05)m$
		感应电动机轴	$[y]\leq 0.1\Delta$
	偏转角 θ/rad	滑动轴承处	$[\theta]\leq 0.001$
		向心球轴承处	$[\theta]\leq 0.005$
		调心球轴承处	$[\theta]\leq 0.05$
		圆柱滚子轴承处	$[\theta]\leq 0.0025$
		圆锥滚子轴承处	$[\theta]\leq 0.0016$
		安装齿轮处	$[\theta]=0.001\sim 0.002$
扭转变形	扭转角 φ $(°)/\text{m}$	一般轴	$[\varphi]=0.5\sim 1$
		较精密传动轴	$[\varphi]=0.25\sim 0.5$
		重要传动轴	$[\varphi]\leq 0.25$

注：L—支撑点间跨距；Δ—电机定子与转子间气隙；m_n—齿轮法面模数；m—蜗轮模数。

3. 轴的振动稳定性

轴的工作能力一般取决于强度和刚度，转速高时还取决于轴的振动稳定性。

由于轴及其他回转件的结构不对称、材质不均匀、加工误差等原因，要使回转件的中心精确位于几何轴线上几乎是不可能的。另外，由于自重的原因，在轴承之间也总要产生一定的挠度。因此，轴的重心不可能与转子的旋转轴线完全吻合，一般总有一微小的偏心距，在旋转时就会产生一种周期变化的离心力，使轴受到周期性载荷的干扰。

当周期变化的离心力的变化频率和轴的固有频率相等时，运转便不稳定且发生显著的振动，这种现象称为轴的共振。产生共振时，轴的转速称为临界转速，如果轴的转速停滞在临界转速附近，轴的变形将迅速增大，以至达到使轴甚至整个机器破坏的程度。对于重要的，尤其是高转速的轴必须计算其临界转速，并使轴的工作转速 n 避开临界转速。

轴的临界转速可以有许多个，最低的一个称为一阶临界转速，其余为二阶临界转速、三阶临界转速等。

工作转速低于一阶临界转速的轴称为刚性轴,超过一阶临界转速的轴称为挠性轴。

对于刚性轴,应使 $n<(0.75\sim0.8)n_{c1}$;

对于挠性轴,应使 $1.4n_{c1} \leq n \leq 0.7n_{c2}$。

式中:n_{c1}、n_{c2} 分别为一阶临界转速和二阶临界转速。

4. 轴的强度计算举例

图 15-19 所示减速器轴系中,计算输出轴危险截面的直径。已知作用在齿轮上的圆周力 $F_t = 17\,400$ N,径向力 $F_r = 6\,410$ N,轴向力 $F_a = 2\,860$ N,齿轮分度圆直径 $d_2 = 146$ mm,作用在轴右端带轮上外力 $F = 4\,500$ N(方向未定)。$L = 193$ mm, $K = 206$ mm。

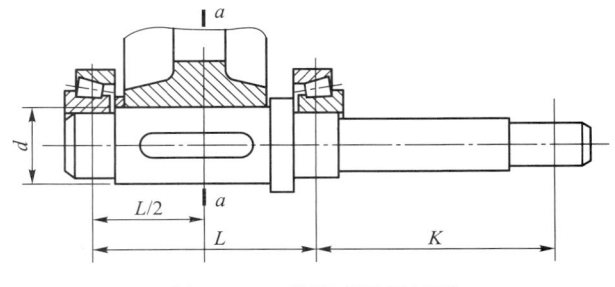

图 15-19 轴强度计算例题

解:

(1) 求垂直面的支反力和轴向力

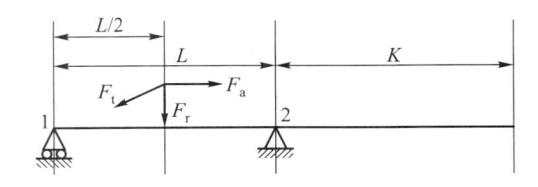

图 15-20 轴强度计算例题简图

轴强度计算例题简图如图 15-20 所示,对支点 2 取矩,则

$$F_{1V} = \frac{F_r \cdot L/2 - F_a \cdot d_2/2}{L} = \frac{6\,410 \times 193/2 - 2\,860 \times 146/2}{193} \text{ N} = 2\,123 \text{ N}$$

$$F_{2V} = F_r - F_{1V} = 6\,410 \text{ N} - 2\,123 \text{ N} = 4287 \text{ N}$$

$$F_A = F_a$$

(2) 求水平面的支反力

支反力计算示意如图 15-21 所示

$$F_{1H} = F_{2H} = F_t/2 = 8\,700 \text{ N}$$

(3) 求 F 在支点产生的反力

$$F_{1F} = \frac{F \cdot K}{L} = \frac{4\,500 \times 206}{193} \text{ N} = 4\,803 \text{ N}$$

$$F_{2F} = F + F_{1F} = 4\,500 + 4\,803 \text{ N} = 9\,303 \text{ N}$$

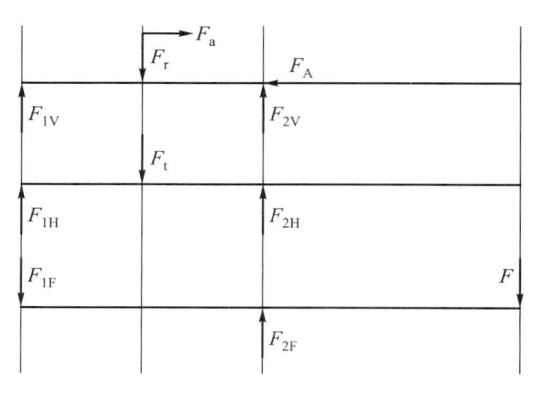

图 15-21 支反力计算示意

（4）绘制垂直面的弯矩图
$$M'_{aV} = F_{1V} \cdot L/2 = 2\,123 \times 0.193/2 \text{ N} \cdot \text{m} = 205 \text{ N} \cdot \text{m}$$
$$M_{aV} = F_{2V} \cdot L/2 = 4\,287 \times 0.193/2 \text{ N} \cdot \text{m} = 414 \text{ N} \cdot \text{m}$$

（5）绘制水平面的弯矩图
$$M_{aH} = F_{1H} \cdot L/2 = 8\,700 \times 0.193/2 \text{ N} \cdot \text{m} = 840 \text{ N} \cdot \text{m}$$

（6）求 F 产生的弯矩图
$$M_{2F} = F \cdot K = 4\,500 \times 0.206 \text{ N} \cdot \text{m} = 927 \text{ N} \cdot \text{m}$$

a-a 截面 F 产生的弯矩为
$$M_{aF} = F_{1F} \cdot L/2 = 4\,803 \times 0.193/2 \text{ N} \cdot \text{m} = 463 \text{ N} \cdot \text{m}$$

（7）绘制合成弯矩图
$$M'_a = M_{aF} + \sqrt{(M'_{aV})^2 + M_{aH}^2} = 463 + \sqrt{205^2 + 840^2} \text{ N} \cdot \text{m} = 1\,328 \text{ N} \cdot \text{m}$$
$$M_a = M_{aF} + \sqrt{M_{aV}^2 + M_{aH}^2} = 463 + \sqrt{414^2 + 840^2} \text{ N} \cdot \text{m} = 1\,400 \text{ N} \cdot \text{m}$$
$$M_2 = M_{2F} = 927 \text{ N} \cdot \text{m}$$

（8）求轴传递的转矩
$$T = F_t \cdot d_2/2 = 17\,400 \times 0.146/2 \text{ N} \cdot \text{m} = 1\,270 \text{ N} \cdot \text{m}$$

绘出的弯矩图与转矩图如图 15-22 所示。

（9）求危险截面的当量弯矩
$$M_e = \sqrt{M_a^2 + (\alpha T)^2}$$

扭切应力为脉动循环变应力,取折合系数：$\alpha = 0.6$
$$M_e = \sqrt{1\,400^2 + (0.6 \times 1\,270T)^2} \text{ N} \cdot \text{m} = 1\,600 \text{ N} \cdot \text{m}$$

（10）计算危险截面处轴的直径

轴材料选用 45 钢,经调质处理,$[\sigma_{-1b}] = 60$ MPa

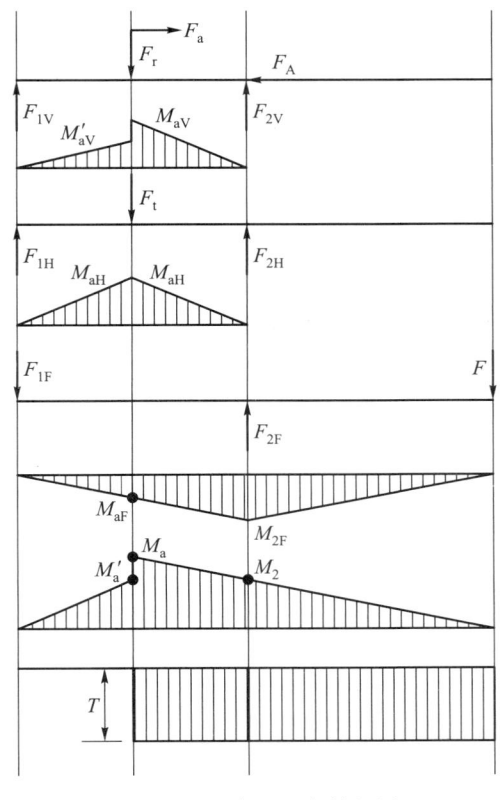

图 15-22 弯矩图与转矩图

$$d \geqslant \sqrt[3]{\frac{M_e}{0.1[\sigma_{-1b}]}} = \sqrt[3]{\frac{1\ 600 \times 10^3}{0.1 \times 60}}\ \text{N} \cdot \text{m} = 64.4\ \text{N} \cdot \text{m}$$

考虑到键槽对轴的削弱,将轴的直径 d 增大 4%,故得:

$$d \approx 67\text{mm}$$

学习指南

轴是机械系统中的重要零件,轴的设计质量决定了整个轴系和机器的工作能力。本章介绍了轴的类型与组成、轴的材料、轴的结构设计和工作能力计算,需要重点掌握轴的结构设计,特别是轴的结构设计原则、轴的结构设计流程、轴上零件定位与固定,能够根据使用环境和工作条件,正确设计出满足"定位准确、固定可靠、受力合理、便于装拆"要求的轴。

轴的设计首先要依据轴的使用环境和承载要求选择合适的材料,估算轴的基本直径,并将其作为轴最细段的直径;根据轴上零件的装配方案确定轴的结构设计,确定各轴段的直径和长度;然后对轴的承载能力进行验算,根据使用要求验算轴的强度、刚度、稳定性等;如果验算合格,则轴的设计完成,否则需要修改轴的基本直径,对轴重新进行结构设计,直至验算合格。本章概念导图如图 15-23 所示。

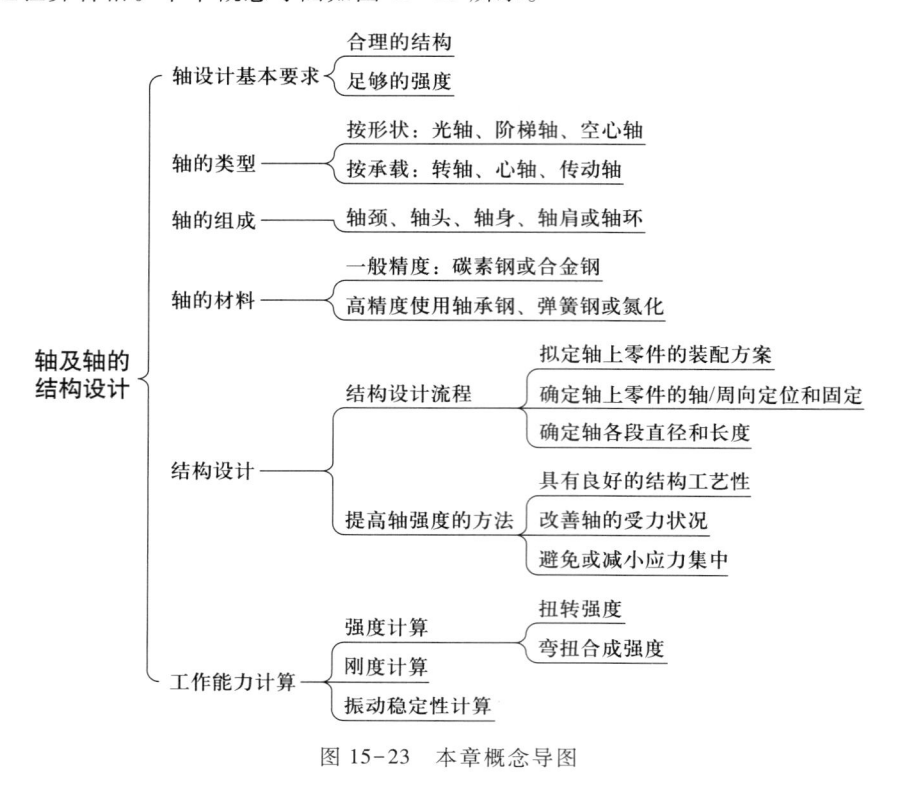

图 15-23 本章概念导图

习题

15-1 轴受载荷的情况可分哪三类？试分析自行车的前轴、中轴、后轴的受载情况,说明它们各属于哪类轴？

15-2 为提高轴的刚度,把轴的材料由 45 钢改为合金钢是否有效？为什么？

15-3 轴上零件的轴向及周向固定各有哪些方法？各有何特点？各应用于什么场合？

15-4 影响轴的疲劳强度的因素有哪些？在设计轴的过程中,当疲劳强度不够时,应采取哪些措施使其满足强度要求？

15-5 指出图 15-24 中所示轴系零部件结构中的错误,并说明错误原因。

15-6 指出图 15-25 中所示轴系零部件结构中的错误,并说明错误原因。

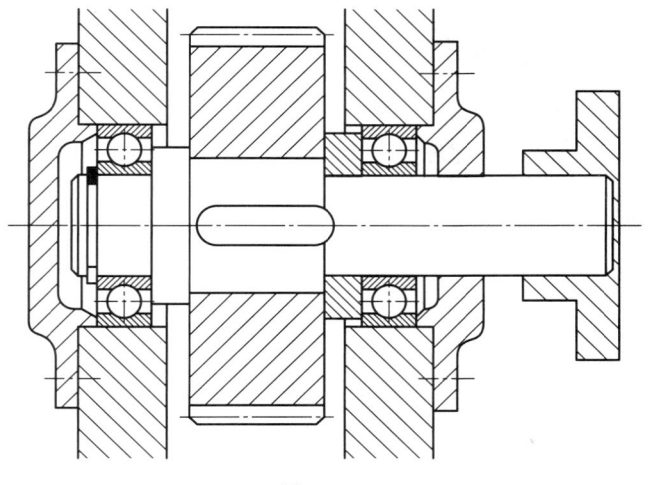

图 15-24

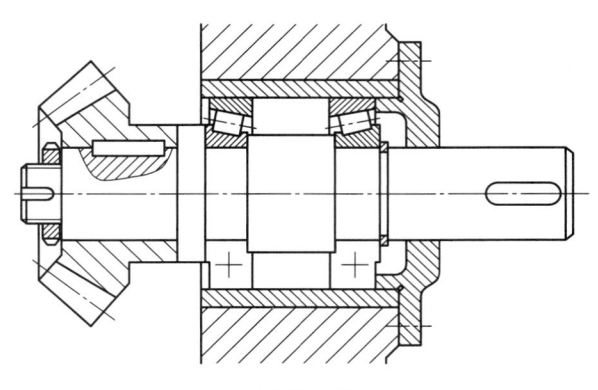

图 15-25

第 16 章

轴承及其选用

内容提要

轴承是现代机械设备中十分重要的零部件,用于支撑机械旋转体,减少其运动过程中的摩擦磨损,并保证其回转精度。本章主要介绍滑动轴承和滚动轴承两大类轴承,对这两类轴承的特点、材料、分类、选型及校核计算等进行讨论。

16.1 概述

在机构学讨论中我们了解到机器中存在大量的转动副。转动副通常由提供约束的基体和在其座孔中做回转运动的轴组成,如图 16-1 所示的齿轮箱的三维结构,在齿轮轴和齿轮箱体之间就是一对转动副。如果结构设计时,齿轮轴和齿轮箱箱体直接接触,由于两个金属表面的摩擦作用,就会产生严重的摩擦磨损,轴旋转过程中跳动增大,回转精度降低。为此,需要增加一个零部件,减小转动副的摩擦,使得回转件转动灵活,保证被支承零

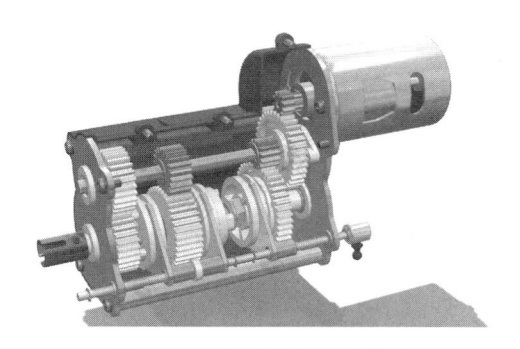

图 16-1 齿轮箱的三维结构

件的回转精度,这个零部件就是轴承。

为了减小相对运动的两个表面之间的摩擦磨损,常见的有三种方法,第一种方法是加入滚动体,将滑动摩擦变为滚动摩擦,这种轴承叫做滚动轴承;第二种方法是在两个表面之间的间隙中加入流体,这类轴承叫做滑动轴承。第三种方法是利用电场或磁场力的作用实现转子的悬浮,靠电场力悬浮的轴承称之为静电轴承或者是电悬浮轴承,靠磁场作用悬浮的轴承称之为磁力轴承或是磁悬浮轴承。

不同种类的轴承在结构上各有特点,性能上各有利弊,选用时,要结合实际情况综合考虑。从承载能力上比较,由于滑动轴承的承压面积大,其承载能力一般高于滚动轴承,而且滚动轴承承受冲击载荷的能力不高;但完全液体润滑轴承由于润滑油膜起到缓冲、吸振的作用,可承受较大的冲击载荷。当转速较高时,滚动轴承中滚动体的离心力增大,承载能力降低(高速时易出现噪声)。对于动压滑动轴承,其承载能力随转速增高而增大。从摩擦系数和起动摩擦阻力方面比较,一般工作条件下,滚动轴承的摩擦系数要低于滑动轴承,且数值较稳定。而滑动轴承的润滑易受转速、振动等外界因素的影响,摩擦系数变化范围较大。启动时,由于滑动轴承尚未形成稳定油膜,阻力要大于滚动轴承,但静压滑动轴承起动摩擦阻力和工作摩擦系数都很小。从适用工作转速方面比较,滚动轴承由于受到滚动体离心力和轴承温升的限制,转速不能过高,一般适用于中、低速的工作状态。不完全液体润滑轴承由于轴承的发热和磨损,工作转速也不能太高。完全液体润滑轴承的高速性能非常好,特别是当静压滑动轴承采用空气作润滑剂时,其转速可达 100 000 r/min。从使用寿命方面比较,滚动轴承由于受到材料点蚀的影响,一般设计年限为 5~10 年。不完全液体润滑轴承的轴瓦磨损严重,需要定期更换;完全液体润滑轴承的寿命理论上是无限的,实际上由于应力循环,特别是动压滑动轴承,轴瓦材料可能出现疲劳破坏。从旋转精度方面比较,滚动轴承由于径向间隙小,旋转精度一般较高。不完全液体润滑轴承处于边界润滑或混合润滑状态,运转不稳定,且磨损较严重,精度较低;完全液体润滑轴承由于油膜存在,缓冲吸振,精度较高。其他方面比较,滚动轴承使用油、脂或固体润滑剂,用量很小,高速时用量较大,对油质的清洁度要求高,因此密封要求高,但轴承更换方便,一般不需要维修轴颈。对于滑动轴承,除不完全液体润滑轴承外,润滑剂一般为液体或气体,用量很大,油质清洁度要求也很高,轴承轴瓦需要经常更换。

16.2 滑动轴承

1. 表面摩擦状态

滑动轴承两表面间的滑动摩擦状态对滑动轴承的性能至关重要。

下面以润滑油润滑的摩擦表面为例来介绍摩擦状态,如图 16-2 所示。如果两表面间没有润滑油,两表面直接接触,摩擦磨损比较严重,摩擦系数高,为 0.3 左右,这种状态称之为干摩擦;如果将两摩擦表面之间,加入少许润滑油,由于润滑油中的极性分子与金属表面之间存在吸附作用,在金属表面上形成一层非常薄的边界油膜,虽然不能绝对地消除磨损,但可以大大减轻磨损的作用,摩擦系数降至 0.1 左右,这种摩擦状态称之为边界摩擦;如果继续增加润滑油的量,两摩擦表面之间形成的压力油膜,这个油膜将两表面完全分开,摩擦只是润滑油之间的摩擦,摩擦系数很小,可以达到 0.001,这种摩擦状态称之为流体摩擦;而在两个摩擦表面完全分开的过程中边界摩擦和流体摩擦两种状态同时存在,称之为混合摩擦。

四种摩擦状态中,由于干摩擦导致的摩擦磨损严重,一般不能在机械设计中应用,边界摩擦和混合摩擦可以应用到要求不高的机器中,把混合摩擦和边界摩擦统称为不完全流体摩擦,此时的润滑状态称为不完全润滑。对长期运行的高速旋转机械,比如大型的水轮机,核电厂的反应堆主泵等重要机械设备,应保证两表面处于流体摩擦状态,此时的润滑称为流体润滑。

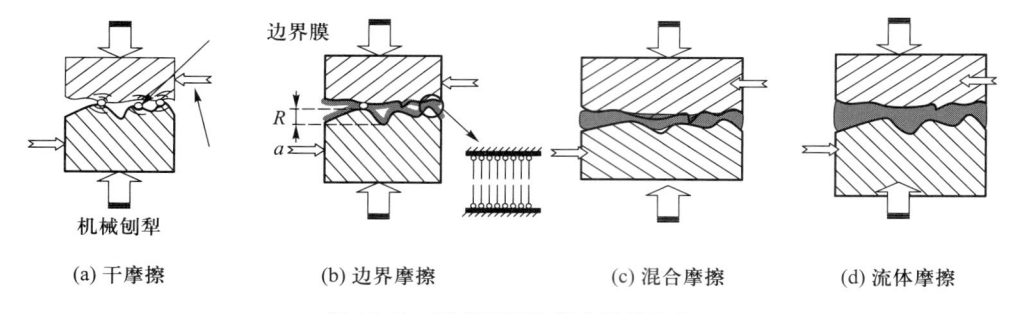

(a) 干摩擦　　(b) 边界摩擦　　(c) 混合摩擦　　(d) 流体摩擦

图 16-2　两表面间的滑动摩擦状态

2. 结构及分类

轴承的摩擦状态是由结构设计、材料和流体润滑状态决定的。

图 16-3 是一台大型水轮发电机的主轴,在运转过程中轴会产生轴向的运动和半径方向的运动,这就需要分别在两个方向对轴进行约束。对轴向进行约束的轴承称之为推

图 16-3　大型水轮发电机的轴系结构

力滑动轴承,对半径方向进行约束的轴承称之为径向滑动轴承。

无论是径向滑动轴承,还是推力滑动轴承,其结构一般由轴承座、轴瓦、润滑和密封装置组成,见图16-4。其组成原理是这样的:一对摩擦副包含两个表面,一个是轴的表面,而另一个表面则要在机架上构造,这个表面需要一层减小摩擦磨损的材料组成的轴瓦和支撑轴瓦的轴承座来实现;为了减小摩擦,在两个表面的间隙里需要填充润滑油,这就需要能够引入润滑油并使其稳定存在的结构设计;此外,为了防止润滑油的泄漏,需要设置密封装置。

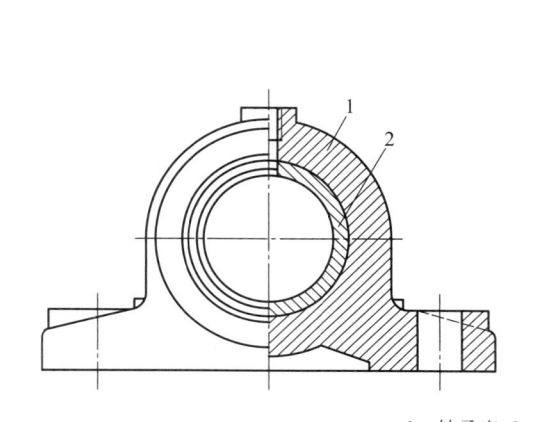

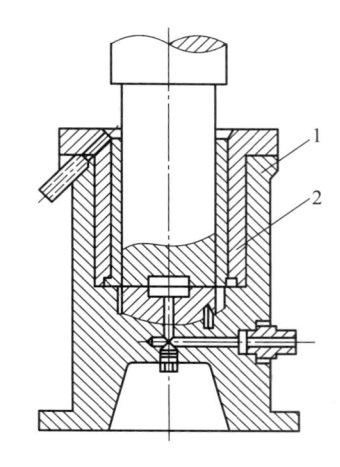

1—轴承座;2—轴瓦。

图16-4 滑动轴承的基本结构

(1)径向滑动轴承的结构

其结构形式有整体式滑动轴承(整体的轴承座和整体式的轴瓦)、剖分式的滑动轴承结构、可适用于轴大转角位移的自动调心式滑动轴承、动力特性更稳定的可倾瓦滑动轴承、间隙可调的滑动轴承等。

图16-5a是一种常见的整体式向心滑动轴承,由轴承座和整体式轴瓦(轴套)组成,轴承座用螺栓与基座相连,顶部开有装油杯的螺纹孔,整体式滑动轴承结构简单,高度大,成本低,但是发生磨损之后,轴颈与轴瓦之间的间隙变大而且无法调整,磨损到一定程度之后轴承必须更换,所以一般用于轻载间歇工作等不重要的场合。

图16-5b是一种剖分式滑动轴承,它由轴承盖、轴承座、剖分式轴瓦和螺栓组成,剖分面一般与载荷方向垂直,为了更好地对中和防止工作时错动,剖分面做成阶梯型,剖分式滑动轴承的剖分面留有间隙,间隙内装有垫片,轴承磨损后可通过适当的抽取垫片来调节轴承径向间隙,而且装拆时可以直接从中部安装轴,不需要做轴向移动,装拆方便,因此得到广泛应用。

对于以上两种类型的滑动轴承,JB/T2560—2007和JB/T2561—2007对此进行了详细的规定和说明。

滑动轴承的磨损会导致轴承间隙增大,当磨损达到一定程度时,将影响机器的正常运行和运转精度,因此,对于运转精度要求较高的轴承,可以采用间隙可调式轴承,如图

16-5c 所示,轴瓦可以做成锥形,与具有内锥形表面的轴套相配合,轴瓦上开有一条纵向切口,利用轴套两端的螺母调整轴颈与轴瓦的间隙。

当轴的弯曲变形或安装误差较大时,将会造成轴颈和轴瓦两端的局部接触,从而引起剧烈的磨损和发热,轴承宽度越大便越严重。因此,当宽径比 $B/d>1.5$ 时,宜采用自动调心式滑动轴承。如图 16-5d 所示,此种轴承的特点是轴瓦的外支承面做成凸球面,与轴承盖和轴承座间的凹球面配合,可在一定角度范围内摆动,以适应轴受力后产生的弯曲变形,保证轴瓦和轴颈的均匀接触。

根据动压承载原理设计的轴承包括稳定性好和油膜刚度较大的椭圆轴承和多油楔轴承、扇形块可倾瓦轴承,如图 16-5e 所示,扇形块支承在调整螺钉尾端的球面上,根据载荷、转速、轴的弹性变形、偏斜等因素轴颈和轴瓦之间形成适当的间隙,进而形成液体润滑油膜。

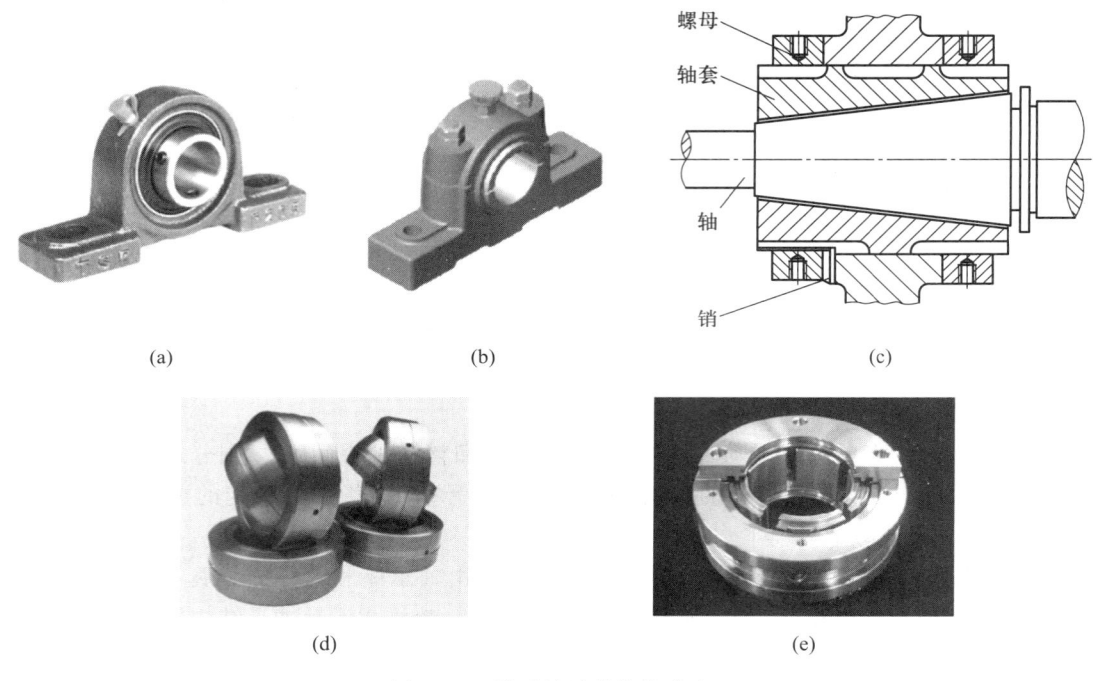

图 16-5 滑动轴承的结构形式

（2）止推滑动轴承的结构

止推滑动轴承常用的结构形式及尺寸如图 16-6 所示。实心式的止推滑动轴承接触面上的压强分布不均匀,靠近边缘部分磨损较快,很少使用;空心式接触面积减小,润滑条件改善,避免了磨损不均;单环式推力轴承,止推面可以利用轴的端面或轴环端面,也可在轴的中段做出凸肩或装上推力圆盘,结构简单,常用于低速轻载的场合;多环式采用多个环承担载荷,提高了承载能力,还可以承受双方向的轴向载荷,但各环承载能力大小不等,环数不能太多。对于尺寸较大的平面推力轴承,为了改善轴承的性能,便于形成液体摩擦状态,可以设计成多油楔结构,如果楔形的倾斜角固定不变,在楔形顶部留出平台,用来承受停车后的轴向载荷,这种轴承为固定瓦推力轴承,见图 16-7a;如果扇形块的倾斜角随载荷转速的改变而自行调整,称之为可倾瓦推力轴承(图 16-7b),轴承结构更复杂,性能更加优越。

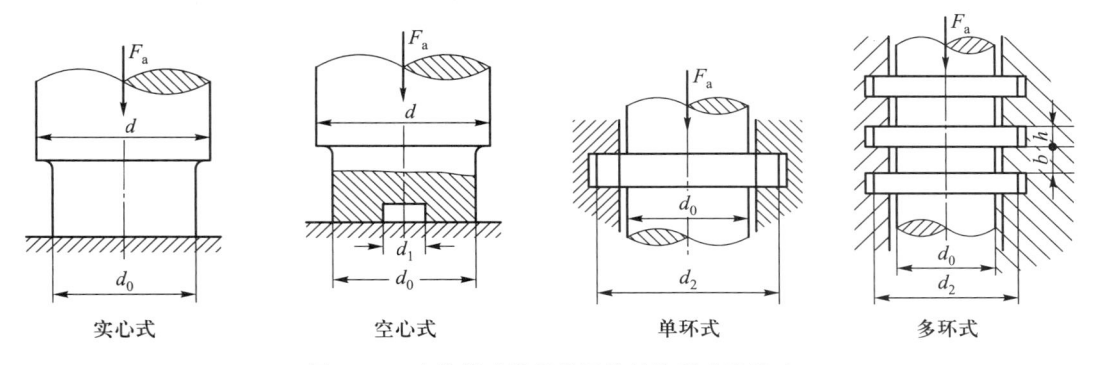

图 16-6 止推滑动轴承常用的结构形式及尺寸

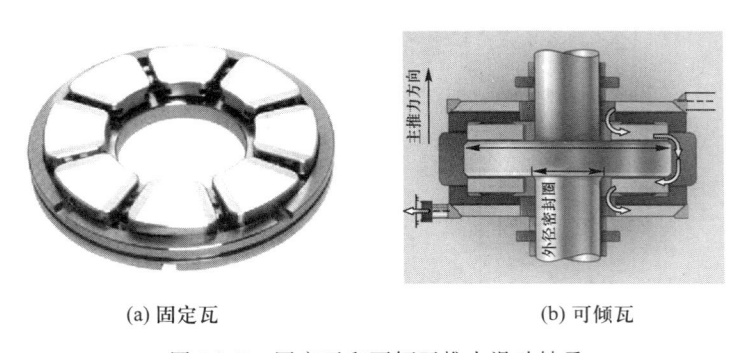

图 16-7 固定瓦和可倾瓦推力滑动轴承

(3) 轴瓦的结构形式

常用的轴瓦有整体式和对开式两种结构。整体式轴瓦按材料及制法不同,分为整体轴套和单层、双层或多层材料的卷制轴套。非金属整体式轴瓦既可以是整体非金属轴套,也可以是在钢套上镶衬非金属材料。

对开式轴瓦有厚壁轴瓦和薄壁轴瓦之分。厚壁轴瓦用铸造方法制造,内表面可附有轴承衬,常将轴承合金用离心铸造法浇注在铸铁、钢或青铜轴瓦的内表面上。为使轴承合金和轴瓦紧密贴附,常在轴瓦内表面上制出各种形式的榫头、凹沟或螺纹。

对开式轴瓦由上、下两轴瓦组成。通常下轴瓦承受载荷,上轴瓦不承受载荷,上轴瓦开有油沟和油孔,润滑油由油孔输入后,经油沟分布到整个轴瓦表面上,见图 16-8。油孔和油沟的开设原则是:① 轴向油沟应较轴承宽度稍短,以免油从油沟端部大量流失;② 油沟的形状和位置影响轴承中油膜压力分布情况,当宽度相同时,设有周向油沟轴承的承载能力低于设有轴向油沟的轴承;③ 润滑油应该自油膜压力最小的地方输入,油沟不应该开在油膜承载区内,否则会降低油膜的承载能力。

为防止轴瓦和轴承座轴向和周向的相对移动,可将其两端做出凸缘,也可直接用销钉或紧定螺钉将其固定在轴承座上,或在轴瓦剖分面上冲出定位唇(凸耳),见图16-9。

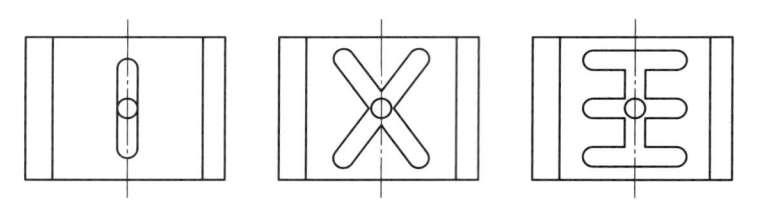

图16-8 非完全液体润滑径向轴承常用油槽形状

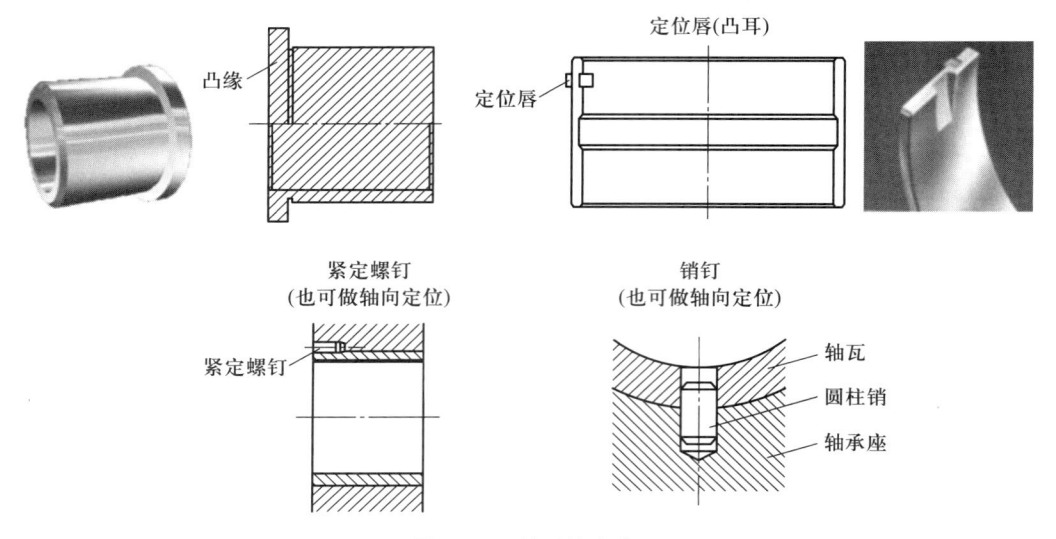

图16-9 轴瓦的定位

3. 轴承材料

轴瓦和轴承衬的材料统称为滑动轴承材料。由于轴瓦或轴承衬与轴颈直接接触,且一般轴颈部分比较耐磨,因此轴瓦的主要失效形式是磨损。轴瓦的磨损与轴颈的材料、轴瓦自身材料、润滑剂和润滑状态直接相关。对轴瓦材料的基本要求有良好的减摩性、耐磨性、抗胶合性;良好的顺应性、嵌入性、跑合性;良好的导热性、热稳定性;具有足够的强度;对润滑油有较强的吸附能力、耐腐蚀和便于加工等。工程上常采用浇注或压合的方法将两种或两种以上的材料组合在一起,实现性能的取长补短。

常用轴承材料分为两大类:金属材料,如轴承合金、青铜、铝基合金、锌基合金、减摩铸铁等、多孔质金属材料(粉末冶金材料)和非金属材料。

（1）金属材料

1）轴承合金

轴承合金又称白合金或巴氏合金,主要是锡、铅、锑或其他金属的合金。轴承合金的强度较小,价格较贵,使用时必须作为轴承衬材料浇注在青铜、钢或铸铁的轴瓦上,形成较薄的涂层。

① 锡基轴承合金。具有良好的塑性、导热性和耐蚀性,而且摩擦系数和膨胀系数小,适合于制作重要轴承,如汽轮机、发动机和压气机等大型机器的高速轴瓦;其缺点是疲劳强度低,工作温度较低(不高于 150 ℃),价格较高。

② 铅基轴承合金。强度、硬度、导热性和耐蚀性均比锡基轴承合金低,而且摩擦系数较大;但价格便宜,适合于制造中、低载荷的轴瓦,如汽车、拖拉机曲轴轴承、铁路车辆轴承等。

2)青铜

青铜具有高的疲劳强度和承载能力,优良的耐磨性,良好的导热性,摩擦系数低,能在 250 ℃ 以下正常工作,适合于制造高速、重载下工作的轴承,如高速柴油机、航空发动机轴承等。青铜可分为锡青铜、铅青铜和铝青铜,其中锡青铜的减摩性和耐磨性最好,应用较广,铝青铜最宜用于低速重载轴承。

3)铝基轴承合金

铝基轴承合金是以铝为基础,加入锡等元素组成的合金,这种合金的优点是导热性、耐蚀性、疲劳强度和高温强度均较好,而且价格便宜,在部分领域已取代了轴承合金和青铜;其缺点是膨胀系数较大,抗咬合性差。铝基轴承合金有低锡和高锡两类,目前以高锡铝基轴承合金应用最广泛,适合于制造高速、重载的发动机。

4)铸铁

普通灰铸铁或加有镍、铬、钛等合金成分的耐磨灰铸铁和球墨铸铁,均可作为轴承材料。材料中的片状或球状石墨具有一定的减摩性和耐磨性;但硬度高且脆、磨合性差,一般应用较少,故只适用于轻载、低速和不受冲击的场合。

(2)多孔质金属材料

常用的有铁-石墨和青铜-石墨,利用铁或铜和石墨粉末混合,经压型、烧结制成,具有多孔组织。若将其浸在润滑油中,微孔中充满润滑油,变成了含油轴承,具有自润滑性能。运转时,轴承温度升高,由于油的膨胀系数比金属大,因而自动进入滑动表面以润滑轴承;停止工作时又随温度下降,油被吸回孔隙。含油轴承具有成本低、吸振、噪声小、在较长工作时不用加润滑油等特点,特别适用于不易润滑或不允许油润滑的工作环境。

(3)非金属材料

常用非金属材料有石墨、塑料、橡胶、木材等。非金属材料以塑料用得最多,常用的轴承塑料有酚醛塑料、尼龙、聚四氟乙烯等,塑料轴承有较大的抗压强度和耐磨性,可用油和水润滑,也有自润滑性能,但导热性差。橡胶轴承具有较大的弹性,能减轻振动,使机器运转平稳,可以用水润滑,常用于潜水泵,砂石清洗机,钻机等有泥沙的场合。

上述不同的材料因其不同的特点决定了不同的适应场合,选择时就可以根据表 16-1 所示的载荷、速度、温度、环境条件等进行综合考虑。

表 16-1　常用轴瓦及轴承衬材料的性能

材料类别	牌号（名称）	最大许用值 [P]/MPa	最大许用值 [v]/(m/s)	最大许用值 [pv]/(MPa·m/s)	最高工作温度/℃	轴承硬度/HBW	抗胶合性	顺应性嵌入性	耐蚀性	疲劳强度	备注
锡基轴承合金	SnSb11Cu6 SnSb8Cu4	平均载荷 20 冲击载荷 20	80 60	20 15	150	150	1	1	1	5	用于高速、重载下工作的重要轴承。变载荷下易于疲劳、价格高
铅基轴承合金	PbSb16Sn16Cu2	15	12	10	150	150	1	1	3	5	用于中速、中等载荷的轴承，不宜受显著冲击。可为锡锑轴承合金的替用品
	PbSb15Sn5Cu3Cd2	5	8	5							
锡青铜	ZCuSn10P1（10-1 锡青铜）	15	10	15	280	300~400	3	5	1	1	用于中速、重载及变载荷的轴承
	ZCuSn5Pb5Zn5（5-5-5 锡青铜）	8	3	5							用于中速、中载的轴承
铅青铜	ZCuPb30（30 铅青铜）	25	12	30	280	300	3	4	4	2	用于高速、重载轴承，能承受变载和冲击
铝青铜	ZCuAl10Fe3（10-3 铝青铜）	15	4	12	280	300	5	5	5	2	最宜用于润滑充分的低速、重载轴承
灰铸铁	HT150-HT250	1~4	0.5~2	—	—	—	4	5	1	1	宜用于低速、轻载的不重要轴承，廉价

① 性能比较：1~5 依次为从好到差。

4. 滑动轴承的润滑

滑动轴承在工作时由于轴颈与轴瓦的接触会产生摩擦，导致表面发热、磨损甚而咬死，所以在设计轴承时应选用减摩性好的滑动轴承材料制造轴瓦，选择合适的润滑剂并采用合适的润滑方式。

(1) 润滑剂

向轴承提供润滑剂是形成润滑膜的必要条件,润滑剂的作用是减小摩擦阻力、降低磨损、冷却和吸振等,润滑剂有液态、固态和气体及半固态之分。液体的润滑剂称为润滑油,半固体的、在常温下呈油膏状为润滑脂。此外,还可以是固体润滑剂。

1) 润滑油

润滑油是主要的润滑剂,润滑油的主要物理性能指标是黏度,黏度表征液体流动的内摩擦性能,黏度越大,其流动性愈差。黏度随着温度升高而降低,随着压力的升高而增大,但压力不高时(如小于 100 个标准大气压),变化很小,可忽略不计。润滑油的另一物理性能是油性,表征润滑油在金属表面上的吸附能力。油性越大,对金属的吸附能力越强,油膜越容易形成。选择润滑油时一般原则如下:

① 高速轻载时,为了减小摩擦功耗,可选择黏度小的润滑油;

② 重载或冲击载荷时,应采用油性大、黏度大的润滑油,以形成稳定的润滑膜;

③ 静压轴承可选用黏度小的润滑油,动压轴承的选取可经过计算进行校核;

④ 表面粗糙或未经跑合的表面应选择黏度高的润滑油;

润滑油的黏度有动力黏度和运动黏度等。国家标准规定采用润滑油在 40 ℃ 时的运动黏度中心值作为润滑油牌号,关于滑动轴承润滑油牌号的选取可参阅有关资料。

2) 润滑脂

轴颈速度小于 1~2 m/s 的滑动轴承可以采用润滑脂,润滑脂采用矿物油、各种稠化剂(如钙、钠、锂、铝等金属皂)和水调和而成。润滑脂的稠度(针入度)越大,承载能力大,但物理和化学性质不稳定,不宜在温度变化大的条件下使用,多用于低速重载或摆动的轴承中。选择润滑脂时应考虑下列几点:

① 轴承载荷大,转速低时,应选择锥入度小的润滑脂;反之,要选择锥入度大的。高速轴承选用锥入度小些、机械安定性好的润滑脂。

② 选择的润滑脂的滴点一般高于工作温度 20~30 ℃,需避免过多的泄漏,在高温连续运转的情况下,注意不要超过润滑脂的允许使用温度范围。

③ 在水淋或潮湿环境里工作时,应选择抗水性能好的钙基、铝基或锂基润滑脂。

3) 固体润滑剂和气体润滑剂

固体润滑剂可以在摩擦表面上形成固体膜以减小摩擦阻力,有石墨、二硫化钼和聚四氟乙烯等,一般在重载条件下,或在高温工作条件下使用。使用时可调和在润滑油中,也可涂覆、烧结在摩擦表面形成覆盖膜或者用固结成形的固体润滑剂嵌装在轴承中,或者混入金属或塑料粉末中然后一并烧结成形。

气体润滑剂常用空气,多用于高速及不能用润滑油或润滑脂的场合。

(2) 润滑方式和润滑装置

向轴承提供润滑剂是形成润滑膜的必要条件,在选定润滑剂后,还要选择合适的润滑方式,其润滑方式有连续供油和间歇供油。对于低速和间歇工作的不重要轴承,可定期向油孔用油壶手动注油或提起针阀滴油供给。脂润滑只能采用间歇供应,可采用压配式压注油杯和旋盖式油杯。

连续供油的润滑方式有:① 油绳润滑:靠油绳的毛细管作用和虹吸作用将油杯中的

润滑油引到轴承中,用于圆周速度小于 4~5 m/s 的轻载和中载轴承。油绳还有过滤作用;② 油环润滑:仅能用于卧轴,通过悬挂在轴上并能旋转的环将油池的润滑油带到轴承中,适用于轴颈大于 50 mm 的中速和高速轴承;③ 油浴润滑:将轴承的一部分浸入润滑油中的润滑方法。这种方法常用于竖轴的推力轴承,而不宜用于卧轴的径向轴承;④ 飞溅润滑:靠油箱中旋转件的拍击将润滑油飞溅起来供给轴承,适用于较高速度的轴承;⑤ 喷雾润滑:将润滑油雾化喷在摩擦表面,适用于高速轴承;⑥ 压力供油润滑:靠油泵的压力向轴承供油,将从轴承流出的润滑油回收到油池以便循环使用,压力供油是供油量最多、且最稳定的润滑方法,适用于高速、重载、重要的滑动轴承。

滑动轴承的润滑方式可根据系数 k 确定:

$$k = \sqrt{pv^3}$$

式中:p 为平均压力,MPa;v 为轴颈线速度,m/s。

当 $k \leq 2$ 时,如用润滑脂润滑,采用旋盖式油杯手工加油;如用润滑油润滑,采用压注油杯或旋套式注油油杯定期加油;$k = 2 \sim 16$,采用针阀式滴油油杯润滑或油绳润滑;$k = 16 \sim 32$,采用油环润滑、油浴润滑、飞溅润滑;$k \geq 32$ 时,采用压力供油润滑。

5. 滑动轴承的失效形式

(1) 磨粒磨损　进入轴承间隙的硬颗粒有的随轴一起转动,对轴承表面起到研磨作用。

(2) 刮伤　进入轴承间隙的硬颗粒或轴颈表面粗糙的微观轮廓尖峰,在轴承表面划出线性伤痕。

(3) 胶合　当瞬时温度升高,载荷过大,油膜破裂时或供油不足时,轴颈和轴承表面材料发生黏附和迁移,造成轴承损伤。

(4) 疲劳剥落　在载荷的反复作用下,轴承表面材料发生黏附和迁移,造成轴承损伤。

(5) 腐蚀　润滑剂在使用中不断氧化,所生产的酸性物质对轴承材料有腐蚀,材料腐蚀容易形成点状剥落。

6. 滑动轴承的设计计算

从壁面摩擦状态可知,实际工程应用中只存在非液体摩擦和液体摩擦两种,设计计算分析也同样只对这两种情况进行。

(1) 非液体摩擦滑动轴承

非液体摩擦滑动轴承在混合润滑条件下工作,主要失效形式是磨损和胶合,其次是表面压溃和点蚀。因此这类轴承可靠工作的条件是:边界膜不破坏,维持表面间隙中有润滑油存在,也就是说不能进入干摩擦状态。如何维持边界油膜不破裂是这类摩擦滑动轴承的设计依据。由于边界油膜的强度和破裂受多种因素的影响,十分复杂,目前在摩擦学的研究中是一个难点,其规律还未掌握,所以目前只能采用简化的条件性计算方法来进行计算验证。

下面以径向轴承为例,阐述非液体摩擦滑动轴承的计算,已知外加径向载荷 $F(\mathrm{N})$,

轴颈转速 $n(\text{r/mm})$，轴颈直径 $d(\text{mm})$。

由于非液体摩擦滑动轴承的摩擦状态为混合摩擦，存在着一定的磨损，如果轴承内部的压强过大，润滑油就会被过大的压力挤出，造成轴瓦产生严重的磨损，所以要限制压强的大小。压强的计算如下：

$$p = \frac{F}{Bd} \leq [p]$$

有效面积为轴瓦宽度 B 和轴颈直径 d 的乘积，可以看到该压强是个平均值的概念。

普通径向滑动轴承的宽径比常用的范围是 0.5~1.5。小宽径比可提高轴承运转平稳性，端泄流量大，功耗小，油的温升较低，但轴承承载能力低；宽径比选得过大时，轴承宽度较大，易造成轴颈与轴承局部严重磨损。除了磨损之外，还要考虑轴承的发热，也就是摩擦功耗。摩擦功耗为摩擦力和速度的乘积，而摩擦力等于摩擦系数和压力的乘积，所以摩擦功耗可以表达为压强与速度的乘积，需使该乘积小于限定值。

$$pv = \frac{F}{Bd} \frac{\pi d n}{60 \times 1\,000} \leq [pv]$$

当平均压强较小时，即使 p 和 pv 值都在许用范围内，也可能由于滑动速度过高而加速磨损，故应校核滑动速度 v，使其滑动速度小于允许的限定值。

$$v \leq [v]$$

限定值是由轴瓦的材料决定的，可以根据表 16-1 选取。

推力轴承也可以按照相同的逻辑完成类似的计算分析。推力滑动轴承验算时，假设轴承压力均匀分布在支承面上。关于推力滑动轴承的计算，因其方法与向心轴承类似，故不再赘述，可参阅有关资料。对于多环推力轴承，由于制造和装配误差，使得各支承面上所受的载荷不相等，$[p]$ 和 $[pv]$ 值均应减小 20%~40%。

（2）完全液体摩擦滑动轴承

滑动轴承最理想的摩擦状态是液体摩擦。液体摩擦滑动轴承的设计、制造、调整、维护要求高，成本高，但摩擦磨损小、效率高、转动精度高、工作平稳、可缓冲减振，用于高速、重载、高精度的场合。完全液体摩擦滑动轴承，需要两个摩擦表面能够完全被液体所隔开，形成压力油膜。根据压力油膜形成原理，液体摩擦滑动轴承可分为液体动力润滑轴承（简称液体动压轴承）和液体静压润滑轴承（简称液体静压轴承）。

1）液体静压轴承

液体静压润滑轴承基本原理如图 16-10 所示。

液体静压轴承要增加额外的液压系统供给压力油，在压力的作用下强制在轴承间隙内形成压力油膜，使两个摩擦表面隔开，这种方法可以保证轴颈在任何转速和载荷条件下，都处于良好的摩擦状态。静压轴承的主要优点如下：承载能力和润滑状态与轴颈转速关系很小不受转速限制，且摩擦系数小，承载能力高；在启动、正常工作、停车等各个阶段，轴承与轴颈始终被油膜隔开，因此对轴承材料没有特殊要求，轴承不会磨损，能长期保持精度，使用寿命长；压力油膜不借助动压原理形成，工作时不需要偏心距，因此轴颈的旋转精度高。静压轴承的缺点是成本高，维护、管理费用也高。因此，只有在特殊要求的场合且动压轴承又不能胜任时才采用静压轴承。

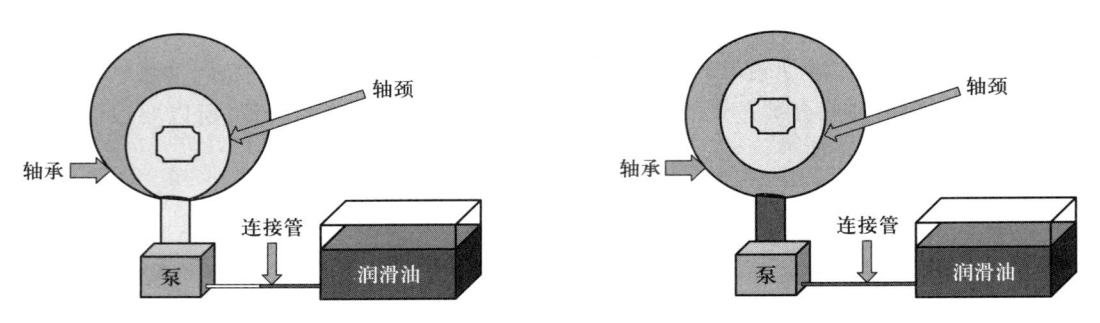

图 16-10　液体静压润滑轴承基本原理

2）流体动压润滑轴承

流体动压润滑轴承基本原理如图 16-11 所示：轴旋转将润滑油带入轴承摩擦表面，当达到足够高的旋转速度时，轴与轴瓦分开，润滑油就被带入轴和轴瓦配合面间的楔形间隙。这一过程可以分成四个阶段：当轴不转的时候，在外界载荷 f 的作用下，轴与轴瓦接触处于接触状态，轴与轴瓦形成了楔形间隙；当轴开始运转的时候，轴沿着轴瓦壁面向右爬升；到达临界速度时，轴和轴瓦完全被油膜所隔开，最后到达稳定的状态时，轴的表面上形成积分方向向上的压力分布，将轴托起。这种流体动力学的效应称之为流体动压效应。

动压效应的形成可以根据流体力学的理论导出。根据流体动力学的纳维-斯托克斯方程（Navier-Stokes equation）方程，采用以下假设条件：第一，润滑油的重力和惯性力比黏性力要小，可忽略不计；第二，润滑油为不可压缩；第三，因为油膜很薄，忽略油膜压力在油膜厚度方向的变化；第四，润滑油为牛顿流体，并做层流运动。可推导出一维的雷诺动力润滑方程，求解该方程可以得到图 16-11 中所示的压力分布，也就是动压效应。动压效应的形成需要三个条件：相对滑动的两工作平面必须形成收缩的楔形间隙；间隙中必须充满一定黏度的润滑油或其他液体；必须具有足够的相对滑动速度，运动方向应保证润滑油从大口流进，小口流出（形成挤压）。

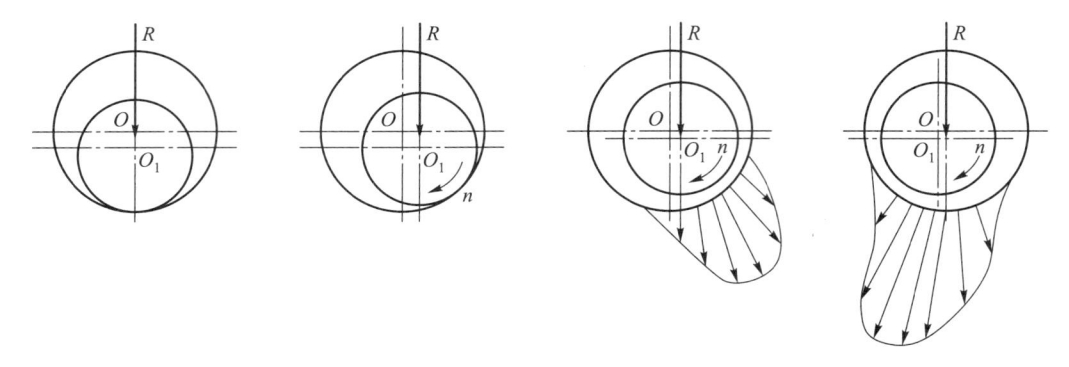

图 16-11　液体动压润滑轴承基本原理

3）设计计算

保证动压润滑轴承正常运行的条件是油膜能够把轴瓦和轴两个表面能够隔开，如果油膜破裂，轴瓦和轴会严重磨损，所以其失效形式就是承载油膜破裂，为了保证油膜不破裂,就保证液体油膜的最小厚度要大于某个临界值。同时由于摩擦生热,还要限制温升,因为温度升高,润滑油的黏度下降,承载力下降,造成油膜破裂,所以动压滑动轴承要进行温度监测。如果给定了轴承的几何参数,如宽度和直径、润滑油的物性参数和外载荷的大小,如何得到油膜厚度的分布是关键。如采用一维的简化方法,可以得到在圆周方向上压力的分布,而实际的压力分布是三维的,还要考虑在轴向的变化。如果考虑油沟结构,压力的分布会更加复杂,需要采用数值积分或者计算流体动力学的方法,获得在给定几何参数、转速、外载荷下的油膜厚度,从而判断最小油膜厚度是否大于许用值,而许用值与轴瓦和轴颈的表面粗糙度有关。此外,流体的摩擦还会引起轴温的上升,关于轴承温升的计算,可以参考传热学的相关知识进行校核,这里不再赘述。

7. 其他形式的滑动轴承

(1) 自润滑滑动轴承

自润滑轴承工作时不需要外界提供润滑剂,轴承材料本身就是固体润滑剂,或者轴瓦内含有润滑剂。自润滑轴承的轴承材料较为特殊,为了降低磨损,常用工程塑料和碳-石墨材料,轴颈材料常用不锈钢、碳钢镀铬,使轴承和轴颈两者表面硬度差加大。自润滑轴承由于不需要供油装置,所以可以大幅度降低制造成本,同时降低润滑油的使用量,降低了运行维护的难度。

(2) 多油楔轴承

多油楔轴承的轴瓦内孔做成特殊形状,以产生多个动压油膜,从而提高轴承工作稳定性和旋转精度。多油楔轴承有椭圆轴承和三油楔轴承两种。椭圆轴承的轴瓦为椭圆形,形成两个动压油膜,提高了稳定性,但是摩擦损耗加大、供油量增大、承载能力降低。三油楔轴承可以形成三个动压油膜,可以提高旋转精度和稳定性,但是摩擦损耗加大、承载能力降低,制造困难。

(3) 空气轴承

空气也是一种流体润滑剂,其黏度只有 L-AN7 润滑油的 1/4 000,摩擦力小到可以忽略不计,因此可以用于数十万转的超高速轴承。其工作原理与液体润滑轴承的本质是一样的,分静压和动压两种,其气膜厚度一般为 20 μm,因此制造精度要求极高。

16.3 滚动轴承

滚动轴承是指相对回转面间处于滚动摩擦状态的一类动连接方式。滚动摩擦一般通过滚动体来实现。一个轴系由多个滚动轴承与轴和轴承座组成,形成转动副约束。与滑动轴承相比,滚动轴承具有摩擦阻力小、起动灵敏、效率高、润滑维护简便及易于互换等优点,所以应用广泛;其缺点是抗冲击能力较差,高速时出现噪声,径向尺寸较大,工作寿命也不及液体摩擦的滑动轴承。滚动轴承是标准件,其结构类型和尺寸均已标准化,并由轴承厂成批生产。设计人员的任务主要是熟悉标准、正确选用。

滚动轴承的设计内容包括,滚动轴承选型、组合结构设计和性能设计。滚动轴承选型与所受载荷方向、大小、性质、转速、调心性能、装拆要求等工作条件相关。可根据实际使用工况条件,选择滚动轴承类型。组合结构设计包括设计合适的轴承组配方式以及支撑结构,确定轴承与轴及轴承座孔的精度配合、预紧及游隙调整装置,选择轴承润滑密封等。性能设计主要是结合轴承组合结构对选定的滚动轴承型号进行疲劳寿命、静强度等计算。

1. 滚动轴承的基本结构

滚动轴承一般由内圈、外圈、滚动体和保持架组成,滚动轴承的结构如图 16-12 所示,其内圈装在轴颈上,与轴一起转动;外圈装在机座的轴承孔内,一般不转动。内外圈上设置有滚道,当内外圈之间相对旋转时,滚动体沿着滚道滚动。保持架使滚动体均匀分布在滚道上,减少滚动体之间的碰撞和磨损。

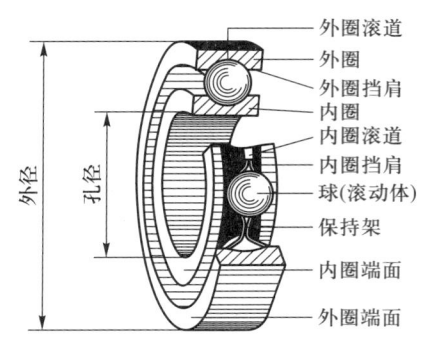

图 16-12 滚动轴承的结构

2. 滚动轴承的分类

第一种分类方法是按照滚动体的类型进行分类,可以把滚动轴承分为球轴承和滚子轴承。滚子有各种各样的形式,有球面滚子,圆柱滚子、圆锥滚子和滚针,如图 16-13 所示为几种典型的滚动轴承。由于球轴承的接触位置是一个点,而滚子轴承的接触是一条线,所以在外廓尺寸相同的条件下,滚子轴承比球轴承的承载能力和耐冲击能力都好,但球轴承摩擦小、高速性能好。

球轴承 　　圆柱滚子轴承 　　圆锥滚子轴承 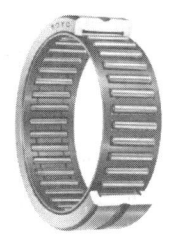　　滚针轴承

图 16-13 滚动轴承实物图

第二种分类方法为按可承受的外载荷分类:向心轴承、推力轴承、向心推力轴承,如图

16-14 所示。向心轴承是指承载的力的方向指向轴心,也就是沿半径方向,推力轴承是指承受载荷的方向是沿着轴的。同时承受径向力和轴向力的轴承称之为向心推力轴承。

向心轴承　　　推力轴承　　　向心推力轴承

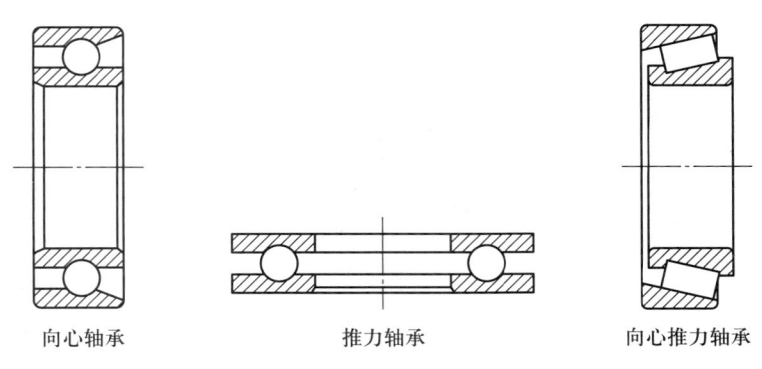

图 16-14　按照外载荷的轴承分类

这三种轴承可以用轴承接触角区分。定义滚动体与外圈接触处的法线与垂直于轴承轴心线平面之间的夹角为轴承的接触角,向心轴承的接触角为 0°,推力轴承的接触角是 90°,向心推力轴承的接触角大于 0°、小于 90°。可以看到,随着接触角的增加轴承轴向承载的能力不断增加。

第三种方式是按轴承的结构形式进行分类,在实际应用中,滚动轴承的结构形式有很多。国家标准中将滚动轴承分为 13 类,其中,最为常用的轴承有下列 6 类,分别为:调心滚子轴承、圆锥滚子轴承、推力球轴承、深沟球轴承、角接触球轴承、圆柱滚子轴承,这六类标准的滚动轴承如图 16-15 所示。

调心滚子轴承具有双列滚子,外圈有 1 条共用球面滚道,内圈有 2 条滚道并相对轴承轴线倾斜成一个角度,这种巧妙的构造使它具有自动调心性能,不易受轴与轴承箱座角度对误差或轴弯曲的影响,适用于安装误差或轴挠曲而引起角度误差的场合。该轴承除能承受径向负荷外,还能承受双向作用的轴向负荷。

圆锥滚子轴承的内、外圈均具有锥形滚道。该类轴承按所装滚子的列数分为单列、双列和四列等不同的结构。单列圆锥滚子轴承可以承受径向负荷和单一方向轴向负荷,当轴承承受径向负荷时,将会产生一个轴向分力,所以需要另一个可承受反方向轴向力的轴承来加以平衡。

推力球轴承高速运转时可承受推力载荷,由带有球滚动的滚道沟的垫圈状套圈构成,这种轴承仅能承受轴向载荷,但不能承受径向载荷。

深沟球轴承又叫单列向心球轴承,是应用最广泛的一种滚动轴承。其特点是摩擦阻力小,转速高,能用于承受径向负荷或径向和轴向同时作用的联合负荷的机件上,也可用于承受轴向负荷的机件上,例如小功率电动机、汽车及拖拉机变速箱、机床齿轮箱、一般机器、工具等。

角接触球轴承是一种可同时承受径向负荷和轴向负荷的轴承,能在较高的转速下工作。接触角越大,轴向承载能力越高。高精度和高速轴承通常取 15° 接触角。

圆柱滚子轴承是滚动体为圆柱滚子的向心滚动轴承。圆柱滚子轴承的滚子平行排列,滚子之间装有间隔保持器或者隔离块,可以防止滚子的倾斜或滚子之间相互摩擦,防止旋转扭矩的增加,其承载径向载荷的能力大,既适用于承受重载荷与冲击载荷,也适用于高速旋转的场合。

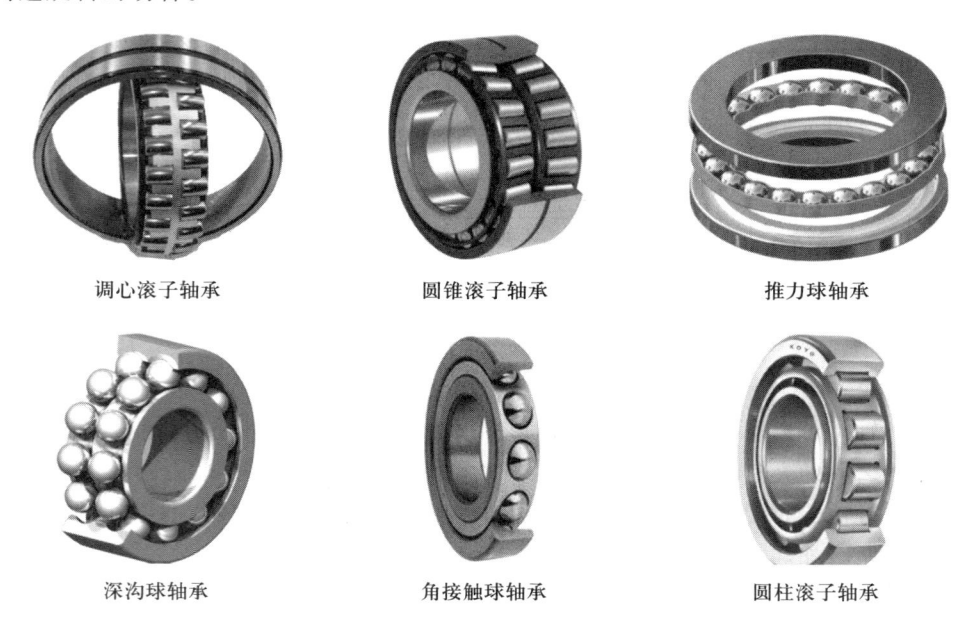

图 16-15　六类标准的滚动轴承

3. 代号规则

滚动轴承的代号规则满足 GB/T 272—2017 的标准,该标准规定了滚动轴承及其分部件代号的编制方法。滚动轴承的代号由三部分组成,如表 16-2 所示,三部分分别为前置代号,基本代号,后置代号。其中最重要的部分是基本代号,基本代号表示了轴承的类型与尺寸等主要的特征,前置代号和后置代号是轴承在结构、形状、尺寸和技术要求有改变时,在基本代号前后添加的补充代号。

表 16-2　滚动轴承的代号

前置代号	基本代号				后置代号						
	五	四	三	二	一						
轴承的分部件代号	类型代号	尺寸系列代号		内径代号	内部结构代号	密封与防尘结构代号	保持架及其材料代号	特殊轴承材料代号	公差等级代号	游隙代号	多轴承配置代号	其他代号
		宽度系列代号	直径系列代号									

注:基本代号下面的一至五表示代号自右向左的位置序数。

(1) 基本代号

基本代号自右向左，前两位是内径代号。内径代号有两位数字，对于 10～17 mm 的轴承内径用 00、01、02 和 03 来表示，比如：深沟球轴承 6201 表示内径为 12 mm。大于 20 mm 且小于 495 mm 的内径的轴承由内径除以 5 的商表示；对于直径小于 10 mm，大于 495 mm 的轴承，另有规定。

基本代号中自右向左第 3 位和第 4 位表示尺寸系列代号，用以表达内径相同，宽度和外径不同的轴承，尺寸系列代号包括直径系列代号和宽度系列代号。第 3 位是直径系列代号，分为 7、8、9、0、1、2、3、4、5 档，直径越大，对应的承载能力不断增大，从超特轻到特重。第 4 位是宽度系列代号，表示即结构、内径和外径都相同的轴承在宽度方面的变化系列。宽度系列代号有 8、0、1、2、3、4、5 和 6，对应同系列轴承，其宽度依次递增。当宽度系列为 0 系列（正常系列），多数轴承在代号中不标出宽度系列代号 0，但对于调心滚子轴承和圆锥滚子轴承，宽度代号 0 应标出。

自右向左的最后一位数字表示轴承的类型代号，比如说 1 代表的是调心球轴承，6 代表深沟球轴承等等。

(2) 前置代号

前置代号用于表示轴承分部件，一般用字母表示，轴承的部件，包括内圈、外圈、保持架、滚动体等，如果结构上有一些特殊的要求，需要用前置代号进行注明，如 R 表示不带可分离内圈和外圈的轴承，L 表示可分离轴承的可分离套圈。

(3) 后置代号

后置代号是用字母和数字等表示轴承的结构、公差及材料的特殊要求，下面简单介绍几种常用的代号。

① 内部结构代号，表示同一类型轴承的不同内部结构，比如：接触角为 15°，25°和 40°的角接触轴承分别用 c、ac 和 b 来表示。

② 公差等级代号，轴承的公差等级代号从高到低，分为 2 级、4 级、5 级，6 级和 0 级，分别用 P2、P4、P5、P6 和 P0 来表示。

③ 轴承的游隙系列代号，游隙是轴承滚动体与轴承内外圈壳体之间的间隙，游隙系列从小到大可分为 1 组、2 组、0 组、3 组、4 组和 5 组共 6 个级别，以/C1 、/C2、/C3、/C4、/C5 为代号，0 组不标注。

例如：30213，3—圆锥滚子轴承，02—轻系列，0—正常宽度（0 不可省略），2—直径系列代号，为轻系列，13—内径 $d=65$ mm，公差等级为 0 级，游隙组为 0 组。

4. 滚动轴承的设计计算

滚动轴承选型的程序如框图 16-16 所示：

首先根据载荷选择轴承类型和直径系列，其次根据轴颈大小来确定轴承内径，如果轴承的要求不高，可以不进行承载能力验算，选型结束，而对有较高要求的轴承，必须进行承载能力验算。如果验算合格，选型工作结束；如果不合格，重新选型计算。

(1) 轴承类型的选择

轴承的选择要考虑以下因素：

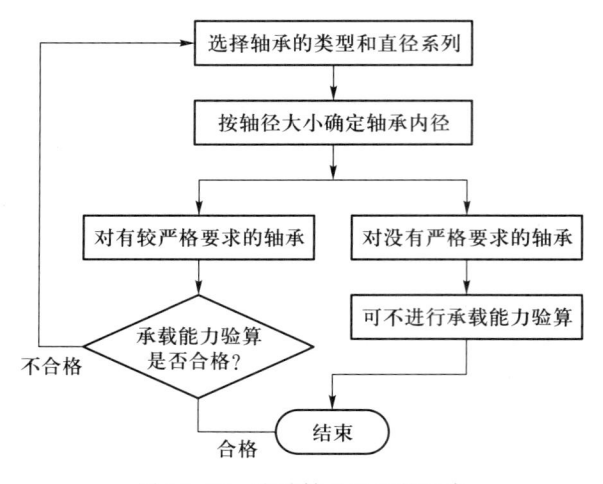

图 16-16 滚动轴承选型的程序

1) 承受的载荷。载荷有方向和大小两个要素，根据轴所受力的方向的不同，可以选择向心轴承，推力轴承和向心推力轴承。一般滚子轴承和尺寸系列较大的轴承，能承受比较大的载荷，而球轴承和尺寸系列比较小的轴承，承受的载荷较小，当 $d \leqslant 20$ mm 时，两者承载能力接近，宜采用球轴承。载荷性质也是考虑的因素，当载荷较平稳时，选用球轴承，当载荷为冲击载荷时，采用滚子轴承。

2) 尺寸的限制。当轴承的径向尺寸，有严格的限制时，一般可以选用滚针轴承。

3) 转速的限制。滚动轴承存在极限转速，球轴承和轻系列的轴承能适应较高的转速，滚子轴承和重系列的轴承极限转速低；推力轴承的极限转速很低。

4) 调心性要求。细长轴会产生比较大的变形，挠度比较大，轴的中心线与轴承的中心线不重合，从而能造成轴承内外圈的轴线发生偏斜，引起应力集中，给轴承的寿命带来较大的影响，这时应该选择调心轴承。

5) 其他方面。考虑拆装方便，选用内外圈分离的轴承如圆锥滚子轴承，考虑经济因素，球轴承更廉价，精度越低，成本越低。

(2) 轴承受力分析

滚动轴承结构比较简单，受力比较复杂。对于推力滚动轴承，滚动轴承在通过轴心线的轴向载荷作用下，可以认为各个滚动体所受的载荷基本上是相等的，但是当轴承受到径向载荷的时候，情况不同，滚动轴承受力示意如图 16-17 所示，内圈在载荷 F_r 的作用下，下降一段距离，上半圈的滚动体放松，不再承载。下半圈的滚动体进行承载，但下半圈的每个滚动体承载的力大小和方向也不同，中间的滚动体受力最大，两侧逐渐减小。轴承的受力在时间上也在变化。对于滚动体，由于其在内圈和外圈做相对运动，即在整个空间内公转，当滚动体运转到承载区时，滚动体不断与内外圈交替接触，所承受的载荷为脉动分布，滚动体运动到中间位置的时候，接触应力最大，当进入非承载区时，接触应力为 0，滚动体的接触应力呈周期性分布，且不稳定变化，如图 16-18 所示。对于固定的外圈和内圈，当经过一个滚动体时，在固定的内圈或外圈表面上形成一个接触应力的脉冲，在下一个滚动体经过的时刻形成了下一个脉冲,其受力是脉动循环载荷,承载区内某一点应力变化情况如图 16-19 所示。

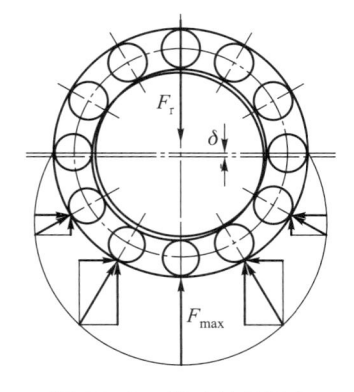

图 16-17 滚动轴承受力

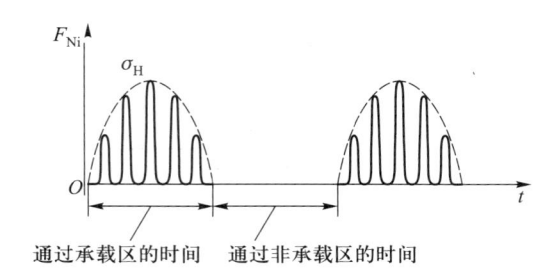

图 16-18 滚动体接触应力变化情况

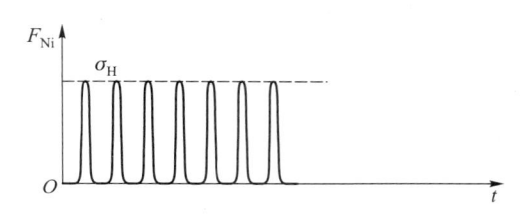

图 16-19 承载区内某一点应力变化情况

（3）轴承失效形式和计算准则

轴承的结构形式和受力的状态决定了其失效方式,轴承的失效方式主要包括以下四类,即疲劳点蚀、塑性变形、磨损和烧伤。其中第三种和第四种由于润滑不良引起,无法计算,只能通过加强管理,保证良好的润滑条件。而前两种失效方式可以定量分析计算,通过计算校核选择轴承的承载能力是否满足要求。

对于一般转速的轴承,即转速大于 10 r/min 的轴承,其主要失效形式为疲劳点蚀,因此应以疲劳强度计算为依据进行轴承的寿命计算。对于高速轴承,除疲劳点蚀外其工作表面的过热也是重要的失效形式,因此除需进行寿命计算外还应校验其极限转速。对于低速轴承,即转速小于 1 r/min 的轴承,可近似地认为其在静应力作用下工作,其失效为塑性变形,应以不发生塑性变形为准则进行强度计算。由于静强度的计算比较简单,本书不做详解,下面仅介绍轴承的疲劳强度。

疲劳通常与疲劳寿命联系在一起。轴承的疲劳寿命定义为轴承中的任何一个元件在出现疲劳点蚀前,两套圈之间相对总转数或者工作小时数。对于一组同一型号轴承,由于材料热处理、工艺等很多因素的影响,即使在相同条件下运转,寿命也有很大的区别。对于一个具体的轴承,很难预知其确切的寿命,从统计学的角度来看,轴承的寿命呈现规律性。通过大量的实验表明,轴承的可靠性与轴承的寿命之间存在如图 16-20 所示的关系曲线。

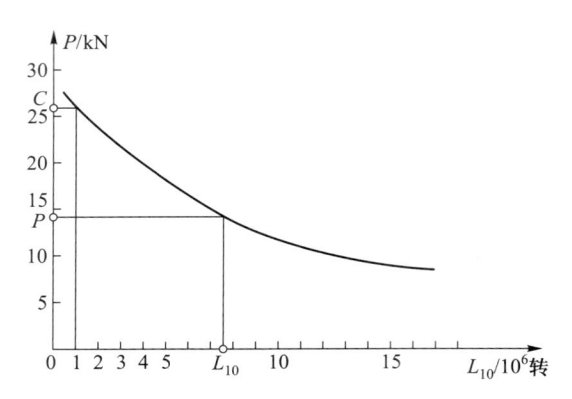

图 16-20 轴承的载荷与轴承的寿命关系曲线

轴承的可靠性通常用基本额定寿命表征,基本额定寿命是指在相同的运转条件下,一组轴承中 10% 的轴承发生点蚀破坏,而 90% 的轴承不发生点蚀破坏前的转数(以 10^6 转为单位)或小时数作为轴承的寿命,并称之为基本额定寿命(L_{10})。另一个重要的参数为基本额定动载荷,定义为轴承的基本额定寿命为 10^6 转时轴承所能承受的载荷,用 C 表示。对于向心轴承,记作 C_r,为纯径向载荷下进行寿命试验的径向基本额定动载荷,对于推力轴承,记作 C_a,为纯轴向载荷下进行试验的轴向基本额定动载荷。大量试验表明,基本额定寿命与基本动载荷、当量动载荷 P(N)间的关系可以用下面的公式表示:

$$L_{10} = \left(\frac{f_t C_r}{P}\right)^\varepsilon$$

式中:ε 为幂指数,对于球轴承取 3,滚子轴承取 10/3,f_t 为温度系数。通过此公式,已知轴承的基本额定载荷和当量动载荷,可以计算轴承的基本额定寿命。

当量动载荷按照下面的公式进行计算:

$$P = f_p(XF_r + YF_a)$$

式中:F_r 与 F_a 分别为承受的径向与轴向载荷,X、Y 分别为径向动载荷系数与轴向动载荷系数。对于仅能承受径向载荷的轴承 $P = f_p F_r$,对于仅能承受轴向载荷的轴承 $P = f_p F_a$,角接触球轴承和圆锥滚子轴承情况比较复杂,此类轴承的径向力平衡 $F_r = R_1 + R_2$,但是对于轴向力的平衡,还要考虑轴承的状态,进行轴向载荷的分析。

对于角接触球轴承和圆锥滚子轴承,其存在接触角 a,当其承受径向载荷 F_r 时,在滚动体和外圈的接触面上会产生支反力,支反力的方向在接触斜面的法向上,该支反力可以分解为一个轴向力和一个径向力,而轴向力的大小与接触斜面的倾斜角度有关,该力称为派生轴向力,用 F_S 表示,如图 16-21 所示:

无论是正安装还是反安装的轴承,派生轴向力的方向都是从宽边指向窄边。轴向力的计算首先要判定轴承是被"压紧"还是被"放松"。

如图 16-22,F_a 为从轴承 2 指向轴承 1 的载荷,若 $F_{S2} + F_a > F_{S1}$,如图 16-22a,为了实现受力平衡,需要对轴承 1 外加一个额外的载荷 ΔF_S,因此轴承 1 被压紧,轴承 2 被放松,轴承 1 所受的轴向力为 $F_{a1} = \Delta S + F_{S1} = F_{S2} + F_a$,轴承 2 所受的轴向力 $F_{a2} = F_{S2}$;若 $F_{S2} + F_a <$

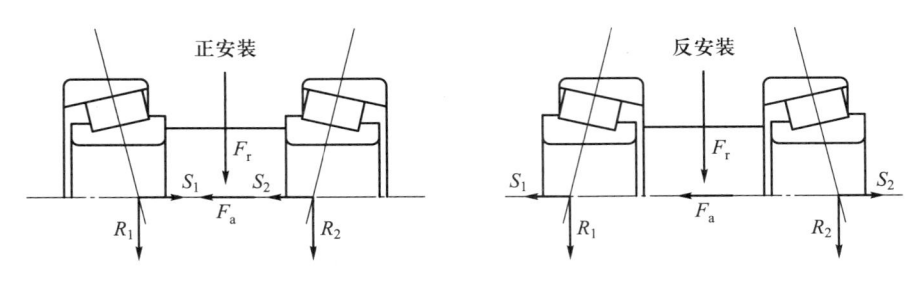

图 16-21 轴承受力

F_{S1},如图 16-22b,为了实现受力平衡,需要对轴承 2 外加一个额外的载荷 ΔF_S,因此轴承 2 被压紧,轴承 1 被放松,轴承 1 所受的轴向力为 $F_{a1} = F_{S1}$,轴承 2 所受的轴向力为 $F_{a2} = \Delta S + F_{S2} = F_{S1} - F_a$。因此可以得出结论,"放松"端轴承的轴向力等于本身的派生轴向力,"压紧"端轴承的轴向力等于除本身派生轴向力外,轴上其他所有轴向力之和。

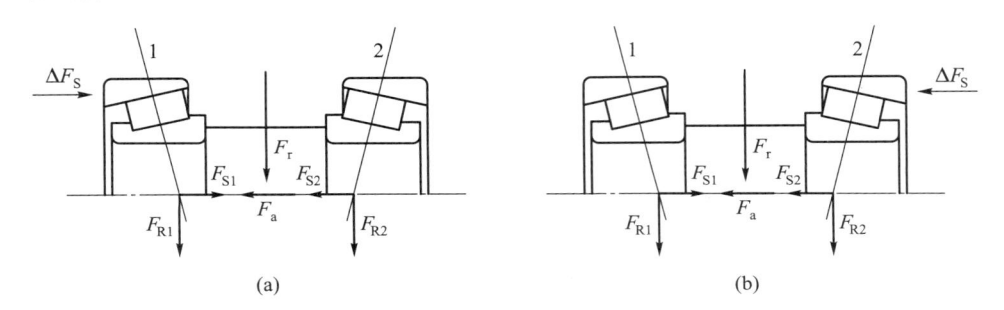

图 16-22 轴承受力分析

(4) 轴承的组合设计

在完成了轴承承载能力的计算后,为保证轴承在机器中正常工作,除合理选择轴承类型、尺寸外,还应正确进行轴承的组合设计,处理好轴承与其周围零件之间的关系,包括轴承的轴向约束设计、安装和调整、配合和装拆、支撑部位刚度设计预紧、润滑和密封等问题。

1) 滚动轴承轴系的固定

通过轴承与轴和轴承座之间的连接固定,使轴系在机器中有确定的位置。要求使轴上的载荷可靠地传到机架上,防止轴沿轴向窜动,并且轴受热膨胀时,能自由伸缩。典型的轴系固定方法主要有三种:

① 两端固定支承。该方法一端轴承的固定只限制轴沿一个方向的窜动,另一端轴承的固定限制另一方向的窜动,两端轴承的固定共同限制轴的双向窜动。

② 一端固定一端游动支承。该方法一端轴承的固定即可限制轴的双向窜动,另一轴承不固定,为游动支承。此方法结构简单,安装调整容易,适用于温度变化不大的短轴。

③ 两端游动支承。该方法两端轴承的固定均不限制轴的轴向窜动,均为游动支承。例如:人字齿圆柱齿轮传动中的小齿轮轴必须采用两端游动支承,但大齿轮的轴向位置必须固定。

2）滚动轴承组合结构的调整

滚动轴承组合结构的调整主要包括轴系轴向位置的调整和轴承游隙的调整。轴系轴向位置的调整是为了使轴上零件有准确的位置,例如:蜗轮的中间平面应通过蜗杆轴线,两个锥齿轮的锥顶要重合。轴承游隙的调整也至关重要,其大小直接影响轴的旋转精度、轴承的载荷分布以及轴承的寿命等。

3）滚动轴承的预紧

预紧是指用某种方法使轴承中产生并保持一定的轴向力,以消除轴承的游隙,其目的是提高轴承的旋转精度,提高轴承装置的刚度、减小轴的振动。方法有磨窄内圈或外圈;安装时在磨窄的套圈外侧施加轴向力;在内、外圈加长度不同的间隔套或用垫片预紧。

4）滚动轴承的配合

滚动轴承的配合是指内圈与轴颈、外圈与外壳孔的配合。内圈孔与轴的配合为基孔制,外圈与轴承座孔的配合为基轴制。转动套圈的配合应紧一些,不动套圈的配合应松一些。当转速高、载荷大、振动强烈时,配合应紧;游动套圈配合应松。GB/T275—2015 对一般情况下滚动轴承与轴和轴承孔的配合进行了详细的规定。

5）滚动轴承的安装与拆卸

装拆滚动轴承时,不能通过滚动体来传力,以免造成滚道或滚动体的损伤。由于轴承的配合较紧,装拆时以使用专门的工具为宜。对于配合过盈量小的中、小型轴承可用手锤打入或压力机压入;配合过盈量大的轴承常用温差法装配。

6）滚动轴承的润滑

滚动轴承的润滑非常关键,润滑可以降低摩擦,减少磨损;油润滑可以起到散热、冷却作用;滚动体与滚道之间形成的油膜,可以起缓冲、吸振作用;轴承零件表面覆盖一层润滑剂,还可以起防锈作用。常用的润滑方式有油润滑和脂润滑,通常根据 dn 值(d 为滚动轴承内径,mm;n 为轴承转速,r/min)选择润滑方式,根据载荷、速度和温度确定所需润滑油的运动粘度。

7）滚动轴承的密封

滚动轴承的密封主要是为了阻止灰尘、水、酸气和其他杂物进入轴承和防止润滑剂流失。常用的密封方式有接触式密封、非接触式密封和组合密封。接触式密封有毡圈式密封、密封圈式密封;非接触式密封有间隙密封、迷宫式密封、挡油环密封。

学习指南

轴承是设备中一种常用零部件。本章介绍了轴承的类型、结构特点、受力特征、设计校核等内容,需要重点掌握轴承的结构分类和滚动轴承的校核计算,熟悉滑动轴承的摩擦特点、材料和润滑剂,滚动轴承的代号规则和组合设计。

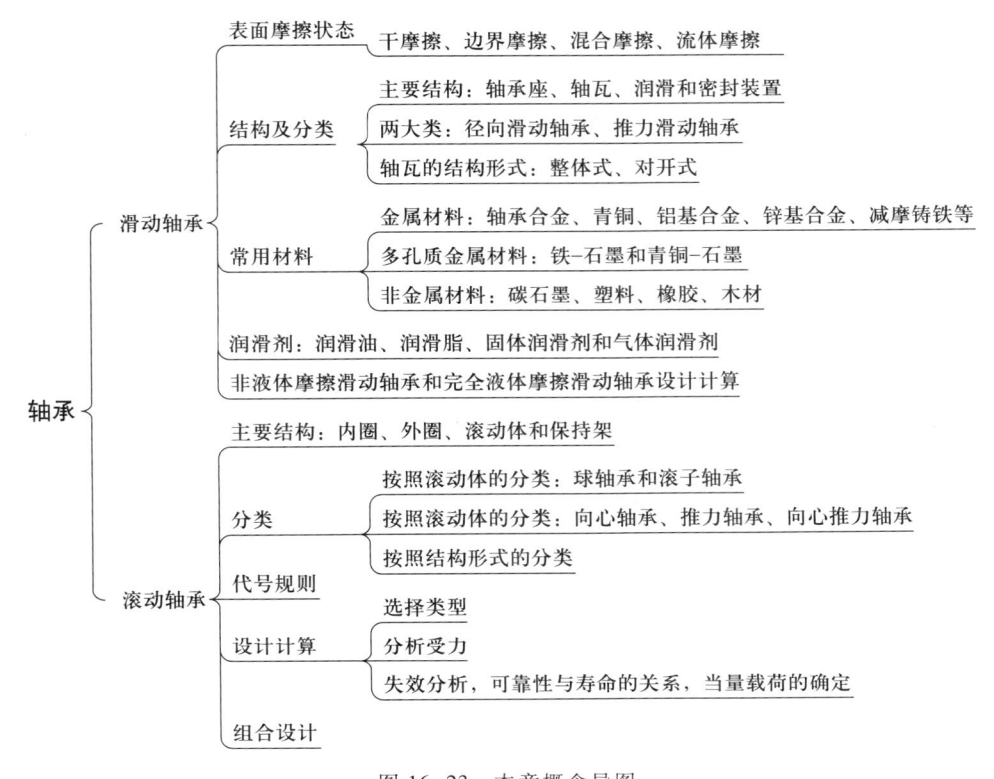

图 16-23 本章概念导图

习题

16-1 解释下列滚动轴承代号的含义。
(1) 57308；(2) 33100；(3) 6111/P6。

16-2 某 6310 滚动轴承的工作条件为径向力 $F_r = 10\ 000$ N，转速 $n = 300$ r/min，轻度冲击（$f_p = 1.35$），脂润滑，预期寿命为 2 000h。验算轴承强度。

16-3 某蜗杆轴转速 $n = 1\ 440$ r/min，间歇工作，有轻微振动，$f_p = 1.2$，常温工作。采用一端固定（一对 7209C 型轴承正安装），一端游动（一个 6209 型轴承）支承。轴承的径向载荷 $F_{r1} = 1\ 000$ N（固定端）、$F_{r2} = 450$ N（游动端），轴上的轴向载荷 $F_x = 3\ 000$ N，要求蜗杆轴承寿命 $\geq 2\ 500$ h。试校核固定端轴承是否满足寿命要求。

16-4 如图 16-24 所示，安装有两个斜齿圆柱齿轮的转轴由一对代号为 7210AC 的轴承支承。已知两齿轮上的轴向分力分别为 $F_{x1} = 3\ 000$ N，$F_{x2} = 5\ 000$ N，方向如图。轴承所受径向载荷 $F_{r1} = 8\ 600$ N，$F_{r2} = 12\ 500$ N。求两轴承的轴向力 F_{a1}、F_{a2}。

16-5 某设备主轴上的一对 30308 轴承，经计算轴承 Ⅰ、Ⅱ 的基本额定寿命分别为 $L_{h1} = 31\ 000$ h，$L_{h2} = 15\ 000$ h。若这对轴承的预期工作寿命为 20 000 h，试求满足工作寿命

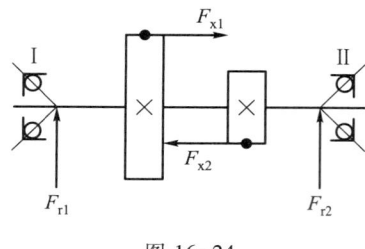

图 16-24

时的可靠度。若只要求可靠度为 80%,轴承的工作寿命是多少？

16-6 已知某转轴由两个反装的角接触球轴承支承,支点处的径向反力 F_{r1} = 875 N, F_{r2} = 1 520 N,齿轮上的轴向力 F_x = 400 N,方向如图 16-25 所示,转速 n = 520 r/min,运转中有中等冲击,轴承预期寿命 L'_h = 3 000 h。若初选轴承型号为 7207C,试验算其寿命。(标准知 7207C 轴承,C = 30 500 N,轴承 I：X = 0.44,Y = 1.326,取 f_p = 1.2;轴承 II：X = 1,Y = 0)

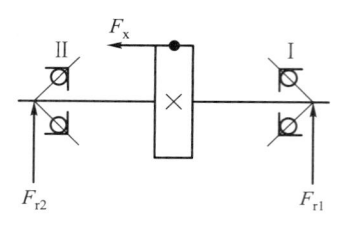

图 16-25

16-7 蜗杆轴由一组圆锥滚子轴承 30206 和圆柱滚子轴承 N206E 支承,如图 16-26 所示。已知两支点的径向反力 F_{r1} = 1 500N,F_{r2} = 2 500N;蜗杆轴上的轴向力 F_x = 2 300N,转速 n = 960 r/min。取 f_p = 1.2。求轴承寿命。(30206 轴承：C = 73 872N,X = 0.67,Y = 2.68;N206E 轴承：C = 36 000 N)

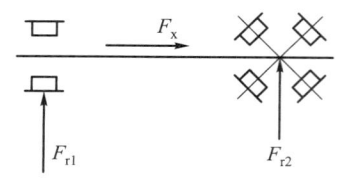

图 16-26

第4篇　机器运行品质与控制基础篇

　　现代机器是机电一体化的机械系统,包括广义执行、信息处理与控制、传感与检测3个功能子系统。为创新开发一台新机器,不仅需要解决机械本体的创新设计和分析问题,还需要解决整机的机械平衡、运行品质、规划与控制等问题。从业人员需要熟悉可编程原动机、控制器、传感器等相关知识,根据任务需求作出合理选型、建立控制模型和控制算法、编写程序代码和软件,并开展整机运行调试与测试,保障机器运行品质。本篇分5章,包括机械平衡与机器运转的速度波动调节,原动机类型与电动机选型,传感器,单片机控制及应用案例,课程项目实施案例。为配合项目式教学与课程项目制作需要,在阐述机器整机的机械平衡和运转速度波动调节、原动机、传感器、控制器基本知识的同时,从控制系统开发和整机开发两个角度给出了多个实施案例,具体展示一台新机器设计与开发的完整过程,供开展课程项目时参考。

第 17 章

机械平衡与机器运转的速度波动调节

内容提要

机器运转过程中存在因构件质量的分布不合理导致各运动构件所产生的惯性力/力矩发生不平衡的现象，加剧运动副的磨损和构件的破坏、诱发机械振动、引发机械噪声。同时，机器运转时驱动力/力矩和阻力/力矩的变化、构件质量和转动惯量的分布都会影响机械运转真实速度的变化规律、引发机械主轴运转速度出现波动，过大的速度波动将影响机器运转的平稳性、在运动副中引发附加动反力、降低机器的工作效率和运行精度。机械平衡是消除或减少机械系统中构件所产生的惯性力、提高机械工作性能、保障高速机械正常运转的重要手段，速度波动调节是改善机械运转工作品质的重要途径。本章介绍机械平衡的类型、刚性转子的平衡设计方法、平面机构平衡基本方法，讨论机械系统的运转过程、单自由度机械系统真实运动规律求解的等效构件方法及其机械运转的速度波动调节方法。

17.1 概述

前述各章在讨论机构的运动学分析和设计问题时，没有考虑构件的质量和转动惯量、作用在机械上的驱动力和工作阻力等因素对机构真实运动和力学效应的影响，通常假定原动件作等速运动。但实际上在机器运转时，理论上除质心分布在转动轴线上的定轴转动构件之外，其余构件都会产生一定的惯性力、惯性力矩，且通常是不断变化的。在实际工程中，还存在设计偏差、加工误差、装配误差、负载变化等情况的影响，原动件的运转速度在一般情况下都是波动的，原动件作等速运动的假设并不成立。因此，需要从构件质量分布的设计上寻求方法去减轻甚至消除惯性力/力矩不平衡的现象；采取方法确定原动件的真实运动规律及受力状况；提出相应的技术手段对机械运转的速度波动加以调控。

1. 机械平衡的作用

机器运行时,构件运动产生的不平衡惯性力和惯性力矩会在运动副中引起额外的附加动载荷,不仅会增大运动副中的摩擦力和构件中的内应力,加速运动副的磨损、影响构件的强度,从而降低机械的工作效率和使用寿命,还会因不平衡惯性力和惯性力矩的周期性或非周期性变化引起机械及其安装基础的强迫振动。如果振幅过大,或其振动频率接近系统的固有频率,会加速机械自身工作性能衰退,零部件材料内部疲劳损伤加剧,从而使机械设备遭到损伤或破坏,甚至危及人身安全。

研究机械平衡就是要根据惯性力和惯性力矩的变化规律,采用平衡设计和平衡试验方法,消除或减少不平衡惯性力和惯性力矩的影响,减轻机械振动,降低噪声污染,提高机械工作性能,延长机械使用寿命。机械的平衡设计、平衡试验与平衡校正是现代机械设计的重要议题,尤其在高速、重型及精密机械设计中具有特别重要的意义,有一系列国家标准对其技术及手段进行规范;另外,机械的不平衡性质有时也可以被利用,如振动筛、蛙式打夯机等就是利用机械的不平衡所产生的振动来工作。

2. 机械平衡的分类

根据机械结构的复杂程度不同,机械平衡可以从构件和机构两个层面进行讨论。

(1) 转子的平衡

组成机械的运动构件,按运动方式可分为作定轴转动的构件、作往复移动的构件、作复杂运动的构件三类。其中,对于作往复移动的构件以及作复杂运动的构件,因构件的质心位置随构件运动而变化,质心处的加速度大小和方向也随构件的运动而变化,因此无法通过改变构件自身参数来实现构件的平衡,不存在单个构件的平衡问题,只能在包含这些构件的机构范围内考虑平衡问题。

对于构件层次的平衡,通常只考虑作定轴转动的构件,在平衡技术中常把作定轴转动的构件称为转子,其惯性力、惯性力矩的平衡问题称为转子的平衡问题。转子的平衡问题往往在动力机械以及重载传动系统中显得十分突出,如汽车发动机的凸轮轴、船用曲轴、船舰用减速箱的重型齿轮轴等高速或重型转子以及汽车的车轮都需要经过严格的转子平衡。根据工作转速的不同,转子可以分为刚性转子和挠性转子两类,转子的平衡也可以分为刚性转子的平衡和挠性转子的平衡两类。

1) 刚性转子的平衡

转子的工作转速低于一阶临界转速、弹性变形可以忽略不计时,称其为刚性转子。刚性转子的平衡问题可以利用加减平衡配重的办法、通过理论力学的力系平衡原理加以解决。

2) 挠性转子的平衡

在现代机械中,如汽轮机、航空发动机的转子,由于受径向尺寸的限制,长径比较大、重量大、转速高,在运转过程中,若转子的工作转速 n 接近转子的一阶临界转速 n_{c1} 时,转子本身会发生明显的弯曲变形,产生动挠度,这类发生弹性变形的转子被称为挠性转子。

挠性转子的平衡与刚性转子的平衡有很大的不同,一般情况下,当转子的工作转速与其一阶临界转速之比超过 0.7(即 $n \geqslant 0.7n_{c1}$)时,将其视为挠性转子,需要进行挠性转子的平衡;当 $n<0.7n_{c1}$ 时,一般可将其视为刚性转子,仅需按刚性转子进行平衡处理。

(2) 机构的平衡

若机构中含有作往复运动或复杂运动的构件,其产生的惯性力、惯性力矩无法在单个构件内部加以平衡,其平衡问题只能在机构层面加以解决,需要就整个机构进行综合考虑,通过合理的质量分布设计减少机构的总惯性力和总惯性力矩。由于机构的总惯性力和总惯性力矩作用在机架上,最终由机座承受,因此又称之为机构在机架(或机座)上的平衡或机构的平衡。

3. 作用在机械上的力

机械运转时总会受到各种力的作用,如原动件受到的驱动力,工作载荷引起的工作阻力,各运动构件受到的重力、惯性力和惯性力矩、环境阻力(矩)和阻尼力,运动副中受到的摩擦力、阻尼力等。通常情况下,与机器受到的驱动力、工作阻力相比,各运动构件所受的重力、惯性力和惯性力矩,运动副所受的摩擦力、阻尼力等往往相对较小,在讨论机械运转时为简化问题可以将其忽略。本章主要讨论工作阻力和驱动力。

(1) 工作阻力

工作阻力是机械正常工作时必须克服的外部载荷,与机器的工作能力相关。不同的机械完成的任务不同,其工作阻力的特性也会不同。如起重机、轧钢机等机械的工作阻力为近似不变的常量;空气压缩机、弹簧等的工作阻力是位移的函数;鼓风机、离心泵、电风扇等机械上的工作阻力随叶片的转速而变化;球磨机、揉面机等机械上的工作阻力则随着时间因加工对象性质发生变化而改变。因此,工作阻力特性要根据具体的机械及其使用场景来确定。

(2) 驱动力

驱动力是由原动机发出的、用来驱动机械正常工作的力。原动机类型不同,驱动力的特性也不相同。将原动机所提供的驱动力与其位移、速度等运动参数之间的关系称作原动机的机械特性。如利用重锤重力驱动时其驱动力为常量(图 17-1a);利用弹簧驱动时其驱动力是位移的函数(图 17-1b);由内燃机(图 17-1c)、直流串励电动机(图 17-1d)、交流异步电动机(图 17-1e)等提供的驱动力被认为是速度的函数。

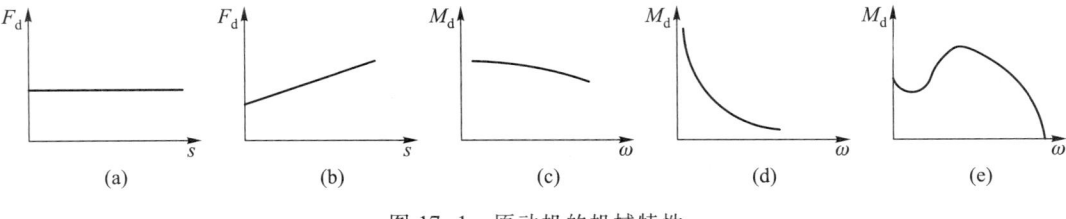

图 17-1 原动机的机械特性

对不同机械工作阻力和不同原动机驱动力的分析和建模是研究机械运转真实过程的

前提和基础,涉及相关学科的专门知识,也是相关学科的研究内容。本章对此不作展开,在讨论机械在外力作用下的运动问题时,假定其受到的外力特性是已知的。

4. 机械的运转过程

机械工作时一般都要经历启动、稳定运转、停车三个阶段(图17-2)。启动是指机械由停机状态过渡到正常工作状态的过程,稳定运转阶段是指机械的正常工作阶段,停车则是指机械由正常工作状态恢复到停机状态的过程。启动阶段和停车阶段统称为机械运转过程的过渡阶段。机械的运转过程是机械能变化过程的真实反映。

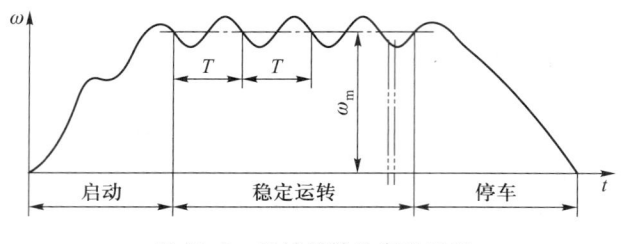

图 17-2 机械运转的完整过程

(1) 启动阶段

在启动阶段,由于驱动能量的输入使得机械的动能不断增加,原动件的速度从零逐渐上升至稳定运转的速度。在此过程中,机械驱动力所作的功 W_d 大于阻抗力所作的功 W_r,两者之差为机械启动阶段的动能增量 $\Delta E = W_d - W_r$。动能增量越大,启动时间越短。为减少机械启动的时间,很多机械都在空载下启动,即 $W_r = 0$,因此有 $W_d = \Delta E$,这时机械驱动力所作的功除克服机械摩擦功之外,全部转换为加速启动的动能,启动时间有效缩短。

(2) 稳定运转阶段

在稳定运转阶段,由于驱动能量和机械消耗能量达到动态平衡,机械原动件的速度保持不变(称等速稳定运转)或围绕一定速度作上下周期性的波动(称周期性变速稳定运转)。

等速稳定运转时,在一个运动循环内机械驱动功 W_d 和阻抗功 W_r 始终相平衡,动能增量 ΔE 保持为零,机械运转速度保持不变,如起重机、鼓风机、轧钢机等机械稳定运转时角速度不变。

周期性变速稳定运转时,在任一瞬时机械驱动功 W_d 和阻抗功 W_r 都不相等,当机械驱动功 W_d 大于阻抗功 W_r 时速度增加、当机械驱动功 W_d 小于阻抗功 W_r 时速度减小;但在一个运动循环周期内总的机械驱动功 W_{dp} 和总的阻抗功 W_{rp} 保持平衡,总的动能增量 ΔE 为零,因此在一个运动循环周期的首末两处机械动能相等、速度相等,而在一个运动循环周期内机械动能和速度呈现波动状态,如内燃机、机械式冲压机、刨床等都有这种工作特点。

(3) 停车阶段

在停车阶段,一般会关停原动机,驱动力消失,机械所具有的惯性动能会因克服机械阻力而被逐步消耗掉,机械速度下降为零,机械停止运转。为缩短停车时间,一般会在机械中安装制动器,加速机械动能的消耗。

17.2 刚性转子的平衡

1. 刚性转子与平衡设计的类型

将转子的宽度(厚度、轴向尺寸)b与直径d之比称为转子的宽径比。按转子的宽度影响是否可以忽略将转子分为盘状(形)转子和非盘形转子。

对于宽径比$b/d \leqslant 0.2$的盘形刚性转子(图17-3a),如砂轮、大多数的齿轮和带轮、自行车轮毂、火车轮毂等,由于轴向尺寸相对较小,可以忽略宽度的影响,近似认为其质量分布在同一回转平面内。若转子的质心不在其回转轴线上,当转子转动时,偏心质量便会产生离心惯性力,在运动副中引起附加的动压力。偏心质量所引起的静力矩使转子重心位置趋于转向正下方,就像支起后架的自行车后轮在静止时其气门芯的位置往往位于下方,因此这类转子的不平衡现象在静态时即可表现出来,故称为静不平衡,而这类转子的平衡称为静平衡。由于静平衡时可以认为转子上的不平衡力集中在一个平面内,故又称其为单面平衡。静平衡是惯性力的平衡,采用静平衡机进行平衡试验和平衡校正,因依赖转子自身的重力作用来测量不平衡量,静平衡机又称重力式平衡机、重力平衡机。

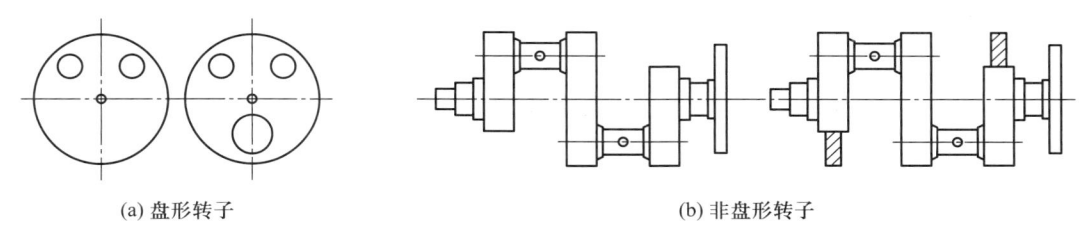

(a) 盘形转子　　　　　　(b) 非盘形转子

图17-3　刚性转子的类型

对于宽径比$b/d>0.2$的非盘形刚性转子(图17-3b),如汽车发动机曲轴、船用曲轴、汽轮机转子等,由于轴向尺寸较大,其质量可看作是沿轴向分布于若干不同回转平面内的分布质量。对于这类刚性转子,即使转子的总质心位于其回转轴线上,由于各偏心质量所产生的离心惯性力不在同一回转平面内,所形成的总惯性力矩仍将使转子处于不平衡状态,这种不平衡现象只有在转子转动时方能明显地暴露出来,故称为动不平衡,而这类转子的平衡称为动平衡。由于需要同时实现惯性力和惯性力矩的平衡,因此实际工程中至少需要在两个回转平面内加减平衡质量(平衡配重)才能达到转子的平衡,因此动平衡又称为双面平衡。动平衡是惯性力和惯性力矩的完全平衡(综合平衡),采用动平衡机进行平衡试验和平衡校正,因利用转子回转产生的离心力作用来测量不平衡量,动平衡机又称离心力式平衡机、离心式平衡机。

静平衡仅消除惯性力的影响,经过静平衡的转子不一定能满足动平衡的条件,在机械设计时要予以注意。根据转子的宽径比b/d大小,可将刚性转子的平衡设计问题分为静平衡设计问题与动平衡设计问题。

2. 刚性转子的静平衡设计

对于宽径比 $b/d \leqslant 0.2$ 的盘形刚性转子,由于忽略了转子宽度的影响,转子的不平衡偏心质量可以近似认为是分布在同一回转平面内。考虑到转子质量分布的不均匀性,通常情况下可以将该回转平面内的偏心质量看作为分布在不同方位的、若干具有一定大小的集中质量的集合体,在实际工程应用中这些集中质量的方位和大小往往可以通过零部件设计、加工测试而得到。为消除转子在运转过程中所产生的离心力影响、实现刚性转子的静平衡,可以通过在该平面内一定方位、加减一定大小的平衡质量的办法,使得该平面内各偏心质量以及平衡质量所产生的离心力系达到平衡,即离心力系的合力为 **0**,这使得刚性转子惯性力达到平衡的设计过程即为刚性转子的静平衡设计。

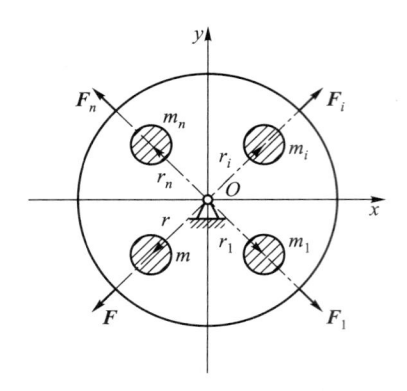

图 17-4 刚性转子的静平衡设计

图 17-4 所示为一圆盘形转子。记分布于同一回转平面内的各偏心质量为 $m_i, i = 1, 2, \cdots, n, n$ 为该回转平面内偏心质量的数目。记各偏心质量的质心相对于转子回转中心的向径为 $\boldsymbol{r}_i, i = 1, 2, \cdots, n$,记转子回转角速度为 ω,则各偏心质量所产生的离心惯性力为

$$\boldsymbol{F}_i = m_i \omega^2 \boldsymbol{r}_i, \quad i = 1, 2, \cdots, n$$

设在该回转平面内增加一个平衡质量 m,其质心相对于转子回转中心的向径为 $\boldsymbol{r}$,则所产生的离心惯性力为

$$\boldsymbol{F} = m\omega^2 \boldsymbol{r}$$

记附加平衡质量后的转子总质量为 M,转子总质心相对于转子回转中心的向径为 $\boldsymbol{e}$。为实现该转子的静平衡,应使得各偏心质量和附加的平衡质量在转子回转过程中产生的离心力系的合力 $\boldsymbol{F}_\Sigma$ 为 **0**,则有

$$\boldsymbol{F}_\Sigma = M\omega^2 \boldsymbol{e} = \sum_{i=1}^n \boldsymbol{F}_i + \boldsymbol{F} = \sum_{i=1}^n m_i \omega^2 \boldsymbol{r}_i + m\omega^2 \boldsymbol{r} = \boldsymbol{0} \quad (17-1)$$

可得

$$M\boldsymbol{e} = \sum_{i=1}^n m_i \boldsymbol{r}_i + m\boldsymbol{r} = \boldsymbol{0} \quad (17-2)$$

因此,若要实现转子的静平衡,需要使得附加平衡质量后的转子总质心与转子回转中

心重合,即静平衡后该转子的总质心将与其回转中心重合,总质心的向径为 $e=0$。此时,附加的平衡质量需要满足

$$m\boldsymbol{r} = -\sum_{i=1}^{n} m_i \boldsymbol{r}_i \tag{17-3}$$

式中,质量与向径的乘积称为质径积,它表征了转子在同一转速下各偏心质量、平衡质量及总质量产生的离心力的方位和相对大小。通过式(17-3)可求出转子实现静平衡时需要附加的平衡质量的质径积 $m\boldsymbol{r}$,进而能够据此确定出附加平衡质量的质量大小、质心方位。

运用复数向量法,式(17-3)可以写成

$$mre^{j\theta} = -\sum_{i=1}^{n} m_i r_i e^{j\theta_i} = -\sum_{i=1}^{n} (m_i r_i \cos\theta_i + jm_i r_i \sin\theta_i) \tag{17-4}$$

式中:$\theta_i, i=1,2,\cdots,n$ 为各偏心质量在转子回转平面上的方位角,θ 为平衡质量的安装方位角。可以得到平衡质量的质径积大小为

$$mr = \sqrt{\left(\sum_{i=1}^{n} m_i r_i \cos\theta_i\right)^2 + \left(\sum_{i=1}^{n} m_i r_i \sin\theta_i\right)^2} \tag{17-5}$$

平衡质量的安装方位角为

$$\theta = \arctan\left[\frac{-\sum_{i=1}^{n} m_i r_i \sin\theta_i}{-\sum_{i=1}^{n} m_i r_i \cos\theta_i}\right] \tag{17-6}$$

角 θ 所在象限可以根据式(17-6)中分子、分母的正负号确定。

从上述式子可以看出,① 盘形转子无论偏心质量如何分布,最少只需要在一个平衡平面内附加一个平衡质量就可以实现静平衡,故盘形转子的静平衡又称为单面平衡;② 在平衡质量的质径积不变的情况下,其安装方位角已经确定下来,但其质量大小、质心位置可以根据设计需求、制造安装工艺性要求等作进一步优化;③ 在相同质径积条件下,平衡质量的质心距离转子回转中心越远,所需要的平衡质量也越轻;④ 在转子结构上依据质径积附加平衡质量的方式有两类,既可以在计算出来的方位处增加平衡质量,也可以在相反方位处去除相应的平衡质量。

3. 刚性转子的动平衡设计

对于宽径比 $b/d>0.2$ 的非盘形刚性转子,由于各偏心质量分布在不同的回转平面上,在实际工程上难以采用单面加平衡质量的静平衡设计方法,需要采用动平衡设计方法才能消除各离心惯性力的综合影响。

对于非盘形刚性转子,分布其上的各偏心质量产生的离心惯性力将分布于相互平行的若干回转平面内,构成了非共面的、位于平行平面内的空间离心力系,因此不仅会有一个总的离心合力,一般情况下还会在转子回转轴线的法向平面内引起一个总的离心合力矩。

考虑到分布于同一回转平面内的不同偏心质量可以等效为该回转平面内的一个偏心

集中质量,为简化讨论,本节假设各回转平面内仅有一个偏心质量。如图 17-5a 所示,记分布于不同回转平面内的各偏心质量为 $m_i, i=1,2,\cdots,n$,n 为偏心质量所在不同回转平面的数目。记各偏心质量的质心相对于转子回转中心的向径为 $\boldsymbol{r}_i, i=1,2,\cdots,n$,各偏心质量在转子回转平面上的方位角为 $\theta_i, i=1,2,\cdots,n$。记转子回转角速度为 ω,各偏心质量所产生的离心惯性力为

$$\boldsymbol{F}_i = m_i \omega^2 \boldsymbol{r}_i, \quad i=1,2,\cdots,n$$

选定转子回转轴线一侧点 O 为力矩点,各偏心质量所在回转平面相对于点 O、沿转子回转轴线的距离向量记为 $\boldsymbol{l}_i, i=1,2,\cdots,n$,则各偏心质量所产生的离心惯性力矩为

$$\boldsymbol{M}_i = m_i \omega^2 \boldsymbol{r}_i \times \boldsymbol{l}_i, \quad i=1,2,\cdots,n$$

很显然,转子各回转平面上偏心质量的质心向径与沿转子回转轴线的距离向量之间是正交关系。

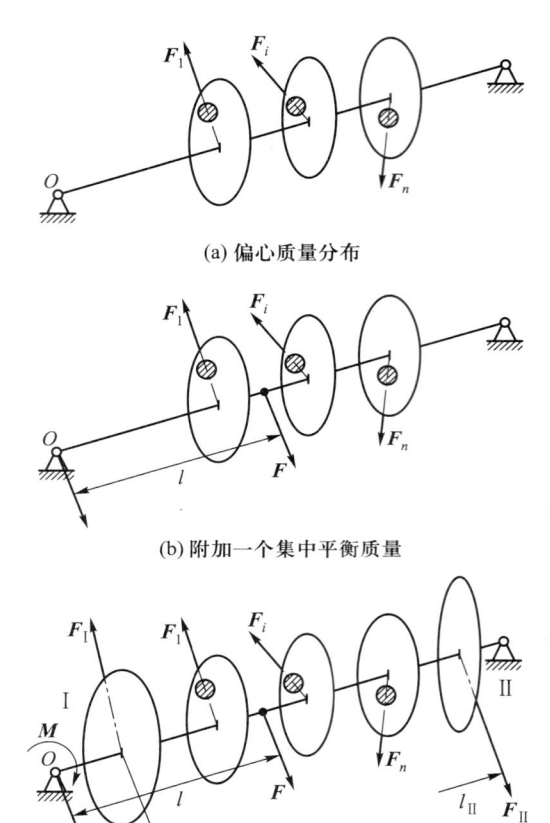

(a) 偏心质量分布

(b) 附加一个集中平衡质量

(c) 附加两个集中平衡质量

图 17-5 刚性转子的动平衡设计

(1) 动平衡的单面平衡设计

为实现转子动平衡,如图 17-5b 所示,可以附加一个集中平衡质量 m,其质心相对于

转子回转中心的向径为 $\boldsymbol{r}$，其所在回转平面相对于点 O、沿转子回转轴线的距离向量记为 $\boldsymbol{l}$，该平衡质量引起的离心惯性力和离心惯性力矩分别记为 $\boldsymbol{F}$、$\boldsymbol{M}$，有

$$\boldsymbol{F} = m\omega^2 \boldsymbol{r}$$

$$\boldsymbol{M} = \boldsymbol{F} \times \boldsymbol{l} = m\omega^2 \boldsymbol{r} \times \boldsymbol{l}$$

则实现动平衡要满足以下两个条件

$$\boldsymbol{F}_{\Sigma} = \sum_{i=1}^{n} \boldsymbol{F}_i + \boldsymbol{F} = \boldsymbol{0} \tag{17-7}$$

$$\boldsymbol{M}_{\Sigma} = \sum_{i=1}^{n} \boldsymbol{M}_i + \boldsymbol{M} = \boldsymbol{0} \tag{17-8}$$

式中，$\boldsymbol{F}_{\Sigma}$ 为各偏心质量和附加的平衡质量在转子回转过程中产生的离心惯性力系的合力，$\boldsymbol{M}_{\Sigma}$ 为离心惯性力系的合力矩。由式(17-7)、式(17-8)可以得到附加的平衡质量 m 需要满足的条件

$$\boldsymbol{F} = -\sum_{i=1}^{n} \boldsymbol{F}_i = -\sum_{i=1}^{n} m_i \omega^2 \boldsymbol{r}_i \tag{17-9}$$

$$\boldsymbol{M} = -\sum_{i=1}^{n} \boldsymbol{M}_i = -\sum_{i=1}^{n} \boldsymbol{F}_i \times \boldsymbol{l}_i = -\sum_{i=1}^{n} m_i \omega^2 \boldsymbol{r}_i \times \boldsymbol{l}_i \tag{17-10}$$

进一步得到平衡质量 m 的大小和方位满足

$$m\boldsymbol{r} = -\sum_{i=1}^{n} m_i \boldsymbol{r}_i \tag{17-11}$$

$$m\boldsymbol{r} \times \boldsymbol{l} = -\sum_{i=1}^{n} m_i \boldsymbol{r}_i \times \boldsymbol{l}_i \tag{17-12}$$

因各偏心质量和平衡质量所在回转平面对应的距离向量均沿转子回转轴线，方向一致，记 $\boldsymbol{i}$ 为沿转子回转轴线的单位向量，有 $\boldsymbol{l} = l\boldsymbol{i}$，$\boldsymbol{l}_i = l_i\boldsymbol{i}$，式(17-12)可写为

$$ml\boldsymbol{r} \times \boldsymbol{i} = -\sum_{i=1}^{n} m_i l_i \boldsymbol{r}_i \times \boldsymbol{i}$$

可有

$$ml\boldsymbol{r} = -\sum_{i=1}^{n} m_i l_i \boldsymbol{r}_i$$

可得

$$l = \frac{\left(-\sum_{i=1}^{n} m_i l_i \boldsymbol{r}_i\right) \cdot \boldsymbol{r}}{m\boldsymbol{r} \cdot \boldsymbol{r}} \tag{17-13}$$

从上面几个式子可以看出，通过在相对于点 O、沿转子回转轴线的距离向量 $\boldsymbol{l}$ 处的回转平面上附加一个质径积为 $m\boldsymbol{r}$ 的平衡质量 m，理论上可以同时实现离心合力、离心合力矩为零，但这在转子的实际制造和安装调试上难以实现，缺乏实用价值，故称其为理论平衡质量。根据理论力学知识，最少可以用另外 2 个任意选定的回转平面内的平衡质量产生的离心合力与所有偏心质量产生的离心合力相平衡，产生的离心合力矩与所有偏心质量产生的离心合力矩相平衡，这种替代实现的办法能够简化转子动平衡在制造和安装调试中的实现复杂度，具有实用价值。

(2) 动平衡的双面平衡设计

考虑到转子制造、安装等工艺性要求,如图 17-5c 所示,可以在转子回转轴线的两端选取 2 个合适的用于附加平衡质量的平衡平面(又称平衡基面、校正平面)Ⅰ、Ⅱ,相对于点 O、沿转子回转轴线的距离向量分别记为 $l_Ⅰ$、$l_Ⅱ$,相应的 2 个平衡质量分别记为 $m_Ⅰ$、$m_Ⅱ$。用这两个实际平衡质量 $m_Ⅰ$、$m_Ⅱ$ 来替代实现理论平衡质量 m,则这 2 个实际平衡质量应该满足

$$\boldsymbol{F} = \boldsymbol{F}_Ⅰ + \boldsymbol{F}_Ⅱ \tag{17-14}$$

$$\boldsymbol{M} = \boldsymbol{M}_Ⅰ + \boldsymbol{M}_Ⅱ \tag{17-15}$$

式(17-14)和式(17-15)可以展开为

$$m\omega^2 \boldsymbol{r} = m_Ⅰ \omega^2 \boldsymbol{r}_Ⅰ + m_Ⅱ \omega^2 \boldsymbol{r}_Ⅱ \tag{17-16}$$

$$m\omega^2 \boldsymbol{r} \times \boldsymbol{l} = m_Ⅰ \omega^2 \boldsymbol{r}_Ⅰ \times \boldsymbol{l}_Ⅰ + m_Ⅱ \omega^2 \boldsymbol{r}_Ⅱ \times \boldsymbol{l}_Ⅱ \tag{17-17}$$

由理论力学知识可推导得

$$\boldsymbol{F}_Ⅰ = m_Ⅰ \omega^2 \boldsymbol{r}_Ⅰ = \frac{l_Ⅱ - l}{l_Ⅱ - l_Ⅰ} \boldsymbol{F} = \frac{l_Ⅱ - l}{l_Ⅱ - l_Ⅰ} m\omega^2 \boldsymbol{r} \tag{17-18}$$

$$\boldsymbol{F}_Ⅱ = m_Ⅱ \omega^2 \boldsymbol{r}_Ⅱ = \frac{l - l_Ⅰ}{l_Ⅱ - l_Ⅰ} \boldsymbol{F} = \frac{l - l_Ⅰ}{l_Ⅱ - l_Ⅰ} m\omega^2 \boldsymbol{r} \tag{17-19}$$

因此,根据理论平衡质量可得 2 个实际平衡质量的质径积为

$$m_Ⅰ \boldsymbol{r}_Ⅰ = \frac{l_Ⅱ - l}{l_Ⅱ - l_Ⅰ} m\boldsymbol{r} \tag{17-20}$$

$$m_Ⅱ \boldsymbol{r}_Ⅱ = \frac{l - l_Ⅰ}{l_Ⅱ - l_Ⅰ} m\boldsymbol{r} \tag{17-21}$$

运用复数向量法,式(17-20)和式(17-21)可展开为

$$m_Ⅰ r_Ⅰ e^{j\theta_Ⅰ} = \frac{l_Ⅱ - l}{l_Ⅱ - l_Ⅰ} \left(-\sum_{i=1}^{n} m_i r_i e^{j\theta_i} \right) = \frac{l_Ⅱ - l}{l_Ⅱ - l_Ⅰ} \left(-\sum_{i=1}^{n} (m_i r_i \cos\theta_i + j m_i r_i \sin\theta_i) \right)$$

$$m_Ⅱ r_Ⅱ e^{j\theta_Ⅱ} = \frac{l - l_Ⅰ}{l_Ⅱ - l_Ⅰ} \left(-\sum_{i=1}^{n} m_i r_i e^{j\theta_i} \right) = \frac{l - l_Ⅰ}{l_Ⅱ - l_Ⅰ} \left(-\sum_{i=1}^{n} (m_i r_i \cos\theta_i + j m_i r_i \sin\theta_i) \right)$$

其中,θ_i,$i = 1, 2, \cdots, n$ 为各偏心质量在所在转子回转平面上的方位角,$\theta_Ⅰ$、$\theta_Ⅱ$ 为平衡质量在平衡平面Ⅰ、Ⅱ上的安装方位角。可以得到 2 个实际平衡质量的质径积大小为

$$m_Ⅰ r_Ⅰ = \frac{l_Ⅱ - l}{l_Ⅱ - l_Ⅰ} \sqrt{\left(\sum_{i=1}^{n} m_i r_i \cos\theta_i\right)^2 + \left(\sum_{i=1}^{n} m_i r_i \sin\theta_i\right)^2} \tag{17-22}$$

$$m_Ⅱ r_Ⅱ = \frac{l - l_Ⅰ}{l_Ⅱ - l_Ⅰ} \sqrt{\left(\sum_{i=1}^{n} m_i r_i \cos\theta_i\right)^2 + \left(\sum_{i=1}^{n} m_i r_i \sin\theta_i\right)^2} \tag{17-23}$$

2 个实际平衡质量的安装方位角相同为

$$\theta_Ⅰ = \theta_Ⅱ = \arctan\left[\frac{-\sum_{i=1}^{n} m_i r_i \sin\theta_i}{-\sum_{i=1}^{n} m_i r_i \cos\theta_i}\right] \tag{17-24}$$

安装方位角所在象限可以根据式(17-6)中分子、分母的正负号确定。

(3) 双面动平衡的等效质量替代方法

利用理论力学中等效质量替代的思想,也可以根据转子制造、安装等工艺性要求,在转子回转轴线的两端先选取适合附加平衡质量的平衡平面Ⅰ、Ⅱ,然后将分布于不同回转平面内的各偏心质量 $m_i, i=1,2,\cdots,n$ 用平衡平面内的 2 个等效质量替代,从而将非盘形转子的各偏心质量转化为平衡平面Ⅰ、Ⅱ内的 2 组等效偏心质量,再分别在 2 个平衡平面内各附加一个相应的平衡质量,实现平衡平面内的各自静平衡,进而实现整个转子的动平衡。

通过偏心质量等效,在平衡平面Ⅰ、Ⅱ内有

$$\boldsymbol{F}_{i,\text{I}} = m_{i,\text{I}}\omega^2\boldsymbol{r}_{i,\text{I}} = \frac{l_{\text{II}}-l_i}{l_{\text{II}}-l_{\text{I}}}\boldsymbol{F}_i = \frac{l_{\text{II}}-l_i}{l_{\text{II}}-l_{\text{I}}}m_i\omega^2\boldsymbol{r}_i \tag{17-25}$$

$$\boldsymbol{F}_{i,\text{II}} = m_{i,\text{II}}\omega^2\boldsymbol{r}_{i,\text{II}} = \frac{l_i-l_{\text{I}}}{l_{\text{II}}-l_{\text{I}}}\boldsymbol{F}_i = \frac{l_i-l_{\text{I}}}{l_{\text{II}}-l_{\text{I}}}m_i\omega^2\boldsymbol{r}_i \tag{17-26}$$

其中, $i=1,2,\cdots,n$。可得各偏心质量在平衡平面Ⅰ、Ⅱ内的 2 个等效偏心质量的质径积为

$$m_{i,\text{I}}\boldsymbol{r}_{i,\text{I}} = \frac{l_{\text{II}}-l_i}{l_{\text{II}}-l_{\text{I}}}m_i\boldsymbol{r}_i \tag{17-27}$$

$$m_{i,\text{II}}\boldsymbol{r}_{i,\text{II}} = \frac{l_i-l_{\text{I}}}{l_{\text{II}}-l_{\text{I}}}m_i\boldsymbol{r}_i \tag{17-28}$$

若要使转子实现动平衡,可以在平衡平面Ⅰ、Ⅱ内分别附加平衡质量 m_{I}、m_{II},满足

$$\sum_{i=1}^{n}\boldsymbol{F}_{i,\text{I}}+\boldsymbol{F}_{\text{I}} = \boldsymbol{0} \tag{17-29}$$

$$\sum_{i=1}^{n}\boldsymbol{F}_{i,\text{II}}+\boldsymbol{F}_{\text{II}} = \boldsymbol{0} \tag{17-30}$$

展开可得

$$\sum_{i=1}^{n}\frac{l_{\text{II}}-l_i}{l_{\text{II}}-l_{\text{I}}}m_i\omega^2\boldsymbol{r}_i+m_{\text{I}}\omega^2\boldsymbol{r}_{\text{I}} = \boldsymbol{0} \tag{17-31}$$

$$\sum_{i=1}^{n}\frac{l_i-l_{\text{I}}}{l_{\text{II}}-l_{\text{I}}}m_i\omega^2\boldsymbol{r}_i+m_{\text{II}}\omega^2\boldsymbol{r}_{\text{II}} = \boldsymbol{0} \tag{17-32}$$

得

$$m_{\text{I}}\boldsymbol{r}_{\text{I}} = -\sum_{i=1}^{n}\frac{l_{\text{II}}-l_i}{l_{\text{II}}-l_{\text{I}}}m_i\boldsymbol{r}_i \tag{17-33}$$

$$m_{\text{II}}\boldsymbol{r}_{\text{II}} = -\sum_{i=1}^{n}\frac{l_i-l_{\text{I}}}{l_{\text{II}}-l_{\text{I}}}m_i\boldsymbol{r}_i \tag{17-34}$$

运用复数向量法,上式可展开为

$$m_{\text{I}}r_{\text{I}}\text{e}^{\text{j}\theta_{\text{I}}} = -\sum_{i=1}^{n}\frac{l_{\text{II}}-l_i}{l_{\text{II}}-l_{\text{I}}}m_i r_i \text{e}^{\text{j}\theta_i} = -\sum_{i=1}^{n}\frac{l_{\text{II}}-l_i}{l_{\text{II}}-l_{\text{I}}}m_i r_i(\cos\theta_i+\text{j}\sin\theta_i)$$

$$m_{\text{II}}r_{\text{II}}\text{e}^{\text{j}\theta_{\text{II}}} = -\sum_{i=1}^{n}\frac{l_i-l_{\text{I}}}{l_{\text{II}}-l_{\text{I}}}m_i r_i \text{e}^{\text{j}\theta_i} = -\sum_{i=1}^{n}\frac{l_i-l_{\text{I}}}{l_{\text{II}}-l_{\text{I}}}m_i r_i(\cos\theta_i+\text{j}\sin\theta_i)$$

式中，$\theta_i, i=1,2,\cdots,n$ 为各偏心质量在所在转子回转平面上的方位角，θ_I、θ_II 为平衡质量在平衡平面 I、II 上的安装方位角。可以得到 2 个实际平衡质量的质径积，其大小为

$$m_\mathrm{I} r_\mathrm{I} = \sqrt{\left(\sum_{i=1}^{n} \frac{l_\mathrm{II}-l_i}{l_\mathrm{II}-l_\mathrm{I}} m_i r_i \cos\theta_i\right)^2 + \left(\sum_{i=1}^{n} \frac{l_\mathrm{II}-l_i}{l_\mathrm{II}-l_\mathrm{I}} m_i r_i \sin\theta_i\right)^2} \quad (17\text{-}35)$$

$$m_\mathrm{II} r_\mathrm{II} = \sqrt{\left(\sum_{i=1}^{n} \frac{l_i-l_\mathrm{I}}{l_\mathrm{II}-l_\mathrm{I}} m_i r_i \cos\theta_i\right)^2 + \left(\sum_{i=1}^{n} \frac{l_i-l_\mathrm{I}}{l_\mathrm{II}-l_\mathrm{I}} m_i r_i \sin\theta_i\right)^2} \quad (17\text{-}36)$$

2 个实际平衡质量的安装方位角 θ_I、θ_II 分别为

$$\theta_\mathrm{I} = \arctan\left[\frac{-\sum_{i=1}^{n} \frac{l_\mathrm{II}-l_i}{l_\mathrm{II}-l_\mathrm{I}} m_i r_i \sin\theta_i}{-\sum_{i=1}^{n} \frac{l_\mathrm{II}-l_i}{l_\mathrm{II}-l_\mathrm{I}} m_i r_i \cos\theta_i}\right] \quad (17\text{-}37)$$

$$\theta_\mathrm{II} = \arctan\left[\frac{-\sum_{i=1}^{n} \frac{l_i-l_\mathrm{I}}{l_\mathrm{II}-l_\mathrm{I}} m_i r_i \sin\theta_i}{-\sum_{i=1}^{n} \frac{l_i-l_\mathrm{I}}{l_\mathrm{II}-l_\mathrm{I}} m_i r_i \cos\theta_i}\right] \quad (17\text{-}38)$$

安装方位角 θ_I、θ_II 所在象限可以根据式(17-37)、式(17-38)中分子、分母的正负号确定。

（4）双面动平衡两种方法比较

上面是两种不同的转子动平衡设计思路，前一种是先求得各偏心质量引起的总的离心惯性力和惯性力矩，再在两个平衡平面内附加平衡质量进行动平衡；后一种是利用质量等效的思想先将各偏心质量在两个平衡平面内用等效质量替代，再在两个平衡平面内附加平衡质量各自进行静平衡，从而达成总体上的转子动平衡。当选定相同的平衡平面 I、II 位置时，这两种转子动平衡设计的结果是一致的，应用中应根据具体的动平衡问题，选用合适的动平衡设计方法。

与盘形转子静平衡类似，从上述式子可以看出，① 非盘形转子无论偏心质量如何分布，最少只需要在两个平衡平面内各附加一个平衡质量就可以实现动平衡，故盘形转子的动平衡又称为双面平衡；② 在两个平衡质量的质径积不变的情况下，其安装方位角均已经确定下来，但其质量大小、质心位置可以根据设计需求、制造安装工艺性要求等作进一步优化；③ 在质径积不变条件下，平衡质量的质心距离转子回转中心越远，所需要的平衡质量也越轻；④ 在两个平衡平面内依据质径积附加平衡质量的方式有两类，既可以在计算出来的方位处增加平衡质量，也可以在相反方位处去除相应的平衡质量；⑤ 由于转子动平衡需要同时满足离心惯性力和离心惯性力矩为零的条件，故实现了动平衡的转子也必然同时实现了静平衡，但实现了静平衡的转子却不一定实现了动平衡。

例 17-1 图 17-6 所示转子，已知偏心质量 $m_1 = 2$ kg，$m_2 = 3$ kg，$m_3 = 2$ kg，$m_4 = 4$ kg；偏心距离 $r_1 = 10$ mm，$r_2 = 15$ mm，$r_3 = 12$ mm，$r_4 = 20$ mm；偏心质量间距 $l_{12} = l_{23} = l_{34} = 100$ mm。如图选定平衡平面 I、II，平衡质量所在向径为 $r_\mathrm{I} = 50$ mm，$r_\mathrm{II} = 40$ mm，试求实现动平衡需要附加的平衡质量 m_I，m_II。

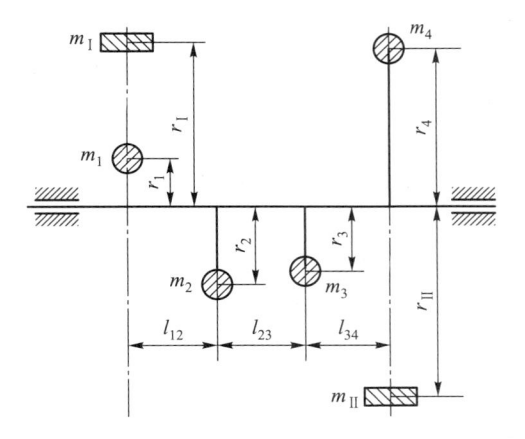

图 17-6 转轴的动平衡设计

解:图示所有偏心质量位于同一轴平面内,因此平衡质量 m_I,m_II 也位于该轴平面内。

可以将所有不平衡质量和平衡质量产生的离心力分别对平衡平面 Ⅰ、Ⅱ 分别取矩,并令其合力矩分别为 0,即可求得 m_I,m_II 的大小。

$$m_4 r_4(l_{12}+l_{23}+l_{34}) - m_3 r_3(l_{12}+l_{23}) - m_2 r_2 l_{12} - m_\mathrm{II} r_\mathrm{II}(l_{12}+l_{23}+l_{34}) = 0$$

$$m_3 r_3 l_{34} + m_2 r_2(l_{23}+l_{34}) - m_1 r_1(l_{12}+l_{23}+l_{34}) - m_\mathrm{I} r_\mathrm{I}(l_{12}+l_{23}+l_{34}) = 0$$

可以求得

$$m_\mathrm{II} = \frac{m_4 r_4(l_{12}+l_{23}+l_{34}) - m_3 r_3(l_{12}+l_{23}) - m_2 r_2 l_{12}}{r_\mathrm{II}(l_{12}+l_{23}+l_{34})} = 1.225 \text{ N}$$

$$m_\mathrm{I} = \frac{m_3 r_3 l_{34} + m_2 r_2(l_{23}+l_{34}) - m_1 r_1(l_{12}+l_{23}+l_{34})}{r_\mathrm{I}(l_{12}+l_{23}+l_{34})} = 0.36 \text{ N}$$

4. 刚性转子的平衡试验

转子不平衡是转子运行过程中振动过大、产生噪声的主要原因之一,它直接影响转子的工作性能和使用寿命。经平衡设计校正后的刚性转子在理论上是完全平衡的,但因实际制造误差、装配误差、材质不均匀等因素影响,生产得到的刚性转子在运转过程中仍会出现不平衡现象。这种不平衡现象出现在加工和装配调试阶段,必须进行转子平衡试验。通常,转子平衡包括不平衡量的测量和平衡校正两个步骤。平衡机主要用于不平衡量的测量,通过平衡试验的办法来找到不平衡量、确定需附加的平衡质量的大小和方位。不平衡量的平衡校正往往借助于钻床、铣床、点焊机等其他辅助设备,或用手工方法完成。通过平衡校正使转子达到允许的平衡精度等级,使其机械振动幅度降到允许的范围,从而抑制或消除该转子的不平衡现象。平衡及平衡机相关名词术语规范详见国家标准 GB/T 6444—2008。

(1) 静平衡试验

静平衡试验的目的在于确定可以不考虑厚度影响(通常宽径比 $b/d \leq 0.2$)的刚性盘

形转子的偏心质量的大小和方位,可以采用静平衡机(又称单面平衡机)进行不平衡量的测量。静平衡机分为重力式平衡机、离心式平衡机两类。重力式平衡机又称非旋转式平衡机,有立式、卧式之分,利用转子静止时重心朝下(立式)或往重心一侧偏斜(卧式)的效应进行试验,卧式的重力式平衡机(又称静平衡架)有导轨式和圆盘式两种类型。离心式静平衡机又称旋转式静平衡机、单面立式平衡机,利用转子回转时偏心质量产生的离心效应进行试验。重力式平衡机适用于静平衡要求不高的盘状零件,或者回转时易发生变形的转子,对于静平衡要求较高的转子,可以采用离心式静平衡机。

如图 17-7a 所示,导轨式静平衡架的主体部分是位于同一水平面内的两根平行导轨。为减轻转子轴颈与导轨之间的摩擦,导轨的端口形状常采用刀口状或圆弧状。试验时,将转子的轴颈支承在导轨上,令其缓缓地自由滚动。若转子存在偏心质量,则转子质心与转子回转轴线不重合,在重力引起的重力矩作用下,当转子静止下来不动时,其质心 G 必位于回转中心的正下方,即处于最低位置。此时,可在回转中心的正上方任意向径处加一个平衡质量。再反复试验,直到转子可在任意位置处都能保持静止,说明平衡后的转子质心与回转中心近乎重合。导轨式静平衡架结构比较简单、平衡精度也比较高,但对两根导轨之间的平行度、水平度以及高度都有严格的要求,试验设备的安装、调试要求高。

若转子两端的轴颈尺寸不同,可采用图 17-7b 所示的圆盘式静平衡架进行试验。试验时,将待平衡转子的轴颈放置于各由两个圆盘所组成的支承上,其平衡方法与导轨式静平衡架相同。圆盘式静平衡架使用方便,一端支承的高度可以调节;但转子轴颈与圆盘之间的摩擦阻力相对较大,平衡精度低于导轨式静平衡架。

离心式静平衡机是近年来迅速发展起来的新型平衡机设备,适用于风扇、叶轮、制动器、离合器、砂轮、带轮等盘状零件的平衡试验。竖直状态下旋转的转子会因不平衡离心力引起摆架振动或振动力,离心式静平衡机通过传感器将机械振动或振动力的信号转换成电信号,并将其与转速同频的基准信号发生器产生的基准信号作比较,经过倍率、定标、滤波放大等运算,得到转子不平衡量的大小和相位。

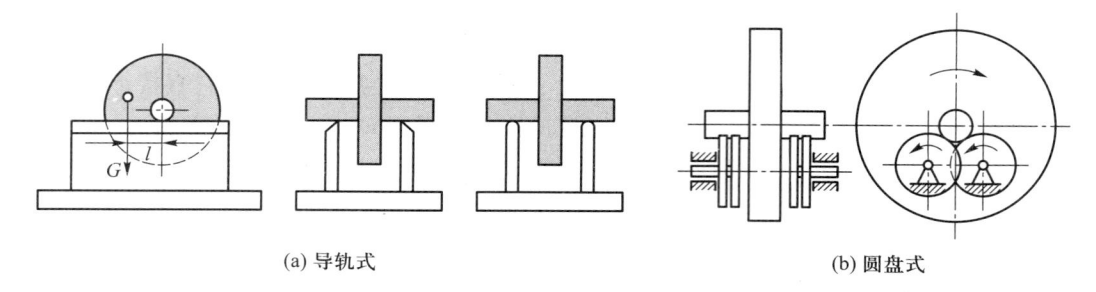

(a) 导轨式　　　　　　　　　　　　(b) 圆盘式

图 17-7　静平衡机原理图

(2) 动平衡试验

对于不能忽略沿转子回转轴线方向的厚度影响(通常宽径比 $b/d>0.2$)的刚性转子,必须进行动平衡。动平衡试验一般利用转子回转引起的离心效应在动平衡机上进行。动平衡机的种类很多,但基本原理都是利用转子在回转状态下的离心力作用,通过测量转子不平衡引起的支承振动或振动力来获得转子的不平衡量。由于离心惯性力、惯性力矩将使转子产生强迫振动,故支承处振动的强弱或振动力的大小直接反映了转子的不平衡情况。

根据转子支承特性的不同,离心式动平衡机可分为硬支承和软支承两种类型。硬支承动平衡机的转子直接支承在刚度很大的支承架上(图 17-8a),转子-支承系统的固有频率高,传感器检测出的信号与支承的振动力成正比。硬支承动平衡机的转子工作频率 ω 要远小于转子-支承系统的固有频率 ω_n,一般应在 $\omega \leqslant 0.3\omega_n$ 的情况下工作。

软支承动平衡机的转子支承架由两片弹簧悬挂起来(图 17-8b),支承刚度较小,可沿振动方向往复摆动,故其支承架也称为摆架。软支承动平衡机的转子-支承系统的固有频率低,传感器检测出的信号与支承的振动位移成正比。软支承动平衡机的转子工作频率 ω 要远大于转子-支承系统的固有频率 ω_n,一般应在 $\omega \geqslant 2\omega_n$ 的情况下工作。

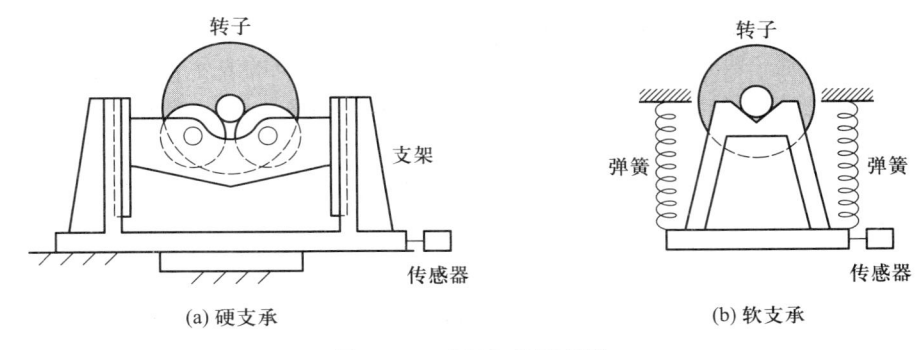

图 17-8 动平衡机原理图

图 17-9 所示为动平衡机的组成示意图。转子两端支承的振动信号被相应的传感器拾取,再经过数据处理后获得不平衡质径积的大小和方位。

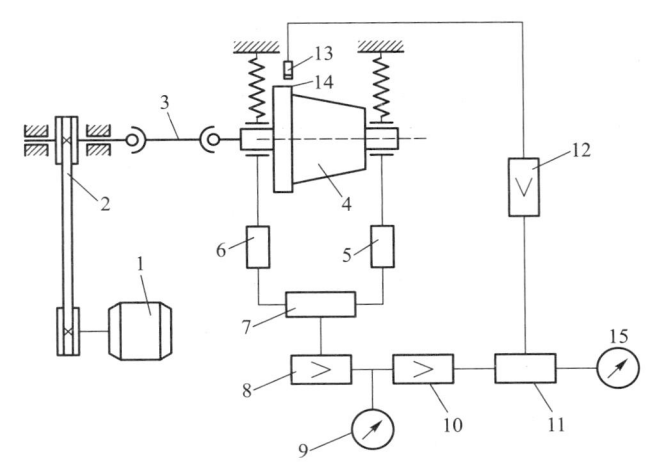

1—电动机;2—带传动;3—万向联轴节;4—待平衡转子;5、6—传感器;7—运算电路;8—选频放大器;9、15—显示仪表;10、12—整形放大器;11—鉴相器;13—光电头;14—标记。

图 17-9 动平衡机组成示意图

针对大批量生产的需要,国内外厂家还开发出将转子的动平衡测量和校正平衡去重功能进行集成、能自动完成平衡测量和平衡校正的全自动平衡机(全自动平衡系统),大幅提高转子动平衡的效率和精度,降低转子动平衡的操作难度,在汽车、电机等制造领域得到应用。

5. 刚性转子的平衡精度

经过静平衡或动平衡实验校正后,刚性转子的平衡性能得到提升,但不可能实现理论上的完全平衡,在实际工程使用中也没有必要达到理论上的完全平衡。经过平衡实验的转子总会存在一些残存的不平衡量,即剩余不平衡量。只要剩余不平衡量保持在允许的范围里,即能满足实际工作要求就可以了。因此,工程上规定了转子的平衡精度来度量转子平衡状态的优良程度,不同的平衡精度规定了相应的许用不平衡量,只要转子的剩余不平衡量不超过许用不平衡量就可以满足工作要求。

转子不平衡量一般有两种表示方法,即采用质径积(mr)的表示法与采用偏心距(e)的表示法,相应地转子的许用不平衡量也有采用许用质径积($[mr]$)的表示法与采用许用偏心距($[e]$)的表示法。这两种方法各有利弊。质径积是与转子质量有关的相对量,偏心距是与转子质量无关的绝对量。一般情况下,对于具体给定的转子,用许用质径积比较好,直观且便于操作,缺点是不能反映转子和平衡机的平衡精度;为了便于比较,在衡量转子平衡精度时,用许用偏心距比较好。

对于质径积相同而质量不同的两个转子,它们的不平衡程度显然是不同的,如质量分别为 10 kg、100 kg 的两个转子,若许用不平衡量均为 50 g·mm,则 100 kg 转子的平衡精度要求更高,实现平衡的难度也更大。

国际标准化组织(International Standards Organization,ISO)以平衡精度 $A=[e]\omega/1\,000$ 作为转子平衡质量的等级标准。其中,A、$[e]$、ω 的单位分别为 mm/s、μm、rad/s。表 17-1 给出了各种典型刚性转子的平衡精度及平衡精度等级,供读者使用时参考。

表 17-1　各种典型刚性转子的平衡精度及平衡精度等级

平衡精度等级	平衡精度 A/mm/s	典型转子示例
A4000	4 000	刚性安装的,具有奇数气缸的低速[①]船用柴油机曲轴传动装置[②]
A1600	1 600	刚性安装的大型两冲程发动机曲轴部件
A630	630	刚性安装的大型四冲程发动机曲轴部件;弹性安装的船用柴油机曲轴部件
A250	250	刚性安装的高速[①]四缸柴油机曲轴部件
A100	100	六缸及六缸以上高速柴油机曲轴部件;汽车、机车用发动机整机
A40	40	汽车轮、轮缘、轮组、传动轴;弹性安装的六缸及六缸以上高速四冲程发动机曲轴部件;汽车、机车用发动机曲轴部件

续表

平衡精度等级	平衡精度 A/mm/s	典型转子示例
A16	16	特殊要求的传动轴（螺旋桨轴、万向节轴）；破碎机械和农业机械的零、部件；汽车、机车用发动机特殊部件；特殊要求的六缸及六缸以上发动机曲轴部件
A20.3	20.3	作业机械的回转零件；船用主汽轮机的齿轮；风扇；航空燃气轮机转子部件；泵的叶轮；离心机的鼓轮；机床及一般机械的回转零、部件；普通电机转子；特殊要求的发动机回转零、部件
A2.5	2.5	燃气轮机和汽轮机的转子部件；刚性汽轮发电机转子；透平压缩机转子；机床主轴和驱动部件；特殊要求的大、中型电机转子；小型电机转子；透平驱动泵
A1.0	1.0	磁带记录仪及录音机驱动部件；磨床驱动部件；特殊要求的微型电机转子
A0.4	0.4	精密磨床的主轴、砂轮盘及电机转子；陀螺仪

① 按国际标准，低速柴油机的活塞速度小于 9 m/s，高速柴油机的活塞速度大于 9 m/s。
② 曲轴传动装置包括曲轴、飞轮、带轮、离合器、减振器、连杆回转部分等组件。

根据表 17-1 中平衡精度等级数据，可以计算得到转子的许用偏心距 $[e] = 1\,000 \times A/\omega$ 与许用质径积 $[mr] = m[e]$。

在产品设计时，转子的平衡精度并非越高越好，需要从生产实际的需求出发，综合考虑技术条件和经济性，以使产品达到较好的性价比。

17.3 平面机构的平衡

在包含机构的机器中，除作定轴旋转的部件之外，更多的是作直线往复运动或一般运动的构件，产生的惯性力和惯性力矩比转子更为复杂，通常难以在构件内部通过加减配重的办法加以平衡，必须从机构整体的角度进行考虑，以减轻或消除机构运行所产生的惯性力和惯性力矩对机架（机座）、输入扭矩波动或运动副中动压力的影响。限于篇幅，下面主要讨论第一种情况，即机构在机架（机座）上的平衡问题。

对于机座来说，会受到机构中全部运动构件所产生的总惯性力和总惯性力矩的作用，因此机构在机座上的平衡的目的是要通过平衡方法达到全部运动构件所产生的总惯性力 F 和总惯性力矩 M 为零，即 $F = 0, M = 0$，以消除机构运动在机座上引起的动压力。相较于转子的平衡，采用加减质量配重的办法可以实现机构惯性力的平衡，但难以实现惯性力矩的平衡，惯性力矩的平衡通常需要采用附加转动惯量等办法进行。本节主要讨论机构惯性力的平衡问题，对惯性力矩平衡感兴趣的同学可以参阅相关书籍。

根据机构惯性力被平衡的程度，可以分为机构惯性力的完全平衡和机构惯性力的部分平衡两种情况。从机构平衡的手段上来讲,可以采取附加平衡质量、合理布置构件或附加平衡机构等办法。

1. 平面机构惯性力的完全平衡

(1) 平面机构惯性力的平衡条件

设机构中运动构件的总质量为 m、总质心 S 的加速度为 a_S,则机构的总惯性力为 $F=-ma_S$。考虑到 m 不为零,机构平衡后应满足 $a_S=0$,即机构的总质心应保持静止不动或作匀速直线运动。相对于机座来说,机构的总质心不可能一直处于匀速直线运动状态,因此,平面机构惯性力的平衡条件是总质心保持静止不动。

(2) 附加平衡质量实现机构惯性力的完全平衡

1) 质量代换

在工程实践中,经常把构件质心处的集中质量用若干选定位置处的离散质量替代,替代前后的构件惯性力和惯性力矩保持不变、动力学效应一致,称之为质量代换,一般情况下选取两个位置(代换点)进行质量代换。

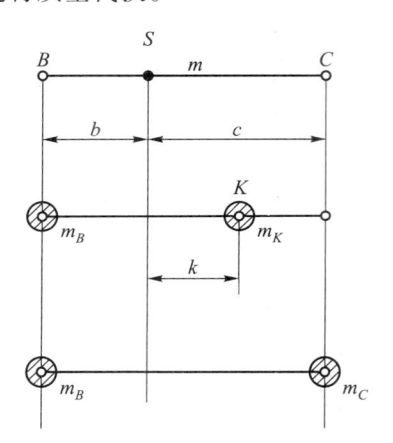

图 17-10 构件的质量代换

如图 17-10 所示,设构件 BC 质量为 m,质心为 S。两个代换点为 B、K,代换点处的代换质量分别为 m_B、m_K。则质量代换需要满足以下几个条件:

① 质量不变条件,即代换前后构件的质量不变:
$$m_B + m_K = m \tag{17-39}$$

② 质心位置不变条件,即代换前后构件的质心位置不变:
$$m_B b = m_K k \tag{17-40}$$

③ 转动惯量不变条件,即代换前后构件相对于质心轴的转动惯量不变:
$$m_B b^2 + m_K k^2 = J_S \tag{17-41}$$

联立上述条件,可得

$$\begin{cases} m_B = \dfrac{k}{b+k}m \\ m_K = \dfrac{b}{b+k}m \\ k = \dfrac{J_S}{mb} \end{cases} \quad (17\text{-}42)$$

满足式(17-42),则构件在质量代换前后的惯性力和惯性力矩都保持不变,称之为动代换。动代换时,若选定其中一个代换点的位置,则另一个代换点的位置也随之确定,因此只能任意选定一个代换点,这限制了动代换在工程应用上的方便性。

若两个代换点的位置可以根据需要选定,则称这种情况为静代换。静代换时,需要满足质量不变、质心位置不变两个条件,即仅需满足惯性力不变,而不需要满足惯性力矩不变。如图 17-10 所示,一般情况下代换点选在铰链 B、C 处,代换点处的质量分别为 m_B、m_C。则质量代换满足条件:

质量不变条件: $\qquad m_B + m_C = m$

质心位置不变条件: $\qquad m_B b = m_C c$

联立可得

$$\begin{cases} m_B = \dfrac{c}{b+c}m \\ m_C = \dfrac{b}{b+c}m \end{cases} \quad (17\text{-}43)$$

由上可知,在进行机构惯性力的平衡时可以只采用质量静代换,进行机构惯性力矩的平衡时需要采用质量动代换。

2) 机构总惯性力的完全平衡

通过在运动构件上附加平衡质量,可以调节机构各运动构件的质心位置,进而调节机构的总质心位置使之保持静止不动,实现机构的惯性力平衡。图 17-11 所示机构为铰链四杆机构,已知构件 1、2、3 的质量分别为 m_1、m_2、m_3,质心位置分别在 S_1、S_2、S_3。利用静代换方法,可以将构件 2 的质量 m_2 代换为 B、C 两点处的集中质量,即

$$\begin{cases} m_{2B} = \dfrac{l_2 - h_2}{l_2}m_2 \\ m_{2C} = \dfrac{h_2}{l_2}m_2 \end{cases} \quad (17\text{-}44)$$

可以在构件 1 的延长线 r_1 处附加一个平衡质量 m_1',使得 m_1'、m_1、m_{2B} 的总质心落在铰链 A 的位置,即满足如下条件:

$$m_1' r_1 = m_1 h_1 + m_{2B} l_1$$

可得需要附加的平衡质量为

$$m_1' = \dfrac{m_1 h_1 + m_{2B} l_1}{r_1} \quad (17\text{-}45)$$

同理,可以在构件 3 的延长线 r_3 处附加一个平衡质量 m_3',使得 m_3'、m_3、m_{2C} 的总质心

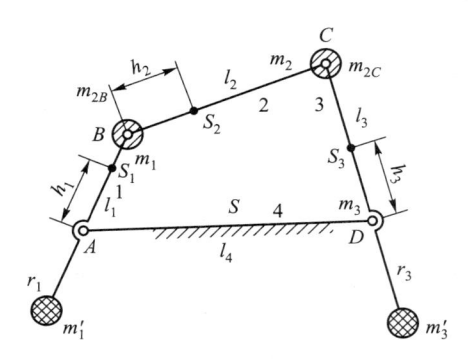

图 17-11 铰链四杆机构总惯性力完全平衡的附加平衡质量法

落在铰链 D 的位置,可得需要附加的平衡质量为

$$m_3' = \frac{m_3 h_3 + m_{2C} l_3}{r_3} \tag{17-46}$$

通过构件 1、3 的质量静代换,以及附加的两处平衡质量,使得运动构件的质量集中到铰链点 A、D 两处,因此平衡后机构的总质心落到机架上,保持静止不动,机构实现了惯性力的完全平衡。

对图 17-12 所示的曲柄滑块机构,也可以通过附加平衡质量的方法进行机构惯性力的完全平衡。考虑到滑块 3 作直线往复运动,可以在构件 2 的延长线上附加平衡质量,使构件 2、3 的总质心落到铰链 B 点处,即满足条件

$$m_2' r_2 = m_2 h_2 + m_3 l_2$$

可得构件 2 需要附加的平衡质量 m_2' 为

$$m_2' = \frac{m_2 h_2 + m_3 l_2}{r_2}$$

附加平衡质量后的构件 2 总质量为 $m_B = m_2' + m_2 + m_3$

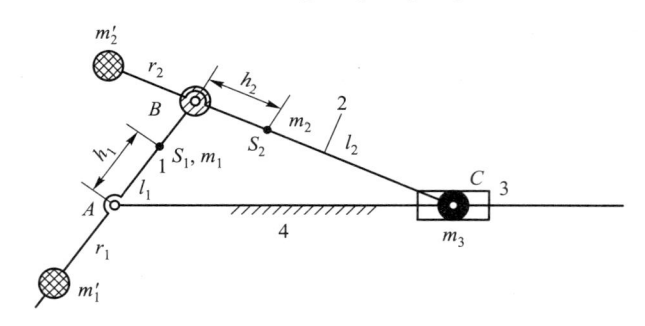

图 17-12 曲柄滑块机构总惯性力完全平衡的附加平衡质量法

再在构件 1 的延长线上 r_1 处附加平衡质量 m_1',使得构件 1 的总质心落在铰链 A 处,即满足条件

$$m_1' r_1 = m_1 h_1 + m_B l_1$$

可得构件 1 需要附加的平衡质量 m_1' 为

$$m_1' = \frac{m_1 h_1 + m_B l_1}{r_1}$$

附加平衡质量后的机构总质量为 $m_A = m_1' + m_1 + m_B$，总质心位于铰链 A 处，保持静止不动，机构惯性力得到了完全平衡。

（3）附加平衡机构实现机构惯性力的完全平衡

除通过附加平衡质量来调节机构的总质心位置之外，在安装条件允许的情况下，还可以通过附加与原机构二次镜像对称布置的平衡机构来实现机构惯性力的完全平衡，即完全对称布置法。

如图 17-13 所示，这种完全对称布置法可使原机构和附加的平衡机构中对应运动构件所产生的惯性力总是彼此平衡，进而使机构的总惯性力得到完全平衡，平衡后的机构总质心位置保持静止不动。采用这种方法能够获得优良的平衡效果，但需要增加安装空间。

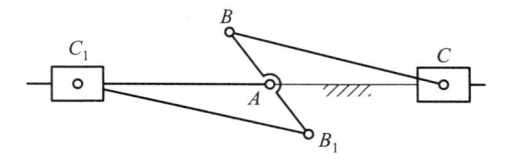

图 17-13 机构总惯性力完全平衡的对称布置法

完全对称布置法虽然理论上能够实现机构惯性力的完全平衡，但也带来一些不利影响，如机构的总质量或安装空间大幅增加，因此在实际工程中的应用受到一些限制，工程上更多地会采用机构惯性力的部分平衡方法。

2. 平面机构惯性力的部分平衡

工程设计问题通常是多种指标要求的权衡，受到安装空间等不同约束条件的限制，往往在结构上难以做到机构惯性力的完全平衡，如内燃机中的曲柄滑块机构，因此采用机构惯性力部分平衡的方法具有更广泛的工程应用价值。

（1）附加平衡质量实现机构惯性力的部分平衡

以图 17-14 中的曲柄滑块机构为例，构件 2 质量可以用铰链 B、C 两处的集中质量 m_{2B}、m_{2C} 代换，分别为

$$\begin{cases} m_{2B} = \dfrac{l_2 - h_2}{l_2} m_2 \\ m_{2C} = \dfrac{h_2}{l_2} m_2 \end{cases}$$

构件 1 质量可以用铰链 B、A 两处的集中质量 m_{1B}、m_{1A} 代换，分别为

$$\begin{cases} m_{1B} = \dfrac{h_1}{l_1} m_1 \\ m_{1A} = \dfrac{l_1 - h_1}{l_1} m_1 \end{cases}$$

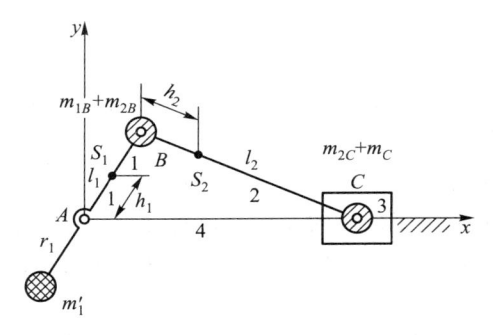

图 17-14　机构总惯性力部分平衡的附加质量法

由于点 A 固定不动,集中质量 m_{1A} 所产生的惯性力为零。可以在构件 1 的延长线上 r_1 处附加平衡质量 m_1',使得其产生的惯性力与质量 m_{1B}、m_{2B} 产生的惯性力相平衡,可得构件 1 需要附加的平衡质量 m_1' 为

$$m_1' = \frac{(m_{1B}+m_{2B})l_1}{r_1}$$

附加平衡质量后,除作直线往复运动的滑块质量 m_3、集中质量 m_{2C} 产生的惯性力之外,其余质量所引起的总惯性力得到平衡,机构惯性力实现了部分平衡。

(2) 附加平衡机构实现机构惯性力的部分平衡

完全对称布置法占用空间较大,可以采用近似对称布置法来避免空间占用过大的问题。如图 17-15 所示机构,当曲柄 AB 转动时,滑块 C 与 C_1 的加速度方向相反,其惯性力部分会抵消,从而实现机构的部分平衡。

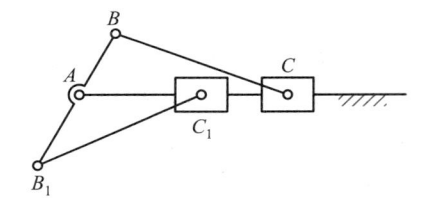

图 17-15　机构惯性力部分平衡的近似对称布置法

17.4　机械系统的动力学建模

如 17.1 节所述,机械的运转过程是机械系统力能变化过程的真实反映。为分析机械系统的真实运动过程,需要建立能描述机械系统力能作用与机械运动关系的数学模型,即机械系统动力学方程。经过不懈努力,逐步建立和发展了机械动力学这一研究领域,专门研究机械在力作用下的运动以及机械在运动中产生的力等相关问题。

在这个发展过程中,提出了多种与真实机械系统近似程度不同的理论方法,包括适合低速机械、用代数方程建模的忽略惯性力影响、考虑静力平衡关系的静力分析方法；基于驱动件等速回转假定、用代数方程建模的考虑惯性力影响、利用达朗贝尔原理的动态静力分析方法；考虑原动机机械特性、用微分或代数-微分混合方程建模的动力分析方法；考虑构件弹性和振动等因素影响的弹性动力分析方法等。这些理论方法反映出人们对真实机械系统认识的不断深入，也反映出相关理论和计算工具同步发展的研究过程。目前，已有很多理论手段以及软件工具可以应用在机械系统动力学的研究中，大多数3D设计建模软件均配置了动力学分析与仿真的功能模块。

对于目前应用最为广泛的单自由度机械系统来说，可以运用牛顿-欧拉方法，通过建立各运动构件的力/力矩平衡方程，构成含有大量内力参数的机械系统动力学方程组，进而通过求解方程组来得到机械运转过程的真实情况。这种方法建立的方程数目较多、求解过程比较复杂。

根据单自由度刚性机械系统的特点，本节介绍一种简便的建立机械系统动力学模型的方法，即等效构件法。

1. 等效构件法的基本思想

单自由度刚性机械系统只有一个独立输入参数，只要确定了原动件或任一构件的真实运动规律，其他构件的运动和受力情况均可以确定。因此，可以把单自由度刚性机械系统的运动问题转化为研究其中一个构件的运动问题，这个构件称之为等效构件。

为使等效构件的运动和机械系统中该构件的真实运动一致，需要满足两个条件：

（1）动能相等条件　等效构件具有的动能应和整个机械系统的动能相等，即作用在等效构件上的外力所作的功应和整个机械系统中各外力所作的功相等。

（2）功率相等条件　等效构件上的外力在单位时间内所作的功也应等于机械系统中各外力在单位时间内所作的功，即等效构件上的瞬时功率和整个机械系统中的瞬时功率相等。

如满足上述两个条件，则可用一个等效构件替代整个机械系统。通过建立该等效构件的等效动力学模型，来研究单自由度机械系统的真实运动情况的研究方法称为等效构件法。

2. 等效构件与等效参量

为简化问题，通常选取机械系统中作简单运动的构件作为等效构件。如图17-16所示，通常选取机械系统中作简单运动的构件，即选取作定轴转动的构件或作往复移动的构件。对作定轴转动的转动等效构件，需要确定其等效转动惯量 J_e 和等效力矩 M_e；对作往复移动的移动等效构件，需要确定其等效质量 m_e 和等效力 F_e。

（1）转动等效构件的等效参量计算

转动等效构件的等效参量是 J_e、M_e，可分别利用动能相等条件、功率相等条件求得。

对于转动等效构件，设转动角速度为 ω，其动能 E 为 $E = \frac{1}{2}J_e\omega^2$；对整个机械系统，设运动构件数为 n，构件 i 的质量为 m_i、对其自身质心轴的转动惯量为 J_{S_i}、角速度为 ω_i、质心

(a) 定轴转动的构件　　(b) 往复移动的构件

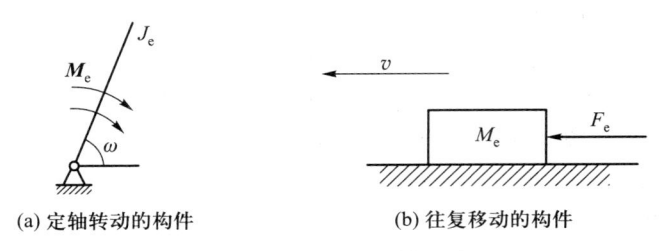

图 17-16　等效构件和等效参量

处线速度为 v_{S_i}，则系统动能 E 为 $E = \sum_{i=1}^{n} \frac{1}{2} J_{S_i} \omega_i^2 + \sum_{i=1}^{n} \frac{1}{2} m_i v_{S_i}^2$。根据动能相等条件，可得等效转动惯量为

$$J_e = \sum_{i=1}^{n} J_{S_i} \left(\frac{\omega_i}{\omega}\right)^2 + \sum_{i=1}^{n} m_i \left(\frac{v_{S_i}}{\omega}\right)^2 \tag{17-47}$$

转动等效构件的瞬时功率 P 为 $P = M_e \omega$；机械系统的瞬时功率 P 为 $P = \sum_{i=1}^{n} M_i \omega_i + \sum_{i=1}^{n} F_i v_{S_i} \cos \alpha_i$。根据功率相等条件，可得等效力矩为

$$M_e = \sum_{i=1}^{n} M_i \frac{\omega_i}{\omega} + \sum_{i=1}^{n} F_i \frac{v_{S_i}}{\omega} \cos \alpha_i \tag{17-48}$$

当式(17-48)等式右侧选取驱动力矩时，则得到等效驱动力矩 M_{ed}；若式(17-48)右侧选取阻力矩时，则得到等效阻力矩 M_{er}。因此有 $M_e = M_{ed} - M_{er}$。

（2）移动等效构件的等效参量计算

移动等效构件的等效参量是 m_e、F_e；移动等效构件的动能 E 为 $E = \frac{1}{2} m_e v^2$。根据动能相等条件，可得等效质量为

$$m_e = \sum_{i=1}^{n} J_{S_i} \left(\frac{\omega_i}{v}\right)^2 + \sum_{i=1}^{n} m_i \left(\frac{v_{S_i}}{v}\right)^2 \tag{17-49}$$

移动等效构件的瞬时功率 P 为 $P = F_e v$。根据功率相等条件，可得等效力为

$$F_e = \sum_{i=1}^{n} M_i \frac{\omega_i}{v} + \sum_{i=1}^{n} F_i \frac{v_{S_i}}{v} \cos \alpha_i \tag{17-50}$$

当式(17-50)右侧选取驱动力时，则得到等效驱动力 F_{ed}；若式(17-50)右侧选取阻力时，则得到等效阻力 F_{er}，因此有 $F_e = F_{ed} - F_{er}$。

由式(17-47)~式(17-50)可知，单自由度机械系统的等效参量不仅与各运动构件的质量、转动惯量、作用其上的外力、外力矩有关，还和各运动构件相对于等效构件的速比有关。又因为机构速比仅与机构位形即原动件的输入有关，与构件的真实速度无关；所以等效参量与机械系统的真实运动无关，可以在系统真实运动未知的情况下计算出各等效参量。当各运动构件相对于等效构件的速比为常量时，等效转动惯量或等效质量也为常量。

3. 等效构件的运动方程

将单自由度机械系统用一个等效构件替代后，可以根据动能定理来列出等效构件的运动方程。在时间 dt 内，等效构件上的动能增量 dE 应等于该瞬时等效力或等效力矩所作的元功 dW，即 dE = dW。

若为转动等效构件，则有

$$d\left(\frac{1}{2}J_e\omega^2\right) = \boldsymbol{M}_e d\varphi \tag{17-51}$$

若为移动等效构件，则有

$$d\left(\frac{1}{2}m_e v^2\right) = \boldsymbol{F}_e ds \tag{17-52}$$

（1）微分形式的运动方程

对于转动等效构件，因为等效参量与机构位形有关，根据式（17-51）可有 $\dfrac{d\left(\dfrac{1}{2}J_e\omega^2\right)}{d\varphi} = \boldsymbol{M}_e$，展开得：

$$J_e\frac{d\omega}{dt} + \frac{\omega^2}{2}\frac{dJ_e}{d\varphi} = \boldsymbol{M}_e = \boldsymbol{M}_{ed} - \boldsymbol{M}_{er} \tag{17-53}$$

上式称为转动等效构件的运动微分方程。

对于移动等效构件，同样因为等效参量与机构位形有关，根据式（17-52）可有 $\dfrac{d\left(\dfrac{1}{2}m_e v^2\right)}{ds} = \boldsymbol{F}_e$，展开得：

$$m_e\frac{dv}{dt} + \frac{v^2}{2}\frac{dm_e}{ds} = \boldsymbol{F}_e = \boldsymbol{F}_{ed} - \boldsymbol{F}_{er} \tag{17-54}$$

上式称为移动等效构件的运动微分方程。

（2）积分形式的运动方程

对于转动等效构件，也可以对式（17-51）进行积分，并设边界条件为 $t=t_0, \varphi=\varphi_0, \omega=\omega_0, J_e=J_{e0}$，得到积分形式的运动方程：

$$\frac{1}{2}J_e\omega^2 - \frac{1}{2}J_{e0}\omega_0^2 = \int_{\varphi_0}^{\varphi}\boldsymbol{M}_e d\varphi = \int_{\varphi_0}^{\varphi}(\boldsymbol{M}_{ed} - \boldsymbol{M}_{er})d\varphi \tag{17-55}$$

上式称为转动等效构件的运动积分方程。

对于转动移动构件，也可以对式（17-52）进行积分，并设边界条件为 $t=t_0, s=s_0, \boldsymbol{v}=\boldsymbol{v}_0, m_e=m_{e0}$，得到积分形式的运动方程：

$$\frac{1}{2}m_e\boldsymbol{v}^2 - \frac{1}{2}m_{e0}\boldsymbol{v}_0^2 = \int_{s_0}^{s}\boldsymbol{F}_e ds = \int_{s_0}^{s}(\boldsymbol{F}_{ed} - \boldsymbol{F}_{er})ds \tag{17-56}$$

上式称为移动等效构件的运动积分方程。

等效构件有微分和积分两种形式的运动方程，具体应用时根据等效参量的特点进行

510　第17章　机械平衡与机器运转的速度波动调节

选用。

4. 等效构件运动方程的求解

建立了等效构件的运动方程后,即可求解外力作用下单自由度机械系统等效构件的真实运动规律,进而确定其他运动构件的真实运动规律。由于所含原动机、传动系统与执行系统的不同,单自由度机械系统的等效参量可能是等效构件的位移、速度或时间的函数。同时,等效参量可能以函数表达式、曲线或数值表格等不同的形式给出。因此,根据情况的不同,运动方程的求解方法也不相同。下面仅以等效力矩与等效转动惯量均为转动等效构件角位移的函数的情况为例,介绍单自由度机械系统真实运动规律的求解方法。

当等效力矩是等效构件角位移的函数时,采用积分形式的动力学方程比较方便。设等效转动惯量、等效力矩的函数表达式 $J_e = J_e(\varphi)$、$M_e = M_{ed}(\varphi) - M_{er}(\varphi)$ 均已知。若等效力矩可以积分,且其边界条件已知,即 $t = t_0$ 时,$\varphi = \varphi_0$,$\omega = \omega_0$,$J_e = J_{e0}$,则由式(17-55)可得

$$\frac{1}{2}J_e(\varphi)\omega^2(\varphi) = \frac{1}{2}J_0\omega_0^2 + \int_{\varphi_0}^{\varphi} M_{ed}(\varphi)\mathrm{d}\varphi - \int_{\varphi_0}^{\varphi} M_{er}(\varphi)\mathrm{d}\varphi$$

故

$$\omega = \sqrt{\frac{J_0}{J_e(\varphi)}\omega_0^2 + \frac{2}{J_e(\varphi)}\left(\int_{\varphi_0}^{\varphi} M_{ed}(\varphi)\mathrm{d}\varphi - \int_{\varphi_0}^{\varphi} M_{er}(\varphi)\mathrm{d}\varphi\right)}$$

上式即为等效构件的角速度 ω 与其角位移 φ 的函数关系 $\omega = \omega(\varphi)$。

若需进一步求出以时间 t 表示的运动规律,可由 $\omega = \mathrm{d}\varphi/\mathrm{d}t$ 积分得

$$t = t_0 + \int_{\varphi_0}^{\varphi} \frac{\mathrm{d}\varphi}{\omega(\varphi)}$$

上式即为等效构件的角位移函数 $\varphi = \varphi(t)$。

进而可以得到等效构件的角速度函数 $\omega = \omega(t)$。等效构件的角加速度函数 $\alpha = \alpha(t)$ 可按下式得到

$$\alpha = \frac{\mathrm{d}\omega}{\mathrm{d}t} = \frac{\mathrm{d}\omega}{\mathrm{d}\varphi}\frac{\mathrm{d}\varphi}{\mathrm{d}t} = \frac{\mathrm{d}\omega}{\mathrm{d}\varphi}\omega$$

求出等效构件的运动规律后,即可随之求得整个单自由度机械系统的真实运动规律。

上述方法仅限于可以用积分的函数表达式写出解析式的情况。不能用简单的、易于积分的函数表达式写出等效力矩的情况,以及以曲线或数值表格的形式给出等效力矩的情况,则需采用数值法进行近似求解。

例 17-2　图 17-17 所示的行星轮系中,已知各轮均为渐开线标准直齿圆柱齿轮,其齿数分别为 $z_1 = z_2 = 30$、$z_3 = 90$;模数 $m = 12$;各运动构件的质心均在其相对回转轴线上,其转动惯量分别为 $J_1 = J_2 = 0.02 \text{ kg} \cdot \text{m}^2$、$J_H = 0.32 \text{ kg} \cdot \text{m}^2$;行星轮 2 的质量为 $m_2 = 4 \text{ kg}$;作用在系杆 H 上的外力矩为 $M_H = 80 \text{ N} \cdot \text{m}$。试求以中心轮 1 为等效构件时系统的等效转动惯量 J_e 及等效力矩 M_e。

解:

(1) 等效转动惯量 J_e

该轮系中,中心轮 1 与系杆 H 均为定轴转动构件,而行星轮 2 为平面运动构件。因此,行星轮 2 的动能应包括两部分,即绕其自身轴线 O_2 作相对转动(即"自转")所具有的

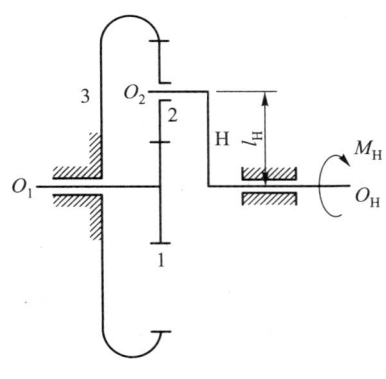

图 17-17 行星轮系

动能以及其质心绕系杆轴线 O_H 作相对转动（即"公转"）所具有的动能。

由式(17-47)可知

$$J_e = J_1\left(\frac{\omega_1}{\omega_1}\right)^2 + J_2\left(\frac{\omega_2}{\omega_1}\right)^2 + m_2\left(\frac{v_{O_2}}{\omega_1}\right)^2 + J_H\left(\frac{\omega_H}{\omega_1}\right)^2$$

$$= J_1 + J_2\left(\frac{\omega_2}{\omega_1}\right)^2 + (m_2 l_H^2 + J_H)\left(\frac{\omega_H}{\omega_1}\right)^2$$

式中

$$l_H = \frac{m(z_1+z_2)}{2} = \frac{120\times(30+30)}{2} \text{mm} = 360 \text{ mm}$$

由于 $\omega_3 = 0$，故

$$i_{13}^H = \frac{\omega_1 - \omega_H}{\omega_3 - \omega_H} = 1 - \frac{\omega_1}{\omega_H} = -\frac{z_3}{z_1} = -\frac{90}{30} = -3$$

$$i_{23}^H = \frac{\omega_2 - \omega_H}{\omega_3 - \omega_H} = 1 - \frac{\omega_2}{\omega_H} = \frac{z_3}{z_2} = \frac{90}{30} = 3$$

由此可得，$\frac{\omega_H}{\omega_1} = \frac{1}{4}$、$\frac{\omega_2}{\omega_H} = -2$、$\frac{\omega_2}{\omega_1} = \frac{\omega_2 \omega_H}{\omega_H \omega_1} = -2 \times \frac{1}{4} = -\frac{1}{2}$。

于是，系统的等效转动惯量 J_e 为

$$J_e = 0.02 + 0.02\times\left(-\frac{1}{2}\right)^2 + (4\times 0.36^2 + 0.32)\times\left(\frac{1}{4}\right)^2 \text{ kg}\cdot\text{m}^2 = 0.067\ 4\text{ kg}\cdot\text{m}^2$$

（2）等效力矩 M_e

由式(17-48)可知

$$\boldsymbol{M}_e = \boldsymbol{M}_H\left(\frac{\omega_H}{\omega_1}\right) = 80\times\frac{1}{4}\text{ N}\cdot\text{m} = 20\text{ N}\cdot\text{m}$$

由于 ω_H 与 ω_1 方向相同，故等效力矩 $\boldsymbol{M}_e$ 与 $\boldsymbol{M}_H$ 的方向相同。

例 17-3 设某机械稳定运转时，其主轴的平均角速度为 $\omega_m = 100$ rad/s。如以主轴为等效构件，系统的等效转动惯量为 $J_e = 2$ kg·m²。该机械的主轴上装有制动器，若要求停

车时间不超过 2 s,试求制动力矩 M_r 应为多大?

解:停车阶段等效构件的角加速度为

$$\alpha = \frac{d\omega}{dt} = \frac{0-\omega_m}{t} = \frac{0-100}{2} \text{ rad/s}^2 = -50 \text{ rad/s}^2$$

由于 J_e 为常数,故由式(17-53)可知,停车阶段系统的等效力矩为

$$M_e = J_e \frac{d\omega}{dt} = 2 \times (-50) \text{ N} \cdot \text{m} = -100 \text{ N} \cdot \text{m}$$

由于停车阶段 $M_{ed}=0$,故系统的等效阻力矩为 $M_{er} = -M_e = 100$ N·m,其方向与等效构件的角速度 ω 相反。由于制动器安装在等效构件上,故制动力矩 M_r 即为 M_{er}。因此,若要求停车时间不超过 2 s,所施加的制动力矩 M_r 不应小于 100 N·m。

17.5 周期性速度波动的调节

对于周期性的变速稳定运转过程,在一个运动循环周期内,等效驱动力矩所作的功等于等效阻抗力矩所作的功,但在运动循环周期内的任一时刻,两者并不相等,这导致了机械运转过程中的速度波动。过大的速度波动对机械的正常工作是不利的,因此设计师需要设法将机械运转的速度波动幅度控制在允许的范围内。

1. 周期性变速稳定运转过程中的功能关系

以图 17-18a 所示的周期性速度波动的等效力矩与功能增量为例,实线表示等效驱动力矩,虚线表示等效阻力矩,等效驱动力矩和等效阻力矩均为机构位置的函数,即 $M_{ed} = M_{ed}(\varphi)$,$M_{er} = M_{er}(\varphi)$。φ_a、$\varphi_{a'}$ 为运转周期的起止位置,对应的角速度 $\omega_a = \omega_{a'}$、等效转动惯量 $J_a = J_{a'}$,运转周期为 $\varphi_T = 2\pi$。b、c、d、e 位置处等效驱动力矩和等效阻力矩相等,将运转周期起止位置处参数代入式(17-55),有

$$\int_{\varphi_0}^{\varphi} M_e d\varphi = \int_{\varphi_a}^{\varphi_{a'}} (M_{ed} - M_{er}) d\varphi = 0$$

可以分解为 $\int_{\varphi_a}^{\varphi_{a'}} (M_{ed} - M_{er}) d\varphi = \int_{\varphi_a}^{\varphi_b} (M_{ed} - M_{er}) d\varphi + \int_{\varphi_b}^{\varphi_c} (M_{ed} - M_{er}) d\varphi + \int_{\varphi_c}^{\varphi_d} (M_{ed} - M_{er}) d\varphi + \int_{\varphi_d}^{\varphi_e} (M_{ed} - M_{er}) d\varphi + \int_{\varphi_e}^{\varphi_{a'}} (M_{ed} - M_{er}) d\varphi = 0$

记 $\Delta E_{ab} = \int_{\varphi_a}^{\varphi_b} (M_{ed} - M_{er}) d\varphi$;$\Delta E_{bc} = \int_{\varphi_b}^{\varphi_c} (M_{ed} - M_{er}) d\varphi$;$\Delta E_{cd} = \int_{\varphi_c}^{\varphi_d} (M_{ed} - M_{er}) d\varphi$;$\Delta E_{de} = \int_{\varphi_d}^{\varphi_e} (M_{ed} - M_{er}) d\varphi$;$\Delta E_{ea'} = \int_{\varphi_e}^{\varphi_{a'}} (M_{ed} - M_{er}) d\varphi$,这些量为对应运转区间等效驱动力矩与等效阻力矩所作功的差值,是机械动能在相应运转区间的增量,即图中阴影部分的面积。若大于零,称该增量代表的功为盈功,此时机械系统动能增加、等效构件角速度增大;若小于零,称该增量代表的功为亏功,此时机械系统动能减少、等效构件角速度减小。很显然,等效驱动力矩和等效阻力矩相等的 b、c、d、e 位置代表了机械系统动能曲线的极值点(图

(a) 等效力矩变化曲线

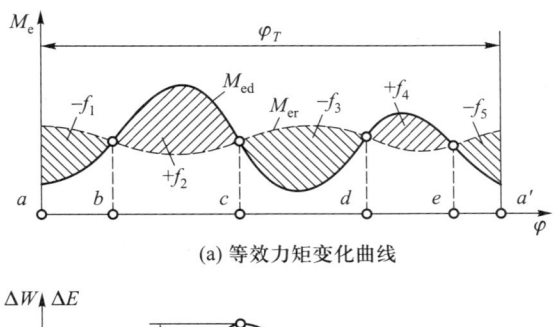

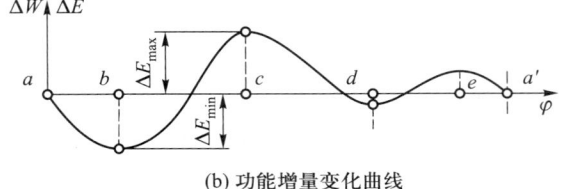

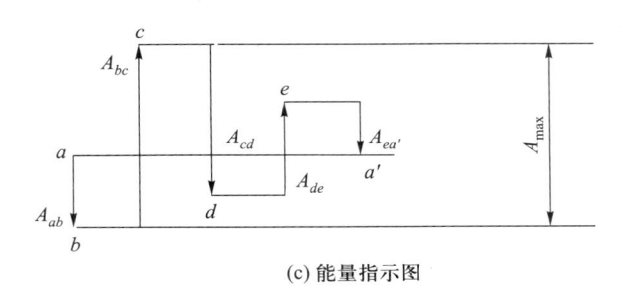

(b) 功能增量变化曲线

(c) 能量指示图

图 17-18 周期性速度波动的等效力矩与功能增量

17-18b），相应位置处机械系统的动能达到极小或极大，一般来说也表示机械角速度也达到极小或极大。在一个运转周期内，等效驱动力矩所作的功 W_{dp} 与等效阻力矩所作的功 W_{rp} 相等，机械系统动能增量为零，等效构件角速度回复到初始状态，即

$$\Delta E_{ab} + \Delta E_{bc} + \Delta E_{cd} + \Delta E_{de} + \Delta E_{ea'} = 0$$

若令 a 位置处机械系统动能为 $E_a = E_0$，则 b、c、d、e、a' 位置处机械系统动能分别为

$$E_b = E_a + \Delta E_{ab} = E_0 + \Delta E_{ab}$$

$$E_c = E_b + \Delta E_{bc} = E_0 + \Delta E_{ab} + \Delta E_{bc}$$

$$E_d = E_c + \Delta E_{cd} = E_0 + \Delta E_{ab} + \Delta E_{bc} + \Delta E_{cd}$$

$$E_e = E_d + \Delta E_{de} = E_0 + \Delta E_{ab} + \Delta E_{bc} + \Delta E_{cd} + \Delta E_{de}$$

$$E_{a'} = E_e + \Delta E_{ea'} = E_0 + \Delta E_{ab} + \Delta E_{bc} + \Delta E_{cd} + \Delta E_{de} + \Delta E_{ea'}$$

也可以如图 17-18c 所示，以初始点为基准，按增量值作出反映各位置处机械动能的能量指示图。

在一个运转周期内，机械系统的动能是波动的，导致等效构件的角速度也是波动的。设计时希望将角速度波动控制在允许的范围内。

2. 机械运转不均匀系数

图 17-19 所示为一个运转周期内等效构件角速度变化曲线。

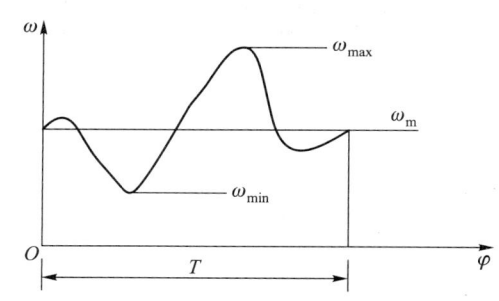

图 17-19 一个运转周期内等效构件角速度变化曲线

为度量机械系统的速度波动幅度,引入机械运转不均匀系数(又称速度波动系数),定义为角速度波动量的绝对值与平均角速度的比值,用 δ 表示:

$$\delta = \frac{\omega_{max} - \omega_{min}}{\omega_m} \tag{17-57}$$

其中 ω_{max}、ω_{min}、ω_m 分别为表示机械角速度的最大值、最小值、平均值。为简化计算,工程中通常取平均角速度为 $\omega_m = \frac{\omega_{max} + \omega_{min}}{2}$。

若给定了 δ 和平均角速度 ω_m,则有关系式

$$\omega_{max} = \omega_m \left(1 + \frac{\delta}{2}\right), \quad \omega_{min} = \omega_m \left(1 - \frac{\delta}{2}\right), \quad \omega_{max}^2 - \omega_{min}^2 = 2\delta\omega_m^2 \tag{17-58}$$

当 ω_m 一定时,机器的运转不均匀系数 δ 越小,ω_{max}、ω_{min} 的差值就越小,机器运转就越平稳。机器的运转不均匀系数大小反映了机器运转过程中速度波动的大小,是机械速度波动调节设计的重要指标。不同类型的机械允许的速度波动程度是不同的,表 17-2 给出了常用机械的许用运转不均匀系数 $[\delta]$,设计时需要保证 $\delta \leq [\delta]$。

表 17-2 常用机械的许用运转不均匀系数

机械名称	$[\delta]$	机械名称	$[\delta]$
石材破碎机	1/5 ~ 1/20	水泵、鼓风机	1/30 ~ 1/50
冲床、剪床、锻床	1/7 ~ 1/10	内燃机	1/80 ~ 1/150
汽车、拖拉机	1/20 ~ 1/60	直流发电机	1/100 ~ 1/200
金属切削机床	1/20 ~ 1/50	交流发电机	1/200 ~ 1/300

3. 周期性速度波动的调节方法与飞轮设计

(1)周期性速度波动的调节方法

当机器的周期性速度波动幅度超过设计允许值时,可以采用加装飞轮的方式进行速

度波动幅度的调节。所谓飞轮，就是一个安装在机器回转轴上、具有较大转动惯量的轮盘状零部件。当系统盈亏功为正，速度升高时，飞轮的惯性阻止其速度增加，飞轮储存动能，限制了 ω_{max} 的升高；当系统盈亏功为负，速度下降时，飞轮的惯性又阻止其速度降低，飞轮释放动能，限制了 ω_{min} 的减小。通过飞轮的惯性调节使得 ω_{max}、ω_{min} 的差值减小，机器运转变得更加平稳，飞轮起到一个具有较大容量的储能器的作用。

（2）飞轮转动惯量的精确计算公式

当机械系统安装了一个飞轮后，整个系统具有的动能 E 由飞轮具有的动能 E_f、机构具有的动能 E_e 两个部分组成，即

$$E = E_f + E_e$$

因此，飞轮的动能可以表达为

$$E_f = E - E_e$$

在机械运转过程中，飞轮具有的动能会随着速度的波动而波动，其最大值、最小值分别为 $E_{fmax} = (E - E_e)_{max}$、$E_{fmin} = (E - E_e)_{min}$，因此，在机械运转过程中飞轮动能的变化量为

$$E_{fmax} - E_{fmin} = (E - E_e)_{max} - (E - E_e)_{min} \tag{17-59}$$

若设飞轮转动惯量为 J_f，则飞轮动能 E_f 又可以表示为

$$E_f = \frac{1}{2} J_f \omega^2$$

因为飞轮转动惯量为不变量，因此有 $E_{fmax} = \frac{1}{2} J_f \omega_{max}^2$、$E_{fmin} = \frac{1}{2} J_f \omega_{min}^2$，考虑到式（17-58）关系，可以得到

$$E_{fmax} - E_{fmin} = \frac{1}{2} J_f \omega_{max}^2 - \frac{1}{2} J_f \omega_{min}^2 = \frac{1}{2} J_f (\omega_{max}^2 - \omega_{min}^2) = J_f \delta \omega_m^2 \tag{17-60}$$

根据式（17-59）、式（17-60），推得

$$J_f = \frac{(E - E_e)_{max} - (E - E_e)_{min}}{\delta \omega_m^2} \tag{17-61}$$

这就是计算飞轮转动惯量的精确公式。

（3）飞轮转动惯量的简化计算公式

一般情况下，与飞轮动能相比，各构件具有的动能或者说等效构件具有的动能相对较小，因此工程设计时可以忽略机械中各构件的动能，即令 $E_e = 0$，则式（17-61）简化为

$$J_f = \frac{E_{max} - E_{min}}{\delta \omega_m^2} \tag{17-62}$$

这是计算飞轮转动惯量的简化公式。由于忽略了机械中各构件动能的影响，该式计算结果偏于保守，设计的飞轮相对较为笨重。

（4）飞轮转动惯量的近似计算公式

现在考虑机械中各构件动能对飞轮计算的影响。机械系统的等效转动惯量 J 通常由常量部分 J_c 和变量部分 J_v 组成，即 $J = J_c + J_v$，因此有 $E_e = \frac{1}{2} J \omega^2 = \frac{1}{2} (J_c + J_f) \omega^2$。若忽略变量部分 J_v 的影响，有 $E_e = \frac{1}{2} J_c \omega^2$。代入式（17-61），有

$$J_{\mathrm{f}}=\frac{\left(E-\frac{1}{2}J_{\mathrm{c}}\omega^{2}\right)_{\max}-\left(E-\frac{1}{2}J_{\mathrm{c}}\omega^{2}\right)_{\min}}{\delta\omega_{\mathrm{m}}^{2}}$$

为简化计算，一般假设 $\omega_{\max}$ 近似发生在 $E_{\max}$ 处、$\omega_{\min}$ 近似发生在 $E_{\min}$ 处，而机械总动能又远远大于等效构件的动能，因此有 $\left(E-\frac{1}{2}J_{\mathrm{c}}\omega^{2}\right)_{\max}=E_{\max}-\frac{1}{2}J_{\mathrm{c}}\omega_{\max}^{2}$、$\left(E-\frac{1}{2}J_{\mathrm{c}}\omega^{2}\right)_{\min}=E_{\min}-\frac{1}{2}J_{\mathrm{c}}\omega_{\min}^{2}$，代入上式并整理可得

$$J_{\mathrm{f}}=\frac{E_{\max}-E_{\min}}{\delta\omega_{\mathrm{m}}^{2}}-J_{\mathrm{c}} \tag{17-63}$$

这是计算飞轮转动惯量的近似公式。

(5) 飞轮的设计计算公式

给定许用速度波动系数 $[\delta]$，根据设计要求 $\delta\leqslant[\delta]$，由式(17-61)、式(17-62)、式(17-63)可以得到用于飞轮设计的相应计算公式为

$$J_{\mathrm{f}}\geqslant\frac{(E-E_{\mathrm{e}})_{\max}-(E-E_{\mathrm{e}})_{\min}}{[\delta]\omega_{\mathrm{m}}^{2}} \tag{17-64}$$

$$J_{\mathrm{f}}\geqslant\frac{E_{\max}-E_{\min}}{[\delta]\omega_{\mathrm{m}}^{2}} \tag{17-65}$$

$$J_{\mathrm{f}}\geqslant\frac{E_{\max}-E_{\min}}{[\delta]\omega_{\mathrm{m}}^{2}}-J_{\mathrm{c}} \tag{17-66}$$

根据式(17-64)、式(17-65)、式(17-66)，可以求得满足设计要求的飞轮的最小转动惯量。在此基础上，利用理论力学的知识，就可以进行飞轮的结构参数设计。

在机械系统中安装飞轮可以进行调速，也可以进行储能，因此安装飞轮的主要目的有时是调速，有时是能量调节。如对于单缸四冲程内燃机驱动的发电机组，其主轴旋转两周才有一次作功冲程，其余为排气、吸气、压缩冲程。主轴转动的不均匀将直接影响发电机的运转，造成电压波动。这时安装在主轴上的飞轮以调速为主。对于电动机驱动的冲床、剪床等机械，在冲剪工作的瞬间，工作阻力非常大，要求有很大的驱动力；但在其他非冲剪工作时段工作阻力非常小。在这类机械中安装飞轮不仅可以实现调速，还因为在非冲压期间电动机提供的能量主要储存在飞轮中、在冲压时再释放出来，可以大幅度减小电机的功率需求，从而实现了能量调节。在图17-20所示的机械压力机主轴的等效力矩示意图中，若按冲压期间的峰值力矩选择电动机，则电动机功率需求会很大，在非冲压期间的电动机功率浪费也较大。安装飞轮后，在非冲压期间的电动机能量主要用于加速飞轮以储存能量，冲压时再由飞轮释放出来，从而在降低电机功率需求的同时实现对冲压过程电动机能量的调节。

(6) 飞轮的安装

飞轮是通过调节能量来调节机械运转的速度的，上述计算均假定飞轮是安装在等效构件的回转轴线上，当飞轮需要实际安装在其他位置时，可以按照动能相等的原则进行计算。设飞轮实际安装在 x 轴上，转速为 ω_{x}，飞轮的实际转动惯量为 J_{x}，则有

17.5 周期性速度波动的调节 517

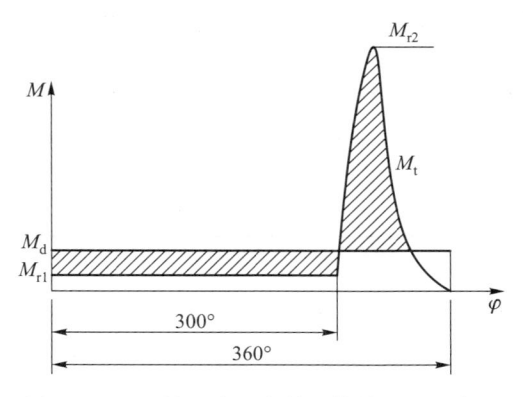

图 17-20 机械压力机主轴的等效力矩示意图

$$E_f = \frac{1}{2}J_x\omega_x^2 = \frac{1}{2}J_f\omega^2$$

可得

$$J_x = J_f\left(\frac{\omega}{\omega_x}\right)^2$$

可以看出，飞轮的实际转动惯量与实际安装轴相对等效构件轴的速比有关。因飞轮转动惯量一般是不变的常量，因此两轴之间的速比也应该不变，这就要求两轴之间的传动链必须是定传动比的机构，选取实际安装飞轮的轴时需要遵循这个原则。将飞轮安装在高速轴上时，飞轮的转动惯量将大幅度减小，飞轮将会比较轻便。

例 17-4 某蒸汽机-发电机组的等效力矩变化曲线如图 17-21a 所示。其中，等效阻力矩 M_{er} 为常数，其值为等效驱动力矩 M_{ed} 的平均值 7 750 N·m；各块阴影面积的大小表示等效力矩所作功的绝对值，且 $f_1 = 1\,500$ J、$f_2 = 1\,900$ J、$f_3 = 1\,400$ J、$f_4 = 2\,100$ J、$f_5 = 1\,200$ J、$f_6 = 100$ J；等效构件的转速为 $n = 3\,000$ r/min；许用的速度波动系数为 $[\delta] = 1/1\,000$。试计算飞轮的转动惯量 J_f，并指出最大、最小角速度出现的位置。

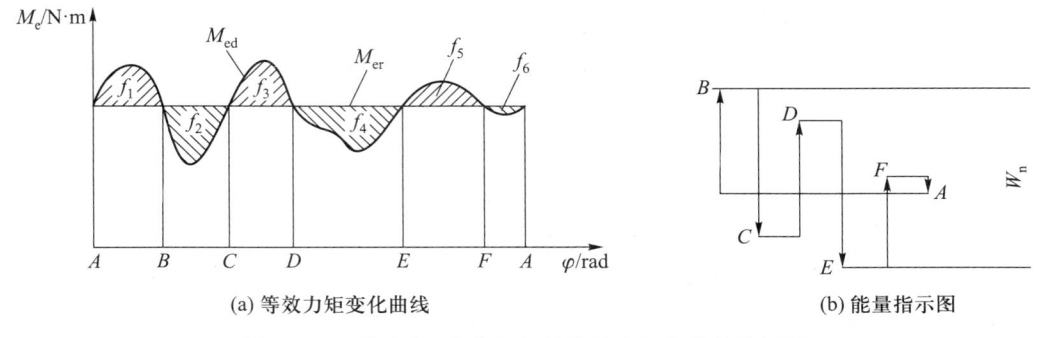

(a) 等效力矩变化曲线

(b) 能量指示图

图 17-21 蒸汽机-发电机组的等效力矩与能量指标图

解：由于等效力矩为等效构件角位移的函数，故 J_f 可按式(17-65)计算。为确定系统的最大盈亏功 W_n，可采用以下两种方法。

(1) 根据各块阴影面积,求出 M_{ed} 与 M_{er} 各交点处的盈亏功 ΔW,并列表如下

位　　置	A	B	C	D	E	F	A
面积代号	0	f_1	f_1-f_2	$f_1-f_2+f_3$	$f_1-f_2+f_3-f_4$	$f_1-f_2+f_3-f_4+f_5$	$f_1-f_2+f_3-f_4+f_5-f_6$
$\Delta W/\text{J}$	0	1 500	-400	1 000	-1 100	100	0

由此可知,点 B 处 ΔW 最大,点 E 处 ΔW 最小,亦即 B、E 两点分别对应系统的 $\Delta W_{\max}$ 与 $\Delta W_{\min}$ 出现的位置。若忽略等效转动惯量 J_e 中的变量部分,则 $\omega_{\max} = \omega_B$、$\omega_{\min} = \omega_E$。因此,系统的最大盈亏功为

$$W_n = \Delta W_{\max} - \Delta W_{\min} = 1\,500 - (-1\,100)\,\text{J} = 2\,600\,\text{J}$$

(2) 根据各块阴影面积,按一定的比例作出系统的能量指示图。图 17-21b 中,最高点 B 与最低点 E 分别对应系统的最大、最小动能增量 $\Delta W_{\max}$ 与 $\Delta W_{\min}$ 出现的位置。设等效转动惯量 J_e 为常数,则 ω_B、ω_E 即为等效构件的最大、最小角速度。B、E 两点之间的垂直距离所代表的盈亏功即为 W_n,故

$$W_n = \left| -f_2 + f_3 - f_4 \right| = \left| -1\,900 + 1\,400 - 2\,100 \right|\,\text{J} = 2\,600\,\text{J}$$

将 W_n、n 及 $[\delta]$ 的数值代入式(17-65),可得飞轮的转动惯量为

$$J_f \geq \frac{W_n}{[\delta]\omega_m^2} = \frac{900 W_n}{[\delta]\pi^2 n^2} = \frac{900 \times 2\,600}{\frac{1}{1\,000} \times \pi^2 \times 3\,000^2}\,\text{kg}\cdot\text{m}^2 = 26.34\,\text{kg}\cdot\text{m}^2$$

17.6　非周期性速度波动的调节

1. 非周期性速度波动的特点

在机械的稳定运转阶段,如果因为载荷的变化使得驱动能量和机械消耗能量的动态平衡状态被打破、系统的输入和输出能量在较长一段时间内失衡,造成机械原动件不再具有周期性速度波动的特性,则这时出现的速度波动称为非周期性速度波动。若不进行有效调节,机械的转速将持续上升或下降,严重时会导致飞车或停车事故。由于这样的速度波动没有周期性特点,因此不能用安装飞轮的方法进行调节。

例如,在内燃机驱动的发电机组中,由于用电负荷的突然减少,导致发电机组中的阻抗力也随之减少,而内燃机提供的驱动力矩未变,发电机转子的转速升高,若用电负荷继续减少,则发电机转子的转速会继续升高,有可能导致飞车事故。反之,若用电负荷突然增加,导致发电机组中的阻抗力增加,而内燃机提供的驱动力矩未变,发电机转子的转速降低。若用电负荷的继续增加,则发电机转子的转速会继续降低,直至发生停车事故。因此,必须研究这种非周期性速度波动的调节方法。

2. 非周期性速度波动的调节方法

(1) 非周期性速度波动的调节思路

由于机械阻力特性发生变化导致机械运转的平衡条件被破坏,继而引起机械系统的运转速度发生非周期性变化,而机械阻力特性的变化是由机械执行工作的性质决定的,因此对非周期性速度波动的调节应该从对机械驱动力的调节入手。

这里有两种思路,一种是开发或选用具有自我调节能力即具有自调性的原动机,如电动机等;另一种是在机械系统中引入具有强制特性的调速系统即调速器,利用调速器来主动调节机械的驱动能量,使得驱动能量能和变化后的阻力消耗能量重新匹配达到新的平衡状态,这种方法适用于以不具有自调性的内燃机、汽轮机等作为原动机的机械系统。

(2) 利用原动机的自调性实现非周期性速度波动的调节

对于采用具有自调性的原动机的机械系统,以图 17-22 所示情况加以说明。其等效驱动力矩 M_{ed}、等效阻力矩 M_{er} 均为等效构件角速度 ω 的函数,等效驱动力矩 M_{ed} 随 ω 的增大而减小,而等效阻力矩 M_{er} 随 ω 的增大而增大,则该机械系统具有自动调节非周期性速度波动的能力。

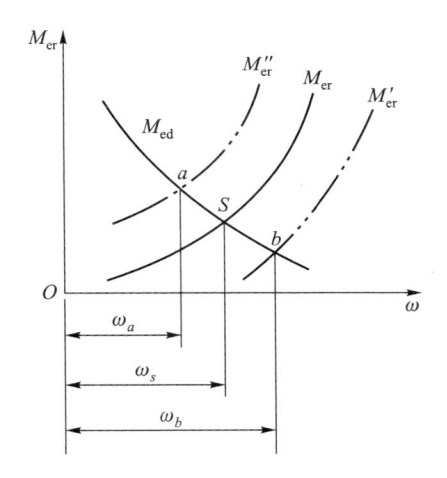

图 17-22 自调性机械系统的等效力矩变化曲线

当机械稳定运转时,$M_{ed}=M_{er}$,此时等效构件角速度为 ω_s,点 S 称为稳定工作点。若某种随机因素使 M_{er} 减小,则 $M_{ed}>M_{er}$,等效构件角速度 ω 会有所上升。由图可知,随着 ω 的上升,M_{ed} 将减小,故可使 M_{ed} 与 M_{er} 自动地重新达到平衡,等效构件将以角速度 ω_b 稳定运转。反之,若某种随机因素使 M_{er} 增大,则 $M_{ed}<M_{er}$,等效构件角速度 ω 会有所下降。由图可知,随着 ω 的下降,M_{ed} 将增大,故可使 M_{ed} 与 M_{er} 自动地重新达到平衡,等效构件将以角速度 ω_a 稳定运转。这种自动调节非周期性速度波动的能力称为自调性。以电动机为原动机的机械,一般都具有较好的自调性。

(3) 利用调速器实现非周期性速度波动的调节

对于不具有自调性的内燃机、汽轮机等驱动的机械系统,需要采用具有强制调节作用的调速器进行驱动能量调节。调速器的种类很多,常用的调速器有机械式调速器和电子式调速器。下面以图 17-23 所示的机械式调速器及其速度波动调节原理示意图为例说明非周期性速度波动的调速过程。

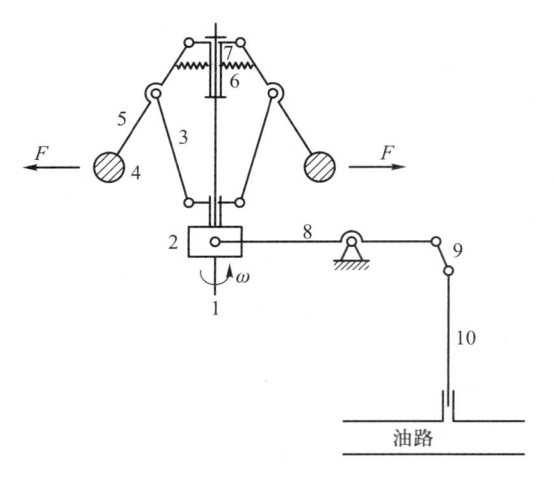

图 17-23 机械式调速器及其速度波动调节原理示意图

通过套筒 6 把调速器安装在机械主轴 1 上,当主轴 1 速度增加时,安装在连杆 5 末端的重球 4 所产生的离心惯性力 F 使构件 3 张开,带动套筒 2 往上移动。再通过杆件 8、9、10 减少油路的流通面积,从而减少内燃机的驱动力。套筒经过多次振荡后停留在新的固定位置,从而建立起新的平衡关系。反之,由于外载荷的突然增加造成机械主轴转速下降时,调速器中的重球所受的离心惯性力也随之减小,重球往里靠近,套筒 2 下移,油路开口增加。进油量的增加导致内燃机的驱动力矩增加。当与外载荷平衡时,套筒经过几次振荡后停留在新的固定位置,被打破的平衡关系重新建立。经上述调节,系统的输入功与输出功达到新的平衡,机械可在新的转速下实现新的稳定运动,从本质上讲,调速器是一种反馈控制机构。

不同的机械使用的调速器种类也不相同。在风力发电机中,要随风力的强弱调整叶片的角度,实现调整风力发电机主轴转速的目的;水力发电机中,调速器安装在水轮机中,通过调整水轮机叶轮的角度,改变进水的流量,实现调整发电机主轴转速的目的。

学习指南

机械平衡与机器运转的速度波动调节是提升机械尤其是高速机械的工作性能的重要手段。通过合理调节各构件在运动过程中产生的惯性力和惯性力矩的总体情况以实现机械平衡;通过调节机械整体动能和势能在运动过程中的变化情况来实现机器运转的速度波动调节。

高速机械平衡是提高动态性能的重要手段之一,机械平衡包括转子的平衡和机构的平衡两类情况。本章介绍了刚性转子的动平衡方法。一般说来，采用刚性转子的动平衡方法是不能解决挠性转子的平衡问题的。关于挠性转子的平衡理论与具体的平衡方法，读者可参阅相关资料学习。

机构的平衡包括总惯性力和总惯性力矩的平衡。本章仅研究了构件质心位于其两转动副连线上的平面机构的总惯性力的平衡问题。对于一般平面机构的总惯性力、惯性力矩的平衡原理与方法，读者亦可参阅相关资料自行学习。

单自由度机器运转的周期性速度波动，可以利用飞轮的储能和释能实现速度波动的自适应调节，飞轮的设计计算离不开机械系统的真实运动建模与分析，可以通过将系统简化为一个等效构件并建立等效动力学模型来求解机械运转的真实运动规律。由于外力、构件质量和转动惯量等因素影响，真实机器的原动件运转速度和加速度是随着时间而变化的。在研究机械的真实运行状态时，原动件作匀速运转的假设不再成立，其真实运行状态需要通过建立合适的数学模型求解获得。对于单自由度机械系统，将其简化为一个等效构件并建立等效动力学模型是一个可行的解决方法；对于多自由度机械系统，等效构件法不再有效，此时可以采用牛顿-欧拉法、拉格朗日方程等建立多自由度机械系统的动力学方程。大型化、高速化、重载化等是现代机器的发展趋势之一，构件弹性变形对机械特性的影响不可忽略，此时需要采用考虑构件弹性影响的弹性动力分析方法。感兴趣的读者请自行参阅相关资料学习。

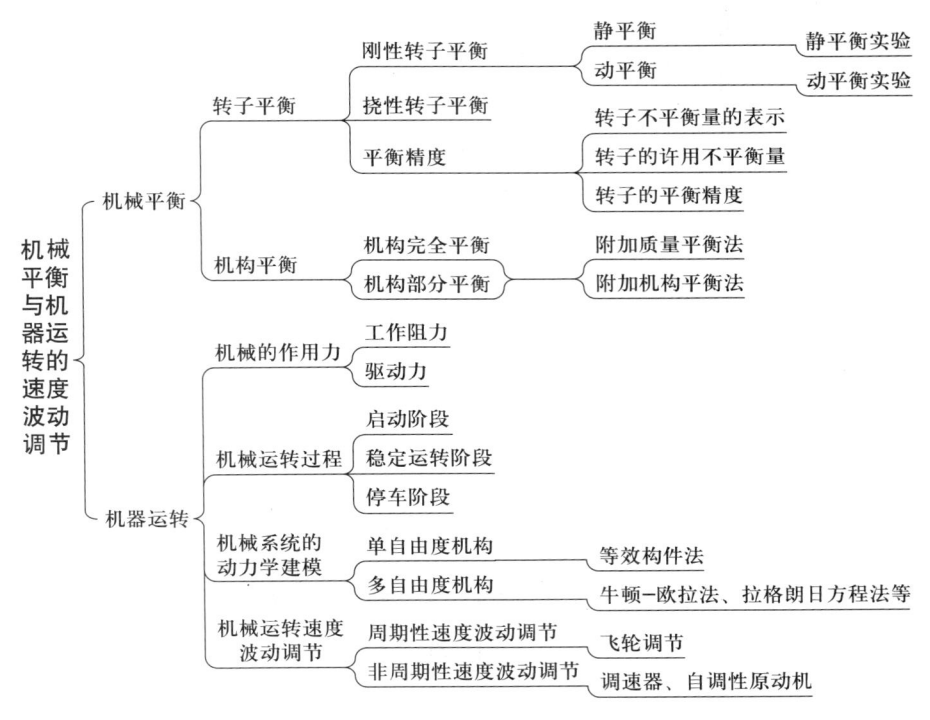

图 17-24 本章概念导图

习题

17-1 图 17-25 所示盘形转子,宽径比为 $b/d<0.2$,质量为 $m=100$ kg,需要进行平衡校正,I、II 为校正平面。已知 $l=1\,000$ mm、$l_1=350$ mm、$l_2=300$ mm、$l_3=280$ mm;需安装的平衡质量大小分别为 $m_1=1$ kg、$m_2=0.8$ kg;平衡质量所在的回转半径为 $r_1=r_2=200$ mm。试求:

(1) 该转子平衡校正前的不平衡质径积大小和方位、质心 S 的偏心距;
(2) 该转子经平衡校正后是否实现动平衡;
(3) 若该转子转速为 $n=1\,500$ r/min,平衡校正前后左、右支承的动反力各为多少。

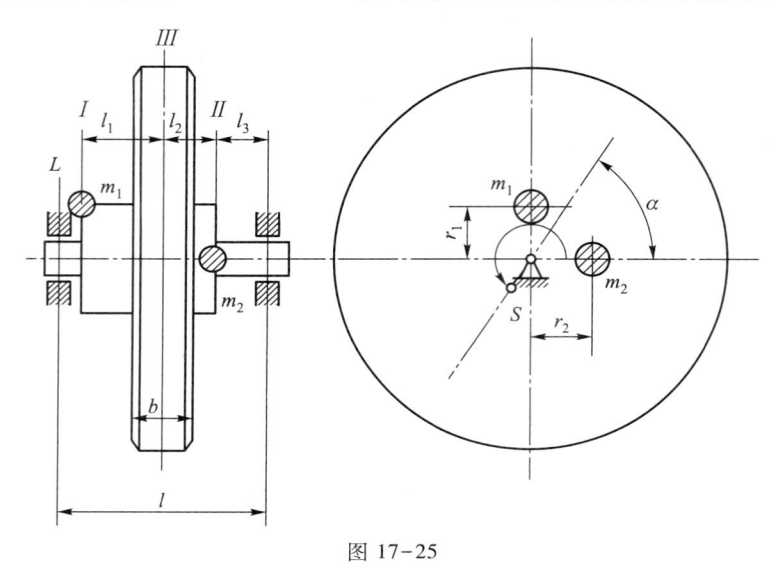

图 17-25

17-2 图 17-26 所示为一刚性转子,为了平衡分布在同一轴平面内的偏心质量 Q_1、

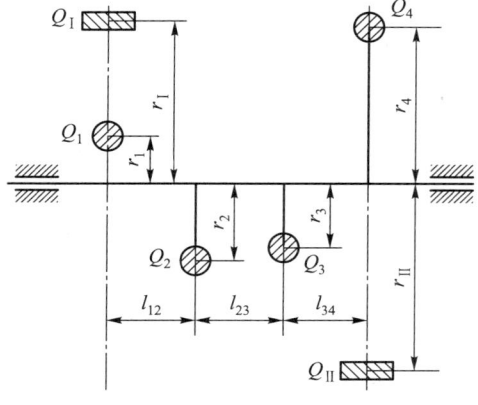

图 17-26

Q_2、Q_3、Q_4,试求平衡平面Ⅰ、Ⅱ中需要安装的平衡质量 $Q_Ⅰ$、$Q_Ⅱ$。已知 $Q_1 = 2$ kg、$Q_2 = 3$ kg、$Q_3 = 2$ kg、$Q_4 = 4$ kg;由回转中心至各偏心质量中心的距离分别为 $r_1 = 10$ mm、$r_2 = 18$ mm、$r_3 = 15$ mm、$r_4 = 30$ mm;各偏心质量间轴向距离分别为 $l_{12} = l_{23} = l_{34} = 100$ mm,平衡质量安装向径 $r_Ⅰ = 32$ mm、$r_Ⅱ = 40$ mm。

17-3 图 17-27 所示为一刚性转子,已知各偏心质量大小分别为 $m_1 = 20$ kg、$m_2 = 25$ kg、$m_3 = 10$ kg、$m_4 = 30$ kg;回转半径分别为 $r_1 = 400$ mm、$r_2 = 300$ mm、$r_3 = 200$ mm、$r_4 = 280$ mm,方位如图所示。若 $l_{12} = l_{23} = l_{34}$,选取 m_1、m_4 所在平面Ⅰ、Ⅱ为平衡平面,试进行动平衡设计。

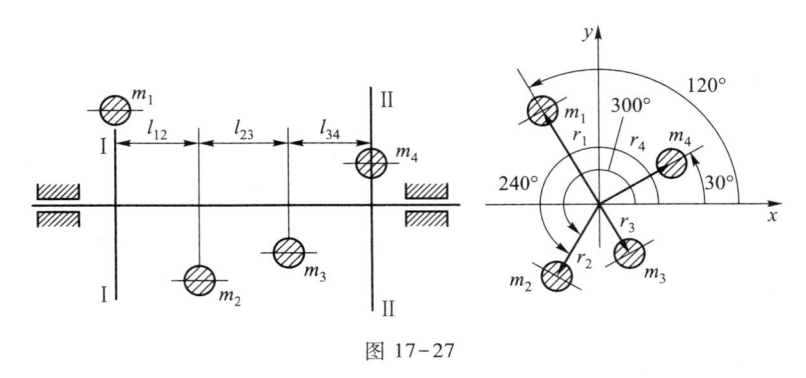

图 17-27

17-4 图 17-28 所示刚性转子,各偏心质量分布在同一轴平面内,已知 $m_1 = 1.5$ kg、$m_2 = 0.8$ kg、$m_3 = 0.5$ kg;$r_1 = 50$ mm、$r_2 = 40$ mm、$r_3 = 100$ mm,轴向距离分别为 $l_{L1} = 100$ mm、$l_{12} = 200$ mm、$l_{23} = 100$ mm、$l = 500$ mm,转子转速为 $n = 1\ 000$ r/min,试求作用在轴承 L 和 R 中的动压力。

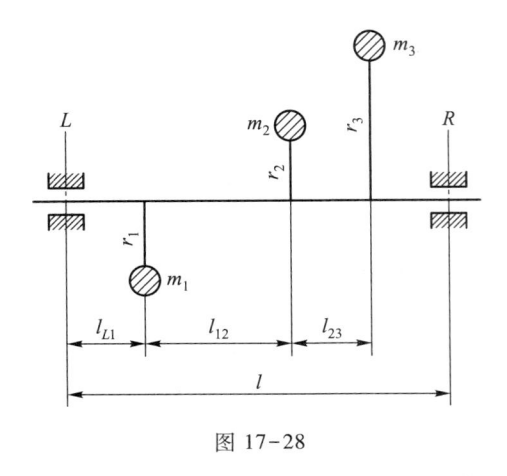

图 17-28

17-5 图 17-29 所示的铰链四杆机构中,已知各运动构件的质量、长度及其质心位置分别为 $m_1 = 0.8$ kg、$l_{AB} = 150$ mm、$l_{AS_1} = 100$ mm;$m_2 = 1.5$ kg、$l_{BC} = 360$ mm、$l_{BS_2} = 160$ mm;$m_3 = 1.2$ kg、$l_{CD} = 300$ mm、$l_{CS_3} = 120$ mm。为使该机构的总质心位于 A 点,试求在 $r'_1 = 150$ mm、$r'_2 = 160$ mm 及 $r'_3 = 180$ mm 处应安装的平衡质量 m'_1、m'_2、m'_3 的大小。

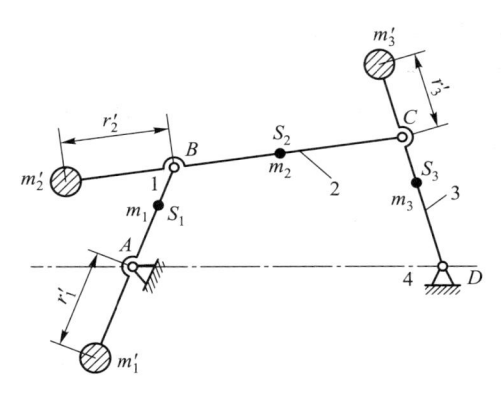

图 17-29

17-6 在图 17-30 所示行星轮系中,已知各轮模数均为 $m=10$;齿数分别为 $z_1=z_{2'}=20, z_2=z_3=40$;各构件的质心与其回转轴线重合,绕质心轴的转动惯量分别为 $J_1=0.01$ kg·m^2, $J_2=0.04$ kg·m^2, $J_{2'}=0.01$ kg·m^2, $J_H=0.18$ kg·m^2;各行星轮的质量分别为 $m_2=4$ kg, $m_{2'}=2$ kg。

(1) 若以齿轮 1 为等效构件,计算其等效转动惯量 J_{1e};

(2) 若作用在行星架 H 上的阻力矩 $M_{rH}=60$ N·m,求其等效阻抗力矩 M_{er}。

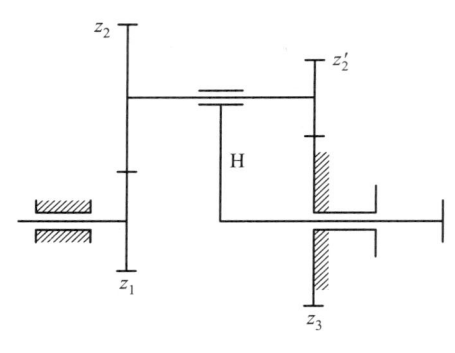

图 17-30

17-7 如图 17-31 所示,某机械采用三相交流异步电机为原动机。该电机的额定转矩为 465 N·m;额定转速为 $n=1\,440$ r/min;同步转数为 $n_0=1\,500$ r/min。若以电机轴为等效构件,等效阻抗力矩 $M_{er}=400$ N·m,求该机械稳定运转时的角速度。

17-8 质量 $m=2.75$ kg,转动惯量为 $J=0.008$ kg·m^2 的转子,其轴径尺寸 $d=10$ mm;从转速 $n=200$ r/min 开始按直线变化规律停车。

(1) 如停车时间 $t=2$ min,求转子轴承处的摩擦系数 f;

(2) 如把停车时间缩短到 0.5 s,除摩擦力矩外,还需要多大的制动力矩?

17-9 对于图 17-32a 所示曲柄压力机,以曲轴为等效构件时的等效阻抗力矩 M_{er} 变化规律如图 17-32b 所示,等效驱动力矩 M_{ed} 为常量。电机转速为 700 r/min,带传动的传动比为 3.5,小带轮 A 与电机转子对其质心轴(与转轴轴线重合)的转动惯量为 $J_0=$

图 17-31

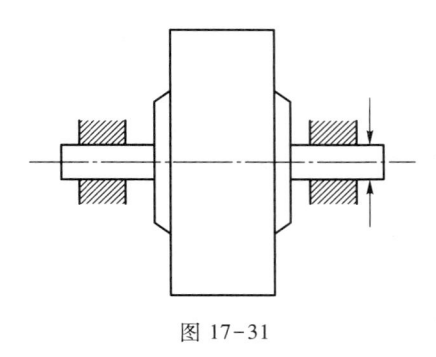

$0.02 \text{ kg} \cdot \text{m}^2$。若机器运转不均匀系数 $\delta = 0.1$，求以大带轮兼作飞轮时的转动惯量 J_f。

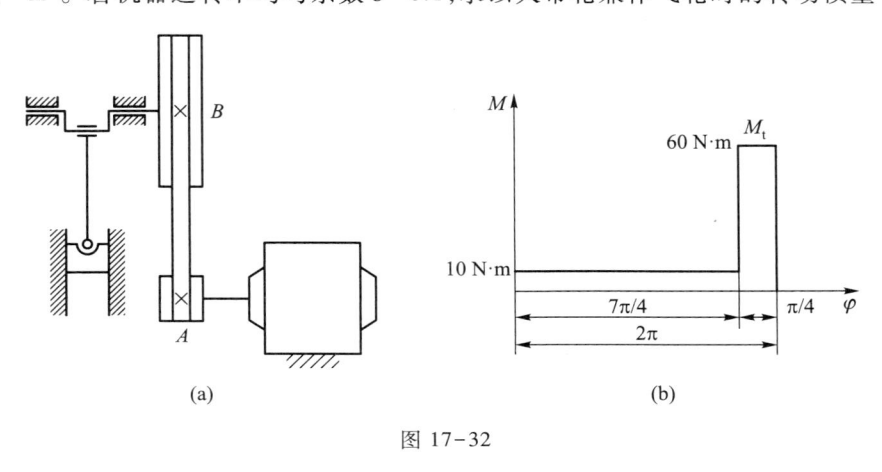

图 17-32

17-10 某机器以其主轴为等效构件，等效阻抗力矩 M_er 变化规律如图 17-33 所示。等效驱动力矩 M_ed 为常数。主轴的平均角速度 $\omega_\text{m} = 40 \text{ rad/s}$，机器的运转不均匀系数 $\delta = 0.025$，若不计飞轮以外其他构件的转动惯量，求安装在机器主轴上飞轮的转动惯量。

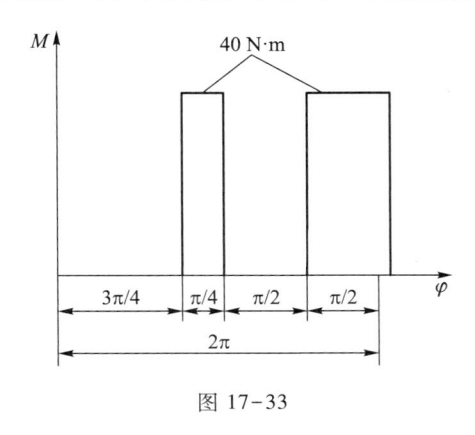

图 17-33

17-11 图 17-34 所示为某机器一个运动循环的 $M_\text{d}\text{-}\varphi$，$M_\text{r}\text{-}\varphi$ 曲线，两曲线所围成的

各块面积代表相应的盈亏功值(图中所标数值),单位为 J。试求最大盈亏功 ΔW_{max}。

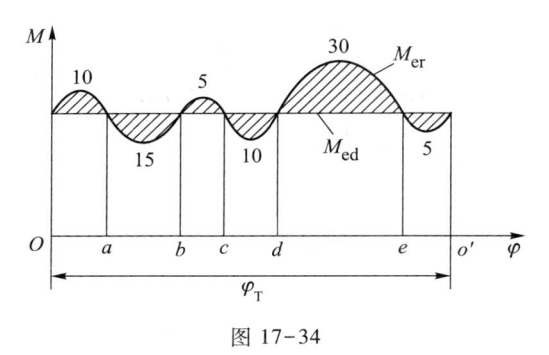

图 17-34

第 18 章

原动机类型与电动机选型

内容提要

原动机又称动力机,是机械设备中的重要驱动部分,在机电系统中的地位如图 18-1 所示,是现代生产、生活中所需动力的主要来源。本章主要介绍机械系统中一些常用的原动机,选择原动机主要考虑的技术需求,以及电动机这一常用原动机的分类及选型流程。

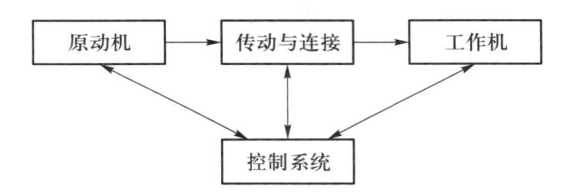

图 18-1　原动机在机电系统中的地位

(扫码查看本章详细内容)

第 19 章

传感器

内容提要

传感器为机电系统提供感知源信息,是实现自动检测和自动控制的首要环节。在机械系统运行过程中,需要各种传感器来获取各项参数,使设备正常工作,较好地完成作业任务。本章主要介绍常用的传感器及其原理,方便读者在实践环节中选择合适的传感器。

(扫码查看本章详细内容)

第 20 章

单片机控制及应用案例

内容提要

单片机控制是现代机电一体化系统的典型标志,广泛应用于自动机械、智能仪表、计算机网络通信和数据传输等领域。本章主要介绍配套课程实验与课程项目实施中常用的控制器,包括常用数据通信方式、51 单片机、Arduino 平台等,并给出课程应用案例。

(扫码查看本章详细内容)

第 21 章

课程项目实施案例

内容提要

本章给出三个课程项目实施案例,主要包括以飞行器、潜水器为研究对象的,可实现空中飞行与水里游走的海熊猫·无人空潜飞翼项目;以海蟹为仿生对象的,可在陆地和水底行走并能在浅水中游泳的两栖仿蟹机器人项目及以计算机、平板或手机支架结构设计为研究对象的能保护颈椎、结构紧凑、自动化程度高的实用型电子产品支架项目等,供采用项目式教学时为实施课程项目作参考。

21.1 概述

本课程在上海交通大学教学实施时总体上采用了项目式教学方式。依据企业开发产品的完整过程,构建了课程项目实施过程,引导学生进行立题和调研、概念设计、详细设计、实物样机制造和调试、机器运行和展示的产品开发过程,并据此进行课堂教学内容安排,整体上采用了课堂教学、课外项目实施"双主线并行"的项目式教学方法。

课程项目实施的最终结果是提交实施立题任务的完整开发过程报告以及项目设计制作完成的可以运行的实物样机(根据实施条件也可以采用虚拟样机进行替代)。本章选取部分小组的立题任务及其完成的项目实施报告,整理后可以较为全面地反映课程项目实施的全貌,以供参考。

21.2 海熊猫·无人空潜飞翼

1. 项目目标

以飞行器、潜水器为参考对象,设计开发一种可以在空中和水中执行任务的无人空潜飞翼装置,装置应可实现以下功能:
(1) 能长期放置于海水中执行监测任务,即时部署、即时回收;
(2) 能携带声呐、信标探测器与机械抓手,可用于海域搜寻或捕捞设备使用;
(3) 能搭载不同传感探测器,可执行海洋资源采样与分析、水声信号跟踪与检测、小型潜航器布放与捕捉等任务。

2. 结构方案概念设计

经过查阅文献、调研与综合分析,确定在三角翼布局与飞翼布局之间进行总体布局选择。飞翼布局由于没有垂直尾翼,偏航轴的稳定性较差,在水中易发生侧滑与旋转;三角翼的升力系数较低,起飞速度要求较高,不利于水上起飞。因此最终决定采用飞翼配合垂尾的全新布局形式,以期达到优良的流体动力性能,从而实现高效的控制,总体布局如图21-1所示。

图 21-1 总体布局

机体操控装置主要由基本操控装置与操控辅助装置两部分组成。基本操控装置的设计主要是对有垂尾飞翼布局基本舵面的规划,需要在机翼前缘、后缘处设计可动翼面,在俯仰、横滚、偏航三轴上实现有效的控制。如果将可动翼面设置在前缘,将会显著增加机翼表面气流分离的可能,导致失速、飞行姿态不稳定或失控。因此,项目组决定在主机翼后缘设置四片可倾转翼面,每侧两片,靠近机身中轴的一对控制俯仰,靠外侧的一对控制偏航;在两侧垂直尾翼后缘也分别安装一片可倾转翼面,用于控制偏航。此外还设计了收放式起落架,以便在陆地上起降。操控装置概念设计图如图21-2所示。

为降低机体重量,项目组对机体内部结构进行了轻量化研究,设计了一套由翼梁和翼肋组成的机翼结构。该结构对机身内部空间合理布局,采用了首尾相衔接的三角形网格加以贯穿式主梁,并在网格的两侧边缘附加起约束作用的副梁;对机体进行抽壳,并对薄弱处进行强度加强。框架主要采用榫卯的方式相连接,减少螺栓螺母的使用,亦可减轻机

图 21-2　操控装置概念设计

体重量。机翼结构概念设计图如图 21-3 所示。

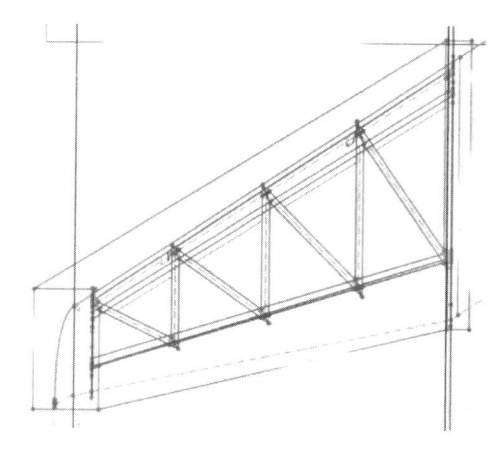

图 21-3　机翼结构概念设计

3. 结构方案详细设计

初期结构方案是在主翼后缘每侧设置两片可翻转作动舵面，两侧垂直尾翼后缘各设置一片可翻转作动翼面。翼面的设置既要保证翼面动作时机翼升力不会受到大的影响，又要保证翼面倾转一定角度之后能够产生足够大的操控力矩。经过数次校验复核后，发现将机翼可动面积与固定面积之比设计为 1∶4 时可以实现高效、稳定的操控，所以也确定了升降舵（兼襟翼）、副翼、尾翼的最终布置模式。对于可动翼面的动作驱动方式，统一设计并采用了四连杆轨迹生成机构配合舵机进行翻转动作的驱动控制。设计过程中，在保证四连杆尽量紧凑的同时将压力角尽可能调整至 90°，以优化传力特性，减轻舵机负担，六片倾转操控舵面如图 21-4 所示。

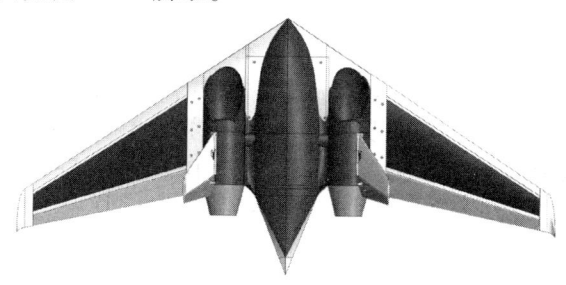

图 21-4　六片倾转操控舵面

为了在更大速度范围内实现安全有效控制,结构方案中还设置了相应的操控辅助装置。在机翼前缘安置了缝翼增升装置,使得飞翼有更低的留空速度下限;缝翼的收放作动机构采用高副机构(形封闭),使得缝翼轨迹在满足设计需求的同时,也能将机构整体在机翼狭小的空间内进行收放,缝翼收放机构如图21-5所示。

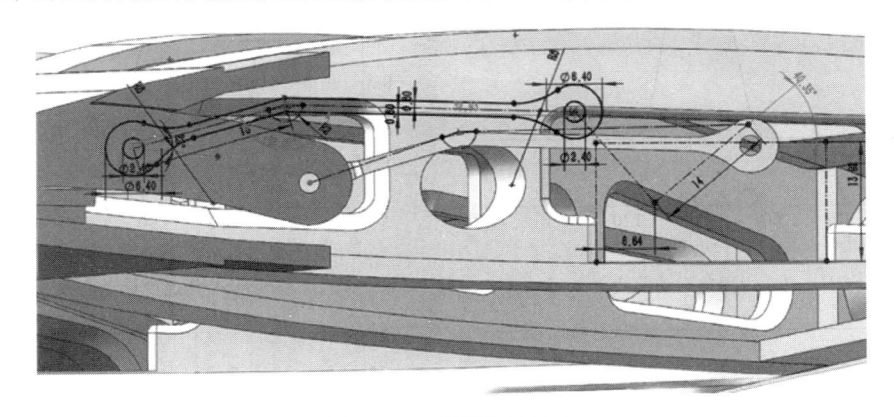

图 21-5 缝翼收放机构

为实现缝翼的快速伸缩,同时保证在伸缩过程中不会给整机带来过大的抖动与冲击,在设计高副时,推程与回程均选择摆线运动规律。利用 MATLAB 软件进行计算。假设为一摆动滚子凸轮,设 $a=200$ mm,$l=50$ mm,推程角 $\Phi=30°$,回程角 $\Phi'=30°$,远休止角 $\Psi=0°$,近休止角 $\Psi'=-15°$,计算并校核速度、加速度、压力角等数值,生成运动轨迹和凸轮廓线,选取推程部分作为弯曲杆形状曲线,凸轮设计参数曲线依次为行程角、角速度、角加速度、压力角,凸轮设计参数曲线如图21-6所示。

考虑到水面起飞的特殊性,需要确保飞翼在水面高速滑行时机翼下侧能与水面相脱离,但仅靠机翼自身的升力又难以实现,因而在机腹下方设计了可收放的水翼。当水翼放下并快速滑行时,水翼浸没在水面以下产生升力,将机身抬离水面,从而为离水起飞创造条件。为保证水翼的正确动作,需要对四连杆机构进行精确设计与校核,当水翼 l_2 收起时需与机架 l_4 保持平行,当舵机摇臂(主动杆)l_1 转动 $\Delta\theta_1=60°$ 时,下移 $\Delta y=30$ mm,同时向下偏转 $\Delta\theta_2=15°$,水翼收放机构如图21-7所示。设主动杆长度为 $l_1=4$ mm,机架长度为 $l_4=10$ mm,后续可按比例同步放大,将机架置于最下方,主动杆置于左侧原点处,利用 MATLAB 软件进行计算,求解其余杆长以及机构初末位置,可得杆长 $l_2=19.35$ mm,$l_3=13.30$ mm,收起位置 $\theta_{11}=11.41°$,$\theta_{31}=-176.59°$,释放位置 $\theta_{12}=71.41°$,$\theta_{32}=-138.56°$,如图21-8所示。(实线代表连杆的收起状态和展开状态;虚线代表机架)

为适应陆地起降,样机设计了可收放式前三点起落架,采用蜗轮蜗杆机构进行收放,并采用一个动力输入控制起落架杆的叠放与起落架舱盖的收放。采用蜗轮蜗杆传动是由于其自身良好的自锁特性,防止因机体着陆时力的冲击而导致起落架折回。

为实现同步控制起落架与舱盖的开启,方案设计了一套空间连杆机构,经分析、计算及后期实验,证明了其可行性,起落架与舱门同步控制机构如图21-9所示。

(a) 行程角运动曲线

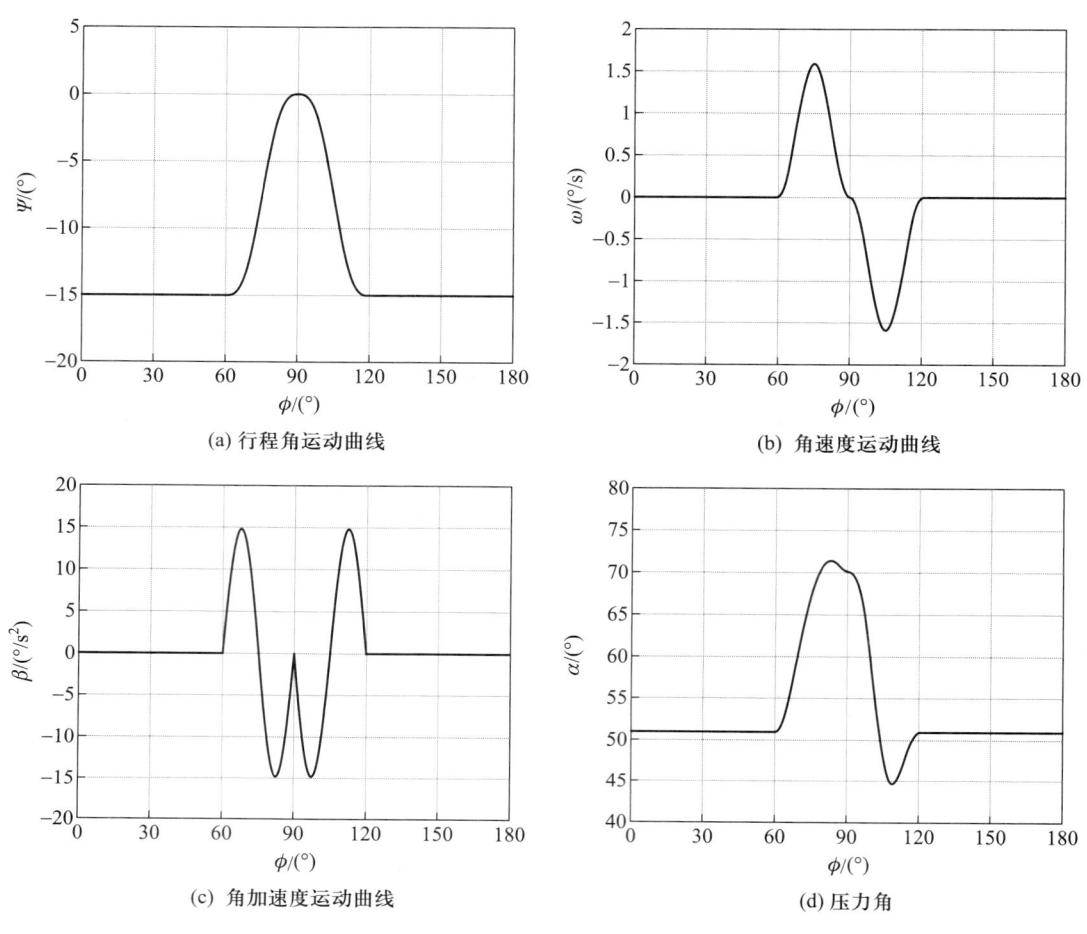

(b) 角速度运动曲线

(c) 角加速度运动曲线

(d) 压力角

图 21-6　凸轮设计参数曲线

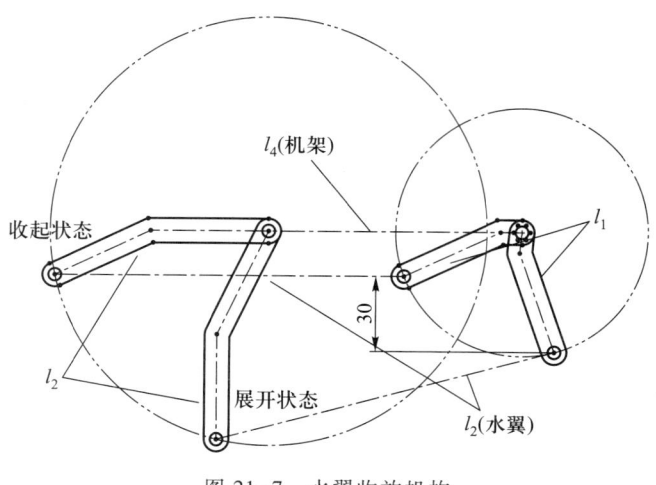

图 21-7　水翼收放机构

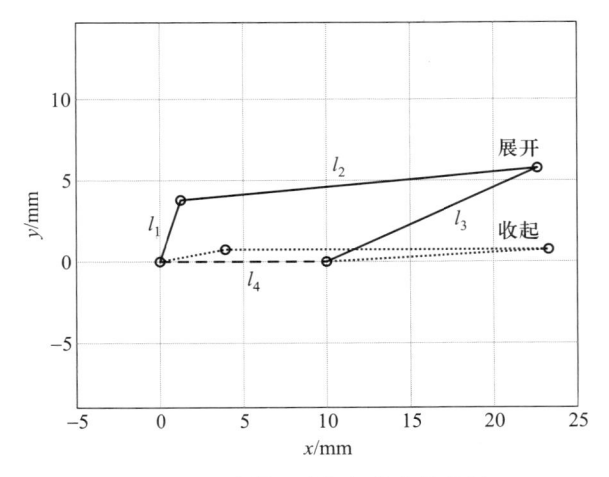

图 21-8 水翼四连杆机构收放位置

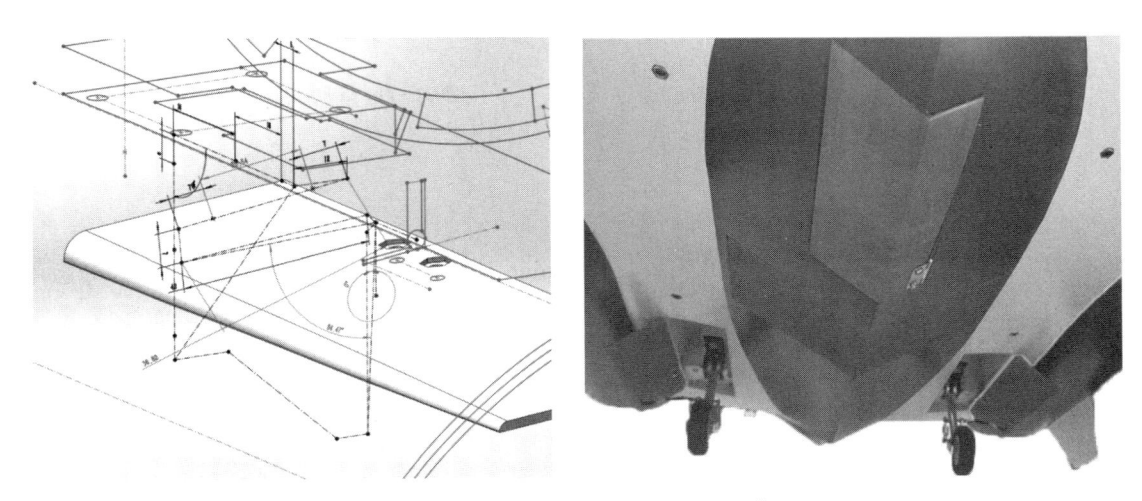

图 21-9 起落架与舱门同步控制机构

在运行过程中,机体主要受到机舱内设备的压力以及两侧机翼升力的弯矩,简单抽壳后的机体强度已经能够很好地满足强度要求;若采用 SLA 工业级光敏树脂作为材料,除连接机构外,机身大部分区域壳厚为 2 mm 即可。机翼结构采用了由 7 片翼肋、2 根主梁、前后缘 2 根副梁组成的 7 肋板方案。经过强度校核,该方案的强度远超设计要求,是可行方案,但是存在一定的强度冗余,该 7 肋板方案设计图如图 21-10 所示。

为了尽量减少机体自重,尝试了对利用价值低的尖锐、边角空间进行抽壳,以尽可能减少材料体积。但是在进行尝试后发现,机体外壳的质量并未见显著减少,而且外壳强度明显降低,出现许多脆弱边角与应力集中点。究其原因主要是机体外壳选择了紫外光选区固化树脂工艺制造方法,其成型特点是型体表面集中主要质量,内部是稀疏的支撑结构,因此表面积成为了影响机体最终质量的关键因素,而非机体的体积。

因此,采用 7 片肋板设计的强度存在冗余,并且肋板数目较多时,肋板与前后缘副梁接触处易产生应力集中,对副梁寿命存在不利影响。进一步计算分析后发现,肋板减少至 5 片时,依然能够提供足够的抗扭刚度与弯曲强度,并且较小的肋板夹角可以有效避免应力集中;同时 5 片肋板相较 7 片肋板,总质量减少约 100 g。最终选择 5 肋板设计方案为机翼梁肋的最终方案,如图 21-11 所示。

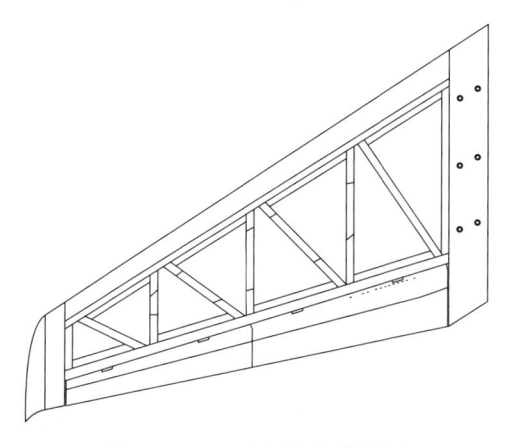

图 21-10　7 肋板方案设计图 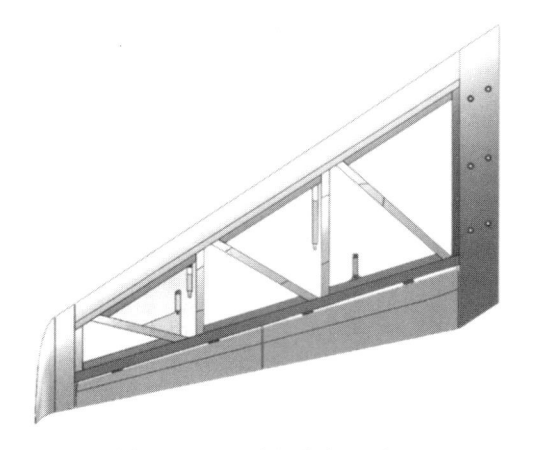　　　　　图 21-11　5 肋板方案设计图

4. 电控方案设计

项目的电控方案采用 APM2.8 飞控板+Arduino Mega 2560 进行控制,其中 APM2.8 板用于控制整机的副翼、襟翼、尾翼与动力风扇四部分,需要给到模拟量信号输出的部件,并在 MissionPlanner-1.3.74 地面站进行监控与调参,根据飞行姿态实时调整。Arduino Mega 2560 用于控制前缘缝翼与水翼两部分,只需给到 01 信号的部件,而起落架由接收机直接控制。

项目中的控制对象即为机身上的多个舵面、起落架、动力风扇,此外还需要实现摄像头模块的画面传输。其中,舵面分为副翼、襟翼、尾翼、前缘缝翼、水翼,除水翼外的翼板均对称分布于机身两侧。副翼、襟翼、尾翼分别控制飞机的横滚、俯仰与偏航动作,应根据实时飞行姿态来进行位置的调整,需要给到模拟量信号输出;前缘缝翼与水翼分别起到增大升力、产生水中托举力的作用,只需给到 01 信号输出。

基于上述分析,统计本项目所需的独立控制信号数如表 21-1 所示。

表 21-1　机体所需独立信号

油门	副翼	襟翼	水翼	缝翼	尾翼	起落架	总计
1	1	1	1	1	1	1	7

机体在飞行过程中的姿态变化与控制涉及复杂的运动学与力学计算,初期计划选用封装良好的司南 SN-L+飞控(图 21-12)进行飞行控制,并在地面站中进行后续调参。

图 21-12　司南 SN-L+固定翼飞控 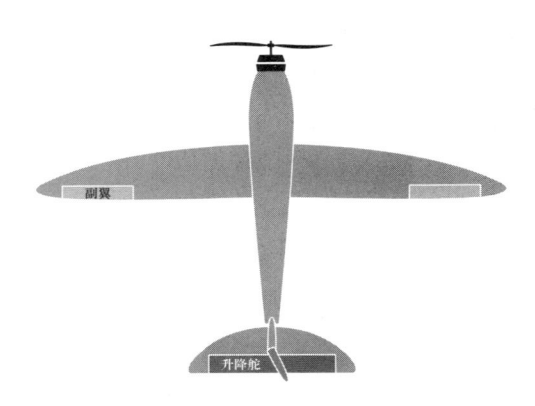　　　　图 21-13　常规固定翼接线图

然而该飞控无法满足项目的实际控制需求,其原因在于本项目所设计的机身布局与传统的航模均存在差异,而包括司南 SN-L+在内的现有市面上的固定翼飞控板主要搭载于常规固定翼航模上,其接线图如图 21-13 所示。此种航模的可动舵面显然少于本项目所制造的技术验证机的舵面数,使用封装固件无法实现完整的控制要求。

因此,后续选用搭载 APM(ardupilot mega)2.8 开源固件的控制板作为本项目的飞行控制主板,其优点在于代码库完全开源,便于对固件进行二次开发,但受限于 APM 飞控板的输出通道数,还需要额外增置一块 arduino 板对简单的 01 信号进行控制,APM2.8 开源固件控制板如图 21-14 所示。

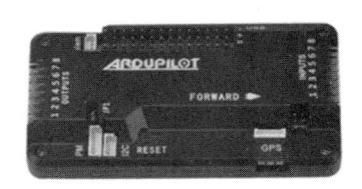

图 21-14　APM2.8 开源固件控制板

此外,起落架的信号可以直接由遥控器的接收机给出,无需通过控制板。综上所述,本项目最终的飞行控制策略如表 21-2 所示。

表 21-2　飞行控制策略

控制主体	控制对象
APM2.8	副翼、襟翼、尾翼、动力风扇
Arduino MEGA 2560	前缘缝翼、水翼
接收机	起落架

APM 飞控的结构与接线可分为输入端、输出端两部分进行考虑。具体到本项目而言,输入端即遥控器接收机给出的 PWM 信号,输出端为横滚、俯仰、偏航、油门四通道。

为了更准确地获取飞机的实时姿态并进行相应的输出调整,需要额外搭载外置罗盘接收 GPS 信息。为了保证操作手对飞行器的当前状况有清晰的认知,一块可供查看飞行器视角的屏幕也同样必不可少。考虑到成本与适配性,最终选用了熊猫 VT5801V2 图传发射器(图 21-15)与 3.5 寸细图版小飞手接收屏(图 21-16)。

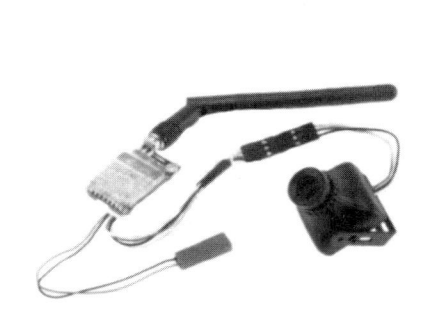

图 21-15　熊猫 VT5801V2 图传　　　　图 21-16　小飞手接收屏

但仅仅回传图像仍不足以帮助操作手掌握当前飞行器的姿态,为使操作手在无法用肉眼清晰观测到飞行器时也能够及时地根据飞行器的当前状态进行操作,实时回传飞行器的位姿是必要的,故在图传模块上加装 OSD(on-screen display)模块并与飞控板建立连接,实时获取飞行器的相关数据后叠加在最终屏幕所显示的图像上。飞控实物接线图如图 21-17 所示。

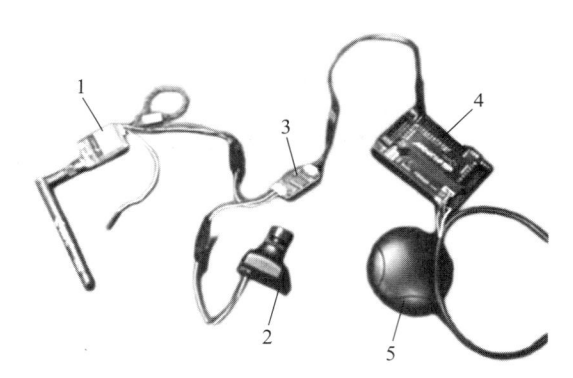

1—图传模块与发射器;2—摄像头;
3—OSD 模块;4—APM 板;5—GPS 模块。
图 21-17　飞控实物接线图

图传模块多出的正负极电源线将接在 3S 航模电池(聚合物锂电池)上。

调整遥控器与接收机,完成对频并检查能够对舵机进行初步控制后,进行飞控板初始数据校准工作,该步骤由 PC 端地面站完成。本项目所使用的地面站软件为 Mission Planner-1.3.74,其界面如图 21-18 所示。

在地面站中完成加速度计、GPS、遥控器输出量的校准后,飞控板即可在自稳模式下解锁,给出油门信号。

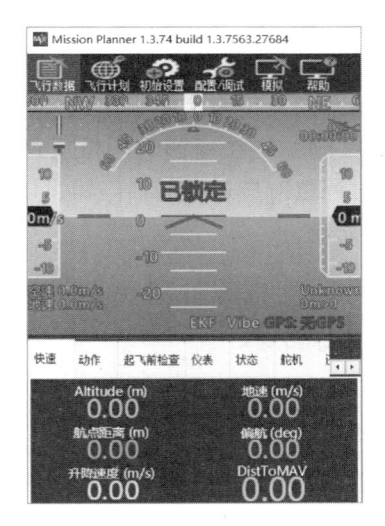

图 21-18　地面站软件界面

接下来完成 Arduino Mega 2560 相关的软硬件系统搭建。将接收机相应通道的输出接入 Arduino 板的 PWM 输入口,并在软件端编写代码。

代码编写工作完成后,理论上已经可以完成整机的完整控制任务。随后进行了整机运动控制测试,发现通过 APM 板进行全舵机与起落架的控制时舵机会发生失控现象,推测是由于 APM 板上负载过大引起的,随后改换线路接法,仍未解决问题。再次检查线路并分析后初步推测是 Arduino 板与 APM2.8 板上的输出部件电源线未供地,致使控制不良。将输出部件均换由 Arduino 板供电后解决问题。但此时发现横滚、俯仰翼面的舵量可控幅值十分小,无法达到要求。排查软件端没有发生故障后在地面站进行查看,并上网搜索相关资料、进行相关尝试后发现是飞行模式设置的问题,进行调整后飞机在自稳模式下舵量恢复正常幅值。

参考代码

尽管上文所述的工作已能够实现良好的飞行控制,但仍需要添加攻角传感器(图 21-19)与应变片(图 21-20)以应对两种可能遇到的特殊情况。

图 21-19　攻角传感器　　　　图 21-20　应变片

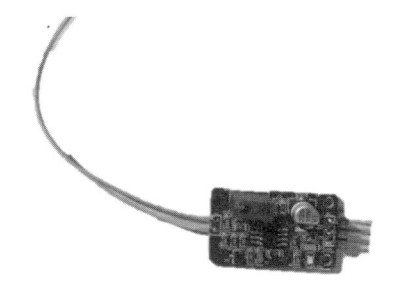

攻角传感器固定于机头,其作用为检测飞机在飞行过程中的攻角变化。当攻角大于约 20°时飞机有发生失速的风险,其对飞行控制的影响是毁灭性的,因而需要对飞机的攻

角进行实时检测,当飞机攻角达 20°时在飞控程序中强制覆盖飞手操作,抬升俯仰舵面以减小攻角。

此外,考虑到机身两侧的两个动力风扇可能由于结构缺陷等问题无法相互抵消扭矩致使机身整体沿轴 Z 发生旋转,应分别在两涵道中贴上两应变片以检测两侧的输出扭矩,当检测到的扭矩值不平衡时调整对应通道的油门输出以恢复力矩平衡,抑制机身的旋转。至此飞控部分的整体任务完成。

21.3 一种两栖仿蟹机器人

以海蟹为仿生对象,设计开发一款可以在陆地和水底行走,同时可以在浅水中游泳的两栖仿蟹机器人,如图 21-21 所示。该仿蟹机器人主要包含以下三个功能模块:

(1) 陆上行走功能模块 可在陆地和浅滩上行走自如,具有一定的地形适应能力;
(2) 海下推进功能模块 可在近滩、浅水中通过腿部的拍动实现水中推进功能;
(3) 平衡与浮沉功能模块 可在水中保持平衡,同时实现潜水中短距离的浮沉。

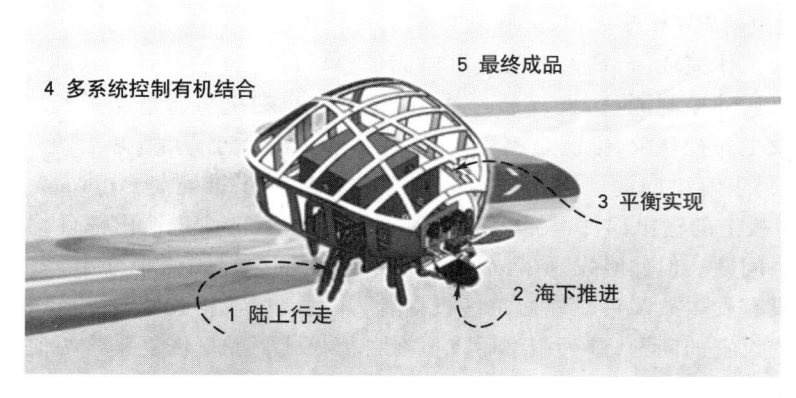

图 21-21 两栖仿蟹机器人

(扫码查看本节详细内容)

21.4 自动调整支架

以计算机、平板或手机支架结构设计为研究对象,设计开发一种能保护颈椎、结构紧凑、自动化程度高、经济实惠的实用型计算机、平板或手机支架,具有携带方便、稳定性好、多尺寸适应及可自动调节四个功能。

(扫码查看本节详细内容)

学习指南

机械原理与设计课程既具有很强的理论性,又具有很强的实践性,采用项目式教学是一个比较合适的选择。本章选取了部分学生小组的课程项目作品,按机器开发过程进行整理,以供同学们在开展课程项目时参考。由于课程项目实施过程与企业产品开发过程基本一致,因此感兴趣的同学可以参阅相关设计手册等资料。

思考题

21-1 根据课程项目实施情况,课程项目报告应该包含哪些内容?

21-2 企业产品开发的目的是要创造新产品并占领市场,在确定课程项目立题任务时需要注意哪些因素?如何保证目的的实现?

附　录

附录 I

机构分析常用方法

在机构的运动分析、动力分析与综合中用到大量近现代数学知识，这些数学理论和方法为机构学建模提供了理论工具。以下就最常用的机构矢量方法和矩阵方法在机构分析中的应用作简要介绍。

（扫码查看本附录详细内容）

附录 II

机构分析常用软件

本附录简要介绍机构设计与分析中常用的编程工具和常用的商业软件。

（扫码查看本附录详细内容）

[26] 孙靖民,梁迎春. 机械优化设计[M]. 5版. 北京:机械工业出版社,2012.
[27] 李慧,马正先. 机械结构设计与工艺性分析[M]. 北京:机械工业出版社,2012.
[28] 薛岩,刘永田. 公差配合新标准解读及应用示例[M]. 北京:化学工业出版社,2013.
[29] 徐灏. 机械设计手册:第2卷[M]. 北京:机械工业出版社,2000.
[30] 孟宪源. 现代机构手册[M]. 北京:机械工业出版社,1994.
[31] 孟宪源,姜琪. 机构构型与应用[M]. 北京:机械工业出版社,2004.
[32] 王知行,刘廷荣. 机械原理[M]. 2版. 北京:高等教育出版社,2006.
[33] 郑文纬,吴克坚. 机械原理[M]. 7版. 北京:高等教育出版社,1997.
[34] 张策. 机械原理与机械设计[M]. 3版. 北京:机械工业出版社,2022.
[35] 申永胜. 机械原理教程[M]. 2版. 北京:清华大学出版社,2005.
[36] 李瑞琴. 机械原理[M]. 北京:国防工业出版社,2008.
[37] 唐林编. 机械设计基础[M]. 7版. 北京:清华大学出版社,2008.
[38] 孙桓,陈作模,葛文杰. 机械原理[M]. 7版. 北京:高等教育出版社,2006.
[39] 曹龙华. 机械原理[M]. 北京:高等教育出版社,1986.
[40] 陈明. 机械原理[M]. 哈尔滨:哈尔滨工业大学出版社,1998.
[41] 祝毓琥. 机械原理[M]. 北京:高等教育出版社,1986.
[42] 黄茂林,秦伟. 机械原理[M]. 北京:机械工业出版社,2002.
[43] 华大年. 机械原理[M]. 北京:高等教育出版社,1984.
[44] 廖汉元,孔建益. 机械原理[M]. 北京:机械工业出版社,2007.
[45] 朱友民,江裕金. 机械原理[M]. 重庆:重庆大学出版社,1986.
[46] 王时任,郭文平,漆德俭,等. 机械原理及机械零件[M]. 北京:高等教育出版社,1983.
[47] 赵卫军. 机械原理[M]. 西安:西安交通大学出版社,2003.
[48] 朱理. 机械原理[M]. 北京:高等教育出版社,2004.
[49] 黄真,刘婧芳,李艳文. 论机构自由度:寻找了150年的自由度通用公式[M]. 北京:科学出版社,2012.
[50] 黄真,曾达幸. 机构自由度计算原理和方法[M]. 北京:高等教育出版社,2016.
[51] O.H.列维茨卡娅等著. 董师予等译. 机械原理教程[M]. 北京:人民教育出版社,1981.
[52] C.H.苏,C.W.拉德克利夫. 上海交通大学机械原理及零件教研室译. 运动学和机构设计[M]. 北京:机械工业出版社,1983.
[53] HOMER D. ECKHARDR著. 机器与机构设计(英文版)[M]. 北京:机械工业出版社,2002.
[54] CHARLES E. WILSON,J. PETER SADLER. 机械原理[M]. 重庆:重庆大学出版社,2005.
[55] YE ZHONGHE,LAN ZHAOHUI,Smith M R. Mechanisms and Machine Theory[M]. Beijing:Higher Education Press,2001.
[56] 焦映厚. 机械原理试题精选与答题技巧[M]. 哈尔滨:哈尔滨工业大学出版

参 考 文 献

[1] 邹慧君,郭为忠. 机械原理[M]. 3 版. 北京:高等教育出版社,2016.
[2] 郭为忠,于红英. 机械原理[M]. 北京:清华大学出版社,2010.
[3] 邹慧君,郭为忠. 机械原理学习指导与习题选解[M]. 北京:高等教育出版社,2007.
[4] 邹慧君,梁庆华. 机械原理学习指导与习题选解[M]. 2 版. 北京:高等教育出版社,2016.
[5] 邹慧君,沈乃勋. 机械原理学习与考研指导[M]. 北京:科学出版社,2004.
[6] 李柱国,许敏. 机械设计及理论[M]. 北京:科学出版社,2003.
[7] 张继忠,赵彦峻,徐楠,等. 机械设计:3D 版[M]. 北京:机械工业出版社,2017.
[8] 张策. 机械工程史[M]. 北京:清华大学出版社,2015.
[9] 葛杨,邱志明. 设计方法学[M]. 哈尔滨:哈尔滨工程大学出版社,2013.
[10] 畑村洋太郎. 机械设计实践:日本式机械设计的构思和设计方法[M]. 周德信,阎喜仁,陆子男,等译. 北京:机械工业出版社,1998.
[11] 张策. 机械原理与机械设计:下册[M]. 2 版. 北京:机械工业出版社,2011.
[12] 孙开元,李立华. 图解机构设计要点分析即应用实例[M]. 北京:化学工业出版社,2016.
[13] 王德伦,马雅丽. 机械设计[M]. 北京:机械工业出版社,2015.
[14] 潘承怡,向敬忠. 机械结构设计:技巧与禁忌[M]. 北京:化学工业出版社,2013.
[15] 濮良贵,陈定国,等. 机械设计[M]. 9 版. 北京:高等教育出版社,2013.
[16] 邹慧君. 机构系统设计[M]. 上海:上海科学技术出版社,1996.
[17] 邹慧君. 机械设计原理[M]. 上海:上海交通大学出版社,1995.
[18] 邹慧君. 机械运动方案设计手册[M]. 上海:上海交通大学出版社,1994.
[19] 邹慧君. 机械原理课程设计手册[M]. 北京:高等教育出版社,1998.
[20] 邹慧君,张青. 机械原理课程设计手册[M]. 2 版.北京:高等教育出版社,2010.
[21] 邹慧君,梁庆华. 机械原理课程设计手册[M]. 3 版.北京:高等教育出版社,2022.
[22] 邹慧君,雷杰,杜如虚,等. 现代缝纫机原理与设计[M]. 北京:机械工业出版社,2015.
[23] 王德伦,高媛. 机械原理[M]. 北京:机械工业出版社,2011.
[24] Ulrich K T, Eppinger S H. Product Design and Development[M]. 4th ed. New York: McGraw-Hill, 2008.
[25] Ullman D G. The mechanical Design Process[M]. 4th ed. New York: McGraw-Hill, 2010.

附录 IV

虚拟仿真教学实验

  为配合本教材部分章节的自主学习,上海交通大学机械与动力工程学院基础实验与创新实践教学中心(以下简称中心)建设了机构运动简图测绘、凸轮机构、齿轮机构与传动等配套虚拟仿真教学实验。下面简要介绍这些虚拟仿真教学实验,详细信息参见虚拟仿真实验教学指导手册。

(扫码查看本附录详细内容)

附录 III 其他常用机构

在许多机器中,除广泛采用前面各章所介绍的常用机构外,还经常用到一些其他类型的机构,如间歇运动机构、螺旋传动机构、组合机构、广义机构等机构。下面简要介绍这些机构,详细知识可参阅相关书籍。

(扫码查看本附录详细内容)

社,2003.
[57] 申永胜.机械原理辅导与习题[M].2版.北京:清华大学出版社,2005.
[58] 唐林编.机械设计基础电子课件[M].北京:清华大学出版社,2008.
[59] 申永胜.机械原理多媒体教学系统[M].北京:清华大学出版社,2002.
[60] 申永胜.机械原理网络课件[M].北京:高等教育出版社,2003.
[61] 潘存云,王玲主编.机械设计基础课件[M].北京:高等教育出版社,2005.
[62] 西南科技大学.机械设计基础网络课件[M].北京:高等教育出版社,2003.
[63] 李学荣.新机器机构的创新发明:机构综合[M].重庆:重庆出版社,1988.
[64] 邹慧君.机械系统设计原理[M].北京:科学出版社,2003.
[65] 邹慧君.机械系统概念设计[M].北京:机械工业出版社,2003.
[66] 李立斌.机械创新设计基础[M].北京:国防科技大学出版社,2002.
[67] 符炜编著.机械创新设计构思方法[M].长沙:湖南科学技术出版社,2005.
[68] PAHL G.,BEITZ W. Engineering Design[M]. London:The Design Council,1984.
[69] 邹慧君,高峰.现代机构学进展[M].北京:高等教育出版社,2007.
[70] С.Н.柯热夫尼柯夫,Я.И.耶西品柯,Я.М.腊斯金.机构参考手册[M].孟宪源,姜琪,等译.北京:机械工业出版社,1981.
[71] 刘乃剑,陆钟.空间连杆机构的分析与综合[M].哈尔滨:哈尔滨船舶工程学院出版社,1989.
[72] 曹惟庆,等.连杆机构的分析与综合[M].2版.北京:科学出版社,2002.
[73] 李学荣,等.连杆曲线图谱[M].重庆:重庆出版社,1993.
[74] 彭国勋,肖正杨.自动机械中的凸轮机构设计[M].北京:机械工业出版社,2002.
[75] [法]G.昂里奥著.齿轮的理论与实践[M].王兆义译.北京:机械工业出版社,1986.
[76] 张少名.行星传动[M].西安:陕西科学技术出版社,1988.
[77] 朱景梓.变位齿轮移距系数的选择[M].北京:高等教育出版社,1964.
[78] 殷鸿梁,朱邦贤.间歇运动机构设计[M].上海:上海科学技术出版社,1996.
[79] 洪允楣.机构设计的组合与变异方法[M].北京:机械工业出版社,1982.
[80] 王书镇.高速履带车辆行驶系[M].北京:北京工业学院出版社,1988.
[81] 黄昭度,纪辉玉.分析力学[M].北京:清华大学出版社,1985.
[82] 张策.机械动力学[M].北京:高等教育出版社,2007.
[83] 唐锡宽,金德闻.机械动力学[M].北京:高等教育出版社,1983.
[84] 余跃庆,李哲.现代机械动力学[M].北京:北京工业大学出版社,1998.
[85] 徐浩,郭为忠.轮式机器人:创新设计与实验研究[J].集成技术,2022,(4):3-18.
[86] 杨廷力.机器人机构拓扑结构学[M].北京:机械工业出版社,2004.
[87] 闻邦椿.机械设计手册:第2卷[M].5版.北京:机械工业出版社,2010.
[88] 杨可桢,程光蕴,李仲生,等.机械设计基础[M].6版.北京:高等教育出版社,2013.
[89] 郭为忠.机械设计基础课程的三维度重塑研究——以上海交通大学"设计与制造Ⅱ"课程为例[J].教学学术,2021,(1):107-120.

[90] 邹慧君,汪利,王石刚,郭为忠.机械产品概念设计及其方法综述[J].机械设计与研究,1998,14(2):9-12.

[91] 邹慧君,廖武,郭为忠.机电一体化系统概念设计的基本原理[J].机械设计与研究,1999,15(3):14-17.

[92] 邹慧君,郭为忠,田永利.广义机构及其应用前景[J].机械设计与研究,2000,16(增刊):32-34.

[93] 郭为忠,梁庆华,邹慧君.略论机电运动产品及其概念设计方法[J].机械设计,2001,18(特辑):50-52,49.

[94] 郭为忠,邹慧君.机电产品运动方案创新的人机协同研究[J].计算机辅助设计与图形学学报,2002,14(2):176-180.

[95] 郭为忠,梁庆华,邹慧君.机电一体化产品创新的概念设计研究[J].中国机械工程,2002,13(16):1411-1415.

[96] 齐良.齿形载荷分布系数的简化计算及线图[J].机械设计与研究,1984,05:17-34.

[97] 齐良.齿形载荷分布系数的简化计算及线图[J].大连工学院学报,1986,25(03):109-112.

[98] 赵越超,付莹.齿轮材料的选择及热处理[J].煤矿机械,2007,28(10):108-110.

郑重声明

高等教育出版社依法对本书享有专有出版权。任何未经许可的复制、销售行为均违反《中华人民共和国著作权法》，其行为人将承担相应的民事责任和行政责任；构成犯罪的，将被依法追究刑事责任。为了维护市场秩序，保护读者的合法权益，避免读者误用盗版书造成不良后果，我社将配合行政执法部门和司法机关对违法犯罪的单位和个人进行严厉打击。社会各界人士如发现上述侵权行为，希望及时举报，我社将奖励举报有功人员。

反盗版举报电话　（010）58581999　58582371
反盗版举报邮箱　dd@hep.com.cn
通信地址　北京市西城区德外大街4号
　　　　　高等教育出版社知识产权与法律事务部
邮政编码　100120

防伪查询说明
用户购书后刮开封底防伪涂层，使用手机微信等软件扫描二维码，会跳转至防伪查询网页，获得所购图书详细信息。
防伪客服电话　（010）58582300